大唐气象　长安茶风

梁 子 著

科 学 出 版 社

北 京

内 容 简 介

唐宋时期的长安茶道，是中国茶道黄金时代的中心，既是茶文化的宝库，又是茶学研究的堡垒，本书以期在经济、文化与政治等为主要因素的社会宏观背景下，回顾长安茶文化的历史与表现，以文献记载与出土文物相结合手段，宏观叙事与微观鉴赏、分析互鉴互证方式，展示长安茶文化方方面面。紧紧把握中国传统文化从儒释道到关学对包括茶道文化在内的亚文化的涵盖与揆揔，深刻领会安史之乱后唐代“战时经济”背景，准确理解茶道文化在唐代皇朝文化宫廷文化中的政治取向与礼仪规格，在中外文化交流中的历史作用。

对茶器与茶道流变关系，结合长安历史与出土文物第一次进行系统探讨。对唐代宫廷茶道形式进行系统总结，并推出可操作的三种类型的茶道程序。

本书适合茶学爱好者及历史爱好者参考、阅读。

图书在版编目（CIP）数据

大唐气象　长安茶风 / 梁子著. -- 北京 : 科学出版社, 2024. 8
--（陕西历史博物馆学术文库）
ISBN 978-7-03-079245-7

Ⅰ. TS971.21

中国国家版本馆CIP数据核字第20242Z3K71号

责任编辑：王　蕾　王　钰 / 责任校对：邹慧卿
责任印制：肖　兴 / 封面用图：杨弘毅提供 / 书籍设计：金舵手世纪

科学出版社 出版
北京东黄城根北街16号
邮政编码：100717
http://www.sciencep.com
北京中科印刷有限公司印刷
科学出版社发行　　各地新华书店经销
*
2024年8月第　一　版　　开本：787 × 1092　1/16
2024年8月第一次印刷　　印张：26 1/4
字数：530 000

定价：238.00元

（如有印装质量问题，我社负责调换）

序

大唐气象　长安茶风

中国是茶的故乡，采茶、种茶、饮茶习尚的起源地。

从有确切考古发现和文字记载的汉代到茶道大行的唐代，茶道文明经历了跨越千年的孕育、发展、成熟的历程。

唐代，中华文明发展史上的一个高峰，社会稳定，经济发展，文化流光溢彩。

最为特别的是，唐代是一个诗的时代，似乎文人们都满怀诗情。或豪迈放歌，为建功边疆抒豪情壮志，雄浑、豪迈、悲壮、辽阔；或浅吟低唱，述生活的感受与向往，质朴、真诚、感人、美好；或欣然描述，大漠孤烟、飞瀑流泉、春景秋色等，清新、浪漫、苍凉、壮丽；或悲愤述说，那社会的不公和底层百姓的困苦，悲伤、痛苦、无奈、愤懑，凡此等等。文人们出口成章，留下了魅力永久的唐诗瑰宝。

不仅仅是唐诗，唐代文化的方方面面都成就非凡，如哲学、历史、艺术、宗教等，难以尽说。其中，别开生面、令人耳目一新的新文化，便是茶道文化。

茶道文化在中国的源起与孕育发展，经历了漫长的历程，至唐代成为成熟的文化，其标志不仅是陆羽《茶经》的问世，还有各阶层人士的广泛饮茶，从市民到宫廷贵族，从文人士大夫到宗教人士都在品悟饮茶的美好；不仅是陆羽将思想理念融入饮茶的行为中，同样，众多的各阶层人士，特别是文人，将品茶作为一种有思想内涵的文化进行玩味，在玩味中将饮茶行为变得更有文化内涵。大量的茶诗，特别是一些思想内涵较深的茶诗在这个时代涌现，一些茶文也在这个时代出现，形成了所谓的“茶道大行”。

长安（今西安）是唐代的都城，不仅是当时中国的政治、经济、文化中心，也是当时世界的政治、经济、文化中心，所谓“万国来朝”。数风流人物聚集长安，留下了他们的事迹与传说，组成了一个强盛时代的一幅幅历史画卷，其中，长安茶风是这一幅幅历史画卷的重要组成部分，从宫廷茶宴到文人茶会，从文人休闲饮茶到宗教人士以茶助修，从宫廷赏茶到榷茶税茶等，都是大唐风流画卷的重要组成部分。

本书正是再现了大唐风流中的长安茶风画卷，有以下三大特点：

一是文献史料收集详细、人物与茶事描述细致。作者扒梳正史，阅读了《全唐诗》《全唐文》，乃至有关的佛教典籍等，对唐代长安茶风的形成、唐代长安茶道文明的概貌、唐代长安茶人的事迹与风骨、唐代宫廷茶道、唐代诗人的饮茶生活、茶与国家经济的关系、佛教寺院的饮茶生活、唐代长安茶风在宋金时代的延续等均有相关介绍，使大唐风流在茶中展现。长安茶人不仅有诗人，还有一批超一流的政治家，帝王将相，共享茶悦。反过来，人们可以从政治、文化与战时经济运作的大背景下，探讨榷茶税茶为核心的茶事的历史意义。

二是考古材料多，对出土文物的解读翔实。梁子先生是一位资深的文博工作者，深耕陕西文博数十年，对陕西出土文物了然于胸，所以，在书中介绍了唐代长安的涉茶文物，并对这些器物作了通俗又专业的翔实介绍，生动形象地展现了大唐风流的风貌。虽然是以长安茶道为中心展开的，其实也是对中国茶道历史的浓缩研究，他从考古与文物角度对茶器组合与茶道流变的对应关系进行了历史性系统研究，结论较为坚实。

三是有创见。梁子先生虽为文博工作者，但又具有史学研究较深的专业功底，对史实的梳理、对人物的分析、对器物的说明等有不少创见，如他从汉阳陵的考古发现推断“关中茶饮是由茶区传播到长安，传播到宫廷；宫廷饮茶自成系统，佛教饮茶远远迟于宫廷茶”。又如他分析了《茶经》对唐代文人茶文化和唐代寺院茶礼形成的影响后指出，唐代的宫廷茶道是在文人茶道和寺院茶礼的基础上改造后形成的，这是对唐代宫廷茶道形成的独到见解。如此种种，书中有不少见前之未见、析前人之未析的创见。此外，书中还梳理了盐铁转运使的相关情况，如中晚唐时期他们的职位更加重要，有时身兼贡茶使。

将历史的逻辑性与线条纵向连续性研究，与器物的微观聚焦分析结合起来，希望克服文献包括诗歌的漂浮与油滑无力，同时力戒文物研究只见树木不见森林的浅陋现象；将文物、历史文献结合起来，全息化对焦物与器、人与事，为中国茶道立命，为茶人立心。

这是一部再现大唐文明的力作，一部探讨中国饮茶历史的佳作，一部描述一代宫廷与文人风流的可读之作，既有学术意义，又有科普价值。

大概为了展示史料的真实性，语言表达的凝练略受影响。

《农业考古》主编　施由明

2023年10月20日

目　录

引言

长安

——世界茶道文明之都

早有茶事茶道“兴于唐，盛于宋”怎么就说到汉朝呢？很简单：因为属于西安的咸阳原上的汉阳陵发现了茶叶，且被吉尼斯世界纪录确定为“世界上考古发现最早的茶叶”。中国考古学家发现于汉阳陵第15号从葬坑中部偏南。当《三秦都市报》记者赵争耀、新华社记者冯国先后电话微信告知我英国《科学》杂志的消息，并发来照片征询我的看法时，我说：可以初步判断为中国饮茶的最早佐证，在茶文明史上属于重大发现。后来我又去过三四次汉阳陵。我依然认为，条索清晰、未掺杂物、均为芽茶、难以证明为祭祀用品等情况可以得出这是中国饮茶时代开始的下限。从食用、药用两个时代一路走来，真正进入饮茶时代的起始点也许更早。无疑这个发掘及发现是极为惊人的。它改变了我们对茶叶历史的固有看法。过去认为汉魏时期，人们对茶叶的使用还是像菜叶一样，属于食用阶段。我认为，作为药用植物根茎、枝干花蕾的药用价值远大于嫩叶，老叶子比嫩芽更有药力。作为食物，旁边没有发现其他食用物。只有人们饮茶时，才对茶芽情有独钟。总之，汉阳陵的发现使我感到极为震惊。成都王褒是一代文学家，汉代艺文录有他的文章，如《僮约》中明确了顽劣的仆人应有的义务：不仅务农，还要为主人买卖东西。其中就包括“烹茶尽具”“武阳买茶”。而这比汉阳陵封闭要晚85年。在去年的丝路学术会上，我提出，这为张骞通西域后，茶叶沿丝路西行，奠定了基础。而相当于东汉之时的西藏象雄帝国时期的墓葬里发现茶叶及茶具。而据霍巍教授判断，这茶是通过西域从新疆南传进入西藏阿里地区的。这些考古信息一再告诉我们：丝路开通前后，茶叶已经成为饮品，且有可能沿丝路西行。此前，朱自振、王仁湘、关剑平诸君，依据《僮约》、郭璞《尔雅注》初步推定饮茶始于汉代，汉阳陵纯茶发现不仅从考古学方面予以实证，且其采摘、加工之精工令人震惊，几乎与今天的习惯相一致。

讲唐茶、说到汉代的第二个原因是，盛唐文化气质是大汉雄风的直接继承者、传播者。唐人的边塞诗是对汉代开疆拓土、张骞“凿空”精神的向往与赞美。以“匈奴未灭，何以家为？”“何必马革裹尸还！”等为代表的汉代境界成为唐人精神的重要旗旆。“但使龙城飞将在，不教胡马度阴山。”“宁为百夫长，胜作一书生。”在文化性格缔造、爱国主义精神延续上，唐承汉魂。汉唐精神是长安文化的重要特点之一，作为长安文化新的组成部分的茶文化自然也就在汉唐精神的照耀下彰显光彩。长安茶文化作为长安传统文化发展到新阶段的新的亚文化，又丰满及延伸了长安文化。

茶学研究者对长安茶文化的历史地位多有研究，成果丰硕。他们多宏观叙述了长安的基本情况，但没有对长安茶的风格特点进行较为微观的具体的探讨。本书拟对这些情况做一些归纳。就研究方法和中国茶文化的一般概况而言，本书与以日本为代表的外国茶文化相比较来说自有特点[①]，作为一个时期的文化中心，以及饮茶社会风尚传播的首善之地，长安自应有其特点和风格。本书将对8—10世纪的长安文化进行一个回顾与概括。

一、用茶饮茶在长安宫廷有悠久的传统

> 周武王伐纣，实得巴、蜀之师，著乎《尚书》……其地（巴）东至鱼复，西至僰道，北接汉中，南极黔、涪。土植五谷，牲具六畜。桑、蚕、麻、纻、鱼、盐、铜、铁、丹、漆、茶、蜜、灵龟、巨犀、山鸡、白雉、黄润、鲜粉，皆纳贡之[②]。

可以毫不夸张地说：汉阳陵出土物是茶、是芽茶。是茶独立为饮用茶的时代标志。我们并由此可以判断：关中茶饮是由茶区传播到长安，传播到宫廷。由此可知，佛教饮茶远远迟于宫廷茶，东汉桓灵之际，在佛教传入中国300多年以后。也从而由此可以判断：宫廷茶饮，自成体系。也可以说唐《封氏闻见记》作者等人，对茶史的了解存在很大的疏漏，他们夸大了佛僧、佛寺在茶饮习俗传播中的作用。与民间茶饮有关系，茶叶茶器来源于民间，但其宫廷化改造和发展在相当长的时间内并不被民间所熟悉。北魏杨衒之《洛阳伽蓝记》卷3载："（王）肃初入国，不食羊肉及酪浆等物，常饭鲫鱼羹，渴饮茗汁。京师士子见肃一饮一斗，号为漏，经数年已后，肃与高祖殿会，食羊肉酪粥甚多。高祖怪之，谓肃曰：'卿中国之味也，羊肉何如鱼羹，茗饮何如酪浆？'肃对曰：'羊者是陆产之最，鱼者乃水族之长，所好不同，并各称珍。以味言之，是有优劣，羊比齐鲁大邦，鱼比邾莒小国，惟茗不中与酪作奴。'"[③]这是494年（王肃自齐投魏）以后几年的北魏都城洛阳的情形。长安作为关西中心城市，大体也是如此，茶饮只是在贵族和上流社会最早存在。

隋代长安饮茶形势不太明了，几无片言只语。初唐有一些县土贡茶。《佛祖疏纪》记载太后武则天派人前往慰问韶关法师（慧能），赐予茶。开元末年至天宝（约732—755）的醴泉坊三彩窑出土有内白外黑的茶盏、钵盂，其高度为3.9—6.7厘米，口径为8—12厘米。而同时期长安城的实际寺、庆山寺、青龙寺遗址，粟特史思礼都

① 滕军：《中日茶文化异同初论》，《农业考古（茶文化专号）》1996年第4期。

② （晋）常璩辑撰，唐春生等译：《华阳国志·巴志》，重庆出版社，2008年，卷1，第296页。

③ （魏）杨衒之撰，周祖谟校释：《洛阳伽蓝记校释》，中华书局，1963年，卷3，第126页。

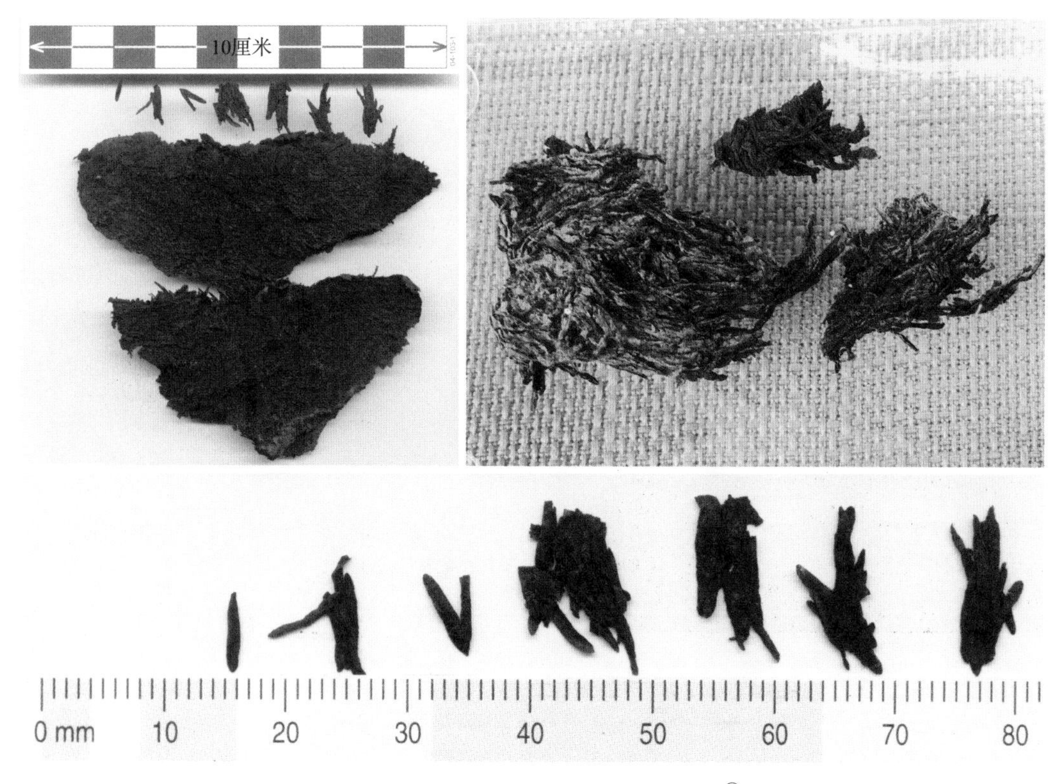

汉阳陵出土茶叶（陈波先生提供照片）①

有类似器物出土，韦美美墓出土有高5、口径10厘米的茶铛，736年李倕墓出土银镀、银碗、瓷茶铛②。这表明，与南方茶人喜欢越窑青瓷不同，长安僧人更喜欢黑白分明反差极大的内白外黑瓷茶器。长安城有专门烧制茶器的作坊。除了茶盏（碗、瓯）、熟盂（注子）、执壶（茶社瓶）外，茶铛、茶镀（瓷质、银鎏金、石质）也有发现。而带流和长柄执手的执壶成为湖南长沙窑的直接来源，两京地区的茶器制作不仅在技法上、器形上而且更重要的是在人员上成为长沙窑的直接来源，后来长沙窑茶器成为重要的出口产品。

二、梵音助益茶香，政教同好茗饮

佛教传入中国形成显密二乘八大宗派，其中六大宗派祖庭在长安。其中，密教祖庭青龙寺为外国学问僧聚集之处。大历贞元年间密教高僧惠果法师（746—806）常驻该寺。贞元五年（789）长安大旱，惠果携弟子七人做法求雨七日，获得成功。德宗皇

① 本书所用照片，除友人提供、梁子本人展厅拍摄者外，其他文物照片均采自发掘简报、报告。
② 陕西省考古研究院：《唐李倕墓发掘简报》，《考古与文物》2015年第6期。

大兴善寺（梁子摄）

帝赐他们每人绢一束、茶十串。西明寺原址在今西北工业大学与西北大学之间，已不存。是初唐名僧道宣律师（596—667）的弘律之处，以《四分律》为基础，多有创新，为律宗南山律的开山之祖。其后，圆照作为该寺代表参与了大历十四年安国寺律学佥定大会，协调南山与新章之异。十四位高僧经过90天圆融校雠，大功告成，二律和平共处。其间共用去茶饼25串[①]。西明寺石质茶碾的出土让人们看到了寺院茶事的客观存在。茶寮在后期寺院的普遍存在当与中国律宗的成熟及最终定型密切相关。

佛教最高管理机构为功德使，为宦官把持。元和三年（808），功德使入住后，安国寺成为政教合一的国家寺院，在晚唐地位最为煊赫[②]。高僧与宦官形成特殊的关系。这两个系统的领袖人物又是皇帝皇室的亲近人群，许多人借用两个渠道得以获得世俗利益地位。

需要指出的是：宦官集团也是饮茶风尚的积极推进者，他们不仅负责宫廷内外的茶事，自己也热衷饮茶品茶。1957年5月，西安市和平门外唐平康坊窖藏出土一套七件茶托。其中一件錾文："大中十四年八月造成，浑金涂茶托子一枚，金银共重十两八千三字"，另一枚錾文："左策使宅茶库，今涂工拓子，一十枚，共重玖拾柒两伍钱一。"[③]无疑。錾文最后没有錾出"字"。"字"是晚唐数量词，相当于今天1克。本人早有考证。两个錾文，其实互相印证：一枚拓子大约十两。这批茶器无疑属于宦官掌管的左神策军所属茶库所有。

三、十日王程路四千，万人争啖第一春

唐都长安，为一大国际化大都市，固定人口在百万人以上，其中外国使节商贾传教士约十万。不仅佛寺林立，祆教、景教和摩尼教的寺院也在不同民族聚居区建立并从事宗教活动。我们从白居易、李德裕、李郢、杜牧等诗人的作品中可以深切感受到

---

① （宋）赞宁撰，范祥雍点校：《宋高僧传·西明寺圆照》，中华书局，1987年，第78页。以下同书版本同，只注出卷数、页码。

② 梁子：《唐京师大安国寺晚唐政教地位蠡测》，《世界宗教研究》2014年第3期。

③ 陆九皋、韩伟：《唐代金银器》，文物出版社，1985年，第181、182页。

顾渚紫笋茶、茶园

皇都春茶到来后，人们争相品尝而欣喜若狂的景象。这些新茶首先是贡茶，有皇帝赏赐参加清明宴的大臣；其次是茶区官员、友人寄赠茶叶。

张文规《湖州贡焙新茶》："凤辇寻春半醉回，仙娥进水御帘开。牡丹花笑金钿动，传奏吴兴紫笋来。"[①]描写的是皇后或贵妃听到顾渚紫笋茶抵达后的兴奋状态。

白居易《萧员外寄新蜀茶》："蜀茶寄到但惊新，渭水煎来始觉珍。满瓯似乳堪持玩，况是春深酒渴人。"[②]无疑这是白乐天在京为官时亲友从四川寄来新茶的感激心情。此处之"珍"，本意为鲜少，珍贵，实际应该为滋味馥郁芬芳，颜色亮丽之意。

李德裕（787—850）《忆茗芽》："谷中春日暖，渐忆啜茶英。须及清明火，能销醉客醒。松花漂鼎泛，兰气入瓯轻。饮罢闲无事，扪萝溪上行。"[③]

袁高（728—787？）《茶山诗》："终朝不盈掬，手足皆鳞皴。悲嗟遍空山，草木为不春。阴岭芽未吐，使者牒已频。心争造化功，走挺麋鹿均。选纳无昼夜，捣声昏继晨。"[④]

杜牧（803—853）《春日茶山病不饮酒因呈宾客》："笙歌登画船，十日清明前。山秀白云腻，溪光红粉鲜。欲开未开花，半阴半晴天。谁知病太守，犹得作茶仙。"[⑤]

李郢（宣宗856年进士）《茶山贡焙歌》："使君爱客情无已，客在金台价无比。春风三月贡茶时，尽逐红旌到山里。焙中清晓朱门开，筐箱渐见新芽来。陵烟触露不停探，官家赤印连帖催。朝饥暮匐谁兴哀，喧阗竞纳不盈掬。一时一饷还成堆，蒸之馥

① （清）彭定求：《全唐诗》，中华书局，1960年，卷366，第4134页。以下版本同，只注出卷数、页数。
② 《全唐诗》，卷537，第4852页。
③ 《全唐诗》，卷475，第5413页。
④ 《全唐诗》，卷314，第3536页。
⑤ 《全唐诗》，卷522，第5970页。

之香胜梅。研膏架动轰如雷，茶成拜表贡天子。万人争啖春山摧，驿骑鞭声砉流电。半夜驱夫谁复见，十日王程路四千，到时须及清明宴。”[①]

文中“万人争啖”极尽夸张，新茶少而需要的多。但必须赶在明前到京。“清明宴”是君臣同啖新茶的热烈而隆重的节日。

四、清明茶香满皇都，君恩浩荡赐新茶

武元衡（758—815），缑氏（今河南偃师东南）人。武则天曾侄孙。因坚决支持唐宪宗削藩平叛而遭暗杀，坚定了宪宗平乱决心。

《全唐文》卷444韩翃《田神玉谢茶表》：

> 臣某言：中使某至，伏奉手诏，兼赐臣茶一千五百串，令臣分给将士以下。圣慈曲被，戴荷无阶。臣某中谢。臣智谢理戎，功惭荡冠，前思未报，厚赐仍加。念以炎蒸，恤其暴露。荣分紫笋，宠降朱宫。味足蠲邪，助其正直；香堪愈病，沃以勤劳。饮德相欢，抚心是荷。前朝飨士，往典犒军，皆是循常，非闻特达。顾惟何幸？忽被殊私，吴主礼贤，方闻置茗；晋臣爱客，才有分茶。岂知泽被三军，仁加十乘；以欣以忭，感戴无阶，臣无任云云[②]。

田神玉（？—776），大历十年（775）正月，加检校兵部郎中、兼御史中丞，为汴州刺史。因参加平定魏博节度使田承嗣叛乱，而得到代宗李豫赏赐。1500串珍贵饼茶是我们所知谢茶表中一次得到最多的赏赐，要将这些分配属下将士，也极为珍贵，足见皇帝笼络臣属的良苦用心。《茶经》中一穿（串）重量规格有三种：江东一斤为上穿，半斤为中穿，四五两为下穿；峡中大串120斤，中串80斤，小串50斤。韩翃（生卒年不详），天宝十三载（754）中进士，大历十才子之一。建中年间（780—783）得德宗赏识。

《全唐文》卷418常衮《谢进橙子赐茶表》：

> 臣某言：中使某至，奉宣圣旨。以臣所进太清宫圣祖殿前橙子，赐茶百串，荣贵非次，承命兢惶。伏以陛下尊元元于上宫，本枝既盛，降无任[③]。

《社日谢赐羊酒海味及茶等状》卷418：

---

① 《全唐诗》，卷590，第6846、6847页。

② （清）董诰等：《全唐文》，中华书局，1983年，第4527页。以下版本同，只注页码。

③ 《全唐文》，第4273页。

右。中使某至，伏蒙圣慈，赐前件羊酒等。臣谬尘重任，已积岁时，日有餐钱，月受高俸。过蒙温饫，常愧有余，内省谋猷，实惭不足。益彰尸忝，深诫满盈，属上戊御辰，劳农报社。赐兼海陆，品极珍鲜，上减御飧，下丰私室。何功而受？承宠若惊，惶恐拜恩，战惧交集。无任戴荷欣忭之至[①]。

社日为立春立秋后第五个戊日，以祭祀土地神。常衮（729—783），字夷甫，京兆（今陕西西安）人，大历十二年（777）拜相，杨绾病故后，独揽朝政。德宗即位后，被贬为河南少尹，又贬为潮州刺史。不久为福建观察使。

《全唐文》卷602刘禹锡《代武中丞谢赐新茶第一表》：

臣某言：中使窦国安奉宣圣旨，赐臣新茶一斤。猥降王人，光临私室。恭承庆锡，跪启缄封。臣某中谢。伏以方隅入贡，采撷至珍。自远爰来，以新为贵。捧而观妙，饮以涤烦。顾兰露而惭芳，岂蔗浆而齐味。既荣凡口，倍切丹心。臣无任欢跃感恩之至[②]。

钱易《南部新书》卷戊载：“顾渚贡焙，岁造一万八千四百斤。”《元和郡县志》：“贞元已后，每岁以进奉顾山紫笋茶，役三万人，累月方毕。”这也印证了，清明节当日赐茶赐新火为第一批，中使（宦官）奉诏登门赐茶、入军赐茶为后续赐恩，当在清明节以后数日间[③]。

五、为茶赋新诗，名篇传天下

在《湖州茶人集团研究》一文中，我们指出整个有唐一代的茶诗中茶区出生或为官江南的诗人的茶诗占唐诗中咏茶诗多数。但是唐代有名的茶诗名篇却诞生于长安。

元稹（779—831）的《一字至七字诗·茶》：“香叶，嫩芽，慕诗客，爱僧家。碾雕白玉，罗织红纱。铫煎黄蕊色，碗转曲尘花。夜后邀陪明月，晨前命对朝霞。洗尽古今人不倦，将至醉后岂堪夸。”[④]以题为韵，同王起诸公送白居易分司东郡作。

简序中的“分司东郡”中的“郡”应为“都”之误。分司东都，分司几乎为分司东都洛阳的专门用语。武周政权以东都为神都，同时京师长安依旧为国都。长安五

① 《全唐文》，第4277页。
② 《全唐文》，第6081页。
③ 梁子、谢莉：《清明节与清明宴》，《法门寺博物馆论丛》总第9辑，三秦出版社，2018年。
④ 《全唐诗》，卷423，第4652页。

年（705）神龙政变后，李唐复辟，中宗孝和皇帝回銮京师。神都恢复东都。东都一直处于低于京师，政治地位高于其他城市的状态，可能原来的主要政府建制还依旧保留，中唐以后成为中央安置高级官员的休闲养生之地。从京师长安来东都，称为“分司”。

穆宗（820—824年在位）好畋游，白居易（772—846）献《续虞人箴》以讽。穆宗末“以太子左庶子分司东都。复拜苏州刺史，病免。文宗立，以秘书监召，迁刑部侍郎，封晋阳县男。太和初，二李党事兴，险利乘之，更相夺移，进退毁誉，若旦暮然。杨虞卿与居易姻家，而善李宗闵，居易恶缘党人斥，乃移病还东都。除太子宾客分司。逾年，即拜河南尹，复以宾客分司。开成初，起为同州刺史，不拜，改太子少傅，进冯翊县侯。会昌初，以刑部尚书致仕。六年卒，年七十五，赠尚书右仆射，宣宗以诗吊之。遗命薄葬，毋请谥”[①]。

从新传可以看出，乐天两次分司东都：一是在824年任太子左庶子分司东都，一是在开成末年（840）之前、宝历末年（826—827）任秘书监之后。而文宗旧纪云：“太和四年十二月戊辰，以太子宾客分司白居易为河南尹以代韦弘景”“春正月乙丑朔……吴、蜀贡新茶，皆于冬中作法为之……治所贡新茶，宜于立春后造……七年四月壬子以河南尹白居易为太子宾客，分司东都”[②]，可知其二次迁回东都任河南尹是在大和四年十二月戊辰至大和七年四月壬子[③]，时在公元831年1月15日至833年5月18日。

长庆二年（822），元稹和裴度同拜同平章事，一度成为宰相，二月建议为彻底息兵，应立即解除裴度的兵权。后与李逢吉倾轧，出为同州刺史，改浙东观察使。长庆三年（823），他被调任浙东观察使兼越州刺史。唐敬宗宝力元年（825），元稹命所属七州筑陂塘，兴修水利，发展农业。在浙东的六年，元稹颇有政绩，深得百姓拥戴。大和三年（829），为尚书左丞，又出为武昌军节度使。大和五年（831）七月二十二日，元稹暴卒于武昌军节度使任所，终年53岁，疑是服食丹药中毒身亡，结束了毁誉参半的一生。而元稹“太和三年（829），召为尚书左丞，务振纲纪，出郎官尤无状者七人。然稹素无检，望轻，不为公议所右。王播卒，谋复辅政甚力，讫不遂。俄拜武

---

① （宋）欧阳修、宋祁撰：《新唐书·白居易传》，中华书局，1975年，卷119，第4304页。后文《新唐书》版本相同，只注卷数及页码。

② （后晋）刘昫等撰：《旧唐书·文宗本纪》，中华书局，1975年，卷17，第549页。后文《旧唐书》版本相同，只注卷数及页码。

③ 查王双怀、方骏、陈桂荣等：《中华日历通典》（叁），吉林文史出版社，2006年，七年四月无壬子，三月有，四月有壬戌、壬申、壬午，笔者疑应为四月壬午，子为午之误笔。

昌节度使。卒，年五十三，赠尚书右仆射”[①]。

王播“文宗立，就进检校司徒。太和元年，入朝，拜左仆射，复辅政，累封太原郡公。时韦处厚当国，以献替自任，天子向之。播专以钱谷进，不甚与事。居位四年，卒，年七十二，赠太尉，谥曰敬”。王播居相四年（827—830）后死[②]，当不是以周岁计。因为王播死后元稹谋取相位，未得其志，被除为武昌节度使。若以周岁计算王播居相时间，也是831年，则王播、元稹死于同一年。宝塔诗简序所纪王起“方播以仆射居相，避选曹，改兵部，为集贤殿学士……开成三年，入翰林，为侍讲学士，改太子少师。起治生无检，所得禄赐为僮婢盗有，贫不能自存。帝知之，诏月益仙韶院钱三十万。议者谓与玩臣分给，可耻也。起赖其入，不克让。武宗立，为章陵卤簿使、东都留守”[③]。武宗立（840），王起接替白居易，以“东都留守”身份“分司东都”，白居易则被任命为同州刺史。东都留守与分司东都可以视为一个含义，而河南尹则含有更大的地方治理权限。

卢仝《走笔谢孟谏议寄新茶》：“日高丈五睡正浓，军将打门惊周公。口云谏议送书信，白绢斜封三道印。开缄宛见谏议面，手阅月团三百片。闻道新年入山里，蛰虫惊动春风起。天子须尝阳羡茶，百草不敢先开花。仁风暗结珠琲瓃，先春抽出黄金芽。摘鲜焙芳旋封裹，至精至好且不奢。至尊之余合王公，何事便到山人家。柴门反关无俗客，纱帽笼头自煎吃。碧云引风吹不断，白花浮光凝碗面。一碗喉吻润，两碗破孤闷。三碗搜枯肠，唯有文字五千卷。四碗发轻汗，平生不平事，尽向毛孔散。五碗肌骨清，六碗通仙灵。七碗吃不得也，唯觉两腋习习清风生。蓬莱山，在何处。玉川子，乘此清风欲归去。山上群仙司下土，地位清高隔风雨。安得知百万亿苍生命，堕在巅崖受辛苦。便为谏议问苍生，到头还得苏息否。”[④]这首诗是唐代茶诗中有名的七碗茶诗。“闻到新年入山里”表明是离开城市进入山里。将“山里”与城市分得特别清的就是京师与地方的代名词，欲上达天庭，可通过“终南捷径”。我们联系到卢仝是在与宰相王涯吃茶时被宦官仇士良的神策军所杀的情节推断，很可能就是终南山。

《新唐书·孟简传》云：“孟简，字几道，德州平昌人。曾祖诜，武后时同州刺史。简举进士、宏辞连中，累迁仓部员外郎。王叔文任户部，简以不附离见疾，不敢显黜，宰相韦执谊为徙它曹。元和中，拜谏议大夫，知匭事。韩泰、韩晔之复刺史，吐突承璀为招讨使，简皆固争，诣延英言不可状，以悻切出为常州刺史。”[⑤]

---

① 《新唐书·元稹传》，卷99，第5229页。
② 《新唐书·王播传》，卷167，第5116页。
③ 《大唐六典三师三公尚书省卷》，中华书局，1983年，卷1，第7页。
④ 《全唐诗》，第12册，第4379页。
⑤ 《新唐书·孟简传》，卷160，第4257页。

《旧唐书·孟简传》云：“孟简，字几道，平昌人。天后时同州刺史诜之孙。工诗有名。擢进士第，登宏辞科，累官至仓部员外郎。户部侍郎王叔文窃政，简为子司，多不附之；叔文恶之虽甚，亦不至擯斥。寻迁司封郎中。元和四年，超拜谏议大夫，知匭事。简明于内典。六年，诏与给事中刘伯刍、工部侍郎归登、右补阙萧俛等，同就醴泉佛寺翻译《大乘本生心地观经》，简最擅其理。王承宗叛，诏以吐突承璀为招讨使。简抗疏论之，坐语讦，出为常州刺史。”①

“四年正月壬午，免山南东道、淮南、江西、浙东、湖南、荆南今岁税……十月辛巳，成德军节度使王承宗反，执保信军节度使薛昌朝。癸未，左神策军护军中尉吐突承璀为左右神策、河阳、浙西、宣歙、镇州行营兵马招讨处置使以讨之……（五年）七月丁未，赦王承宗。”②

“（宪宗元和四年）上遣中使谕王承宗，使遣薛昌朝还镇。承宗不奉诏。冬，十月，癸未，制削夺承宗官爵，以左神策中尉吐突承璀为左、右神策、河中、河阳、浙西、宣歙等道行营兵马使、招讨处置等使……戊子，上御延英殿，度支使李元素、盐铁使李鄘、京兆尹许孟容、御史中丞李夷简、谏议大夫孟简、给事中吕元膺、穆质、右补阙独孤郁等极言其不可……（五年）秋，七月，庚子，王承宗遣使自陈为卢从史所离间，乞输贡赋，请官吏，许其自新。李师道等数上表请雪承宗，朝廷亦以师久无功，丁未，制洗雪承宗，以为成德军节度使，复以德、棣二州与之。”③

孟简“当贞元之丁丑也，迨元和甲午，简自给事中蒙恩授浙东道都团练观察处置使，荐游此地，岁十八返矣”④。贞元十三年至元和九年（797—814）的十八年间，孟简由给事中正五品上上升为正三品，仕途虽有曲折，但还是比较顺畅。《唐诗纪事》卷41对他有介绍。

《通鉴》六年史事无记入醴泉佛寺易经之事。如何要协调孟简旧传元和四年七月王承宗叛，孟简被贬为常州刺史，六年奉诏于醴泉寺易经，只能说孟简到任时间一年左右。

两唐书本传记载基本一致：元和四年谏议大夫（门下省正四品上）兼知匭使（中书省匭使院）。这是两个跨省的职务，还涉及御史台的御史中丞或侍御史任职的理匭使。“知匭使掌申天下之冤滞，以达万人之情状”⑤。铜匭制度是武则天在垂拱元年（685）创立的监察制度。

---

① 《旧唐书·孟简传》，卷163。

② 《新唐书·宪宗本纪》，卷7。

③ 《资治通鉴》，卷237—238。

④ 孟简：《建南镇碣记》，《全唐文》，卷473。

⑤ 《中书省集贤院史馆匭使》，《唐六典》，中华书局，1982年，卷9，第282页。

由此可见，卢仝《走笔谢孟谏议寄新茶》中的孟谏议就是孟简，诗作当是元和四年春夏时节。

“闻道新年入山里，蛰虫惊动春风起”应是说孟谏议听闻卢仝新年天气转暖时的惊蛰以后进入山里。“至尊之余合王公，何事便到山人家”应是指新茶在天子品尝以后就应该分赐给诸王、公主，你怎么送到山人门上。而三百团已经不是少数，与“纱帽笼头自煎吃”看，太阳已经晒人了。清明节时清明宴上的贡茶数量极为有限。而清明节后新茶逐渐增多，也往往仅是一斤、二斤。考虑到唐朝比我们现在温度高约2℃的情形，时序很可能就是农历四月中旬前后。从知匦使仅一人，而且掌管铜匦钥匙，未时以后国人方可投送材料，辰时以前知匦使必须取出。担任此职务者只能在大明宫内的中书省就职。新年所入之山，当为秦岭山终南山！白绢血封三道印是贡茶的标准形式[①]。如果卢仝身在茶区茶山，还需要孟谏议送茶吗？

除了这两首最著名的茶诗外，还有白居易等人的诗，应作于长安，如《萧员外寄新蜀茶》。

六、回鹘衣裳回鹘马，茶马互市启新章

花蕊夫人《宫词》：“……明朝腊日官家出，随驾先须点内人。回鹘衣装回鹘马，就中偏称小腰身。盘凤鞍鞯闪色妆，黄金压胯紫游缰。自从拣得真龙种，别置东头小马坊。翠辇每从城畔出，内人相次簇池隈。嫩荷花里摇船去，一阵香风逐水来……”

初唐立国不久，国人对外国及边疆风习持排斥批判态度。太宗长子太子承乾喜欢突厥服装突厥语言，被大臣诟病，并为失位丧命打下伏笔。安史之乱平定以后，回鹘文化取代突厥风潮，逐渐造成影响。回鹘与唐朝的茶马互市被逐渐制度化。

封演《封氏闻见记》卷6《饮茶》：“吴主孙皓每宴群臣，皆令尽醉，韦昭饮酒不多，皓密使以茶茗自代。晋时谢安诣陆纳，纳无所供办，设茶果而已。按，此古人亦饮茶耳，但不如今人溺之甚：穷日竟夜，殆成风俗。始自中地，流于塞外。往年回鹘入朝，大驱名马，市茶而归，亦足怪焉。”[②]

由于平定“安史之乱”的需要，肃宗与回鹘有约定：平定叛乱，回鹘可得京城财物。但是回鹘过于蛮横，贪得无厌令京城士人实在承受不了，便达成以茶易马的新的协议。起始四十匹绢更换一马，大唐百姓实在难以承受，后来基本固定在二十五匹换一匹马。长安成为当时世界最大的茶叶交易市场。

---

① 沈冬梅：《唐代贡茶研究》，《法门寺博物馆论丛》总第9辑，三秦出版社，2018年。

② （唐）封演撰、赵贞信校注：《封氏闻见记校注》，中华书局，2005年，第52页。

虽然唐朝政府和百姓付出了巨大经济牺牲，但为整个从长安到西域的丝路畅通做奠定坚实基础。

七、俭德精进化人间，茶道宝器供佛祖

当我们研究古代茶文化的时候，总会在脑子里出现这样的问题：中国有没有茶道？从诗歌当中，例如东晋杜育《荈赋》、左思《娇女诗》等已经表现出了茶的文化意旨：和、雅、宁静等的核心理念。陆羽《茶经》又明确提出“茶宜精行俭德之人”。唐代诗歌对我们理解唐代茶道文化有很多帮助。我们上述的元稹的宝塔诗代表唐代文人以儒家理念出发对品茗过程的技法和美感的感悟。而卢仝上述七碗茶诗则是对品茗后的精神感悟的延伸和理解，已经从形而下的事，上升为对茶理的阐述。这两首诗连同白居易的几首诗代表了长安文人对茶文化内涵的表述。而我们以为以皎然为代表的湖州茶人集团则有深刻地对茶作为一种行为文化的表述。在中唐之前，我们可以看到江南文人站在茶文化的前列。

但是茶一旦成为长安士人及市井百姓生活的新风尚，一旦清明尝新茶逐渐习惯化、制度化，清明宴延伸为皇家和宫廷文化，一旦茶艺成为皇朝文化的一个组成部分，茶器的制作、使用、茶饼的选取、茶艺程序的设计、茶宴参加人员的遴选等，都必须以儒家文化为主、以佛教学说和道家观念为辅的综合性的文化面貌出现，并且以皇朝文化的礼仪形式展示出来。陕西历史博物馆藏“盈”字款茶道用器渣斗可以帮助我们理解皇室朝廷的茶器制作的高标准要求。西安和平门唐平康坊出土的一批“左神策茶库”素面银茶托的出土，可以帮助我们了解政府机关和事务衙门已经出现专门的茶库、饮茶器，必然成为有饮茶时间和固定形式的茶文化形式。鲍君徽《东亭茶宴》和张文规《湖州贡焙新茶》连同周昉《调琴啜茗图》为我们了解皇帝嫔妃以茶寄托情感的情形以参考。元稹《自题》是对宫廷日常饮茶的表现。而《调琴啜茗图》的场景与初唐（711年二次改葬）的唐章怀太子墓后室的一组壁画的场景极为相似。

而所有唐代茶文化在法门寺地宫得到了集中的展示与解说：其一，唐人饮茶讲程序讲礼法，饮茶有道。“和”“雅”“敬”“健”是有唐一代在茶道实践中共同遵循的核心理念，是各种思想道德及宗教体系及价值取向的最大公约数！这些理念是人们在形而下的饮茶过程中形而上升华和感悟，也是江南塞北的茶人又人为地附加在茶上的理念和追求。“抚近怀远，华夷一体，圆融开放”是唐代茶道思想与宗教关怀与王朝政治追求的高度统一，奠定了中国茶道主导性方向。其二，后来中原以外的所有饮茶都可以追溯到唐代。其三，唐代茶道文化体现了人类文化的本质，成为唐代社会稳定的重

要因素[1]，具有强大的生命力，长安从而成为古代茶文化的精神之都。

1987年4月3日法门寺地宫宝藏以不二于世的姿态惊艳寰宇，唐僖宗御用后，作为最珍贵的贡品赐施法门寺，供养佛指形舍利，以营造“穷天上只庄严，极人间之焕丽”的人天盛景。这套茶具被学术界和新闻界共同勘定为“世界上发现最早最完整最华贵的宫廷茶器”。它向世界无声地宣布茶道文化的故乡在中国，茶道文化传播的中心在唐都长安。

八、顾渚蒙顶莫争雄，天下名茶遍京城

与陆羽、皎然基本属于同时代的封演在他的闻见记里对茶道大行的背景做了交代：江南茶通过泰安灵岩寺传至沧、济，再至两京，形成“比屋之饮”“投钱可取”，饮茶在开天之际已经成为两京新尚。李肇（813—821在世，翰林学士，沣州刺史）《唐国史补·叙诸茶品目》：“风俗贵茶，茶之名品益众。剑南有蒙顶石花，或小方，或散牙，

长安醴泉坊、长沙窑、邛窑、耀州窑出土茶器

① 梁子：《中国唐宋茶道》（增订版），陕西人民出版社，1997年，第89页。

号为第一。湖州有顾渚之紫笋，东川有神泉、小团、昌明、兽目，峡州有碧涧、明月、芳蕊、茱萸簝，福州有方山之露牙，夔州有香山，江陵有南木，湖南有衡山，岳州有浥湖之含膏，常州有义兴之紫笋，婺州有东白，睦州有鸠坈，洪州有西山之白露。寿州有霍山之黄牙，蕲州有蕲门团黄，而浮梁之商货不在焉。”[①]同书之《虏帐中烹茶》一节记载的是德宗时代常鲁公出使吐蕃情形，吐蕃赞普介绍自己日常品饮茶的名录：此寿州者，顾渚者，蕲门者，此昌明者，此浥湖者。

九、茶籽开花九州外，茶艺传播寰宇中

扬州鉴真大师第六次东渡，终获成功，带去了经书、法器、建筑图纸和茶叶茶具，这为大家所熟悉。有人推测，日本永忠法师、空海上人与最澄法师805年同船回到日本。永忠种茶于嵯峨天皇宫内东北隅，十年后，又有永忠向嵯峨天皇奉茶记载。以他们三人为核心的茶人集团，在嵯峨天皇支持下，在其执政的弘仁年间（810—824）掀起“弘仁茶风”。期间有三部汉诗集，其中《经国集》有惟氏《和出云巨太守茶歌》：“兽炭须臾炎气盛，盆浮沸浪花，起巩县垸，闽家盘，吴盐和味味更美……”无疑是陆羽烹茶法与加盐饮用的模式。他们三人为日本茶文化、佛教文化留下宝贵遗产。

永忠、空海、最澄三人，在京师几个大寺院西明寺、青龙寺与大兴善寺等学习二十多年，他们对京师大和尚门的烹茶技艺应该了然于心，顺畅于手，对品茶，鉴器也是行家里手。

藏区有茶，最早始于东汉时的阿里古象雄国时期。文成公主入藏（641）带去茶叶茶籽，是对藏区的最大福惠，因为茶叶对于高原地区人们的健康有很大提高。在《汉藏史集》里，有关于汉地烹茶技艺的传播：噶米王（赤松德赞，742—797）向内地和尚学习烹茶技艺，大喇嘛米扎贡布又向噶米王学习。他们认为僧侣集团最擅长茶艺[②]。

德宗时出使吐蕃的常鲁公，有可能就是后来的宰相常衮。但我们查找资料，没见到常衮有“鲁公”封号。

近年来，海上丝绸之路的水下考古成果丰硕，包括“茶盏子”茶执壶、偏提等出水器物，可以看到在中晚唐出口到东南亚、阿拉伯、地中海沿岸的瓷器中，茶具占相

① （晋）葛洪：《西京杂记》，第1035-1447页。

② 达仓宗巴·班觉桑布著，陈庆英译：《汉藏史集——贤者喜乐赡部洲明鉴》，西藏人民出版社，1986年，第105、106页。

当数量。为适应于阿拉伯市场，唐朝瓷器纹饰采用了阿拉伯元素。

位于朝鲜半岛东南隅的新罗是与唐朝最为友好的番邦。其第二十七代王也是第一位女王善德王（632—647在位）被唐太宗封为乐浪王、新罗王，这时新罗始知茶，开始饮茶。新罗在唐军协助下统一半岛，史称统一新罗时期。《三国史记·新罗本纪卷十》："（兴德王827—835在位，第四十二代王）二年，冬十二月，遣使入唐朝贡。文宗诏对麟德殿，宴赐有差。入唐回使大廉。持茶种子来，王使植地理山。茶自善德王有之，至于此盛焉。"朝鲜李朝时期的《东国通鉴》也沿用了唐文宗朝，朝鲜开始种茶说法。新罗人是在唐境内居留最多的民族，在两京与两国来往港口都有新罗人的村落。

从茶籽出国时间看，日本略早由高僧带出，新罗略晚由使节带出，估计唐朝一直实行了较为严格的规定，在宪宗以后有所松懈。可能与各地军阀割据盘踞地方，对抗中央有关。从唐代茶法看，官家以茶树株数计算产量与估价。种植扩大与缩小受到严格监控。

第一章

帝里飘茶香，国政榷茶使

——财税经济大背景下的唐朝茶事

第一节　数量巨大的国家茶叶消费

一、北朝初唐渐趋浓郁的饮茶之风奠定盛唐茶事繁荣的基础

茶叶的发现是出于我国先民的为解决饮水口感与质量而不断努力的可喜结果。在漫长的冬季，在寒冷的夜晚，先民们除了围着篝火取暖外，最需要的就是热气腾腾的一碗水，而水如果是甜的或带有刺激作用的，就再好不过了。风干的蔬菜叶子与包括今天茶树叶子在内的能喝的树叶就成了最早的选择。茶学专家朱自振教授认为不能轻易否定神农时代就已经开始使用茶叶的可能，他用生活在大兴安岭高寒地区的鄂伦春人煮饮黄芩叶子的历史作说明[①]。最近结束的故宫茶文化展览将8000年前浙江的考古发现的数根茶，被勘定为人工种茶的最早考古发现，被视为展览方断定为事实上茶叶的最早使用的起点。而在神农之后，提到茶叶的是《华阳国志》中的巴志：巴人随同武王伐纣，后来在汉水上游得以封为子爵，并建立巴国。巴人最早向周天子贡献了茶叶。巴水、巴山成为中国最早的有文字记载的茶叶使用区域。汉水与湖北清水江与嘉陵江围起来古梁州核心区的巨大扇面地区，又成为茶圣陆羽划分的大唐第一茶区即“山南茶区”而这一地区的地理脊柱就是巴山。巴人被认为起源于东夷的一个较为复杂而庞大的部落联盟[②]，山东—淮泗—河南—晋西南—汉水—嘉陵江—长江，今天的汉中、安康、四川巴中及重庆，是巴人迁徙与曾经生活过的地方。春秋战国时期，他们已经到了长江流域，而湖北土家族是古代巴人部落联盟中的一支。

直到刘邦被项羽封为汉王时，与巴人还有紧密的联系。刘邦建立汉朝过程中，也借用了巴人的力量。定都长安后，巴人歌舞艺人及音乐进入到西汉宫中。汉阳陵茶叶的发现比《僮约》的合同协约的甲方代表王子渊王褒要早80多年。当后人们依据《僮

---

① 朱自振：《茶史初探》，中国农业出版社，1996年，第15页。

② 杨铭：《巴人源出东夷考》，《历史研究》1999年第6期。

约》中的“烹茶尽具，武都买茶”来判断四川盆地已经有了饮茶时，汉景帝刘启的宫里已经有了加工精致的春天芽头制作的茶叶。其在放大镜下观察，与我们喝的紫阳富硒茶汉中仙毫的芽头简直一模一样。

需要指出的是，《华阳国志》作者常璩（291—361）尚距巴人向周天子贡茶起始（以前1046年为起点）1400余年，他虽然比我们早1500余年，思维方式、所见古代典籍比我们更接近周人，但我们有中国文物考古成果支撑，我们的探索应该科学一些，历史上的巴人活动历史纵向长度，与迁移发展的横向广度要比他当时所见巴人活动区域要宽广得多，虽然我们仍在探索，但我们看到：他的现实所见，反而遮蔽了历史探索的眼睛。

可以说，自从巴人贡茶以后，关中上层就开启了饮茶的历史。虽然周人与汉代宫廷已经有了真茶，但普通百姓喝的还是不太苦无毒的树叶——也被叫作茶，有的与今天我们所谓的老鹰茶相似。连续数年不修剪的茶叶树也会退化为老鹰茶。而宫廷与社会上层则以真茶为饮用物。

虽然宫廷茶缺乏资料记载，但确实是存在的。洛阳作为东汉以后的中国政治与文化中心。在鲜卑人统治的北朝，饮茶被视为南朝文化代表而受到贬低压制，王肃为了给父兄报仇，不得不在北魏朝堂公开说：牛羊肉与奶酪是天下珍品，是贵族，茶叶只配作奴隶。实际上，他天天离不了茶叶，不仅他离不了茶，一部分北朝官员也跟着王肃爱上饮茶，且饮茶人数不断增多。为了笼络南方投奔而来的官员或者为展示国事接待的文明程度，在重要的场合，北魏政府都要备好茶叶茶汤。

> 经数年已后，肃与高祖殿会，食羊肉酪粥甚多。高祖怪之，谓肃曰：“卿中国之味、也，羊肉何如鱼羹？茗饮何如酪浆？”肃对曰：“羊者是陆产之最，鱼者乃水族之长。所好不同，并各称珍。以味言之，甚是优劣。羊比齐鲁大邦，鱼比邾莒小国。唯茗不中与酪作奴。”高祖大笑。因举酒曰：“三三横，两两纵，谁能辨之赐金锺。”御史中尉李彪曰：“沽酒老妪瓮注㼚，屠儿割肉与秤同。”尚书右丞甄琛曰：“吴人浮水自云工，妓儿郑绳在虚空。”彭城王勰曰：“臣始解此字是习字。”高祖即以金锺赐彪。朝廷服彪聪明有智，甄琛和之亦速。彭城王谓肃曰：“卿不重齐鲁大邦，而爱邾莒小国。”肃对曰：“乡曲所美，不得不好。”彭城王重谓曰：“卿明日顾我，为卿设邾莒之食，亦有酪奴。”因此复号茗饮为酪奴[①]。

洛阳如此，长安情况也基本相似。

我们需要重视一个历史现象。就是鲜卑人是跟随汉人喜好喝茶的又一个大的民族。

---

① （魏）杨衒之撰，周祖谟校释：《洛阳伽蓝记校释》，中华书局，1963年，卷3，第125-127页。

因为我们在北燕皇弟冯素弗（？—415）墓、咸阳机场陆丑墓及西安市长安区西魏茹茹将军与吐谷浑晖华公主（541年卒）合葬墓[①]、武威慕容智（650—693）墓、隋朝苏统帅墓，都有茶器发现。墓中所出土铜钵口径8.8厘米，造型尺寸与陕西历史博物馆何家村武周时代的银碗造型与尺寸极为接近，作为茶瓯，已经接近成熟的标准化典型器物。同时出土有铜茶铛、三足铜炉和铜水盂，与佛教净水瓶相似。《甘肃武周时期吐谷浑喜王慕容智墓发掘简报》[②]发表了出土文物照片，一套银酒具，一套银、漆木茶器（漆木茶杯），分别非常鲜明，而其漆木茶器既有茶杯又有贮盐器。茶酒器均精致。《西安南郊隋苏统师墓发掘简报》[③]出土透明白釉瓷杯一件，标本M37：11，出土于棺内墓主人头部西北侧。敞口，斜直腹，假圈足，口沿处有一小缺口，下有一段裂纹。内外均为满釉，釉面细腻且有光泽。高6.9、口径8.3、壁厚0.1、口沿最薄处仅为0.08厘米，足径3厘米。极为精美。同时出土有茶匙（则）。陕西考古研究院《陕西西咸新区摆旗寨西魏陆丑墓发掘简报》[④]报告出土文物，有较多的骑马俑和珍贵的罗马、波斯金币和青瓷杯。青瓷杯，绿釉深腹高圈足，口径12厘米。应该是标准的来自南朝的饮茶器。

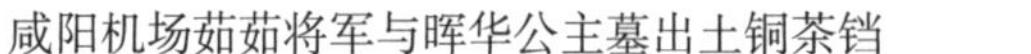

咸阳机场茹茹将军与晖华公主墓出土铜茶铛

西安长安区苏统师墓出土白釉茶杯（梁子摄）

这些出土文物表明，长安·关中及其周围的北方地区标准尺寸的饮茶器的出土，是饮茶风俗日渐浓郁的无言证据。武则天时期医学家位至中书舍人的孟诜（621—713，中唐孟简祖父）在《食疗本草》指出茶叶利大肠，去热解痰，煮取汁，用来煮粥良。同时代骆宾王“聚花如薄雪，沸水若轻雷。今日徒招隐，终知异凿坏”[⑤]。无疑是描述煮

① 陕西省考古研究院、陕西历史博物馆、长安区旅游民族宗教文物局：《陕西西安西魏吐谷浑公主与茹茹大将军合葬墓发掘简报》，《考古与文物》2019年第4期。

② 甘肃省文物考古研究所、武威市文物考古研究所、天祝藏族自治县博物馆等：《甘肃武周时期吐谷浑喜王慕容智墓发掘简报》，《考古与文物》2021年第2期。

③ 陕西省考古研究院：《西安南郊隋苏统师墓发掘简报》，《考古与文物》2010年第3期。

④ 陕西省考古研究院：《陕西西咸新区摆旗寨西魏陆丑墓发掘简报》，《文物》2021年第11期。

⑤ 《同辛簿简仰酬思玄上人林泉四首》，《全唐诗》，卷78。

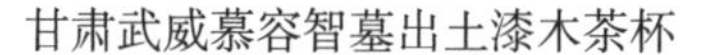
甘肃武威慕容智墓出土漆木茶杯

咸阳新区陆丑墓出土青瓷杯

茶的情形与茶器不同于酒器的异样。陆羽《茶经》七之事所记历史茶事爱茶者也不乏北方人，晋孙楚为太原人，傅咸为陕西铜川人，敦煌单开道，本朝关东英国公李勣等，都是北方人。而北魏王肃与晋王导、王羲之为一族，从山东临沂到南方，北朝末唐初又纷纷迁徙北方。随着人员迁移，茶饮风俗与饮茶规则也不断传播交流。北魏隋唐从五华乱华冠冕南迁，到隋唐一统这一阶段，是中国南北文化激烈碰撞创新的时代，其规模与深度与战国时代的百家争鸣堪以比拟。不同的是，贞观时期及高宗武则天特别是开元天宝时期（632—755），强力的中央政府实施开放包容的文化政策，加速了南北与中外文化的传播、交流，互鉴互学，推陈出新。茶道文明正是在这样的时代下诞生了。

开元时期茶道文明刚开始就遭遇国家变乱，但一旦平叛成功，茶饮风俗炽盛下，茶道文明便在德宗—文宗时代大放异彩，咸通时期走上历史最高峰。启于《茶经》，弘扬于卢仝、元白刘白（白居易、元稹、刘禹锡）、姚贾（姚合贾岛），至皮陆（皮日休、陆龟蒙）达到有唐一代历史极致，而震惊寰宇的法门寺系列御用茶器的问世，更是辉煌茶史的庄严丰碑。茶道文明始于江南，集大成于京师，并光芒四射，东至半岛日本，北极漠北，西越葱岭，至于大食，中华茶香弥天芳芳。

历史悠久，内容丰富的长安饮茶风尚，孕育了宋代陶谷的《清异录》，也为茶饮在宋代繁荣奠定基础，从而有了吕氏家族各类茶器的集群性发现！

二、帝都茶叶消费巨大

（一）国家寺院法事活动大量用茶

《唐京师西明寺圆照传（附利言）》对圆照法师率京师两街临坛大德于代宗大历十三年（778）在安国寺对圆照西明律、与已故道宣法师南山律仪进行探讨签订，以便同时颁行：

释圆照。姓张氏。京兆蓝田人也。年方十岁笃愿依西明寺景云律师。云亦一方匠手四部归心……宣敕云。四分律旧疏新疏。宜令临增大德如净等于安国寺律院佥定一本流行。两街临坛大德一十四人俱集安国寺。遣中官赵凤诠敕尚食局索一千二百六十人斋食并果实解斋粥一事。已上应副。即于安国寺供僧慧彻如净等十四人。

并一供送充九十日斋食，用茶二十五串，藤纸笔墨，充大德如净等佥定律疏用。兼问诸大德各得好在否。又敕安国寺三纲："佥定律疏院，一切僧俗辄不得入。违者录名奏来云。"其时天长寺昙邃、净住寺崇睿、西明寺道邃、兴泚、本寺宝意、神朗、智钊、超侪、崇福寺超证、荐福寺如净、青龙寺惟干、章信寺希照、保寿寺慧彻、圆照共奉表谢。答诏云："师等道著依经，功超自觉，承雪宫之旨奥，为火宅之凉飔，《四分律仪》，三乘扃键，须归总会，永息多门。一国三公，谁执其咎，初机眩曜，迷复孔多。爰命有司俾供资费，所烦笔削，伫见裁成。"[1]

这是一次影响深远的政教活动，茶，成为皇帝赐施高僧必不可少的用品："（开成五年）六月六日，敕使来，寺中众僧尽出迎候。常例每年敕送衣钵香花等，使送到山表施十二大寺；细帔五百领、绵五百屯、袈裟布一千端青色染之、香一千两，茶一千斤，手巾一千条，兼敕供巡十二大寺设斋。"[2]

（二）宫中府中俱用茶汤

王建《宫词百首》："延英引对碧衣郎，江砚宣毫各别床。天子下帘亲考试，宫人手里过茶汤……少年天子重边功，亲到凌烟画阁中。"[3]是在宗人王枢密（宦官职衔）帮助下完成的。一日他俩喝酒，语及汉桓、灵帝时，说到宦官专权，枢密受到讥讽，便质问王建：你老弟《宫词》朝野闻名，名利双传，你没入过宫，不是哥哥我说，你咋知道的？王建无法回应。其宫词对宫中细节的描述，极为细腻，非高品御前宦官根本不可能知悉。包括地点、用具、事因等都具体清晰。

王建，大历进士，为昭应（今西安临潼）丞，太府寺丞，终于陕州司马。赴陕州，白居易、刘禹锡有诗。白诗"公事闲忙同少尹，俸钱多少敌尚书"。

唐代笔记小说云："宣宗暇日召翰林学士韦尚书澳遽进入。上曰'要与卿款曲，少

---

① 《宋高僧传·西明寺圆照传》，卷15，第378页。
② 〔日〕圆仁：《入唐求法巡礼行记》，卷3，第125页。
③ 《全唐诗》，王仲镛：《校笺》，卷302，第44卷，第1196页，校注第7、第118。

出外。但言论诗。上乃出新诗一篇，有小黄门置茶讫，亦屏之’。” ①

（三）赏赐大臣外使

我们从数量较多的谢茶表（表一）可以看到，茶成为笼络大臣的特殊礼品。胡耀飞博士进行了统计，直接选用，略作增改②。

表一

对象	因由	史料（节选）	出处	时间
翰林学士		金銮故例，翰林当值学士春晚困，则日赐成象殿茶果	《云仙杂记》卷六	玄宗
僧圆照		《谢恩命为先师设远忌斋并赐茶表一首》：“伏奉恩命，今月十五日故大弘教三藏远忌，设千僧斋，赐茶一百一十串。”	《大正新修大藏经》卷二836页第52册	768
文臣	降诞日	（大历）九年十月降诞日，百僚分寺观行香，颁赐茶药	《册府元龟》卷二《帝王部·诞圣》	775
僧惠朗		朗《谢斋杰茶表一首》称：“伏奉今月十四日设一千僧斋，赐茶二百串。”	《大正新修大藏经》第52册卷一853页	777
武臣	赴援	杨元卿为河阳节度使，时魏博军乱，元卿领泾军赴援，诏赐元卿绫绢三万匹、茶五千斤、葛五千匹	《册府元龟》卷三八五《将帅部·褒异》	826—830（文宗大和宗宝历二年至四）参考其墓志
文臣		臣某言：中使某奉宣圣旨，赐臣新茶一斤……臣某中谢。伏以贡自外方，名殊众品。效参药石，芳越椒兰。出自仙厨，俯颁私室	刘禹锡《代武中丞谢赐新茶第一表》《文苑英华》卷五九四	802—805（刘禹锡入京任监察御史至武元衡御史）间
文臣		臣某言：中使窦国晏奉宣圣旨，赐臣新茶一斤……臣某中谢。伏以方隅入贡，采撷至珍。自远贡来，以新为贵	刘禹锡《代武中丞谢赐新茶第二表》《文苑英华》卷五九四	
文臣		臣某言：中使窦某至，奉宣旨，赐臣新茶一斤者。天眷忽临，时珍俯及。捧戴忙惊，以兢以惶。臣某中谢	柳宗元《为武中丞谢赐新茶表》《文苑英华》卷五九四	
文臣	寒食节	臣某言：中使至，奉宣圣旨，赐臣新茶二斤者……臣某中谢……锡贡颁荣，布芳新于令节；钻燧改火，烛幽昧于蓬门。既荷惟新之恩，更沐时珍之赐	武元衡《谢赐新火及新茶表》《文苑英华》卷五九四	
武臣、将士		臣某言：中使某至，伏奉手诏，兼赐臣茶一千五百串，令臣分给将士以下。圣慈曲被，戴荷无阶。臣某中谢……荣分紫笋，宠降朱宫	韩翃《为田神玉谢茶表》《文苑英华》卷五九四	大历九年（774）

① 《西京杂记（外二十一种）》之《幽闲鼓吹》，上海古籍出版社，1991年，卷1，第1035-1551页。
② 胡耀飞：《贡赐之间：茶与唐代的政治》，四川人民出版社，2019年，第150、151页。

续表

对象	因由	史料（节选）	出处	时间
文臣	进橙子	臣某言：中使某至，奉宣圣旨。以臣所进太清宫圣祖殿前橙子，赐茶百串。荣赉非次，承命兢惶	常衮《谢进橙子赐茶表》《文苑英华》卷五九四	
文臣	寿昌节	右臣某等言：伏以大庆吉辰，荣沾锡宴。鸿恩继至，王人荐临。旨酒名茶，玉食仙果。来于御府，莫匪天慈	杜牧《寿昌节谢赐茶酒状》《文苑英华》卷六三一《旧传》列传卷九七	大中六年（852）
文臣	嘉会节	右：伏以香火至诚，祝后天于万岁；弦匏饰喜，会率土于三春……酒醢既陈，炮燔兼至。名茶馥郁，嘉果骈罗	钱翊《嘉会节宰相谢酒食状》《文苑英华》卷六三一	
文臣	社日	右中使某至，伏蒙圣慈，赐前件羊酒等。臣谬尘重任，已积岁时。日有餐钱，月受高俸。过蒙温饮，常愧有余	常衮《社日谢赐羊酒海味及茶等状》《文苑英华》卷六三一	
文臣		右：今日伏奉圣恩，赐臣等于曲江宴乐，并赐茶果者。伏以暮春良月，元巳嘉辰……况妓乐选于内坊，茶果出于中库。荣降天上，宠惊人间	白居易《三月三日谢恩赐曲江宴乐状》《文苑英华》卷六三二。《旧唐书·宪宗本纪》	元和二年（807）
文臣		右：今日高品杜文清奉宣进止。以臣等在院，修撰制问，赐茶脯梨果者……臣等惭深旷职，宠倍惊心	白居易《谢赐茶果等状》《文苑英华》卷六三二	
僧人		右中使苏明俊至，奉宣圣旨，赐臣巾袜、香茶、念珠、袈裟等……臣某等……啜楚山之新茗，烦恼顿除；持越海之名珠，圣贤可数	令狐楚《为五台山僧谢赐袈裟等状》《文苑英华》卷六三三	
将士		而关东戍卒，岁月践更。不安危城，不习戎备。怯于应敌，懈于服劳。然衣粮所颁，厚逾数等。继以茶药之馈，益以蔬酱之资。丰约相形，县绝斯甚	陆贽《论缘边守备事宜状》《全唐文》卷四七四	
文臣	重阳日	右中使刘希昂至，奉宣进止，赐臣等重阳日诗，并赐茶酒音乐，令臣等乐饮者	权德舆《中书门下谢圣制重阳日即事六韵诗状》《全唐文》卷四八五《旧德宗》《新权传》	贞元十八年（802）
文士	科举日	延英引对碧衣郎，江砚宣毫各别床。天子下帘亲考试，宫人手里过茶汤	王建《宫词一百首》《全唐诗》卷三〇二	
蕃邦		常鲁公使西蕃，烹茶帐中。赞普问曰："此为何物？"鲁公曰："涤烦疗渴，所谓茶也。"赞普曰："我此亦有。"遂命出之，以指曰："此寿州者，此舒州者，此顾渚者，此蕲门者，此昌明者，此邕湖者。"	李肇《唐国史补》卷下	

续表

对象	因由	史料（节选）	出处	时间
文臣	社日	右中使某至，伏蒙圣慈，赐前件羊酒等。臣谬尘重任，已积岁时。日有餐钱，月受高俸。过蒙温饫，常愧有余	常衮《社日谢赐羊酒海味及茶等状》，《文苑英华》卷六三一	
文臣		右：今日伏奉圣恩，赐臣等于曲江宴乐，并赐茶果者。伏以暮春良月，元巳嘉辰……况妓乐选于内坊，茶果出于中库。荣降天上，宠惊人间	白居易《三月三日谢恩赐曲江宴乐状》，《文苑英华》卷六三二	
文臣		右：今日高品杜文清奉宣进止。以臣等在院，修撰制问，赐茶脯梨果者……臣等惭深旷职，宠倍惊心	白居易《谢赐茶果等状》，《文苑英华》卷六三二	
僧人		右中使苏明俊至，奉宣圣旨，赐臣巾袜、香茶、念珠、袈裟等……臣某等……啜楚山之新茗，烦恼顿除；持越海之名珠，圣贤可数	令狐楚《为五台山僧谢赐袈裟等状》，《文苑英华》卷六三三	
将士		而关东戍卒，岁月践更。不安危城，不习戎备。怯于应敌，懈于服劳。然衣粮所颁，厚逾数等。继以茶药之馈，益以蔬酱之资。丰约相形，县绝斯甚	陆贽《论缘边守备事宜状》，《全唐文》卷四七四	
文臣	重阳日	右中使刘希昂至，奉宣进止，赐臣等重阳日诗，并赐茶酒音乐，令臣等乐饮者	权德舆《中书门下谢圣制重阳日即事六韵诗状》，《全唐文》卷四八五	
文士	科举日	延英引对碧衣郎，江砚宣毫各别床。天子下帘亲考试，宫人手里过茶汤	王建《宫词一百首》，《全唐诗》卷三〇三	
钱瑞文（徽之子，起之孙）	昭宗李晔三月二十二生日	右。伏以香火至诚，祝后天于万岁。弦匏饰喜，会率土于三春。敢望宸衷，恩隆辅弼。王人递降，宠锡爰加。酒醯继陈，炮燔兼至。名茶馥郁，嘉果骈罗。尝珍而食指先惊，敢忘盈满。窃位而忧心已醉，宁待献酬。仰望睿慈，臣某等无任兢感欢忭屏营之至	《全唐文》卷八三五	钱知制诰中书舍人《嘉会节宰相谢酒食表》

无疑，茶叶是唐朝皇帝笼络文臣武将的特殊贶礼。皇帝诞辰日、上巳及清明节、端午、九九重阳日是唐代重要节日，皇帝赐茶宴，宴后赐茶饼成为节日重要内容。

这里以杨元卿与田神玉，最有代表性。据青年学者黄楼考证，杨元卿是李吉甫安插在吴少诚吴元济淮西镇重要谍报人员，与吴少阳判官苏兆、吴少诚女婿董重质等形成离心联盟，后事发，杨元卿与苏兆家人在淮西者全被屠灭。悍将董重质却安泰如故，怀疑董重质背叛告密。杨元卿夫人、四子被杀，杨元卿并不知晓，想入城再了解军情，而吴元济实行戒严，才未得进入淮西镇，也使他避免被捕杀的厄运。这是元和十二年唐政府公开讨伐前的事情。平淮西胜利，主帅裴度为杨元卿写了碑文。赐茶，很可能是文宗调任泾源节度使任河阳节度使的大和四年（830），时魏博军乱，需要军队、粮食物资，杨元卿在淮西时就是吴元济的财政主管，收粮聚财很有办法，得到穆宗敬宗和文宗的认可与赏赐。文宗一次赐给杨元卿五千斤茶叶，也是下了狠心，足见战事吃紧，战争物资奇缺。

而大历九年代宗赐茶田神玉，是因为汴宋节度使田神功临终前，奏请弟神玉知留后。汴宋节度使，管辖今开封、商丘等地方，处在江南物资运往京师长安的核心部位。这里是唐朝的腹心之地。田神玉作为留守，大概只有一年左右。此后，宗室李勉被代宗除为汴宋节度使。但这一地区与山东淄青节度使、魏博地盘交错，不断受到武力侵犯。韩翃代写谢茶表，应该与此表中第一行，是同一次。大历十四年，江陵李希烈叛乱后向北占据这一地区，德宗君臣倾尽力量才平息，汴宋才重新回归中央管辖，但是离心倾向很大。

代宗朝，吴、蜀冬天供新茶。应该是我们今天所谓的秋茶。

（四）京师中央政府各省寺台阁办公处有专门喝茶储茶之所

舒元舆，婺州东阳人。元和八年进士。大和时累官御史中丞兼刑部侍郎，以本官同平章事。与李训谋诛宦官，事败，为内兵所擒，族诛。其《御史台新造中书院记》详细地展示了御史台办公过程，办公区配备果篮茗器，向人们展示了在一个雄伟宏大，宽敞明亮的国家最高司法机构里，综核天下之法，纠绳千官之失的政务特点，品茗休憩的情形。同时也向人们介绍了御史台中书院在大明宫内的位置与周围省阁关系：

> ……若御史台每朝会，其长总领属官，谒于天子。道路谁何之声，达于禁扉。至含元殿西庑，使朱衣从官传呼，促百官就班。迟晓，文武臣僚列于两观之下，使监察御史二人，立于东西朝堂砖道以监之。鸡人报点，监者押百官由通乾观象入宣政门。及班于殿廷前，则左右巡使二人分押于钟鼓楼下。若两班就食于廊下，则又分殿中侍御史一人为之使以莅之。内谒者承旨唤仗入东西卜门，峨冠曳组者皆趋而进，分监察御史一人，立于紫宸屏下，以监其出入。炉烟起，天子负斧听政，自螭首龙墀南属于文武班，则侍御史一人，尽得专弹举不如法者。由是吾府之属，得入殿内，其职益繁，其风益峻。故大臣由公相而下，皆屏气窃息，注万目于吾曹。吾曹坐南台则综核天下之法……名木修篁，新姿旧如，若升绿，若编青箫。以至于几案笔砚，帘幌茵榻，果篮茗器，皆新作也。从官胥士，役夫马走，勾稽案牍，饮食休息之地，皆得其所。若百官之请事，群吏之来谒，入吾门，将祇伺于屏者，见吾轩堂阶闼之严，固不俟戒而自肃焉。

……仍题中丞、杂事洎三院至主簿官封名氏于其后，以为一时之盛事。大和四年岁次庚戌八月十六日丁巳记[1]。

御史台在大明宫含元殿西北、中书省之南、西内苑以东。大茶人姚合比舒元舆年龄要小，太和元年任殿中侍御、侍御史，后又在中书省任谏议大夫，据其墓志后来在会昌初，终于秘书监。姚合的不少茶事活动正是在御史台内进行的。

白居易《谢恩赐茶果等状》反映的是，皇帝差高品将新茶直接送到办公的翰林院：

右，今日高品杜文清奉宣进旨，以臣等在院进撰制问，赐茶果梨脯等。曲蒙圣念，特降殊私，慰谕未终，赐赉旋及。臣等惭深旷职，宠倍惊心。述清问以修词，言非尽意；仰皇慈而受赐，力岂胜恩？徒激丹诚，讵酬元造，无任欣戴，忭局之至[2]。

也有的官员在寓直时，烹茶赋诗。说明，在办公区域白天上班，晚上值班都可自由品茗。而长安县政府，甚至还有专门煮茶的水井。

陕西考古工作者在西安西大街原来唐代官署司农寺所在地废井中发掘出一批20件黑白釉，耀州窑产茶执壶[3]，表明官员茶坊直接用执壶从井中汲水，并烧水、瀹茶。这类执壶下半部没有施釉，能够直接在炭火上烧水，或冲泡，或煮茶。渭南博物馆白釉瓷执壶应属于晚唐点茶执壶。

井中汲水比饮用渠水卫生，表明官员在烹茶用水上比较讲究。

黑釉执壶（标本5号）　　黑釉执壶（标本10号）

---

① 《全唐文》，卷727，第7490页。

② 《全唐文》，卷668，第6794页。

③ 西安市文物保护考古所：《西安西大街古井出土唐代遗物》，《文物》2009年第5期。

白瓷执壶（左：标本2号、中：标本4号、右：标本6号）

唐司农旧街出土执壶（采自发掘简报）

渭南博物馆展出唐代白釉素胎底执壶（梁子摄）

第二节 茶叶是唐后期战时经济的重要组成部分

一、初唐经济财税重点是维持租佣调制下的常平仓丰盈

“贱则加价收籴，贵则减价粜卖。”常平仓是古代国家干预市场与经济，平衡经济，笼络人心的主要功能。国家在京师、东都及重点地区建立仓储成为社会经济发展的需要，也是贯彻与民休养生息国策的具体实践。

武德元年九月四日，置社仓。其月二十二日诏曰：“特建农圃，本督耕耘，思俾齐民，既康且富。钟庾之量，冀同水火。宜置常平监官，以均天下之货。市肆腾踊，则减价而出；田穑丰美，则增籴而收。庶使公私俱济，家给人足，抑止兼并，宣通壅滞。”

高宗永徽二年六月，敕：“义仓据地收税，实是劳烦。宜令率户出粟，上上户五石，余各有差。”六年，京东西二市置常平仓。明庆二年十二月，京常平仓置常平署官员。开元二年九月，敕：“天下诸州，今年稍熟，谷价全贱，或虑伤农。常平之法，行之自古，宜令诸州加时价三两钱籴，不得抑敛。仍交相付领，勿许悬欠。蚕麦时熟，谷米必贵，即令减价出粜。豆谷等堪贮者，熟亦准此。以时出入，务在利人。其常平所须钱物，宜令所司支料奏闻。”[①]

出现粮荒，政府平价向市场投放常平仓（地方称为“义仓”）储藏的谷物，为“粜”；谷贱伤农，粮食丰收，政府以较高价格大量收购，谓之籴。政府宏观管理平抑物价，造福贫下的仓储，在京称作常平仓，在县上称为义仓，属于常平法管理运作系统，一直延续到唐末，主要是粮食。

二、聚珍会奇广运潭——开元时代是租庸调转运发展的高峰

（一）杨国忠开宰相身兼众多使职先例

杨国忠一人兼四十余使，不仅经济财政系统实缺自兼，还把持人事及太清宫使等职，是唐代历史上拥有实权最大的宰相。

杨国忠，本名钊，蒲州永乐人也。父珣，以国忠贵，赠兵部尚书。则天朝幸臣张易之，即国忠之舅也……不期年，兼领十五馀使，转给事中、兼御史中丞，专判度支事。是岁，贵妃姊虢国、韩国、秦国三夫人同日拜命，兄铦拜鸿胪卿。八载，玄宗召公卿百僚观左藏库，喜其货币山积，面赐国忠金紫，兼权太府卿事。国忠既专钱谷之任，出入禁中，日加亲幸……会林甫卒，遂代为右相，兼吏部尚书、集贤殿大学士、太清太微宫使、判度支、剑南节度、山南西道采访、两京出纳租庸铸钱等使并如故……国忠自侍御史以至宰相，凡领四十余使，又专判度支、吏部三铨，事务鞅掌，但署一字，犹不能

① 《旧唐书·食货志》，卷49志第23卷，第2122-2124页。

尽，皆责成胥吏，贿赂公行[①]。

这里，涉及唐史的一个重要问题就是使职。所谓使职，就是皇帝或朝廷特派去负责地方某种政务的官称“使”。这些使官的出现应该是三个原因：其一，所要差办的事情，在既有官僚系统里，没有十分对应的部门分管；其二，既有官僚系统里，既有的业务分工与权限制约，一个部门或系统不可能完全承担下来；其三，原有官僚系统不便承担。总的一个原因是社会不断发展，社会各要素的社会地位不断变化，需要在国家层面或者需要以中央政府名义，也是代表皇帝行事的临时性职务就应运而生。早在汉晋就已经出现。在唐德宗这段，我们看到建中四年（783）有可以说一次性的“吐蕃会盟使”，以左仆射李揆负责，后来浑瑊前去，是皇帝特使。还有复合型的使官，例如我们说的盐铁使、转运使。“唐初的使职也大多是临时设置的，如安抚使、观风俗使、黜陟使、巡察使、按察使，等等。但有个别使职，如贞观初年在边疆地区设置的经略使，以及随后设置的军使、营田使等，却是常设固定的”。宁志欣教授认为唐代使职有四大特色：第一，使职大量增加，几乎遍及国家政权各个部门。第二，出现了一些复合使职，使职兼任情况极为普遍。第三，形成了若干使职常设化、固定化、系统化的格局。肃宗、代宗、德宗三朝，常设固定的使职越来越多，又形成了以盐铁使为中心的手工业管理系统、以度支使为中心的财政管理系统、以租庸使（两税使）为中心的税收征管系统、以观察使为中心的地方行政管理系统。于是，使职系统便与国家常设的官制系统并存，正如唐人杜佑所云：“设官以经之，置使以纬之”，二者共同发挥着管理国家各项事务的职能。第四，使职在国家政权中的地位逐渐上升，以至出现“为使则重，为官则轻”的局面[②]。张国刚先生认为宦官也是通过执掌枢密使、左右中尉来实现长期专权的[③]。宋平先生对基层盐铁判官《殷彪墓志》的剖析使我们知道：盐铁等使职系统内部升迁变化较大，杜牧曾批评其用人不公开透明；盐铁判官或盐铁推官，有司法权，判别系统内的司法或存在争议的事情，例如姚勖[④]。

到了唐代末年，地方节度使直接揽收盐铁转运业务，而且互相间武力争夺，民间苦不堪言。

---

① 《旧唐书·杨国忠》，列传56，第3244页。

② 宁志欣：《唐朝使职若干问题研究》，《历史研究》1999年第2期，第54、55页。

③ 杨志玖、张国刚：《为使则重　为官则轻——唐五代的使职差遣》，《文史知识》1985年第11期，第81页。

④ 姚合一系，见《茶人风骨》。宋平：《唐中后期度支盐铁官吏的司法权论考——以〈殷彪墓志〉为中心的考察》，《盐业史研究》2017年第3期，第47页。

（二）广运潭博览会的信息巨大

韦坚，京兆万年人……二十五年，为长安令，以干济闻……坚乃以转运江淮租赋，所在置吏督察，以裨国之仓廪，岁益巨万。玄宗以为能。

天宝元年三月，擢为陕郡太守、水陆转运使。自西汉及隋，有运渠自关门西抵长安，以通山东租赋。奏请于咸阳拥渭水作兴成堰，截灞、浐水傍渭东注，至关西永丰仓下与渭合。于长安东九里长乐坡下、浐水之上架苑墙，东面有望春楼，楼下穿广运潭以通舟楫，二年而成。坚预于东京、汴、宋取小斛底船三二百只置于潭侧，其船皆署牌表之。若广陵郡船，即于栿背上堆积广陵所出锦、镜、铜器、海味；丹阳郡船，即京口绫衫段；晋陵郡船，即折造官端绫绣，会稽郡船，即铜器、罗、吴绫、绛纱；南海郡船，即玳瑁、真珠、象牙、沉香；豫章郡船，即名瓷、酒器、茶釜、茶铛、茶碗；宣城郡船，即空青石、纸笔、黄连；始安郡船，即蕉葛、蚺蛇胆、翡翠。船中皆有米，吴郡即三破糯米、方丈绫。凡数十郡。驾船人皆大笠子、宽袖衫、芒屩，如吴、楚之制。先是，人间戏唱歌词云："得丁纥反体都董反纥那也，纥囊得体耶？潭里船车闹，扬州铜器多。三郎当殿坐，看唱《得体歌》。"至开元二十九年，田同秀上言"见玄元皇帝，云有宝符在陕州桃林县古关令尹喜宅"，发中使求而得之，以为殊祥，改桃林为灵宝县。及此潭成，陕县尉崔成甫以坚为陕郡太守凿成新潭，又致扬州铜器，翻出此词，广集两县官，使妇人唱之，言："得宝弘农野，弘农得宝耶！潭里船车闹，扬州铜器多。三郎当殿坐，看唱《得宝歌》。"成甫又作歌词十首，白衣缺胯绿衫，锦半臂，偏袒膊，红罗抹额，于第一船作号头唱之。和者妇人一百人，皆鲜服靓妆，齐声接影，鼓笛胡部以应之。馀船洽进，至楼下，连樯弥亘数里，观者山积。京城百姓多不识驿马船墙竿，人人骇视。

坚跪上诸郡轻货，又上百牙盘食，府县进奏，教坊出乐迭奏。玄宗欢悦，下诏敕曰：

……其陕郡太守韦坚，始终检校，夙夜勤劳，赏以懋功，则惟常典。宜特与三品，仍改授一三品京官兼太守，判官等并即量与改转。其专知检校始末不离潭所者并孔目官，及至典选日，优与处分，仍委韦坚具名录奏。应役人夫等，虽各酬佣直，终使役日多，并放今年地税。且启凿功毕，舟楫已通，既涉远途，又能先至，永言劝励，稍宜甄奖。其押运纲各赐一中上考，准前录奏。船夫等宜共赐钱二千贯，以充宴乐。外郡进上物，赐贵戚朝官。赐名广运潭[1]。

---

① 《旧唐书·韦坚传》，列传55，第3223页。

这些资料告诉我们：其一，各地“进上物”，琳琅满目，应有尽有，茶器赫然在列。既有海味、又有香料和丝绸、纸张等各种手工业产品。豫章（今江西）茶事发达。瓷器显露锋芒。其二，韦坚有明确的邀功心理。要求船夫统一服装，戴大斗笠，很有仪式感。其三，韦坚作为陕州陕郡（今三门峡史）太守，兼水陆转运使，负责从黄河转入渭河运输的职能。其四，既有属于租佣调的部分，也要超出的属于进奉的部分，例如象牙、香料。其五，上进茶器，自然贡茶在先，甚至同时有茶。属于特贡，与土贡不一样。只是地方政府与宫廷直接发生关系，可能不需要经过尚书省的度支、御史台等国家机构。

这些“上进物”分为庸调物或折租与贡物。分属左右藏收纳管理。贡物右藏收纳。据《唐六典》左藏有东库、西库、朝堂库，右藏有内库、外库、东都库。朝堂库在大明宫左右金吾卫仗院以北，含元殿以南之地，属于宫内，供朝堂赏赐。《唐六典》卷20太府寺丞执掌条载：凡会赐及别敕锡赉，六品已下即于朝堂给之。“凡朝会五品已上，赐绢及杂彩金银器于庭殿者，并供之。”

右藏库内库，葛承雍、李锦绣二位先生均认为是宫内司宝库，内侍省所管中藏库为皇帝亲自调配物资的内库[①]。陕西历史博物馆藏何家村窖藏出土“拾两太北朝”银铤，当属太府寺所管朝堂北库藏品。

租庸调之法，唐代前期，在均田制基础上实行的赋役制度，亦称“租庸调制”。唐制：有田则有租，有家则有调，有身则有庸。田租、户调、力庸三项简称租庸调。武德七年（624）具体规定：受田农民每年交粟二石，叫“租”；纳绢二丈或布二丈四尺，叫“调”；服徭役二十天，如不服役，以绢或布代役叫“庸”。政府如果额外加役，加役十五天免调，加役十天，租调全免。额外加役不得超过三十天。皇室、贵族、勋臣、官吏则租庸调全免。开元、天宝之际，均田制开始遭到破坏并日趋崩溃，租庸调之法也因之难以实行。到建中元年（780），为两税法所取代[②]。

三、战时经济财税，盐铁转运使地位提高

唐制，尚书、中书、门下三省为最高政务机关，尚书省具体负责落实政令负责管理国家机能运行。地方行政向尚书省汇报。尚书六部为吏、户、礼、兵、刑、工。经

① 葛承雍：《法门寺地宫珍宝与唐代内库》，《首届国际法门寺历史文化学术会研讨会论文选集》，陕西人民教育出版社，1992年，第75页。李锦绣：《唐代财政史稿》，北京大学出版社，1995年，上卷第二分册，第159页。

② 赵文润、赵吉惠：《两唐书辞典》，山东教育出版社，2004年，第831页。

济、财政主要由户部负责，户部尚书为最高首长，侍郎二人为之副，户部、度支、金部、仓部郎中为四大部门负责人，中唐以后转运使等使职主要在度支郎中、侍郎、户部尚书间变换，即使尚书省地位低于中书、门下二省，但转运使职能还在尚书省框架内运行。

（一）元载身兼财政三司迁宰相

唐肃宗在灵武即位初，以朔方军为依托。但这一地区物资并不充裕，引起人们担忧。

> 肃宗北幸，至平凉，未知所适。鸿渐与六城水运使魏少游、节度判官崔漪、支度判官卢简金、关内盐池判官李涵谋曰："今胡羯乱常，二京陷没，主上南幸于巴蜀，皇太子理兵于平凉。然平凉散地，非聚兵之处，必欲制胜，非朔方不可。若奉殿下，旬日之间，西收河、陇，回纥方强，与国通好，北征劲骑，南集诸城，大兵一举，可复二京……"[①]

克服财物与人才欠缺是肃宗即位初期的急迫问题。元载战时负责江、淮漕挽之任，因与李辅国亲近，被皇帝拜为"度支转运使"：

> 肃宗即位，急于军务，诸道廉使随才擢用。时（元）载避地江左，苏州刺史、江东采访使李希言表载为副，拜祠部员外郎，迁洪州刺史。两京平，入为度支郎中。载智性敏悟，善奏对，肃宗嘉之，委以国计，俾充使江、淮，都领漕挽之任，寻加御史中丞。数月征入，迁户部侍郎、度支使并诸道转运使。既至朝廷，会肃宗寝疾。载与幸臣李辅国善。辅国妻元氏，载之诸宗，因是相昵狎。时辅国权倾海内……翌日拜载同中书门下平章事，度支转运使如故。旬日，肃宗晏驾，代宗即位，辅国势愈重，称载于上前。载能伺上意，颇承恩遇，迁中书侍郎、同中书门下平章事，加集贤殿大学士，修国史。又加银青光禄大夫，封许昌县子。载以度支转运使职务繁碎，负荷且重，虑伤名，阻大位，素与刘晏相友善，乃悉以钱谷之务委之，荐晏自代，载自加营田使……代宗宽仁明恕，审其所由，凡累年，载长恶不悛，众怒上闻。大历十二年三月庚辰，仗下后，上御延英殿，命左金吾大将军吴凑收载、缙于政事堂，各留系本所，并中书主事卓英倩、李待荣及载男仲武、季能并收禁，命吏部尚书刘晏讯鞫。晏以载受任树党，布于天下，不敢专断，请他官共事[②]。

---

① 《旧唐书·杜鸿渐》，列传58，第3282页。

② 《旧唐书·元载》，卷118，列传卷68，第3409-3412页。

（二）刘晏身兼多职任宰相

元载为肃宗朝财政做出不少贡献，但很快膨胀起来，“长恶不悛，众怒上闻”。大历十二年代宗在舅舅左金吾大将军吴溱协助下，捉拿元载。之后，令刘晏等鞫问定罪。刘晏掌转运盐铁事。《新唐书·刘晏传》列传74载：

……时史朝义盗东都，乃治长水。进户部侍郎，兼御史中丞、度支铸钱盐铁等使。代宗立，复为京兆尹、户部侍郎，领度支、盐铁、转运、铸钱、租庸使。晏以户部让颜真卿，改国子祭酒。又以京兆让严武，即拜吏部尚书、同中书门下平章事，使如故。坐与程元振（宦官）善，罢为太子宾客。俄进御史大夫，领东都、河南、江淮转运、租庸、盐铁、常平使。时大兵后，京师米斗千钱，禁膳不兼时，甸农挼穗以输。晏乃自按行，浮淮、泗，达于汴，入于河。右循底柱、硖石，观三门遗迹；至河阴、巩、洛，见宇文恺梁公堰，厮河为通济渠，视李杰新堤，尽得其病利。然畏为人牵制，乃移书于宰相元载，以为：“大抵运之利与害各有四……”载方内擅朝权，既得书，即尽以漕事委晏，故晏得尽其才。岁输始至，天子大悦，遣卫士以鼓吹迓东渭桥，驰使劳曰：“卿，朕酂侯也。”凡岁致四十万斛，自是关中虽水旱，物不翔贵矣。再迁再迁吏部尚书，又兼益湖南、荆南、山南东道转运、常平、铸钱使，与第五琦分领天下金谷……建中元年七月，诏中人赐晏死，年六十五。后十九日，赐死诏书乃下，且暴其罪。家属徙岭表，坐累者数十人，天下以为冤。时炎兼删定使，议籍没，众论不可，乃止①。

史书对两京、江南等转运使记载较多，朔方转运记载鲜少：

魏少游，巨鹿人也。早以吏干知名，历职至朔方水陆转运副使。肃宗幸灵武，杜鸿渐等奉迎，留少游知留后，备宫室扫除之事……大历二年四月，出为洪州刺史、兼御史大夫，充江南西道都团练观察等使②。

四、屯米集绢三渭桥——陆漕运输经济大动脉

（一）裴耀卿、崔希逸漕运相继，韦坚称最

江淮漕运悉至河阴仓，河阴至太原仓，太原仓浮渭关中，这样避三门之险，三年

① 《新唐书·刘晏》，第4794-4798页。
② 《旧唐书·魏少游》，卷115，列传卷65，第3376、3377页。

得700万石，省佣钱三十万缗。

唐都长安，而关中号称沃野，然其土地狭，所出不足以给京师、备水旱，故常转漕东南之粟……初，江淮漕租米至东都输含嘉仓，以车或驮陆运至陕。而水行来远，多风波覆溺之患，其失常十七八……

开元二十一年，耀卿为京兆尹，京师雨水，谷踊贵。玄宗将幸东都，复问耀卿漕事，耀卿因请"罢陕陆运，而置仓河口，使江南漕舟至河口者，输粟于仓而去，县官雇舟以分入河、洛。置仓三门东西，漕舟输其东仓，而陆运以输西仓，复以舟漕，以避三门之水险"。玄宗以为然。乃于河阴置河阴仓，河清置柏崖仓；三门东置集津仓，西置盐仓；凿山十八里以陆运。自江、淮漕者，皆输河阴仓，自河阴西至太原仓，谓之北运，自太原仓浮渭以实关中。玄宗大悦，拜耀卿为黄门侍郎、同中书门下平章事，兼江淮都转运使，以郑州刺史崔希逸、河南少尹萧炅为副使，益漕晋、绛、魏、濮、邢、贝、济、博之租输诸仓，转而入渭。凡三岁，漕七百万石，省陆运佣钱三十万缗……及耀卿罢相，北运颇艰，米岁至京师才百万石。二十五年，遂罢北运。而崔希逸为河南陕运使，岁运百八十万石。其后以太仓积粟有余，岁减漕数十万石……二十九年齐物入为鸿胪卿，以长安令韦坚代之，兼水陆运使。坚治汉、隋运渠，起关门，抵长安，通山东租赋。乃绝灞、浐，并渭而东，至永丰仓与渭合……天子望见大悦，赐其潭名曰广运潭。是岁，漕山东粟四百万石。自裴耀卿言漕事，进用者常兼转运之职，而韦坚为最[①]。

唐代常平仓在什么地方？也有可能在三渭桥。这里，不仅是交通枢纽，也是储藏物资的仓库，唐代也有"渭桥使"。

东渭桥每年北仓收贮漕运糙米一十万石，以备水旱，今累年计贮三十万石，请以今年所运者换之。自是三岁一换，率以为常，则所贮不陈，而耗蠹不作[②]。

（二）刘晏扭转战时转运局面

收复两京只是平定安氏之乱的关键性胜利，要恢复李唐在全国的统治，还有很长的路要走。肃宗末期商丘一带被史朝义叛军占领，江南租庸调盐铁只能沿长江溯行至武汉，再溯汉江逆水行舟至商州（陕西商洛市）、或逆汉水再至梁州（今汉中），最后

① 《新唐书·食货三》，第1356、1367页。

② （唐）王播：《请换贮东渭桥米石奏》，《全唐文》，卷615。

运至凤翔、长安。

从商州至河南内乡商於古道，至迟是春秋战国时期就已经形成的关中、河西前往江南的重要通道。商州至内乡於紫山，被称为商於古道。战国秦张仪骗取楚国土地，秦国第一次军事出击攻打最强大的楚国，都是从商於古道出兵。更早的应该是巴人在西周官员带领下前往东夷镇压叛乱。前述安康出土史密簋见证这段历史。白居易、元稹、李涉等多次走过这条路。

汉中至宝鸡的运输主要走褒斜道；汉中褒城到眉县斜峪关。安史之乱后褒斜道地位陡然提升。玄宗逃亡西川，德宗从梁州（汉中）回京，都是经过褒斜道。兴元节度使严砺、裴度等都曾维护褒斜道，修葺营建斜谷馆驿。

> 肃宗末年，史朝义兵分出宋州，淮运于是阻绝，租庸盐铁溯汉江而上。河南尹刘晏为户部侍郎，兼句当度支、转运、盐铁、铸钱使，江淮粟帛，繇襄、汉越商於以输京师[①]。

1. 江、汴、河、渭一路

扬州—徐州—汴州—河阴院（郑州）—洛阳—潼关—渭河—长安。替代路线是颍水运使设立。元和十一年，河阴院被割据叛贼烧初置颍水运使，运扬子院米，自淮阴溯流—寿州—颍口—颍州沈丘界—项城—入溵河—郾城—洛阳—长安（省汴运七万六千贯）。郾城也是元和平淮西时唐军主要基地。

> 及代宗出陕州，关中空窘，于是盛转输以给用。广德二年，废句当度支使，以刘晏领东都、河南、淮西、江南东西转运、租庸、铸钱、盐铁，转输至上都，度支所领诸道租庸观察使，凡漕事亦皆决于晏。晏即盐利顾佣分吏督之，随江、汴、河、渭所宜。故时转运船繇润州陆运至扬子，斗米费钱十九，晏命囊米而载以舟，减钱十五；繇扬州距河阴，斗米费钱百二十，晏为歇　皇支江船二千艘，每船受千斛，十船为纲，每纲三百人，篙工五十，自扬州遣将部送至河阴，上三门，号“上门填阙船”，米斗减钱九十。调巴、蜀、襄、汉麻枲竹筱为绹挽舟，以朽索腐材代薪，物无弃者。未十年，人人习河险。江船不入汴，汴船不入河，河船不入渭；江南之运积扬州，汴河之运积河阴，河船之运积渭口，渭船之运入太仓。岁转粟百一十万石，无升斗溺者。轻货自扬子至汴州，每驮费钱二千二百，减九百，岁省十余万缗。又分官吏主丹杨湖，禁引溉，自是河漕不涸。大历八年，以关内丰穰，减漕

① 《新唐书·食货三》，卷43，第1368页。

> 十万石，度支和籴以优农。晏自天宝末掌出纳，监岁运，知左右藏，主财谷三十余年矣。及杨炎为相，以旧恶罢晏，罢运使复归度支，凡江淮漕米，以库部郎中崔河图主之。
>
> 田悦、李惟岳、李纳、梁崇义拒命，举天下兵讨之，诸军仰给京师。而李纳、田悦兵守涡口，梁崇义扼襄、邓，南北漕引皆绝，京师大恐。江淮水陆转运使杜佑以秦、汉运路出浚仪十里入琵琶沟，绝蔡河，至陈州而合，自隋凿汴河，官漕不通，若导流培岸，功用甚寡；疏鸡鸣冈首尾，可以通舟，陆行才四十里，则江、湖、黔中、岭南、蜀、汉之粟可方舟而下，繇白沙趣东关，历颍、蔡，涉汴抵东都，无浊河溯淮之阻，减故道二千余里。会李纳将李洧以徐州归命，淮路通而止。户部侍郎赵赞又以钱货出淮迁缓，分置汴州东西水陆运两税盐铁使，以度支总大纲[①]。

杜佑就是通过扬州、徐州、汴州抵洛阳、黄河、砥柱、渭河至东渭桥。绝蔡河，就是古运河越过蔡河，一路沿汴水与运河（有时合为一）向西北运输，绕过“涡口”，涡水自西北向东南至淮河入口处（今安徽怀远县）。

2. 商於古道

鄂州—襄阳—内乡—商州—蓝关—长安。蓝田关是商於古道进入长安的最后一道关隘。内乡向北直达洛阳。皮日休有序有铭，其文曰：

> 六年，皮子副诸侯贡士之荐入京。程至蓝田关，睹山形关势，回抱于天，秀欲　染眸，危将惊魄。噫！将造物者心是而加力耶？不然者，何壮观若斯之盛也？《易》曰：“王公设险以守其国”，信矣哉！若为天下之枢机，万世之阃阈者，非兹关而莫守也。因陈其规，是为《蓝田关铭》曰：
>
> 天辅唐业，地造唐关。千岩作锁，万嶂为拴。难图其形，莫壮其秀。双扉未开，天地如斗。轧然昼启，人流如济。似画秦图，铺于马底。瞋不可侵，惟王之心。矧夫兹关，独可规临[②]。

白居易、元稹等离京、回京多走武关道，写有多少与武关有关的诗歌。李涉也有武关诗流传。

3. 褒斜道

褒斜道开通与商於古道大约都在春秋之前。安史之乱江南物资主要逆江至鄂州，

---

① 《新唐书·食货三》，第1368页。

② （唐）皮日休：《蓝田关铭/并序》，《全唐文》，卷797，第8363页。

溯丹水、汉水，由梁州（汉中）经褒斜道至灵武、凤翔。德宗兴元元年（784年2月26日）出奉天西门，至南山，由傥骆道奔梁州，3月21日抵达。兴元元年四月，“山南地热，上以军士未有春服，亦自御袂衣。五月，盐铁判官万年王绍以二江、淮缯帛来至，上命先给将士，然后御衫”[①]。六月初四（公历六月初四日）收到李晟《收京城露布》德宗览之“涕下沾襟”” 六月十一，诏改梁州为兴元府。六月十九日（公历7月10号）离开，经褒斜道784年7月28日到凤翔，8月3日到长安。《旧唐书・王绍传》记载：“包佶领租庸盐铁，亦以绍为判官。”梁州被提升为兴元府，兴元尹与京兆尹同等级别与待遇，享五品待遇。兴元府成为中央控制西南的主要基地，褒斜道在元稹、严砺、裴度、牛僧儒等为尹时得到修葺。兴元府政治地位在京师、东都之后，成为安置失势宰相的首选之地。直到宋代，兴元府还是利州（四川广元）路第一大府，成为茶马交易的中心城，是连接关中、西北与西南、江南的重要枢纽。两宋之际，吴玠在凤翔陈仓大散关和尚原打败金兀术，奠定了南宋与金对峙的军事基础，兴元府地位陡然提升。傥骆道从今西安周至直至汉中，直线距离较短，但山路崎岖。

德宗在梁州之时正是瓜果成熟新茶采摘季节，金州茶芽、梁州茶解了皇帝与宫廷燃眉之急。德宗一路极为艰难，前有阻击，后有追兵，到了梁州官兵不到十之一二。可能是汉高祖白登之围、隋炀帝马邑受困以来最困难的皇帝出城。《新唐书・地理志》载，金州茶芽每年御贡1斤，是否与此次兴元巡狩有关？待考。德宗一路逃亡极为狼狈，每为吃喝犯愁，一农民前来奉献一只瓜，德宗感动不已，要为农民赐官，被陆贽谏止。春天新茶采摘，金州、梁州茶成为德宗饮品顺理成章。况且，巴山自古就是贡茶源地。

韩滉作为转运使，想德宗皇帝所想，将茶叶碾成末，用锦囊存装跋山渡河赶赴行车（汉中）。常州、湖州刺史兼地方转运使，晚唐僖宗常州刺史诗云：“今朝拜贡盈襟泪，不进新芽是进心。”时僖宗由汉中往四川途中。

（三）陕虢观察使李泌出奇招

李泌是唐朝的传奇，与肃宗做太子这时就熟悉，肃宗即位，离开朝廷，但不时回京走动。崔造贞元二年（786）实行四宰相分判六尚书因为韩滉一系作梗而失败，51岁去世。次年韩滉为相三月而逝，张延赏在韩滉协助下得以为相。张延赏贞元三年（787）七月二十一日去世，柳浑被贬，“德宗命李泌为相，以泌三朝顾遇，礼待信用，不与诸相同”[②]，吐蕃会盟被劫，“会盟使”马燧兵权被解、李泌入相。

---

① （宋）司马光：《资治通鉴》，中华书局，1982年，第7427、7428页。

② （唐）李濬：《松窗杂录》，中华书局，1991年。胡平：《未完成的中兴：中唐前期的长安政局》，商务印书馆，2018年，第316页。

德宗在奉天，召赴行在，授左散骑常侍……贞元元年，拜陕虢观察使。泌始凿山开车道至三门，以便饷漕①。

用牛挽木车运输只可短途，长途与战时很不适合，水路运输是首选，在北方，汴河、渭河尤为重要。疏通渭河，改陆运为水运，提高效益，又增加关辅农业，利大于弊。

汴河是运输的重要河段，是连接江、河的中枢。汴宋节度使春夏派遣官监汴水，察盗灌溉者。因为这段水路是隋炀帝时开通的人工运河，春夏时节浇地灌溉，偷掘渠道。而漕船经过三门峡砥柱，因为险滩暗礁过多，而且是溯河逆行，覆者几半，河中有山号“米堆”，运舟入三门，雇佣平陆人为门匠，执标指麾，一舟百日乃能上。谚曰：“古无门匠墓。”谓皆溺死也。这种情况肯定不能久长。陕虢观察使李泌益凿集津仓山西迳为运道，属于三门仓，治上路以回空车，费钱五万缗。下路减半；又为进入溯渭西上的货船，方五板，输东渭桥太仓米达到每年一百三十万石，这样渭河南路陆运停止。就是在仓山上，开凿运道，西向下坡，东回是空车，节省人力蓄力。在砥柱西面再用平板船溯渭河运至渭桥。从此后诸道盐铁、转运使张滂复置江淮巡院。及浙西观察使李锜领使，江淮堰埭隶浙西者，增私路小堰之税，以副使潘孟阳主上都留后。李巽为诸道转运、盐铁使，以堰埭归盐铁使，罢其增置者。自刘晏后，江淮米至渭桥浸减矣，至巽乃复如晏之多。

秦、汉时故漕兴成堰，东达永丰仓，咸阳县令韩辽请疏之，自咸阳抵潼关三百里，可以罢车挽之劳。宰相李固言以为非时，文宗曰：“苟利于人，阴阳拘忌，非朕所顾也。”议遂决。堰成，罢挽车之牛以供农耕，关中赖其利……凡漕达于京师而足国用者，大略如此。其他州、县、方镇，漕以自资，或兵所征行，转运以给一时之用者，皆不足纪②。

五、大历贞元时代盐铁转运使多有创新

（一）元载新制代替农业税，大历四年定九等户税

大历四年正月十八日，敕有司：“定天下百姓及王公已下每年税钱，分为九等”……夏税，上田亩税六升，下田亩税四升。秋税，上田亩税五升，下田亩税三升。荒田开佃者，亩率二升。八年正月二十五日，敕：“青苗地头

---

① 《新唐书·李泌传》，卷139，列传卷64，第4635页。

② 《新唐书·食货三》，卷53，志43，第1371页。

钱，天下每亩率十五文。以京师烦剧，先加至三十文，自今已后，宜准诸州，每亩十五文。”[①]

这样无问有官无官，皆按户等纳税的新的原则确立。按照土地、资产计征钱物的户税、地税与安田产征收的青苗钱、地头税，代替了租、庸、调，同时开征工商税。这样农业税被新税制代替，工商税开始在国家财税经济中发挥日益重要的作用[②]。无疑，向官员与富人征税，虽然迫于战时经济压力，但总是一种进步。

大历五年二月戊寅，诏定京兆府户税。夏税，上田亩税六升，下田四升。秋税，上田亩五升，下田三升。荒田开垦者二升。四月，贬户部侍郎、判度支第五琦为饶州刺史，皆鱼朝恩党也。元载既诛朝恩，下制罢使，仍放黜之。

九年正月庚子朔。壬寅，汴宋节度使、太子少师、检校尚书右仆射、兼御史大夫、汴州刺史田神功卒……二月己丑，以田神功弟神玉权知汴宋留后，十年正月辛未，（代宗）以第七子韩王迥充汴宋节度大使。十一年五月癸巳，以永平军节度使李勉为汴州刺史，充汴宋等八州节度观察留后，时汴将李灵耀专杀濮州刺史孟鉴，北连田承嗣。故命勉兼领汴州。授灵耀濮州刺史，灵耀不受诏。十二年三月庚辰，宰相元载、王缙得罪下狱，命吏部尚书刘晏讯鞫之。辛巳，制：中书侍郎、平章事元载赐自尽，门下侍郎、平章事王缙贬括州刺史[③]。

武则天宰相、五王之一的崔玄暐之孙崔纵也曾经担任汴西水陆运两税盐铁等使。

（崔纵）丁父（崔涣，崔玄暐孙，大历三年以疾终）忧，终制，六迁大理卿、兼御史中丞、汴西水陆运两税盐铁等使[④]。

在转运、盐铁使是唐朝后期最肥的官缺，忠臣籍此为国扩大收入，纾解战时困境，如刘晏；奸佞之人借机聚敛财报，邀功固位，培植自己的势力如王涯。元载在大历五年对自己亲手培养提拔起来的刘晏残忍下手，停止西片区盐铁转运使，长达七年之久。代宗在大历五年，一纸诏书按下了使职的暂停键：

（大历四年三月）吏部尚书裴遵庆为右仆射，刘晏改吏部尚书。庚寅，江西团练使魏少游封赵国公……大历五年二月己丑，敕：已魏、晋有度支尚书，

① 《旧唐书·食货志上》，卷48，志卷28，第2091、2092页。

② 李庆新：《唐代岭南财政述论》，《广东社会科学》1993年第4期，第79页。

③ 《旧唐书·代宗本纪》，卷8，第295-311页。

④ 《旧唐书·崔涣附纵》，列传58，第3280页。

校计军国之用，国朝但以郎官署领办集有余。时艰之后，方立使额，参佐既众，簿书转烦，终无弘益，又失事体。其度支使及关内、河东、山南西道、剑南西川转运常平盐铁等使宜停……九年四月庚申，诏度支使支七十万贯、转运使五十万贯和籴，岁丰谷贱也[①]。

很明显：永泰二年（766）刘晏与第五锜分管东西区域的，东片区的转运常平盐铁使并没有停止，而西片区全停。这时刘晏不再担任户部尚书，因而不再任盐铁转运使。元载打压刘晏。

紧接上文，代宗本纪交代了西片区没有盐铁转运使以后的业务运行，是由地方政府完成：

每道岁有防秋兵马，其中淮南四千人，浙西三千人，魏博四千人，昭义二千人，成德三千人，山南东道三千人，荆南二千人，湖南三千人，山南西道二千人，剑南西川三千人，东川二千人，鄂岳一千五百人。宣歙三千人，福建一千五百人。费用人均二十贯，各委本道每年取当使诸色杂钱及回易利润、赃赎钱等，市轻货送纳上都，以备和籴，依旧秋收后完成[②]。

物资由各地自行上送到长安，好像没有转运使的事。从韩滉奏事看，主管财物的户部度支负责盐务。刘晏确实受到影响，令狐彰举荐他的遗言未被代宗采纳。代替刘晏的是韩滉：

（大历）六年，改户部侍郎、判度支。自至德、乾元已后，所在军兴，赋税无度，帑藏给纳，多务因循。滉既掌司计，清勤检辖，不容奸妄，下吏及四方行纲过犯者，必痛绳之。又属大历五年已后，蕃戎罕侵，连岁丰稔，故滉能储积谷帛，帑藏稍实。然苛克颇甚，覆治案牍，勾剥深文，人多咨怨[③]。

韩滉出现还是比较高调，兼户部侍郎（户部副职正四品下）、判度支（度支郎中低二级为从五品下）。度支主要责任是核准国用开支，确定标准，包括邮递运输的费用量和费用计算标准及底线时间。大历九年十二月庚寅，代宗除中书舍人杨炎、秘书少监韦肇并为吏部侍郎，中书舍人常衮为礼部侍郎。这是在《旧代宗本纪》中第一次看到杨炎的出场。

毫无疑义：大历五年停西片区盐铁常平转运使，是元载打击刘晏的体现。对元载

---

① 《旧唐书·代宗本纪》，卷11，第292-304页。

② 《旧唐书·代宗本纪》，第305页。

③ 《旧唐书·韩滉》，列传卷79，第3600页。

来说，他是通吃：诸道盐铁使一职还在，作为首席宰相，过问、决定尚书省事务也是他的职责所在，财政经济工作主要由尚书省负责，虽然他们内部的度支郎中、户部侍郎，往往争权夺利。但初盛唐时“（户部）郎中、（度支）员外郎掌领天下州县户口之事。凡天下十道，任土所出，而为贡赋之差”[①]。运输任务自然也由户部完成。但户部往往又把差役压至州县。这就导致“船头”“捉驿”“白著”的诞生。时隔多年，大历十三年十二月丙戌，以吏部尚书刘晏为左仆射，判使如故[②]。但是，杨炎为元载复仇，刘晏遭到更大打击。从韩滉新传等可以判断，这一时期的以尚书省度支名义完成转运任务，直至德宗上台，才正式任江淮转运使，次年任诸道转运盐铁使。“转运盐铁使”正式恢复。

（二）刘晏开源节流多创新

元载以后，常衮执政专权，嫉妒刘晏，欲停其盐铁使，但代宗仍然让刘晏以仆射身份，领盐铁使。他的做法是分置诸道租庸使，谨慎挑选台阁士人，财务会计及经济能力必须过硬者。办法严密，利无疏漏，其新传云：

> 初，岁收缗钱六十万，末乃什之，计岁入千二百万。而榷居太半，民不告勤。至湖峤荒险处，所出货皆贱弱，不偿所转，晏悉储淮、楚间，贸铜易薪，岁铸缗钱十余万。其措置纤悉如此……德宗立，言者屡请罢转运使，晏亦固辞，不许。又加关内、河东、三川转运、盐铁及诸道青苗使[③]。

也就是说，专卖所得占整个收入一半以上。用极为廉价的薪木交换铜材。这是眼里有生意，处处见商机。

常衮失势后，杨炎得以掌权，开始为元载复仇，报复刘晏。刘晏新传云：

> 建中元年七月，诏中人赐晏死，年六十五。后十九日，赐死诏书乃下，且暴其罪。家属徙岭表，坐累者数十人，天下以为冤殁晏殁二十年，而韩洄、元琇、裴腆、李衡、包佶、卢徵、李若初继掌财利转运，皆晏所辟用，有名于时。
>
> 晏既被诬，而旧吏推明其功。陈谏以为管、萧之亚，著论纪其详，大略以“开元、天宝间天下户千万，至德后残于大兵，饥疫相仍，十耗其九，至晏充使，户不二百万。晏通计天下经费，谨察州县灾害，蠲除振救，不使流

---

① 《唐六典·尚书户部》。

② 《旧唐书·代宗本纪》，卷11，第314页。

③ 《新唐书·列传七四》，第4796页。

离死亡。初，州县取富人督漕挽，谓之'船头'；主邮递，谓之'捉驿'；税外横取，谓之'白著'。人不堪命，皆去为盗贼。上元、宝应间，如袁晁、陈庄、方清、许钦等乱江淮，十余年乃定。晏始以官船漕，而吏主驿事，罢无名之敛，正盐官法，以裨用度。起广德二年，尽建中元年，黜陟使实天下户，收三百余万……晏又以常平法，丰则贵取，饥则贱与，率诸州米尝储三百万斛。岂所谓有功于国者邪！"[①]

追求效益与速度，建立高效的收缴、转运系统是刘晏的遗产：

十三年十二月，为尚书左仆射。时宰臣常衮专政，以晏久掌铨衡，时议平允，兼司储蓄，职举功深，虑公望日崇，上心有属。窃忌之，乃奏晏朝廷旧德，宜为百吏师长，外示崇重，内实去其权。及奏上，以晏使务方理，代其任者难其人，使务、知三铨并如故。李灵曜之乱也，河南节帅所据，多不奉法令，征赋亦随之；州县虽益减，晏以羡余相补，人不加赋，所入仍旧，议者称其能。自诸道巡院距京师，重价募疾足，置递相望，四方物价之上下，虽极远不四五日知，故食货之重轻，尽权在掌握，朝廷获美利而天下无甚贵甚贱之忧，得其术矣。凡所任使，多收后进有干能者。其所总领，务乎急促，趋利者化之，遂以成风。当时权势，或以亲戚为托，晏亦应之，俸给之多少，命官之迟速，必如其志，然未尝得亲职事。其所领要务，必一时之选，故晏没后二十余年，韩洄、元琇、裴腆、包佶、卢征、李衡继掌财赋，皆晏故吏。其部吏居数千里之外，奉教令如在目前，虽寝兴宴语，而无欺绐，四方动静，莫不先知，事有可贺者，必先上章奏。江淮茶、橘，晏与本道观察使各岁贡之，皆欲其先至。有土之官，或封山断道，禁前发者，晏厚以财力致之，常先他司，由是甚不为籓镇所使[②]。

代宗、德宗皇帝赐给文武大臣们的时鲜茶叶、柑橘多为刘晏所及时转运。茶饼与柑橘，不是战争所需要的物资，但它及时抵达长安，成为皇帝怀柔武将、笼络文臣，蕴含浩荡皇恩的福泽，代表的是皇家恩信，其精神价值远远高于实物价值。

我们看到刘晏把承包给地方富豪的漕运、邮递与收税业务全部收回，由盐铁转运使统一管理。无疑得罪于地方官吏与豪绅。而宦官利用手中权力为豪贾谋取利益自己谋取好处是常用手法。

在刘晏被诬后，作为属吏，陈谏著文喊冤，其原文见《全唐文》：

---

① 《新唐书·刘晏传》，列传74，第4797、4798页。

② 《旧唐书·刘晏传》，第3515页。

开元天宝间，天下户千万。至德后残于大兵，饥疫相仍，十耗其九。至晏充使，户不二百万。晏通计天下经费，谨察州县灾害，蠲除振救，不使流离死亡……晏又以常平法，丰则贵取，饥则贱与，率诸州米常储三百万斛。岂所谓有功于国者耶！[①]

刘晏不直接采用赈灾式办法济民，而是采用辅助生血的办法。直接供给物资钱币，得到好处的往往是"侥幸"之人。

刘晏同时，另一个杰出的谷金能吏是第五锜，与刘晏分道收纳租佣调并榷利，负责河南等五道事。迁户部侍郎、判度支，河南等道支度、转运、租庸、盐铁、铸钱、司农、太府出纳、山南东西、江西、淮南馆驿等使。乾元二年，进同中书门下平章事。肃宗朝铸乾元钱失败被贬为忠州长史。

代宗宝应初（763），刘晏调任朗州刺史，德宗继位想重用，不幸年老而病，71岁去世。德宗赠其太子少保。

宝应元年五月，丙申，以户部侍郎元载同中书门下平章事，充度支转运使……六月壬申，以通州刺史刘晏为户部侍郎、兼御史大夫、京兆尹，充度支转运盐铁诸道铸钱等使。

……

宝应二年四月，民户三丁免一丁庸，租税依旧每亩二升。

广德二年正月癸亥，吏部尚书、同平章事、度支转运使刘晏为太子宾客，黄门侍郎、同平章事李岘为太子詹事，并罢知政事。……是岁，户部计帐，管户二百九十三万三千一百二十五，口一千六百九十二万三百八十六[②]。

这个数字告诉我们，唐朝遭遇前所未有的危机：安史之乱后不仅管辖国土与人口大幅度缩减，而且不断受到周边政权的武装入侵，内部藩镇节度使的叛乱往往使唐政府雪上加霜。次年（永泰元年，765）八月丁巳，吐蕃大掠京畿男妇数万计，焚庐舍而去。开元二十四年（736），"户部奏今岁户七百六万九千五百六十五，口四千一百四十一万九千七百一十二"[③]。28年后，中央政府直接管辖的户数锐减了500万，人口锐减2500万人，这是我们理解唐朝皇帝特别重视税收财务运行的根本原因所在。

而朝廷开支依然很大，仅仅官员就二千七百多人："大历十二年（777）四月己

① （唐）陈谏：《刘晏论》，《全唐文》，卷684，第7001页。

② 《旧唐书·代宗本纪》，卷11，第268-277页。

③ 《资治通鉴》，卷213。

西，加京官料钱，文武班诸司共二千七百九十六员，文官一千八五十四员，武官九百四十二员，岁加给一十五万六千贯，并旧给凡二十六万贯。”①

> 永泰二年春正月丁巳朔，大雪平地二尺。壬申（十六），（代宗）减子孙袭实封者半租，永为常式……丙戌（三十），以户部尚书刘晏充东都京畿、河南、淮南、江南东西道、湖南、荆南、山南东道转运、常平、铸钱、盐铁等使，以户部侍郎第五琦充京畿、关内、河东、剑南西转运、常平、铸钱、盐铁等使。至是天下财赋，始分理焉。
>
> 五月丙辰，税青苗地钱使、殿中侍御韦光裔诸道税地回。是岁得钱四百九十万贯。自乾元已来，天下用兵，百官俸钱折，乃议于天下地亩青苗上量配税钱，命御史府差使征之，以充百官俸料，每年据数均给之，岁以为常式②。

上述内容表明：盐铁、转运使、铸钱、常平使是同时存在，由刘晏一人兼领之。

> （接上）九月丙子（二十三日），宣州刺史李佚坐赃二十四万贯，集众杖死，籍没其家。
>
> 十一月丙辰，（代宗下）诏：……京兆府今年合征八十二万五千石数内，宜减放一十七万五千石。青苗地头钱宜三分取一。在京诸司官员久不请俸，颇闻艰辛。其诸州府县官，及折冲府官职田，据苗子多少，三分取一，随处粜货，市轻货以送上都，纳青苗钱库，以助均给百官……大历二年二月，郭子仪自河中府来朝，癸卯（二十三），宰臣元载、王缙、左仆射裴冕、户部侍郎第五琦、京兆尹黎干各出钱三十万，置宴于子仪之第……戊辰（十七），贬太子少保李遵永州司马，坐赃也……戊寅（二十七），田神功宴于其第。时以子仪元臣，寇难渐平，蹈舞王化，乃置酒连宴。酒酣，皆起舞。公卿大臣列坐于席者百人。子仪、朝恩、神功一宴费至十万贯③。

冰火两重天。一方面是“在京诸司官员久不请俸，颇闻艰辛”，另一面是宰相、左仆射及京兆尹各拿三十万（贯？），在军界领袖人物郭子仪家里舞蹈王化，“占据亲仁里四分之一面积的郭宅可谓郭家的本宅”，也是郭家聚族而居的最大一处宅院，也正是与郭家欢快地饮酒、起舞的杨炎、卢杞执政，在郭子仪甫一去世，便尤忌恨勋爵，郭

---

① 《旧唐书·代宗本纪》。

② 《旧唐书·代宗本纪》，卷11，第281-283页。

③ 《旧唐书·代宗本纪》，第284-286页。

家陷入风雨飘摇的境地[1]。

税制变化起于代宗大历时期。

刘晏以后，杨炎如何？

（三）杨炎增加商业税完善两税法

在元载、刘晏青苗钱基础上，杨炎两税法得到德宗认可、推行。两税法，按照资产和田亩分夏秋两季度征税，折合金钱上缴。废除杂税杂役，简称两税法。王子公主贵族富商都交税，商业税比之前大幅度增加。两税法比之前的租佣调制依照人丁交纳贡赋明显合理。夏季不超过六月，冬季不能逾越十一月。

> 杨炎……德宗在东宫，雅知其名，又尝得炎所为《李楷洛碑》，置于壁，日讽玩之。及即位，崔祐甫荐炎可器任，即拜门下侍郎、同中书门下平章事……及第五琦为度支、盐铁使，京师豪将求取无节，琦不能禁，乃悉租赋进大盈内库……河南、山东、荆襄、剑南重兵处，皆厚自奉养，王赋所入无几。科敛凡数百名，废者不削，重者不去，新旧仍积，不知其涯。百姓竭膏血，鬻亲爱，旬输月送，无有休息。吏因其苛，蚕食于人。富人多丁者，以宦、学、释、老得免，贫人无所入则丁存。故课免于上，而赋增于下。是以天下残瘁，荡为浮人，乡居地著者百不四五。炎疾其敝，乃请为“两税法”以一其制。凡百役之费，一钱之敛，先度其数而赋于人，量出制入。户无主客，以见居为簿；人无丁中，以贫富为差。不居处而行商者，在所州县税三十之一，度所取与居者均，使无侥利。居人之税，秋夏两入之，俗有不便者三之。其租、庸、杂徭悉省，而丁额不废。其田亩之税，率以大历十四年垦田之数为准，而均收之。夏税尽六月，秋税尽十一月，岁终以户赋增失进退长吏，而尚书度支总焉。帝善之，使谕中外。议者沮诘，以为租庸令行数百年，不可轻改。帝不听。天下果利之。自是人不土断而地著，赋不加敛而增入，版籍不造而得其虚实，吏不诫而奸无所取，轻重之权始归朝廷矣[2]。

在德宗支持下，杨炎两税法取得利好天下的较理想结果。杨炎说服德宗，财物入大盈库前，数字账目须事先知会尚书省度支。扩大征税面，更为合理，虽然有阻力，

---

① 荣新江、李丹婕：《郭子仪家族及其京城宅第：以新出墓志为中心》，《北京大学学报（哲学社会科学版）》2013年第4期，第22页。

② 《新唐书·杨炎传》，列传70，第4724页。

但还是坚持下来。这无疑是一大进步。两税法原始思想源于元载，而在杨炎任相期间得以完成。

杨炎，美须眉，峻风宇，文藻雄蔚，然豪爽尚气。但是为人做事睚眦必报，果于用私，最终败在相貌丑陋的卢杞手下，被杀于贬谪崖州的路上，出京不足百里。但他的两税法却延续下来，直至唐末。

两税法，代替租庸调。其基本内容是按每家资产多少征收户税，按田亩多少征。元载、刘晏已经有了实践，杨炎在德宗朝得以正式固定下来。

收地税，每年分夏秋两季征收，夏税无过六月，秋税无过十一月，这是中国土地制度史与赋税制度史的大变革。征收基数在元载、刘晏基础上对农民不断加码。

（四）建中三年初税茶，贞元九年正式确立茶税

而茶税是在卢杞任宰相时，赵赞任度支使时在建中四年（783）开始征收。度支侍郎是尚书户部四大部门之一的度支之长官，与户部郎中（主管户籍）同为从五品上[①]。自从有了茶税以后，谁负责一直成为一个不断变化的过程。但从赵赞职务看，大约最先由尚书省户部之度支郎中主要负责，这是属于从中央到地方的层级管理制度。而在尚书省户部内部，又有分界，户部副职户部侍郎（正四品下）与户部度支使（度支首长）分区负责：

> 建中元年七月，敕："夫常平者，常使谷价如一，大丰不为之减，大俭不为之加。虽遇灾荒，人无菜色。自今已后，忽米价贵时，宜量出官米十万石，麦十万石，每日量付两市行人下价粜货。"三年九月，户部侍郎赵赞上言曰："伏以旧制，置仓储粟，名曰常平。军兴已来，此事阙废，或因凶荒流散，饿死相食者，不可胜纪。古者平准之法，使万室之邑，必有万钟之藏，千室之邑，必有千钟之藏，春以奉耕，夏以奉耘，虽有大贾富家，不得豪夺吾人者，盖谓能行轻重之法也。自陛下登极以来，许京城两市置常平，官籴盐米，虽经频年少雨，米价未腾贵，此乃即自明验，实要推而广之。当军兴之时，与承平或异，事须兼储布帛，以备时须。臣今商量，请于两都并江陵、成都、扬、汴、苏、洪等州府，各置常平，轻重本钱，上至百万贯，下至数十万贯，随其所宜，量定多少。唯贮斛斗匹段丝麻等，候物贵则下价出卖，物贱则加价收籴。权其轻重，以利疲人。"从之。赞于是条奏诸道津要、都会之所，皆置吏，阅商人财货。计钱每贯税二十，天下所出竹、木、茶、漆，

---

① 《唐六典》，第79页。

皆十一税之，以充常平本。时国用稍广，常赋不足，所税亦随时而尽，终不能为常平本[①]。

征收茶税，还是从充益常平仓，平抑谷价为出发点。建中四年（783）开始起征茶税，贞元九年（793）正式固定下来。韩滉成为继刘晏以后，在财税经济事务中发挥重要作用的专业人才。各资料来源数字一致，贞元九年获茶税为四十万贯。肃宗时酒税一百五六十万贯。而盐税则在四百万贯至近七百万贯，茶税只及酒税的四分之一强。

（建中）三年，以包佶为左庶子、汴东水陆运盐铁租庸使，崔纵为右庶子、汴西水陆运盐铁租庸使。四年，度支侍郎赵赞议常平事，竹、木、茶、漆尽税之。茶之有税，肇于此矣。贞元元年，元琇以御史大夫为盐铁水陆运使。其年七月，以尚书右仆射韩滉统之。滉殁，宰相窦参代之。五年十二月，度支转运盐铁奏："比年自扬子运米，皆分配缘路观察使差长纲发遣。运路既远，实谓劳人。今请当使诸院，自差纲节级搬运，以救边食。"从之。八年，诏：东南两税财赋，自河南、江淮、岭南、山南东道至于渭桥，以户部侍郎张滂主之；河东、剑南、山南西道，以户部尚书度支使班宏主之。今户部所领三川盐铁转运，自此始也。其后宏、滂互有短长。宰相赵憬、陆贽以其事上闻，由是遵大历故事，如刘晏、韩滉所分焉[②]。

户部尚书，兼任度支使，不仅是度支郎中官名变更，而且是在国家经济财政运行中职能变化、地位提高的表现。度支使出现，度支郎中这一岗位大概率也就不再存在了。下面记载本身有相互矛盾，既然建中四年开始行税茶，贞元九年又说"初税茶"？正确地说，应该是从贞元九年起，唐朝把茶税正式确定下来，并交由诸道盐铁转运使完成收缴并输送供京部分。由于五鬼闹事与泾原兵变（朱泚叛乱）的影响，税茶一度停止征收——实际也是很难收缴，贞元九年是表明中央必须征收茶税的坚定目标。也是开源节流，助军平叛、供给常平仓的迫切需要。年收40万缗，也是不小的成绩。

建中四年六月，户部侍郎赵赞请置大田：天下田计其顷亩，官收十分之一。择其上腴，树桑环之，曰公桑。自王公至于匹庶，差借其力，得谷丝以给国用。诏从其说。赞熟计之，自以为非便，皆寝不下。复请行常平税茶之法。又以军须迫蹙，常平利不时集，乃请税屋间架、算除陌钱。间架法：凡

---

① 《旧唐书·食货志》，卷49，志卷29，第2125页。

② 《旧唐书·食货志》，卷49，志卷29，第2118、2119页。

屋两架为一间，至有贵贱，约价三等，上价间出钱二千，中价一千，下价五百。所由吏秉算执筹，入人之庐舍而计其数。衣冠士族，或贫无他财，独守故业，坐多屋出算者，动数十万。人不胜其苦。凡没一间者，仗六十，告者赏钱五十贯，取于其家。除陌法：天下公私给与货易，率一贯旧算二十，益加算为五十。给与他物或两换者，约钱为率算之。市牙各给印纸，人有买卖，随自署记，翌日合算之。有自贸易不用市牙者，验其私簿。无私簿者，投状自集。其有隐钱百者没入，二千杖六十，告者赏十千，取其家资。法既行，而主人市牙得专其柄，率多隐盗。公家所入，曾不得半，而怨惇之声，嚣然满于天下。至兴元二年正月一日赦，悉停罢。

贞元九年正月，初税茶。先是，诸道盐铁使张滂奏曰："伏以去岁水灾，诏令减税。今之国用，须有供储。伏请于出茶州县，及茶山外商人要路，委所由定三等时估，每十税一，充所放两税。其明年以后所得税，外贮之。若诸州遭水旱，赋税不办，以此代之。"诏可之，仍委滂具处置条奏。自此每岁得钱四十万贯。然税无虚岁，遭水旱处亦未尝以钱拯赡。（大和）九年十二月，左仆射令狐楚奏新置榷茶使额：伏以……开成二年十二月，武宁节度使薛元赏奏：泗口税场，应是经过衣冠商客金银、羊马、斛斗、见钱、茶盐、绫绢等，一物以上并税，今商量，其杂税并请停绝。诏许之[①]。

张滂税法包括房产税、农业税和交易税等成分。茶税十税一"充所放两税"，表明茶叶生产已从传统农业中正式析离出来，我们看到，张滂的做法得到了德宗身边陆贽的支持。

大和九年左仆射令狐楚请求增加榷茶使，取消杂税，而收榷税。

张滂《请税茶奏》："伏以去秋水灾，诏令减税，今之国用，须有供备。伏请出茶州县，及茶山外商人要路，委所由定三等时估，每十税一价钱，充所放两税。其明年已后所得税外收贮，若诸州遭水旱，赋税不办，以此代之。"[②]

这是张滂在德宗唐廷历经"泾原兵变"后，以盐铁使身份正式提出，从贞元九年（794）起，茶税被正式固定下来，而税率有增无减。四十万贯，相当于全国青苗钱490万贯的百分之八。

永泰二年（766）十一月宰臣元载、王缙、左仆射裴冕、户部侍郎第五琦、京兆尹黎干各出钱三十万，置宴于子仪之第。每人是三十万钱，还是三十万贯？如果是三十万贯，那么宰相元载、太尉郭子仪的奢靡程度超乎想象！相当于全国青苗钱的三

---

① 《旧唐书·食货志》，卷49，志第29，第2127-2129页。

② 《全唐文》，卷612，第6184、6185页。

分之一！

税茶与榷茶是由不同的人，按照不同程序运行的，目的一样：以从茶叶生产与消费过程中取得尽可能多的财政收入。税茶属于层级管理，县—州—中央尚书省逐级完成；榷茶属于线条化管理，由盐铁转运使总负责。在中书门下体制下，无论税茶还是榷茶，都是由尚书省完成。中书门下二省在中央取得绝对优势情况下，尚书省直接管理地方的基本格局没有改变，因而两省长官宰相，往往兼任尚书省官职。一般来讲，榷茶或税茶中的税率基础，处在不断变化之中。

建中三年（782）主管财务的赵赞上税茶奏表，德宗支持，次年（783）正月，正式税茶。正是唐朝处在平息五贼欢闹，朱泚威逼于乾陵之时。当年就收入40万贯，可谓救了燃眉之急。贼朱泚失败，李晟收复西京，德宗兴元府归来后，作为惠泽措施，取消茶税。但由于新的战事需要，贞元九年（793）又不得不恢复茶税，从此再没有停废。特别是在唐朝持续的钱荒情境下，茶商成了重要监管对象。

赵赞作为帝国财政大臣，提出税茶，是他敏锐地看到茶叶作为特殊产品具有其他农工产品无以替代的作用：使用已经普遍，王公贵族、士属贩夫均不可或缺，贩运路途远，时效性较强，茶商拥有丰厚的现金流入。

茶税帮助帝国解决三大问题：筹措军费、充实常平与解决钱荒。由于这个原因，茶税长期确立。直至唐末，财务大臣往往回归建中四年与贞元九年的立税本初比率，十税一。建中四年赵赞与贞元九年张滂故事在《旧唐书·食货志》屡屡提及，成为茶法变化的主要参考或依据。

税茶，还是榷茶，不断变化。围绕茶法，成了中晚唐重要财税问题之一，以宰相身份同时身兼节度使、盐铁转运、判度支，从刘晏到朱温，钱谷吏出身的大臣在帝国运行中的作用日益重要。虽然裴度、崔群极力反对，宪宗还是任用程异为相兼转运使，解决了平叛所需军费问题。裴休一代文人，作为宰相，提出较为合理茶法，受到各方赞持。

茶法，成为中晚唐帝国牵动政治、经济与军事的关键点，茶也成为文人墨客诗文歌赋的主题，茶的文化达到独立成系的地步。

纵观历史，我们又发现，德宗是举行三月三、九月九节日茶会最多的唐代帝王，赏赐茶叶，咏颂君臣宴聚，有个人喜好因素，大约也有提高茶叶地位、号召饮茶的隐性旨义。因为茶税，茶法的推行基于庞大的生产与消费群体。扩大生产，培育消费市场，帝王身体力行，难能可贵。

（五）分区负责财税

其分片区工作在代宗时已经出现：

初，转运使掌外，度支使掌内。（代宗）永泰二年，分天下财赋、铸钱、常平、转运、盐铁置二使。东都畿内、河南、淮南、江东西、湖南、荆南、山南东道，以转运使刘晏领之；京畿、关内、河东、剑南、山南西道，以京兆尹、判度支第五琦领之。及琦贬，以户部侍郎、判度支韩滉与晏分治①。

贞元九年户部侍郎再次提出设立税茶法。盐铁开始从度支分掌权利。

（贞元）九年，张滂奏立税茶法。自后裴延龄专判度支，与盐铁益殊途而理矣。十年，润州刺史王纬代之，理于朱方。数年而李锜代之，盐院津堰，改张侵剥，不知纪极。私路小堰，厚敛行人，多自锜始。时盐铁转运有上都留后，以副使潘孟阳主之。王叔文权倾朝野，亦以盐铁副使兼学士为留后②。

关于转运使、盐铁使、度支使是分开的还是合署，似乎并不明晰。黄寿成认为何汝泉合一不确、维护严耕望分置观点③。实际上，分分合合。洛阳出土的盐铁使印，支持黄的观点。但总体感觉，盐铁使掌控时间较长。

（六）建中三年初榷酒

建中三年，初榷酒，天下悉令官酿。斛收直三千。米虽贱，不得减二千。委州县综领。醨薄私酿，罪有差。以京师王者都，特免其榷。元和六年六月，京兆府奏："榷酒钱除出正酒户外，一切随两税青苗，据贯均率。"从之。会昌六年九月敕："扬州等八道州府，置榷麹，并置官店沽酒，代百姓纳榷酒钱，并充资助军用，各有榷许限。扬州、陈许、汴州、襄州、河东五处榷麹，浙西、浙东、鄂岳三处置官沽酒。如闻禁止私酤，过于严酷，一人违犯，连累数家，闾里之间，不免咨怨。宜从今以后如有人私沽酒及置私麹者，但许罪止一身，并所由容纵，任据罪处分。乡井之内，如不知情，并不得追扰。其所犯之人，任用重典，兼不得没入家产。"④

五月丙戌，增两税、盐榷钱，两税每贯增二百，盐每斗增一百。丁亥，

---

① 《新唐书·食货志》，卷51，第1348页。

② 《旧唐书·食货下》，志第29，第2119页。

③ 黄寿成：《关于唐代盐铁转运度支等使的问题——与何汝泉教授商榷》，《陕西师范大学（哲学社会科学版）》1999年第2期。

④ 《旧唐书·食货志下》，卷49，志第29，第2130、2131页。

贬太子詹事邵说归州刺史，卒于贬所。辛卯，诏朔方节度使李怀光率神策及朔方军东讨。（八月，包佶、崔纵分管汴水东、西陆运两税盐铁使。）……赞乃于诸道津要置吏税商货，每贯税二十文，竹木茶漆皆什一税一，以充常平之本[①]。

（七）崔造贞元二年实行宰相分判六尚书实践的失败

建中四年（783）十一月二十日，朔方节度使李怀光在礼泉县击败朱泚，奉天被围困日子结束，二十四日发布《赐将士名奉天定难功臣诏》，后以《元从奉天定难功臣》，集体授予大臣（含宦官）“元从奉天定难功臣”“兴元元从”名号。兴元元年六月四日，李晟收复京师的露布传至兴元（汉中），流亡八月，在这里指挥全国平叛已经两个月的德宗，一月后经凤翔回到长安。贞元元年（785）十一月冬至，德宗率群臣在南郊明德门外圜丘进行郊祭大礼，向昊天大帝汇报：正朔归唐，河偃海平，天祚维新。

德宗历经磨难，回归大明宫，以更为老练的手段经营煌煌帝国。一次任用崔造、齐映、刘滋三位宰相，加上李勉，共四位宰相。在从奉天逃往汉中途中，刺史齐映穿牛皮靴为德宗牵马开路。

此前，元载、常衮、杨炎、卢杞等先后执政。以给事中崔造为宰相，贞元二年正月从其奏请；实行宰相分判六尚书业务。新宰相齐映判兵部，新宰相刘滋判吏部、礼部，新宰相崔造判户部、工部，宰相李勉判刑部。崔造一心要取消盐铁、转运等使职，国家一切行政权力归尚书省。但韩滉在转运使职位时间较长，且在建中泾原兵变后有突出贡献，掌握着实际运行系统，难以彻底剥离，因为涉及地方广大、现职人员难以及时更迭、交接手续极为复杂等原因，且分区负责（扬子以南由韩滉负责，扬子以北由元琇负责），韩滉对崔造改革愤怒不已。德宗思维不清，最终导致崔造失败：

崔造，字玄宰……与韩会、卢东美、张正则为友，皆侨居上元，好谈经济之略，尝以王佐自许，时人号为“四夔”。浙西观察使李栖筠引为宾僚，累至左司员外郎。与刘晏善，及晏遭杨炎、庾准诬奏伏诛，造累贬信州长史……造久从事江外，嫉钱谷诸使罔上之弊，乃奏天下两税钱物，委本道观察使、本州刺史选官典部送上都；诸道水陆运使及度支、巡院、江淮转运使等并停；其度支、盐铁，委尚书省本司判；其尚书省六职，令宰臣分判。乃以户部侍郎元琇判诸道盐铁、榷酒等事；户部侍郎吉中孚判度支及诸道两税

① 《旧唐书·德宗本纪》，第333页。

事；宰臣齐映判兵部承旨及杂事；宰臣李勉判刑部；宰臣刘滋判吏部、礼部；造判户部、工部。又以岁饥，浙江东西道入运米每年七十五万石，今更令两税折纳米一百万石，委两浙节度使韩滉运送一百万石至东渭桥；其淮南濠寿旨米、洪潭屯米，委淮南节度使杜亚运送二十万石至东渭桥。诸道有盐铁处，依旧置巡院勾当；河阴见在米及诸道先付度支、巡院般运在路钱物，委度支依前勾当，其未离本道者，分付观察使发遣，仍委中书门下年终类例诸道课最闻奏。造与元琇素厚，罢使之后，以盐铁之任委之。而韩滉方司转运，朝廷仰给其漕发。滉以司务久行，不可遽改。德宗复以滉为江淮转运使，余如造所条奏。元琇以滉性刚难制，乃复奏江淮转运，其江南米自江至扬子凡十八里，请滉主之；扬子已北，琇主之。滉闻之怒，掎摭琇盐铁司事论奏。德宗不获已，罢琇判使，转尚书右丞。其年秋初，江淮漕米大至京师，德宗嘉其功，以滉专领度支、诸道盐铁转运等使，造所条奏皆改。物议亦以造所奏虽举旧典，然凶荒之岁，难为集事，乃罢造知政事，守太子右庶子，贬琇雷州司户。造初奏太锐，及琇改官，忧惧成疾，数月不能视事。明年九月卒，年五十一[①]。

在盐铁转运使的去留问题上，权力利益之争，也存在派系恩怨。“四夔”年轻时，以王佐自诩，后来分道扬镳：韩会、卢东美追随元载、杨炎；崔造追随李栖筠、刘晏。而韩滉则亲元、杨，与刘晏竞争激烈。另外，崔造试图将盐铁、转运、度支、榷酒、榷茶等由六宰臣分领，由于韩滉的激烈反对而未能实行。

但是我们从历史实际看，元载、杨炎、韩滉不仅注重实际事务中的权利攫取和一插到底，也注意政治层面的权术，甚至不惜栽赃诬谤。李栖筠、刘晏、崔造则相对更正直，财赋聚敛没有他们粗糙酷急。此前，李栖筠，也是以坐赃被迫贬谪。杨炎为整倒刘晏，竟然派出卧底，搜罗污点。

韩滉急德宗所急，也是得以保留任职一大原因。“韩晋公滉，闻奉天之难，以夹练囊缄盛茶末，遣健步以近御。至发军食，自负米一石登舟。大将一下皆运。一日之中，积载数万斛。后大修石头五城，召补迎驾子弟，亦招物议也。”[②]他把茶末送到了奉天还是送到兴元府？不太明了。笔者推测至兴元府可能更大一些，奉天留滞仅四个月。

在茶叶上除了税茶榷茶管理方面差异外，还有贡茶院御贡茶与土贡茶的区别。从韩滉直接供奉少量新茶的情形看，常州、湖州二刺史直接负责贡茶院生产与供奉。其他茶叶，若税茶由州县上达尚书省；若实行榷茶，则由盐铁转运使负责。

---

① 《旧唐书·崔造传》，列传卷80，第3625-3627页。
② （唐）李肇：《唐国史补》卷上，第1035-1425页。

洛阳出土“诸道盐铁使印”（洛阳博物馆高西省先生提供）

六、元和盐铁繁忙，人员变化频繁

虽然杨国忠身兼四十余职，开元天宝，景象繁华，财政经济形势一片大好，但这也埋下危机伏笔。肃宗在灵武即位后，就开启了中国战时经济财税模式，经大历、贞元，国家都是在极为拮据的景况下艰难维持，宪宗元和时期，以盐铁使为主体的财务经济业务为平叛战争做出贡献。

（一）盐铁使转运使得到格外重视

盐铁转运使是国家财政经济运行的中枢关键，唐后期日益得到重视。

顺宗即位，有司重奏盐法，以杜佑判盐铁转运使，理于扬州。元和二年三月，以李巽代之。先是，李锜判使，天下榷酤漕运，由其操割，专事贡献，牢其宠渥。中朝柄事者悉以利积于私室，而国用日耗。巽既为盐铁使，大正其事。其堰埭先隶浙西观察使者，悉归之；因循权置者，尽罢之；增置河阴敖仓；置桂阳监，铸平阳铜山为钱。又奏：“江淮、河南、峡内、兖郓、岭南盐法监院，去年收盐价缗钱七百二十七万，比旧法张其估一千七百八十余万，非实数也。今请以其数，除煮之外，付度支收其数。”盐铁使煮盐利系度支，自此始也。又以程异为扬子留后。四月五日，巽卒。自榷管之兴，惟刘晏得其术，而巽次之。然初年之利，类晏之季年；季年之利，则三倍于晏矣。旧制，每岁运江淮米五十万斛，至河阴留十万，四十万送渭仓。晏殁，久不登其数，惟巽秉使三载，无升斗之阙焉。六月，以河东节度使李鄘代之。

五年，李鄘为淮南节度使，以宣州观察使卢坦代之。六年，坦奏，每年江淮运米四十万石到渭桥，近日欠阙太半，请旋收籴，递年贮备。从之[①]。

① 《旧唐书·食货下》，卷49，志第29，第2119、2120页。

（二）王播各置巡院与飞钱

卢坦卸任只做户部侍郎（是户部首长户部尚书之副职），王播专管盐铁事务。王播采取分道管理，各置巡院。并出现飞钱（“便换”）：

坦改户部侍郎，以京兆尹王播代之。播遂奏：“元和五年，江淮、河南、岭南、峡中、兖郓等盐利钱六百九十八万贯。比量改法已前旧盐利，时价四倍虚估，即此钱为一千七百四十余万贯矣（《旧顺宗宪宗本纪》后有‘除盐本以外’），请付度支收管。”从之。其年诏曰：“两税之法，悉委郡国，初极使人。但缘约法之时，不定物估。今度支盐铁，泉货是司，各有分巡，置于都会。爰命帖职，周视四方，简而易从，庶叶权便。政有所弊，事有所宜，皆得举闻，副我忧寄。以扬子盐铁留后为江淮已南两税使，江陵留后为荆衡汉沔东界、彭蠡已南两税使，度支山南西道分巡院官充三川两税使。峡内煎盐五监先属盐铁使，今宜割属度支，便委山南西道两税使兼知粜卖。”峡内盐属度支，自此始也。七年，王播奏去年盐利除割峡内盐，收钱六百八十五万（贯），从实估也。又奏，商人于户部、度支、盐铁三司飞钱，谓之“便换”。八年，以崔倰为扬子留后、淮岭已来两税使；崔祝为江陵留后，为荆南已来两税使。十三年正月，播又奏，以“军兴之时，财用是切。顷者刘晏领使，皆自按置租庸，至于州县否臧，钱谷利病之物，虚实皆得而知。今臣守务在城，不得自往。请令臣副使程异出巡江淮，其州府上供钱谷，一切勘问”。从之。闰五月，异至江淮，得钱一百八十五万贯以进。其年，以播守礼部尚书，以卫尉卿程异代之。十四年，异卒，以刑部侍郎柳公绰代之。长庆初，王播复代公绰[①]。

上述记载表明，盐铁使、度支分属，与户部三足并立。

元和六年十月初八，宪宗就盐铁转运有关情况做了新的调整：

诏：“朕于百执事、群有司，方澄源流，以责实效。转运重务，专委使臣，每道有院，分督其任；今陕路漕引悉归中都，而尹守职名尚仍旧贯。又诸道都团练使，足修武备以靖一方；而别置军额，因加吏禄，亦既虚设，颇为浮费。思去烦以循本，期省事以使人。其河水陆运、陕府陆运、润州镇海军、宣州采石军、越州义胜军、洪州南昌军、福州靖海军等使额，并宜停。

① 《旧唐书·食货志下》，卷49，志第29，第2120、2121页。

所收使已下俸料一事已来，委本道充代百姓阙额两税，仍具数奏闻。”①

去陆运、海运使，交给地方政府。

（三）唐代茶法不断变化

长庆四年，王涯以户部侍郎代播。敬宗初，播复以盐铁使为扬州节度使。文宗即位，入觐，以宰相判使。其后，王涯复判二使，表请使茶山之人移植根本，旧有贮积，皆使焚弃。天下怨之。九年，涯以事诛。而令狐楚以户部尚书右仆射主之，以是年茶法大坏，奏请付州县而入其租于户部，人人悦焉。开成元年，李石以中书侍郎判收茶法，复贞元之制也。三年，以户部尚书同平章事杨嗣复主之，多革前监院之陈事。开成三年至大中壬申，凡一十五年，多任以元臣，以集其务。崔珙自刑部尚书拜，杜忭以淮南节度领之，既而皆践公台。薛元赏、李执方、卢弘正、马植、敬晦五人，于九年之中，相踵理之，植亦自是居相位……大中五年二月，以户部侍郎裴休为盐铁转运使。明年八月，以本官平章事，依前判使。始者，漕米岁四十万斛，其能至渭仓者，十不三四。漕吏狡蠹，败溺百端，官舟之沉，多者岁至七十余只。缘河奸犯，大紊晏法。休使僚属按之，委河次县令董之。自江津达渭，以四十万斛之佣，计缗二十八万，悉使归诸漕吏。巡院胥吏，无得侵牟。举之为法，凡十事，奏之。六年五月，又立税茶之法，凡十二条，陈奏。上大悦。诏曰：“裴休兴利除害，深见奉公。”尽可其奏。由是三岁漕米至渭滨，积一百二十万斛，无升合沉弃焉。大中六年正月，盐铁转运使裴休奏：“诸道节度、观察使，置店停上茶商，每斤收拓地钱，并税经过商人，颇乖法理。今请厘革横税，以通舟船，商旅既安，课利自厚。今又正税茶商，多被私贩茶人侵夺其利。今请强干官吏，先于出茶山口，及庐、寿、淮南界内，布置把捉，晓谕招收，量加半税，给陈首帖子，令其所在公行，从此通流，更无苛夺。所冀招恤穷困，下绝奸欺，使私贩者免犯法之忧，正税者无失利之叹。欲寻究根本，须举纲条。”敕旨依奏。其年四月，淮南及天平军节度使并浙西观察使，皆奏军用困竭，伏乞且赐依旧税茶。敕旨：“裴休条流茶法，事极精详，制置之初，理须画一。并宜准今年正月二十六日敕处分。”②

征收茶税成为节度使筹措军费的途径。裴休在征税后允许小商小贩与茶农自由买

---

① 《旧唐书·顺宗宪宗本纪》，第437页。

② 《旧唐书·食货下》，卷49，志第29，第2121-2130页。

卖，相对柔和。

御史台大和七年奏表，反映地可能是榷茶使增加税率，各环节、领域节级加价，引起地方官吏与百姓的强烈反对的表现：

> 大和七年，御史台奏：“伏准大和三年十一月十八日赦文，天下除两税外，不得妄有科配，其擅加杂榷率，一切宜停，令御史台严加察访者。臣昨因岭南道擅置竹綀场，税法至重，害人颇深。伏请起今已后，应诸道自大和三年准赦文所停两税处科配杂榷率等复却置者，仰敕至后十日内，具却置事由闻奏，仍申台司。每有出使郎官御史，便令严加察访。苟有此色，本判官重加惩责，长吏奏听进止。”从之。九年十二月，左仆射令狐楚奏新置榷茶使额：“伏以江淮间数年以来，水旱疾疫，凋伤颇甚，愁叹未平。今夏及秋，稍较丰稔。方须惠恤，各使安存。昨者忽奏榷茶，实为蠹政。盖是王涯破灭将至，怨怒合归。岂有令百姓移茶树就官场中栽，摘茶叶于官场中造？有同儿戏，不近人情。方有恩权，无敢沮议，朝班相顾而失色，道路以目而吞声。今宗社降灵，奸凶尽戮，圣明垂佑，黎庶各安。微臣伏蒙天恩，兼授使务，官衔之内，犹带此名，俯仰若惊，夙宵知愧。伏乞特回圣听，下鉴愚诚，速委宰臣，除此使额。缘国家之用或阙，山泽之利有遗，许臣条流，续具奏闻。采造欲及，妨废为虞。前月二十一日内殿奏封之次，郑覃与臣同陈论讫。伏望圣慈早赐处分，一依旧法，不用新条。惟纳榷之时，须节级加价，商人转抬，必较稍贵，即是钱出万国，利归有司，既无害茶商，又不扰茶户。上以彰陛下爱人之德，下以竭微臣忧国之心。远近传闻，必当咸悦。”诏可之。先是，盐铁使王涯表请使茶山之人，移植根本，旧有贮积，皆使焚弃，天下怨之。及是楚主之，故奏罢焉。
>
> 开成二年十二月，武宁军节度使薛元赏奏：“泗口税场，应是经过衣冠商客金银、羊马、斛斗、见钱、茶盐、绫绢等，一物已上并税。今商量，其杂税并请停绝。”诏许之。[1]

盐铁转运使势力涨大，只有御史台方可出面制约其对百姓压榨，对一般商贩的盘剥。大和七年（833）因增加税率已经搞得鸡犬不宁，过两年又要移茶树于官家场院，不会有好结果！仇士良滥杀宰相大臣，本血腥残忍暴行，是人间悲剧，但人们却为王涯之死欢呼，足见因榷茶而造成的社会矛盾到了严重程度。

① 《旧唐书·食货志下》，卷49，志第29，第2128、2129页。

（四）充盈太府寺一直受到君臣重视

太府寺仰承尚书户部，领京都四市、平准、左右藏与常平八署，编制304人，长官太府卿从三品。其不仅负责国家财货、廪藏、贸易，负责百官俸秩（实物工资）、大型活动中祭祀所陈方物，还负责京畿市场的平准，对物价起伏负责抑扬（主要平抑），责任重大，充实太府寺，是唐代中央物质生产与贸易交往的第一要务。而对全国州县的洪涝灾害的和粜救助也在管辖之列，并明文规定州县录事参军具体负责，地方长官若有违逆不行，参军可通过官驿快马上告。粮食主要由太仓署负责。太仓署受领于司农寺，长官署令三人从七品下。《旧唐书·食货志》对太府寺平准和粜功业作了回顾：

> 天宝六载三月，太府少卿张瑄奏："准四载五月并五载三月敕节文，至贵时贱价出粜，贱时加价收籴。若百姓未办钱物者，任准开元二十年七月敕，量事赊粜，至粟麦熟时征纳。臣使司商量，且粜旧籴新，不同别用。其赊粜者，至纳钱日若粟麦杂种等时价甚贱，恐更回易艰辛，请加价便与折纳。"广德二年正月，第五琦奏："每州常平仓及库使司，商量置本钱，随当处米物时价，贱则加价收籴，贵则减价粜卖。"……大和四年八月，敕："今年秋稼似熟，宜于关内七州府及凤翔府和籴一百万石。"大中六年四月，户部奏："诸州府常平、义仓斛斗，本防水旱，赈贷百姓。其有灾沴州府地远，申奏往复，已至流亡。自今已后，诸道遭灾旱，请委所在长吏，差清强官审勘，如实有水旱处，便任先从贫下不支济户给贷。"从之[①]。

保证常平仓、正仓与义仓充盈，是三府（京兆、河南、太原）及州县地方政府重要职责："仓曹、司仓参军掌公廨、度量、庖厨、仓库、租赋、征收、田园、市肆之事……又，岁丰，则出钱加时价而籴之；不熟，则出粟减时价而粜之，谓之常平仓，常与正、义仓帐具本利申尚书省。"[②]

贞元八年出太仓粟30万石，贞元十五年出太仓粟18万石，元和六年出常平、义仓粟24万石，贱粜、贷借，元和九年出粜70万石，长庆四年出太仓粟30万石，太和四年太仓购入100万石秋稼（主要是粟）。

（五）开源节流，裁撤冗员，进行社会性治理

这些措施包括：出宫女于寺院道观安置、打击贪赃枉法，减少既定节假日，禁止

---

① 《旧唐书·食货志下》，卷49，志第29，第2124-2127页。

② 《唐六典·三府都护州县官吏》，卷30。

非时无名的进奉。

（贞元二十一年）三月初一，出宫女三百人于安国寺，又出掖庭教坊女乐六百人于九仙门，召其亲族归之……十六日，检校司空、同平章事杜佑为度支盐铁使。十八日……以翰林学士王叔文为度支盐铁转运副使。杜佑虽领使名，其实叔文专总……四月二十七日，罢万安监牧……（五月）二十三，以盐铁转运使副王叔文为户部侍郎。六月丙申（丙辰十九日），诏二十一年十月已前百姓所欠诸色课利、租赋、钱帛，共五十二万六千八百四十一贯、石、匹、束，并宜除免。（七月）十二日，以户部侍郎潘孟阳为度支盐铁转运使副。丙戌，关东蝗食田稼。甲午，度支使杜佑奏："太仓见米八十万石，贮来十五年，东渭桥米四十五万石，支诸军皆不悦。今岁丰阜，请权停北河转运，于滨河州府和籴二十万石，以救农伤之弊。"乃下百僚议，议者同异，不决而止。当月下诏军国政事由皇太子纯勾当，三竖（李与二王）挠政，故有是诏，丙申（三十日），皇太子于麟德殿西亭见奏事官。宜于八月初四日再下诏：八月九日于大明宫宣政殿册立皇帝……度支盐铁转运使王叔文为渝州司户……十二月十五，金州复析汉阴县置石泉县。元和元年正月二十七，复置斜谷路馆驿。甲午，高崇文之师由斜谷路，李元奕之师由骆谷路，俱会于梓潼。二月初一，以度支郎中敬宽为山剑行营粮料使。严砺（兴元尹）奏收剑州。初十，以钱少，禁用铜器[①]。

减少九太子陵祭祀费用。
宪宗贬放二王刘柳八司马，停止陵户供奉以外的费用。

元和元年四月丁未（十四日），以检校司空、平章事杜佑为司徒，所司备礼册拜，平章事如故；罢领度支、盐铁、转运等使，从其让也，仍以兵部侍郎李巽代领其任……八月壬午（二十二日），左降官韦执谊，韩泰、陈谏、柳宗元、刘禹锡、韩晔、凌准、程异等八人，纵逢恩赦，不在量移之限癸未。十二月丙申朔，太常奏隐太子、章怀、懿德、节愍、惠庄、惠文、惠宣、请恭、昭靖以下九太子陵，代数已远，官额空存，今请陵户外并停[②]。

清人沈炳震《新旧唐书合钞》，应为十二月"庚申朔"[③]。

---

① 《旧唐书·宪宗上》，卷14，第406-415页。
② 《旧唐书·宪宗上》，卷14，第417-419页。
③ 武秀成：《〈旧唐书〉辨证》，上海古籍出版社，2003年，第214页。

减少节日开支。

元和二年春正月十七，停中和、重阳二节赐宴；其上巳宴，仍旧赐之。寒食节，宴群臣于麟德殿，赐物有差。三月初三，赐群臣宴于曲江亭。十五日，判度支李巽为兵部尚书，依前判度支盐铁转运使。夏四月初七，禁铅锡钱。六月初一朔，始置百官待漏院于建福门外。初九，五坊色役户及中书门下两省纳课陪厨户及捉钱人，并归府县色役……癸酉，东都庄宅使织造户，并委府县收管，乙亥，停润州丹阳军额。十一月初一，斩李锜于独柳树下，削锜属籍。十二月初四，东都国子监增置学生一百人。（十二月）己卯，史官李吉甫撰《元和国计簿》，总计天下方镇凡四十八，管州府二百九十五，县一千四百五十三，户二百四十四万二百五十四，其凤翔、鄜坊、邠宁、振武、泾原、银夏、灵盐、河东、易定、魏博、镇冀、范阳、沧景、淮西、淄青十五道，凡七十一州，不申户口。每岁赋入倚办，止于浙江东西、宣歙、淮南、江西、鄂岳、福建、湖南等八道，合四十九州，一百四十四万户。比量天宝供税之户，则四分有一。天下兵戎仰给县官者八十三万余人，比量天宝士马，则三分加一，率以两户资一兵。其他水旱所损，征科发敛，又在常役之外[①]。

解决钱荒，禁私采银坑废私堰埭（淘金）。
两税主要以钱币形式出现，这样造成结构性钱荒，且一直持续到唐末。

元和三年四月（二十五），以荆南节度使裴均为左仆射、判度支。五月，复武举。二十，右仆射裴均请取荆南杂钱万贯修尚书省，从之。六月（十七日），诏以钱少，欲设畜钱之令，先告谕天下商贡畜钱者，并令逐便市易，不得畜钱。天下银坑，不得私采。乙丑，罢江淮私堰埭二十二，从转运使（李巽）奏也。以秋七月初一，日有蚀之。十九，复以度支安邑、解县两池留后为榷盐使[②]。

违敕进奉付左藏库。

元和四年四月（初七），裴均进银器一千五百两，以违敕，付左藏库。六月初三，以河东节度使李鄘为刑部尚书以充诸道盐铁转运使……十二月初一，

① 《旧唐书·宪宗上》，卷14，第420-424页。
② 《旧唐书·宪宗上》，卷14，第424-426页。

中丞李夷简奏："诸州府于两税外违格科率，请诸道盐铁、转运、度支、巡院察访报台司，以凭举奏。"从之。

元和五年三月（己未）制以遂王宥为彰义军节度使，以申州刺史吴少阳为申光蔡节度留后……十二月初七，诸道盐铁转运使、刑部尚书李鄘检校吏部尚书，兼扬府长史，充淮南节度使。以河南尹房式为宣州刺史、宣歙池观察、采石军等使。以前宣歙观察使卢坦为刑部侍郎，充诸道盐铁转运使。

六年夏四月……盐铁转运使卢坦为户部侍郎、判度支；京兆尹王播为刑部侍郎，充诸道盐铁转运使；以福建观察使元义方为京兆尹……王播奏：江淮河岭已南、兖郓等盐院，元和五年都收卖盐价钱六百九十八万五千五百贯。校量未改法已前四倍抬估，虚钱一千七百四十六万三千七百贯。五月甲午朔，取受王承宗钱物人品官王伯恭十丈死。六月（初一）减教坊乐人衣粮。中书门下奏："今内外官给俸米斗者不下一万余员……今天下三百郡、一千四百县。"[①]

裁减地方办事机构，已收俸料充代百姓两税。

六年冬十月初八，诏："……其河南水陆运、陕府陆运、润州镇海军、宣州采石军、越州义胜军、洪州南昌军、福州靖海军等使额，并宜停。所收使已下俸料一事已来，委本道充代百姓阙额两税，仍具数奏闻。"戊寅，诏："京兆府每年所配折粜粟二十五万石宜放。于百姓有粟情愿折纳者，时估外特加优饶。今春所贷义仓粟，方属岁饥，容至丰熟岁送纳。元和五年已前诸色逋租并放。百官职田，其数甚广，今缘水潦，诸处道路不通，宜令所在贮纳，度支支用，令百官据数于太仓请受（笔者注：民间假借延期与度支发生关系；百官向太仓请受）。"

元和七年四月二十四，盐铁使王播奏元和六年卖盐铁，除峡内井盐外，计收六百八十五万九千二百贯[②]。

向王公、公主、百官收取租典、交易税。
这一经济措施背景是割据藩镇，为阻止削藩，割据势力四处破坏。

元和八年四月初四，以钱重货轻，出库钱五十万贯，令两常平仓收市布帛，每段匹于旧估加十之一。十二月庚戌朔，辛巳，敕："应赐王公、公主、百官等庄宅、碾硙、店铺、车坊、园林等，一任贴典货卖，其所缘税役，便

---

① 《旧唐书·宪宗上》，卷14，第427页。
② 《旧唐书·宪宗上》，卷14，第437-442页。

令府县收管。”

元和九年二月初一，户部侍郎、判度支潘孟阳兼京北五城营田使。是月（五月）旱，谷贵，出太仓粟七十万石，开六场粜以惠饥民……以旱，免京畿夏税十三万石、青苗钱五万贯。九月，淮西节度使吴少阳卒，其子元济匿丧，自总兵柄，乃焚劫舞阳等四县。朝廷遣使吊祭，拒而不纳。

元和十年，三月初一，以右金吾将军李奉仙为丰州刺史、天德军西城中城都防御使。李光颜破贼于南顿。四月初十，盗焚河阴转运院，凡烧钱帛二十万贯匹、米二万四千八百石、仓室五十五间。防院兵五百人营于县南，盗火发而不救，吕元膺召其将杀之。自盗火发河阴，人情骇扰。六月辛丑朔，癸卯镇州节度使王承宗遣盗夜伏于靖安坊，刺宰相武元衡，死之。御史中丞裴度，饬首而免。

十一月戊辰，诏出内库缯绢五十五万匹供军。

元和十一年冬十月丁丑，出内库钱五十万贯供军。

十二月初置颍水运使，运扬子院米，自淮阴溯流至寿州，四十里入颍口，又溯流至颍州沈丘界，五百里至于项城，又溯流五百里入溵河，又三百里输于郾城。得米五十万石，茭一千五百万束。省汴运七万六千贯。

元和十二年，二月初二，以内库绢布六十九万段匹、银五千两，付度支供军……四月己酉，出太仓粟二十五万石粜于西京，以惠饥民。六月初一，以卫尉卿程异为盐铁使，代王播。时异为盐铁使副，自江南收到供军钱一百八十五万以进，故得代播……八月初三，裴度发赴行营，敕神策军三百人卫从，上御通化门劳遣之。度望门再拜，衔涕而辞，上赐之犀带……戊子，出内库罗绮、犀玉、金带之具，送度支估计供军[1]。

元和时期（806—820）是唐朝后期非常重要的历史时期，总结德宗以来在平叛战争中的经验教训，积聚力量为平淮西做了较为充分的准备。主要表现在经济、军事两手同时抓，都有较好表现。以盐铁转运使发挥了重要作用，其人员变化较为频繁，这大都是宪宗李纯出于军事政治考虑所做出的决定。这与代宗时期元载、杨炎先后专权不同。盐铁使发挥了较好作用。元和九年吴元济公开反叛开始后，十月，宪宗迅速部署，论以山南东道节度使严绶兼充申、光、蔡（吴元济盘居）等招抚使内常侍崔潭浚为监军，但这支西路军出师不利。三年后再以裴度为东路军统帅。平淮大军在元和十二年八月初三由裴度统帅出发，宪宗在通化门壮行，裴度挥泪出征。在平叛过程

① 《旧唐书·宪宗下》，第444-460页。

中，裴度自由发挥，没有监军宦官的干扰。宪宗任用程异为盐铁使，做了充分的物资准备。茶税作为税收组成部分为国家统一做出贡献。

宪宗朝多次出内库钱绢、太仓粟米助军、粜籴。元和二年李吉甫撰《元和国计簿》，其研究调研成果令人吃惊：近在今陕西的凤翔（治今凤翔）、鄜坊（延安）、泾源（陕西长武、甘肃泾川一带）等15道71个州没有申报人口，正常上缴两税的只有江南八道49州，只有一百四十四万户。军队人数83万，是开元时期三分之一，税收只有开元时期的四分之一。而且这是实行两税法，扩大税源，征收茶叶、漆等商品税以后的成果。

从元和三年以度支二盐池留后为榷盐使的情形看，度支、盐铁使有合并的趋势。

元和八年为了筹措经费，宪宗把商业交易税提升扩大到王公、公主，这也是历史上的第一次！程异、皇甫镈与王播的任用，引起了士大夫的强烈反对，但他们为筹措经费还是做出了贡献。学人认为中唐以后经济财税见长的官员多受重用且提拔较快，一个原因是唐朝后期一直处于战时状态。节度使河朔三镇为代表，处于实际独立状态，朝廷拿捏他们的只有颁赐名号及宰相、御史等茶誉职衔的权力。

七、穆宗奢靡无度

元和十二年十月十六（817年11月28日）李愬雪夜入蔡州（今河南汝南），生擒吴元济，淮西平，山东、河北藩镇纷纷输诚效忠朝廷。特别是河北成德镇王承宗归顺，影响很大。元和十三年七月三日宪皇下《讨李师道诏》，李师道父子三人被其都知兵马使刘梧诛杀于郓城，卢龙归顺，韩弘宣武也归顺朝廷。这是继安史之乱平定以来，获得最大成果。但宪宗滋生自满情绪，裴度等被疏远，而任用一批小人。他决定迎奉法门寺佛骨，以壮朝廷神威，但天不假年，宪宗元和十五年正月二十七日暴崩。他的突然去世与郭太后等不无关系。穆宗上台后也采取了一些经济措施：

> 穆宗元和十五年五月初二诏："以国用不足，应天下两税、盐利、榷酒、税茶及户部阙官、除陌等钱，兼诸道杂榷税等，应合送上都及留州、留使、诸道支用、诸司使职掌人课料等钱，并每贯除旧垫陌外，量抽五十文。仍委本道、本司、本使据数逐季收计。其诸道钱便差纲部送付度支收管，待国用稍充，即依旧制。其京百司俸料，文官已抽修国学，不可重有抽取；武官所给校薄，亦不在抽取之限。"庚申，葬宪宗于景陵。六月己卯，放京兆府今年夏青苗钱八万三千五百六十贯，宜委令狐楚，以楚山陵用不尽绫绢，准实估付京兆府，代所放青苗钱。

九月庚子朔，改河北税盐使为榷盐使[1]。

税盐使改为榷盐使，人员没变但隶属关系与职责变了，恢复盐业专卖制度。人员原来归户部现在应该由转运使管理。转运使王播增加了榷茶比例，从原来三百文增加到三百五十文。

长庆元年正月初一，上亲荐献太清宫、太庙。是日，法驾赴南郊。日抱珥，宰臣贺于前。初四，祀昊天上帝于圆丘，即日还宫，御丹凤楼，大赦天下。改元长庆。内外文武及致仕官三品已上赐爵一及，四品已下加一阶，陪位白身人赐勋两转，应缘大礼移仗 宿卫御楼兵仗将士，普恩之外，赐勋爵有差。仍准旧例，赐钱物二十万四千九百六十端匹。二月二十四日，寒食节，宴群臣于麟德殿，甚欢……丁公著对曰："风俗奢靡，宴席以宣哗沉酒为乐……"三月十二日，罢京西、京北和籴使，扰人故也。罢河北榷盐法，许维计课利都数付榷盐院……盐铁使王播奏江淮盐估每斗加五十文，兼旧三百文……五月壬子，加茶榷，旧额百文，更加五十文，从王播奏。拾遗李珏上参论其不可，疏奏不报……冬十月丙寅，太中大夫、守刑部尚书、骑都尉王播可中书侍郎、同中书门下平章事，依前充盐铁转运使。十一月初一，裴度奏破贼于会星镇。十二月二十日（笔者注：公元822年元月16日），出内库钱五万贯以助军。是岁，天下户计二百三十七万五千八百五，口一千五百七十六万二千四百三十二，元不进户军州不在此内[2]。

拾遗李珏反对增加榷茶额，其传记述其事。
穆宗由复道幸咸阳佛寺。其在位期间，对寺、僧赐施无厌。

八、文宗大和九年王涯始在全国榷茶

《旧唐书敬宗文文宗本纪下》：

大和四年正月十九日，守左仆射、同平章事，诸道盐铁转运使王播卒。二月十一日，以太常卿王涯为吏部尚书，充诸道盐铁转运使……三月丁酉，监修国史、中书侍郎、平章事路随进所撰《宪宗实录》四十卷，优诏答之，赐史官等五人锦绣银器有差。五月戊子，敕度支每岁于西川织造绫罗锦

① 《旧唐书·穆宗本纪》，卷16，第478-480页。
② 《旧唐书·穆宗本纪》，第484-493页。

八千一百六十七匹，令数内减二千五百十匹。七月，太原饥，赈粟三万石。赐十六宅诸王绫绢二万匹。丁酉，守司徒裴度上表辞册命，言："臣此官已三度受册，有腼面目。"从之。九月初九，吏部尚书王涯为右仆射，依前盐铁转运使。

大和六年（832）九月初一，淄青初定两税额，五州一十九万三千九百八十九贯，从此淄青开始有上供朝廷。这对唐朝来说确实值得庆贺。

七年春正月初一，御含元殿受朝贺。往年以用兵、雨雪，不举行行元会朝拜仪式。过去，吴蜀贡新茶，皆于冬中作法为之，上务恭俭，不欲逆其物性，诏所供新茶，宜于立春后造。

二月二十一日，麟德殿对吐蕃、渤海、牂柯、昆明等使，唐朝出现了外交活跃的生机。

大和八年三月三日上巳日，赐群臣宴于曲江亭。

大和九年十月初三，杜悰复为陈许节度使，李听为太子太保分司。从大内抬出曲江新造紫云楼"彩霞亭"匾额，左军中尉仇士良以百戏于银台门迎之。时郑注言：秦中有灾，宜兴土功厌之。乃浚昆明、曲江二池。上好为诗，每诵杜甫《曲江行》云："江头宫殿锁千门，细柳新蒲为谁绿？"乃知天宝以前，曲江四岸皆有行宫台殿、百司廨署，思复升平故事，故为楼殿以壮之。

王涯献榷茶之利，乃以涯为榷茶使。茶之有榷税，自涯始也[①]。

十一月二十一日，中尉仇士良率兵诛宰相王涯、贾餗、舒元舆、李训，新除太原节度王璠，郭行馀、郑注、罗立言、李孝本，韩约等十余家，皆族诛（笔者注："甘露之变"）……二十三日，诏以银青光禄大夫、尚书左仆射、上柱国、荥阳郡开国公郑覃以本官同中书门下平章事。二十四日，诏以朝议郎、守尚书户部侍郎、判度支李石可朝议大夫、本官同平章事。二十六日，以左神刺大将军陈君奕为凤翔节度使。戊辰，以给事中李翊为御史中丞，左右军尉仇士良、鱼志弘并兼上将军。十二月初一，诸道盐铁转运榷茶使令狐楚奏榷茶不便于民，请停，从之。

开成元年五月十八，李石判度支，兼诸道盐铁转运使。五月，湖南观察使卢周仁进羡余钱二万贯、杂物八万段；不受，还之，使贷贫下户征税。七月，湖南观察使卢周仁进羡余钱一十万贯，御史中丞归融弹其违制进奉，诏以周仁所进钱于河阴院收贮（笔者注：河阴仓、院位于郑州）。冬十月十八

① 《旧唐书·文宗本纪》，卷17下，第561页。

日，敕盐铁、户部、度支三使下监院官，皆郎官、御史为之。使虽更改，院官不得移替，如显有旷败，即具事以闻。二十三日，以前西川节度使杨嗣复为户部尚书，充诸道盐铁转运使。

三年正月初八，以诸道盐铁转运使、正议大夫、守户部尚书、上柱国、宏农郡开国伯、食邑七百户、赐紫金鱼袋杨嗣复可本官同中书门下平章事，朝议郎、户部侍郎、判户部事、上柱国、赐紫金鱼袋李珏可本官同中书门下平章事，依前判户部事[①]。

由此可见，文宗大和年间（827—835）是茶事管理急剧变化的时期。《旧唐书》作者提到始有“榷税”，认为榷茶始于王涯，可能对张滂转运使职责有所忽视。令狐楚作为诸道转运使反对榷茶，文宗认可其奏。榷茶使有分权之责，转运使令狐楚有争权之嫌。杨嗣复（783—848），20岁中进士，妥妥的“牛党”人物，以宰相身份作为诸道盐铁转运使，拥有伯爵封号，有唐一代，似乎只有杨国忠可与之比较高下。进士宰相兼钱谷吏最高代表，成为晚唐官场风向标。

九、武宗改开成五年税茶为四年三使合一

（一）李德裕主政，淮南再次税茶

武宗开成五年十一月，盐铁转运使奏江淮已南请复税茶，从之[②]。

会昌二年二月一日，中书奏：“准元和七年敕，河东、凤翔、鄜坊、邠宁等道州县官，令户部加给课料钱岁六万二千五百贯。”

八月，回纥乌介可汗过天德，至杷头烽北，俘掠云、朔北川，武宗诏命刘沔出师守雁门诸关。诏太原起用室韦（今蒙古族先祖）、沙陀三部落、吐浑诸部，委派石雄为前锋。易州、定州、兵千人守大同军，契苾通、何清朝领沙陀、吐浑六千骑趋天德，李思忠率回纥、党项之师屯保大栅。

征讨回鹘，牛党迁延回护，只有武宗与李德裕主张武力征讨，最终胜利。

（二）打击奢靡之风，籍没贪官家财

（会昌）三年六月，西内神龙寺灾。左军中尉楚国公仇士良卒……四年六月制追削故左军中尉仇士良先授官及赠官，其家财并籍没。士良死后，中人

① 《旧唐书·文宗本纪下》，卷17下，第562-572页。
② 《旧唐书·武宗本纪》，卷18上，第586页。

> 于其家得兵仗数千件，兼发士良宿罪故也。敕责授官银青光禄大夫、澧州刺史、上柱国、安平郡开国公、食邑二千永崔珙再贬恩州司马员外置，以珙领盐铁时欠宋滑院盐铁九十万贯[①]。

皇宫大火中宦官最有权、最跋扈的仇士良死了，是天意还是暗杀，谁也说不清。亚圣卢仝因为与宰相王涯一同吃茶而被仇士良所杀，为茶文化史千古遗恨。

（三）度支、盐铁、转运合为一使

> （四年）六月帝令度支、盐铁、转运合为一使。七月，以淮南节度使、检校司空杜悰守尚书右仆射、兼门下侍郎、同平章事，仍判度支，充盐铁转运等使。又制银青光禄大夫、守尚书右仆射、兼门下侍郎、同平章事、监修国史、上柱国、赵郡开国公、食邑二千户李绅可检校司空、平章事、扬州大都督府长史、淮南节度副大使、知节度事。吏部条奏中外合减官员一千一百一十四员[②]。

三使合一应该是李德裕的财政思想，这是加强财税经济工作的力度，杜悰以宰相身份兼三使。

（四）沙太僧寺，铜铸钱，铁铸造农具

“会昌大法”开始，既有经济因素，也有宗教因素，还有民族与文化因素，粟特人、回纥人为主要信众的祆祠也被一同拆除。会昌五年秋八月二五日，敕并省天下佛寺。中书门下条疏闻奏：“据令式，诸上州国忌日官吏行香于寺，其上州望各留寺一所，有列圣尊容，便令移于寺内（笔者认为：从文意看，寺院有李唐光帝塑像）；其下州寺并废。其上都、东都两街请留十寺，寺僧十人。”敕曰：“上州合留寺，工作精妙者留之；如破落，亦宜废毁。其合行香日，官吏宜于道观。其上都、下都每街留寺两所，寺留僧三十人。上都左街留慈恩、荐福，右街留西明、庄严。”中书又奏：“天下废寺，铜像、钟磬委盐铁使铸钱，其铁像委本州铸为农器，金、银、鍮石等像销付度支。衣冠士庶之家所有金、银、铜、铁之像，敕出后限一月纳官，如违，委盐铁使依禁铜法处分。其土、木、石等像合留寺内依旧。”又奏：“僧尼不合隶祠部，请隶鸿胪寺。如外国人，送还本处收管。”[③]

---

① 《旧唐书·武宗本纪》，卷18上，第595-600页。

② 《旧唐书·武宗本纪》，卷18上，第600页。

③ 《旧唐书·武宗本纪》，卷18上，第605页。

宣宗会昌六年四月初一，释服，尊母郑氏曰皇太后。以中散大夫、大理卿马植为金紫光禄大夫、刑部侍郎，充诸道盐铁等使。

十、进奉之风德宗时代为盛

进奉，是地方官以个人名义向皇帝在上贡、常贡之外进献奉送的以金银器为主的特产，名义上属浮舀出来的剩余物，实际是派索而来，假礼献之名，自取其十之七八之实！

> 初，德宗居奉天，储畜空窘，尝遣卒视贼，以苦寒乞襦绔，帝不能致，剔亲王带金而鬻之。朱泚既平，于是帝属意聚敛，常赋之外，进奉不息。剑南西川节度使韦皋有“日进”，江西观察使李兼有“月进”，淮南节度使杜亚、宣歙观察使刘赞、镇海节度使王纬、李锜皆徼射恩泽，以常赋入贡，名为“羡余”。至代易又有“进奉”。当是时，户部钱物，所在州府及巡院皆得擅留，或矫密旨加敛，谪官吏、刻禄禀，增税通津、死人及蔬果。凡代易进奉，取于税入，十献二三，无敢问者。常州刺史裴肃鬻薪炭、案纸为进奉，得迁浙东观察使。刺史进奉，自肃始也。刘赞卒于宣州，其判官严绶倾军府为进奉，召为刑部员外郎。判官进奉，自绶始也。自裴延龄用事，益为天子积私财，而生民重困。延龄死，而人相贺[①]。

讨伐淮西，判度支杨于陵坐馈军不继贬，以司农卿皇甫镈代之，由是刻剥。司农卿王遂、京兆尹李翛号能聚敛，乃以为宣歙、浙西观察使，予之富饶之地，以办财赋。盐铁使王播言：“刘晏领使时，自按租庸，然后知州县钱谷利病虚实。”乃以副使程异巡江、淮，核州府上供钱谷。异至江、淮，得钱百八十五万贯。其年，遂代播为盐铁使。是时，河北兵讨王承宗，于是募人入粟河北、淮西者，自千斛以上皆授以官。度支盐铁与诸道贡献尤甚，号“助军钱”。及贼平，则有贺礼及助赏设物。群臣上尊号，又有献贺物。德宗、宪宗处在战时，助长了进奉之风。

大盖自建中（780—783）定两税，而物轻钱重，民以为患，至穆宗朝四十年。帝亦以货轻钱重，民困而用不充，诏百官议革其弊。而议者多请重挟铜之律。户部尚书杨于陵曰：

> 王者制钱以权百货，贸迁有无，通变不倦，使物无甚贵甚贱，其术非它，在上而已。何则？上之所重，人必从之。古者权之于上，今索之于下；昔散

---

① 《新唐书·食货二》，卷52，第1358页。

之四方，今藏之公府；昔广铸以资用，今减炉以废功；昔行之于中原，今泄之于边裔。又有闾井送终之唅，商贾贷举之积，江湖压覆之耗，则钱焉得不重，货焉得不轻？开元中，天下铸钱七十余炉，岁盈百万，今才十数炉，岁入十五万而已。大历以前，淄青、太原、魏博杂铅铁以通时用，岭南杂以金、银、丹砂、象齿，今一用泉货，故钱不足。今宜使天下两税、榷酒、盐利、上供及留州、送使钱，悉输以布帛谷粟，则人宽于所求，然后出内府之积，收市廛之滞，广山铸之数，限边裔之出，禁私家之积，则货日重而钱日轻矣。宰相善其议。由是两税、上供、留州，皆易以布帛、丝纩，租、庸、课、调不计钱而纳布帛，唯盐酒本以榷率计钱，与两税异，不可去钱。

武宗即位，废浮图法，天下毁寺四千六百、招提兰若四万，籍僧尼为民二十六万五千人，奴婢十五万人，田数千万顷，大秦穆护、祆二千余人。上都、东都每街留寺二，每寺僧三十人，诸道留僧以三等，不过二十人。以僧尼既尽，两京悲田养病坊，给寺田十顷，诸州七顷。

自会昌末，置备边库，收度支、户部、盐铁钱物。宣宗更号延资库。初以度支郎中判之，至是以属宰相，其任益重。户部岁送钱帛二十万，度支盐铁送者三十万，诸道进奉助军钱皆输焉。

懿宗时，云南蛮数内寇，徙兵戍岭南。淮北大水，征赋不能办，人人思乱。及庞勋反，附者六七万。自关东至海大旱，冬蔬皆尽，贫者以蓬子为面，槐叶为齑。乾符初，大水，山东饥。中官田令孜为神策中尉，怙权用事，督赋益急。王仙芝、黄巢等起，天下遂乱，公私困竭。昭宗在凤翔，为梁兵所围，城中人相食，父食其子，而天子食粥，六宫及宗室多饿死。其穷至于如此，遂以亡[①]。

由此可见，唐朝灭亡，在于供岁赋只有八道，时常受到各节度使截留，京城与西京物资供应不足：

初，乾元末，天下上计百六十九州，户百九十三万三千一百二十四，不课者百一十七万四千五百九十二；口千六百九十九万三百八十六，不课者千四百六十一万九千五百八十七。减天宝户五百九十八万二千五百八十四，口三千五百九十二万八千七百二十三。

元和中，供岁赋者，浙西、浙东、宣歙、淮南、江西、鄂岳、福建、湖南八道，户百四十四万，比天宝才四之一。兵食于官者八十三万，加

① 《新唐书·食货二》，卷52，第1360-1362页。

天宝三之一，通以二户养一兵。京西北、河北以屯兵广，无上供。至长庆，户三百三十五万，而兵九十九万，率三户以奉一兵。至武宗即位，户二百一十一万四千九百六十。会昌末，户增至四百九十五万五千一百五十一。

宣宗既复河、湟，天下两税、榷酒茶盐钱，岁入九百二十二万缗，岁之常费率少三百余万，有司远取后年乃济。及群盗起，诸镇不复上计云[①]。

安史之乱导致纳税输赋户、口减少到原来四分之一。宪宗、武宗皇帝费了九牛二虎之力，才增加了一百多万户上供者。大中时期，政府年财政收入，包括榷茶钱在内922万贯，缺口300多万贯。

十一、盐税是唐代财税经济支撑点

盐业国家专卖，早在汉代就已经采用。唐朝国土面积更大，人口更多，以丝路为纽带的对外交流更繁荣。盐业在国家经济生活中起了重要作用，有池盐、井盐、海盐等。盐税或榷盐所得占了财政经济的40%—60%。还是刘晏，在任职期间多有创新，各地建立盐业库（廪），针对温湿度不同地区不同季节，采用适宜方法，取消各州县税率统一征税税率。

《旧唐书·食货志》载，蒲州（今山西永济）安邑、解县盐州（今陕西定边）五原自古就是北方重要食盐产地，唐代仍然发挥重要作用。“旧置榷盐使，仍各别置院官。元和三年七月，复以安邑、解县两边留后为榷盐使。”[②]

唐有盐池十八，井六百四十，皆隶度支。蒲州安邑、解县有池五，总曰“两池”，岁得盐万斛，以供京师。盐州五原有乌池、白池、瓦池、细项池，灵州有温泉池、两井池、长尾池、五泉池、红桃池、回乐池、弘静池、会州有河池，三州皆输米以代盐。安北都护府有胡落池，岁得盐万四千斛，以给振武、天德。黔州有井四十一，成州、嶲州井各一，果、阆、开、通井百二十三，山南西院领之。邛、眉、嘉有井十三，剑南西川院领之。梓、遂、绵、合、昌、渝、泸、资、荣、陵、简有井四百六十，剑南东川院领之。皆随月督课。幽州、大同横野军有盐屯，每屯有丁有兵，岁得盐二千八百斛，下者千五百斛。负海州岁免租为盐二万斛以输司农。青、楚、海、沧、棣、杭、苏等州，以盐价市轻货，亦输司农[③]。

---

① 《新唐书·食货志二》，志第42，第1362页。
② 《旧唐书·食货上》，卷48，第2108页。
③ 《新唐书·食货四》，卷54，第1377页。

《唐六典·户部·金部》云：“凡量，以巨黍中者一千二百为仑，二仑为合，十合为升，十升为斗，三斗为大斗，十斗为一斛。”这是以升、斗为计量的体积计量来计算盐的产量。以十进位为基础。“百黍之重为铢，二十四铢为两，三两为大两，十六两为斤”。“一黍之广为分。十分为寸，十寸为尺，一尺儿童村为大尺，十尺为丈”。实际上从法门寺地宫文物铭文看，晚唐在重量单位中也出现“分”“字”，胡戟先生考证唐尺约在29.5厘米，而陕历博馆藏唐尺在31.8厘米，日本正仓院唐尺为29.5—31.2厘米；何家村金银器重量关系反映的是：一两合今42.789克，一斤684.768克，或合今1.37市斤；1.62立方唐尺为一斛[①]。

> 天宝、至德间，盐每斗十钱。乾元元年，盐铁、铸钱使第五琦初变盐法，就山海井灶近利之地置监院，游民业盐者为亭户，免杂徭。盗鬻者论以法。及琦为诸州榷盐铁使，尽榷天下盐，斗加时价百钱而出之，为钱一百一十……天下之赋，盐利居半[②]。
>
> 贞元四年，淮南节度使陈少游奏加民赋，自此江淮盐每斗亦增二百，为钱三百一十，其后复增六十，河中两池盐每斗为钱三百七十。江淮豪贾射利，或时倍之，官收不能过半，民始怨矣[③]。

刘晏举荐的汴东水运使兼盐铁使包佶允许商人用漆器、玳瑁、绫绮代盐价，使得榷盐收入虚浮，实际上造成市场比价混乱，度支、内库需要的是真金白银，但这些奢侈品除了富人大官，社会购买力不足，且难以变现。但向皇帝汇报盐价却抵折高价总合汇报：

> 刘晏盐法既成，商人纳绢以代盐利者，每缗加钱二百，以备将士春服。包佶为汴东水陆运、两税、盐铁使，许以漆器、玳瑁、绫绮代盐价，虽不可用者亦高估而售之，广虚数以罔上。亭户冒法，私鬻不绝，巡捕之卒，遍于州县。盐估益贵，商人乘时射利，远乡贫民困高估，至有淡食者。巡吏既多，官冗伤财，当时病之。其后军费日增，盐价浸贵，有以谷数斗易盐一升。私籴犯法，未尝少息。顺宗时，开始减江淮盐价，每斗为钱二百五十文，河中两池盐斗钱三百。增云安、涣阳、涂鞬三监。其后盐铁使李锜奏江淮盐斗减钱十以便民，未几复旧。方是时，锜盛贡献以固宠，朝廷大臣皆饵以厚货，盐铁之利积于私室，而国用耗屈，榷盐法大坏，多为虚估，率千钱不满

---

① 胡戟：《唐代度量衡与亩里制度》，《西北大学学报（哲学社会科学版）》1980年第4期。

② 《新唐书·食货四》，卷54，第1378页。

③ 《新唐书·食货四》，卷54，第1378、1379页。

百三十而已。兵部侍郎李巽为使，以盐利皆归度支，物无虚估，天下粜盐税茶，其赢六百六十五万缗。初岁之利，如刘晏之季年，其后则三倍晏时矣。两池盐利，岁收百五十余万缗……盐民田园籍于县，而令不得以县民治之。宣宗即位，茶、盐之法益密……凡天下榷酒为钱百五十六万余缗[①]。

当初，德宗纳户部侍郎赵赞议，税天下茶、漆、竹、木，十取一，以为常平本钱。及出奉天，乃悼悔，下诏亟罢之。及朱泚平，佞臣希意兴利者益进。贞元八年，以水灾减税，明年，诸道盐铁使张滂奏：出茶州县若山及商人要路，以三等定估，十税其一。自是岁得钱四十万缗，然水旱亦未尝拯之也。

按照盐、茶665万缗，酒156万缗，三者合起来应在800万贯左右，这是正常形势下的基本收入。

由此可见山西两个盐池的专卖所得，与整个酒类专卖所收基本持平，可见盐业起了支撑作用。而茶税开始又不及榷酒的三分之一。但作为民生必需品，茶叶税收不断增加：

穆宗即位，两镇用兵，帑藏空虚，禁中起百尺楼，费不可胜计。盐铁使王播图宠以自幸，乃增天下茶税，率百钱增五十。江淮、浙东西、岭南、福建、荆襄茶，播自领之，两川以户部领之。天下茶加斤至二十两，播又奏加取焉。右拾遗李珏上疏谏曰："榷率起于养兵，今边境无虞，而厚敛伤民，不可一也；茗饮，人之所资，重税则价必增，贫弱益困，不可二也；山泽之饶，其出不訾，论税以售多为利，价腾踊则市者稀，不可三也。"其后王涯判二使，置榷茶使，徙民茶树于官场，焚其旧积者，天下大怨。令狐楚代为盐铁使兼榷茶使，复令纳榷，加价而已。李石为相，以茶税皆归盐铁，复贞元之制[②]。

唐代度量衡中，16两为1斤。一两约合今天40—42克。

其原文《论王播增榷茶疏》，因为给皇帝看，口气缓和，但内容基本一致：

伏以榷率救弊，起自干戈，天下无虞，所宜蠲省。况税茶之事，尤出近代。贞元中不得不尔，今四海镜静，八方砥平，厚敛于人，殊伤国体。其不可一也。而又茶为食物，无异米盐，人之所资，远近同俗，既蠲渴乏，难舍斯须。至于田闾之间，嗜好尤切。今收税既重，时估必增，流弊于人，先及贫弱。其不可二也。且山泽之饶，出无定数，量斤论税，所冀售多。若价高则市者稀，价贱则市者广，岁终上计，其利几何？未见阜财，徒闻敛怨。其不可三

① 《新唐书·食货四》，卷54，第1379页。

② 《新唐书·食货四》，卷54，第1382页。

也。臣不敢远征故事，直以目前所见陈之。伏惟陛下暂留聪明，稍垂念虑，特追成命，更赐商量。则嗷嗷万姓，皆荷福利。臣又窃见陛下爱人育物，动感神明，即位之初，已惩聚敛，外官抽贯，旋有诏停。洋洋德音，千古不朽。今者榷茶加税，颇失人情。臣忝职谏司，岂敢缄默，尘黩旒扆，战越伏深[①]。

武宗即位，盐铁转运使崔珙又增江淮茶税。是时茶商所过州县有重税，或掠夺舟车，露积雨中，诸道置邸以收税，谓之“拓地钱”，故私贩益起。大中初，盐铁转运使裴休著条约：私鬻三犯皆三百斤，乃论死；长行群旅，茶虽少皆死；雇载三犯至五百斤、居舍侩保四犯至千斤者，皆死；园户私鬻百斤以上，杖背，三犯，加重徭；伐园失业者，刺史、县令以纵私盐论。庐、寿、淮南皆加半税，私商给自首之帖，天下税茶增倍贞元。江淮茶为大摸，一斤至五十两。诸道盐铁使于悰每斤增税钱五，谓之“剩茶钱”，自是斤两复旧[②]。

所谓拓地钱，就是场地占用费用；剩茶，可能就是陈茶的过期费用。

盐铁使也将铸钱纳入自己的权限范围。唐前期，铸钱是少府监所属职责。唐朝后期，总是出现铜贵钱轻的现象。民间往往熔钱铸器以售。

我们发现唐后期的宰相在国家管理中，深感财政问题日益突出。安史之乱以后，可以说国无宁日。所有皇帝都为战争绞尽脑汁。德宗在奉天城（今乾县）与浑瑊相对哭泣；御马没有食料，啃食墙泥里面的麦草。茶叶作为与粮食、食盐一样的生活必需品，也显得日益重要。社会性的税茶或榷茶，都是由度支、盐铁、转运完成，到武宗朝，正式合为一体。唐后期的宰相除少数人外，大部分人都领盐铁使职。元载、刘晏、杨炎、常衮、卢杞、权德舆、杨嗣复、王涯、王播、裴休等都做过盐铁使，李德裕虽然没有受此衔，但他认为宰相兼领三司钱谷事务，是君臣互信表现，极为必要：

（武宗）会昌五年十二月十二日，车驾幸咸阳。给事中韦弘质上疏，论中书权重，三司钱谷不合宰相府兼领。相奏论之曰：“臣等昨于延英对，恭闻对旨常欲朝廷尊，臣下肃，此是陛下深究理本也。臣按《管子》云：‘凡国之重器，莫重于令。令重则群尊，君尊则国安。故国安在于奠君，尊君在于行令。君人之理，本莫要于出令。故曰：亏令者死，益令者死，不得令者死，不从令者死。又曰：令行于上，而下论不可，是上失其威，下系于人也。’自大和已来，其风大弊，令出于上，非之于下。此弊不除，无以理国也。”

昨韦弘质所论宰相不合兼领钱谷。臣等辄以事体陈闻。昔匡衡所以云：

① 《全唐文》，卷720，第7405页。
② 《新唐书·食货四》，卷54，第1382页。

“大臣者，国家之股肱，万姓所瞻仰，明王所慎择。”《传》曰：“下轻其上，贱人图柄，则国家摇动，而人不静。”弘质受人教导，辄献封章，是则贱人图柄矣。萧望之汉朝名儒重德，为御史大夫，奏云：“今首岁日月少光，罪在臣等。”上以望之意轻丞相，乃下侍中御史诘问。贞观中，监察御史陈师合上书云：“人之思虑有限，一人不可兼总数职。”太宗曰：“此人妄有毁谤，欲离间我君臣。”流师合于岭外。贾谊云：“人主如堂，群臣如陛，陛高则堂高。”亦由将相重则君尊，其势然也。如宰相奸谋隐匿，则人人皆得上论。至于制置职业，固是人主之柄，非小人所得干议。古者朝廷之上，各守其官。思不出位。弘质贱人，岂得以非所宜言上渎明主，此是轻宰相挠时政也。昔东汉处士横议，遂有党锢事起，此事深要惩绝。伏望陛下详其奸诈，去其朋徒，则朝廷安静，制令肃然。臣等不胜感愤之至。弘质坐贬官。又奏曰：“天宝已前，中书除机密迁授之外，其他政事皆与中书舍人同商量。自艰难已来，务从权便，政颇去于台阁，事多系于军期，决遣万机，不暇博议。臣等商量，今后除机密公事外，诸候表疏、百僚奏事、钱谷刑狱等事，望令中书舍人六人，依故事先参详可否，臣等议而奏闻。”从之。李德裕在相位日久，朝臣为其所抑者皆怨之。自崔铉、杜悰罢相后，中贵人上前言德裕太专，上意不悦，而白敏中之徒，教弘质论之，故有此奏。而德裕结怨之深，由此言也[1]。

对于韦弘质上疏反对宰相兼领三司钱谷（盐铁转运使）一事，李德裕及时予以反击，他反击的主要出发点不是就事论事，而是从君臣互信角度，引太宗故事进行反驳，韦弘质最后被贬官。李德裕自己从来都没有做过盐铁转运使，而由他的副宰相兼任。

《旧唐书·食货志上》载，开元以前事归尚书省，开元以后权归他官，便有了转运使、租庸使、盐铁使、度支盐铁转运使、常平铸钱盐铁使、租庸青苗使、水陆运盐铁租庸使、两税使等使职。随事立名，沿革不一。裴耀卿、刘晏、李巽等正直能干的大臣任职有益于国，而太府卿杨崇礼苛刻害人。杨国忠承恩幸带四十余使，设诡计以侵扰。安史之乱爆发，肃宗派郑叔清带御史大夫衔赴江淮卖官鬻爵，筹措经费，德宗朝赵赞收取京师房舍间架税，中外沸腾。太平日久上下难以接受，但是河朔及李希烈战火紧急，不得不想方设法获取钱粮用于平叛。榷盐酒、税茶制应运而生，这些成为盐铁转运使主责，也是度支郎主要业务。到了宪宗以后，往往衔宰相的节度使身兼转运使，程异、王叔文、王涯、王播及裴休等是其典型。揆握国务的宰相竟然承办钱谷吏低俗事务，裴度等清流嗤之以鼻，但藩镇叛乱战火此消彼长，且往往里勾外连同时兴风作浪，朝廷疲于应对，最终不敌而亡。

① 《旧唐书·武宗本纪》，卷18，第607、608页。

据上述资料，转运使及盐铁使任职起止过程，粗线条应该如下（表二）：

表二　盐铁、转运、榷茶使年表

转运盐铁使	国事背景	时间	任职与政绩	出处
萧嵩	盐池使	开元十五年	兵部尚书朔方节度使常带盐池使	《旧唐书·食货志下》
裴耀卿	玄宗拜黄门侍郎，同本章节兼江淮都转运使	开元十八年	玄宗采其意见，置河阴仓、三门仓，东西、水、陆，省陆运30万缗	《新唐书·食货三》
裴耀卿、萧炅	江淮河南转运都使，河南少尹为之副	开元二十二年	南方运河与北方黄河漕运分开，在黄河口置河阴县、河阴仓；渭河入黄处置太原仓由黄河入渭河至京。三年省佣费四十万贯	《旧唐书·食货志下》
萧炅		二十五年	二十五年运米一百万石。二十九年李齐物凿三门山	
韦坚代萧炅，同年杨钊代坚为		天宝三载	韦坚以浐水作广运潭，杨钊代坚为水陆转运使	《旧唐书·食货志下》
魏少游		天宝十五载	六月，朔方留后支度副使杜鸿渐、六城水陆转运使魏少游等迎太子治兵于朔方	《新唐书·肃宗本纪》
第五琦		肃宗初（乾元元年）	江淮租庸使、度支郎中、盐铁使。山海井灶收榷其盐。以盐为业免杂役，隶盐铁院	《旧唐书·食货志下》
吕諲		乾元二年	第五琦以户部侍郎同平章事，诏兵部侍郎吕諲代之	《旧唐书·食货志下》
元载		肃宗两京平至大历十二年三月底	两京平，入为度支郎中充使江、淮，都领漕挽之任，寻加御史中丞。迁户部侍郎、度支使并诸道转运使。宝应元年五月丙申，充度支转运使。《旧食货志》：五月元载以中书侍郎代諲	《旧唐书·代宗本纪》《旧唐书·食货志下》
元载、穆宁		宝应元年	淮河阻兵。溯汉水转运。穆为河南道转运租用盐铁使户部员外郎、鄂州刺史	《旧唐书·食货志下》
刘晏、第五琦	通州刺史	宝应元年六月壬申	京兆尹，充度支转运盐铁诸道铸钱等使；二年，吏部尚书平章事。《旧食货志下》云："盐铁兼漕运自晏始也……以盐利为漕佣。"	《旧唐书·代宗本纪》
刘晏			废勾当度支史，以刘晏专领东都、河南淮西、江南东西转运、租庸、铸钱、盐铁、转输上都	《新唐书·食货三》
第五琦	以户部侍郎	广德二年正月癸亥	专判度支及诸道盐铁、转运铸钱等使	《旧唐书·代宗本纪》)
刘晏、第五琦东西分理		永泰二年	正月丙戌，户部尚书刘晏与户部侍郎第五琦东、西分理天下财赋（兼常平、铸钱使），由此始	《旧唐书·代宗纪》

续表

转运盐铁使	国事背景	时间	任职与政绩	出处
刘晏	（元载当政）	大历五年	二月戊寅诏停西路盐铁转运常平等使。以鱼朝恩党，第五琦被贬为饶州刺史（《代宗旧纪》又载八年户部侍郎判度支）。《旧食货志下》载刘晏与韩滉分领东西至大历十四年，天下财赋以晏掌	《旧唐书·代宗本纪》《旧唐书·食货志下》
刘晏转运盐铁			大历十二年十二月丁亥，户部侍郎韩滉判度支，言解州两池生瑞盐	
刘晏			《代宗旧纪》大历九年二月乙丑诏度支七十万贯转运支五十万贯和籴，岁丰谷贱。至大历十三年吏部尚书刘晏为左仆射，判使如故	《旧唐书·代宗本纪》
刘晏、杜亚			大历十四年闰五月，陕州长史充转运使，户部侍郎韩滉为太常卿，户部尚书刘晏判度支转运盐铁等使，至此刘晏都领之	《旧唐书·德宗本纪》
金部、仓部杨炎以韩洄、杜佑分领晏职。李通黔州刺史盐铁等使	三月癸巳，以韩洄为户部侍郎、判度支；令金部郎中杜佑权勾当江淮水陆运使，一如刘晏、韩滉之则，盖杨炎之排晏也	德宗建中元年	诏："……正月甲午诏晏所领使（东都河南江淮山南东道等转运租庸青苗盐铁等使、尚书左仆射）宜停，天下钱谷委金部、仓部，中书门下拣两司官，准格式调掌。"七月己丑刘晏赐自尽，人以为冤。九月戊辰，判度支韩洄奏请于商州红崖冶洛源监置十炉铸钱。江淮七监每铸一千费二千文，请皆罢，从之；是岁，户部计账，户总三百八万五千七十有六，赋入一千三百五万六千七十贯，盐利不在此限	《旧唐书·德宗本纪》
杜佑、姚明、包佶	杨炎赐死。判度支、度支郎、陆运使（陕州，姚），转运使、江淮水陆运使（包），分领复杂	建中二年十月	十月乙亥，贬户部侍郎、判度支韩洄蜀州刺史，以江淮转运使、度支郎中杜佑代判度支、户部事。以商州刺史姚明敭为陕州长史、本州防御、陆运使；以权盐铁使、户部郎中包佶充江淮水陆运使	《旧唐书·德宗本纪》
包佶等	四月朱滔、王武俊与田悦合从而为叛。五月，贬户部侍郎、判度支杜佑为苏州刺史，以中书舍人赵赞为户部侍郎、判度支。六月京师地震。十一月滔称大冀王，武俊称赵王，悦称魏王。又劝李纳称齐王	建中三年	四月，杜佑、长安领大索京畿富商得80万贯五月丙戌，增两税、盐榷钱，两税每贯增二百，盐每斗增一百。八月设汴东西盐铁转运使，以江淮盐铁使、太常少卿包佶为汴东水陆运两税盐铁使。九月，竹木茶漆十税一，两京等设轻重本钱，充常平。赞乃于诸道津要置吏税商货，每贯税二十文，竹木茶漆皆什一税一，以充常平之本	《旧唐书·德宗本纪》

续表

转运盐铁使	国事背景	时间	任职与政绩	出处
包佶等	十月初（丁未）泾源兵变	建中四年	德宗及诸王妃主出苑北门西讨，初四至奉天，初五浑瑊带家丁赶来。《旧食货志下》："四年度支侍郎赵赞议常平事，竹木茶漆皆税之，茶之有税肇于此。"	《旧唐书·德宗本纪》《旧唐书·食货志下》
包佶、元琇	兴元元年二月丁卯，车驾幸梁州，七月十三回到京师	兴元元年	八月辛丑淄青节度使承前带陆海运、押新罗渤海两蕃等使，宜令李纳兼之，九月甲申，以前岭南节度使元琇为户部侍郎、判度支	《旧唐书·德宗本纪》
元琇、李泌、韩滉、薛珏	江陵度支院失火，烧租赋钱谷百余万。时关东大饥，赋调不入，由是国用益窘。关中蒸食蝗虫	贞元元年七月	三月丙申朔，以蜀州刺史韩洄为兵部侍郎，以汴东水陆运等使、左庶子包佶为刑部侍郎。辛丑，户部侍郎、判度支元琇兼诸道水陆运使。七月以左散骑常侍李泌为陕州长史、陕虢都防御观察陆运使。丙午，以镇海军、浙江东西道节度使韩滉检校尚书左仆射、同平章事、江淮转运使，以河南尹薛珏为河南水陆运使。《旧食货志下》："滉殁，以宰相窦参代之。"	《旧唐书·德宗本纪》《新唐书·韩休韩滉传》《旧唐书·韩滉》
元琇（至贞元二年正月）、李竦	崔造宰相分判六司，十二月，韩滉诬奏元琇馈敌。崔造为左庶子。元琇雷州司户	贞元二年	（正月崔造执政，主张宰相分判六职）其先置诸道水陆转运使及度支巡院、江淮转运等使并停二月甲戌京兆少尹李竦为户部侍郎、判盐铁榷酒。十二月丁巳，以韩滉兼度支、诸道盐铁转运使。壬申，京城畿内榷酒，每斗榷钱一百五十文，蠲酒户差役，从度支奏也。禁酒置肆（榷酒）	《旧唐书·德宗本纪》《新唐书》卷54《食货四》
窦参	正月张延赏、柳浑为相；五月杜佑尚书右丞，闰五月浑瑊平凉会盟被劫	贞元三年	李竦赴鄂岳。齐映贬、刘滋罢，韩滉卒。《旧食货志下》韩滉卒以宰相窦参代之	《旧唐书·德宗本纪》《旧唐书·食货志下》
		七年五月	户部王绍、度支卢坦、盐铁王播等奏……（可见其分权）	《旧唐书·食货一》
窦参转运使、班宏副使	李泌为相	贞元五年	二月以御史中丞窦参为中书侍郎、平章事兼转运使；班宏为户部尚书，依前度支转运副使	《旧唐书·德宗本纪》
户部尚书班宏判度支，户部侍郎张滂诸道盐铁转运使	一遵大历故事，如刘晏、韩滉分掌。五月初增税京兆青苗三钱，以给掌闲广骑	贞元八年七月班宏卒。李师古淄青陆运海运	二月户部尚书班宏判度支，户部侍郎张滂为诸道盐铁转运使。四月丁酉，韦皋请十二而税，以给官吏，从之。四月张、班分主东西，遵大历刘晏、韩滉故事	《旧唐书·德宗本纪》
张滂、李衡		九年	从张滂请，正月初三初税茶，岁得四十万贯。禁卖剑铜器，三月庚申，以给事中李衡为户部侍郎、诸道盐铁转运使	《旧唐书·德宗本纪》《旧唐书·食货志下》

续表

转运盐铁使	国事背景	时间	任职与政绩	出处
张滂、王纬		贞元十年	六月庚午度支使裴延龄兼灵、盐等州盐池井榷使。十一月乙酉，诸道盐铁转运使张滂为卫尉卿，以浙西观察使王纬为诸道盐铁转运使	《旧唐书·德宗本纪》
王纬	郑瑜分管河南、淮南水陆转运	贞元十一年	三月乙丑，以吏部侍郎郑瑜为河南、淮南水陆转运使	《旧唐书·德宗本纪》
	四月庚辰，上降诞日，命沙门、道士加文儒官讨论三教，上大悦	十二年	三月乙巳，以户部侍郎裴延龄为户部尚书	《旧唐书·德宗本纪》
	正月东都尚书省火。二月丁巳宴曲江	十三年	乙亥，度支郎中苏弁为户部侍郎、判度支，兵部郎中王绍判户部。四月以陕虢都防御观察转运等使姚南仲为滑州刺史、于頔为陕虢观察使	《旧唐书·德宗本纪》
李若初	庚寅，诏诸道州府应贞元八年至十一年两税及榷酒钱，在百姓腹内者，总五百六十万七千贯，并除放	十四年春正月壬午朔	五月以于頔判度支。九月乙卯同州刺史崔宗为陕虢观察水陆转运。浙东观察李若初为润州刺史、浙西观察使及诸道盐铁转运使。常州刺史裴肃为越州刺史、浙东观察使，于頔襄州刺史山南东节度使。出粜太仓粟三十万石	《旧唐书·德宗本纪》
李锜	九月十五讨吴少诚诏“寿州茶园，辄纵凌夺；唐州诏使，潜构杀伤”。户部侍郎换人	十五年	常州刺史李锜为润州刺史、浙西观察使及诸道盐铁转运使；汴州董晋卒，新刺史陆长源等被乱军杀。三月癸酉，令江淮岁运米二百万石。虽有是命，然岁运不过四十万石。八月“丙辰制：吴少诚……寿州茶园辄纵凌夺，唐州诏使僭构杀伤”	《旧唐书·德宗本纪》
李锜	讨吴少诚失利，十月复其官爵	十六年	九月以河南少尹张式为河南尹、水陆转运使，齐抗为相	《旧唐书·德宗本纪》
李锜	宰相贾耽上《海内华夷图》淮南节度使杜祐进《通典》，凡九门，共二百卷	十七年	浙西崔善真诣阙陈李锜最，上械归之李锜，被带械埋之	《旧唐书·德宗本纪》
		十八年	八月户部侍郎判度支王召为户部尚书判度支。九月九日赐晏、赋诗六韵	
杜佑（副使王叔文领实事）	二月甲子，顺宗御丹凤楼大赦天下。诸道除正敕率税外，诸色榷税并宜禁断；除上供外，不得别有进奉	贞元二十一年	三月十七，检校司空、同平章事杜祐为度支盐铁使。五月以盐铁转运使副王叔文与户部侍郎潘孟阳隔六月互换	《旧唐书·顺宗宪宗》

续表

转运盐铁使	国事背景	时间	任职与政绩	出处
杜佑		贞元二十一年	盐铁、度支合为一使，以杜佑兼领。佑以度支既称使，其所管不宜更有使名，遂与东渭桥使同奏，罢之	《旧唐书·食货一》
杜佑、王叔文	宪宗，八月丁酉朔，受内禅。乙巳，即皇帝位于宣政殿	顺宗永贞元年	八月壬寅，贬右散骑常侍王伾为开州司马，前户部侍郎、度支盐铁转运使王叔文为渝州司户（“永贞革新”失败。刘禹锡柳宗元被贬）	《旧唐书·顺宗宪宗》
李巽	正月复置斜谷路馆驿，四路进讨西川刘辟。赈浙东十万石米	宪宗元和元年	四月十四，以检校司空、平章事杜祐为司徒，所司备礼册拜，平章事如故；罢领度支、盐铁、转运等使，从其让也，仍以兵部侍即李巽代领其任：“天下粜盐税茶，其赢六百六十五万缗。” 九月高崇文成都西川节度使“管内度支”	《旧唐书·顺宗宪宗》《新唐书·食货四》
李巽	八月宰相武元衡兼判户部事。十月初七据润州李锜反，十一月初一被斩于独柳树下	元和二年	三月十五，判度支李巽为兵部尚书，依前判度支盐铁转运使	《旧唐书·顺宗宪宗》
李巽	裴均山南东道道，韩弘宣武军，王锷晋绛慈隰，李吉甫淮南节度使	元和三年	四月以荆南节度使裴均为右仆射判度支。五月敕不得畜钱。天下银坑，不得私采乙丑，罢江淮私堰埭二十二。从转运使奏也。王播副之。七月复以度支解县两池留后为榷盐使	《旧唐书·顺宗宪宗》《新唐书·王播传》列传第92
李巽（止于六月十三日）、李鄘（始于六月二十三日）	四月山南东道裴均进金银器1500两；付左藏库。十二月张户部侍郎弘靖为陕府长史、陕虢观察陆运等使	元和四年	四月户部尚书李元素判度支。六月盐铁使、吏部尚书李巽卒；以河东节度使李鄘为刑部尚书以充诸道盐铁转运使。中丞李夷简奏：“诸州府于两税外违格科率，请诸道盐铁、转运、度支、巡院察访报台司，以凭举奏。”从之	《旧唐书·顺宗宪宗》
李鄘（止于十二月六日）、卢坦接任	秋七月征伐吐突承璀失利，加幽州刘济、魏博田季安、淄青李师道官爵	元和五年	以李夷简为户部侍郎判度支十二月初六，诸道盐铁转运使、刑部尚书李鄘检校吏部尚书，兼扬府长史，充淮南节度使。以前宣歙观察使卢坦为刑部侍郎，充诸道盐铁转运使	《旧唐书·顺宗宪宗》
卢坦（止四月六日于）、王播接任	十月初八诏：“……转运重务，专委使臣，每道有院，分督其任……委本道充代百姓阙额两税，仍具数奏闻。”诸军使停	元和六年	以刑部侍郎、盐铁转运使卢坦为户部侍郎、判度支；京兆尹王播为刑部侍郎，充诸道盐铁转运使；王播奏：江淮河岭已南、兖郓等盐院，元和五年都收卖盐价钱六百九十八万五千五百贯。校量未改法已前四倍抬估，虚钱一千七百四十六万三千七百贯。除盐本外，付度支收管。《旧食货志上》六年二月制：茶商等公私便换见钱并须禁断	《旧唐书·顺宗宪宗》

续表

转运盐铁使	国事背景	时间	任职与政绩	出处
王播		元和七年	四月二四，盐王播奏元和六年卖盐铁，除峡内井盐外，计收六百八十五万九千二百贯。《旧食货志上》七年五月王播奏许商人于三司任变换见钱……从之（由于商人钱多滞留城中，影响流通）	《旧唐书·宪宗下》
王播（止于八月二一）		八年	八月辛丑，以东川节度使潘孟阳为户部侍郎、判度支，卢坦为梓州刺史、剑南东川节度使。十一月始征王公、百官庄宅等商业税。九年二月巳卯朔，户部侍郎、判度支潘孟阳兼京北五城营田使	《旧唐书·宪宗下》
王播	九年十一月严绶为申光蔡州招抚使。十年正月二七削吴元济在身官爵	十年		《旧唐书·宪宗下》
		十一年	四月庚戌贬户部侍郎判度支杨於陵郴州刺史，坐供军有阙也	《旧唐书·宪宗下》
王播（止于六月一日）、程异	进讨淮西，吴元济上表请罪；七月二九，宰相裴度出征，马总、韩愈、李正封、冯宿、李宗闵随，宪宗送，衔涕而辞。十月二三李愬擒吴元济	十二年	六月初一，以卫尉卿程异为盐铁使，代王播。时异为盐铁使副，自江南收拾到供军钱一百八十五万以进，故得代播。《旧唐书·食货志上》十二年正月要求文武官员、县主、中使至士庶商旅寺观，私贮钱不得过五千贯，超过者必须在一月之内任将市别物（一家所有宅舍店铺合起来不能超过五千贯现钱。王锷、韩轰、李惟简都超过五十万贯，便广置宅第、屋舍。到了长庆元年，私贮放宽到二十万贯，时限延伸到二年）。《旧唐书·食货志上》“元和十二年，盐铁使程异奏，应诸州府先请置茶盐店收税……赡济军镇，昨兵罢，勒停，从之”	《旧唐书·宪宗下》《新唐书·王播传》
程异	七月三日诏夺淄青李师道官爵	元和十三年	九月十八，以户部侍郎、判度支皇甫镈同中书门下平章事，依前判度支。以卫尉卿充诸道盐铁转运使程异为工部侍郎、同中书门下平章事，依前充使。对二人任相，裴度、崔群极谏，宪宗切于财赋而不纳	《旧唐书·食货一》
程异		十三年	昨兵罢，盐铁使程异上奏要求停止税、榷茶盐双轨制。宪宗从之。十四年“三月，郓、青、兖三州各置榷盐院”	《旧唐书·宪宗下》

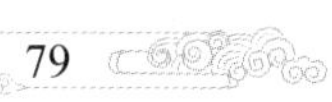

续表

转运盐铁使	国事背景	时间	任职与政绩	出处
程异（止五月一日）、柳公绰	田弘正奏：二月都知兵马使刘悟斩李师道并二男请降。后，宪宗析齐鲁十二州为三镇。十五年正月	十四年	五月一日，以刑部侍郎柳公绰充盐铁转运等使。充浙西观察使韩弘进助平淄青绢二十万匹。七月，京畿今年秋税、青苗、榷酒等钱，每贯量放四百文；元和五年已前逋租赋并放。甲午，韩弘进绝绢二十八万匹，银器二百七十事	《旧唐书·宪宗下》
柳公绰	穆宗上台皇甫镈被贬	元和十五年	正月初九，以前湖南观察使崔倰权知户部侍郎、判度支。九月庚子朔，改河北税盐使为榷盐使	《旧唐书·宪宗下》
王播（自二月五日）	三月二二，柳公绰为京兆尹。田弘正一家三百口王廷凑被杀。十月一日王播为相	穆宗长庆元年	二月五日以剑南西川节度使王播为刑部尚书，充盐铁转运使。罢河北榷盐法，许维计课利都数付榷盐院，十五日王播奏去、榷盐都估值斗增五十文。五月十七加茶榷，旧额百文加五十。江淮、浙东西、岭南、福建、荆襄茶，播自领之，两川以户部领之。天下茶加斤至二十两	《旧唐书·穆宗本纪》《新唐书·食货志四》
王播	三月二七裴度知政事，王播相向赴任扬州都督府长史，依旧兼盐铁使	长庆二年	三月一日诏：先于留州留使钱内每贯割二百文助军，今后不用抽取（去年十二月诏，助军）	《旧唐书·穆宗本纪》
王播	盐铁使与诸道或掌管军队的节度使冲突，做了让步	长庆二年五月	二年五月诏：“其盐铁先于淄青、兖、郓等道管内置小铺粜盐，巡院纳榷，起今年五月一日已后，一切并停。仍各委本道约校比来节度使自收管充军府逐急用度，及均减管内贫下百姓两税钱数。至年终，各具粜盐所得钱，并均减两税。奏闻。”	《旧唐书·食货志一》
王播、王涯（始于四月五日）	李逢吉用事	敬宗长庆四年	夏四月五日，以御史大夫王涯为户部尚书充盐铁转运等使。王播求领盐铁，宋申锡等众谏	《旧唐书·敬宗文宗本纪上》
王涯、王播（宝历元年正月十一始）		敬宗宝历元年	淮南节度使王播兼诸道盐铁转运使。《旧唐书·食货志下》：敬宗初，播复以盐铁使为扬州节度使……其后王涯复判二使。表请使茶山之人移植根本，旧有贮积，皆使焚弃，天下怨之	《旧唐书·敬宗文宗本纪上》
王播	二月二八正册司空裴度，王涯领山南西道节度使，八月一日裴度判度支	宝历二年	兴元节度使裴度奏斜谷路馆驿修毕；王播请修扬州漕河。八月一日以工部侍郎王播为河南尹代王起	《旧唐书·敬宗文宗本纪上》

续表

转运盐铁使	国事背景	时间	任职与政绩	出处
王播	裴度主政，李逢吉党徒分司地方	文宗大和元年	白居易为秘书监；王播可左仆射平章事依旧兼诸道盐铁使；段文昌代播赴淮南。浙西、东李德裕、元稹加检校礼部尚书	《旧唐书·敬宗文宗本纪上》
王播		大和二年	度支禁石灰煎盐。窦易直、代李逢吉，李逢吉代令狐楚，以楚为户部尚书	《旧唐书·敬宗文宗本纪上》
王播、王涯（始自正月二一）	正月十六牛僧孺由武昌入朝。六月五日裴度病，九月山南东节度。七月十一宋申锡为相。十月李德裕自洛至益州	大和四年	正月十九王播卒。王涯以吏部尚书兼诸道使。九月加左仆射	《旧唐书·文宗本纪下》
王涯		大和六年	六月十七右仆射王涯奉敕，准令式条疏士庶衣服、车马、第舍之制度。敕下后。浮议沸腾	《旧唐书·文宗本纪下》
王涯	七年二月二八李德裕守兵部尚书，八年十一月赴振海、浙西。六月令狐楚检校右仆射。八年宰相路随情谊十月十日为庆成节	大和七年	三月十四东都盐铁院官吴季真为宿州刺史。七月十七，以金紫光禄大夫、守尚书右仆射、诸道盐铁转运使、上柱国、代郡公、食邑二千户王涯可同中书门下平章事，领使如故	《旧唐书·文宗本纪下》
王涯（十一月二十一被诛）、令狐楚	李训（李仲言）郑注执政。“甘露之变”	大和九年	十一月二一中尉仇士良率兵诛宰相王涯、等十余家，皆族诛。 十二月一日，诸道盐铁转运榷茶使令狐楚奏榷茶不便于民，请停，从之	《旧唐书·文宗本纪下》《全唐文》
令狐楚（止于四月二五）、李石（始于四月二七）	户部侍郎、判度支王彦威《供军图》：四十万兵士仰度支	文宗开成元年	四月二七，李固言判户部事；李石判度支，兼诸道盐铁转运使。 《旧唐书·食货志下》：李石以中书侍郎判收茶法，复贞元旧制	《旧唐书·文宗本纪》《旧唐书·食货志下》
李石（止于十月二九）、杨嗣复	时，裴度、李德裕、李宗闵、牛僧孺均在外	开成二年	十月己未，以前西川节度使杨嗣复为户部尚书，充诸道盐铁转运使	《旧唐书·文宗本纪下》
杨嗣复	郑覃、陈夷、行为相	开成三年	盐铁使、以户部尚书杨嗣复为、户部侍郎判户部事李珏为相。四月四日辛卯，诏曰：“户部侍郎两员，今后先授上者，宜令判本司钱谷；如带平章事，判盐铁度支，兼中丞学士不在此限。”十二月十七裴度中书令，二二日罢郑覃为。三月浙西判官王士玫充湖州造茶使	《旧唐书·文宗本纪下》《册府元龟》卷494《邦计·山泽》

续表

转运盐铁使	国事背景	时间	任职与政绩	出处
	八月杨嗣复李珏以刘弘逸党贬。九月李德裕入相	武宗开成五年正月四日即位	十一月，盐铁转运使奏江淮已南请复税茶，从之	《旧唐书·武宗本纪》
崔珙	宰相李德裕、陈夷行、崔珙、李绅	武宗会昌元年	会昌初，李德裕奏为诸道盐铁转运使，以刑部尚书拜，加江淮茶税，“拓地钱”“剩茶钱”庐、寿、淮南皆加半税，私商给自首之帖，天下税茶增倍贞元。江淮茶为大摸，一斤至五十两。大中诸道盐铁使于悰每斤增税钱五，谓之“剩茶钱”，自是斤两复旧	《旧唐书·武宗本纪》《新唐书·食货四》
崔铉		会昌三年	会昌初，李德裕用事，与珙亲厚，累迁户部侍郎，充诸道盐铁转运等使。寻以本官同中书门下平章事，累兼刑部尚书、门下侍郎，进阶银青光禄大夫，兼尚书左仆射。素与崔铉不叶，及李让夷引铉辅政，代珙领使务，乃掎摭珙领使日妄破宋滑院盐铁钱九十万贯文，又言珙尝保护刘从谏，坐贬澧州刺，再贬恩州司马。宣宗即位，以赦召还，为太子宾客，出为凤翔节度使	《旧唐书·武宗本纪》
杜悰	李德裕为相，伐泽路刘稹。五州平	会昌四年月	六月再贬崔珙，以珙领盐铁时欠宋滑院盐铁九十万贯。帝令度支、盐铁、转运合为一使。七月，以淮南节度使、检校司空杜悰守尚书右仆射、兼门下侍郎、同平章事，仍判度支，充盐铁转运等使	《旧唐书·武宗本纪》
于悰	宣宗登基伊始	会昌末	每斤增钱五，为“拓地钱”（见上“崔珙”格）	《新唐书·食货四》
马植	四月，宣宗以白敏中为相，李德裕为江陵尹、再守东都	宣宗会昌六年	四月以刑部侍郎任盐铁使，六月再以户部侍郎任相。大中二年三月又以礼部尚书盐铁使同平章事	《旧唐书·宣宗本纪》
崔璪（珙弟）		宣宗大中二年	大中初，改兵部侍郎，充诸道盐铁转运使。崔铉再辅政，罢璪使务，检校兵部尚书，兼河中尹、御史大夫，充河中晋绛磁隰等州节度观察使	《旧唐书·崔珙》列传127
马植（四月分司东都）		宣宗大中三年	四月崔铉判户部事	《旧唐书·宣宗本纪》
裴休止于九年二月		大中五年	二月，户部侍郎裴休充诸道盐铁转运等使。九月守礼部尚书，大中六年二月以本官可平章事。九年二月，中书侍郎，兼礼部尚书、同平章事裴休检校吏部尚书，兼汴州刺史、御史大夫，充宣武军节度使、汴宋亳颍观察处置等使	《旧唐书·宣宗本纪》

续表

转运盐铁使	国事背景	时间	任职与政绩	出处
柳仲郢		大中十一年	十二月以正议大夫、行尚书兵部侍郎、上柱国、河东县开国男、食邑三百户、赐紫金鱼袋柳仲郢本官兼御史大夫，充诸道盐铁转运使	《旧唐书·宗本纪》
夏侯孜		大中十二年	二月以朝议大夫、守尚书户部侍郎、判户部事、上柱国、赐紫金鱼袋夏侯孜为兵部侍郎，充诸道盐铁转运使，五月本官平章事	《旧唐书·武宗本纪》
杜悰	岭南五管分为东西二道	懿宗咸通元年	二月尚书左仆射、诸道盐铁转运使杜悰同平章事	《旧唐书·懿宗本纪》
	兵部侍郎。判度支曹确为相	咸通四年	七月制：如闻溪洞之间，悉藉岭北茶药，宜令诸道一任商人兴贩，不得禁止往来。廉州珠池，与人共利。近闻本道禁断，遂绝通商，宜令本州任百姓采取，不得止约。其徐州银刀官健，其中先有逃窜者，累降敕旨，不令捕逐。其今年四月十八日，草贼头首（仇甫）已抵极法，其余徒党各自奔逃，所在更勿捕逐	《旧唐书·懿宗本纪》
李福		咸通十三年前	法门寺出土金银器	《法门寺考古发掘报告》
崔彦昭（止于十一月）、王凝		僖宗乾符元年	三月，以河东节度使、检校尚书右仆射崔彦昭为尚书兵部侍即，充诸道盐铁转运等使，十一月中书侍郎	《旧唐书·僖宗本纪》
王凝（止于二月）、裴坦		乾符二年	二年二月兵部侍郎。盐铁使王凝为秘书监；以吏部侍郎裴坦为兵部侍郎，充诸道盐铁转运使；三年十一月度支分巡院使李仲章为建州刺史。四年三月以判盐铁案、检校考功郎中郑溵为司封员外郎，充转运判官	《旧唐书·僖宗本纪》
高骈	四年三月制："王仙芝本为盐贼……"黄巢陷郓州、沂州	乾符四年	六月，以宣歙观察使高骈检校司空，兼润州刺史、镇海军节度、苏常杭润观察处置、江淮盐铁转运、江西招讨等使	《旧唐书·僖宗本纪》
高骈	破黄巢于浙东，逼其走福建岭南	乾符六年	八月李蔚兼代北行营招讨供军等使。十月，制以镇海军节度、浙江西道观察处置等使高骈江淮盐铁转运、江南行营招讨等使	《旧唐书·僖宗本纪》
	黄巢陷鄂州、江西；沙陀寇忻、代	广明元年	四月以内常侍张存礼充都粮料使，判官崔鋋充制置副使	《旧唐书·僖宗本纪》
萧遘、韦昭度		中和元年	中和元年春正月庚戌朔，车驾在兴元。以翰林学士承旨、尚书户部侍郎、知制诰萧遘为兵部侍郎。充诸道盐铁转运等使；六月诸道盐铁转运等使韦昭度为供军使	《旧唐书·僖宗本纪》

续表

转运盐铁使	国事背景	时间	任职与政绩	出处
秦韬玉			然慕柏耆为人，至于躁进，驾幸西蜀，为田令孜擢用；未期岁，官至丞郎，判盐铁，特赐及第	《唐摭言》卷9《恶得及第》
	旧日安邑、解县两池榷盐税课，盐铁使特置盐官以总其事。自黄巢乱离，河中节度使王重荣兼领榷务，岁出课盐三千车以献朝廷……	光启元年	时李昌符据凤翔……皆自擅兵赋，迭相吞噬，朝廷不能制。江淮转运路绝，两河、江淮赋不上供，但岁时献奉而已。国命所能制者，河西、山南、剑南、岭南四道数十州。大约郡将自擅，常赋殆绝，籓侯废置，不自朝廷，王业于是荡然	《旧唐书·僖宗本纪》
孔纬	朱玫萧遘拥嗣襄王熅于凤翔监国	光启二年	三月十七僖宗至兴元，四月十九以孔纬为兵部侍郎，充诸道盐铁转运等使	《旧唐书·僖宗本纪》
	汴州行军司马押秦宗权夫妇以献。孔纬与杜让能、张浚及朱全忠为相	昭宗龙纪元年	三月一日，以右仆射、门下侍郎、同平章事孔纬守司空、太清宫使、弘文馆大学士、延资库使、领诸道盐铁转运等使	《旧唐书·僖宗本纪》
杜让能		大顺二年	正月初一杜让能进太尉，延资库使、领诸道盐铁转运等使	《旧唐书·僖宗本纪》
崔昭纬	李茂贞进击兴元，杨玄亮。杨复恭败逃	景福二年	十一月门下侍郎、吏部尚书、平章事、监修国史崔昭纬兼尚书左仆射，充诸道盐铁转运等使	《旧唐书·僖宗本纪》
嗣薛王知柔 徐若彦	五月李茂贞、王行瑜、韩建各带甲兵入朝，相韦昭度数十宦官别杀	乾宁二年	六月丁亥朔，以京兆尹、嗣薛王知柔兼户部尚书、判度支，兼诸道盐铁转运等使。九月三日徐彦若为司空、门下侍郎、同平章事、太清宫修奉太庙等使、弘文馆大学士、延资库使，充诸道盐铁转运等使	《旧唐书·僖宗本纪》
裴枢		昭宗	……子枢，字纪圣，咸通十二年登进士第……崔胤诛，以全忠素厚，相位如故。从昭宗迁洛阳，驻跸陕州，进右仆射、弘文馆大学士、太清宫使，充诸道盐铁转运使	《旧唐书·裴遵庆附子枢》卷113列传第63
崔胤		昭宗乾宁三年	昭宗反正，胤进位司空，复知政事，兼领度支、盐铁、三司等使	《旧唐书》卷177《崔慎由传附崔胤传》

注：虽然我们将盐铁转运使、榷茶使统一列在一表中来更流畅地粗线条地感受包括盐铁专卖、榷酒、榷茶在内的经济财政过程。但盐铁使与转运使是否合一为一体，转运使与榷茶使是否合一，在学术上存在分歧。常州、湖州刺史负有紫笋茶的御贡职责。李锜在任湖州刺史时，兼任转运使。不兼任转运使的二州刺史是否借用转运使的驴马车船，还是通过驿站转运待详细考证。大家熟知的李郢《茶山贡焙歌》表现的是驿站马匹星夜兼程急送新茶以供清明宴的情形（见本书第六章第三节第二部分）。

诸道盐铁使李福进奉鎏金银盒及银盒底部錾文

第三节 盐铁使执掌帝国财政经济下的茶法与晚唐政局

国家深刻介入经济运行，从宏观上保证经济生活处在一个平稳有序的状态，是中央集权制国家的一般特征。对于社会各阶层有重大影响的物资——食用盐与可用于农具或兵器制造的铁制品及铁铜金锡矿进行国家专营专卖，是保证国家机器正常运转的最基本条件，也是国家权力的体现。盐铁之利往往以金钱形式表现，而国家财富，更多地表现为以粮食为主体含有其他农林牧物资的农业成果为主。随着生产力提高与社会生活多元化，国家税收门类也在不断扩展。新兴的手工品由国家控制。汉代成都漆器生产，唐代金银器加工，都以国家经营、销售为主体，实际上也是以国家机构与王公贵族为消费为主体。当个体实力上升后，私营手工业从小到大有个发展过程。例如中唐以后，润州、洪州与桂管都形成了金银器加工作坊，其工艺水平已经相当精湛。这些在国家政治经济生活中有重要地位，但影响的程度无法与酒业相比。而开元以后炽盛的饮茶风尚普及南北以后，茶叶生产销售极为普遍，从赵赞在建中三年开始征税，盐铁使张滂在贞元九年再次税茶后，茶叶从年榷利40万缗，有一个必然上升过程，但记载极少。宣宗、懿宗之际卢商的表奏可以看出，茶园面积与茶叶消费在扩大。

一、唐代茶法与茶叶生产的回顾

在以盐铁转运使为重心，三司使为核心的唐后期财税经济政策，是一种适时求变，适应平叛战场需要的战时经济举措。在保证政治平衡的情况下，获取钱绢宝器、黄粟白米成为皇帝与宰相们最关心的国之大事。令人吃惊地看到，经过德宗二十多年的坎坎坷坷，与代宗时代相比，宪宗初，户口人口不增反减，财税收入停滞不增。可以说宪宗上台伊始，就重视财税经济，为了平叛，下了很大决心，从军事、经济两个方面也进行了较为充分的准备，取得了较为理想的成果，淮西重归，魏博收敛。淄青后来也正式纳贡。但穆宗、敬宗和文宗，都是疲于应付藩镇与吐蕃、回鹘、党项等的挑衅。太和八年，文宗问郑注富民之策，曰为茶税："其法，欲以江、湖百姓茶园，官自造作，量给直分，命使者主之。"[1]次年王涯判二使（盐铁、榷茶），史书云："榷茶自涯始。"这可能只是有了榷茶的开始，但移茶树于官场，榷茶使从生产到销售都进行官方经营，真是天方夜谭。这一政策最终胎死腹中。11月他与郑注等死于甘露之变，百姓因反对的办法而欢呼叫好！茶树载重至少需要两年才能采茶。而移栽茶树亘古未有，"茶坚贞，不可移"是其特性。那时估计没有插种技术。王涯不了解茶，估计没见过茶树茶园，只是沉迷官位权利。

令狐楚继为盐铁使，对王涯做法予以驳斥，他在《请罢榷茶使奏》提出：

> 伏以江淮间数年已来，水旱疾疫，凋伤颇甚，愁叹未平。今夏及秋，稍较丰稔，方须惠恤，各使安存。昨者忽奏榷茶，实为蠹政。盖是王涯破灭将至，怨怒合归。岂有令百姓移茶树就官场中栽植，摘茶叶于官场中造作？有同儿戏，不近人情。方在恩权，孰敢沮议？朝班相顾而失色，道路仄目而吞声。今宗社降灵，奸凶尽戮，圣明垂祐，黎庶合安。微臣伏蒙天恩，兼领使务，官衔之内，犹带此名。俯仰若惊，夙宵知愧。伏乞特回圣听，下鉴愚诚，速委宰臣除此使额。缘军国之用或阙，山泽之利有遗，许臣条疏，续具闻奏。采造将及，妨废为虞。前月二十一日内殿奏对之次，郑覃与臣同陈论讫。伏望圣慈，早赐处分，一依旧法，不用新条。唯纳榷之时，须节级加价。商人转卖，必较稍贵。即是钱出万国，利归有司。既无害茶商，又不扰茶户。上以彰陛下爱人之德，下以竭微臣忧国之心。远近传闻，必当感悦[2]。

他首先请求除去"榷茶使"一职，但还是官方"纳榷"；具体做法依旧法不用新条，但官方掌握节级加价。实际上节级加价，介乎榷茶与税茶之间。信奉佛教的裴休做了盐铁使后，进行的改革，较为利于茶户。

> 裴休，字公美，孟州济源人。父肃，贞元时为浙东观察使，剧贼栗锽诱山越为乱，陷州县，肃引州兵破禽之，自记平贼一篇上之，德宗嘉美。生三子。休，仲子也……太和后，岁漕江、淮米四十万斛，至渭河仓者才十三，

---

① 《旧唐书·郑注传》，卷169，第4400页。

② 《全唐文》，卷541，第5488页。

舟楫偾败，吏乘为奸，冒没百端，刘晏之法尽废。休分遣官询按其弊，乃命在所令长兼董漕，褒能者，谪怠者。由江抵渭，旧岁率雇缗二十八万，休悉归诸吏，敕巡院不得辄侵牟。著新法十条，又立税茶十二法，人以为便。居三年，粟至渭仓者百二十万斛，无留壅。时方镇设邸阁居茶取直，因视商人它货横赋之，道路苛扰。休建言："许收邸直，毋擅赋商人。"又："收山泽宝冶，悉归盐铁。"……复起历昭义、河东、凤翔、荆南四节度。卒，年七十四，赠太尉。[①]

他的茶法如下：

私鬻三犯皆三百斤，乃论死；长行群旅，茶虽少皆死；雇载三犯至五百斤、居舍侩保四犯至千斤者，皆死；园户私鬻百斤以上，杖背，三犯，加重徭；伐园失业者，刺史、县令以纵私盐论；庐、寿、淮南皆加半税；私商给自首之帖；天下税茶增倍贞元；江淮茶为大摸，一斤至五十两。诸道盐铁使于悰每斤增税钱五，谓之"剩茶钱"，自是斤两复旧[②]。

这应该属于专卖性质的榷茶办法。在监管上，引进了法律性质的条文。

如果税率倍增贞元九年，达到20%，但每斤数量却增加了2倍，16两升为50两。这无疑是减少了茶户负担。盐铁使于悰发现国家吃了亏，变回原来斤两，税率降为15%。实际上令狐楚的节级加价，也不好控制。次年开成元年（836）宰相李石"以茶税归盐铁，复贞元之制"，州县征税。

唐代茶税达到多少？这是需要回答但不好回答的问题。

我始终觉得，汉阳陵饮茶实物出土，对我们进行文化史研究及经济与丝绸之路上茶叶贸易研究都是一个很大的启示。自从茶叶从西汉进入饮用阶段以来，茶叶生产就逐步扩大，贡茶则持续3000余年。唐初就有了贡茶记载。

贡茶只是满足宫廷需要。而社会生活需要则是几何式扩大。

朱自振先生据《元和郡县志和》与杨华《膳夫经手录》列出了茶叶贸易的网络图表及基本交易量（表三）：

表三 唐大中前后茶叶产销表*

茶名	产地	茶叶特点	主要销售区域	每年产销量
新安茶	蜀蒙顶不远	多而不精	春时供本地饮用	
蜀茶	《茶经》剑南茶区	至他处芳香滋味不变	南走百越，北临五湖（今太湖流域）	谷雨后岁取数百万斤，散落东下

① 《新唐书·裴休传》，列传第107，第5371、5372页。

② 《新唐书·食货四》，志第44，第1383页。

续表

茶名	产地	茶叶特点	主要销售区域	每年产销量
浮梁茶	饶州、歙州、江州一带	味不长于蜀茶	关西、山东	其于济人，百倍于蜀茶
蕲州、鄂州、至德茶	鄂岳宣歙观察使的部分地区	方斤厚片	陈、蔡以北，幽、并以南	其收藏、榷税倍于浮梁
衡州茶	衡州	团饼而巨串	潇湘至五岭更远及交趾	岁取十万
潭州茶、阳团茶、渠江薄片、江陵南木、施州方茶	今长沙和川鄂湘黔接壤区	味短韵卑	唯本地及江陵、襄阳数十里食之	
建州大团	建州	状类紫笋，味极苦	唯广陵（今扬州）、山阳（今淮安）人好尚之	
蒙顶茶	蒙顶山周围	品居第一		岁出千万斤
歙州、祁门、婺源方茶	歙州、婺州	制置精好	梁、宋、幽、并诸州	商贾所赍，数千里不绝于道路

*摘自朱自振：《茶史初探》，中国农业出版社，1996年，第55页。

从这个统计数据看，浮梁市场交易量在千万斤，蒙山茶也在千万斤。朱先生是把这两个地区视为茶叶生产地看待，我们保守一点视为集散地。按照这个粗略估计，宋时磊将唐代茶叶生产值定在一千万斤是过于保守了。但他在估量时考虑到了人均消费量，而人口是按照元和二年到八年国家在编户口23000多万人计算的，唐人均消费在0.84—4.2斤。而这个人均消费量又远远高于2009年中国人均消费量的1.6斤①。这个估量可能忽略了两个重要因素：一是割据藩镇及吐蕃占领的河西广大地区的茶叶需要，这些地区又纯粹属于消费区。二是茶马互市。四十斤、八十斤易马一匹是最早估价。另外还有贡茶。在平淮西战争打响后，“元和十二年五月，出内库茶三十万斤，付度支进其直”②。皇帝需要通过度支郎变现，为前方裴度、李愬筹军费。

因此唐代茶叶年产量在三千万斤以上：蒙山、浮梁区各一千万斤，其他如蕲州、鄂州，可能也在千万斤以上，而茶税倍于浮梁。

贞元九年初税茶达到四十万贯。贞元十年陆贽《请以茶税钱置义仓以备水旱》透露“近者有司奏请税茶，岁约得五十万贯……”③但《新食货志》表明茶税数额颇大：

> 开成元年，复以山泽之利归州县，刺史选吏主之。其后诸州牟利以自殖，举天下不过七万余缗，不能当一县之茶税。及宣宗增河湟戍兵衣绢五十二万余

① 宋时磊：《唐代茶史研究》，中国社会科学出版社，2017年，第114、115页。

② （宋）王钦若：《册府元龟》，中华书局，1960年，卷493。以下同版本，只注卷数、页码。

③ 《全唐文》，卷465，第4758页。

四。盐铁转运使裴休请复归盐铁使以供国用，增银冶二、铁山七十一，废铜冶二十七、铅山一。天下岁率银二万五千两、铜六十五万五千斤、铅十一万四千斤、锡万七千斤、铁五十三万二千斤[①]。

山泽之利指银锡等矿业收入，这是一个大体的说法，如果按照程启坤、姚国坤《唐代茶叶产区与名茶》(宋石磊有增益，见氏著《唐代茶史研究》第130页)，陆羽八大茶区，共100余县，如果每县7万贯，那么茶税能达到700万贯（缗），可能是个虚数。但这是我们推断的基本依据。即使50个产茶县也是350万贯，20个产茶县也是140万缗的茶税。即使如此其基本产值也达到了1400万贯，也是一个不小数字。如果按照宣宗年盐铁总入922万贯[②]，计140万缗占15%，这也是不小的贡献。这仅仅属于普通的商品茶，湖常二州的特供茶，尚不计算在内。

似乎可以得出这样的一个比例关系：茶税是酒税的四分之一，酒税是盐税的四分之一。按照初税茶时，刘晏、杨炎初酒税一百五六十万贯，王播析出包佶折物（富商奢侈品）所报分盐利六百八十万贯，贞元九年初税茶四十万贯（陆贽得到的信息是五十万贯）。这个比例关系可以粗略地帮助我们窥望唐代盐铁、酒税、茶税构成的主要经济财税状况。总而言之，茶税低于6%，宋时磊统计宋代茶税占到经济财税总收入的6.4%。

《嘉泰吴兴志》卷一八所载之18000穿（串，陆羽《茶经》一斤为上穿）。贡茶，常州义兴早于湖州长兴县。湖州长兴贡茶始于大历五年，一是由于陆羽推荐，二是均（匀）贡，常州已经难以满足皇帝与朝廷的需要。也许，阳羡茶的供应量稍多于，至少与长兴同。卢商《请增加盐额奏》所反映的是开成元年（836）常州以茶务交给州县后，收获丰盈，请求扩大份额：

常州自开成元年七月二十六日敕，以茶务委州县。至年终所收，以溢额五千六百六十九贯，比类盐铁场院正额元数，加数倍已上。伏请增加正额[③]。

五千多贯是超额完成的部分，同时我们可以断定：这是贡茶院之外的茶税与盐利部分。贡茶院当不包含在此数字之内。虽然卢商有邀功的想法，但也说明，还有扩大的余地和一定的能力，这也许茶叶种植面积扩大的侧面反映。

商字为臣，第进士，又中拔萃科。累官兵部侍郎。召拜中书侍郎同中书门下平章事，封范阳郡公。大中元年罢为武昌节度使，以疾解职。拜户部尚书卒[④]。

---

① 《新唐书·食货志》，志第44，第1383页。

② 《新唐书·食货志二》。

③ 《请增加盐额奏》，《全唐文》，卷759，第7888页。

④ 《全唐文》，卷759，第7888页。

此外，吴蜀的冬贡茶，大概是我们所谓秋茶，如果春茶放到冬天，是不可能的。或温度较高时候，正月贡茶。即使有，数量不会大。这可能起于张延赏。“德宗在奉天，贡献踵道。及次梁，倚剑蜀为根本。即拜中书侍郎、同中书门下平章事”[①]。

《元和郡县志·长城县》：“顾山县西北四十二里，贞元以后，每岁以进顾山紫笋茶，役工三万人累月方毕。”到会昌时，据宋谈钥《吴兴嘉泰志》，湖州贡茶达到18000斤。

二、榷茶与税茶的差别

我个人理解其主要分别是征收茶叶税的主体不一样。榷茶是以盐铁转运系统为主体，因为这是一种国家专卖。税茶的主体责任人是州县属吏，他们为尚书省、太府寺及常平仓负责。尚书六部，特别是度支、户部与盐铁转运使矛盾最大。榷茶是垂直管理，税茶是区块管理（从茶农—乡里—州县—尚书省）。

建中三年，赵赞提出税茶以什一法，是户部侍郎身份提出，由于平叛战事吃紧，兴元以后作废，到贞元九年，张滂以盐铁使身份提出。

其次，在第一条因素基础上，榷茶，政府干预程度极深，如太和九年的王涯，竟然要把茶户的茶树移栽到政府指定的场院，烧掉常年积压下来的陈旧茶叶。而税茶，只按照税率征收商品税，或农民的地亩税。而节级加价的办法，介于榷茶与税茶之间。

第三，茶税所得归属有差异。盐铁使所收悉归大盈库，皇帝直接支配。而户部收税钱，可以中央政府名义调拨太府寺，充常平仓粜籴资金等（陆贽向德宗上表六条至第五条）。曹确，开成二年登第。累拜兵部侍郎。咸通五年以本官同平章事，进中书侍郎，加右仆射。任宰相时上书《请令场监钱绢直纳延资库奏》：

> 户部每年合纳当使三月九月两限绢二十一万四千一百匹，钱五万贯。自大中八年已后至咸通四年，积欠五十万五千七百余贯匹……臣今酌量请诸道州府场监院合送户部钱绢内分配，令勒留下合送纳延资库数目，令本处别为纲运，与户部纲同送上都，直纳延资库。则户部免有逋悬，不至累年积欠[②]。

曹确请求在厘清上缴、留存比例、数目后，州府场院钱绢直接送到上都延资库。该库是会昌宰相李德裕建的备边库，军备专库。

第四，盐铁使有自己一套转运体系，河运、江运、海运和陆运。尚书户部，可能

---

① 《张嘉贞张延赏张弘靖传》，《新唐书》，卷127，列传52。

② 《请令场监钱绢直纳延资库奏》，《全唐文》，卷761，第7911、7912页。

要通过驿站工具运输。存储位置不同，盐铁使有各地巡院，州县可能就是地方政府仓库。当然常平仓在各地设有仓储。

第五，盐铁转运使有一套自己独立的运作程序，甚至，有自己的判官，在系统内部，甚至在地方有监察审判权，还武装拘捕嫌疑人员。宋平前文中的姚勖就是韩滉手下的浙东判官。

第六，盐铁转运使往往也将铸造货币的权利纳入自己的业务范围。

第七，最大不同在于榷茶是榷茶使或盐铁转运使从农民手里拿到实物，制成的茶饼；税茶是地方税务官在市场、关津要道收税。宪宗皇帝支持平淮西，一次从内库出茶30万斤，是通过土贡与转运系统进入内库、常、湖二州贡茶院远达不到这个数量。

而武宗皇帝采取三司合一的办法，是消弭之间矛盾，但实际并不意味着实行榷茶，而是税茶。

税率确定，最终通过皇帝首肯，下诏。

三、茶法执行与晚唐国家形势

上述内容我们已经看到茶叶政策，在盐铁转运使与尚书省的矛盾演绎中，也掺杂了个人恩怨与派系之争。而任何宏观政策的调整，对于民间百姓会造成差以毫厘，失之千里的巨大差异。榷茶政策往往辅之以严苛的惩罚律令，既针对农民茶户，也针对茶商，实际上还主要是小商贩。刘晏之前，尚书省将转运业务邮递业务承包给当地恶霸豪强，他们假借官府名义强买强卖，巧取豪夺，盘剥漕公河匠，这些人叫苦连天，黄河纤夫往往死无坟头。刘晏以后，收归盐铁系统，情况好转，但后来榷茶使，王播、李石、崔珙、令狐楚等，不是提升税率，就是严刑峻法。唯有裴休之法民间叫好，但被李石否决。

（一）冒险私贩茶叶较为普遍

文宗末，武宗初的盐铁使上奏表，要求禁止园户（茶农）、商人盗卖私茶。也就是商人千方百计躲过州府与盐铁使及其基层人员，互相配合，私自买卖茶叶。

> 《禁园户盗卖私茶奏》（开成五年十月盐铁司）
>
> 伏以江南百姓营生，多以种茶为业，官司量事设法，惟税卖茶商人，但于店铺交关，自得公私通济。今则事须私卖，苟务隐欺，皆是主人牙郎中里诱引，又被贩茶奸党分外勾牵。所繇因此为奸利，皆追收搅扰，一人犯罪，数户破残，必有屏除，使安法理。其园户私卖茶犯十斤至一百斤，征钱一百文，决

脊杖二十。至三百斤，决脊杖二十，征钱如上。累犯累科，三犯已后，委本州上历收管，重加徭役，以戒乡闾。此则法不虚施，人安本业，既惧当辜之苦，自无犯法之心。条令既行，公私皆泰。若州县不加把捉，纵令私卖园茶，其有被人告论，则又砍园失业。当司察访，别具奏闻，请准放私盐例处分。

《禁商人盗贩私茶奏》（开成五年十月盐铁司）

伏以兴贩私茶，群党颇众，场铺人吏，皆与通连，旧法虽严，终难行使，须别置法，以革奸徒。轻重既有等差，节级易为遵守。今既特许陈首，所在招收，敕令已行，皇恩普洽，宜从变法，使各自新。若又抵违，须重科断。自今后应轻行贩私茶，无得杖伴侣者，从十斤至一百斤，决脊杖十五。其茶并随身物并没纳，给纠告及捕捉所繇。其囚牒送本州县置历收管，使别营生。再犯不问多少，准法处分。三百斤已上，即是恣行凶狡，不惧败亡。诱扇愚人，悉皆屏绝，并准法处分。其所没纳，亦如上例[①]。

（二）茶叶成为杀人越货目标

性质比上述两份奏表所述情况更为严峻，是杜牧（803—852）的上书，他直接写给宰相、太尉李德裕：

……伏以江淮赋税，国用根本，今有大患，是劫江贼耳。某到任才九月，日寻穷询访，实知端倪。夫劫贼徒，上至三船两船百人五十人，下不减三二十人，始肯行劫，劫杀商旅，婴孩不留。所劫商人，皆得异色财物，尽将南渡，入山博茶。盖以异色财物，不敢货于城市，唯有茶山可以销受。盖以茶熟之际，四远商人，皆将锦绣缯缬、金钗银钏，入山交易，妇人稚子，尽衣华服，吏见不问，人见不惊。是以贼徒得异色财物，亦来其间，便有店肆为其囊橐，得茶之后，出为平人，三二十人挟持兵仗。凡是镇戍，例皆单弱，止可供亿浆茗，呼召指使而已。镇戍所由，皆云“赊死易，就死难”。纵贼不捉，事败抵法，谓之赊死。与贼相拒，立见杀害，谓之就死。若或人少被捉，罪抵止于私茶，故贼云“以茶压身，始能行得”……自十五年来，江南、江北，凡名草市，劫杀皆遍，只有三年再劫者，无有五年获安者……濠、亳、徐、泗、汴、宋州贼，多劫江南、淮南、宣、润等道，许、蔡、申、光州贼，多劫荆襄、鄂岳等道。劫得财物，皆是博茶北归本州货卖，循环往来，终而复始。更有江南土人，相为表里，校其多少，十居其半。盖以倚淮介江，

① 《禁园户盗卖私茶奏》、《禁商人盗贩私茶奏》，《全唐文》，卷967，第1042、1043页。

兵戈之地，为郡守者，罕得文吏，村乡聚落，皆有兵仗，公然作贼，十家九亲，江淮所由，屹不敢入其间。所能捉获，又是沿江架船之徒，村落负担之类，临时胁去，分得涓毫，雄健聚啸之徒，尽不能获。为江湖之公害，作乡闾之大残，未有革厘，实可痛恨。

今若令宣、润、洪、鄂各一百人，淮南四百人，每船以三十人为率，一千二百人分为四十船，择少健者为之主将，仍于本界江岸创立营壁，置本判官专判其事，拣择精锐，牢为舟棹，昼夜上下，分番巡检，明立殿最，必行赏罚。江南北岸添置官渡，百里率一，尽绝私载，每一宗船上下交送。是桴鼓之声，千里相接，私渡尽绝，江中有兵，安有乌合蚁聚之辈敢议攻劫……今长江连海，群盗如麻，骤雨绝弦，不可寻逐，无关可闭，无要可防。今者自出五道兵士，不要朝廷添兵，活江湖赋税之乡，绝寇盗劫杀之本，政理之急，莫过于斯。若此制置，凡去三害，而有三利。人不冤死，去一害也；乡闾获安，无追逮证验之苦，去二害也；每擒一私茶贼，皆称买卖停泊，恣口点染，盐铁监院追扰平人，搜求财货，今私茶尽黜，去三害也；商旅通流，万货不乏，获一利也。乡闾安堵，狴犴空虚，获二利也；擳茶之饶，尽入公室，获三利也；三害尽去，三利必滋，穷根寻源，在劫贼耳。故江西观察使裴谊，召得贼帅陈璠，署以军中职名，委以江湖之任。陈璠健勇，分毫不私，自后廉察，悉皆委任。至今陈璠出每出彭蠡湖口，领徒东下，商船百数，随璠行止，璠去之后，惘然相吊。安有清朝盛时，太尉在位，反使万里行旅依一陈璠？某详观格律敕条百二十卷，其间制置无不该备，至于微细，亦或再三，唯有江寇，未尝言及。今四夷九州，文化武伏，奉贡走职，罔不如法，言其功德，皆归太尉。敢率愚衷，上干明虑，冀禆亿万之一，无任战汗惶惧之至。某谨再拜[①]。

文中“十五年”当指元和十五年（820）以来，江盗横行杀人掠茶的事态严重。而“江淮赋税，国用根本”，平淮西战役的胜利，解决了李锜、吴元济对上供朝廷财赋的阻滞、扣押、留用问题，但民间武装团伙的杀人越货却防不胜防。杜牧可能是在宣州团练判官任上，上书李德裕的。

而李公佐（元和中为洪州判官）的纪实文学则以一个具体的人物反映了商家老幼悉数被杀，并沉尸于滔滔江水之中的实例。

《谢小娥传》：

---

① （唐）杜牧：《上李太尉论江贼书》，《全唐文》，卷751，第7786-7789页。

> 小娥姓谢氏，豫章人，估客女也。生八岁丧母，嫁历阳侠士段居贞。居贞负气重义，交游豪俊。小娥父蓄巨产，隐名商贾间，常与段婿同舟货往来江湖间。小娥年十四，始及笄。父与夫俱为盗所杀，尽掠金帛。段之兄弟，谢之生侄，与僮仆辈数十，悉沉于江。小娥亦伤胸折足，漂流水中。为他船所获，经夕而活……[①]

豫章，洪州，今南昌。此奇女子得李公佐（文中李二十三郎）拆字帮助，解密父亲丈夫梦中所托凶手信息，多年后在浔阳寻到凶手，得以复仇。

而懿宗咸通五年的五月十二日制敕也佐证了杜牧所言不虚，且延续不断，以至于南蛮寇略刚刚成立的岭南西道节度使辖区，很难招募到三千人官健去平定，以至于朝廷公开原宥以前劫掠货物啸聚山林的不法行为，就此，也没人出山应征：

> 徐州土风雄劲，甲士精强，比以制驭乖方，频致骚扰。近者再置使额，却领四州，劳逸既均，人心甚泰。但闻比因罢节之日，或有被罪奔逃，虽朝廷频下诏书，并令一切不问，犹恐尚怀疑惧，未委招携，结聚山林，终成诖误。况边方未静，深藉人才，宜令徐泗团练使选拣召募官健三千人，赴邕管防戍。待岭外事宁之后，即与替代归还。仍令每召满五百人，即差军将押送，其粮料赏给，所司准例处分[②]。

（三）榷茶使的司法权与地方的冲突

州府所上奏的《请禁度支盐铁等官收系罪人奏》应该说在全国有普遍现象：

> 度支盐铁转运户部等使下职事及监察场栅官，悉得以公私罪人于州县狱寄禁，或自致房收系，州县官吏不得闻知。动经岁时，数盈千百。自今请令州县纠举，据所禁人事状申本道观察使，具单名及所犯闻奏[③]。

盐铁系统带宪衔者有司法权，这里所提出的问题是关押人数太多，审理时间过长，影响粮食与茶叶生产。下面一条是刑部与御史台，请求盐铁系统带宪衔者帮助侦查、推阂：

> 大中四年八月，刑部侍郎、御史中丞魏謩奏："诸道州府百姓诣台诉事，多差御史推劾，臣恐烦劳州县，先请差度支、户部、盐铁院官带宪衔者推劾。

---

① 《谢小娥传》,《全唐文》，卷725，第7467页。

② 《旧唐书·懿宗本纪》。

③ 《请禁度支盐铁等官收系罪人奏》,《全唐文》，卷757，第7855页。

又各得三司使申称，院官人数不多，例专掌院务，课绩不办。今诸道观察使幕中判官，少不下五六人，请于其中带宪衔者委令推劾。如累推有劳，能雪冤滞，御史台阙官，使令奏用。”从之[①]。

所谓带宪衔者可是指带有“侍御史”“御史大夫”等职衔的榷茶榷盐人员，虽然在系统内名额有限，但较一般州县人员还是比较宽裕。

此外，榷茶使或盐铁转运使，属于上下线条化管理，他们往往有权任用办事人员。只要有一定记账、计算、买卖能力，就可胜任一般业务。因而地方具体办事人员多从当地僻用。例如盐铁使杨仲雅“风月满目，山水在怀……十二奋飞，竟屈于一第。时叹命叹仆射张公节制徐方（徐州），请为从事，前运司王公（涯、播？）又署今职”[②]。而知盐铁福建院事王师正，也由王播以“郑滑榷酤务，请公及滑（州）。相国罢盐铁使，吏部尚书王涯代之”[③]。四洲司仓参军诸道盐铁转运使刘茂贞，与前二人不同，而是以明经及第，但也是在长庆二年（822）通过盐铁使署职为东都院巡官[④]。见于《补遗》的还有廨少卿、卢伯卿、推盐制置使方邺[⑤]等。在吴钢《补遗》与周一良、赵超《续集》中，还有三位盐铁系统官员撰写的墓志文。这些大都是元和以后的人和事。

盐铁属员任用，肯定要通过尚书吏部的法定程序。这与吏部不能不存在一定的摩擦。

（四）茶马交易存在问题

封敖《与吐蕃赞普书》反映的是有关外藩入朝人数问题，实质也是限制马的交易数量问题：

皇帝舅敬问赞普外甥，尚屈立热论拱热等至，得书并物，具悉。外甥雄武挺生，英威特立。本邦奉化，邻国推贤。修仁义以保名，仗诚明而遂物。櫜弓匣剑，无闻战伐之音；被野缘原，不废耕耘之具。傥非理化，孰见和宁。足观盛业兴行，人心率服。以兹观政，深用慰怀。朕自守丕基，敬遵前训。君临四海，子育万方。诚信必及于豚鱼，恩泽不遗于草木。况外甥亲临极分，岁月滋深。虽山河阻脩，而音耗郑重。疆分二境，地合一家。载览来章，具悉深旨。所欲务存久要，颇见良图；但能各重其欢，各厚其俗。戎车息驾，

---

① 《旧唐书·宣宗本纪十八下》，卷18，第627页。

② 桥古夫：《唐故盐铁转运等使河阴留后巡官前徐州蕲县主簿弘农杨君墓志铭并序》，《全唐文补遗》（第一辑），三秦出版社，1994年，第269页。

③ 同②，第293页。

④ 同②，第295页。

⑤ 同②，第312、319、439页。

烽火不飞。共保封疆，两均休戚。质神明而不惑，览日月而长明。宜体至怀，永绥多福。承前朝觐人数，界首素有常仪。公家之事，难于违越。昨者尚屈立热等到凤翔，随从共七十人。准旧例只合十人入朝，今缘两国和好，不同元和已前，遂令三十五人赴阙。自今已后，所遣使须遵旧例，不得剩更差人。勿令交马之后，妄有论请。拱热等还蕃，有少物数如别录[①]。

殷侑《请庆贺例贡马价更以所在土产奏》反映的也是朝贡经济的普遍而长久的问题，进贡之马数量过大，朝廷难以负担。因为礼品马，远高于商品马价，这里面有皇帝恩泽、大唐威仪在，因而殷侑文字极为委婉，虽然没说马的质量问题，但实际上安史之乱以后期回鹘等贡马都存在严重质量问题：

伏见蕃牧臣僚，每正至庆贺，例皆进马。臣以捧日之心，贵申其忠孝。追风之步，必择于驯良。备乘奉于帝车，资驵骏于天厩。伏见本朝旧事，虽以进马为名，例多贡奉马价。盖道途之役，护养稍难。因此群方，久为定制。自今后伏请只许四夷番国进驼马，其诸道藩府州镇，请依天复三年已前，许贡绫绢金银，随土产折进马之值。所贵稍便贡输，不亏诚敬。兼请约旧制，选孳生马，分置监牧。俾饮龁而自遂，即騋牝之逾繁者[②]。

本来早在肃宗以后，马过多绢有限问题初现。大历八年（773）再次出现，代宗没有全部易为丝绢：

八年十一月，回纥一百四十人还蕃，以信物一千余乘。回纥恃功，自乾元之后，屡遣使以马和市缯帛，仍岁来市。以马一匹，易绢四十匹，动至数万马。其使候遣继留于鸿胪寺者非一，蕃得帛无厌，我得马无用，朝廷甚苦之。是时特诏厚赐遣之，示以广恩，且俾知愧也。是月，回纥使使赤心领马一万匹来求市，代宗以马价出于租赋，不欲重困于民，命有司量入计许市六千匹[③]。

无疑多出来的四千匹马怎么办？只有走“和易”，回归市场，正式开始茶马互市，马绢互市。自然，市场上绝对达不到40匹绢的价格。但是，茶马互市已经出现，就显示其强劲的发展势头[④]。

---

① 《全唐文》，卷728，第7505页。

② 《请庆贺例贡马价更以所在土产奏》，《全唐文》，卷844，第8874页。

③ 《旧唐书·回纥传》，列传145。

④ 魏明孔：《西北民族贸易研究：以茶马互市为中心》，中国藏学出版社，2003年，第12页。

四、其他问题

另外，我们看到，以盐铁使为主的使职人员的任免，往往有意无意地打上派系纷争及其后牛李党争的烙印。起初是元载—杨炎—韩滉与李栖筠—刘晏矛盾，后来是牛僧孺李宗闵与李德裕、李绅的党争。而且盐铁使职位之争极为激烈。可以说，盐铁使在某种程度上决定着战争成败及政局稳定与否。其直接掌握着经济资源，包括货币的铸造、食盐、茶叶、酒的税收。因而作为最大肥差，也对官员是极大的考验。崔珙等一批人因坐赃而被贬，一些人被杀。以李锜为代表，用盐铁所得收买朝廷官员，贿赂后宫，而且还肆无忌惮地扩充自己宿卫人员。虽是宗室人员，最终走上武装反叛之路，不到一月，被杀于长安独柳树下。

北方农民与茶户的破产与啸聚山林，守江越货，把山劫茶，都是兼职诸道盐铁使的衔宰相或代兵部侍郎、户部尚书者的措施失误造成的。刘晏以后，一李巽能干，但难以控制局面。王涯十足的投机分子，而王播厚着脸贿赂宦官要任盐铁使。对于当时官场冲击都很大。王涯是儒雅的贪官——他收集大量的名人字画。

李巽以后宰相裴休兼诸道盐铁使，十二法有利茶户，但被李石很快作废。盐铁使的杀鸡取卵，在某种程度上加速了唐朝政治危机，榷盐榷茶榷酒，导致小商贩与茶户经营茶酒肆者无利可图，铤而走险，仇甫、庞勋在经济最繁华的浙东西做了改朝换代的小范围预演，王仙芝、黄巢最终把唐帝国推入割据军阀混战，昭宗被劫持，到处颠簸不定的状态。而王仙芝、黄巢都是世代贩盐，榷茶使、盐铁使使他们已经无利可图生活难以维持，才走上武装反抗的道路。茶叶税收是榷酒收入的四分之一。但其涉及面极大不仅茶户赖以生存，还有大量的小商小贩，靠茶为生。庞勋起义的范围主要在杜牧所谓江贼猖獗地区。这是咸通四年征发徐泗地区2000人的主要动机。宋史学家宋祁认为，大唐亡于黄巢，而祸起桂州。笔者认为，茶法重在协调国家、茶农与商人三者关系，而结果表明唐代茶法茶政总体是失败的，也是导致唐亡的一个远年因素。

第四节　常州、湖州贡茶院

御贡，也可以说是直接供给皇帝，主要由常州、湖州两处贡茶院完成。唐长安茶叶消费量很大。这些茶叶如何从产区到京师，从茶户手里到了宫里。从唐代经济军事和饮茶风尚的普及轨迹看，一直是三个轨道并行而不悖：宫廷贵族、寺院道观、世俗社会。茶叶作为消费品，可能从消费手段与消费人员看，应该是：御贡，直接供给皇帝；土贡，从地方到国库，一部分到了皇室，一部分到了大臣手里；商品，由取得专卖权的商人供给京城市场；赠予礼品。

自从西周初期巴人贡茶开始，北方茶叶消费就没有中断过。虽然我们看到的资料较为零星而已。为皇帝设立贡茶院，早在代宗大历时期就开始。而要考察茶叶税置与榷茶法，当从主管财税的盐铁使的职能与人事更迭着手。我们将关注点放在安史之乱以来的唐后期。

当然，我们分析，这些赐茶，很可能是直接进入国库或内库的御贡茶叶。与一般土贡、商品茶不一样。只有这样，才能显示皇家威仪与仁风。据李吉甫《元和郡县志》与杜佑《通典》载，唐玄宗开元天宝时，峡州贡茶250斤，金州茶芽1斤，吉州茶，溪州茶芽100斤。分属山南道、江南西道与黔中道。

一、常州贡茶

李栖筠是安史战乱后，与元载是同时代的财税经济系统的突出历史人物。

李栖筠，字贞一，世为赵人。幼孤。有远度，庄重寡言，体貌轩特……迁安西封常清节度府判官。常清被召，表摄监察御史，为行军司马。肃宗驻灵武，发安西兵，栖筠料精卒七千赴难，擢殿中侍御史。李岘为大夫，以三司按群臣陷贼者，表栖筠为详理判官……李光李光弼守河阳，高其才，引为行军司马，兼粮料使。改绛州刺史……进工部侍郎。关中旧仰郑、白二渠溉田，而豪戚壅上游取硙利，且百所，夺农用十七。栖筠请皆彻毁，岁得租二百万，民赖其入，魁然有宰相望。元载忌之，出为常州刺史。岁仍旱，编人死徙踵路，栖筠为浚渠，厮江流灌田，遂大稔……人为刻石颂德。苏州元载元载当国久，益恣横，代宗不能堪，阴引刚鲠大臣自助……始，栖筠见帝，敷奏明辩，不阿附，帝心善之，故制麻自中以授，朝廷莫知也，中外竦眙……栖筠见帝猗违不断，亦内忧愤，卒，年五十八，自为墓志。赠吏部尚书，谥曰文献。栖筠栖筠喜奖善，而乐人攻己短，为天下士归重，不敢有所斥，称赞皇公云[①]。

据宋赵明诚《金石录》卷29《唐义兴县重修茶舍记》载：

义兴贡茶非旧也。前此故御史大夫李栖筠实典是邦，山僧有献佳茗者，会客尝之。野人陆羽以为芬香甘辣，冠于他境，可荐于上。栖筠从之，始进万两，此其滥觞也。厥后因之，征献寖广，遂为任土之贡，与常赋之邦侔矣。每岁选匠征夫，至二千余人云。尝谓：后世士大夫区区以口腹玩好之献为爱君，此与宦官宫妾之见无异，而其贻患百姓，有不可胜言者。如贡茶，

① 《李栖筠传》,《新唐书》，卷159，列传71，第4735-4737页。

至末事也，而调发之扰犹如此，况其甚者乎。羽盖不足道。呜呼！孰谓栖筠之贤而为此乎！书之可为后来之戒，且以见唐世义兴贡茶自羽与栖筠始也[①]。

常州大历三年始贡茶，贡茶院理应随之建立。贞元八年至十一年（792—795）韦夏卿任刺史时，将贡茶院移至罨画溪上。

李栖筠，子李吉甫，孙李德裕，都是唐后期政坛极具影响力的人物。

二、湖州贡茶院

湖州贡茶也是刺史杜位［大历四至六年（771—773）在任］听取陆羽建议，贡茶。湖州、常州修贡，两州刺史形成了较为激烈的竞争关系！《嘉泰吴兴志》卷18记以其“与毗陵交界，争耀先期。或诡出柳车，或宵驰传驿，争先万里，以要一时之泽”。

这种明争暗竞会对茶户及地方刺史一下各级官员造成极大压力：凌晨就赶往山上，一天才下来难以盈筐，采不到一篮子，连夜还要加工。诏书一道道催促，茶园上下忙成一团。到了德宗贞元时期，于頔刺湖，与常州达成共进退同期完贡的默契。“贞元八年（792），刺史于頔始贻书毗陵，请各缓数日，俾遂滋长”，并在啄木岭建立境会亭。《咸淳毗陵志·古迹垂脚啄木二岭》云：“遇春贡，湖常二守会境上。”

到了文宗时期，白居易刺苏、崔玄亮刺湖、贾餗刺常州时，就同在两州界畔举行修贡庆功茶会。这在白诗中有反映。

《全唐文》卷529《湖州刺史厅壁记》：

江表大郡，吴兴为一。夏属扬州，秦属会稽，汉属吴郡，吴为吴兴郡。其野星纪，其薮具区，其贡橘柚纤缟茶纻，其英灵所诞，山泽所通，舟车所会，物土所产，雄于楚越，虽临淄之富不若也。其冠簪之盛，汉晋以来，敌天下三分之一。其刺史沿革不同，或称太守，或称内史，或称都督。他州或否，如鲁史晋乘，侯牧一也。其鸿名大德，在晋则顾府君秘、秘子众、陆玩、陆纳、谢安、谢万、王羲之、坦之、献之，在宋则谢庄、张永、褚彦回，在齐则王僧虔，在梁则柳恽、张谡，在陈则吴明彻，在隋则李德林，国朝则周择从令闻也，颜鲁公忠烈也，袁给事高谠正也，刘员外全白文翰也。洎于頔大夫作塘贮水，溉田三千顷。今使君词，唐景皇帝七代之孙，先公尚书先公大夫奕叶之勋，有功于民，公实嗣之，孔悝铭鼎，天下重器。天王褒拔于公陟襄阳节度，李公陟当道观察，统诸道盐铁转运。二牧既陟，唯公盘桓。鸿

① （宋）赵明诚：《金石录》。

鹄不飞，飞即摩汉。其逋者复，其危者安，其忧者泰，所谓善缉。于是拓郛耰莱，就便除害。政之余力，作消暑楼于南端，复亭署于白蘋洲。聿兴废土，光明敞豁，涌出溪谷。其旧记吏部李侍郎纾撰，其图经竟陵陆鸿渐撰，使君命况总两家之说，俶落晋宋，讫于我唐，凡一百九十七人，及历代良二千石，仪形略也。铺张屋壁，设作存劝，竦神告人，《春秋》不朽之义也。贞元十有五年十二月哉生魄，华阳山人顾况述[①]。

《湖州刺史厅笔记》作者顾况是唐代著名诗人与文化大家，提携推荐了大诗人白居易，他们都是唐代杰出茶人。顾况《茶赋》是唐代仅存的以茶为命题的赋：

稽天地之不平兮，兰何为兮早秀，菊何为兮迟荣。皇天既孕此灵物兮，厚地复糅之而萌。惜下国之偏多，嗟上林之不至，如罗玳筵展，瑶席。凝藻思，间灵液。赐名臣，留上客。谷莺啭，宫女嚬。泛浓华，漱芳津。出恒品，先众珍。君门九重，圣寿万春。此茶上达于天子也。滋饭蔬之精素，攻肉食之膻腻，发当暑之清吟，涤通宵之昏寐。杏树桃花之深洞，竹林草堂之古寺。乘槎海上来，飞锡云中至。此茶下被于幽人也。《雅》曰："不知我者，谓我何求。"可怜翠涧阴，中有碧泉流。舒铁如金之鼎，越泥似玉之瓯。轻烟细沫霭然浮，爽气淡烟风雨秋。梦里还钱，怀中赠橘，虽神秘而焉求[②]。

一般各州刺史厅笔记，一般都是在职刺史所撰写，其核心内容也是以本人所在当州的时政与历史文化为主要内容。湖州刺史厅笔记也应该遵循这样的惯例，但他是受命而作此文，大概是不学无术的宗室李锜装潢门面，命其执笔。需要我们注意的是，顾况叙事先从三代夏朝大秦开始，后说起物产贡品，中间有茶。从文意看，贡茶的时间很早！初唐就有土贡茶叶，而太宗徐贤妃，乃湖州长城人，是否知悉家乡茶？但作为直接为皇帝内库提供茶叶的贡茶院在代宗大历五年建立。李锜是以浙西观察使、湖州刺史身份，兼诸道盐铁转运使。盐铁转运使在这里明显地肩负了两个职责；一个是线条管理的全国榷茶榷盐榷酒的最高行政领导，同时又是属于属地管理的地方刺史身份，在这里，我们看到，这些是缠绕在一起的。刺史也是直对中央，直接对应机关应是尚书省，省下对口的是吏部主管人事考察的考功郎中、授勋爵的司勋郎中，负责财物的户部侍郎与度支郎中。唐代所谓"郎官"都是掌握实权的部门中层从五品上。他们实权往往大于部门副职，户部副职，户部侍郎是正四品。户部侍郎是否能直接干预

① （宋）李昉等：《文苑英华》，中华书局，1966年，卷280，第4237页；以下同版本，只注卷数、页码。《全唐文》，卷529，第5372页。

② 《文苑英华》，卷83，第378页。

度支事？两说，中唐晚唐，专卖做出规定，带“判度支事”的侍郎方可涉及业务，而户部首长户部尚书一人正三品。实际上在官职秩序上，与宰相是一个职级，但即使是尚书省副职即左右仆射，皇帝不授权，无权“平章事”者，也不是宰相。

常州与湖州，恰好都在浙西观察使的职权范围内。浙东、浙西节度使观察使盐铁转运使，只分管本辖区事务。而“诸道”则是负责全国各州各道的盐铁转运事务。李锜一度掌管全国盐铁转运事务，为武力叛唐埋下伏笔。

但就贡茶院修贡业务的主体是刺史，是湖州常州两州刺史，而且多是分别修贡。长庆四年（824）杭州刺史白居易所写境会亭夜宴就是两位刺史修贡情形：“遥闻境会茶山夜，珠翠歌钟俱绕身。盘下中分两州界，灯前合作一家春。青娥递舞应争妙，紫笋齐尝各斗新。自叹花时北窗下，蒲黄酒对病眠人。”①

大中五年杜牧牧湖州，友人有诗相送：“一道澄澜彻底清，仙郎轻棹出重城。采苹虚得当时称，述职那同此日荣。剑戟步经高障黑，绮罗光动百花明。谢公携妓东山去，何似乘春奉诏行。”②

次年可能完成春天修贡诏命后，就回到长安，不久卒于长安。

湖州、常州二州刺史（有兼浙西观察使者），胡耀飞列表（表四）以示，我们可以对照唐史或本书盐铁使年表、贡茶表，综合考量军事、文化与经济发展史背景下的唐代茶事与长安茶事风格，长安的地位与作用。

表四　唐代后期湖州刺史茶贡表（大历五年至咸通年间）*

《唐刺史考全编》	谢文	丁文	夏文	本文
1. 杜位（769）				◇
2. 裴清（771）	1. 裴清△	1. 裴清△	1. 裴清△	△
3. 萧定（771）				
4. 颜真卿（772—777）	2. 颜真卿△	2. 颜真卿△	2. 颜真卿△	△
5. 樊系（777）	3. 樊系	3. 樊系	3. 樊系	
6. 第五琦（778—779）	4. 第五琦	4. 第五琦	4. 第五琦	
7. 王密（779）		5. 王密		
8. 王沔（约780）		6. 王沔		
9. 袁高（781—784）	5. 袁高△	7. 袁高△	5. 袁高△	△
10. 陆长源（784）				
11. 杨顼（杨昱）（784—786）		8. 杨顼		
12. 郑谓（贞元初期？）				

① （唐）白居易：《夜闻贾常州、崔湖州茶山境会想羡欢宴因寄此诗》，《全唐诗》，卷447，第5027页。

② （唐）杨夔：《送杜郎中入茶山修贡》，《文苑英华》，卷282，第1434页。

续表

《唐刺史考全编》	谢文	丁文	夏文	本文
13. 崔石（贞元初期？）				◇
14. 庞督（791）		9. 庞督		
15. 于頔（791—794）	6. 于頔△	10. 于頔△	6. 于頔△	△
16. 刘全白（794）		11. 刘全白		
17. 王浦（795）		12. 王浦		
18. 李锜（797）	7. 李锜	13. 李锜	7. 李锜	◇
19. 李词（798—801）	8. 李词△	14. 李词△	8. 李词△	△
20. 田敦（802）	9. 田敦	15. 田敦	9. 田敦	
21. 颜防（805）		16. 顾防①		
22. 姚驷（姚綑）（806）		17. 姚驷△		△
23. 辛秘（806—808）		18. 辛秘	10. 辛秘	
24. 范传正（809—811）	10. 范传正	19. 范传正	11. 范传正△	△
25. 裴汶（811—813）	11. 裴汶△	20. 裴汶△	12. 裴汶	△
26. 薛戎（813—816）	12. 薛戎	21. 薛戎	13. 薛戎	◇
27. 李应（816—819）	13. 李应	22. 李应	14. 李应	
28. 窦楚（820）		23. 窦楚		
29. 张聿（821）				
30. 钱徽（821—823）	14. 钱徽	24. 钱徽	15. 钱徽	
31. 张士阶（张士偕）（823）		25. 张士偕		
32. 崔玄亮（823—825）	15. 崔元亮	26. 崔元亮△	16. 崔元亮	△
33. 独孤迈（826）		27. 独孤迈		
34. 韩泰（827—829）	16. 韩泰	28. 韩泰	17. 韩泰	
35. 李德修（830—831）	29. 李德修			
36. 韦珩（831）				
37. 庾威（831—832）	17. 庾戚△	30. 庾威	18. 庾威	△
38. 崔某（约832—833）				
39. 敬昕（833—835）	18. 敬昕	31. 敬昕	19. 敬昕	
40. 裴充（835—838）	19. 裴充△	32. 裴充△	20. 裴充△	△
41. 杨汉公（838—约841）	20. 杨汉公△	33. 杨汉公△	21. 杨汉公△	△
42. 张文规（841—843）	21. 张文规△	34. 张文规△	22. 张文规△	△
43. 李宗闵（843）		35. 李宗闵		
44. 姚勖（843）	22. 姚勖	36. 姚勖	23. 姚勖	◇
45. 李某（会昌中？）				
46. 薛褒（846）		37. 薛褒		

续表

《唐刺史考全编》	谢文	丁文	夏文	本文
47. 令孤绹（847—848）	23. 令狐绹	38. 令狐绹	24. 令狐绹	
48. 苏特（848—850）		39. 苏特		
49. 杜牧（850—851）	24. 杜牧△	40. 杜牧△	25. 杜牧	△
50. 郭勤（851）	25. 郭勤		26. 郭勤	
51. 郑颙（853）	26. 郑颙△		27. 郑颙△	△
52. 崔准（857）				
53. 萧岘（858）	27. 萧岘		28. 萧岘	
54. 郑彦弘（862）				
55. 崔刍言（862）				
56. 源重（862）①	28. 源重			
57. 高湜（864）				
58. 孔彭（咸通中）				
59. 赵蒙（赵蒙）（867）				
60. 李超（李召）（870）				
61. 裴德符（871—872）				
62. 张搏（872）				◇
63. 刘植（874）				
64. 陆肱（乾符初？）				
65. 郑仁规（876）				
66. 杜孺休（879）				◇

*胡耀飞:《贡赐之间：茶与唐代的政治》，第54页。

△者为谢文柏、丁克行、夏星南三人明确给出市茶事迹者；◇为疑似。

三、湖常二州刺史如期贡茶为在职主要责任

大明宫遗址出土唐封泥有湖州字样的封泥只有1件，印文全缺，仅有墨书“朝议郎”及“……湖州诸军［事］……”①等字两行。从署名职能看，很可能是李锜。

到了李锜任浙东西观察处置使湖州刺史情形看，湖州茶更受皇室及朝堂认可，大有后来居上之势。

湖、常二州州治各在太湖西和北，合作完贡以后，李锜自然会以诸道盐铁使身份，急程送往长安。宋谈钥《嘉泰吴兴志》卷18记：“贞元五年（789）置合溪焙、乔冲焙。岁贡凡五等。第一等陆递，限清明到京，谓之急程茶。开成三年（838）刺史杨汉公表奏，乞于旧限特展三五日，敕从之。其余并水路进，限以四月到。”这与李郢《茶山贡

① 中国科学院考古研究所：《唐长安大明宫》，科学出版社，1959年，第45页。

焙歌》诗句“驿骑鞭声砉流电”、刘禹锡《西山兰若茶歌》“白泥赤印走风尘”是契合的。是陆路快递。陆路应该是用驿马。如果按照每人一次饮茶5克（唐代5字），百人茶会大约就是500克，如果麟德殿满员3500人，约需要17500克，约18千克，不到40市斤，两人两匹马快程寄送，是不成问题的。从浙西到长安路线一般是太湖—润州—扬州—汴州—东都—京师、太湖—鄂州—襄阳—商州—京师。白居易元和十年被贬江州，元和后期从忠州（今重庆）回来，元稹从通州回来，走的路线都是襄阳—商州—蓝田—京师这一段。

此外这些信息，告诉我们水运适合粮食等大宗物资，时间较慢。但贡茶院御用茶必须在四月底以前送到长安。我们看到袁高、李郢、杜牧做刺史时的茶山修贡题词题诗，在三月十日以后也就是在清明宴以后还在湖州的原因在于清明宴第一等任务完成了，还有四批茶要在四月前完成。

第一等茶须清明日当日或以前到达，当日到达后，可能就会直接进入宴会现场。

而卢仝《走笔谢孟谏议寄新茶》诗句“白绢斜封三道印”给出的是清明宴以后的信息，第二到第四等贡茶送到直接为皇帝负责的内库。沈冬梅借鉴葛承雍成果，同意考古人员研究成果，发现湖州封泥的大明宫西墙夹城，应该是内库所在地①。送到内库后，需要管理人员进行鉴定、登记。

除了负责内库的高品宦官，从内库出来，监门卫将军、御史大夫、谏议大夫可能都参与其中，进行接收、鉴定。这也是孟谏议孟简能够匀除一部分带封印茶叶的原因。未能参加清明宴的人员，喝到的只能是第二到第四等茶。

参加了清明宴与大批没有机会参加清明宴的官员、名僧高道及知名人士，会陆续得到皇帝赐赏的新茶。代宗一直延续到昭宗，持续时间从770—904年，约120年。而德宗、文宗时期的谢茶表最多。

虽然前述，唐宪宗助军一次从内库拿出30万斤茶叶由度支变现，但湖常二贡茶院所贡茶叶的重要意义不在经济意义，其政治笼络维护中央权威的意义更大，其次在于高居庙堂之上的文化风尚的引导。肃宗开始，战事吃紧或庄稼歉收，唐朝就会时不时地出台禁酒令，但历代政府除了后来金代短暂地禁茶外，茶是经济与社会生活的必需品。

中国酒的出现早于茶的饮用，酒的经营利润高于茶或者销量要大得多，但我们却没有看到抢劫酒以销售的记载，而晚唐大规模抢劫茶叶却成了较为普遍现象，这就表明饮茶已经成为南北各地普遍现象，茶叶几乎成了须臾不可或缺的生活必需品。与酒相比茶叶本身即是原料，经过加工便是饮品，而酒要消耗数量较大的粮食。

进入唐代，特别到了唐代中后期，茶叶已经确确实实地历史地改变了中国经济财税结构和中国社会，这是我们探讨茶文化的历史背景与社会背景。

---

①　沈东梅：《唐代贡茶研究》，《法门寺博物馆论丛》第九辑，三秦出版社，2018年，第21页。

第二章 大唐茶人

第一节 茶圣陆羽

唐玄宗开元二十一年（733），癸酉，1岁，生于复州竟陵县，即今天门市[①]。《因话录》卷3："太子陆文学鸿渐，名羽，其先不知何许人。竟陵龙盖寺僧，姓陆于堤上得一初生儿，收育之，遂以陆为氏。"《太平广记》卷201引《大唐传载》："太子文学陆鸿渐，名羽，其先不知何许人。竟陵龙盖寺僧姓陆，于堤上得一初生儿，收育之，遂以陆为氏。"龙盖寺：位于湖北天门市城西。又名西塔寺。传陆羽幼时由寺僧智积大师收养于此。《全唐诗》卷129斐迪有《西塔寺陆羽茶泉诗》云："竟陵西塔寺，纵迹尚空虚。不独支公住，曾经陆羽居。草堂荒产蛤，茶井冷生鱼。一吸清冷水，高风味有余。"有茶井存。

开元二十三年（735），乙亥，3岁，近儒典，不喜佛说，在镜陵龙盖寺受冷眼、受虐。

开元二十九年（741），辛已，9岁。《陆文学自传》："因倦所役，舍主者而去。卷衣诣伶党，著《谑谈》三篇，以身为伶正，弄木人、假吏、藏珠之戏。公追之曰：'念尔道丧，惜哉！'吾本师有言：我弟子十二时中，许一时外学，念降伏外道也。以我门人众多，今从尔所欲，可缉学工书。"《新唐书》卷196《隐逸・陆羽传》："因亡去，匿为优人，作诙谐数千言。"《唐才子传》卷3："少年匿优人中，撰《谈笑》万言。"

天宝五年（746），丙戌，14岁。河南尹李齐物出守镜陵，友善陆羽，认字学书，诵读诗文，颇有收获与长进。《陆文学自传》："天宝中，郢人酺于沧浪道，邑吏召子为伶正之师。时河南尹李公齐物出守，见异，捉手拊背，亲授诗集。于是汉沔之俗亦异焉。"《新唐书》卷196《隐逸・陆羽传》："天宝中，州人酺，吏署羽伶师。"《资治通鉴》卷215：天宝五载秋七月"河南尹李齐物贬竟陵太守"。颜真卿《金紫光禄大

---

① 《隐逸・陆羽传》，《新唐书》，卷196。《国史补》卷中。《太平寰宇记》卷108《上饶县》，《郡国志》云。《陆文学自传》，《文苑英华》，卷793，又见于《全唐文》，卷433。

夫守太子太傅兼宗正卿赠司空上柱国陇西郡开国公李公（齐物）神道碑铭》可佐证。《新唐书》卷196《隐逸·陆羽传》："太守李齐物见异之，授以书，遂庐火门山。"李齐物贬竟陵太守在天宝五年秋，推荐陆羽从师邹夫子学习，当在此时间后数年。火门山：即天门山，在今天门市西。传因汉光武帝行兵举火夜渡此山得名。后因俗避忌"火"，遂改今名。

天宝九年（750），庚寅，18岁。

天宝十一年（752），壬辰，20岁。崔国辅出守竟陵，与陆羽结游三载，友情深厚，有诗歌合集流传。临别，崔以白驴、犁牛相赠陆羽。据《新唐书》卷60《艺文志四》，《崔国辅集》注云："应县令举，授许昌令，集贤直学士，礼品员外郎。坐王珙近亲贬竟陵郡司马。"又《旧唐书》卷9《玄宗纪》：天宝十一载"夏四月，御史大夫兼京兆尹王珙赐死，坐弟镡与凶人邢縡谋逆故也"。故崔国辅贬竟陵司马当在是年。陆羽与崔国辅游处三载，感情诚挚，并有酬唱诗集流传，惜今已不传。《全唐诗》卷119有崔国辅《今别离》诗云："送别未能旋，相望连水口。船行欲映州，几度急摇手。"崔国辅：生卒年不详，吴郡（苏州）人，一说山阴（绍兴）人。生平见《新唐书》卷72下《宰相世系表二下》、《唐诗纪事》卷15、《唐才子传》卷二。今存诗四十一首，见《全唐诗》卷119。诗与王昌龄（698—757）、储光羲（706—763）等齐名。

天宝十四年、唐肃宗至德元年（756），丙申，23岁。十一月甲子（755年12月16日），安禄山率众20万反于范阳（今北京西），次年六月十四（756年7月15日）马嵬之变后，玄宗往西南至成都；太子亨往西北，至灵武，就朔方郭子仪部。七月十二（756年8月12日）李亨即位于灵州（今宁夏吴忠灵武市），改元至德。

天宝十五载，至德初，24岁，逃至湖州。《陆文学自传》："洎至德初，秦人过江，子亦过江，与吴兴释皎然为缁素忘年之交。自禄山乱中原，为《四悲诗》。"顾况《送宣歙李衙推八郎使东都序》："天宝末，安禄山反，天子去蜀，多士奔吴为人海。"[①]

至德二年（757），丁酉，25岁。居湖州。

至德三年、乾元元年（758），戊戌，26岁。陆羽考察茶事至南京，居栖霞寺，皇甫冉有诗相送。《新唐书》卷60《艺文志四·皇甫冉》，《全唐诗》卷249皇甫冉《奉和独孤中丞游云门》，时皇甫已从独孤峻游越。

乾元二年（759），己亥，27岁。秋，陆羽回到湖州，皎然有《赠韦卓、陆羽》诗相赠。《全唐诗》卷816皎然《赠韦卓、陆羽》诗云："只将陶与谢，终日可望情。不欲多相识，逢人懒道名。"据《宝刻丛编》卷14引《复斋碑目》、《舆地碑目》载："唐宣州博士沈缙墓志，唐韦卓撰，正书，无名，乾元二年十一月九日于东主山，在武康

① 《全唐文》，卷529，第5370页。

县。”又据《新唐书》卷411《地理志五》：武康县为吴兴郡（湖州）属县。由此，韦卓是年应与陆羽一起在湖州，才有皎然赠诗。韦卓余无考。

乾元三年、上元元年（760），庚子，28岁。湖州事茶。冬，作《天之未明赋》。据《元和郡县志》卷26《湖州》：“溪水，一名苕溪水，西南自长城、安吉两县，东北流至州南与余不溪水、水合又流入太湖，在州北三十五里。”《太平寰宇记》卷94《湖州》：“苕溪在县南五十步，大溪也。”《全唐诗》卷815皎然有《寻陆羽处士不遇》诗云：“移家虽带郭，野径入桑麻。近种篱边菊，秋来未著花。叩门无犬吠，欲去问西家。报道山中去，归来每日斜。”

上元二年（761），辛丑，29岁。陆羽在湖州隐居读书，潜心著述，完成《茶经》初稿和自传等著作的编撰工作。《文苑英华》卷793《陆文学自传》：“少好属文，多所讽喻，见人为善，若己有之；见人不善，若己羞之。若言逆耳，无所回避，由是俗人多忌之。自禄山乱中原，为《四悲诗》；刘展窥江淮，作《天之未明赋》，皆见感激当时，行哭涕泗。著《君臣契》三卷，《源解》三十卷，《江表四姓谱》八卷，《南北人物志》十卷，《吴兴历官记》三卷，《湖州刺史记》一卷，《茶经》三卷，《占梦》上、中、下三卷，并贮于褐布囊。上元辛丑岁子阳秋二十有九。”这一年是茶圣陆羽活动主要节点。正是这一年陆羽写了《陆文学自传》。《国史补》卷中：“羽有文学，多意思，耻一物不尽其妙，茶术尤著。巩县陶者多为瓷偶人，号陆鸿渐，买数十茶器得一鸿渐，市人沽茗不利，辄灌注之。”这里的“文学”与我们今天所说“文学”不一样，包括今天的文学内容，还应该说陆羽对文化古籍，著文写作有一定造诣，学，学问。“多意思”，实质指陆羽对文化典籍有深刻理解与发挥。这里的“妙”，与陆羽《茶经》高度契合：妙指事物的极致精湛之处。这里第一次提出“茶术”，应该指烹茶也包括制茶的技术。古代“术”，一般指的是今天我们所谓的技术。这些对了解陆羽茶道都有直接的引导作用。尽妙，近乎今天的完美主义者。

唐代宗宝应元年（762），壬寅，30岁。至江宁栖霞寺，过阳羡看诗人皇甫冉。秋，陆羽移居镇江丹阳茅山，避袁晁兵乱宝应元年十月十六日余杭宜丰寺灵一圆寂，春秋三十五，凡满十五安居。弟子树塔。左卫兵曹参军李纾、嘉兴县令李汤，左金吾卫兵曹参军独孤及等于武林东峰之阳刻石以记。“与天台道士潘志清、襄阳朱放、南阳张继、安定皇甫曾、范阳张南史、吴郡陆讯、东海徐嶷、景陵陆鸿渐为尘外之友，讲德味道，朗咏终日。”[①]

宝应二年、广德元年（763），癸卯，31岁，与皎然、吴兴太守卢幼平共七人泛舟联句。

---

① 《宋高僧传》，卷15。

广德二年（764），甲辰，32岁。陆羽铸煮茶风炉，并与诸贤交流联唱。

永泰元年（765），乙巳，33岁。御史大夫李季卿宣慰江南，在润州遇陆羽，召其煮茶，以其野服、与常伯熊同而投钱离去，与见辱而著《毁茶论》。

永泰二年、大历元年（766），丙午，34岁。陆羽寓居常州、丹阳，向常州刺史李栖筠建议进贡义兴茶。《义兴重修茶舍记》载："前此故御史大夫李栖筠典是邦，僧有献佳茗者，会客尝之，野人陆羽以为芳香甘辣，冠于他境，可荐于上。栖筠从之，始进两万（斤）。"

大历二年（767），丁未，35岁。

大历三年（768），戊申，36岁。秋，陆羽回到湖州，与皎然等诸友泛舟唱和，送卢幼平离任。

大历四年（769），己酉，37岁。苕溪草堂完工。皎然作《苕溪草堂自大历三年夏新营汲秋及春》。

大历五年（770），庚戌，38岁。作《顾渚山记》两篇，致书国子祭酒杨绾。顾渚紫笋与义兴紫笋分山析造。春，陆羽赴丹阳探皇甫冉病，再赴越州谒鲍防，皇甫冉有《送陆鸿渐赴越》诗并序相赠。陆羽在越作《会稽小东山》诗。

大历六年（771），辛亥，39岁。陆羽返湖州，寓长兴顾渚山考察茶事，有《与杨祭酒书》记其事，并著《顾渚山记》。

大历七年（772），壬子，40岁。颜真卿迁湖州刺史，完善在常山已经开始的《韵海源镜》，周围网络一大批士大夫，各出所藏珍贵图书。颜真卿、陆羽与皎然历史性地合作共事。形成湖州茶人集团，有名有姓者90余人。

大历八年（773），癸丑，41岁。春，陆羽随卢幼平承诏祭会稽山，得兰亭古石桥柱一块，祭毕返湖州。夏六月，入颜真卿幕府，参与颜主编的《韵海镜源》的编撰工作。冬十月，在杼山妙息寺主持建三癸亭，与颜真卿、皎然诸文友游赏联唱。

大历九年（774），甲寅，42岁。春，颜真卿主编的《韵海镜源》完成编撰。陆羽与颜真卿、皎然等诸友登游岘，有联唱诗赋。秋八月，张志和来湖州，与陆羽、皎然共唱《渔歌》。冬十二月，陆羽与颜真卿、皎然等于州府赏玩联唱。19人于潘子读书堂茶会联句。

大历十年（775），乙卯，43岁。陆羽随李纵游无锡、苏州等地，并探望李季兰病。秋后，返湖州，青塘别业落成。一生漂泊，总算有了一个家。

大历十一年（776），丙辰，44岁。秋，陆羽与颜真卿、皎然交游于湖州水亭，并有联句吟唱。

大历十二年（777），丁巳，45岁。陆羽著《吴兴图经》。杨绾为相，颜真卿离湖州赴朝廷任吏部尚书，陆羽送别。陆羽至婺州（今浙江金华）东阳见戴叔伦。

大历十三年（778），戊午，46岁。迁居无锡，结识权德舆，游惠山。

大历十四年（779），己未，47岁。

唐德宗建中元年（780），庚申，48岁，《茶经》定稿，刊布流行天下。陆羽在湖州，婺州东阳县令戴叔伦寄诗相酬答谢陆羽。

建中二年（781），辛酉，49岁。

建中三年（782），壬戌，50岁。拜“太子文学”不就，拜“太常寺太祝”，又不就。

建中四年（783），癸亥，51岁。至上饶。

兴元元年（784），甲子，52岁。上饶“鸿渐宅”建成。

贞元元年（785），乙丑，53岁。在上饶会孟郊。正月，陆羽为王维所作孟浩然画像作序。此年陆羽移居信州（上饶）茶山，孟郊有诗题陆羽新开山舍。《韵语阳秋》卷14：“余在毗陵，见孙润夫家有王维画孟浩然像，绢素败烂，丹青已渝……又有太子文学陆羽鸿渐序云：‘昔周王得骏马，山谷之人献神马八匹；叶公好假龙，庭下见真龙一头；颜太师好异典，郭山人闵赠金匮文；李洪曹好古篆，莫居士赠玉箸字。’此四者，得非气合不召而至焉。中园生旧任杞王府曹，任广州司马。金陵崔中字子向，家有古今图画一百余轴，其石上蕃僧、岩中二隐、西方无量寿佛，天下第一。余有王右丞襄阳孟公马上吟诗图并其记，此亦涓之一绝。故赠焉，以裨中园生画府之阙。唐贞元年正月一十有一日志之。”《文苑英华》卷716及《全唐文》卷490权德舆《肖侍御喜陆太祝自信州移居洪州玉芝观诗序》云：“太祝陆君鸿渐，以词艺卓异，为当时闻人。”

贞元二年（786），丙寅，54岁。应洪州御史肖瑜邀，寓于玉芝观。冬，陆羽移居洪州玉芝观，并至庐山考察茶事。

贞元三年（787），丁卯，55岁。正月，戴叔伦坐谤被推事以谍文追赴抚州辨对。未几，诬谤澄清。陆羽在洪州，此事前后均有诗酬戴叔伦。

贞元四年（788），戊辰，56岁。居洪州，与戴叔伦交往。陆羽受裴胄邀请，自洪州赴湖南入幕。

贞元五年（789），己巳，57岁。陆羽由湖南赴岭南，入李复（李齐物之子）幕，与判官周愿结识。在容州，与病中戴叔伦相逢。

贞元六年（790），庚午，58岁。归洪州再居玉芝观。

贞元七年（791），辛未，59岁。

贞元八年（792），壬申，60岁。返回湖州青塘别业，著《湖州刺史》一卷、《吴兴历官记》三卷。

贞元九年（793），癸酉，61岁。陆羽由岭南返回杭州，与灵隐寺道标、宝达师交往，作《道标传》。《宋高僧传》卷21《唐杭州灵隐寺宝达传》注云“系曰：印沙床者何？达曰：‘有道之士居山，必非宝器，疑其范筑江沙，巧成坐榻欤？’照佛鉴者何？

达曰‘即鉴灯儿。以其陆鸿渐贞元中多游是山，述记达师节俭而明心调度也。’”

贞元十年（794），甲戌，62岁。移居苏州，虎丘结庐，后称“陆羽楼”，凿井引水种茶，著《泉品》卷。

贞元十一年（795），乙亥，63岁。居苏州。

贞元十二年（796），丙予，64岁。

贞元十三年（797），丁丑，65岁。

贞元十四年（798），戊寅，66岁。

贞元十五年（799），己卯，67岁。回湖州。

贞元十六年（800），庚辰，68岁。

贞元十七年（801），辛巳，69岁。

贞元十八年（802），壬午，70岁。

贞元十九年（803），癸未，71岁。

贞元二十年（804），甲申，72岁。冬，陆羽卒于湖州。《新唐书》卷196《隐逸·陆羽传》：陆羽“贞元末卒”。《全唐诗》卷210皇甫曾有《哭陆处士》诗云：“从此无期见，柴门对雪开。二毛逢世难，万恨掩泉台。返照空堂夕，孤城吊客回。汉家偏访道，犹畏鹤书来。”据前诗云：“柴门对雪开”，陆羽去世当为冬季，此时皇甫曾已归居丹阳。陆羽卒年余无考，通常以贞元末（804）为说。孟郊元和六年（811）曾往湖州凭吊陆羽《全唐诗》卷379孟郊有《送陆畅归湖州因凭题故人皎然塔、陆羽坟》诗记其事，诗云：“森森霅寺前，白苹多清风。昔游诗会满，今游诗会空。孤吟玉凄侧，远思景蒙笼。杼山砖塔禅，竟陵广宵翁。饶彼草木声，仿佛闻余聪。因君寄数句，遍为书其丛。追吟当时说，来者实不穷。江调难再得，京尘徒满躬。送君溪鸳鸯，彩色双飞东。东多高静乡，芳宅冬亦崇。手自撷甘旨，供养欢冲融。待我遂前心，收拾使有终。不然洛岸亭，归死为大同。”

第二节　平叛名臣颜真卿

以《新唐书》卷166列传78为基本线索，此卷将平定朱泚叛乱功臣段秀实与平定安史之乱功臣颜真卿列为一卷，参考《资治通鉴》、《全唐文》卷514殷亮《颜鲁公行状》。

颜真卿，字清臣，秘书监师古五世从孙。少孤，母殷躬加训导。既长，博学工辞章，事亲孝。以贞元元年（785）八月壬寅（初三，公元8月23日）被李希烈缢杀时76岁，计当生于708年（中宗景龙二年）。其撰晋颜大宗（含）碑云：“真卿，进士，校书郎；举文词秀逸，醴泉尉；清白名闻，长安尉。历三院御史、兵部员外郎，以平原太守拒禄山。凡五为侍郎右丞，三为尚书，四为御史大夫，七为刺史，二为节度采访观察使，鲁郡公。”[①] 大历九年《乞御书题额恩敕批答碑阴记》[②]。侍郎，三省副职，尚书，是尚书省六部长官。

中宗景龙二年（708），戊寅，0周岁，虚岁1岁。字清臣，小名羡门子，别号应方，京兆长安人。为春秋时鲁国附庸国郳国，郳武公即小郳子（颜公）之苗裔。五代祖北齐黄门侍郎讳之推，自丹阳居京兆长安。高祖秦王府记室参军讳思鲁，曾祖蒋王文学著作郎讳勤礼，祖曹王侍读讳昭甫。父薛王友赠太子少保讳惟贞，即秘书监师古之曾侄孙也。

中宗景龙三年（709），己酉，周岁1岁。睿宗即位，七月改元景云。父迁薛王友。

中宗景龙四年、景云元年（710），庚戌，2岁。父维贞辞世，母率遗孤十人寄居于通化坊舅父殷践猷家。伯父元孙又太子舍人出为润州长史。

玄宗开元四年（716），丙辰，8岁。七月，伯父元孙由滁州刺史迁沂州刺史，遭诬陷，黜归乡里。得伯父元孙“师父之教”。

开元九年（721），辛酉，13周岁。七月，舅父殷践猷辞世，随母殷氏南下寄居于外祖父殷子敬吴县官舍。

开元二十年（732），壬申，24岁。伯父元孙卒于其子春卿翼城县丞任所。

开元二十一年（733），癸酉，25岁。通过国子监考试。

开元二十二年（734），甲戌，26岁。正月参加尚书省考试，二月进士及第，登甲科。娶太子中书舍人韦迪之女为妻。

开元二十四年（736），丙子，28岁。吏部擢判入高等，授朝散郎秘书省著作局校书郎。开始编《韵海镜源》。

开元二十五年（737），丁丑，29岁。校书郎任上。正月至相州，撰《周太师尉迟囧碑铭》。七月五日姑母颜真定辞世，撰《杭州钱塘县丞殷府君夫人颜君神道碣铭》[③]，良史柳芳为其长子殷嘉绍之婿。

开元二十六年（738），戊寅，30岁。母亲殷氏辞世，丁忧。

开元二十七年（739），己卯，31岁。为母丁忧。

开元二十九年（741），辛巳，33岁。除服，待职。

天宝元年（742），壬午，34岁。扶风郡太守崔琇举博学文词秀逸。九月十八日，元宗御勤政楼，策试上第。以其年授京兆府醴泉县尉。黜陟使户部侍郎王珙以清白名

---

① 《全唐文》，卷339，第1522页。
② 《全唐文》，卷338。
③ 《全唐文》，卷344。

闻，授通直郎长安尉。

天宝四载（745），乙酉，37岁。赴洛阳向张旭学习书法。撰《张长史笔法十二意笔法记》。

天宝六载（747），丁亥，39岁。迁监察御史（正八品上）。制云："文学擅于登科，器干彰于适用。宜先汗简之职，俾伫埋轮之效。"冬，充河东、朔方军试覆屯兵交使。汗简之职，指负责起草文书，管理档案。

天宝七载（748），戊子，40岁。监察御史，充河西陇右军试覆屯交兵使。为五原郡冤狱昭雪。

天宝八载（749），己丑，41岁。春，充河东、朔方军试覆屯交兵使。弹劾荥阳县郑延祚兄弟三人不孝，母丧二十九载殡于太原寺空园不葬。返京，弹劾金吾将军李延业不守法。八月，迁殿中侍御史（从七品上）。不附吉温、杨国忠，被御史台蒋冽奏为东京畿采访判官。五月撰《河南府参军赠秘书丞郭君（揆）神道碑》。

天宝九载（750），庚寅，42岁。十二月，转御史台侍御史。

天宝十载（751），辛卯，43岁。改任武（兵）部员外郎（从六品上），朝议郎。

天宝十一载（752），壬辰，44岁。撰并书《多宝塔碑》。

天宝十二载（753），癸巳，45岁。杨国忠以前事衔之，谬称精择，乃遂出公为平原（治德州，今山东陵县）太守，其实去之也。举荐安陵处士张镐，其后为中书侍郎平章事。安禄山镇幽州十余载，末年反迹颇著，人不敢言。公亦阴备之，因岁终式修城，乃浚濠增储廪实，立植木。内为御敌之计，外托胜游之资。及兵兴，果赖其固而城得全。

天宝十三载（754），甲午，46岁。密奏安禄山反状。撰《东方朔画赞碑》，郡人封绍、族弟颜浑编《韵海镜源》条目200余。撰《东方先生画赞碑阴记》[1]。

天宝十四载（755），乙未，47岁。禄山祸谋将发，公遣子至范阳启禄山，以今年冬合当入进京瑾见皇上。禄山猜疑，不同意。真卿既不得离开平原郡，乃遣亲客前汉中长史蹇昂奏其状，状留禁中不报。十一月，禄山反于范阳，众号十五万，长驱自赵、定一路向南直逼洛阳。向各州郡发号施令，没人敢抵制、反对。禄山乃榜公，令以平原、博平兵七千人防河，以博平太守张献直为副。颜真卿立即派平原负责军事的（司兵参军）李平乘快马向唐廷汇报。平至东京，见封常清，云："吾得上旨，凡四方奏事者，许开函而再封之。"平听焉。常清遂倚帐操笔，寄书于公，论国家之事，词意甚切。并附募捕逆贼牒数十封至平原，令坚相待。公从之。使亲表及门客密送于诸郡，因此多有。而常清乃寻自败绩焉，有敕赐死于陕州，竟不接声。平之未至京师也，玄

---

① 《全唐文》，卷338，季冬辛卯朔建碑。

宗叹曰："河北二十四郡，无一人心向大唐国家乎？"及闻平至，遣中使五六批迎之，兼敕平奔马直至寝殿门，然后令下。奏事毕，元宗大喜，顾谓左右曰："颜真卿何如人？朕兼未曾识，而所为乃尔！"……十二月，禄山陷东京，害留守尚书李憕、御史中丞卢奕、判官巩县尉蒋清等，因使以三人之首来徇河北，且以胁降诸郡。逆使者段子光至……公遂命腰斩子光，潜令收藏三首，志其处。数日，形势稍稳定，颜真卿取下另在城墙上的三人人头，清洗干净后，入殓，发哀祭悼，在城外安葬。哭三日，举声下泪，受文武吊慰，左右无不出泣涕者。自此义合归者益多矣……元宗……诏公为河北采访处置使[①]。而卢奕儿子卢杞却在后来陷害真卿，派去蔡州劝降李希烈，此是后话。

至德元年（756），丙申，48岁。三月，河北节度使李光弼，以朔方马军三千，步军五千，初出土门，将讨定河朔。公乃抽兵归，并放博平、清河等军各归本郡，敛以戢待光弼之命。饶阳、河间、景城、乐安，相次而陷，所存平原、博平、清河三郡而已。然人心溃叛，不可复制。公乃将麾下骑数百，弃平原渡河，由淮南、山南取路，朝肃宗于凤翔行在。

至德二年（757），丁酉，49岁。正月，又除御史大夫（从三品）。未几，因忤圣旨，贬冯翊太守，同州刺史，上《同州刺史谢上表》[②]。这时元载专权。

乾元元年（758），戊戌，50岁。三月又改蒲州刺史本郡防御使，封丹阳县开国子，食邑一千户。夏天撰《摄常山郡太守卫尉卿兼御史中丞赠太子太保谥忠节京兆颜公（皋卿）神道碑铭》[③]《华岳庙题名》《有唐故中大夫使持节寿州诸军事寿州刺史上柱国赠太保郭公庙碑铭（并序）》[④]。泪撰《祭伯父豪州刺史文》《祭侄季明文》（中国书法史第二行书《祭侄文稿》）[⑤]。是年，被酷吏唐旻所诬，贬饶州刺史。凤栖原，韦曲附近，东接少陵原，京兆大族选此地为家族茔地。

乾元二年（759），己巳，51岁。六月，拜升州刺史，充浙江西道节度使兼宋亳都防御使。《天下放生池碑铭》[⑥]上《谢浙西节度使表》。六月九日恩制，七月肃宗《答颜真卿谢浙西节度使批》，颜真卿《让宪部尚书表》，肃宗亦有答[⑦]。

上元元年（760），庚子，52岁。秋。时御史中丞敬羽，狙诈险惨，班列皆避之。

---

① （唐）殷亮：《行状》，《全唐文》，卷514，第5224-5226页。

② 《全唐文》，卷336。

③ 《全唐文》，卷341，葬祖茔万年县凤栖原。

④ 《全唐文》，卷339。

⑤ 《全唐文》，卷344。

⑥ 《全唐文》，卷339。

⑦ 〔日〕池田温：《唐代诏敕目录》，三秦出版社，1991年，肃宗第276页。《全唐文》，卷44。

真卿曾与之语及政事，遂遭诬，贬蓬州长史。战时人才紧缺，朝中不免忠奸相杂、正邪错间。

宝应元年（762），壬寅，54岁。五月十五日撰《鲜于氏离堆记》[①]。八月，代宗有诏除利州刺史，羌人围城未得入，回上都十二月拜尚书户部侍郎（正四品下），加银青光禄大夫上柱国。利州，今四川广元，处在川、陕、甘三省交界处，羌族人口较多，羌人围城，是安禄山之乱后的连锁不利反应之一。撰《正议大夫行国子司业上柱国金乡县开国男颜府君（允南）神道碑铭》[②]碑云"每正至朝贺，宰相以下登殿者不过三十人，而君与真卿、王鉷法服于含元殿蹈舞，而衣接焉。朝覲宴集，必同行列。故君赋诗云：'谁言百人会，兄弟皆沾陪。'与谏议大夫郑审、郎中祁贤之每庆制及朝廷唱和，必警绝佳对，人人称说之"。金殿觐见皇帝，不超过30人，而颜氏兄弟同时在场殊荣无加。

宝应二年、广德元年（763），癸卯，55岁。改吏部。又加金紫光禄大夫，广德二年秋八月，拜江陵尹兼御史大夫，充荆南节度使观察处置使。迟留未行，为密近所诬，遂罢前命。以殷亮为寿安尉。荆州治江陵，一度为南都，其尹与京兆尹、河南尹一个级别。其政治地位仅次于宰相，因此遭人嫉妒诬陷，而不能就职。冬十月，应开府仪同三司渭北节度使鲁国公臧希让之请，撰书《唐故右武卫将军赠工部尚书上柱国上蔡县开国侯臧公（怀恪）神道碑铭》"真卿早岁与公兄子谦为田苏之游，敦伯仲之契，晚从大夫之后，每接常寮之欢。故公之世家，窃备闻见，敢述遗烈，将无丑辞"[③]。臧氏家族碑《东莞臧氏纠宗碑铭》[④]可能在怀恪碑后撰。既有旧宜，更有忠烈报国的志节情操，顶天立地的颜体书法透射出铮铮不屈的丈夫之气。

广德二年（764），甲辰，56岁。致郭子仪之子郭英义《与郭仆射书》（又称《争座位帖》）。正月，除检校刑部尚书（正三品）兼御史大夫朔方行营汾晋等六州宣慰使。（元）载又疑颜真卿，每在代宗面前非短贬低。寻罢前命，惟知刑部尚书事。三月，晋封鲁郡开国公，食邑三千户。玄宗孙肃宗女代宗胞妹六月二十五日薨上都常乐坊私第，八月葬万年县义丰之铜人原，"从理命也"。撰《和政公主神道碑》[⑤]，撰《朝议大夫赠梁州都督上柱国徐府君（秀）神道碑铭》[⑥]，撰《尚书刑部侍郎赠尚书右仆射孙逖文公集

---

① 《全唐文》，卷337，第1512页。

② 《全唐文》，卷341，第1530页。

③ 《全唐文》，卷342，第1534页，开元十二年二月薨于鄌城官舍，八月葬京兆三原北原。

④ 《全唐文》，卷399。

⑤ 《全唐文》，卷344。

⑥ 《全唐文》，卷343。

序》[①]数月食粥，米面不接，只好向李光弼之弟李光进借米，《乞米帖》求鹿肉为妻治病，《鹿脯帖》，收入《颜鲁公集》。以上三帖连同《祭侄文稿》成为至今留存的手札书法帖，爱书之人宝爱有加。

官至三四品、高秩，本是京兆大族，尚借米度日，足见安史之乱后，唐帝国千疮百孔。七月李光弼薨于徐州官舍，十月应请撰《唐故开府仪同三司太尉兼侍中河南副元帅都督河南淮南淮西荆南山南东道五节度行营事东都留守上柱国赠太保临淮武穆王李公神道碑铭》[②]。为伯父元孙（开元二十年薨）撰《朝议大夫守华州刺史上柱国赠秘书监颜君神道碑铭》[③]。新晋鲁郡开国公颜真卿、撰并书，京兆尹治丧事，规格至高，是朝廷给予忠臣良将最高荣誉。

永泰元年（765），乙巳，57岁。应请撰《特进行左金吾卫大将军上柱国清河郡开国公赠开府仪同三司兼夏州都督康公（阿义屈大干）神道碑铭》[④]《东林寺题名》《西林寺题名》[⑤]。

永泰二年、大历元年（766），丙午，58岁。刑部尚书。春，差公摄职谒太庙。上《百官论事疏》，反对元载专权。二月贬峡州别驾，旬余移贬吉州。刑部尚书，三品官，中州别驾为从五品官。政治斗争总是付出政治代价。《与李太保帖》《乞米帖》，撰并书《颜甫碑》。《靖居寺题名》，“大历一纪首夏”撰《梁吴兴太守刘恽西厅记》[⑥]。应御史台同僚鲜于晋之请，为其兄撰《中散大夫京兆尹汉阳郡太守赠太子少保鲜于公神道碑铭》[⑦]。鲜于晋兄弟子侄多在宪台。对于鲜于仲通与杨国忠有多深厚交往，待定。是否如网络所言无能，恐有失史事。从颜真卿做派看，对于同僚鲜于晋是认可的，因为主要是当事者鲜于晋的追述：在唐之西南与南诏、吐蕃作战，屡有斩获。撰《与李太保帖八首》[⑧]。

大历三年（768），戊申，60岁。吉州别驾。五月蒙除抚州刺史。撰《晋紫虚元君领上真司命南岳夫人魏夫人仙坛碑铭》，碑云真卿大历三年叨刺是州[⑨]。“余祗膺圣泽，

---

① 《全唐文》，卷337。

② 《全唐文》，卷342，光弼葬富平先茔之东，京兆尹第五琦护丧事。

③ 《全唐文》，卷341。

④ 《全唐文》，卷342，阿义屈大干，姓康氏，柳城人。广德二年十一月二十日肺疾薨于上都胜业坊私第，永泰元年二月十日与早亡妻交河石氏合葬于万年县之长乐原，礼也。石氏，左卫中郎将珍之孙，左金吾卫大将军三奴之女。

⑤ 《全唐文》，卷339。

⑥ 《全唐文》，卷338。

⑦ 《全唐文》，卷343，碑云：仲通十五载春正月，归葬于新政县嘉陵江之西岸先茔。

⑧ 《全唐文》，卷337。

⑨ 《全唐文》，卷340。

廉察临州”。撰《华盖山王郭二真君坛碑记》[①]。

大历三年—大历七年（768—772），60—64岁。抚州刺史。在州四年，以约身减事为政。然而接遇才人，耽嗜文卷，未曾暂废焉。因命在州秀才左辅元编次所赋，创作《临川集》十卷。撰《晋紫虚元君领上真司命南岳夫人魏夫人仙坛碑铭》[②]。

大历四年（769），己酉，61岁。抚州刺史。撰《朝请大夫行江陵少尹兼侍御史荆南行军司马上柱国颜君（真卿弟允臧）神道碑铭》《抚州临川县井华姑仙坛碑铭》[③]。大历己酉四月，撰《抚州宝应寺翻经台记》[④]。

大历五年（770），庚戌，62岁。十二月宋璟孙，宋俨“俱遗盛美，不远求蒙”遂撰《有唐开认仪同三司行尚书右丞相上柱国赠太尉广平文贞公宋公神道碑铭》[⑤]。碑在今河北邢州市桥西区东户乡中学院内。《曹州司法参军秘书省丽正殿二学士殷君（伯舅践猷）墓碣铭》[⑥]。

大历六年（771），辛亥。63岁。抚州刺史。撰《有唐茅山元靖先生广陵李君（含光）碑铭（并序）》，碑云：“真卿乾元二年，以昇州刺史充浙西节度……洎大历六年，真卿罢刺临川，旋舟建业，将宅心小岭，长庇高踪。而转刺吴兴，事乖夙愿。徘徊郡邑，空怀尊道之心；瞻望林峦，永负借山之记。”[⑦]六年夏四月撰《抚州南城县麻姑山仙坛记》[⑧]。唐大历辛亥岁春三月撰《抚州宝应寺律藏院戒坛记》[⑨]。

大历七年（772），壬子，64岁。大历七年四月庚午元结薨于上都永崇坊旅馆，撰《唐故容州都督兼御史中丞本管经略使元君表墓碑铭（并序）》[⑩]。奉为河南节度观察使开府仪同三司太子太师左右仆射知省事兼御史大夫汴州刺史上柱国信都郡王田公（神功）撰《有唐宋州官吏八关斋会报德记》[⑪]。九月至自东京，蒙除湖州刺史。“公务之隙，召集宾客”有姓名可考者八十六名[⑫]。报德记应属于功德文，是在佛教斋会中使用。为亡者超度，为活者亲人祈福。

---

① 《全唐文》，卷338，抚州临川郡，今江西抚州。

② 《全唐文》，卷340。

③ 《全唐文》，卷340。

④ 《全唐文》，卷338。

⑤ 《全唐文》，卷343，可能撰写书丹时，已经是公元771年了。

⑥ “真卿以恩宥刺抚于州，采石刻颂丹，寄碣于墓左”。《全唐文》，卷344。

⑦ 《全唐文》，卷340，第1524页。

⑧ 《全唐文》，卷338。

⑨ 《全唐文》，卷338。

⑩ 《全唐文》，卷344，容州，今自贡市。

⑪ 《全唐文》，卷338。

⑫ （唐）颜真卿著，（清）黄本骥编订：《颜鲁公文集》卷19《颜鲁公湖州宾客考》。

大历八年（773），癸丑，65岁。春正月到任湖州。撰《吴兴沈氏述祖德记》[①]。

大历九年（774），甲寅，66岁。春三月，修《韵海境源》毕，从皎然请，立碑记事。在编修辞书过程中陆羽充分参加者带来的公私珍贵图书，充实《茶经》内容。公务之暇赋诗唱和，颜真卿主盟的《五言腋啜茶联句》为饮茶主题的联句，代表他的"流华净肌骨，疏论涤心原"展示深厚的茶道文化修养。携诸人从抒山回湖州。大历九年以后撰《浪迹先生元真子张志和碑铭》，碑记，九年曾当场表演绘画[②]。撰《乞御书题额恩敕批答碑阴记》[③]，回顾肃宗贬授蓬州别驾以来官职。

大历十年（775），乙卯，67岁。撰《游击将军左领军卫大将军兼商州刺史武关防御使上柱国欧阳使君神道碑铭》[④]。七年九月，拜湖州刺史。用自己薪俸为纸笔之费，延请江东文化人、萧存、陆士修、裴澄、陆鸿渐、颜祭、朱弁、李莆，请问寺僧知海，与以篆书擅长的汤涉十余人，搜罗群籍，《韵海镜源》最终得以定稿，全书总共360卷。二十年前作为人质的儿子颜頗赶来，儿子"死而复生"，亦悲亦喜，皎然赋诗以志。

大历十一年（776），丙辰，68岁。撰《银青光禄大夫海濮饶房睦台六州刺史上柱国汲郡开国公康使君神道碑铭》[⑤]。大历十一年青龙景辰孟夏之月撰《通议大夫守太子宾客东都副留守云骑尉赠尚书左仆射博陵崔孝公宅陋室铭记》[⑥]。

大历十二载（777），丁巳。69岁。元载伏诛，召为刑部尚书，经年回京，十二月，撰《京兆尹御史中丞梓遂杭三州刺史剑南东川节度使杜公（济）神道碑铭》[⑦]。《关中金石记》卷四有其夫人京兆韦氏墓志。郁贤皓《唐刺史考全编》之《京兆尹》有载。撰《项王碑阴述》，追忆项王，纪念当年奸臣元载伏法，自己得以归上都。"大历十二年三月辛巳制：中书侍郎、平章事元载赐自尽，门下侍郎、平章事王缙贬括州刺史……四月又召颜真卿于湖州，亦载所忌斥外也……八月甲辰，以湖州刺史颜真卿为刑部尚书……刑部尚书颜真卿献所著《韵海镜源》三百六十卷"[⑧]。郭子仪、元载、王缙、黎干轮流坐庄在京城宴享朝中权贵的盛况，历历在人耳目，似在昨日，秋风吹过，白茫茫一片。

---

① 《全唐文》，卷338。

② 《全唐文》，卷340。

③ 《全唐文》，卷338。

④ 《全唐文》，卷343，知其伯祖为欧阳询。

⑤ 《全唐文》，卷344。

⑥ 《全唐文》，卷338。

⑦ 《全唐文》，卷344，杜济《会要》卷六一、《通鉴》大历八年有载。

⑧ 《代宗本纪》，《旧唐书》，本纪第11。

大历十三年（778），戊午，70岁。可能是这一年撰写了《唐故通议大夫行薛王友柱国赠秘书少监国子祭酒太子少保颜君（真卿父维贞）碑铭》[①]。可以看出是对颜勤礼以来家族回顾。撰《唐故太尉广平文贞公宋公神道碑侧记》[②]。

大历十四年（779），己未，71岁。撰《秘书省著作郎夔州都督长史上护军颜公神道碑》[③]，其中对父亲颜维贞以来关系已经做了介绍。说明此碑晚于前碑。

建中元年（780），庚申，72岁。建宗庙于上都，撰《颜氏家庙碑》《晋侍中右光禄大夫本州大中正西平靖侯颜公大宗（含）碑》[④]。徐州刺史李洧（李正己堂弟、李晏之父）与彭城令白季庚（白居易父）据州及埇桥（今安徽宿县北二十里，运河渡口）拒东平，聚拢吏民共千人，坚守42日，等来援军，最终保证了唐朝东南财赋顺利抵京。建中二年李正己之子李纳复叛李洧以徐州归顺。事见白居易《荐李晏韦楚状》[⑤]。颜真卿回京后，做了推荐与宣传事情，《茶经》正式出版，时间在780年前后。

建中三年（782），壬戌，74岁。迁太子太师。李希烈据许州叛。

建中四年（783），癸亥，75岁。正月……庚寅，李希烈遣其将李克诚袭陷汝州，执别驾李元平……甲午，德宗受卢杞蛊惑命真卿诣许州宣慰希烈。诏下，举朝失色[⑥]。四年，淮宁节度使李希烈以十四州叛，袭陷汝州，执刺史李元平归蔡州。朝廷诏公为淮宁军宣慰使，公乘驿驷至东京，河南尹郑叔则劝公曰："反状已然，去必陷祸。且须后命，不亦善乎！"公曰："君命也，焉避之！"[⑦]今上德宗听奸臣之言，诏使蔡州说叛贼李希烈。《与御史帖》："真卿谨别上书于御史阁下：窃闻尊候平和，真卿瞻仰瞻仰！前所会庙上，诸公未悟，唯御史论高百寮，振古未有。杂事可置？况朝廷自有次序，不足念乎！真卿。"从长安经洛阳至蔡州，一路多次书写行程情况，知是卢杞作祟，但德宗诏命未改，只好径直前往。

兴元元年（784），甲子，76岁。正月初五离京。《移蔡帖》《奉使蔡州书》。八月初三日，被李希烈秘密杀于蔡州龙兴寺。新、旧传记为76岁。殷亮《行状》记为77岁，应为虚岁。唐德宗李适《赠颜真卿司徒诏》：

> 君臣之义，生录其功，没厚其礼，况才优任国，忠至灭身，朕每兴叹，

---

① 《全唐文》，卷340，言及陆据撰《元孙神道碑》。

② 十三年春三月，吏部尚书颜真卿记。《全唐文》，卷338。

③ 《颜勤礼碑》，《全唐文》，卷341。

④ 《全唐文》，卷339。

⑤ 《白居易集》，中华书局，1979年，卷68。以下同版本，只注卷数、页码。

⑥ （宋）司马光：《资治通鉴》，中华书局，1956年，卷228，第7338-7339页。以下同版本，只注卷数、页码。

⑦ （唐）殷亮：《行状》，《全唐文》，卷514，第5230页。

劳于寤寐。故光禄大夫守太子太师上柱国鲁郡公颜真卿，器质自天，公忠杰出，出入四朝，坚贞一志。属贼臣扰乱，委以存谕，拘胁累岁，死而不挠，稽其盛节，实谓犹生。朕自贻斯祸，惭悼靡及，式崇嘉命，兼延尔嗣。可赠司徒。仍赙绢帛五百端，米三百石。男頵、硕等，至丧制终后，所司闻奏，超授官秩[①]。

白居易《青石　激忠烈也》咏诵颜真卿：

青石出自蓝田山，兼车运载来长安。工人磨琢欲何用，石不能言我代言。不愿作，人家墓前神道碣，坟土未干名已防。不愿作，官家道傍德政碑，不镌实录镌虚词。愿为颜氏段氏碑雕镂，太尉与太师刻用（集作此）两片坚贞质，状彼二人忠烈姿，义心若石屹不转，死节若石确不移，如观奋击朱泚日，似见叱呵希烈时，各于其上题名字（集作谥），一置高山一沉水，陵谷虽迁碣犹（集作碑独）存，骨化为尘名不死。长使，不忠不烈臣观碑，改节慕为人慕为人劝事（一作助）君[②]。

乐天以贞石赞颜真卿、段秀实。太尉指段秀实，太师指颜真卿。

贞元元年，河南王师复振。贼虑蔡州有变，乃使其将辛景臻，于龙兴寺积薪，以油灌。既纵火，乃传希烈之命：若不能屈节，自即裁之。公应声投地，臻等惊惭，扶公而退。希烈审不为己用，其年八月二十四日，又使景臻等害于龙兴寺幽辱之所，凡享年七十七[③]。

兴元元年八月三日，乃使阉奴与景臻等杀真卿……及淮、泗平，贞元元年，陈仙奇使护送真卿丧归京师。德宗痛悼异常。废朝五日，谥曰文忠。颜真卿作为平原太守，举起拥唐反叛大旗，给了玄宗君臣以极大信心与鼓舞，在城池接连失守情况，假道安康、汉中起到凤翔，面见肃宗。参加平叛军事斗争是一方面，更重要的是，作为国朝经学大师颜师古之后，是儒学家代表人物，是皇朝正朔的坚定支持者，对朝野来说都是标志性人物。唐朝知识界严庄好恰恰相反，为安禄山反叛，从天象、命理寻找合理说辞，蛊惑百姓多年，安史之乱前后五十年间，百姓称安史二贼为“二圣”，足见舆论说教多么重要，而在这种情况下一代文化思想，大家颜真卿对唐朝何等重要。以真卿

---

① 《全唐文》，卷51。《册府元龟》，卷139。《旧传》，卷128；《旧纪》，卷12。〔日〕池田温：《唐代诏敕目录》，德宗贞元元年正月十七癸丑。

② 《全唐诗》，卷427，第4700、4701页。

③ （唐）殷亮：《行状》，《全唐文》，卷514，第5231页。

曾孙弘式为同州参军[①]。

（贞元二年）三月，李希烈别将寇郑州，义成节度使李澄击破之。希烈兵势日蹙，会有疾。夏，四月，丙寅，大将陈仙奇使医陈山甫毒杀之。因以兵悉诛其兄弟妻子，举众来降。甲申，任仙奇为淮西节度使[②]。

以上信息表明，颜鲁公受难日，旧传与通鉴记载比较准确，为八月初三，公元784年8月23日。而殷亮虽然时间靠近颜鲁公生活时代，但记载有误，错将兴元记为贞元。

第三节 诗僧皎然[③]

释皎然，俗姓谢，字清昼，晚年以字行，简称昼。

开元八年（720），庚申，1岁。生于湖州长城县。作为陆羽忘年之交，大陆羽十岁为723年，大一轮为720年，以此为皎然生年，应该差池不大，被学界广泛接受。赞宁《宋高僧传》卷29“皎然，字昼，姓谢氏”。《新唐书》卷60《艺文志》记《皎然诗集》十卷。《抒山集》（明毛晋汲本）卷首有于頔《吴兴昼上人文集序》：“上人早名皎然，晚字昼。”这只能理解出家前或初期名皎然。晚，后来，非晚年。《刘梦得文集》卷23《澈上人文集序》：“皎然字昼，时以字行。”《唐国史补》卷下、赵璘《因话录》及宋谈钥《嘉泰吴兴志》均混淆了名与字。清《全唐文》将《宋高僧传》里皎然正传福琳附传内容混淆。

祖籍陈郡阳夏，十三祖裒，东晋太常卿，十二祖安，晋太傅，十一祖琰。

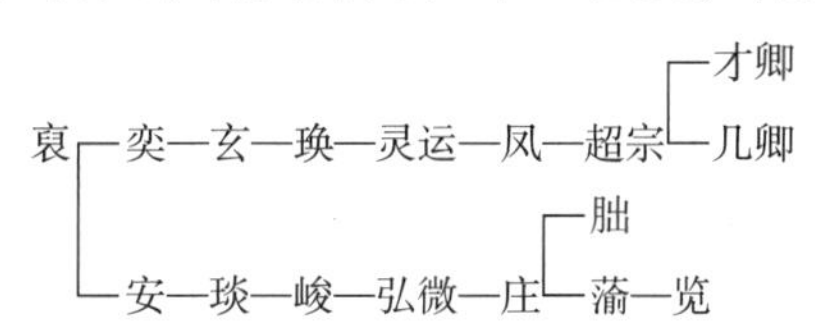

皎然云七代祖为吴兴太守，当为谢朏。《陆文学自传》云陆羽至德到上元二年著《吴兴历官记》，将谢庄错记为弘微之孙，贾晋华认为这是皎然记错了，陆羽也许就跟着错了。皎然是谢安十二代孙，而非谢灵运十代孙。内因大约因为皎然为方外之人，

---

① 《旧唐书·颜真卿本传》，卷128，第3597页。

② 《资治通鉴》，卷232，德宗贞元二年。

③ 参考许连军、戴昌茂：《近三十年来皎然研究综述》，《长江大学学报（社会科学版）》2017年第6期。叶美芬：《诗僧皎然的生平及湖诗的考究》，《湖州职业技术学院学报》2006年第2期。刘曾遂：《唐诗僧皎然卒年考辨》，《浙江大学学报（人文社会科学版）》1980年第4期。贾晋华：《皎然年谱》，厦门大学出版社，1992年。

但以诗歌行于世，有意假借先祖大手笔谢灵运盛名，而对过往的世膺高门，代袭余庆不以为重，且到了南朝末不仅旧时王谢堂前燕，飞入寻常百姓家，而且陈朝为始兴王叔修陵，竟然要掘毁先祖墓，做县令的后代只好赶紧迁移。

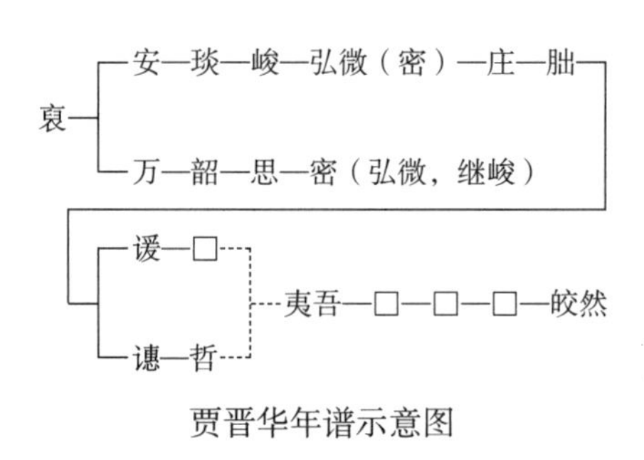

贾晋华年谱示意图

颜真卿大历七年至十二年刺湖（772—777），其《湖州石柱记》[①]，会昌元年至三年（841—843）湖州刺史张文规著《吴兴杂录》均记，长城令裔孙谢夷吾迁谢安墓于城南三鸦岗。颜鲁公在湖建抒山桂棚，三癸亭及谢临川（灵运）影堂。颜鲁公推动湖州文化，宣弘茶道，此乃实在事迹。宋《吴兴志》错记为南朝遗迹，清郑元庆《石柱记笺证》辨正之。

幼年时就有异常之才能，很早便广泛涉猎经史、诸子、百家诗文，读得最多的当数儒墨之学。

开元二十五年（737），丁丑，18岁。张九龄被贬，李林甫接任消息传到江南。《五言晨登乐游原》："凌晨拥弊裘，径上古原头。雪霁山疑近，天高似若浮。琼峰埋积翠，玉嶂掩飞流。曜彩含朝日，摇光夺寸眸。寒空标瑞色，爽气袭皇洲。清眺何人得，终当独再游。"[②]这是年轻时赴京赶考时的作品，描述在京师清晨的乐游原上向南眺望冬日景色的情景。《七言昭君》《七言长门怨》《七言铜雀妓》《五言拟长安春词》《五言陇头水二首》《五言从军行五首》《七言塞下曲二首》《七言戏题二首》。《七言效古》："思君转战渡交河，强弄胡琴不成曲。日落应愁陇底难，春来定梦江南数。万丈游丝是妾心，惹蝶萦花乱相续。"《长安少年行》《周长史昉画毗沙门天王歌》："长史画神独感神，高步区中无两人。"朱景玄《唐朝名画录》："（昉）于禅定寺画北方天王，尝于梦中见其形象。"长史，京兆、河南、太原，及都督府及中州以上设长史一职。禅定寺，隋文帝所建寺名，唐改大庄严寺，宣宗改为圣寿寺。中州长史正六品上，大都督府长史从三品，地位高。这里是城西南隅，而上述乐游原是长安城东南高岗，上有青龙寺。代宗、德宗朝惠果法师曾向日本僧人传密教。

---

① 《颜鲁公文集》，卷5。

② 《抒山集》，卷6。

开元二十八年前后，他刚21岁。赴京赶考，未能及第。游历名山大川。至湘，于汨罗江边祭悼屈原："古山春兮为谁，今猿哀兮何思？风激烈兮楚竹死，国丧人悲兮雨风思风思。雨风思风思兮望君时，光芒荡漾兮化为水，万古忠贞兮徒尔为！"[①] 皎然开始信仰道教，想借隐居江湖求仙学道来立清名，寻求出路。一连数年，他入名山，访高士，炼丹砂，烹玉屑，想练成一个仙风道骨的名家。进士考试未果，游历南北。《五言与朝阳山人张朝夜集湖亭赋得各言其志》："洞庭孤月在，秋色望无边。零露积衰草，寒量鸣古田。茫茫区中想，寂寂尘外缘。从此悟浮世，胡为伤暮年。"洞庭当指太湖中之洞庭山。贾考殷璠《丹阳集》（陈尚君考，汇集润州诗人作品于开、天之际）称张朝（潮）为处士，此集为润州诗，刘禹锡《澈上人文集记》："世之言诗僧，多出江东。"

天宝三载（744），甲申，25岁。约于此年在润州江宁县长干寺出家。《五言答李侍御》："入道曾经离乱前，长干古寺住多年。"

天宝七载（748），戊子，29岁。在灵隐寺受具足戒，直律师边授戒。贾据《抒山集》卷8《唐苏州东武丘寺律师（齐翰）塔铭序》推理认为：皎然早他一年，当在六年得度僧名额，七年受戒。授戒直律师，为灵隐寺守真，传见《宋高僧传》卷14。直为真之误。守真律师尊南山律（道宣律师传创）。守真，师从荆州南泉大云寺慧真，慧真师从京师三大密教传人之一的善无畏。初唐太宗高宗至武则天时，玄奘—义净一等人求法主要解决教义及理论问题，其中一个现实问题是佛教戒律理论与实践，出现了道宣律师南山律与西明寺圆照法师的西铭律两大派别，直到大历十四年在安国寺最终决定：二律并行。这里突现善无畏，一方面表明守真显密双修，另一方面，也表明各宗派都在探讨戒律问题。皎然《守真塔铭》："灵隐大师岁外精律仪，而第一义谛，素所长也"皎然《天台和尚法门义赞》："我立三观，即假而真，如何果外，强欲明因，万象之性，空江月轮，以此江月，还名法身。"和智顗将"一心三观"演化为"三谛圆融"。在《抒山集》中有多篇高僧塔铭、瑞赞，言简意赅，直指心要。不仅诗文名震天下，对佛教义理的理解与传播也是独步一时。从佛教哲学、佛教文化的总高度来阐述茶道学说，并达到历史最高点，是中国茶道文明历史的重要人物。皎然早期诗歌创作深受华严思想影响[②]，其茶道思想必然打上佛教的烙印，也从而使中国茶道文明形成初期，思想元素极为饱满丰富。

天宝十载（751），辛卯，31岁。在外游历。到过湖南，吊祭屈原。

天宝十四载（755），乙未，36岁。《五言效古》（自注：天宝十四载）："日出天地

---

① 贾晋华：《皎然年谱》，厦门大学出版社，1992年。后文行文中简称此书为"贾谱"。

② 刘卫林：《天台及华严思想对皎然诗学的影响》，《复旦学报（社会科学版）》2019年第5期，第130页。

正，煌煌辟晨曦。六龙驱群动，古今无尽时。”

天宝十五载、肃宗至德元年（756），丙申，37岁。回到湖州。贾晋华的《皎然年谱》（23页）对离乱后北人南渡考之较为详细：《新唐书》卷194《权皋传》载：“自中原乱，士人率渡江。”《全唐文》卷529顾况《送宣歙李衙推八郎使东都序》云：“天宝末，安禄山反，天子去蜀，多士奔吴为人海。”《全唐文》卷783穆员《鲍防传》云：“自中原多故，贤士大夫以三江五湖为家，登会稽者如鳞介之集渊薮。”除前考陆羽外，主要尚有：李白（王琦《李太白年谱》），刘长卿（据《刘随州集》卷七《吴中闻潼关失守因奉寄淮南萧判官》，卷10《时平后送范伦归安州》），皇甫冉（据《全唐诗》卷249《太常魏博士远出贼庭江外相逢因叙其事》），皇甫曾（据《宋高僧传》卷17《神邕传》），崔峒（据《全唐诗》卷294《江上书怀》《润州送友人》），张继（据《全唐诗》卷242《会稽秋晚奉呈于太守》《酬李书记校书越城秋夜见赠》），卢纶（据《旧唐书》卷163《卢简求传》《新唐书》卷203本传），严维（据《全唐诗》卷263《余姚祇役奉简鲍参军》《宋高僧传·神邕传》），秦系（见《新唐书》卷190本传），李纾、张南史（据《全唐诗》卷296《早春书事奉寄中书李舍人》），吴筠（见《权载之文集》卷33《唐故中岳宗玄先生吴尊师集序》），李希仲（见《唐诗纪事》卷28），柳中庸（见北图藏拓本《大唐王屋山上清大洞三景女道士柳尊师墓志》），啖助（见《全唐文》卷618陆质《春秋例统序》），萧颖士（见《全唐文》卷315李华《扬州功曹萧颖士文集序》卷322萧颖士《登宜城故城赋》），权皋（即德舆之父，见《全唐文》卷321），李华（《著作郎赠秘书少监权君墓表》），刘绪（即禹锡之父，见《刘梦得文集·外集》卷9《子刘子自传》），柳镇（即宗元之父，见《柳宗元集》卷12《先侍御史府君神道表》），等等。

文人说事未免夸张“奔吴为人海”“鳞介之集渊薮”，但大概除了极为贫下之人，都逃难去了江南，以吴中可能最多，湘湖、蜀中也不少，例如两京三彩对长沙窑产生很大影响，是北方工匠南逃结果。

至德二载（757），丁酉，38岁。湖州。诗赠乌程李明府伯宜、沈兵曹仲昌。

至德三载（758），戊戌，39岁。湖州与刺史杨惠往来，九月送陆士修归上都。为本州大云寺沈瑛撰碑铭，赠诗李汤。

乾元二年（759），己亥，40岁。居湖州，六月送薛逢往宣州。送李季良、李成北归。与陆羽、韦卓往来。

上元元年（760），庚子，41岁。崔论刺湖（《嘉泰吴兴志》），与之交好。陆羽结庐湖州城南苕溪。秋八月往杭州，撰华严寺道光法师碑铭。十一月刘展叛乱攻广陵、润州、升州，其将孙待封占据。田神功平叛，入扬、楚。皎然逃往扬、楚。

上元二年（761），辛丑，42岁。避祸于扬州，正月刘展败死，二月孙待封投降，乱平，回湖州。

宝应元年（762），壬寅。43岁。回湖州。诗送卢孟明之江西。送黎士曹游楚，黎干至德初（756）任左骁卫兵曹参军[①]，是否同一人，待考。十一月李白卒于宣州当涂，李阳冰编《草堂集》十卷，旋传及湖州。

代宗广德元年、肃宗宝应二年（763），癸卯，44岁。居湖州白苹州。草堂结识郑生容。袁晁起义，攻陷江左。长城老家卞山亲故离散。《杼山集》卷6《南池杂咏五首》有记。朱潭响应袁晁，止于武康。杭州，未及湖州（乌程）。《饮茶歌送郑容》："赏君此茶祛我疾，使人胸中荡忧慄。"与汤衡、潘述、李令从、房德裕、颜逸、裴济、李纾（《撰湖州刺史厅考》，其父李希言广德初除苏州刺史）过往。独孤及庆云寺一公塔铭，提及赵郡李纾。贾谱疑曹汛所考孟郊《逢江南故昼上人会中郑方回》之郑为容[②]未确。江淮节度使辞职赴湖州以刺史独孤问俗（宝应元年至广德元年在湖州刺史任），在颜逸（字士聘）赴鄂州后任武康令。及乃问俗之从兄。《杼山集》卷10有《四言讲古文联句》，涉及诸人。联句体现了新的文学理念，皎然《诗式》对此予以提炼。独孤及宝应元年《唐故扬州庆云寺律师一公塔铭》有"右补阙赵郡李纾"。著《五言妙喜寺大公禅斋寄李司直公孙房都曹德裕从事方舟颜武康士聘四十二韵》，《五言答裴济从事》[③]。

广德二年（764），甲辰，45岁。李光弼平袁晁。卢幼平刺湖，皎然与之诗句往还。与陆羽、朱巨川、李季兰、裴澄、房从心、阎伯钧、刘长卿唱和。创作《五言听寒更及朱兵曹巨川》[④]。裴度《刘府君（太真）神道碑铭》：广德二年，江南宣慰使李季卿授太真左卫兵曹，朱巨川亦未季卿所授。见旧李季卿传。皎然与诸人创作《七言联句》《答李季兰》[⑤]，创作《七言答裴评事澄荻花间送梁肃拾遗》[⑥]。刘长卿天宝后期进士，至德而载授长洲尉。

永泰元年（765），乙巳，46岁。居湖州与刺史卢幼平唱和。《五言冬日遥和卢使君幼平綦毋居士游法华寺高顶临湖亭》。

永泰二年、大历元年（766），丙午，47岁。居湖州，与卢幼平、万巨、妙奘、陆迅、王圆、元晟过往唱和。《五言春日和刘使君幼平开元寺听妙奘上人讲》[⑦]《五言九日

① 《新唐书》，列传卷70。
② 曹文见《中华文史论丛》1983年第3期。
③ 《杼山集》，卷1。
④ （唐）李纾：《故中书舍人吴郡朱府君神道碑》，《全唐文》，卷395。
⑤ 《文苑英华》，卷244。
⑥ 《杼山集》，卷5。
⑦ 《杼山集》，卷2。

同卢使君幼平吴兴郊外送李司仓赴选》[①]《同卢使君幼平郊外送阎侍御归台》《对陆迅饮天目山茶，因寄元居士晟》“投铛涌作沫，著碗聚生花”[②]。

代宗大历二年（767），丁未，48岁。《皎然集》卷8《唐杭州灵隐天竺寺故大和尚塔铭序》载大师俗姓范，出家后讳守真。大历二年移籍天竺住灵隐峰。大历五年三月圆寂于龙兴寺净土院。

大历三年（768），戊申，49岁。《苕溪草堂自大历三年夏新营洎秋及春弥觉境胜因记其事》：“人皆隐于山，我独隐于禅。”《宿法华寺简灵澈上人》：“至道无机但杳冥。孤竹寒灯自清莹。”《支公诗》：“山阴诗友喧四座，佳句纵横不废禅。”往迹越、杭、苏、常、润、衢、台诸州。《送顾处士歌》：“禅子有情非世情，御荈贡余聊赠行。”与陆羽、潘述、卢藻、郑述城、李恂等送卢幼平归上都。李恂当与《郎官石柱题名》位于韦素立前的李恂不是一人。送吉判官（不详）归上都赴崔尹（当为昭）幕。《五言送吉判官还京赴崔尹幕》[③]。

大历四年（769），己酉，50岁。春在白苹洲建苕溪草堂。回故乡，隐居龙兴寺，后居妙喜寺。刘禹锡十岁从学，后来《澈上人文集》《刘氏集略说》两次提及此寺。撰成《诗式》五卷和《诗评》三卷。与汤衡、潘述、李纵、惟照唱和。《孟东野文集》有《悼吴兴汤衡评事》、《卢纶》诗《送潘述应宏词下第归江南》[④]、李端《送潘述宏词下第归江东》[⑤]。创作《同李司直纵题武丘寺兼留诸公与陆羽之无锡》[⑥]。

大历五年（770），庚戌，51岁。与汤衡、潘述、李纵唱和。五月赴杭州灵隐天竺寺，为师守真撰塔铭。师僧腊54，春秋71，三月二十九圆寂。大历三年冬之次年冬送颜延往抚州觐见叔父颜真卿。诗送张仲彝归长沙。樊滉于润州编《杜工部小集》，年内当传至湖州。

大历六年（771），辛亥，52岁。频往武康与韩章、顾况、杨秦卿联唱。顾况至德二载进士，大力后期任杭州新亭监、温州永嘉监盐官。建中二年任韩滉镇海军节度判官，贞元三年进京。

大历七年（772），壬子，53岁。居湖州龙兴寺。龙兴寺是州寺院，神龙政变（705年正月）后，武周政权结束，李唐复辟。中宗李显诏令武周各州大云寺改为兴唐寺，后改为龙兴寺。颜真卿刺湖，他已经是妙喜寺房主。皎然《唐湖州佛川寺故大师塔铭

① 《抒山集》，卷5。
② 《全唐诗》，卷818。《文苑英华》，卷290。
③ 《抒山集》，卷5。
④ 《全唐诗》，卷376。
⑤ 《全唐诗》，卷285。
⑥ 《抒山集》，卷4。

（并序）》[1]同时提到卢幼平颜真卿：菩萨戒弟子刺史卢公幼平、颜公真卿、独孤公问俗、杜公位、裴公清，惟彼数公，深于禅者也……退而记之，刻诸灵石。刻石具体时间不知。追记建中元年圆寂的湖州佛川寺慧明法师。创作《苕溪送韩明府章辞满归》[2]等诗歌。韩章，京兆人，后累迁司勋郎中。贞元六年谏议大夫，兵部侍郎，元和六年，工部尚书（正三品），以太子太保（从一品）致仕。《元和郡县志》卷4、《唐会要》卷74、《册府元龟》卷899有其事迹。

大历八年（773），癸丑，54岁。居湖州，春卢幼平奉诏祭祀会稽山，过湖州返京。《酬邢端公济春日呈袁州李使君兼书并寄辛阳王三侍御》《奉酬李员外使君嘉祐苏台屏营居春首有怀》，李嘉祐大历六至七年刺袁州，八年卸任离开去苏州。颜真卿邀士人于州学及放生池，共编《韵海镜源》：天宝末在平原完成二百卷，大历三年刺抚州已经编成五百卷。张志和、皇甫曾大历时赋闲居丹阳。其《湖州乌程杼山妙喜寺碑铭序》所记有二人。权德舆《右谏议大夫韦君集序》认为：韦渠牟与竟陵陆羽、杼山皎然为方外之侣。颜真卿在《湖州乌程县杼山妙喜寺碑序》对参与者有记载，见《颜鲁公文集》卷7。贾谱逐人考订。颜真卿子颜頵、颜顾，从子颜岘、颜超、颜察、颜颛、颜须、颜琐、颜浑。皎然《五言杼山上峰颜使君袁侍御五韵赋得印字仍期明日等开元寺楼之会》[3]《五言奉同颜使君真卿袁侍御高骆驼桥玩月》[4]《五言月夜啜茶联句》有陆士修、张荐、颜真卿、皎然、袁高、李萼、崔万。而《鲁公集》无袁高，我们从皎然。

大历九年（774），甲寅，55岁。颜鲁公、皎然领士人游岘山并联唱，《颜鲁公集》有载。春三月《韵海境源》编成，请鲁公立碑于杼山。与颜鲁公、陆羽、汤衡、潘述、皇甫曾等人的联句、唱和诗，以大历九年为多。参加颜真卿《登岘山观李左相石尊联句》者有：颜真卿、皎然、刘全白、裴循、张荐、吴筠、强蒙、范缙、王纯、魏理、王修甫、颜岘、左辅元、刘茂、颜浑、杨德元、韦介、崔宏、史仲宣、陆羽、权器、陆士修、裴幼清、柳淡、尘外、颜颛、颜须、颜项、李萼。贾谱考此处王纯：后避宪宗讳改名绍。京兆人，此来游湖州，颜始识，奏为武康尉，大历十二年常州刺史萧复辟为从事。建中元年为转运使暴击判官，官至兵部尚书。元和九年卒，年七十。李绛《兵部尚书王绍神道碑》[5]。颜真卿刺湖，与士人唱和，以此年最为频盛。

大历十年（775），乙卯，56岁。居湖州，与颜真卿、陆羽、李萼、康造、崔子向、

① 《全唐文》，卷917。
② 《杼山集》，卷4。
③ 《杼山集》，卷1。
④ 《杼山集》，卷3。
⑤ 两唐书传卷123、卷149。

少微等游观唱和。

大历十一年（776），丙辰，57岁。居湖州，与颜真卿、张荐送李萼离湖州。七月耿沣以括图书使来湖州，杨凭、杨凝、陆涓游湖。《鲁公集》有《水亭咏风联句》。耿沣宝应二年进士，大历十才子之一，以此身份来湖，很可能是刺史颜真卿将辞书编成的情况正式汇报给代宗皇帝，耿沣衔命而来慰问视察。

大历十二年（777），丁巳，58岁。皎然居湖州，四月送李清赴京。《送乌程李明府得陟赴京》[①]、《鲁公集》卷5《梁吴兴太守刘恽西亭记》，是应邑宰（县令）李清所请而作。五月，颜真卿奉诏回京。鲁公编与诸公唱和诗文集《吴兴集》十卷。皎然《奉同颜使君真卿岘山送李法曹阳冰西上献书时会有征召赴京》[②]。告诉我们这样一个事实：颜鲁公刺湖时，邀集江南文人学士共同编纂《韵海境源》，有书献书有图献图，用后归还。十年前（宝应元年）李白卒于当涂，李阳冰为其编《草堂集》（见此皎然年表宝应元年条）。我们认为陆羽在参加编写辞书过程中，充分利用了以前很难见到的许多孤本图书，《茶经·七之事》主要是历史文献资料，大约是在上元初年《茶经》第一稿的基础上的扩充。在湖州，一方面润色增加历史资料后，另一方面到处去品鉴各地茶叶与水源。颜真卿刺湖前，以皎然、陆羽为核心的茶道集团已经形成，但规模人数有限，颜真卿的到来，使原来的圈子一下子扩大了。许多京城士人参与其中。不少调任官员也把这里的茶饮之术带到京城，京城官民也就从简单粗放的饮茶，提升到茶道、茶艺的高度事茶、认识茶、宣传茶。而这个过程中，以啜茶联唱为核心的诗歌创作、流传与人员流动成为茶道文明形式迅速传播的两个重要途径。湖州、常州、苏州、越州、宣州、杭州成为杜甫、李白诗文集最早编纂传播的地方。而我们知道，李白、杜甫等都有茶诗明世。六月皎然又与刺史樊系交往。

大历十三年（778），戊午，59岁。离开湖州往睦州桐庐居住。冬离开桐庐赴杭州为天竺寺法诜撰塔铭[③]，法诜系敦煌公杜顺四叶之后，参考《宋高僧传》卷5。创作《五言题桐庐杨明府纳凉山斋》[④]《五言送杨明府入关谒黎京兆》[⑤]，黎京兆，乃京兆尹黎干，唐书黎有传，两度为京兆尹，以强干闻名。

大历十四年（779），己未，60岁。春，往苏州，与李嘉祐、邢济、李台、阳伯明及裴集过往。夏秋返湖州与崔子向、潘述往来。《五言酬姚补阙南仲云溪馆中戏题随书

---

① 《杼山集》，卷5。
② 《杼山集》，卷4。
③ 《杼山集》，卷9。
④ 《杼山集》，卷3。
⑤ 《杼山集》，卷5。

见寄》[1]，姚为华州下邽人——后来白居易同乡，《旧唐书》列传卷103有姚传。其与宰相常衮相善，衮于闰五月贬官，姚为海盐令，韩滉任浙江东西道观察使，奏授侍御史、内供奉、支度支。姚仲南贞元十九年位至郑滑节度使尚书右仆射卒，权德舆为其撰神道碑[2]。邢济，由皎然《因游支硎寺寄邢端公》可知，邢济基本履历是：延州刺史，桂州刺史，桂管观察使、罢侍御史、贬温州佐、润州长史。《旧唐书·李珍》卷95有上元二年金吾将军邢济、《全唐诗》卷126王维送邢桂州、卷355萧昕送桂州刺史邢中丞赴任序。端公，唐人对御史台官员的流行称呼，尊称。李嘉祐，赵郡人，天宝七载进士，历鄱阳令、江阴令，台州刺史。多在江南游历。皎然《五言岘山送崔子向之宣州谒裴使君》，大历十四年宣州刺史为裴胄。冬皎然赴苏州，送李道昌归朝，与姚南仲唱和。越州称心寺释大义圆寂，春秋89，僧腊63。

建中元年（780），庚申，61岁。《答权从事德舆书》[3]探讨诗文、禅机。“初贫道闻足下盛名，未睹制述，因问越僧灵澈、（阙）古豆卢次方，佥曰：‘杨、马、崔、蔡之流。’贫道以二子之言，心期足下，日已久矣！但未识长卿、子□之面，所恨耳。先辈作者故李员外遐叔、故皇甫补阙茂正、故严秘书正文、故房吴县元警、故阎评事士和、故朱拾遗长通、故处士韦，此数子，畴昔为林下之游”。延誉灵澈等21人。780年权被淮南黜陟使韩洄辟为从事。此后权又被杜佑辟为掾曹，被汴东水陆转运盐铁租用使包佶辟为从事。二月为慧明写塔铭；《抒山集》卷8《唐湖州佛川寺故大师塔铭》。六祖慧能传七祖方岩策公，策公乃佛川之师。贾谱以为：《抒山集》“方岩即佛川大师也”一句中“大”乃“之”误、慧能[4]圆寂于开元元年而佛川慧明学法于开元七年，无交集。皎然文中云：卢幼平、颜真卿、杜位、裴清、独孤问俗都是菩萨戒弟子，为通于禅宗宗源之人。灵澈至自越州，九岁刘禹锡来向二位高僧学习诗文。李纾回扬州省亲，游吴中，与皎然重逢。皎然作《赠李舍人使君书》。

建中二年（781），辛酉，62岁。正月书荐灵澈之江州谒包佶。皎然赋诗《送灵澈》。包佶（父融）刘晏奏为汴东两税使。刑部侍郎、秘书监，刘晏奉代宗诏主鞫主审元载逆罪，倾覆其家。凤翔杨炎在德宗朝得势，刘晏被贬忠州，其从党被贬。包佶也是被贬江州。秋后袁高刺湖州，《德宗旧纪》、李吉甫《茶山碑阴记》：建中二年四月御史中丞袁高贬韶州长史，寻改湖州刺史。贾谱由此认为，到任湖州已经是秋天了。袁高被贬时，杨炎独揽朝政。七月三日杨炎罢相，宰相卢杞荐张镒、严郢为相。皎然与袁高

---

① 《抒山集》，卷2。
② 《全唐文》，卷500。
③ 《全唐文》，卷917。
④ 《宋高僧传》，卷8。

唱和。创作《五言奉同袁高使君送李判官使回》《五言奉酬袁使君送陆灞却回期过寺院》，文《赠包中丞书》。

建中三年（782），壬戌，63岁。四月，张镒、严郢被卢杞排挤。卢杞独霸朝政。与袁高、清会、张炼师唱和。十月与裴澄、朱长文送梁肃归朝。创作《五言送梁拾遗肃归朝》①。

建中四年（783），癸亥，64岁。秦系来访与皎然、袁高、杨华唱和。秦系《新唐书》卷196有传，作诗答薛播②。秦系离婚孑然一身，多与皎然等过往。冬天与秦系往衢州，诗赠梵僧无侧。德宗在奉天任萧复、刘从一、姜公辅为相，十二月十九贬卢杞为新州司马、赵赞为播州司马。为应对朝廷对淄青李纳运兵，建中三年五月赵赞提出征收竹木茶漆什一税，河津要道商税贯二十文，引怨声载道。创作《五言送乌程杨明府华将赴渭北对月见怀》③。

兴元元年（784），甲子，65岁。春别秦系，自越州回湖州。《七言酬秦山人赠别二首》："对此留君还欲别，因思石濑访春泉。"三月送袁高赴梁州。德宗由奉天（今陕西乾县）逃至梁州，改为（今陕南汉中市，刘邦拜韩信之处）兴元府，府尹级别一如京兆。改元兴元。此前，张镒为相时，陆贽被荐为翰林学士——皇帝的智囊团成员。张镒被卢杞排挤出朝，陆贽夹着尾巴做人。卢杞被贬新州后，陆贽大胆进谏推荐袁高等大臣。贾谱考之准确，照录如下：

> （皎然诗）云："天子幸汉中，擐辕阻氛烟。玺书召英牧，名在列岳仙。"（《抒山集》卷4）按《陆宣公翰苑集》卷14有《奉天荐袁高等状》，云："袁高、杨顼（已上二人并曾任御史中丞）……右臣近因奏对，言及任人，陛下累叹乏才，悯然忧见于色……傥蒙特恩迫赴行在，试垂访接，必有可观。"知陆贽在奉天时已向德宗推荐袁高等人，但据皎然诗中"天子幸汉中"句，征诏当至幸梁州（汉中）后始发出。据《旧唐书·德宗纪》，德宗车驾于二月二十六日（丁卯）出奉天，三月一日（壬申）抵梁州。清陆心源《吴兴金石记》卷3载："顾渚山袁高题名，石存。"大唐州刺史臣袁高奉诏修茶，贡讫至邑山最高堂，赋《茶山诗》，兴元甲子岁三春十日。则袁高三月十日尚在湖州，其应诏赴梁州当在是月中、下旬。《旧唐书·德宗纪》载，兴元元年八月，"已未，前湖州刺史袁高为给事中"。湖州刺史前加一"前"字，说明已卸任一段时间。袁高《茶山诗》今存，见《全唐诗》卷134，诗云："皇帝尚

---

① 《抒山集》，卷4。

② 《旧唐书》，卷146有传，受恩相崔祐辅连带，被贬福州刺史。崔大历十四年为相。

③ 《抒山集》，卷1。

巡狩，东郊路多堙。”即指德宗幸奉天、梁州事。诗中写茶农采茶、制茶之艰辛，谴责贡茶疲民之弊，在当时颇获称赏，于頔为撰《诗述》，李吉甫为撰《碑阴记》，见《金石录跋尾》卷10[①]。

夏，陆长源刺湖，皎然有唱和。八月往苏州为道尊撰塔铭。秋送穆寂、李少宾赴举。送李喻之、择高往洪州谒曹王皋。贾谱以为穆寂贞元九年及第。

贞元元年（785），乙丑，66岁。春，陪新到刺史陆长源、裴枢游苏州武丘寺、支硎寺。《抒山集》卷2、3、4有与陆长源唱和诗。

贞元二年（786），丙寅，67岁。正月赴润州，与韩滉送陆长源入京任都官郎中。上年皎然与孟郊。陆羽及陆长源联唱。而今年矫、羽赴江西，陆长源进京。诗会不再。寻还湖州，完成《诗式草稿》。

贞元三年（787），丁卯，68岁。居苕溪草堂著书，正月陪颜主簿游越（主簿名未详，可能为真卿族子）。做《奉陪杨使君顼送段校书赴南海幕》[②]。

贞元四年（788），戊辰，69岁。居草堂，与苏州韦应物唱和。诗教殆沦缺，庸音互相倾。忽观风骚韵，会我夙昔情。皎然《答苏州韦应物郎中》[③]。

贞元五年（789），己巳，70岁。居苕溪草堂，吴凭助，完成《诗式》五卷。

贞元六年（790），庚午，71岁。与李洪过从，《七言同李中丞水亭夜集》[④]。《观李中丞洪二美人唱歌轧筝歌》[⑤]。《旧唐书》卷141《田悦传》：邢州刺史李洪为临洺将张伾败，诏河东马燧、河阳李芃昭义军讨田悦。李洪因被谤贬湖州。十月皎然为神皓撰塔铭，洞庭山福愿寺律和尚，《宋高僧传》卷15有传。神皓弟子维谅大历时《韵海境源》与皎然交往。唐吴郡包山神皓圆寂十二月，春秋七十五，僧腊四十三年。霅昼为《坟塔碑》颂美云。与权德舆书信来往。

贞元七年（791），辛未，72岁。诗寄温州刺史路应。应，字从众，京兆三原人。父本朝路嗣恭。贞元历虔州、温州、庐州刺史，至宣歙观察使。散骑常侍。元和六年卒。韩昌黎撰《平阳路公应神道碑》。秋于頔刺湖。

贞元八年（792），壬申，73岁。五月，御史中丞李洪，任湖州长史。与之交好。编《诗式》勒成五卷。湖州刺史于頔奉德宗敕命收集皎然文集。《皎然集》于頔序："贞元壬申岁（贞元八年），余分刺吴兴（湖州）之明年，集贤殿御书院有命征其文集，

---

① 贾晋华：《皎然年谱》，厦门大学出版社，1992年，第118页。

② 《抒山集》，卷4。

③ 《全唐文》，卷815。

④ 《抒山集》，卷3。

⑤ 《抒山集》，卷7。

余遂采而编之的诗笔五百四十六首，分为十卷，纳于延阁书府。上人以余尝著诗述论前代之诗，遂托余以集序。辞不获已略志其变。”福琳《唐湖州抒山皎然传》，为宋代赞宁采纳。记范传正等于元和四年游皎然旧居，作诗伤悼。与于頔、灵澈唱和。于頔为刺史，李洪为湖州长史。观两唐书及《通鉴》，于頔摇摆于割据独立与归顺朝廷之间，结党营私，贪墨欺下枉上，属于负面人物。但一到地方，赫赫煌煌，州府待之周到。皇帝态度、中外形势等非皎然等方外之人可洞悉，与之往还实属正常。《昼上人集》十卷编成。皎然《奉酬于中丞使君郡斋卧病见示一首》：“……如何五百年，重见江南春。公每省往事，咏歌怀昔辰。以兹得高卧，任物化自淳。还因访禅隐，知有雪山人。”[1]皎然《赠李中丞洪一首》：“安知七十年，一朝值宗伯。言如及清风，醒然开我怀。宴息与游乐，不将衣褐乖。海底取明月，鲸波不可度。上有巨蟒吞，下有毒龙护。一与吾师言，乃于中心悟。”[2]

贞元九年（793），癸酉，74岁。

贞元十五年（799），己卯，79岁。皎然《寄赠于尚书书》，此文不见于《皎然集》，载于《全唐文》卷917。贞元十五年三月章义军节度使吴少诚叛，陷唐州，陷临颍进攻围许州，八月德行诏诸道进围以为犄角。于頔帅兵赴唐州，收吴房、朗山县，又破贼于濯神沟。皎然文中与于頔在十五年的平乱史事极为相合。十六年韩愈上书于頔，称“于尚书”，则知皎然上书于頔无疑。从虽系佛门高僧，却自由往还于湖、常、苏、杭、越、宣、温等州府，远赴上都请托拜谒于公门王府，临汨罗而哀悼屈平，赋诗序文，制塔铭，引荐后进，喜茶不饮酒，是成功的社交红人，皎然诚然江南的一张文化名片。是中国茶道形成期三杰之一。陆羽、颜鲁公的先后到来，使他们这个茶人集团几乎涵盖中唐早期中国文化大半个版图。大历十才子、永贞革新骨干，都与他们啜茶联唱，把茶道这一新的文明形态镶嵌进大唐文化人的精神创造之中。

湖州，虽然与上都相隔三四千里，但安史之乱却拉近了关系。凤翔—兴元—大明宫的任何一场人事变动的风波都会直接波及洞庭山，在太湖掀起一层层涟漪。在河北事实上割据独立，淮西叛，淄青叛，泾源兵乱京师，朱泚居梁山辱骂皇帝宗室，德宗巡狩兴元，太湖—钱塘江流域成为朝廷主要经济命脉。刘晏—包佶—韩滉等转运官员成为帝国财政的重要依靠。

我们在这里只是简要罗列了皎然、陆羽及颜真卿、刘禹锡等湖州茶道创始代表，属于这个集群的很多皎然是湖州茶事领军人物，是茶道之父，陆羽是茶道之神茶学之祖，颜真卿对推动湖州及南方文风兴盛，将茶道推广到京师，功不可没。湖州茶人群

---

① 《全唐诗》，卷815。

② 《全唐诗》，第23册，卷815，第9170、9171页。

体对中国茶文化都有不同贡献[①]。

从湖州走出，或与湖州人、事有较交往的一大批士人，颜真卿、袁高、姚仲南、权德舆、韩章、戴叔伦、李嘉祐、皇甫冉、皇甫曾等，到了上都后，官运顺畅，社会影响极大，湖州的浓厚茶风熏染他们，他们也必然对两京及全国的饮茶习尚普及发挥积极作用。这中间，皎然寺舍、陆羽别业湖州官厅成为茶道文化的庄严道场。

第四节　永贞革新的参与者刘禹锡

大历七年（772），壬子，1岁。家庭从洛阳—荥阳—江南一路迁徙。刘禹锡生于苏州嘉兴（今属浙江）。父刘绪（旧传曰溆），在李元淳幕府，母卢氏40岁。刘禹锡为独子。其诗："内无手足之助，外乏强劲之亲。"《尚书・禹贡》："禹锡玄圭，告厥成功。"取名禹锡。锡，通赐。母为范阳卢氏，山东大族，迁郑州，卢、刘同县，联姻。

大历八年（773），癸丑，2岁。德宗旧纪载：浙东观察使、越州刺史陈少游为扬州大都督府长史，充淮南节度使。刘绪为其幕府。包佶任江淮盐铁使，权德舆系包佶从事，权德舆与刘绪认识于这个阶段。

大历初，李栖筠为浙西都团练观察使，刘绪为其从事。大历十四年李栖筠离浙，韩滉为浙江东西道观察使，刘绪为滉幕府。贞元三年至十四年王纬卒：润州刺史、兼御史中丞、浙西道都团练、盐铁转运使的王纬，后辟刘绪为其盐铁副使（见王纬旧传）。因父辈关系，刘禹锡与权德舆、李栖筠之子李吉甫、韩滉侄子韩晔、韩滉女婿杨於陵、李德裕、李德修等中晚唐肱股之士熟悉。旧卢徵传云：江淮转运使刘晏辟刘禹锡舅父卢徵为从事[②]，委以心腹之事。旧宴传载宴殁后二十年，韩洄、元琇、裴腆、包佶、卢徵、李衡继掌财赋，皆宴故吏[③]。舅父卢徵牧华州，刘禹锡再添新科。曾往华州拜见，并于伏毒寺梁栋题诗。

建中三年至贞元三年（782—787），10—15岁。从皎然、灵澈写诗。权德舆（与卢徵为胭亲）亦见刘禹锡少时勤奋学习。人们评其"孺子可教"。

贞元六年（790），壬子，19岁。赴京，游学。

贞元九年（793），癸酉，22岁。与柳宗元等进士及第。"用坏童年有，追想出谷晨。

① 施由明：《论唐代湖州茶人群体对中国茶文化的贡献》，《农业考古》2011年第5期，第32页。

② 《旧唐书》，卷146。

③ 《旧唐书》，卷123。

三十二君子，齐飞凌烟旻。”同年，又通过博学宏词科考试。韩愈早一年中进士，但一直没能通过礼部铨选，在洛阳窘迫，十年犹布衣。

贞元十一年（795），乙亥，24岁。吏部吏选通过，授官太子校书。

贞元十二年（796），丙子，25岁。父刘绪，卒于扬州任上。刘禹锡丁忧，葬父于荥阳祖茔。陪母亲于洛阳旧宅。《讯氓》借流民对话形式，反思人民疾苦。

贞元十六年（800），庚申，29岁。起复，朝廷以淮南节度使杜佑兼领徐泗濠节度使，张封建死后通判郑通处事不密引起叛乱。刘禹锡被杜佑辟为徐泗濠节度使掌书记。杜佑从贞元五年至贞元十九年一直坐镇扬州，刺淮南并兼任淮南节度使。直至入相杜对他较为熟悉。平张愔未成功，朝廷不得不授其右骁卫将军徐州刺史，杜佑辞去徐泗濠节度使。刘禹锡代草《请朝觐表》，要求回京。时前后历经36年的《通典》已经基本完成，刘禹锡读之获益良多。

贞元十七年（801），辛巳，30岁。杜佑向朝廷进献《通典》；岁末刘禹锡调渭南主簿，正九品上。其《为京兆韦尹贺元日降祥雪表》当作于十八年春。韦夏卿赴徐州继任张封建不成，只好回京任吏部侍郎，十七年十月又任京兆尹。

贞元十八年（802），壬午，31岁。调蓝田尉，正九品下。与柳宗元、窦群均在韦夏卿门下。夏延请博士施士匄公开讲《诗经》，他们及刘禹锡表兄韩泰等京城士大夫听讲。韩愈《施先生墓志铭》云施公善毛郑诗、《春秋》，多有新解，执经问疑者继之于门。

贞元十九年（803），癸未，32岁。三月杜佑入相；闰十月，刘禹锡任监察御史，正八品上。刘禹锡与柳宗元、韩愈同在御史台。刘禹锡又与韦夏卿从弟、杜黄裳之婿韦执谊友善。这一年，京兆水运使薛謇选刘禹锡为婿。

贞元二十年（804），甲申，33岁。与薛氏成婚。

贞元二十一年（805），乙酉，34岁。一月德宗李适驾崩。李诵即位为顺宗，任用王叔文为相，革除弊政。刘禹锡任屯田员外郎、判度支盐铁案，兼崇陵使判官。旧传云其“颇怙威势，中伤瑞士”，侍御史弹劾禹锡挟邪乱政。窦群、武元衡、韩皋均遭贬谪。京师不敢言名，称：“二王。刘柳。”八月五日顺宗被俱文珍逼迫下台，徙居兴庆宫，诏改元永贞。六日贬王伾开州司马，王叔文渝州司马。八月九日太子李纯即位于大明宫宣政殿。十三日贬刘禹锡连州刺史、柳宗元韶州刺史、韩泰抚州刺史，韩晔池州刺史。十一月七日韦执谊崖州司马。十四日刘禹锡朗州司马、柳宗元永州司马、韩泰虔州司马、韩晔饶州司马、凌准连州司马、陈谏台州司马。王伾不久死于贬所，翌年王叔文被赐死，以王叔文为领袖的“永贞革新”彻底失败。史曰“二王刘柳八司马”下州司马，从六品上。下州刺史正四品下。宰相正三品或正二品。无疑八司马均为下州。改革十人中，二韩为尚书郎中，从五品上。唐朝五品官属于高级官员，没有重大问题不能降级。贬连州途中在洛阳接母亲妻子，有诗。旋改贬朗州司马。朗州，今湖南常德市，武陵，古郢裔，与夜郎蛮杂错而存。十月在江陵得曹掾韩愈宽慰。到朗州有《登司马错古城》《采菱行》《楚望赋》。

元和元年（806），丙戌，35岁。正月十九，顺宗驾崩。作《武陵书怀五十韵》哀悼顺宗，怀疑死于非命。王叔文被赐死，刘禹锡著文悼之。上书杜佑，请求"量移"（思回京），八月宪宗明确下诏，刘禹锡等八人"永不量移"。

元和六年（811），辛卯，40岁。李绛入相，刘禹锡老上级渭南令。

元和七年（812），壬辰，41岁。故交，老上级杜佑去世。

元和八年（813），癸巳，42岁。妻子薛氏婚后九年而卒，留二男一女。自著文曰"于授室九年而鳏"。同年，政见相左的武元衡入相。《游桃源一百韵》，勒碑《桃源佳致》。其《竞渡曲》认为竞渡始于武陵。"逢秋悲寂寥，我言秋日胜春朝。晴空一鹤排云上，便引诗情到碧霄"的诗句出自这个时期，穷且益坚，未坠青云之志。

元和十年（815），乙未，44岁。回京写《游玄都观咏看花君子诗》，"玄都观里老千树，都是柳郎去后栽"。对当朝新贵不屑一顾。宪宗再贬其播州，今贵州遵义。裴度以其上有八十老母求情，宪宗改贬连州刺史。连州，今广东连县。旧传载："诏下，御史中丞裴度奏曰：'刘禹锡有母，年八十余。今播州西南极远，猿狖所居，人迹罕至。禹锡诚合得罪，然其老母必去不得，则与此子为死别，臣恐伤陛下孝理之风。伏请屈法，稍移近处。'宪宗曰：'夫为人子，每事尤须谨慎，常恐贻亲之忧。今禹锡所坐，更合重于他人，卿岂可以此论之？'度无以对。良久，帝改容而言曰：'朕所言，是责人子之事，然终不欲伤其所亲之心。'乃改授连州刺史。去京师又十余年。连刺数郡。"①柳宗元又提出与刘禹锡交换贬谪之地。五司马再次被贬。刘、柳在湖南衡阳分手，分走东南、西南。六月取道郴州至连州。作《连州刺史厅壁记》。武元衡六月三日遇刺身亡消息传至，写诗悼之。

元和十一年（816），丙申，45岁。御史中丞裴度任门下侍郎、同中书门下平章事，总戎淮西军务。

元和十二年（817），丁酉，46岁。宪宗在通化门送裴度出征。裴度誓师："主忧臣辱，义在必死。"十月李愬生擒吴元济。刘禹锡上《贺收蔡州表》。盛赞平番胜利，国人可以"重睹升平"。刘景及第，为唐代连州第一位进士，作《赠刘景擢第》。20年后刘景之子刘瞻再及第，为懿宗朝宰相，岭南第一宰相。薛景晦寄《古今集验方》，改善当地卫生健康状况。

元和十四年（819），己亥，48岁。二月武元衡案幕后主使李师道被部下刘悟杀，

---

① 《刘禹锡传》，《旧唐书》，卷160。

淄青归顺朝廷。上《贺平淄青表》上书裴度。母丧，近90岁。扶柩回归安葬，至衡阳，闻47岁柳宗元卒，知其将抚养遗孤及整理文稿事托付于自己。他遂向韩愈韩泰韩晔李程等宗元好友发讣告，并请韩愈撰墓志铭。

长庆元年（821），辛丑，50岁。穆宗即位，解其丁忧，任为夔州刺史。夔州，今重庆奉节，为三峡上游咽喉要地。

长庆二年（822），壬寅，51岁。正月至夔州，谒蜀先主（刘备）庙。

长庆三年（823），癸卯，52岁。上书穆宗《夔州论利害表》。

长庆四年（824），甲辰，53岁。杭州刺史任。五月除太子左庶子分司东都。再上书《论利害表》。作诗《蜀先主庙》《观八阵图》。《奏记丞相府论学事》主张压缩祭孔费用而兴建学堂。创作《竹枝词》实现俗乐向雅乐的飞跃。完成《唐故尚书礼部员外郎柳君集纪》，抚养柳宗元儿子周六儿。韦执谊元和八年卒于崖州（今广东琼山），子韦绚方十岁。20岁时来夔州投学刘禹锡，后撰成《刘公嘉话录》或曰《刘宾客嘉话录》。而元稹将女儿嫁给韦绚。作《伤愚溪三首》悼柳宗元。正月，穆宗驾崩，长子李湛即位，史称敬宗。不久擢刘禹锡为和州（治今安徽和县）刺史。八月自夔州转历阳。崔群罢相任宣歙节度使，刘禹锡游览宣城。刘禹锡在《历阳书事七十韵》序中称："长庆四年八月，余自夔州转历阳。浮岷江，观洞庭，历夏口，涉浔阳而东。友人崔敦诗罢丞相。镇宛陵，缄书来抵曰：必我觌而之藩，不十日饮，不置子。'故余自池州道宛陵，如其素。'"途经西塞山（今湖北黄石）作《西塞山怀古》，追怀西晋将军王濬迫使孙皓投降。十二月，韩愈卒，年57。作《祭韩吏部文》。

敬宗宝历元年（825），乙巳，53岁。作《和州刺史厅壁记》。作《洗心亭记》，追怀昭明太子在此疗疾读书，招揽文士史事。五月白居易任苏州刺史，眼疾辞郡事，冬回洛阳。此间可能完成两人初次会面。作《酬乐天扬州初逢席上见赠》。诗中"巴山楚水凄凉地，二十三年弃置身。怀旧空吟闻笛赋，道君翻似烂柯人。沉舟侧伴千帆过，病树前头万木春。今日听君歌一曲，暂凭杯酒长精神"。他俩又同登大明寺栖灵塔，有诗作《同乐天同登栖灵寺塔》："步步相携不觉难，九层云外倚栏杆。忽然语笑半天上，无限游人举眼望。"

宝历二年（826），丙午，54岁。回洛阳候命。

大和元年（827），丁未，55岁。文宗即位。刘白同抵洛阳。白受秘书监前往长安。刘禹锡候命，六月受命为东都尚书省主客郎中（从五品上，主管"二王后"及诸蕃朝聘之事）。七月，韩泰赴湖州任刺史，见于洛阳。八司马零落，二人相见，别有愁绪。《洛中逢韩七中丞之吴兴口号五首》"海北天南零落尽，两人相见洛阳城""本欲醉中轻别离，不知翻引酒悲来"。

太和二年（828），戊申，56岁。得宰相裴度、窦易直及淮南节度使段文昌助。移京师为主客郎中。再游玄都观，无复一树，兔葵燕麦摇曳于春风里[①]。

大和三年（829），己酉，57岁。任礼部郎中兼集贤殿学士（从五品上）。同在朝有刑部尚书白居易、太常卿李绛、兵部尚书崔群、户部尚书令狐楚、国子司业张籍、尚书左丞元稹，贾餗、庾承宣、杨嗣复等。大和二年李绛出为兴元尹山南西道节度使，白居易大和三年躲避斗争。要求分司东都，赴洛阳。崔群出为江陵尹，荆南节度使，裴度周围被李宗闵打击殆尽，建议诏李德裕归朝，大和三年八月为兵部尚书，旋被李宗闵出为滑州刺史。

大和四年（830），庚戌，58岁。二月，监军使杨叔元煽动叛乱，李绛被杀。事见《新唐书李绛转》《杨汉公墓志铭》[②]。九月裴度被出为山南东道节度使。"唱得凉州意外声，旧人唯数米嘉荣"。

大和五年（831），辛亥，59岁。在洛阳，任河南尹。七月二十二日，元稹卒于武昌鄂岳观察使任上。白居易十月十日著《祭微之文》[③]、撰《元稹墓志》[④]、《湖州长城县令崔孚墓志文》[⑤]。刘禹锡十月出为苏州刺史（因裴度故）（上州刺史从三品）。姚合饯别《送刘禹锡郎中赴苏州》。途中与河中府尹李程见于蒲州（今山西永济）。冰灾，在洛阳留十五日，与白居易咏叹。《福先寺雪中饯刘苏州》《福先寺雪中酬白乐天》，《扬州春夜李端公益张侍御登段侍御平路密县李少府（田易）秘书张正字复元同会于水馆，对酒联句，追刻烛击铜钵故事，迟辄举觥以饮之，逮夜艾，群公沾醉，纷然就枕，余偶独醒，因题诗于段公枕上，以志其事》："寂寂独看金烬落，纷纷只见玉山颓。自羞不是高阳侣，一夜星星骑马回。"

大和六年（832），壬子，60岁。二月至苏州。一到任，就赈灾。见文宗旧纪太和六年二月，苏湖二州水，赈米二十二万石。

大和七年（833），癸丑，61岁。浙西观察使王璠考课，列为"政最"最高一级。文宗赐其紫金鱼袋，友人诗贺他酬答谢作《酬乐天见贻金紫之什》。《馆娃宫在旧郡西南砚石山前瞰姑苏台傍有采香径梁天监中置佛寺曰灵岩即故宫也信为绝境因赋二章》。灵岩寺、唐代名寺。乐天、梦德唱和为唐代诗坛佳话，但："兴情逢酒在，筋力上楼知。""世上空惊故人少，集中唯觉祭文多。芳林新叶催陈叶，流水前波让后波。万古到今同此恨，闻琴泪尽欲如何！"[⑥]

---

① 《刘禹锡文集》卷24《再游玄都观绝句并引》。

② 周绍良、赵超：《唐代墓志汇编续集·咸通〇〇八》，上海古籍出版社，2001年。

③ 《白居易集》，卷69，中华书局，1979年。以下同版本，只注出卷数。

④ 《白居易集》，卷70。

⑤ 《白居易集》，卷69。

⑥ 《乐天见示伤微之敦诗晦叔三君子皆有深分，因成是诗以寄》。

大和八年（834），甲寅，62岁。七月，移汝州刺史，兼御史中丞，充本道本道防御使。作《别苏州二首》："流水阊门外，秋风吹柳条。从来送客处，今日自销魂。"往汝州途中晤见扬州大都督府长史、淮南节度使牛增孺，二人以诗酬答，冰释30年前刘禹锡当众涂改牛增孺文章事。至汴州，看望汴州刺史宣武军节度使李程。从苏州到汝州，应走运河线路：苏州—扬州—汴州—洛阳—汝州。秋至汝州。"望嵩楼上忽相见，看过花开花落时。"十一月兵部尚书检校右仆射，充镇海军节度使、浙西观察使。在汝州会晤。居任，与令狐楚相公唱和《酬令狐相公首夏闲居书怀见寄》约为大和九年。刺史裴度为东都留守，乐天作太子宾客。九月任白居易为同州刺史，称病改太子少傅，仍居东都。刘禹锡改同州刺史、兼御史中丞。白作《闲卧寄刘同州》："软褥短屏风，昏昏醉卧翁。鼻香茶熟后，腰暖日阳中。伴老琴长在，迎春酒不空。可怜闲气味，唯欠与君同。"刘禹锡《酬乐天闲卧见忆》："散诞向阳眠，将闲敌地仙。诗情茶助爽，药力酒能宣。风碎竹间日，露明池底天。同年未同隐，缘欠买山钱。"后一句应该是实情。白居易是唐代经济条件最好的一位诗人吧。而刘禹锡则属于勉强过得去一类的大多数官员。进士及第后就通过礼部考试任职，比韩愈等要好过一些，五品以上也算高级官员，收入不可能太差。

大和九年（835），乙卯，63岁。十二月至同州（治今陕西大荔，相当于今天渭南地区），上表：同州连续旱灾四年。

开成元年（836），丙辰，64岁。秋，因病以太子宾客分司东都，时裴度、白居易等在洛阳。

开成二年（837），丁巳，65岁。春，病于酒。河南尹李珏赍药过访。三月李珏入京为户部侍郎。次年翌年李珏拜相。

开成四年（839），己未，67岁。秘书监分司，太子宾客。

开成五年（840），庚申，68岁。正月，文宗驾崩，武宗上台。

会昌二年（842），壬戌，71岁。抱病撰《子刘子自传》。秋病逝于洛阳，年71岁，赠户部尚书。葬于荥阳檀山先茔。

第五节 皇甫冉、皇甫曾

兄弟二人润州丹阳人，为天宝大历时期诗人，与湖州皎然、陆羽有联系有茶诗。从地理位置、活动时间及情趣喜好，我们将其视为湖州茶人集团的次核心成员[①]。

① 此节主要参考了王超：《皇甫冉皇甫曾研究》，中国社会科学出版社，2019年。

1. 皇甫冉（721—774）

开元九年（721），辛酉，零周岁，虚岁1岁。

开元十年（722），壬戌，1岁。

开元十八年（730），庚午，9岁。

开元十九年（731），辛未，10岁。独孤及《唐左补阙安定皇甫公集序》："十岁能著文"。

开元二十四年（736），丙子，15周岁。在洛阳，《集序》："(著文）十五而老成。"

天宝七载（748），戊子，27岁。在洛阳，此年以前已经开始赴京，准备参加科举考试。

天宝十四载（755年），乙未，34岁。落第，归洛阳。

天宝十五载（756），丙申，35岁。《唐才子传》："天宝十五载卢庚榜进士。"宋晁公武《郡斋读书志》："右唐皇甫冉茂政也，丹阳人，天宝十五年进士。"[①]参照前述颜真卿及第情况，正月通过礼部考试，二月进士及第。应该是春季考试后，便在春夏之交，被授予无锡尉（诸州上县令正七品，尉一人从九品下）。六月己丑（初七）哥舒翰二十万大军，与贼将崔乾佑战于灵宝西潼关东黄河南岸，只有八千人逃入潼关，辛卯（初八），崔乾佑占领潼关。哥舒翰逃之关西驿，被部下火拔归仁强行送至洛阳，哥舒翰降安禄山。六月十三玄宗逃出京城，京兆尹崔光远遣子东见禄山，边令诚献宫阙锁钥。玄宗次日至马嵬驿。《通鉴》载：安禄山不意玄宗遽西幸，命崔乾佑滞留潼关十日后，入长安张通儒、崔光远、李希烈、张均、张垍等为贼所用。自余朝士皆授以官，贼势方炽。

至德元载（756），丙申，35岁。过蓝关，经商於古道赴任。经江夏（今武汉）归润州，秋，在越州（绍兴）与严维、包佶唱和后归润州，灵一有饯别诗。《通鉴》：十月，以贺兰进明为河南节度使。宰相房琯率三军进复长安，大败，唐军主力丧失殆尽，罢相。十二月甲辰（二十五日）永王璘叛，袭广陵，进至当涂，吴郡太守兼江南东路采访使李希言将元景曜、淮南采访使李成式将李承庆降于璘。高适、韦陟与瑱会与安陆，会盟讨之。

至德二载（757），丁酉，36岁。二月戊戌永王璘败死于当涂。皇甫冉《同张侍御咏兴宁寺经藏院海石榴花》。兴宁寺在常州，赞宁《高僧传》卷15《唐常州兴宁寺义宣传》。刘长卿送严维，又送张侍御《瓜州驿奉送张侍御拜膳部郎中却复宪台充贺兰大夫留后使之岭南时侍御史在淮南幕府》、《送路少府使东京便应制举》其自注云："时梁宋初失。"汴梁、宋州。皇甫冉《送钱塘路少府赴制举》。

---

① （宋）晁功武撰，孙猛校证：《郡斋读书志校证》，上海古籍出版社，1990年，第860页。

《通鉴》：八月甲申（757年8月27日）以张镐兼河南节度、采访等使，代贺兰进明。九月癸卯（二十八日，757年11月14日）大军入西京。十月壬戌（十八日，757年12月3日）广平王俶入东京。丙寅，上至望贤宫，得东京捷奏。丁卯，上入西京。

初（元年，756）十月。北海太守贺兰进明赴行在，肃宗命宰相房琯任其为南海太守，兼御史大夫，充岭南节度使。房琯只是着其摄御史大夫。进明进殿入谢，肃宗怪之。改为河南节度使，但房琯以许叔冀为其兵马使，亦兼御史大夫，与进明同级，不受节制。至德二年七月许叔冀被围灵昌，许步冀并在谯阳、尚衡在彭城，进明并在临淮，不救。许叔冀退奔彭城。张巡睢阳苦战，南霁云出城先后至彭城许叔冀、临淮贺兰进明处求救，终不得。刀斫一指留于进明，并发誓灭进明。闰八月戊申（757年9月20日）夜回睢阳。757年11月24日与张巡被俘。东京收复刚十日。如果房琯对进明不猜忌分权，或许为另一结果，进明一直担忧被许叔冀所图。在南霁云前来之时，据守临淮的贺兰进明实际已经被免职近一月，可能肃宗诏文尚未到达。睢阳城失守后，诏令才到。从以上刘、皇甫诗文看，贺兰进明马不停蹄地从临淮（泗州），过扬子、润州、常州前往广州。而皇甫冉很可能是急着去无锡就任——新官从任职到就职，应该不能超过一年半时间。皇甫冉诗注两宋初失，大约就是指睢阳失守。参考旧张镐传，此处张侍御，断不可系张镐。以礼，张镐代替贺兰进明，二人需于河南道临淮交接印信。如此，张镐无理由再南下淮南道、江南东道。中唐以来，大历贞元士人墨客无不受到安史之乱的影响，在中央政府与地方割据势力的矛盾与斗争备受煎熬。

乾元元年（758），戊戌，37周岁。在越州。皇甫冉《独孤中丞筵陪饯韦使君赴昇州》当作于乾元元年底。《新唐书方镇五》、《元和郡县志》：上元元年置昇州，同时为浙西节度使治所。肃宗旧纪，上元元年十二月甲辰，韦黄裳从昇州迁苏州，浙西节度使行辕遂移苏州。独孤峻，时为浙东节度使，治越州，独孤及《唐故浙江东道节度掌书记越州剡县主簿独孤丕》云峻掌浙东军事。肃宗旧纪云：二年六月始由明州刺史吕延任越州刺史，浙江东节道度使。

乾元二年（759），己亥，38岁。越州。春日做《奉和独孤中丞游法华寺》。

上元元年（760）春，庚子，39岁。与李嘉祐一同北上。皇甫赴任无锡尉；李奉敕移江阴令。年底，刘展反于扬州，皇甫冉辞官隐居常州义兴。皇甫冉《杂言惠山寺流泉歌》[1]。

宝应元年（762），壬寅，41岁。归润州。

广德元年（763），癸卯，42岁。赴越州，送平定袁晁起义的袁傪。春在越州，寻归润州，酬陆羽，秋，苏州从李嘉祐游，后归润州。《送陆鸿渐栖霞寺采茶》。润州偶

① 王超：《皇甫冉皇甫曾研究》，中国社会科学出版社，2019年，第47页。

与逃出长安之太常魏博士，冬，吐蕃陷长安。

广德二年（764）春，甲辰，43岁。赴京途中，入徐州李光弼幕府，左金吾卫兵曹参军。七月李光弼薨，王缙接任，再入王缙幕府。

永泰元年（765）秋，乙巳，44岁。出使寿州，冬，至洛阳。

永泰二年（大历元年，766），丙午，45岁。随王缙往来京、洛间。

大历二年（767），丁未，46岁。春在京，任左拾遗。

大历三年（768），戊申，48岁。转左补阙。秋奉使江表。后辞官归乡。遇虔州裴使君。

大历四年（769），己酉，49岁。春在润州，送陆羽赴越州。《送陆鸿渐赴越并序》《全唐诗》卷250皇甫冉《送陆鸿渐赴越》序云："君自数百里访予羁病，牵力迎门，握手心喜，宜涉旬日始至焉。究孔释之名理，穷歌诗之丽则。远墅孤岛，通舟必行，鱼梁钓矶，随意而往。余兴未尽，告去遐征。夫越地称山水之乡，辕门当节钺之重，进可以自荐求试，退可以闲居保和。吾子所行，盖不在此。尚书郎鲍侯，知子爱子者，将推食解衣以拯其极，讲德游艺以凌其深，岂徒尝镜水之鱼，宿耶溪之月而已。吾是以无间，劝其晨装，同赋送远客一绝。"诗云："行随新树深，梦隔重江远。迢递风日间，苍茫洲渚晚。"按皇甫冉于大历四五年间奉使江淮，省家丹阳，染疾卒，此诗云"访予羁病"、"新树"，当作于是年春。广德元年至是年七月间，以浙东节度从事鲍防为中心，在越州形成多达50余人之联唱集团，结集为《大历年浙东联唱集》二卷，陆羽赴越所谒之鲍侯，当即鲍防。其此次赴越，可能参与联唱活动，直接将《大历年浙东联唱集》传回湖州。其后在大历八年至十二年间，湖州出现更大规模之联唱集团，皎然、陆羽皆参与其中，当受到浙东联唱一定影响[①]。

大历五年（770），庚戌，50岁。做《同樊润州秋日登城楼》。

大历六年（771），辛亥，51岁。在润州，《送李使君赴抚州》。

大历八年（773），癸丑，53岁。润州，《庐山歌送至弘法师兼呈薛江州》。

大历九年（774），甲寅，54岁。春夏间卒于丹阳。

2. 皇甫曾（744—785）

天宝四年（745），乙酉。约自本年从长安出发，南下江南赴襄阳。

天宝六载（747），丁亥。冬发洛阳，往越州。次年春至越州。

天宝七载（748），戊子。过扬州，酬和鉴真上人。

天宝十二载（753），癸巳。及第，为官长安。监察御史，侍御史，殿中侍御史。

天宝十五载至德元载（756），丙申。与兄冉避乱回江南。

---

① 贾晋华：《皎然年谱》，厦门大学出版社，1992年，第53页。

至德三载、乾元元年（758），戊戌。疑在越州。皇甫曾《奉寄中书王舍人》，王超判为王维。

上元二年（761），辛丑。春，疑在常州。《奉送杜侍御还》，杜侍御当杜鸿渐。

宝应元年（762），壬寅。春赴宣州，中间过杭州，冬归润州。

宝应二年、广德元年（763），癸卯。春，在润州。

广德二年（764），甲辰。秋，北上还京。

永泰二年、大历元年（766），丙午。皇甫曾《送汤中丞和蕃》。当以郎士元《送杨中丞和蕃》之杨济为准，旧吐蕃传有载。

大历二年（767），丁未。长安。夏作《送徐大夫赴南海》，徐浩任岭南节度使，兼御史大夫。与钱起交往。钱《岁初归旧山》又名《岁初归旧山酬皇甫侍御见寄》，钱宝应二年去蓝田尉入京，旋罢官，复起于永泰二年或大历二年。钱起当山居蓝田别业。

大历三年（768），戊申。京，秋有《送归中丞使新罗》（皇甫冉、李端有同题）、《送王相公赴幽州》（皇甫冉、韩翃有同题吗，当为王缙）。《春和杜相公移入长兴宅奉呈诸宰执》（刘长卿、钱起、李嘉祐有同题）。杜鸿渐自剑南回京后乞骸骨，从之。大历四年卒。杜晚年好静修，宾客络绎。

大历四年（769），己酉。侍御史职。春在长安。约在本年被贬舒州司马。作《送李中丞归本道》（当为李抱真，李抱玉从父弟）。李嘉祐《同皇甫题荐福寺一公房》、李端《同皇甫侍御题维一上人房》。

大历五年（770），庚戌。舒州司马。七月，独孤及刺舒州。

大历六年（771），辛亥。舒州司马。春，与独孤及游山谷寺；润三月与之同谒滁州李幼卿。独孤及有五首诗送曾。崔佑甫《故常州刺史独孤公神道碑铭》。独孤及《谢加司封郎中赐紫金鱼袋表》："臣伏奉三月一日敕，加检校司封郎中，使持节舒州诸军事兼舒州刺史，充当州团练守捉使仍知淮南岸当界缘江贼盗，赐紫金鱼袋。"[①]

大历七年（772），壬子。秋或明春，秩满北归洛阳。戴叔伦《京口送皇甫司马副端曾舒州秩满归去东都》，戴大历六年至十三年任湖南转运留后。

大历十年（775），乙卯。秋天以前在润州，为兄服丧。秋冬，赴常州，与独孤及、刘长卿唱和。冬，访刘长卿碧涧别业。

大历十一年（776），丙辰。岁初，越州访严维，与高僧神邕等高僧唱和。秋访睦州刘长卿。北上，过湖州，回润州。与颜真卿、皎然、陆羽、李崿唱和。《七言重联句一首》[②]。

---

① 《毗邻集》卷5,《四部丛刊》初编。

② 《吴兴昼上人集》,《四部纵刊》初编。

大历十二年（777），丁巳。居润州。与刘长卿唱和《寄刘员外长卿》，《酬窦拾遗秋日见呈自江阴令除谏官》，窦叔向《唐才子传》："叔向，字遗直，扶风平陵人。"旧代宗纪：大历十二年三月辛巳（十九日），制元载赐自尽，韩洄、王定、包佶、徐璜、赵纵、裴翼、王统等十余人坐元载贬官。四月常衮拜相。

建中元年（780），庚申。阳翟令。

贞元元年（785），乙丑。冬，卒。

此章《茶人年谱》，只能选取有代表性的人物，时代与地点与茶圣陆羽接近重叠，或多有交往。

年谱体例与其他章节差异较大，但这是考察唐代茶道文明形成的最经济方式。唐代茶人，与时代与人民共命运，每个人都充满了艰辛与坎坷，他们就像茶叶一样，经历风霜严寒，最终把美好留给世界。在世事维艰中，保持正向追求，彰显无私、奉献的传统美德，是唐代茶人诠释中国传统文化与道德情操的时代实践。在茶道大行的新风尚中，茶人们不约而同地形成了茶人情怀、茶人精神，唐诗成为茶道大行的重要媒介与手段，淡泊清雅是茶人的风格，同时，我们也看到刚强、劲健憎爱分明，视死如归，又是茶人的另一面。陆羽终生事茶，不是在茶山，就是在去茶山的羊肠小道上，皇甫冉斫指请援、颜真卿冒死南下、白居易勇于脱离党争，李德裕作为李党领袖又宽宥对手，不作零和博弈，都是茶和天下的精神追求的体现。

总之茶人精神，茶道思想是在命运的浪淘，与历史的烈火中锤炼出来的文化结晶。

第三章

茶人风骨

茶道文明，是中国茶事中国茶文化发展到一定历史阶段的新的成果，是以第一代创始人陆羽、颜真卿及皎然为核心的茶人共同创造的。发轫于江南湖州，完成于长安。

茶圣陆羽《六羡歌》成为我们了解唐朝第一代茶道创始人思想情操的一把钥匙，也对我们理解茶道思想有一定帮助。皎然茶艺之高妙独步有唐一代，他的诗歌构成中国茶道思想的时代高峰。颜鲁公为李唐士人旗帜，他在平定安史之乱中的杰出表现而光照乾坤。他成为将茶道正式完成的陪护人。

白居易外柔内刚，《论裴均进奉银器状》《论重考试进士事宜状》集中反映了第二代茶人坚贞清白的气节。在中唐牛李党争和宦官专权时代，作为长安遗脉，与牛党天然关系殊深，但白居易自觉地保持应有的距离。而在宪宗宰相武元衡被刺，又积极主张削藩平乱，憎爱分明。

刘禹锡、元稹、裴度及韩愈与白居易都是同时代人，他们都有茶道诗歌留世，而他们的行状同样是唐朝茶道形成与丰满的参与者与见证人。

李德裕是中晚唐杰出的政治家，是李党的领袖人物。在严酷的你死我活的政治斗争中，给予对手一定发展生存的空间，而不是置之死地而后快，是他与茶道的思想情愫迩熟有关。相反，牛党一系茶诗创作极少，而且除了对盐铁使职人选极为关注外，他们的茶事活动少之又少。对李德裕等李党手段毒辣。

当裴度、白居易在洛下唱和时，留在长安的姚合、贾岛则成为长安茶人集团的盟首。

中国文化是中国人创造的以人的生存与发展为目标的现实文化。唐朝形成的茶道文明，作为一个综合文化形态，是一代代茶人通过自己的实践建立起来的一个新型文化体系：思想、规范与基本的行为准则，与做人处世息息相关。茶道思想茶道规范与茶人的社会实践，是一体两面的关系。

第一节　袁高贡茶兼奉诗

一、坚决反对奸邪卢杞

从皎然、颜真卿及陆羽行状看，在颜真卿刺湖时期（772—777），袁高已经在湖州了。他后来做湖州刺史（建中二年至兴元元年，781—784），是肩负了德宗重要的历史使命。《旧唐书·袁高传》列传卷103：

袁高，字公颐，恕己之孙。少慷慨，慕名节。登进士第，累辟使府，有赞佐裨益之誉。代宗登极，征入朝，累官至给事中、御史中丞。建中二年，擢为京畿观察使。以论事失旨，贬韶州长史，复拜为给事中。

贞元元年，德宗复用吉州长史卢杞为饶州刺史，令高草诏书。高执词头以谒宰相卢翰、刘从一曰："卢杞作相三年，矫诈阴贼，退斥忠良。朋附者咳唾立至青云、睚眦者顾盼已挤沟壑。傲很明德，反易天常，播越銮舆，疮痍天下，皆杞之为也。爰免族戮，虽示贬黜，寻已稍迁近地，若更授大郡，恐失天下之望。惟相公执奏之，事尚可救。"翰、从一不悦，改命舍人草之。诏出，执之不下，仍上奏曰："卢杞为政，穷极凶恶。三军将校，愿食其肉；百辟卿士，嫉之若仇。"遗补陈京、赵需、裴佶、宇文炫、卢景亮、张荐等上疏论奏。次日，又上疏。高又于正殿奏云："陛下用卢杞独秉钧轴，前后三年，弃斥忠良，附下罔上，使陛下越在草莽，皆杞之过。且汉时三光失序，雨旱不时，皆宰相请罪，小者免官，大者刑戮。杞罪合至死，陛下好生恶杀，赦杞万死，唯贬新州司马，旋复迁移。今除刺史，是失天下之望。伏惟圣意裁择。"上谓曰："卢杞有不逮，是朕之过。"复奏曰："卢杞奸臣，常怀诡诈，非是不逮。"上曰："朕已有赦。"高曰："敕乃赦其罪，不宜授刺史。且赦文至优黎民，今饶州大郡，若命奸臣作牧，是一州苍生，独受其弊。望引常参官顾问，并择谨厚中官，令采听于众。若亿兆之人异臣之言，臣当万死。"于是，谏官争论于上前，上良久谓曰："若与卢杞刺史太优，与上佐可乎？"曰："可矣！"遂追饶州制。翌日，遣使宣慰高云："朕思卿言深理切，当依卿所奏。"太子少保韦伦、太府卿张献恭等奏："袁高所奏至当，高是陛下一良臣，望加优异。"贞元二年，上以关辅禄山之后，百姓贫乏，田畴荒秽，诏诸道进耕牛，待诸道观察使各选拣牛进贡，委京兆府劝课民户，勘责有地无牛百姓，量其地著，以牛均给之。其田五十亩已下人，不在给限。高上疏论之："圣慈所忧，切在贫下。有田不满五十亩者尤是贫人，请量三两家共给牛一头，以济农事。"疏奏，从之。寻卒于官，年六十，中外叹惜。宪宗朝，宰臣李吉甫尝言高之忠鲠，诏赠礼部尚书[①]。

《旧唐书·德宗本纪》：

（建中二年）二月丁未，以御史中丞袁高为京畿观察使……夏四月丁巳，贬礼部侍郎于召桂州刺史，御史中丞袁高韶州长史……兴元元年八月己未，前湖州刺史袁高为给事中[②]。

袁高之祖父袁恕己乃女皇重臣，但心向李唐，是神龙元年发动政变推翻武周复辟李唐正统的五王之一，为官刚正果毅。袁高有乃祖之风格，宪宗宰相李吉甫认为袁高"忠鲠"诏赠礼部尚书。

《旧唐书》对兴元以前记载极为模糊，从本作皎然年表可知，早在大历末袁高已经到了湖州。建中二年奏事被贬，大概率是卢杞排斥异己，刚到韶州就又北上湖州任刺史。从时间节点来看，旧传简略了从韶州长史到给事中之间的湖州刺史一段。

史书留下袁高最集中的资料是，他带头极谏卢杞二次入朝。《册府元龟·台省部·封驳》记载较为细致：

袁高为给事中贞元元年正月癸丑，以吉州长史卢杞为饶州刺史。高宿直当草杞制，遂执以谒宰相卢瀚、刘从一，曰："卢杞作相三年，奸邪为志，矫诬阴贼，退斥忠良，朋附者咳唾立至青云；睚眦者顾盼已挤沟壑。傲很明德，反易天常，播越銮舆疮痍天下皆杞之为也。幸免族戮，唯示贬黜，寻以稍迁近地，若更授大郡，恐大失天下望，唯相公执奏之事尚可救！"瀚、从一皆不悦，遂改命舍人草制。乙卯诏出，高又执之不下，仍上奏曰："卢杞为政极恶穷凶，三军将校愿食其肉，百辟卿士嫉之若仇。"

至丁巳，补阙、拾遗陈京、赵需、裴佶、宇文炫、卢景亮、张荐等上疏曰："伏以吉州长史卢杞，外矫俭简，内藏奸邪，三年擅权，百揆失叙，恶直丑正，乱国殄人，天地神祇所知，蛮夷华夏同弃！伏惟故事，皆得上闻，自杞为相，要官大臣动逾旬月不敢奏闻，百僚懔懔，尝惧颠危。及京邑倾沦，皇舆播越，陛下炳然觉悟，黜弃遐荒。制曰：'忠谠壅于上闻，朝野为之侧目。'繇是忠良激劝，内外欢忻。今复擢为饶州刺史，众情失望，皆谓非宜。

① 《旧唐书·袁高传》，第16册，列传卷103，第4086-4088页。
② 《旧唐书·德宗本纪》，卷12，第328-346页。

臣闻君之所以临万姓者，政也；万姓之所以戴君者，心也。傥加巨奸之宠必失万姓之心，乞回圣旨，速辍新命，臣等忝备谏职昧死上陈。”戊午，补阙、拾遗又上疏曰：“伏以卢杞蒙蔽天聪，隳紊朝典，致乱危国，职杞之繇。可谓公私巨蠹，中外弃物，自闻擢授饶州刺史，忠良痛骨，士庶寒心，臣昨者沥肝上闻，冒死不恐冀回宸眷，用快群情。至今拳拳未奉圣旨，物议腾沸，行路惊嗟。人之无良，一至于此，伏乞俯从众望，永弃奸臣，幸免诛夷，足明恩贷，特加荣宠，实造祸阶。臣等忝列谏司无以上答鸿造，再陈狂瞽倍万兢惶。”

丁卯，高又于正殿奏云：“陛下用卢杞独秉均轴，前后三年弃斥忠良，附下罔上，使陛下越在草莽，皆杞之过。且汉时三光失序，雨旱不时，皆宰相请罪。小者免官，大者刑戮。卢杞罪合至死，陛下好生恶杀，赦杞万死，唯贬新州司马，旋复迁移，今除刺史是失天下之望！伏惟圣意裁择。”帝谓曰：“卢杞有不逮是朕之过。”高复奏曰：“卢杞奸臣，尝怀诡诈，非是不逮。”帝曰：“朕已有再赦。”高曰：“恩赦，乃赦其罪，不宜授刺史，且赦文至忧黎民，今饶州大郡，若命奸臣司牧，是一州苍生独受其弊！望引常参官顾问并择谨厚中官令就街衢众讯亿兆一人异臣言臣当万死。”于是，补阙、拾遗又前谏，与高不异。帝良久谓曰：“若与卢杞刺史太优，与上佐可否？”皆云：“可！”遂追饶州刺史，翌日遣中使宣慰高云：“朕徐思卿言，深觉惬当，依卿所奏。”

戊午太子少保韦伦、太府卿张献恭，复于紫宸殿前奏：“高所奏称至当，臣恐烦圣听，不敢缕陈其事。”献恭奏曰：“袁高是陛下一良臣，望特加优异。”帝谓宰相李勉等曰：“朕欲授杞一小州刺史可乎？”勉曰：“陛下授大州亦可，其如兆庶失望何？”帝曰：“众人奏卢杞奸邪朕何不知之？”勉曰：“卢杞奸邪天下之人皆知之，唯陛下不知，此所以为奸邪也。”帝默然良久。左常侍李泌复对见，帝曰：“卢杞之事朕已可袁高奏，如何？”泌奏曰：“外人窃议：以陛下同汉之桓、灵，臣今亲承圣旨乃知尧舜之不逮也！”帝悦，慰勉之。

二年二月戊寅诏曰：“诸道节度观察使所进牛，委京兆府勘责。有地无牛百姓量其产业，以所进牛均平给赐，其有田五十亩已下人不在给限。”高驳奏曰：“圣慈所忧，切在贫下百姓有田不满五十亩者，犹是贫人，请量三两户共给牛一头，以济农事。”从之[1]。

时袁高为门下省中层官员给事中，其职责是掌侍奉左右，分判门下省日常事务，

---

① 《册府元龟·台省部·封驳》，中华书局，1960年，卷469，第5586-5588页。

“凡百司奏抄，侍中审定，则先读而署之，以驳正违失”。此次封驳补《册府元龟》完整地记载下来，并认为是贞元以来最具代表性的履行“封驳”职能的榜样。

唐三省之中，中书负责政策、措施文件、诏制起草，门下负责审核尚书省负责执行。此外御史台负责全国监察，还有其他寺监，属于事务机关。相互监督、制约，又相互协作，是其制度设计的初衷，最后决于皇帝总协调，这种制度与机制，是东方制度文明的体现，袁高在处置奸臣卢杞一事上的全过程，成为这一监督、封驳制度的典型史实，受到历代史家重视，此外，唐代行政文化中有一个非常可贵的合理的规则是各负其责；下不犯上，上不侵下。上级官员决不能越俎代庖，代替下级官员署名、行事。袁高只是门下层中级官员，上面有侍郎，二人最上有侍中，侍中带“平章事”就是宰相，是整个国家总管家，但在门下省内部不能搞一人说了算的家长式管理。

我们可以看到后来参与上疏的官员不少，但袁高是首倡，更是中坚。品茗赏月，吟诗作赋只是茶人的闲暇爱好，坚守正义才是其本质本能所在。

颜真卿在湖州刺史任上（772—777）时，曾与袁高皎然品茗唱和，联句咏物：

桂酒牵诗兴，兰釭照客情。——陆士修
讵惭珠乘朗，不让月轮明。——张荐
破暗光初白，浮云色转清。——颜真卿
带花疑在树，比燎欲分庭。——皎然
顾己惭微照，开帘识近汀。——袁高[①]

贾晋华《皎然年谱》将这首诗与《五言奉同颜使君真卿、袁侍御高骆驼桥玩月》、《五言月夜啜茶联句》考订在大历八年[②]。

颜真卿是大历十二年八月在旅游途中得到诏令回京通知的。即使不是大历八年，袁高在湖州的时间也不会晚于大历十二年。而旧唐书袁高传关于建中二年前记载比较模糊。

二、袁高《茶山诗》的民间情怀

禹贡通远俗，所图在安人。后王失其本，职吏不敢陈。
亦有奸佞者，因兹欲求伸。动生千金费，日使万姓贫。
我来顾渚源，得与茶事亲。氓辍耕农耒，采采实苦辛。

---

① （唐）颜真卿：《五言夜宴咏灯联句》，《全唐诗》，第22册，卷788，第8883页。
② 贾晋华：《皎然年谱》，第68页。

一夫旦当役，尽室皆同臻。扪葛上欹壁，蓬头入荒榛。
终朝不盈掬，手足皆鳞皴。悲嗟遍空山，草木为不春。
阴岭芽未吐，使者牒已频。心争造化功，走挺麋鹿均。
选纳无昼夜，捣声昏继晨。众工何枯栌，俯视弥伤神。
皇帝尚巡狩，东郊路多堙。周回绕天涯，所献愈艰勤。
况减兵革困，重兹固疲民。未知供御馀，谁合分此珍。
顾省忝邦守，又惭复因循。茫茫沧海间，丹愤何由申[①]。

结合上述资料可以看出：袁高作为山东及第入仕的杰出才干，对民间疾苦的关心是发自内心的。他是第一代茶人忠鲠风骨的代表。

袁高、于頔、杜牧、张文规、裴汶、杨汉公等刺史贡茶题字于顾渚山诸摩崖[②]。

虽然对袁高建中二年以前事情知之不多，但建中二年（781）秋至兴元元年（784）三月，一直在湖州刺史任。韶州长史位上未及行事勤政，就北上湖州，估计是朝中迫不得已，或德宗需要袁高这样忠鲠之臣来湖州任职。从宝应以来，财政经济工作成为与军事武力同等重要的国之大事被几代帝王所重视。卢杞用赵赞筹措军费，基本完成目标任务，但被李怀光武力被迫离开中枢，赵赞跟着遭殃。赵赞税茶遭到一片骂声。但到了贞元九年，茶税被合法固定下来。刘晏、包佶、韩滉、韩洄在筹措经费，转运物资方面有独特建树。而茶与中唐后期的政治经济日益紧密。王涯、王播、裴休、李德裕、杜牧及李郢的政治生命与湖州、常州的茶叶生长历史地连接起来。

第二节　创作茶诗最多的白居易

一、白居易行状

祖籍太原。

元稹《白氏长庆集序》：“《白氏长庆集》者，太原人白居易之所作……五六岁识声韵，十五志赋诗，二十七举进士。贞元末，吏部侍郎以经艺试，一举擢上第；明年宪宗册召天下士，乐天应对称旨，得甲科……然而二十年间，禁省、观寺、邮候墙壁之上无不书，王公、妾妇、牛童、马走之口无不道。至于缮写模勒，衒卖于市井，或持

① 《全唐诗》，第10册，卷314，第3536页。
② 胡耀飞：《贡赐之间》，第26-30页。

之以交酒茗者，处处皆是。”[①]

陈寅恪认为白居易祖籍太原为附会之说，其最大怀疑点是北齐、北周为对立仇雠政权，何以封地韩城？《白氏长庆集》贰玖《襄州别驾府君事状》：初高祖赠司空，有功于北齐，诏赐庄宅各一躯，在同州韩城县，至今存焉。认为“其为依讬，不待辩论也”[②]。但有两个因素我们应该重视：

其一，北齐建立政权早7年，都是从北魏分化出来。自从春秋战国时期，黄河并非天然国界，往往或向东向西延伸或收缩。西魏据有洛阳以西，以长安为都，但是国力不如东魏。大同元年（535）正月，东魏大行台尚书司马子如率军再攻潼关，宇文泰有备，转攻华州（今渭南）。二年三月，高欢又亲率万骑袭取夏州，徙五千户而归；不久又袭取灵州，徙五千户而归。三年正月，高欢又屯军蒲阪（山西永济蒲州镇），架浮桥，准备渡河攻潼关。大同九年（543）二月，高欢南下渡河据邙山，打败宇文泰，使其丧失六万大军。这次是否高欢打到同州，史无载，但乘胜追击，到了同州（今渭南，下邽所在州），也有如探囊取物。而韩城位于潼关以北，东隔黄河与蒲关相望。正月、二月，黄河封冻，无险可守。后来高欢建立北齐（550），宇文泰建立北周（557），但北齐一直占有绝对优势。同州、韩城并非一直在西魏、北周势力范围之下。东魏、北齐势力远及夏州、灵州（今陕西、宁夏、内蒙古），同州处在西魏东魏及北齐北周交界地带，处在变化状态。战国时，魏长城修到铜川东北的宜君境内。

其二，白居易言之凿凿，现在还有老屋，还有人在韩城，应该不是虚说。我们应遵从《新唐书》白居易传：“北齐五兵尚书建，有功于时，赐田韩城，子孙家焉。又徙下邽。”

白居易，字乐天，太原人。北齐五兵尚书建之仍孙。建生士通，皇朝利州都督。士通生志善，尚衣奉御。志善生温，检校都官郎中。温生锽，历酸枣、巩二县令。锽生季庚，建中初为彭城令。时李正己据河南十余州叛。正己宗人洧为徐州刺史，季庚说洧以彭门归国，因授朝散大夫、大理少卿、徐州别驾，赐绯鱼袋，兼徐泗观察判官。历衢州、襄州别驾。自锽至季庚，世敦儒业，皆以明经出身。季庚生居易。初，建立功于高齐，赐田于韩城，子孙家焉，遂移籍同州。至温徙于下邽，今为下邽人焉[③]。

---

① 《白居易集》，中华书局，1979年，第1页。以下同版本，只注页码。

② 陈寅恪：《元白诗笺证搞》附论甲《白乐天之先祖及后嗣》，《隋唐制度渊源略论稿》，河北教育出版社，2002年，第610页。

③ 《旧唐书·白居易传》，第16册，卷166，第4340页。

李正己（733—781），高丽人，本名李怀玉：

> 大历十一年十月，检校司空、同中书门下平章事。十三年，请入属籍，从之。为政严酷，所在不敢偶语。初有淄、青、齐、海、登、莱、沂、密、德、棣等州之地，与田承嗣、令狐彰、薛嵩、李宝臣、梁崇义更相影响。大历中，薛嵩死，及李灵曜之乱，诸道共攻其地，得者为己邑，正己复得曹、濮、徐、兖、郓，共十有五州，内视同列，货市渤海名马，岁岁不绝。法令齐一，赋税均轻，最称强大。尝攻田承嗣，威震邻辞。历检校司空、左仆射、兼御史大夫，加平章事、太子太保、司徒[①]。

这里必要弄清彭城（今徐州）归国时间。白传比较清楚应该是建中元年781年，此年李正己儿子李纳秘不发丧，实际掌握军政大权。

白居易老家最早应该是韩城。从他的曾祖父白温，时又迁移到下邽。但从他的诗文看。他出生荥阳，而且待了八年才离开荥阳（属今郑州）。

《昆明春水满》："吴兴山中罢榷茗，鄱阳坑里休封银。天涯地角无禁利，熙熙同是昆明春。"我们看到的白居易的第一首茶诗，就直抵唐代茶政，属于《风》《骚》类的讽喻诗，而非仅限于颐神养性的品茗，其与元和初卢仝《茶歌》、建中袁高《茶山诗》怀有相同的民情上达的意愿。《闲适》题："常乐里闲居，偶题十六韵，兼寄刘十五公舆、王十一起、吕二炅、吕四颎、崔十八玄亮、元九稹、刘三十二敦质、张十五仲方，时为校书郎。"《冬夜与钱员外同直禁中》《禁中晓卧，因怀王起居》《旅次华州，赠袁右丞》《酬杨九弘贞长安病重见寄》《赠王山人》《赠能七伦》《题杨颖士西亭》，已年四十四，又为五品官。

大历七年（772），壬子，1岁，生于荥阳。朱《年谱》生于郑州新郑东郭宅。刘禹锡生，崔群生，李绅生，韩愈、令狐楚五岁。李建八岁。张籍七八岁。杜甫去世2年，李白去世10年。

大历八年（773），癸丑，2岁。五月三日，祖父锽逝世于长安，年68岁。权厝于下邽县下邑里。柳宗元生。循州哥舒晃叛，杀岭南吕崇贲。

大历九年（774），甲寅，3岁。

大历十一年（776），丙辰，5岁。第行简生。5月卞宋李灵曜叛。

大历十二年（777），丁巳，6岁。六月祖母薛氏殁于新郑私第，年70岁。八月，颜真卿任刑部尚书。

大历十三年（778），戊午，7岁。诗《宿荥阳》。次年前后居于荥阳，谓郑州。吐

① 《新唐书·李正己传》，卷213，第5989页。

蕃寇灵州，回鹘侵太原。

大历十四年（779），己未，8岁。据《河南元公墓志铭》。此年元稹生。

德宗建中元年（780），庚申，9岁。父季庚由下宋司户迁徐州彭城令。租庸调被两税法代替。六月筑奉天城。白《襄州别驾府君墓志》。

建中二年（781），辛酉，10岁。《朱陈村》："十岁解读书，十五能属文。"与徐州刺史李洧合拒李纳，受徐州别驾。杨炎罢。

建中三年（782），壬戌，11岁。《宿荥阳》别时十一二，别荥阳，往徐州符离。汪注："去时十一二，今年五十六。"往符离（贞元七年在符离），还是下邽？十一月，朱涛、田悦、王武俊、李纳叛唐称王，李希烈称总元帅。

建中四年（783），癸亥，12岁。两河用兵，逃之越中。正月李希烈陷汝州。东都震惊。六月税间架，除陌钱。十月泾源兵变，朱泚称大秦，德宗巡守奉天。李希烈陷汴州。

兴元元年（784），甲子，13岁。弟白幼美（金刚奴）生。杨虞卿，杨嗣复生。李希烈、田悦、王武俊、李纳去帝号，复归唐。李怀光叛，德宗兴梁州，李晟复京师，朱泚逃邠宁，为部下斫首籍。

贞元元年（785），乙丑，14岁。父季庚加受检校大理少卿，依前徐州别驾[①]。六月朱涛死，七月李怀光兵败死。

贞元二年（786），丙寅，15岁。知有进士第。苦读于江南。宝历元年诗《吴郡诗石记》。慕韦应物（苏州牧）而游苏杭。

贞元三年（787），丁卯，16岁。到长安谒见顾况。《唐摭言》；袖诗谒顾况，况戏谑："长安物贵，居大不易""吾谓斯文遂绝，今复得子矣"。如果不是去长安，如果顾况不在长安，又何必言长安？至少有一人在长安。如朱金城先生所断言，贞元之前就有弟妹在下邽居住。而且这里是祖庭祖坟所在。下邽是白温（居易曾祖）至迟在唐初奠定的根基，白居易出生完全是因为祖父及父亲在外做官的结果。

贞元四年（788），戊辰，788，17岁。父秩满，迁衢州别驾，检校大历少卿。

贞元五年（789），己巳，18岁。宾贡入朝，写出《中和节颂》，序云："贱臣白居易忝濡文明之化，就宾贡之列，辄感美盛德，颂成功，献《中和颂》一章，附于唐雅至末。颂曰……"[②]很大可能，16岁谒见顾况前后就回到下邽。因顾况评价甚高而获得不菲声誉，从而为宾贡入朝参加中和节打下基础。从序文看，颂词更像是参加中和节以后，感受颇深而作是赞颂之词。从其祖父锽病逝于长安的史实看，也许祖父在长

---

① 《唐六典》，卷18，《大理寺》：大历少卿，从四品上；卷30，《三府都护州县官吏》：上州刺史从三品，别驾从四品下。

② 《白居易集》，第3册，第978页。

安有住所。中和节，是今上德宗握符十载后才开始诏定是节。序文说得非常清楚。此外，“宾贡”与“宾贡进士”是两个概念，白氏《与元九书》也说，白居易参加进士及第前参加乡试。白氏作为宾贡，有两个含义：一是地方上荐与朝廷的青年才俊，二是作为地方参加首届中和节的嘉宾。“宾贡进士”是推荐直接参加进士考试。四月一日，李泌病逝，顾况被贬饶州司户。

贞元六年（790），庚午，19岁。李贺生，八月鲍防卒。

贞元七年（791），辛未，20岁。父，季庚除襄州别驾。

贞元八年（792），壬申，21岁。弟幼美（金刚奴）夭亡于徐州符离私第。《与元九书》[①]。

贞元九年（793），癸酉，22岁。刘禹锡、柳宗元、穆员、顾景亮等三十二人及第，顾少连知贡举。元稹十五岁明经及第，移家长安。

贞元十年（794），甲戌，23岁。在襄阳，襄州别驾、检校大理少卿父亲季庚卒于官舍，享年66岁，暂厝于襄阳县东津乡南原。《游襄阳怀孟浩然》。元和十年往忠州《再游襄阳》。李逢吉、王播、席夔进士及第。为、韦夏卿刺苏州。

贞元十一年（795），乙亥，24岁。服丧于符离。

贞元十二年（796），丙子，25岁。刘禹锡太子校书，宣武军乱，裴延龄卒，孟郊、张仲方、李程进士及第。

贞元十三年（797），丁丑，26岁。服父丧满，仍居符离。《将之饶州江浦夜泊》。

贞元十四年（798），戊寅，27岁。兄幼文约于春赴任饶州浮梁主簿。王起、李翱、吕温、独孤郁进士及第。

贞元十五年（799），己卯，28岁。从浮梁负米省母洛阳（《伤远行赋》）。《自河南经乱，关内阻饥，兄弟离散各在一处，因望月有感，聊书所怀，寄上浮梁大兄于潜七兄乌江十五兄，兼示符离及下邽弟妹》“共看明月应垂泪，一夜乡心五处同”。朱金城以为作于洛阳[②]。若此地点考释正确，那正说明：故乡在下邽！秋应宣州乡试宣歙滚查实崔衍贡，往长安，就试礼部。至迟腊月至长安。祖锽有旧第。

贞元十六年（800），庚辰，29岁。中书侍郎高郢试《性习相近远赋》，白居易获第四名，及第十七人中最年少。戴叔伦等一同及第。及第后东游归省。归洛阳，之浮梁，九月外祖母亡，权窆符离。淮南杜佑辟刘禹锡掌书记。徐泗濠张封建卒，军乱，杜佑平，以其子张愔为留后。《汎渭赋序》：“右丞相高公（郢）之掌贡举也，予以乡贡进士举及第。左丞相郑公（珣瑜）之领选部，予以书判拔萃选登科。十九

① 《白居易集》，卷45，第3册。

② 朱金城：《白居易年谱》，上海古籍出版社，1982年，第18、19页。以下同版本，只注页码。

年，天子并命二公对掌钧轴，朝野无事，人物甚安。明年春予为校书郎，始徙家于秦中，卜居于渭上。”[①]朱金城认为，这里指居易自身之移家，下邽县义津乡金氏村，渭河北岸，近蔡渡。下邽乃白氏祖籍，始于曾祖白温。见朱金城《白居易年谱》第19页、28页。正月《长安正月十五日》。

贞元十七年（801），辛巳，30岁。春，符离，七月宣州，秋归洛阳，符离六兄葬，乌江十五兄葬。作《和郑方及第后，秋归洛下闲居》《东都冬日，会诸同声郑家林亭》[②]。《与诸同年贺座主侍郎新拜太常，同宴萧尚书亭子》，座主为高郢，萧尚书为萧昕。十月，杜佑200卷《通典》编成。

贞元十八年（802），壬午，31岁。应吏部侍郎郑珣瑜“书判拔萃科”铨试，叔父白季轸由徐州士曹掾移许昌令。元白订交于此年或稍早。刘禹锡除渭南主簿。韦夏卿为京兆尹。正月韦皋擒吐蕃相论莽热以献。

贞元十九年（803），癸未，32岁。与元稹、吕复礼崔玄亮、哥舒恒以书判拔萃科登第。王起、吕颖等以博学宏词科及第；元稹娶韦夏卿女韦丛。十月太子宾客韦夏卿为东都留守，韩愈贬连州山阳令。贾餗及第。高颖、郑珣瑜同中书门下平章政事。作《和渭北刘大夫借便秋遮虏寄朝中亲友》。

贞元二十年（804），甲申，33岁。在长安任校书郎（门下省弘文馆属官，从九品下，掌校典籍）。游徐州、洛阳，移家至下邽金氏村。有《泛渭赋》《八渐偈》《酬哥舒大见赠》《下邽庄南桃花》《除夜宿洺州》等诗作。约正月，刘禹锡从叔刘公济（上面白诗中刘大夫）由渭北节度（亦即鄜坊、丹延节度使）入朝为工部尚书，未到任，即病亡。徐州与张封建子张愔宴会（见其妾关盼盼，会舞《霓裳曲》），滑州李翱家认识唐衢。刘禹锡在监察御史任上，元稹游洛阳归长安。刘从史受昭义节度使。作《哭刘敦质》（由《感化寺见元九刘三十二题名处》《长乐里闲居偶题十六韵，兼寄刘十五公舆王十一起》吕二炅吕四颖崔玄亮十八元九稹刘三十二敦质张十五仲元，时为校书郎可知，此诗作于贞元二十年）。《新白居易传》：“贞元中，擢进士、拔萃皆中，补校书郎。元和元年，对制策乙等，调盩厔尉，为集贤校理，月中，召入翰林为学士。迁左拾遗。”《旧白居易传》：“贞元十四年，始以进士就试，礼部侍郎高郢擢升甲科，吏部判入等，授秘书省校书郎。元和元年四月，宪宗策试制举人，应才识兼茂、明于体用科，策入第四等，授周至县慰、集贤校理。”这里就“校书郎”来讲，查《唐六典》，在秘书监之著作局、门下省之弘文馆都设置；门下省设有“左拾遗”；中书省集贤殿设有“学士”、“直学士”与“右拾遗”，而无“校书郎”岗位。既有“校书郎”又有“左

① 《白居易集》，卷38，第3册，第863页。

② 《白居易集》，卷13，第248页。

拾遗”的，是门下省。《醉吟先生墓志文》：“始自校书郎，终以少傅致仕。”[①]因此人们很易于认定，白居易充校书郎是在门下省。但入翰林院却自集贤殿，见后文元和二年条。虽说隋唐以“三省六部制”为政治体制统称，但部（尚书六部）、省、监、寺、台均为国家管理机构，是平行且相互关联的单位，只是职官品级有正三品、从三品之差异而已。品级最高的是皇帝配偶妃子与国家及太子府的三公三师。

贞元二十一年、顺宗永贞元年（805），乙酉，34岁。在校书郎任，寓居永崇里华阳观。宰相韦执谊沿用王叔文、王伾进行改革（罢供奉、五坊小儿）史称“永贞革新”，八月顺宗内禅太子纯，纯即位，为宪宗。贬王伾、王叔文。刘禹锡、韩泰等，韦执谊为崖州司马。“二王刘柳八司马”。崖州大约为中州。《唐六典》：“中州，刺史一人，正四品上，别驾一人，正五品下，长史一人，正六品上，司马一人正六品下。”韦执谊从宰相正三品被降为正六品下，一下子降了大约12个品级。白氏《寄隐者》对此表达同情。是年李宗闵、牛僧孺、杨嗣复、陈鸿、杜元颖、沈传师等进士及第。作《为人上宰相（韦执谊）书》《寄隐者》《春题华阳观》《华阳观桃花时招李六拾遗饮》《西明寺牡丹花时忆元九》《三月三日题慈恩寺》《送张南简入蜀》《过刘三十二古宅》《和友人洛中春感》《首夏同诸校正游开元观因宿玩月》。

宪宗元和元年（806），丙戌，35岁。长安，罢校书郎。四月应才识兼茂名于体用科与元稹、李蟠、沈传师、萧俛等同登第。同月二十八日授周至尉。权摄昭应事，秋，使骆口驿。十二月与陈鸿、王质夫同游仙游寺，著《长恨歌》《权摄昭应早秋书事寄元九拾遗兼呈李司录》《周至县北楼望山》，《唐六典》载：“京兆各县，县令正六品上，丞一人正八品下，主簿一人正九品上，尉二人，正九品下。以下还有录事、史三人；司功佐、史五人；司仓佐四人，史七人；司户佐四人，史七人，账史一人。司法佐四人，史八人；司士佐四人，史八人；典狱十人；问事十人；白直十人；市令一人，佐一人，史一人；帅二人，经学博士一人；助教一人，学生四十人。”元稹上书议政，九月由左拾遗被贬河南尉，同月十六日，母郑氏卒于长安靖安里第，丁忧。正月顺宗薨，改元。三月平杨惠琳乱，九月平刘辟乱。十二月张愔卒。吐突承璀任神策军中尉，韦夏卿卒。李绅、韦处厚、李虞仲、皇甫湜、张复进士及第。周至人陈鸿《长恨歌传》云，与太原白乐天、王十八（质夫）游仙游话及此事（《长恨歌》），相与感叹。

元和二年（807），丁亥，36岁。周至尉调充进士考官，十一月四日，由集贤院召赴银台候旨，五日召人翰林，奉敕试制诏等五首，为翰林学士。白行简进士及第。多次造访“靖恭里杨家”，瞩意杨汝士之妹。汝士、虞卿、汉公、鲁士四兄弟共居京师靖

---

① 《白居易集》，卷71，第1504页。

恭里，为冠盖盛游。《奉敕试制诏批答诗等五首·注》："元和二年十一月四日，自集贤殿召赴银台候进旨。五日，召入翰林。奉敕试制诏等五首。翰林院使梁守谦奉宣：宜授翰林学士。"数月除左拾遗。而在《奉敕试边镇节度使加仆射制》中，白居易明确署名"将仕郎、守京兆府周至县尉集贤殿校理臣白居易"①。正月，武元衡、李吉甫同平章事。十一月，平李琦乱。

元和三年（808），戊子，37岁，婚娶友人杨虞卿从父妹。居新昌里，四月为制策考官，二十八日，除左拾遗（门下省属官，从八品上），仍充翰林学士。牛僧孺、皇甫湜、李宗闵试方正贤良极谏科，策论切直，李吉甫泣诉，三人被外放为幕府文职。考官杨於陵、韦贯之、王涯被贬。裴垍免内官迁户部侍郎。白居易著作《初授拾遗献书》《论和粜状》《论于頔裴均状》，诗作有《赠内》《冬夜与钱员外同直禁中》《夏日独直寄萧侍御》《和钱员外禁中夙兴见示》《早秋曲江感怀》《翰林院中感秋怀王质夫》等。支助元稹，十二月元稹解丁忧。

据统计，唐代男女比例127∶100，而男子结婚年龄17—30岁占近70%，31—39岁占约15%，而30岁以上男子结婚，一般都比女方大10岁以上②。白氏37岁结婚在朋友中也是年龄偏大的。妻杨氏当比他小得多。

元和四年（809），己丑，38岁，生女金銮子。翰林学士、左拾遗。上书：降系囚、放宫人、绝进奉、禁掠卖良人。宪宗皆从之。《论裴均进奉银器状》《论承璀职名状》《论魏徵旧宅状》《题海图屏风》。

进奉之风源于物质匮乏时期地方文武官员对帝室的经济援助，尚有一定的合理性。武德六年（623）钦州、昆州、建州地方官吴玉、杜伏威等献物于高祖，"帝以劳民，皆不受之"③。进奉之风在开元时代再次兴起，屡遭战乱的德宗时代进奉之风进入盛期。承平时代，江南大员往往以金银宝器为主，在皇帝生辰、贺正等节日奉献于皇帝。这些供奉品也往往被收纳于皇帝私人库"内库"。这实际是地方官吏特别是节度使、转运使等高级官员旨在巩固自己政治地位，而增加百姓负担。乐天反对裴均等进奉，实际上既得罪宪宗皇帝，同时引怒于掌握实权的地方大员。由此足见，白居易作为谏官的刚正风骨。真正的茶人敢于直面不良政风。《新唐书·吐突承璀》列传卷132："吐突承璀，字仁贞，闽人也。以黄门直东宫，为掖廷局博士，察察有才。宪宗立，擢累左监门将军、左神策护军中尉、左街功德使，封蓟国公。"乐天论其事为宪宗诏其领军挂帅征讨叛军王承宗（成德节度使、兼恒、冀、深、赵州观察使），认为

① 《白居易集》，卷47，第1003页。
② 张国刚：《中国家庭史·隋唐五代时期》第二卷，广东人民出版社，2007年，第71页。
③ 《册府元龟·帝王部》，卷168。

史上从未有宦官领军打仗的。在延英殿辩论激烈。宪宗只好降为“招讨宣慰使”。无功返，众人以为不杀不足以谢天下，但宪宗瞩意过深，还是降为弓箭库使，不久又升为左卫上将军，知内侍省。左卫是京城十二卫之首，承天、嘉德门内皆左卫所守。白居易在过而立近不惑之岁时，接近人生高峰，但是我们看到，作为正直的翰林学士、左拾遗，所面对的政治环境相当严峻。宪宗初年还是励精图治，善于纳谏，但他若稍有懈怠或滋生骄傲自满，白居易等直言激辩之人的风险极大。

《新乐府》始作于这一年。元稹任监察御史，使剑南，弹奏剑南东川节度使严砺，平复其所致冤假错案，遭到执政者记恨，回京后，分司东都洛阳。七月，元稹妻韦丛卒于长安靖安里。

元和五年（810），庚寅，39岁。五月五日，改任京兆府户曹参军（正七品下），仍充翰林学士。《初除户曹喜而言志》《金銮子晬日（周岁）》《禁中晓卧因怀王起居》《禁中夜作书与元九》《八月十五夜禁中独直对月忆元九》。元稹东都奏摄河南府尹房式，被罚奉并召还京师。途经华州敷水驿，遭宦官刘士元殴打并驱逐出上等屋。后被执政（韦贯之）贬为江陵府士曹参军。《秦中吟》十首诗文作于这一年。此转录于朱金城。五月五日后为京兆府户曹参军，继续充当翰林学士，八月十五夜，当是以翰林学士身份禁中夜值吧。撰写《除柳公绰御史中丞制》《祭吴少诚文》，上书《请罢讨王承宗》《论元稹第三状》，不纳。

玄宗开元二十六年（738）改翰林供奉、翰林待招为翰林学士，起草诏命，被视为内相。李肇《翰林志》（元和十四年，819）载，翰林院在大明宫银台门内，麟德殿西，重廊之后，为翰林待诏之所。太极宫在显福门内，兴庆宫在金明内。另在东都与华清宫都有翰林待招之所[①]。《唐六典》未有翰林学士记载。

九月高郢右仆射致仕，二十九日权德舆礼部尚书同平章事，李绛为中书舍人。杨虞卿进士登第。《全唐诗》卷339韩愈《燕河南府秀才得生字》诗意似乎透露，韩愈为河南尹房式所荐选。在对待房式态度上，元稹、白居易与韩愈有明显不同，甚至截然相反。

禁中，指宫内，翰林学士夜直（值）当多在大明宫内翰林院。夜间值班，十二卫以金吾卫最为重要。但各门卫各有值守。翰林学士值班，还是为应对国家紧急或重要事务。重要人事任免、战事应对的调兵遣将，都需在朝堂或军前以正式圣旨、制书形式公布，并加盖玉玺。七月吐突承璀无功而返，王承宗复职二州不外割。白居易《和答诗十首》（卷2）序载：春，元稹被贬，自己刚值完班回家，途中相遇，只好边走（乘马）边话别，由西向东并辔而行三坊，出延兴门。是夕，元稹宿于北

---

① 张永禄：《唐代长安词典》，陕西人民出版社，1990年，第124页。以下同版本，只注页码。

山寺。估计应该走通过武关的商於古道。居易居家新昌里北。其《醉后走笔酬刘五主簿长句之赠兼简张大贾二十四先辈昆季》（卷12）及元稹《酬翰林白学士代书一百韵》可证。此年作《酬张太祝晚秋卧病见寄》，张籍相识于元和元年前后。马上送元稹出延兴门。

元和六年（811），辛卯，40岁。母卒于长安宣平里（东与新昌里邻），终年57岁。丁母忧，大病。退居渭上金氏村。迁祖锽、父季庚于下邽祖茔。銮子夭，大病。作《重到渭上旧居》《答孟简萧俛等贺御制新译大乘本生心地观经序状渭上偶钓》。元稹纳安氏，刘禹锡朗州（治武陵，今湖南常德）司马。正月李吉甫入相，二月李藩罢，三月严绶之江陵为尹。六月吕温、七月高郢卒。裴垍卒。韩愈由河南府回京任职方员外郎。十二月，李绛同中书门下平章事。

元和七年（812），壬辰，41岁。居下邽金氏村。《游蓝田山卜居》《适意》。元稹《自编诗集》20卷成。

元和八年（813），癸巳，42岁。服孝期满，仍居下邽金氏村。迁窆外祖母、季弟幼美灵柩于下邽义津乡北岗。行简子龟儿生。从祖兄白皞自华州来访。正月权德舆罢，二月于頔贬，子于季友，削所任官。鉴虚和尚交通权贵被杖杀，舒元舆、杨汉公进士及第。薛存诚卒。元和八年的诏书无疑是皇家恩泽惠及白居易："（元和八年八月）庚寅，诏毁家徇国故徐州刺史李洧等一十家子孙，并宜甄奖。"[①]

元和九年（814），甲午，43岁。李顾言来访，游蓝田悟真寺。冬，解丁忧，召为太子左赞善大夫入朝。居昭国里，第行简入东川节度卢坦幕府，至梓州。作《重到华阳观旧居》《渭村酬李二十见寄》《感化寺见元九刘三十二题名处》《渭村退居寄礼部崔侍郎翰林钱舍人诗一百韵》《还李十一马》。《村庄留李三宿》当为李顾言（固言误，以朱金城为是。李顾言元和元年中第，至监察御史，居长乐里，与元白交往密切，元和十年卒，白氏《李三三十九》）。李绛罢为礼部尚书。元稹安氏卒于江陵，自江陵迁移唐州从事。彰义军节度使吴少阳卒，子吴元济自知留后。李吉甫卒。严绶为申光蔡等州招讨使，崔潭峻监军。十二月韦贯之同中书门下平章事，杨汝士为周至尉。孟郊卒。

元和十年（815），乙未，44岁。六月上书请捕刺杀宰相武元衡凶手，被贬谪江州。宰相（韦贯之、张弘靖）以宫官先台谏言事恶之，欲贬为刺史。王涯论其所犯状迹，不可治郡，时有人落井下石，诬谤白居易母观桃花而坠井亡还咏赞桃树，再降为司马。出蓝关，经武关，至襄阳，乘舟经鄂州（今武昌），冬初到江州。十年春，李景俭、元稹、刘禹锡、柳宗元同被召回京，与白氏、樊宗师春游。同年，柳宗元为柳州刺史，

---

① 《旧唐书·宪宗本纪》，卷15，第447页。

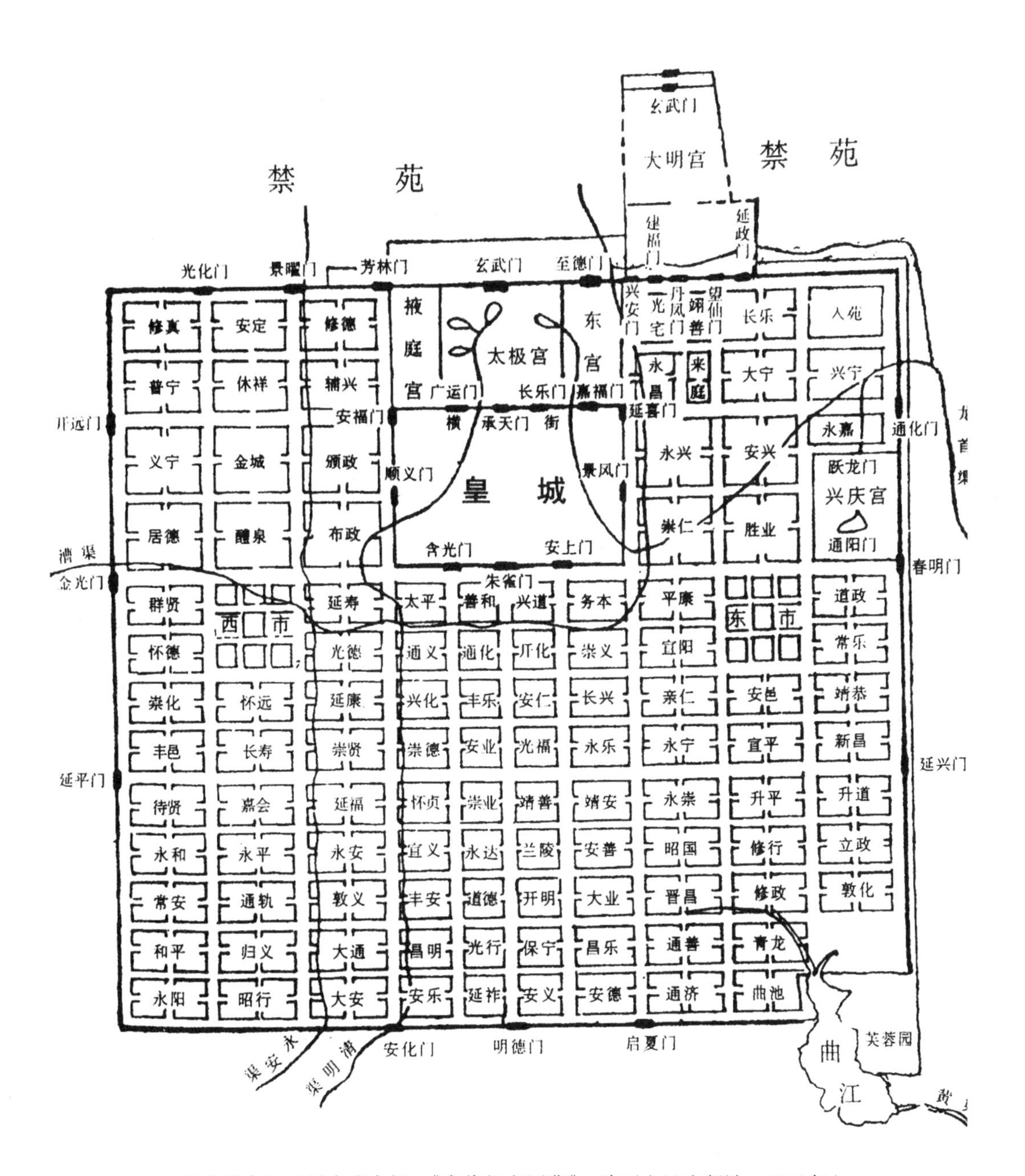

长安城布局（引自张永禄：《唐代长安词典》，陕西人民出版社，1990年）

刘禹锡为连州刺史。李六，景俭，李二十，乃李绅。三月二十九日送元稹（谪通州，今四川通县区）至鄠东蒲池村，不忍别，留一宿，次日送至沣西别，十四年三月十一日元白遇于峡中，停舟夷陵，三宿而别。《别李十一后重寄》[①]表明，谪江州出京唯有京兆少尹李建一人送别，杨虞卿自鄠县赶来，送至浐水凄惘而别。《夜闻歌者》：途中夜泊舟鹦鹉洲闻邻船歌，"娉婷十七八，歌罢继以泪"。乐天对流落民间的故长安倡人撰写留赠诗歌，以助演唱。此早于《琵琶记》。正月，吴元济反，李师道、王承宗阴助。朝廷诸道兵讨不胜。御史中丞裴度宣慰淮西行营。六月三日，李师道派刺客刺杀武元衡于靖安里，伤裴度头部于北邻之永乐坊，刺杀未遂。宪宗悬以裴度同中书门下平章事。作《再到襄阳访问旧居》《哭李三》《江州雪》《武关南见元九》《雨中携元九诗访元八》《与元九书》《赠杨秘书巨源》。《和武相公感韦令公旧池孔雀》[②]《初到江州寄翰林张李杜三学士》[③]。张仲素元和十一年八月充、杜元颖十二年、李肇十三年七月充翰林学士[④]。杨巨源，字景山，蒲州人，贞元五年（789）刘太真主持下的考试，第二人及第。元和十三年以太常博士迁虞部员外郎。王建《贺杨巨源博士拜虞部员外郎》，据此亦可了解王建生卒年代与行状。

元和十一年（816），丙申，45岁。赴庐山由东林寺、西林寺、陶潜古宅。七月长兄幼文率诸院孤小弟妹六、七人自徐州至。《东南行一百韵寄通州元九侍御、沣州李十一舍人、果州崔二十二使君、开州韦大员外、庾三十二补阙、杜十四拾遗、李二十助教员外、窦七校书》："南去经三楚，东来过五湖。"初到江南西道作。乐天经武关商於古道，至湖北所谓三楚，再东行至江州（今九江），从地名看，与四川万县（元稹）、湖南澧县[⑤]、四川开江县、四川南充县及京城保持联系。《北亭招客》："疏散郡丞同野客，悠闲官舍抵山家。春风北户千茎竹，晚日东园一树花。小盏吹醅尝冷酒。深炉敲火炙新茶。能来尽日宫棋否？太守知慵放晚衙。"[⑥]《游宝称寺》："酒嫩倾金波，茶新碾玉尘。"[⑦]寺在庐山，陈思《宝刻丛编》之卷十五《唐宝称大律师塔碑》。《春末夏初，闲游江郭二首》："嫩剥青菱角，浓煎白茗芽。"[⑧]《官舍闲题》："饱餐仍晏起，余暇弄龟儿。"龟儿，即小侄名[⑨]。《四十五》："行年四十五，两鬓斑苍苍……或拟庐山下，来

---

① 《白居易集》，卷10。
② 《白居易集》，卷15。
③ 《白居易集》，卷16。
④ 《白居易年谱》，第75页。
⑤ 《白居易年谱》，第82页。
⑥ 《白居易集》，卷16，第329页。
⑦ 《白居易集》，卷16，第330页。
⑧ 《白居易集》，卷16。
⑨ 《白居易集》，卷16，第328页。

春结草堂。”[1]五年生三女，唯存活一女，阿罗。大和九年（835）阿罗十九岁嫁给谈弘谟。次年生外孙女引珠，839年生外孙玉童。元稹通州司马，患疟疾，赴兴元（今陕西汉中市）治疗，娶裴淑。刘禹锡刺连州（今广东清远）。《与杨虞卿书》[2]云，自宣城相识已经十七八年，娶妻其从父妹。由于宗人杨嗣复关系，虞卿与牛僧孺、李宗闵为私党（牛党），但居易不思卷入党争。正月削王承宗官爵河东、幽州六道征讨，李师道、吴元济勾连，与官军对抗。

元和十二年（817），丁酉，46岁。年初，《香炉峰下，新卜山居，草堂初成，偶题东壁五首》：“五架三间新草堂，石阶桂柱竹编墙。”估计是与兄幼文带来各房六个孩子，官宅狭小，而新盖草房。三月二十七始居[3]。朱金城认为在东林寺附近[4]《重题》：“药圃茶园为产业”“故乡可独在长安？”“官途自此心长别，世事从今口不言”。由此可见，白居易贬谪江州，对官场态度有很大转变。《哭从弟》：“伤心一尉便终身，叔母年高新妇贫。”兄幼文卒，《祭浮梁大兄》。乐天作《元和十二年，淮寇未平，诏停岁仗；愤然有感，率而成章》作于上半年。七月，裴度为淮西宣慰招讨使，韩愈行军司马，率诸道进讨。十月李愬夜袭蔡州（今河南蔡县），擒吴元济。十一月诛吴元济于京师独柳树下。《谢李六郎中寄新蜀茶》：“故情周匝向交亲，新茗分张及病身。红纸一封书后信，绿芽十片火前春。汤添勺水煎鱼眼，末下刀圭搅麹尘。不寄他人先寄我，只缘我是别茶人。”白诗不止一个“李六”《闻李六景俭自河东令授唐邓行军司马，以诗贺之》[5]。朱金城认为寄蜀茶者是李宣，其依据为《旧宪宗本纪》,《纪》云：“（元和十一年九月）屯田郎李宣为中州刺史。”元稹《凭李忠州寄书乐天》：“万里寄书将出峡，却凭巫峡寄江州。”

元和十二年，李景俭为江州司马。从白居易与李景俭多有唱和看，寄茶人是景俭可能性较大。在替代李景俭为忠州刺史后，白居易《初到忠州，赠李六》：“好在天涯李使君，江头相见日黄昏。”[6]是否意味着，地方官员要见面交接手续？

从元和十年十月，至元和十三年底，已经过了三年一迁转的唐代制度。白氏未免有点着急：“滞留多时如我少，迁移好处似君希。”[7]但从结果看，其同年、现任宰相崔

---

① 《白居易集》，卷16，第336、337页。

② 《白居易集》，卷44。

③ 《草堂记》：匡庐在香炉峰与遗爱寺之间，胜境甲庐山。“若远行客过故乡，恋恋不能去”。随造草堂。《庐山志》卷13名“白乐天草堂”。

④ 《白居易年谱》，第86页。

⑤ 《白居易集》，卷16。

⑥ 《白居易集》，卷18。

⑦ 《白居易集》，卷17《送韦侍御量移金州司马》时予官独未出。

群一直在关注他的迁移。忠州，今重庆市忠州区，为三峡库区核心区域。属于山南茶区。《读灵彻诗》之灵彻，《嘉泰会稽志》载："灵彻上人，字源澄，会稽汤氏，"皎然荐之于包佶、李纾。贞元中西游京师，名震辇下。《宋高僧传》有传。东越、吴、楚间，诸侯多宾礼招迓之。诗文二十卷，刘禹锡作序。由庐山归沃州，权德舆送行作序。《唐才子传》卷三《灵彻上人》。

元和十三年（818），戊戌，47岁。春，行简至自梓州。十二月二十日，得宰相崔群助，代李景俭为忠州刺史。《答微之》微之于阆州西寺，手题予诗。予又以微之百篇，题此屏上。各以绝句，相报答之："君写我诗盈寺壁，我题君句满屏风。与君相遇知何处？两叶浮萍大海中。"《唐抚州景雪寺故律大德上弘和尚石塔碑铭》《江州司马厅记》。三月，李鄘，罢，李夷简同中书门下平章事，八月王涯罢，皇甫镈、程异同中书门下平章事。此年李石、刘轲进士及第。元和十三年七月八日《江州司马厅记》，对州司马一职权利不断萎缩提出看法。《唐六典》《三府都护州县官吏》："尹、少尹、别驾、长史、司马，掌贰府、州之事，以纪纲众务，通判列曹，岁终则更入奏计。"司马是属于管理阶层，对所属中层有通判评鉴权限，但由于境随事迁，司马权限被大大削弱，"司马之事尽去，唯员与俸在"，"才不才，一也"。"官不官，击乎时也；适不适在乎人也"。"《唐六典》：上州司马岁廪百石，俸六七万。官足以庇身，食足以给家"①。

元和十四年（819），己亥，48岁。由江州司马迁忠州刺史。上州刺史从三品，中州正四品上，司马正六品下。"忠州好恶何须问，鸟得离笼不择林"②。离开江州时心情是舒缓的，官秩提升七八个品秩是实实在在的。官到五品以上，就属于唐朝的高层官员，没有大的过错不会再断崖式贬谪。品级变化，服饰也随之变化："新授铜符未著绯，因君装束始光辉。惠深范叔绨袍赠，荣过苏秦佩印归。鱼缀白金随步耀，鹘衔红绶绕身飞。明朝恋别朱门泪，不敢多垂恐污衣。"《初除官，蒙裴常侍赠鹘衔瑞草绯袍鱼袋，因谢惠贶，兼抒离情》："箳篁州乘送，艛艓驿船迎。共载皆妻子，同游即弟兄。"③一路白行简一同前往。北方驿站有骡马驴，南方驿站配备船只。除了自己亲生的三女外，可能还有前边长兄幼文送来的几房侄子六七人。《唐会要·舆服上》卷31载，贞观四年（630）八月十四日诏，规定：三品以上服紫；四品五品服绯，六品七品服绿，八品九品服青。妇人从夫之色，仍通服黄。上元元年（674）八月二十一日敕："一品以下官员并带手巾、算带、刀子、砺石，其武官欲带着，亦听之。文武三品以上

---

① 《白居易集》，卷43。

② 《除忠州寄谢崔相公》，卷17。

③ 《江州赴忠州，至江陵以来，舟中示舍弟五十韵》，《白居易集》，卷17，第374页。

服紫，金鱼袋，十三銙。四品服深绯，金带十一銙。五品服浅绯，金带，十銙。六品服深绿，七品服浅绿，并银带，九銙。八品服深青，九品服浅青，并瑜石带，八銙”[①]。诗中铜符指铜鱼符，进入宫门的通行证。绨，厚稠。鹘，鸟类。銙，指腰带中间部分的玉或玛瑙制造的用以铰钉皮革腰带的方形或桃圆形饰物。带挂钩的为环扣，用以固定皮革腰带用以与环扣系扣腰带的两边玉块为铊。《唐会要》十三銙，不包括扣环与铊。下图为两件十三銙玉腰带。

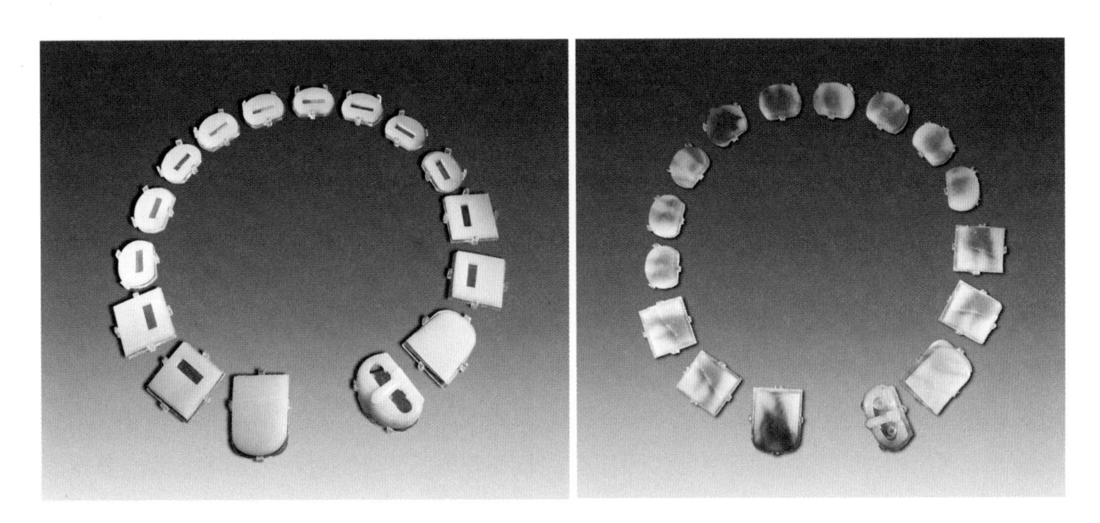

陕西历史博物馆何家村窖藏出土展品

《十年三月三十日，别微之于沣上十四年三月十一日夜遇微于峡中》：“夷陵峡口明月夜，此处逢君是偶然。一别五年方见面，相携三宿未回船。”[②]《初到忠州赠李六》告诉人们这里地势地貌：“一只兰船当驿路，百层石磴上州门。更无地平堪行处，虚受朱轮五马恩。”最后一句臆测为马脖子上的铃铛边轮为红色，视为官马标志。白氏《赠康叟》之康叟，非康洽，有可能是唐南宾太守康昭远（明皇有诗《送太守康公》）之后人。韩愈诗中韦开州为韦处厚、通州元司马为元稹、洋州司马许康佐、忠州白梗君为白居易、李使君为李精简、黔府严中丞为严謩、起居舍人温司马为温造。由此可知崔群、刘禹锡与白居易三同年外，这些人与韩愈近，亦与白乐天近。白居易、刘禹锡之升迁，不仅裴度，还有崔群、韦处厚之力[③]。《传法堂碑》[④]撰兴善寺惟宽行状，参阅《宋高僧传》《五灯会元》可稽考兴善寺禅宗传人。

---

① （宋）王溥：《唐会要》，上海古籍出版社，1991年，第663、664页。本书均用此书此版本，不再另注。

② 《白居易集》，卷17。

③ 《白居易年谱》，第108页。

④ 《白居易集》，卷41。

元和十五年（820），庚子，49岁。朱金城以为，元和十五年夏自忠州召还，经商山路，返回长安。入为尚书司门员外郎。同时认为《陈谱》《汪谱》定在十五年冬天为误[①]。白集《种桃杏》："忠州且作三年计，种杏栽桃拟持花。"《东楼醉》："不向东楼时一醉，如何拟过二三年？"此后又有《冬至夜》《除夜》《春至》《感春》《春江》《三月三日》《寒食夜》。《除夜》："明朝四十九，应转悟前非。"《春江》："炎凉昏晓苦推迁，不觉忠州已二年。闭阁只听朝暮鼓。"《喜山石榴花开去年自庐山移来》："忠州州里今日花，庐山山头去年树。"《寒食夜》："四十九年身老日，一百五夜月明天。""不觉忠州已二年"应理解为：不知不觉已经是来忠州的第二年了。《商山路有感》："万里路长在，六年身始归。"《恻恻吟》："六年不死却归来，道著姓名人不知。"[②]唐人叙事多用虚岁，可参见周相录《元稹明经及第确切年代考》[③]。

《唐六典·尚书刑部·司门员外郎》："司门员外郎一人，从六品上……司门郎中、员外郎掌天下诸门及关出入往来之籍赋，而审其政。凡关二十有六，而为上中下之差。京城四面关有驿道者为上关，上关六：京兆府蓝田关，华州潼关，同州（治今陕西大荔）蒲津关，岐州散关，陇州大震关，原州（治今宁夏固原）陇山关。余关有驿道及四面关无驿道者为中关，中关一十三：京兆府子午、骆谷、库谷；同州龙门，会州会宁，原州木峡，石州孟门，岚州合河，雅州邛崃，彭州蚕崖，安西铁门，华州渭津。他皆为下关。下关七：梁州（汉中）甘亭，百牢；河州（今甘肃夏河）凤林，利州（四川广元）石门，延州（延安）永和，绵州（四川绵阳）松岭，龙州（广西龙州县）涪水。所以，限中外，隔华夷，设险作固闲邪正暴者也。凡关呵而不征，司货贿之出入。凡度关者，先经本部本司请过所。"[④]地方到京为官，往往品级会略微降低：环境、待遇较好，权利增大。十二月二十八，改授主客郎中（尚书礼部中高级官员，从五品上，职责是掌二王后及诸藩朝聘之事。"二王后"，指隋朝和北周皇室之后代及其眷属，唐分别封为酅公、介公。朝聘，是皇帝给予这些人或外藩首领及其代表一定的文武散官封号、职衔。与专门负责接待外宾的鸿胪寺职员职能相近，但略有不同，更偏重与唐朝有羁縻关系的边疆地区打交道。也存在翻译问题）。

元和十五年正月，宪宗服柳泌丹药暴卒，传为宦官陈弘志所弑。右军中尉梁守谦杀左军中尉吐突承璀，立穆宗（太子恒）。萧俛、段文昌同中书门下平章政事，皇甫镈贬为崖州（有今琼山、崖州二说）司户。李德裕、李绅、庾敬休为翰林学士。令狐

---

① 《白居易年谱》，第110页。

② 以上见《白居易集》，卷18。

③ 周相录：《元稹明经及第确切年代考》，《唐都学刊》2005年第4期。

④ 《唐六典》，第195、196页。

楚七月贬宣歙池观察使，八月再贬衡州刺史，崔植同中书门下平章事。九月韩愈自袁州（今江西宜春）召回，除国子祭酒，李绛为御史大夫。十月王承宗卒，其弟承元请求任命。十一月，检校司空、太子少师郑余庆卒。张籍为秘书郎。《吟元郎中白须诗，兼吟雪水茶，因题壁上》："冷吟霜毛句，闲尝雪水茶。城中展梅处，只是有元家。"[①]诗中元郎中，实为元宗简。白氏称元稹一般为"微之"或"元九"。"(元和十五年）夏五月庚戌，以稹为祠部郎中、知制诰"[②]。知制诰，指参与制书、诰文的撰写与审定。唐人往往将自己起草的文件收入自己的文集。此诗后有《中书连值，寒食不归，因寄元九》《中书夜值梦忠州》，大明宫内，中书省在西，称为西省，相对而言门下省为东省，都在大明宫内龙首池西，往往谓之"凤池头"。西省旁边是否还有一池？

长庆元年（821），辛丑，50岁。妻杨氏授弘农县君："我转官阶常自愧，君加邑号有何功？"[③]作诗如此，心里畅悦无比。新婚有《赠内》，授县郡有此作，夫妻和洽程度非朋辈可比。告身，是唐朝身份认定、任命、授任的文件。有了这一认定，白居易妻子就成了"诰命夫人"。不少人死后，将告身镌刻或墨书书写在砖石之上。《慈恩寺有感》："时杓直（李建）新逝，居敬方病。""长庆元年正月四日，新授朝议郎、守尚书主客郎中、知制诰臣白居易"。上《举人自代状》，推荐兵部郎中杨嗣复。二月段文昌罢，杜元颖同中书门下平章事。李建卒。二月迁新居新昌坊置新宅。新购园，改造别人的旧宅地。《新昌新居书事四十韵，因寄元郎中、张博士》透露出较为平淡闲适生活："冒宠已三迁，归朝始二年。囊中贮余俸，园外卖闲田……新园聊划秽，旧屋且扶颠。檐漏移倾瓦，梁欹换蠹椽……题墙书命笔，沽酒率分钱。柏杵舂灵药，铜瓶漱暖泉。炉香穿盖散，笼烛隔纱热……蛮榼来方泻，蒙茶到始煎。"[④]似乎，白居易喝的都是寄赠茶？二月十七翰林学士元稹拜中书舍人，十月迁工部侍郎出翰林院。四月，白氏与王起受命重试及第进士十四人后，退黜郑朗等十人。钱徽主试，白居易为考试官，李宗闵婿（苏巢）、杨汝士弟（殷士）及第，引起李德裕、元稹不平，与李绅同上言。从此，开始了以李德裕与李宗闵（同年牛僧孺）的四十年党争。一边是最好朋友元九，白居易作为重考官退黜了苏巢；一边是大舅哥，退黜了另一个小舅子。而另一个实力派人物系裴度，与乐天友善拔擢，而对元九成见较深。陈寅恪先生将乐天划归牛僧孺李宗闵一派[⑤]，可能与实际不符。岑仲勉《隋唐史》（卷下）认为乐天居中不站队的判断

① 《白居易集》，卷19。
② 《资治通鉴》，卷241。
③ 《妻初授邑号告身》，《白居易集》，卷19，第2册。
④ 《白居易集》，卷19。
⑤ 陈寅恪：《唐代政治史述论稿》，生活·读书·新知三联书店，1956年。

似乎较为允当。主试官钱徽被贬为江州刺史。

七月，国子祭酒韩愈除兵部侍郎。《旧穆宗纪》："(长庆元年)冬十月甲子朔……戊寅工部尚书韦贯之卒。壬午，以尚书主客郎中、知制诰白居易为中书舍人。河东节度使裴度三上章，论翰林学士元稹与中官知枢密魏弘简交通，倾乱朝政。以稹为工部侍郎，罢学士。弘简为弓箭库使。甲申，以京兆尹、御史大夫柳公绰为吏部侍郎。"中书舍人属于中书省中层官员，仅次于长官中书令（中书侍郎二人为副），为正五品官。其责任重大："掌侍奉进奏，参议表章，凡诏旨、制敕及玺书、册命，皆按典故起草进画，既下，则署而行之。"必须遵守四项纪律："其禁有四：一曰漏泄，二曰稽缓，三曰违失，四曰忘误。"处置大案要案时，与给事中（门下省正五品官）、御史大夫（御史台长官）共同鞫问审理，三方会审。参与全国文武大臣的考核鉴评。与王建（秘书郎）始有赠答。

十二月，独孤朗、温造、李肇、王镒坐与李景俭，醉骂宰相被贬。白氏《论左降独孤朗等状长庆元年十二月十一日》："都官员外郎史馆修撰、独孤朗可富州刺史、起居舍人温造可朗州刺史、司勋员外郎李肇可沣州刺史，刑部员外郎可郢州刺史。"① 十五日《旧穆宗纪》结果略变：独孤朗韶州刺史，朱金城以为此为误，依《新旧独孤郁（朗兄）传》，为漳州刺史。李肇，李华之子，两唐书无传。阅《新唐书》卷72上《宰相世系表》、卷56《艺文志》，知其撰有《唐国史补》三卷——唐代茶史重要文献之一。受到这次醉酒滋事影响的还有兵部郎中知制诰冯宿、库部郎中知制诰杨嗣复，两人各被罚一季俸料。《和元少尹新授官》《和韩侍郎苦雨》② 诗中"元少尹"，应该就是元宗简，元稹《元宗简授京兆少尹制》可证。韩侍郎，即韩愈。李景俭，字宽中，汉中王瑀之孙。性既矜诞，宠擢之后，凌蔑公卿大臣，使酒尤甚。中丞萧俛、学士段文昌相交辅政，景俭轻之，形于谈谑。二人俱诉之，穆宗不获已，贬之。制曰："谏议大夫李景俭，擢自宗枝，尝探儒术，荐历台阁，亦分郡符。动或违仁，行不由义。附权幸以亏节，通奸党之阴谋。众情皆疑，群议难息。据因缘之状，当置严科；顺长养之时，特从宽典。勉宜省过，无或徇非。可建州刺史。"③ 未几元稹用事，自郡召还，复为谏议大夫。其年十二月，景俭朝退，与兵部郎中知制诰冯宿、库部郎中知制诰杨嗣复、起居舍人温造、司勋员外郎李肇、刑部员外郎王镒等同谒史官独孤朗，乃于史馆饮酒。景俭乘醉诣中书谒宰相，呼王播、崔植、杜元颖名，面疏其失，辞颇悖慢。宰相逊言止之，旋奏贬漳州刺史。是日同饮于史馆者皆贬逐。

---

① 《白居易集》，卷60。

② 《白居易集》，卷19。

③ 《旧唐书·李景俭传》，列传121，第16册，第4456页。

长庆二年（822），壬寅，51岁。在中书舍人职。春元宗简卒。上书论河北用兵（十万官军进击王廷凑无功），不听。正月五日，刘禹锡到任夔州刺史。二月元稹以工部侍郎同中书门下平章事，三月，裴度以司空同中书门下平章事。二人争权，或诬稹遣人刺杀裴度，查无果。二人均为乐天友好，其争斗愈烈，乐天心伤愈重。这也可能是乐天请求外任一大因由。六月裴度罢为右仆射，元稹为同州刺史。李吉甫同中书门下平章事。李德裕、李绅为中书舍人、翰林学士。五月，请外任。七月十四日除授杭州刺史。宣武军乱，汴河不通，走商於古道（白诗谓商山路），经襄阳武昌赴任。经江州会李渤，重回庐山香炉峰之草堂。十月至杭，接任元萸（严休复后继）。途径商山商州棣花驿站、内乡。《山泉煎茶有感》："坐酌泠泠水，看煎瑟瑟尘。无由持一碗，寄与爱茶人。"按顾学颉《白居易集》排序，此诗写于内乡与郢州之间，是当地茶，还是自带茶饼？无考。这里的"爱茶人"与前边茶诗中的"别茶人"大体一致，从侧面告诉我们：那时，也不是所有的人都懂茶爱茶。虽然在长途跋涉中，但这首诗表现的心绪是舒缓宁静，同时透露出某种关爱与希望。茶，已经成为他的一种精神寄托。九月李德裕出任浙西观察使。张籍水部员外郎。白行简仍为拾遗，白敏中进士及第。白氏《和韩侍郎题杨舍人林池见寄》[①]涉及韩愈与杨嗣复（仆射於陵子），他们都有茶诗见世。平淮西前后，韩愈属于裴度下属，受其栽培。而白居易与元九最亲近，六月元稹贬同州，七月白居易除杭州，内中关系复杂。此前白氏多次诗寄韩愈，主动联系。白氏在武力削藩、压缩宦官等重大问题上憎爱发明，旗帜鲜明。对文友诗客却往往温敦宽厚，几无芥蒂。李建卒葬凤翔郡岐山县，白氏《感旧乌纱帽》："帽在我头上，君已归泉中""岐山今夜月，坟树正秋分"[②]。著《有唐善人墓碑铭》[③]。字里行间，感怀神伤，情真意迫。

长庆三年（823），癸卯，52岁。杭州刺史（上州刺史，从三品）任。刺上州杭州，可以说是外放官的上上优选。年过五十，阅历丰富，与人为善交游广泛，诗友满神州。这也是白居易继江州后茶诗创作的第二高峰。《东院》："松下轩廊竹下房，暖檐晴日满绳床。净名居士经三卷，荣启先生琴一张。老去齿衰嫌橘醋，病来肺渴觉茶香。"八月，元稹由同州迁浙东观察使、越州刺史。湖州刺史崔玄亮、苏州刺史李谅、长安张籍与白氏往复唱和。京兆尹韩愈为兵部侍郎，继为吏部侍郎。牛僧孺同平章事，李德裕以为李吉甫所引，党争激烈。杜元颖罢为剑南西川节度使。李训进士及第。

长庆四年（824），甲辰，53岁。正月穆宗服丹薨，太子湛即位为敬宗。杭州刺史

① 《白居易集》，卷19。

② 《白居易集》，卷8。

③ 《白居易集》，卷14。

任上，修钱塘湖堤，浚李泌六井。诗中贾常州贾舍人，均指贾餗[①]，为张又新诬，由京谪为常州刺史。贾餗任常州刺史在824—827年，崔玄亮在823—825年，可参考郁贤皓《唐刺史考全编》第三册。白氏《得湖州崔十八使君书，喜与杭越邻郡，因成长句代贺兼寄微之》："三郡何此结缘，贞元科第忝同年。"[②]《草堂记》[③]："四月九日与河南元集虚、范阳张允中、南阳张升之、东西二林长老湊、朗、满、晦、坚等凡二十二人具斋，施茶果以落之，因为《草堂记》。"朱金城有考述，见朱氏《白居易年谱》第153页。五月除太子左庶子分司东都，月末离杭，经常州，苏淮口，经汴河路，秋至洛阳，购履道里杨凭旧宅以居。吏部侍郎韩愈卒。

敬宗宝历元年（825），乙巳，54岁。修葺履道里宅，王起造桥。三月四日除苏州刺史，五月五日到任。白氏《吴郡诗石记》[④]以苏州刺史身份落款，日期为宝历元年七月二十日。《新书白居易传》："复拜苏州刺史，以病免。"此次患病，多长时间，未考。《华严经社石记》"宝历二年九月二十五日前苏州刺史白居易记。"《旧文宗纪》："（大和元年即827年三月）以前苏州刺史白居易为秘书监。"而郁贤皓《刺史考》将白居易后的苏州刺史狄兼谟任职时间定在827—828年，认为大和三年（829）后苏州刺史历历可考。八月辛丑朔。戊申，以鄜国公杨造男元湊袭鄜国公，食邑三千户。太学博士李涉坐武昭事，流康州。

宝历二年（826），丙午，55岁。苏州刺史任。二月落马，卧床三个月。再请假，九月长假满，罢官。《河亭晴望》[⑤]："郡静官初罢，乡遥信未回。明朝是重九，谁劝菊花杯？"十月发苏州，遇刘禹锡于扬子津。结伴游扬州、楚州。冬天，弟白行简卒。《夜闻贾常州、崔湖州茶山境会，想羡欢宴，因寄此诗》[⑥]："遥闻境会茶山夜，珠翠歌钟俱绕身。盘下中分两州界，灯前合作一家春。青娥递舞应争妙，紫笋齐尝各斗新。自叹花时北窗下，蒲黄酒对病眠人！时马坠损腰，正劝蒲黄酒。"这首茶诗给我们很大的信息量：其一，新茶采摘季节。常州、湖州刺史都有上贡紫笋茶的主要责任。须赶清明节前抵达京师长安。其二，至迟这个时候，常州与湖州合作贡茶，不做背靠背地激烈竞争。其三，这里出现最早斗茶。以"新"为主要评比对象。其四，在农民紧张地采茶制茶，不分昼夜地加工茶叶时，州刺史一边督造，一边品茶观看歌舞，或歌舞比赛。虽然陆羽《茶经》将湖州紫笋列为较高一级，但常州阳羡茶也极名贵。其五，估计在

---

① 《旧唐书》，卷169本传。

② 《白居易集》，卷23。

③ 《白居易集》，卷34。

④ 《全唐文》，卷676。

⑤ 《白居易集》，卷24，第550、551页。

⑥ 《白居易集》，卷24，第542页。

这个时候，贡茶量还不是特别大。

《春尽，劝客酒》[①]：“林下春将尽，池边日半斜。樱桃落砌颗，夜合隔帘花。尝酒留闲客，行茶使小娃。残杯劝不饮，留醉向谁家？”《琴茶》[②]：“兀兀寄形群动内，陶陶任性一生间。自抛官后春多醉，不读书来老更闲。琴里知闻唯渌水，茶中古旧是蒙山。穷通行止长相伴，谁道吾今无往还。”时间大约在宝历二年九月八日至太和元年三月之间（826—827）。离开苏州、镇江、扬州、楚州（今淮安河南岸）后。在长安作诗的可能性很大，因为，他宝历二年（826）九月八日罢官以后，悲哀地想：被罢了官，第二天重阳节，连喝酒都成问题，他只有逃之夭夭，这是一。其二，他的弟弟白行简冬天去世，他急着回长安是必然的。大家知道自从他第一次外放去江州，弟弟行简就一直跟随他，到忠州，回长安。“兀兀出门何处去，新昌街晚树荫斜。马蹄知意缘行熟，不向杨家即庾家”。杨家自然是长安妻族。二月，裴度自山南西道节度使同中书门下平章事，王播河南尹，崔纵，东都留守。李程罢为北都留守（治太原），李逢吉罢。十二月宦官刘克明弑杀敬宗立绛王悟。枢密使王守澄、中尉梁守谦讨贼，诛绛王，立江王昂，为文宗[③]。裴度以参与功，加门下侍郎（门下省最高长官，正三品）、集贤殿大学士、太清宫使（道教管理最高职），余仍兼。韦处厚，同平章事。中晚唐，朝官与宦官难以油水分清。曩时，裴度奏元稹交结宦官，只是党争的一个借口而已。《题东武丘寺六韵》[④]，武丘，即虎丘，武丘寺，即灵岩寺。《宿灵岩寺上院》：“荤血屏除唯对酒，歌钟放散只留琴。最爱晓晴东望好，太湖烟水绿沉沉。”[⑤]

文宗大和元年（827），丁未，56岁。春，经荥阳，反洛阳，至长安。三月十七征为秘书监（秘书省最高长官，从三品，掌邦国经籍图书之事）。九月丁丑，浙西观察使李德裕、浙东观察使元稹就加检校礼部尚书。十月十日文宗诞日，参与三教论辩于麟德殿。其《三教论衡》成为唐人三教论辩活动中，留下来的唯一文献资料。杨嗣复为户部侍郎，杨汝士为职方郎中。元稹加检校礼部尚书，仍为宣歙观察使。崔群兵部尚书，崔植户部尚书。杨於陵右仆射致仕。年末，奉使洛阳，与皇甫镛、苏弘、刘禹锡、姚合交游。

“大和七年十月，中书、门下奏请以十月十日为庆成节，著于甲令。是日，上于宫中奉迎皇太后，与昆弟诸王宴乐，群臣诣延英门奉觞，上千万寿（酒），天下州府，并置宴一日。从之。其年（开成二年）九月敕：‘庆成节，宜令京兆府准上巳、重阳例，

① 《白居易集》，卷24，第545页。
② 《白居易集》，卷25，第556页。
③ 《旧文宗纪》。
④ 《白居易集》，卷24。
⑤ 《白居易集》，卷24。

于曲江宴会文武百官。其延英奉觞宜停。'"——《唐会要》卷29《节日》

同年武宗即位，定六月一日为庆阳节。各州府设降诞斋，行香后，便以素食宴乐，惟许饮酒及用脯、醢。宰臣百官前往大的寺院，举办千僧斋仪。

《赠东邻王十三》[①]："携手池边月，开襟竹下风。去愁知酒力，破睡见茶功。居处东西接，年颜老少同。能来为伴否，伊上做渔翁。"《宿荥阳》："生长在荥阳，少小辞乡曲。迢迢四十岁，复道荥阳宿。去时十二三，今年五十六……旧居失处所，故里无宗族……"[②]无疑这是作于东都洛阳，东邻王十三，是王起？伊水流经洛阳。

大和二年（828），壬申，57岁。春自洛阳回长安，二月初一，以兵部侍郎王起为陕虢观察使，代韦弘景；以弘景为尚书左丞。十九日，以刑部侍郎卢元辅为兵部侍郎，秘书监白居易为刑部侍郎。

《宿杜曲花下》[③]："觅得花千树，携来酒一壶。懒归兼拟宿，未醉岂劳服。但惜春将晚，宁愁日渐晡？蓝舆为卧舍，漆盝是行厨。斑竹盛茶柜，红泥罨饭炉。眼前无所阙，身外更何须？小面琵琶婢，苍头觱篥奴。从君饱富贵，曾作此游无？"杜曲在长安南。罨，覆盖，敷。觱篥，一种西域来的管状吹奏乐器。蓝舆，蓝色顶棚的小轿子。苍头奴，皮肤较黑的奴隶，执司吹奏觱篥，琵琶婢，弹奏琵琶的婢女。这大约是三品官的最低配备。这是一种在春杪时的野外茶酒品尝。这也是陆羽《茶经》《九之略》所针对的特殊事茶情境。漆盝，带斜厦面的漆木箱盒。斑竹盛茶柜，可以作两种解说：一种就是临时剁一些斑竹做一个简易床架，来放置茶柜；另一解说就是茶柜本身就是竹编的。在一众奴婢书童陪同下，带茶酒器及炉子，春天出游，在宋明时期的国画中多有表现。

《镜换杯》："欲将朱匣青铜镜，换取金尊白玉卮。镜里老来无避处，樽至愁前有销时。茶能散闷为功浅，萱纵忘忧得力迟。不似杜康神用速，十分一盏便开眉。"[④]《和晨兴，因报问龟儿》："谁谓荼蘖苦，荼蘖甘如饴。"[⑤]

太和三年（829），己酉，58岁。三月罢刑部侍郎，以太子宾客分司东都，令狐楚东都留守。八月李宗闵同中书侍郎平章事，九月李德裕出为义成军节度使，剑南西川节度使杜元颖贬韶州刺史，再贬循州刺史。从这个升降看，白居易与李德裕同被降职，牛党升职。杨汝士知制诰，杨虞卿为左司郎中。《祭中书韦相公文》："晋阳县开国男、食邑三百户、赐紫金鱼袋白居易，以茶果之奠，敬祭于故中书侍郎平章事、赠司空韦

---

① 《白居易集》，卷25。

② 《白居易集》，卷21。

③ 《白居易集》，卷25。

④ 《白居易集》，卷26，萱，忘忧草，孕妇宜佩，必生男，也称宜男。

⑤ 《白居易集》，卷22。

公德载，外为君子儒，内修菩萨行。”《寄（郎中）弟文》：“茶郎、叔母已下，并在郑滑，蕲蕲等同寄苏州，免至饥冻……下邽杨琳庄，今年买了，并造堂院已成……新昌西宅，今已卖讫。尔前后所著文章……《白郎中集》，每成一卷，刀搅肺肠，每读一篇，血滴文字……下邽北村，尔茔之东，是吾他日归全之位。”以上二文均见《白居易集》卷69。

《萧庶子相过诗》[1]：“半日停车马，何人在白家。殷勤萧庶子，爱酒不嫌茶。”萧庶子，萧籍。此诗写的是四月底刚到东都，萧籍来访情形：白家人热情地招待。招呼他，先来杯酒尝尝。萧籍不把自己当外人：好啊。连饮几杯酒。主人家又奉上新茶。萧籍大概率说了：茶真好！不嫌茶，实际上指的是爱茶，更懂茶！

《自题新昌居止，因招杨郎中小饮》[2]：“地偏坊远巷仍斜，最近东头是白家。宿雨长齐邻舍柳，晴光照出夹城花。春风小榼三升酒，寒食深炉一碗茶。能到南园能醉否?笙歌随分有些些。”这首诗应该在大和二年至大和三年三月底作者分司东都前，写于长安。这一年，杨虞卿为左司郎中，其宅在新昌坊。这里南园，指杨家。欧阳修《杨侃墓志铭》：“大和开成之间，汝士、虞卿、鲁士、汉公居靖恭坊，大以其族盛。”而牛僧孺之宅在新昌坊北与靖恭坊相对，列烛往来，里人谓之“半夜客”。杨虞卿在园内起高层台榭，谓之南亭。这是牛党炽盛时的情形。由此可见，白居易两次选此，也可能与杨家有关，几位大舅哥帮了忙。但他对牛李党争却是持中立态度。大和三年杨虞卿任左司郎中，从五品上，距中书令还是遥不可及。此时，白居易与杨虞卿在官职品秩上，差别不大，“此园好弹《秋思》处，终需一夜抱琴来”[3]。

还与王建（陕州王司马）、崔玄亮（崔十八、崔少卿、博陵晦叔，崔湖州，七年卒）、冯宿（河南尹，金谷主）、王起（陕虢观察使）。

《想东游五十韵并序》：“大和三年，余病免官后，忆游浙右数郡……客迎携酒榼，僧待置茶瓯……柘枝随画鼓，调笑从香球……鲙缕鲜仍细，莼丝滑且柔……”[4]这是白氏回忆浙右的情形。客来敬茶，已经成为浙右习俗。

大和四年（830），庚戌，59岁。太子宾客任，分司东都。与徐凝交游。牛僧孺入朝，李宗闵引为兵部尚书，同中书门下平章事。白居易与内表弟李翱《祭李司徒文》。正月，军乱，兴元尹、山南西道节度使李绛被杀，文宗皇帝赠以司徒。

《不出》：“檐前新叶覆残花，席上余杯对早茶。好是老身销日处，谁能骑马傍人

① 《白居易集》，卷27。
② 《白居易集》，卷26。
③ 《杨家南亭》，《白居易集》，卷26。
④ 《白居易集》，卷27。

家？”[①]洛阳早茶。《新雪二首》：“不思北省烟霄地，不忆南宫风月天。唯忆静恭杨阁老，小园新雪暖炉前。不思朱雀街东鼓，不忆青龙寺后钟。唯忆夜深新雪后，新昌台上七株松。”[②]真的不忆吗？明明都写在了纸上！长安新昌坊杨家南园，新雪夜话，围炉品茗，亦为人生快事！杨阁老，指以化身才致仕已三年的杨於陵，静恭坊与白居易旧居新昌坊南隔一街，诗作于洛阳，说的还是长安茶事。

《晚起》：“烂漫朝眠后，频伸晚起时。暖炉生火早，寒镜裹头迟。融雪煎香茗，调酥煮乳糜。慵馋还自哂，快活亦谁知？酒性温无毒，琴声淡不悲。荣公三乐外，仍弄小男儿。”大概，品茶饮酒与抚琴，为乐天三乐吧。而侍弄襁褓中的阿崔更是他最为惬意的事情。《闻崔十八宿予新昌弊宅，时予亦宿崔家依仁新亭，一宿偶同，两兴暗合，因而成咏，聊以写怀》[③]。

《独游玉泉寺》[④]之寺在洛阳东南玉泉山，郭子仪奉敕建。《同王十七庶子李六员外郑二侍御同年四人游龙门有感而作》[⑤]，分别为王鉴、李六员外、郑俞。《戏和微之答窦七行军之作》[⑥]，窦七为窦巩——新旧唐书有传，元稹、裴度令狐楚有唱和诗，褚藏言《窦巩传》见《全唐文》卷761。其为元稹之浙东副使，又跟从至武昌军。

大和五年（831），辛亥，60岁。河南尹，洛阳，阿崔三岁夭。白敏中来访，旋返豳宁（今彬州市）。有《祭微之文》《唐故湖州长城县令赠户部侍郎博陵崔府君神道碑铭》（崔弘礼父崔孚，长城令之碑，崔弘礼旧唐书有传，旧文宗纪有述）。《寄两银榼与裴侍郎因题两绝》《福先寺雪中饯刘苏州》。

《早饮醉中除河南尹敕书到》[⑦]，准确时间为十二月二十八日，代替韦弘景为河南尹。《唐六典》太子宾客正三品，河南尹从三品。中晚唐与盛唐变化较大，这次调整应该是升迁——杨阁老（汝士）估计对当权的李宗闵、牛僧孺有一定的影响。《府西池北新葺水斋，即事招宾，偶题十六韵》：“凿开明月峡，决破白频洲……夹岸铺长览，当轩泊小舟……枕前看鹤浴，床下见鱼游……读罢书仍展，棋终局未收。午茶能散睡，卯酒善消愁。”白氏的府西水斋，实际上是洛阳城最好的茶道馆。从其描述情形看，有点武则天率群臣在石淙举行诗会的环境，女皇是否也饮茶品酒？

七月二十二日元稹卒于武昌任上，次年七月十二日祔葬咸阳县奉贤乡洪渎原。（太

---

① 《白居易集》，卷26。
② 《白居易集》，卷28。
③ 《白居易集》，卷22。
④ 《白居易集》，卷28。
⑤ 《白居易集》，卷28。
⑥ 《白居易集》，卷28。
⑦ 《白居易集》，卷28。

和四年九月裴度出任山南东道节度使）十月刘禹锡除苏州刺史。

大和六年（832），壬子，61岁。河南尹。七月元稹葬，白氏撰墓志文的润笔六七十万钱，以修香山寺，八月寺成。为崔群撰祭文。十二月二十五日循州刺史杜元颖卒，作诗祭之。二月，令狐楚自天平节度使，移任太原尹、河东节度使；李听由邠宁节度使改武宁节度使，十二月牛僧孺罢为淮南节度使；李德裕由西川入为兵部尚书，李宗闵、杨虞卿阻之。杨虞卿由弘文馆学士迁给事中。杨归厚卒于虢州任。

《和杨师皋伤小妾英英》[①]："坟上少啼留取泪，明年寒食更沾衣。"可见，清明节尚未正式普遍形成。《洛下送牛相公出稹淮南》："北阙至东京，风光十六程。"[②]大约十六个驿站。《立秋夕，有怀梦得》[③]："露箪荻竹清，风扇蒲葵轻。一与故人别，再见新蝉鸣。是夕凉飙起，闲境入幽情。回灯见栖鹤，隔竹闻吹笙。夜茶一两勺，秋吟三数声。所思渺千里，云外常州城。"

大和七年（833），癸丑，62岁。正月叔父白季康妻敬氏卒于下邽，白敏中服丧。舒元舆与李训、郑注深结纳，由著作郎分司迁右司郎中兼侍御史。白有诗作《送舒著作重授省郎赴阙》。二月李德裕同中书门下平章事。白氏以病乞假，四月二十五日以头风病免河南尹，再授太子宾客分司东都。七月太子宾客李绅除浙东观察使。三月杨虞卿由给事中出为常州刺史，杨汝士为工部侍郎。李宗闵罢为山南西道节度使。七月杨嗣复出为剑南节度使，十二月给事中王质权知河南尹。《履信池樱桃岛上醉后走笔送别舒员外兼寄宗正李卿考功崔郎》[④]分别为舒元舆、李仍叔[⑤]、崔龟从《旧唐书》有传见卷176。姚合出为杭州刺史[⑥]。

大和八年（834），甲寅，63岁。太子宾客分司东都。裴度任东都留守兼侍中，居集贤里，堆山注河。白氏与裴氏、皇甫曙唱和。七月序洛阳作诗集——《序洛诗》，杨汝士为同州刺史，刘禹锡由苏州刺史移汝州刺史。十月山南西道节度使李宗闵同平章事，罢李德裕为山南西道节度使，任兵部侍郎。十一月出兵部侍郎检校右仆射，充镇海军节度使、浙江西道观察使。十二月杨虞卿由常州刺史改工部侍郎。《晚春闲居，杨工部寄诗，杨常州寄茶同到，因以长句答之》[⑦]无疑发表为内兄杨汝士、杨虞卿寄诗寄茶。任职时间与诗中时序，应作于大和八年。

---

① 《白居易集》，卷26。
② 《白居易集》，卷3。
③ 《白居易集》，卷29。
④ 《白居易集》，卷19。
⑤ 《新唐书》,《宗室世系表》,《旧文宗纪》。
⑥ 《寄东都分司白宾客》。
⑦ 《白居易集》，卷31。

大和九年（835），乙卯，64岁。太子宾客分司洛阳。春，西游，经同州至下邽小住。约三月末归洛阳。四月浙西观察使贾餗为中书侍郎、同中书门下平章事，工部侍郎杨虞卿为京兆尹，浙西观察使李德裕为太子宾客分司东都，再贬袁州刺史。五月，浙东观察使李绅为太子宾客分司东都，六月，贬李宗闵为明州刺史。七月，杨虞卿自京兆尹贬为虔州司马，再贬为司户。九月，令代杨汝士为同州刺史，白氏以疾辞不赴任。九月杨汝士如为户部侍郎。十月白居易改授太子少傅（正二品），分司东都，晋升冯翊县开国侯。"形容逐日老，官秩随年高"①。刘禹锡由汝州刺史改同州刺史。十一月二十一日甘露之变惊动京师，左军中尉仇士良杀李训、舒元舆、郑注、王璠、郭行余、李孝本、罗立言、韩约，时茶道"亚圣"卢仝在王涯宅，一同遇害。郑覃、李绅同中书门下平章事。岁末杨虞卿卒于虔州。甘露之变以后的官场大动，李党李德裕、牛党李宗闵先后遭到打击。在朝官与宦官的政治较量中，以左军神策军中尉仇士良为中首的宦官取得胜利。女阿罗嫁谈弘謩。自编《白氏文集》六十卷藏庐山东林寺。《睡后茶兴，忆杨同州》②《和杨同州，寒食乾坑会后，闻杨工部欲到，知予与杨工部有宿酲》："夜饮归常晚，朝眠起更迟。举头中酒后，引手索茶时。拂枕青长袖，欹簪白接䍦。宿酲无兴味，先是肺神知。"③。《奉酬淮南牛相公思黯见寄二十四韵（每对双阙，分叙两意）》之第二十："珠应哂鱼目，铅未伏龙泉。"④这里用《茶经》语言代指烹茶，两人可能都在烹茶一个正在一沸，一个在二沸。诗中"铅未"当为"铅末"指茶末。牛相公为牛僧孺。朱金城归此诗于开成元年。《宿香山寺酬广陵牛相公见寄》⑤之自注及《旧牛僧孺传》可证牛相公为牛僧孺，广陵，扬州古称，淮南节度使治扬州。《祭崔常侍文》（崔咸/非武）。

开成元年（836），丙辰，65岁。仍以太子少傅分司东都。正月改元。时春初游少室山，三宿，暮春，杨汝士将葬杨虞卿至洛阳，白氏有诗。自编《白氏文集》65卷，藏东都圣善寺。四月。李绅为河南尹。李固言同中书门下平章事，六月除汴州刺史、宣武军节度使。李钰为河南尹。六月避暑香山寺。《汝洛集》⑥编成。七月秋刘禹锡罢同州刺史，以太子宾客分司东都。七月，滁州刺史李德裕为太子宾客分司东都，十一月为浙西观察使。同月，兵部侍郎杨汝士转为礼部侍郎，充剑南西川节度使。中书舍人崔龟从转华州刺史。白氏撰《东都十律大德长圣善寺钵塔院主智如和尚茶毗幢记》。皇

① 《白宾客迁太子少傅分司》，《白居易集》，卷30。
② 《白居易集》，卷30。
③ 《白居易集》，卷32。
④ 《律诗》，《白居易集》，卷33。
⑤ 《白居易集》，卷33。
⑥ 《刘白唱和集》第四卷。

甫镛殁于东都宣教里，白氏撰墓志铭。创作《病中赠南郊觅酒》。《新亭病后独坐，招李侍郎公垂》[①]："新亭未有客，竟日独何为？乘暖泥茶灶，防寒夹竹离。头风初定后，眼暗欲明时。浅把三分酒，闲题数句诗。应须置两塌，一塌待公垂。"《闲卧，寄刘同州》[②]："软褥短屏风，昏昏醉卧翁。鼻香茶熟后，腰暖日阳中。伴老琴常在，迎春酒不空。可怜闲气味，唯欠与君同。"《杨六尚书新授东川节度使，代妻戏贺兄嫂二绝》[③]："刘纲与夫共升仙，弄玉随夫亦上天。何似沙哥（汝士小名）领崔嫂，碧油幢引到东川。金花银碗饶君兄用，罨画罗衣尽上声嫂裁。觅得黔娄为妹婿，可能空寄蜀茶来。"《池上逐凉二首》之二："窗间睡足休高枕，水畔闲来上小船。棹遣秃头奴子拨，茶叫纤手侍儿煎。门前便是红尘地，林外无非赤日天。谁信好风清簟上，更无一事但翛然。"[④]

开成二年（837），丁巳，66岁。皇甫曙罢泽州刺史，归洛阳。三月裴潾为河南尹，三月三日（上巳节）与东都留守裴度、河南尹李钰（字待价）、太子宾客分司刘禹锡、修禊于洛滨[⑤]。四月陈夷行同中书门下平章事。五月裴度移太原尹北都留守，河南少尹陈道枢除为苏州刺史。十月李固言罢为剑南西川节度使。秘书监张仲方（九皋之孙，抗之子）卒撰《张公墓志铭并序》[⑥]。十一月丁丑（十七）令狐楚卒于山南东道任（兴元）。公垂，李绅，大和九年五月为太子宾客分司东都，开成元年六月自河南尹迁宣武节度使，在汴州。本年李商隐进士及第。女阿罗（谈氏）生外孙女引珠。

开成三年（838），戊午，67岁。依旧太子少傅分司东都。裴度赠马，以诗酬。正月，杨嗣复、李钰同中书门下平章事。白氏《醉吟先生》宏观自我摹写：嗜酒，眈琴，淫诗，有释氏之侣，道门之友，琴中知音。刘禹锡以太子宾客分司东都。《谢杨东川寄衣服》[⑦]："年年衰老交友少，处处萧条书信希。唯有巢兄不相忘，春茶未断寄秋衣。"

开成四年（839），己未，68岁。润正月，苏州刺史李道枢除浙东观察使，三月裴度卒，终年75岁，李道枢卒。崔龟从为宣歙观察使。六月苻澈为邠宁节度使，七月刑部侍郎高锴任河南尹。

开成五年（840），庚申，69岁。

会昌元年（841），辛酉，70岁。东都留守王起拜礼部尚书，判太常卿事。二月赐

① 《白居易集》，卷33。

② 《白居易集》，卷33，大和九年十月至开成元年秋，刘禹锡在同州刺史任。

③ 《白居易集》，卷33。

④ 《律诗》，《白居易集》，卷33。

⑤ 《开成二年三月三日……奉二十韵以献》，《白居易集》，卷33。

⑥ 《白居易集》，卷70。

⑦ 《白居易集》，卷34。

仇士良纪功碑，诏右仆射李程撰文。白氏：“七年为少傅，品高俸不薄。”[①]

会昌二年（842），壬戌，71岁。以刑部侍郎致仕，享半俸。三月牛僧孺东都留守至洛阳。七月，刘禹锡卒，赠户部尚书。女婿谈弘謩卒。阿罗带孙女、外孙回娘家居。自编《后集》二十卷，藏庐山东林寺。白集七十卷成。九月十三日，白敏中以右司员外郎如翰林学士，迁中书舍人。武宗即位，素闻白居易名，欲征用，李德裕以其齿老不任朝谒而推荐族弟敏中：敏中辞艺类居易。《闲眠》：“暖床斜卧日曛腰，一觉闲眠百病销。尽日日飧茶两碗，更无所要到明朝。”[②]

会昌三年（843），癸亥，72岁。五月《太湖石记》（牛僧孺），二十九日敏中转职方郎中，仍充翰林学士，十二月加承旨。二月，天德行军副使打败回鹘于杀胡山。五月李德裕以太子宾客李宗闵不宜留东都，出其为湖州刺史。六月仇士良卒，九月，以石雄代李彦佐为晋绛行营节度使。贾岛卒。

会昌四年（844），甲子，73岁。洛阳。闰七月，以李绅罢为淮南节度使，牛僧孺太子少保分司东都，李宗闵漳州刺史，牛僧孺为汀州刺史。十一月再贬牛僧孺循州刺史，长流李宗闵封州。

会昌五年（845），乙丑，74岁。正月李石为东都留守。三月二十一日七老会：胡皋，吉皎，郑据，刘真，卢贞，张浑，及乐天。“七人五百七十岁，拖紫纡朱垂白须。”夏又合僧如满、李元爽为九老之会。七月毁寺4万所，沙太僧尼26万人。

会昌六年（846），丙寅，75岁。洛阳，作诗《六年立春日人日作》：“试作循、潮、封眼想，何由得见洛阳春。”[③]三月，武宗薨，皇太叔李忱即位为宣宗。四月贬李德裕为荆南节度使。五月，敏中以兵部侍郎同中书门下平章事。八月，卒于履道里，年七十五，赠尚书右仆射，谥号曰“文”，《唐会要》有载。李商隐著《墓志铭》。《唐摭言》载宣宗祭吊诗：“缀玉联珠六十年，谁教冥路作诗仙？浮云不系名居易，造化无为字乐天。童子解吟《长恨曲》，胡儿能唱《琵琶篇》。文章已满行人耳，一度思卿一怆然。”八月牛僧孺、李宗闵、崔珙、杨嗣复、李珏五相转州任职北归。

二、白居易时代的唐朝内外势态

在白居易生活的时代（772—846），唐朝经历了几次大的政治动荡。

其一，“安史之乱”余波。其二，李希烈叛乱及“泾原兵变”。其三，丝路大商贾

---

① 《官俸初罢，亲故见忧，以诗谕之》，《白居易集》，卷36。

② 《白居易集》，卷37。

③ 《白居易集》，卷37。

易主，回鹘代替粟特人主宰丝路贸易。其四，元和三年（808）制科考试案与长庆元年进士考试风波。其五，顺宗朝的“永贞革新”。其六，从“藩镇割据”到“平淮西”，再到河朔悬隔。其七，迎送佛骨与会昌法难——三教之辩。其八，“甘露之变”与“南衙北司”之争。其九，“进奉之风”与中央财政危机。其十，“茶法”背后的政治较量。其十一，“牛李党争”贯穿至唐末。

755年爆发于幽州（治今北京市，是今北京、东北、河北广大地区的一个政治中心）的“安史之乱”是唐代由盛转衰的拐点，也是中国历史的分水岭。汉唐时期崇儒术、尊国君、忠国家的中央集权遭到动摇，由太宗倡导的“华夷一体”民族政策受到沉重打击，贯穿世界东西的主要大动脉丝绸之路从间歇震颤到停摆。李唐宗室的特殊地位遇到山东贵族的冲击，中央政府威权遇到挑战，地方势力一下子膨胀起来，大小藩镇获得从未有过的军事、政治与经济管辖权。其与中央政府的组织关系与疏密程度错综复杂，各不相同。由中央政府直接控制的国土面积大幅度收缩，国库财政收入萎缩。同时在统治阶层内部，则出现宦官专权，不仅职高、位尊、干政、立储，更成为中央主要军事力量神策军的最高掌权者。朝官之间由于政治主张、出身门第之别、地域各异，而出现以争夺权利为主要目标的派系斗争，演变为中唐后期晚唐初期的“牛李党争”。初唐时期，国家军队西征中亚，势力波及波斯；远征东夷，焚毁倭寇船舰400余艘，统一朝鲜半岛，设置安东都护府于平壤。万国来朝，九重译来王。汉家天子被尊为“天可汗”。回首古国，人们豪情不再。

在所有的地方藩镇里，河朔三镇最为离心。而淮西因扼守京畿与江南之间，也往往飞扬跋扈。河朔三镇之范阳节度使治幽州（今北京），辖今河北北部，北京、天津；成德节度使辖今北京以南，山西东部，河北中部；魏博节度使（后改为天雄，今河北南部、山东北部）。

节度使在明皇时期就设置。安史之乱以后，广泛采用，同时在归顺的南方行施观察使制度。节度使，相当于今天省一级或略小，唐元和时期，节度使往往兼地方军政长官刺史职。节度使其实就是各地的土皇上。为平息安史之乱，各节度使拥兵自重，形成独立性很强的藩镇。唐代宗将安史降将就地安置，李怀仙幽州、田承嗣魏博、张忠志（赐名李宝臣）据成德。这些节度使往往一心想把这些方镇，搞成父死子继的家族势力范围。而这是无视大唐皇帝与中央的不正常行为，中央政府往往不会给其正式任命诏书与节约券杖。他们相互勾连，联兵对抗中央。田承嗣死，子入为右监门卫，侄子田悦被任为节度使。大历三年（768）李怀仙被部下朱希彩、朱泚、朱滔所杀。建中二年（781）李宝臣死，子惟岳求代，德宗不肯。李惟岳与山南东道（治襄阳）梁崇义、山东淄青（治今淄博）李正已联兵抗命，朝廷派淮西李希烈平定了梁崇义。建中二年正月，李惟岳被部下王承宗杀，归附朝廷又复叛。

王承宗、朱滔、田悦联兵。建中二年平卢节度使李正己卒，八月其自上表求自代，德宗不许。李纳袭徐州、宋州，德宗遣李希烈以讨。

史载：

徐州刺史李洧，正己之从父兄也。李纳寇宋州，彭城令太原白季庚说洧举州归国。洧从之，遣摄巡官崔程奉表诣阙，且使口奏，并白宰相，以“徐州不能独抗纳，乞领徐、海、沂三州观察使，况海、沂二州，今皆为纳有。洧与刺史王涉、马万通素有约，苟得朝廷诏书，必能成功”。程自外来，以为宰相一也，先白张镒，镒以告卢杞。杞怒其不先白己，不从其请。戊申，加洧御史大夫，充招谕使[①]。

建中三年十月李希烈反。

十一月，己卯朔，加淮南节度使陈少游同平章事。

田悦赋得朱滔之救，与王武俊议奉滔为主，称臣事之，滔不可，曰：“惬山之捷，皆大夫二兄之力，滔何敢独居尊位！”于是幽州判官李子千、恒冀判官郑濡等共议：“请与郓州李大夫（李纳）为四国，俱称王而不改年号，如昔诸侯奉周家正朔。筑坛同盟，有不如约者，众共伐之。不……”

十二月，丁丑，李希烈自称天下都元帅、太尉、建兴王。时朱滔等与官军相拒累月，官军有度支馈粮，诸道益兵，而滔与王武俊孤军深入，专仰给于田悦，客主日益困弊。闻李希烈军势甚盛，颇怨望，乃相与谋遣使诣许州，劝希烈称帝，希烈由是自称天下都元帅[②]。

伪冀王、魏王、赵王、齐王公推为相王李希烈。相互勾连，武力对抗朝廷，在这样危急情况下，德宗派遣泾源节度使前往襄城解哥舒曜之围（八月丁未李希烈三万人围之）。建中四年（783）十月（丙午，十月初一，公历11月1日）泾源（驻军在今陕西彬州市）5000兵马在节度使姚令言带领下冒雨来到京城。丁未（11月2日），兵至长安东浐河边，因京兆尹王湗犒劳伙食粗淡，与原来进入长安前的预期要求相差太远，这些兵士掀翻桌子破口大骂，随即发生哗变。兵变之时，姚令言还在大明宫向德宗汇报，闻听哗变，赶紧跑回去，无法劝阻这些气势汹汹的士兵，当他们直接向大明宫赶来，德宗命各赐二匹绢，但这些人根本不接受，冲到通化门（长安城东最北边的城门），出城宣命赐赏的宦官被杀。

---

① 《资治通鉴》，德宗建中二年，卷227，第7310页。

② 《资治通鉴》，德宗建中三年，卷227，第7335-7337页。

> 上乃与王贵妃、韦淑妃、太子、诸王、唐安公主自苑北门出，王贵妃以传国宝系衣中以从[①]。

当天，德宗一行不足千人经过咸阳县来到奉天（今乾县）。德宗出城危急，身边只有宦官百余人，朝臣不知皇帝所向。11月4日左金吾卫大将军浑瑊才赶过来。此前右龙舞军使令狐建训练军卒闻变后，跟从皇帝西行。

在奉天之时是德宗李适一生最黑暗一段时间，他也是汉唐历史上最狼狈的皇帝，比之汉高祖被围白登山，比之隋炀帝被困雁门，其危急困难程度有过之而无不及。后来于次年三月通过党骆道到了梁州。李晟收复长安后，德宗才回到京师。在"奉天之难"仓促来临之际，德宗身边只有宦官和太子、公主妃子，便认为关键时刻宦官靠得住。随后，德宗将神策军统帅权交给宦官。

虽然地方割据势力很大，大唐江山有顷刻崩塌之忧，但还是总有一批出将入相的英雄豪杰挺身而出。伪五王相继失败。田悦之后的田弘正率族归朝。被泾源叛乱军卒拥立为秦王的朱泚最后也被杀死在彬州。盘踞淄青（今山东郓城）的伪齐王李纳失败。白居易父亲劝徐州刺史李洧归附朝廷，被从彭城令擢升为州别驾。白居易十一二岁时从荥阳搬家到徐州符离（他的母亲是否同来，不是明了。）

他是宣城太守贡举到长安来参加进士考试。也是提前来到长安备考。

白居易29岁进士及第，十七人中最年少！释褐为周至尉。以一篇《长恨歌》名扬天下，很快回到长安。

三、白居易二历进士考试风波——在党争中未站队

元和三年（808）他33岁时，进士考试出现风波。对此问题，史载：

> 夏，四月，上策试贤良方正直言极谏举人，伊阙尉牛僧孺、陆浑尉皇甫湜、前进士李宗闵皆指陈时政之失，无所避；户部侍郎杨於陵、吏部员外郎韦贯之为考策官，贯之署为上第。上亦嘉之。乙丑，诏中书优与处分。李吉甫恶其言直，泣诉于上，且言"翰林学士裴垍、王涯覆策。湜，涯之甥也，涯不先言；垍无所异同"。上不得已，罢垍、涯学士，垍为户部侍郎，涯为都官员外郎，贯之为果州刺史。后数日，贯之再贬巴州刺史，涯贬虢州司马。乙亥，以杨於陵为岭南节度使，亦坐考策无异同也。僧孺等久之不调，各从辟于藩府。僧孺，弘之七世孙；宗闵，元懿之玄孙；贯之，福嗣之六世孙；

① 《资治通鉴》，卷228，第7353页。

湜，睦州新安人也[①]。

长庆元年（821）三月，白居易受诏与中书舍人王起覆勘，试礼部侍郎钱徽下及第人郑朗等一十四人。十月，转中书舍人……大和已后，李宗闵、李德裕朋党事起，是非排陷，朝升暮黜，天子亦无如之何。杨颖士、杨虞卿与宗闵友善，居易妻，颖士从父妹。从从八品的翰林学士右拾遗，升为正五品中书舍人居易更不安，惧以党人见斥，乃求致身散地，冀于远害。凡所居官，未尝终秩，率以病免，固求分务，识者多之。五年，除河南尹。七年，复授太子宾客分司[②]。《通鉴》所载一致：

翰林学士李德裕，吉甫之子也，以中书舍人李宗闵尝对策讥切其父，恨之。宗闵又与翰林学士元稹争进取有隙。右补阙杨汝士与礼部侍郎钱徽掌贡举，西川节度使段文昌、翰林学士李绅各以书属所善进士于徽；及榜出，文昌、绅所属皆不预焉，及第者，郑朗，覃之弟；裴譔，度之子；苏巢，宗闵之婿；杨殷士，汝士之弟也。文昌言于上曰："今岁礼部殊不公，所取进士皆子弟无艺，以关节得之。"上以问诸学士，德裕、稹、绅皆曰："诚如文昌言。"上乃命中书舍人王起等覆试。夏，四月，丁丑，诏黜朗等十人，贬徽江州刺史，宗闵剑州刺史，汝士开江令。或劝徽奏文昌、绅属书，上必悟。徽曰："苟元愧心，得丧一致，奈何奏人私书，岂士君子所为邪！"取而焚之，时人多之。绅，敬玄之曾孙；起，播之弟也。自是德裕、宗闵各分朋党，更相倾轧，垂四十年[③]。

人品、学问俱佳的主考官，因此事，再未能翻身。白居易、王起重新覆考推翻舞弊无艺成绩，比较公允。从后来诗文唱和看，他与钱徽关系相处尚和洽。

今人周建国《白居易与中晚唐的党争》持论公允：

现在让我们回到对于白居易考覆此番科试的是非上来加以许判。按之史实，李吉甫父子于元和三年科试既无恶考覆官白居易之迹，而李德裕于长庆元年科试亦无恶考覆官白居易之迹。且李德裕同另一考覆官王起相知多年，交谊极深。在考覆中，王起、白居易秉公办事，处置得宜。白居易有《论重考试进士事宜状》上奏朝廷，王起连署同奏曰："伏以陛下虑今年及第进士之中，子弟得者侥幸，平人落者受屈，故今重试重考，此乃至公室平。"已委宛

① 《资治通鉴》，宪宗元和三年，卷237，第7649、7650页。

② 《元稹·白居易》，《旧唐书》，卷116。

③ 《资治通鉴》，长庆元年，卷241，第7790、7791页。

指出初试中确有舞弊。是故，白氏与王起在覆试中“苦老得失，其间瑕病，纤毫不容”，结果把裴度、郑覃、李宗闵、杨汝士等显宦家子弟均予默退。但状文也指出重考之时，监考过于严苛，请朝廷“垂仁察之心，降特达之命，明示瑕病，以表无私，特全身名，以存大体”。白居易身为考覆官，特重名器，不拘私情。但争讼的两方，元稹、李绅是挚友；李宗闵、杨汝士是姻亲或好友。他只能希望朝廷妥善处置不使双方矛盾激化[①]。

周氏以为，党争并非起于这两次考试，而是起于李逢吉、李宗闵、牛僧孺与李吉甫、李德裕、裴度的权利之争，在对待藩镇割据、在科举考试、在对外政策等方面都各论曲直，是己非人。

李德裕是否嫌恶白居易？我们从白居易留诗看，他与李德裕也多有唱和，与牛党之牛僧孺有更多唱和。最引人注意的是李德裕推荐白敏中而压制白居易：

武宗皇帝素闻居易之名，及即位，欲征用之。宰相李德裕言居易衰病，不任朝谒，因言从弟敏中辞艺类居易，即日知制诰，召入翰林充学士，迁中书舍人[②]。

实际《旧唐书》同卷对白居易性格与做人的把握基本符合白居易本人情况：

居易儒学之外，尤通释典，常以忘怀处顺为事，都不以迁谪介意。在湓城（江州，今九江市），立隐舍于庐山遗爱寺，尝与人书言之曰：“予去年秋始游庐山，到东西二林间香炉峰下，见云木泉石，胜绝第一。爱不能舍，因立草堂。前有乔松十数株，修竹千余竿，青罗为墙援，白石为桥道，流水周于舍下，飞泉落于檐间，红榴白莲，罗生池砌。”居易与凑、满、朗、晦四禅师，追永、远、宗、雷之迹，为人外之交。每相摧游咏，跻危登险，极林泉之幽邃。至于翛然顺适之际，几欲忘其形骸。或经时不归，或逾月而返，郡守以朝贵遇之，不之责[③]。

从白居易的诗歌看，他确实是一个为了研习诗艺而废寝忘食，冬以继夏的文史大家。三十多岁出现白发，四十多岁牙齿松动。五十多岁感觉上楼台气喘吃力。在宝历二年（826）冬亲弟弟白行简病逝后，就把自己神道勘置在弟弟下邽坟墓旁边。诗中多有咏叹衰老休病卧休长假的诗歌。晚年作为洛下诗派的盟主，接近佛道高僧，也影响

① 周建国：《白居易与中晚唐的党争》《文献》1994年第4期，第101页。

② 《白居易传附白行简白敏中》，《旧唐书》，列传卷116，第4358、4359页。

③ 《白居易传》，《旧唐书》，列传卷116，第4345页。

了他的性格和为人处世风格。武宗上台，白居易已经72岁。如此来说李德裕举荐其从弟也是弥补宽慰了白居易的心情。白居易对亲弟行简、从弟敏中感情都很好!

那么，李德裕对白居易就没有一点嫌隙之意?我隐约觉得，为人严厉刚毅的李德裕对白居易还是有些隔阂。主要是两点。一是对河北王承宗用兵，白居易持反对意见，特别是由宦官吐突承璀领兵，上书数千言，反对拥兵态度极为坚决，立场明确。这与以李德裕为代表的李党态度截然相反。二是白居易的地望。他虽然说自己"关东一男子耳"(《旧传》)但其实在下邽坟墓至迟也有五代人了。他把自己祖父、父亲、母亲、哥哥、弟弟都安葬在下邽。他的亲家杨家、一支杨於陵、杨嗣复;一支杨虞卿、杨汝士为关中弘农人，长安杨家更是有望于官民，被誉为"行尚书"，是牛党的中坚啊!虽如此，我们看到李德裕推荐白敏中并不是碍于武宗皇帝垂青白居易的诗名，而是实际使用其才能。白居易说自己河东一男子，是不想卷入牛李党争。而他与以关陇新贵为骨干的牛党有千丝万缕关系。

关于牛李两党的一个重要分界点还是陈寅恪先生所提到的关陇集团与山东旧族的差别。对此，我们与李浩有相近感受[①](表五、表六)。史家认为:国家经过武曌20年的驾驭，特别对李唐宗室及李唐忠实拥趸的残酷打击，关陇集团几乎被摧毁。高宗舅父长孙无忌的被贬谪，被视为关陇集团的台柱子倒塌[②]。其实自北周西魏至隋朝，关中在经济、文化与军事上的战略地位一直无可替代，由此兴盛起来的家族势力也极为庞大。讲究门第、谱牒的风气最早由关中、长安兴起。武则天虽然硬生生地把武姓势力楔入最高统治集团，但武周被神龙政变推翻后，逐渐淡出长安最高统治圈子。相反

渭南市下邽镇北魏兴建的慧昭寺(梁子摄)

① 李浩:《从士族郡望看牛李党争的分野》,《历史研究》1999年第4期。

② 参见胡戟:《武则天本传》,三秦出版社,1986年。

原来关陇旧族经过20年冬眠后，苏醒过来，以更加高昂姿态进入唐朝管理体系。此外，武则天统治使京师与东都的联系加强了。从高宗末，唐朝高官已经在两京同时安家，比如薛元超。武则天为了彰显陪陵文化的旗帜，高宗死后，不仅遵遗嘱西回葬乾陵，还把高宗的发小薛元超从洛阳迁窆入乾陵陵宇，冥界陪侍高宗[①]。武则天以后，洛阳成为长安人才的跳板和蓄水池，两京关系极为紧密。开元以后唐朝大臣在两京购置宅地成为普遍现象。东都成为中央政府安置高级官员、优渥有功之臣，使之在此休闲养生的首选之地。白居易、韩愈、裴度、牛僧孺、王起、刘禹锡、李德裕、姚合、牛元颖、李宗闵、杨嗣复、杨虞卿等中晚唐士大夫都在洛阳过渡以待新职，或致仕终老。白居易、裴度的洛下之会，白居易与满师的九老之会都给中国历史文化留下光辉足迹。对此，我们另辟章节以述。开元时节，两京饮茶成风，已成“比屋之饮”，晚唐更上层楼，无论在饮茶的广泛性上，还是茶道的思想与艺术性上都有质的飞跃。

白居易《论裴均进奉银器状》：

右，臣伏闻向外传说云，裴均前月二十六日于银台进奉前件银器。虽未审知虚实，然而物议喧然，既有所闻，不敢不奏。伏以陛下昨因时旱，念及疲人，特降德音，停罢进奉。天意如感，雨泽应期，巷舞途歌，咸呼万岁。伏自德音降后，天下禺望遵行，未经旬月之间，裴均便先进银器。诚有此事，深损圣德。臣或虑有人云，裴均所进银器，发在德音之前，遂劝圣恩不妨受纳。以臣所见，事固不然。臣闻众议皆云，裴均性本贪残，动多邪巧，每假进奉，广有诛求。料其深心，不愿停罢，必恐即日修表，倍程进来，欲试朝廷，尝其可否。何者？前月三日降德音，准诸道进奏院报事例，不过四五日，即裴均合知，至二十六日进物方到，以此详察，足见奸情。今若便容，果落邪计。况一处如此，则远近皆知，臣恐诸道依前，从此不守法度。则是陛下明降制旨，又自弃之，何以制驭四方，何以取信天下？臣反覆思虑，深为陛下惜之。伏准德音节文，除四节及旨条外，有违越进奉者，其物送纳左藏库，仍委御史台具名闻奏。若此事果实，则御史台必准制弹奏，谏官必谏，宰相必论，天下知之，何裨圣政？以臣所见，伏望明宣云：“裴均所进银器，虽在德音之前，恐四方不知，宜送左藏库收纳。”如此则海内悦服，天下欢心。事出宸衷，美归圣德，又免至御史谏官奏论之，然后有处。在于事体，深以为宜，伏愿圣心速赐裁断。谨具奏闻，谨奏[②]。

---

① 见薛元超墓志，梁子、张鑫：《乾陵暨唐代陪陵文化相关问题探讨》，《碑林集刊》2020年第1期。

② 《全唐文》，卷667，第6784、6785页。

“裴肃进”双凤纹银盘
（陕西历史博物馆藏品）

银盘口径55厘米，平沿，浅腹，圜底。锤击成型，平錾花纹，纹饰涂金。盘心饰双凤振翅飞舞于折枝花组成的圆形规范之中，周饰向心式和辐射式小簇花各三株，相间排列。口沿和沿腹交接处均饰仰莲瓣一周。口沿饰六组双鸟衔蝶（或衔花）与六组扁团花，相间排列。外底錾刻“浙东道都团练观察处置等使大中大夫守越州刺史兼御史大夫上柱国赐紫金鱼袋臣裴肃进”和“点过讫”铭文。1962年3月，西安市北郊坑底寨出土。

《新唐书·食货二》：初德宗居奉天，储蓄空窘……常赋之外，进奉不息……剑南韦皋“日进”……江西李兼有“月进”，淮南杜亚，宣歙王纬、李锜皆讨恩泽，以常赋入贡，名为“羡余”，至代易又有进“进奉”……凡代易进奉，取于税人，实献二三，无敢问者。常州刺史裴肃鬻薪炭案纸为进奉，得迁浙东观察使。刺史进奉自肃始也[1]。

而元稹甚至认为，这些地方官以贡皇帝“羡余”之名，搜刮纳税人，主要是小商人、自耕农，送到长安的不过百分之一二！

李勉银盘高1.6、口径17厘米，侈口，平底，浅腹。锤击成型，花纹平錾，纹饰涂金。内底在以宝相莲瓣为周边纹样的圆形规范中，刻两条并游的鲤鱼，空隙处填以折枝花。在圆形外圈也饰折枝花一周。外底錾刻“朝议大夫使持节都督洪州诸军事守洪

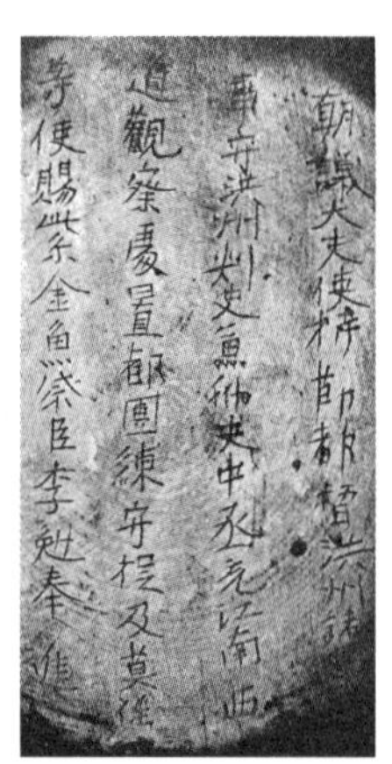

“李勉奉进”双鲤纹银盘（陕西历史博物馆藏品）

① 《新唐书·食货二》，卷52，志第42，第1358页。

州刺史兼御史中丞充江南西道观察处置都团练守捉及莫徭等使赐紫金鱼袋臣李勉奉进”等字样。另有墨书“赵一”两字，字迹尚可辨认。

1975年西北工业大学基建工地出土（其位置相当于唐长安城光德坊西北隅）。同时出土银器5件。

史载：

> 李勉，字玄卿，郑惠王元懿曾孙。父择言，累为州刺史，封安德郡公，以吏治称……羌、浑、奴刺寇州，勉不能守，召为大理少卿。然天子素重其正，擢太常少卿，欲遂柄用。而李辅国讽使下己，勉不肯，乃出为汾州刺史。历河南尹，徙江西观察使。厉兵睦邻，平贼屯……拜……寻拜岭南节度使。番禺贼冯崇道、桂叛将硃济时等负险为乱，残十余州，勉遣将李观率容州刺史王翃讨斩之，五岭平……滑亳节度使令狐彰且死，表勉为代，从之。勉居镇且八年，以旧德方重，不威而治，东诸帅暴桀者皆尊惮之。田神玉死，诏勉节度汴宋，未行，汴将李灵耀反，魏将田悦以兵来，叩汴而屯，勉与李忠臣、马燧合讨之。淮西军据汴北，河阳军壁其东，大将杜如江、尹伯良与悦战匡城，不胜。徙垒与灵耀合，忠臣将军李重倩夜攻其营，与河阳军合譟，贼不阵溃，悦走河北，灵耀奔韦城，为如江所禽，勉缚以献，斩阙下。既而忠臣专汴，故勉还滑台。明年，忠臣为麾下所逐，复诏勉移治汴。德宗立，就加同中书门下平章事。俄为汴宋、滑亳、河阳等道都统[①]。

如果铭文李勉系郑王元懿曾孙，则任江西观察处置使是在李辅国当政的肃宗朝。这件器物应该属于唐代前期金银器。与开元时期的风格比较接近甚至一致。

表五　李党成员郡望及科举表

姓名	郡望	科举	出处	说明
李德裕	赵郡	（补荫）	《旧唐书》卷174、《新唐书》卷18	山东郡姓士族
郑覃	郑州荥泽（荥阳）	（补荫）	《旧唐书》卷173、《新唐书》卷165	山东郡姓士族
李绅	赵郡	进士	《旧唐书》卷173、《全唐文》卷738	山东郡姓士族
陈夷行	江左诸陈	进士	《旧唐书》卷173、《新唐书》卷181	江南庶族
李回	唐宗室	进士、贤良方正异等	《旧唐书》卷173、《新唐书》卷131	关陇士族
李让夷	陇西	进士	《旧唐书》卷176、《新唐书》卷181	关陇士族

① 《新唐书·宗室宰相》，列传卷56，第4508页。

表六 牛党成员郡望及科举表

姓名	郡望	科举	出处	说明
牛僧孺	安定鹑觚	进士、贤良方正	《隋书》卷49、《新唐书》卷174	关陇士族
李宗闵	唐宗室	进士、贤良方正	《旧唐书》卷126、《新唐书》卷174	关陇士族
杨嗣复	弘农华阴	进士、博学宏辞	《旧唐书》卷176、《旧唐书》卷164	关陇士族
杨虞卿	弘农	进士、博学宏辞	《旧唐书》卷176	关陇士族
李珏	赵郡	明经、进士、书判拔萃	《旧唐书》卷173、《新唐书》卷182	山东士族
白敏中	太原	进士	《旧唐书》卷116、《新唐书》卷119	关陇士族
令孤	敦煌	进士	《旧唐书》卷73、《新唐书》卷166	关陇士族
李逢吉	陇西	明经、进士	《旧唐书》卷167、《新唐书》卷174	关陇士族

注：此二表选自上揭李浩：《从士族郡望看牛李党争的分野》,《历史研究》1999年第4期。

四、在人生暗淡时期以诗依茶近佛

史家从白居易的经历特别是他的文章诗歌中看到，元和十年上书要求抓捕刺杀宰相武元衡凶犯，坚决武装削藩，却遭到宰相张弘靖、韦贯之打压，而文人王涯也落井下石，被贬谪为江州司马。据陈寅恪研究，身穿青衫的官员是最低级别官员是九品官，而左赞善大夫为正五品上。从待遇和权利上，都是断崖式的下降与消解。

元和十二年春到了江州（今江西九江）。刚来时他极为苦闷。最主要的一点是精神受到打击。武元衡六月四日被杀，宪宗独坐朝堂，竟然没有一个官员来上朝！数日后，凶手的消息一点都没有。太子赞善大夫白居易上书提出主张。本想为孤独的宪宗壮壮胆子，打破一下静如寒蝉的气氛，但却遭到当头一棒，更让他想不通的是被平日同僚残酷追打，皇帝给的刺史都当不了，在韦贯之打压下，王涯落井下石，只能当一个无知无权的司马。

我们原以为白居易在江州咏诵茶的诗只有《琵琶行》里的“商人重利轻离别，前月浮梁去买茶”实际上，江州是白居易茶诗创作的第一高峰，在这里写了不少茶诗。其中《重题》对我们了解他在那里的思想变化与生活状况有非常切近的参考：“药圃茶园为产业，野鹿林鹤是郊游。”“最爱一泉新引得，清泠屈曲绕阶流”。“身泰心宁是归处，故乡可独在长安？”“官途自此心长别，世事从今口不言”[①]。由此可见，白居易贬谪江州，对官场态度有很大转变，自己种茶种药，准备长期生活于此。

《北亭招客》：“小盏吹醅尝冷酒。深炉敲火炙新茶。能来尽日宫棋否？太守知慵放

① 《全唐诗》，第3890-3891页。

晚衙。”[①]《游宝称寺》：“酒嫩倾金波，茶新碾玉尘。”[②]寺在庐山，陈思《宝刻丛编》之卷十五《唐宝称大律师塔碑》“深炉敲火”“碾玉尘”等都是白居易茶道实践过程中的发现与诗歌创作中新的用语与诗歌意象。后来被越来越多的茶人诗家所沿用。而在他落寞的时候接收到朋友的新茶，无疑是十分宝贵的精神鼓励。《谢李六郎寄新茶》就是忠州刺史李景俭给他寄来山南茶的作品。茶，不仅饱口福之需，更能慰藉心灵。说茶咏茶，也是他宣泄诗情与义气的高雅出口。

种茶种药，因为家口人多，他还不能像陶潜一样完全归隐田园。从江州诗歌看，兄长幼文从徐州来看他，一次带来六七个弟妹，是否长期居住不清楚。但似乎行简一家子长期跟从他们。其《官舍闲题》：“饱餐仍晏起，余暇弄龟儿。”龟儿，即小侄名[③]。龟儿是行简的儿子。他在庐山东林寺附近建草堂挖药圃，开茶园，应该是事实。因为家里人多。他是一非常重感情的人。特别对兄弟姐妹，充满挚爱。兄幼文元和十二年去世，他《祭浮梁大兄》：

> ……不谓才及中年，始登下位，辞家未逾数月，寝疾未及两旬，皇天鉴远，降此凶酷。交游行路，尚为兴叹，骨肉亲爱，岂可胜哀！举声一号，心骨俱碎。今属日时叶吉，窀穸有期，下邽南原，永附松櫰。居易负忧系职，身不自由，伏枕之初，既阙在左右，执绋之际，又不获躬亲，痛恨所钟，倍百常理。呜呼！追思曩昔，同气四人，泉壤九重，刚奴早逝，巴蜀万里，行简未归，孑然一身，漂叶在此。自兄至止，形影相依，死灰之心，重有生意。岂料避亏之日，毛羽摧颓，垂白之年，手足断落。谁无兄弟，孰不死生，酌痛量悲，莫如今日。宅相痴小，居易无男，抚视之间，过于犹子。其余情礼，非此能伸。伏冀慈灵，俯鉴悲恳，哀缠痛结，言不成文。呜呼哀哉！伏惟尚飨[④]。

“同气四人，泉壤九重，刚奴早逝，巴蜀万里，行简未归，孑然一身，漂叶在此。”兄弟四人：长兄幼文，次兄刚奴早年夭折，四弟白行简（元和二年进士）在蜀中，为蜀东卢坦掌书记[⑤]。

“自兄至止，形影相依，死灰之心，重有生意”。也是说在他被贬后心灰意冷之际，长兄带一帮弟妹来看他，使他有了活下去的勇气。“下邽南原，永附松櫰。”表明，幼文在回到渭南老家后没几月就病逝，埋在祖茔。其后，白居易在弟弟位于下邽的墓地

---

① 《白居易集》，卷16。
② 《白居易集》，卷16。
③ 《白居易集》，卷16，第328页。
④ 《白居易集》，卷40，第896页。
⑤ 参考第一章表二《盐铁、转运、榷茶使年表》。

边，也给自己先留出了墓地——按年龄，他应位于行简上位[①]。

不用多举例，白居易诗歌分了几大类，其中一大类就是感伤诗歌。痛苦与不平，在敏感甚至脆弱的诗人情感的湖泊里所掀起的浪花会被加倍放大，因而比之其他人，诗人更为伤感与痛苦。

庐山东林寺是东晋惠远法师的山门，也是佛教中国化的见证之地，在江南塞北声名远播。白居易在这里与三宝亲近，对他后来的思想发展、学术及行政事业都影响深远。他两次将自选集备份，交付东林寺留存。

五、给予“永贞革新”党人以极大同情

“永贞革新”是德宗长子李诵（761—806）永贞元年（805）即位为顺宗后，由执政大臣王叔文、王伾主导进行的一定程度的政治改革，只是在国家管理方面包括京城治安与社会风气方面提出一些革新措施。改革人物后来在宪宗上台后被贬往地方任司马，被统称为“二王刘柳八司马”。八司马是韦执谊、韩泰、陈谏、柳宗元、刘禹锡、韩晔、凌准、程异。

主要政治诉求为“罢宫市”、“停盐铁月进羡余”、“追用陆贽、郑余庆等旧臣”、王叔文自掌盐铁转运使、范希朝与韩泰掌京西西北神策军等。

永贞元年（805）正月初一，唐宫春节，一般都有内外朝贺皇帝新年仪式。这一年，诸王、亲戚来拜贺德宗，唯独太子李诵未能参拜。德宗心里凄惨，种下病根，二十三日驾崩。太子在郑絪、次公拥戴下，曲折即位，史称顺宗：

> 苍猝召翰林学士郑絪、卫次公等至金銮殿草遗诏。宦官或曰：“禁中议所立尚未定。”众莫敢对。次公遽言曰：“太子虽有疾，地居冢嫡，中外属心。必不得已，犹应立广陵王。不然，必大乱。”絪等从而和之，议始定。次公，河东人也。太子知人情忧疑，紫衣麻鞋，力疾出九仙门，召见诸军使，人心粗安。甲午，宣遗诏于宣政殿，太子缞服见百官。丙申，即皇帝位于太极殿。卫士尚疑之，企足引领而望之，曰：“真太子也！”乃喜而泣。
>
> 时顺宗失音，不能决事，常居宫中施帘帷，独宦官李忠言、昭容牛氏侍左右。百官奏事，自帷中可其奏。自德宗大渐，王伾先入，称诏召王叔文，坐翰林中使决事。伾以叔文意入言于忠言，称诏行下，外初无知者。以杜佑摄冢宰。二月，癸卯，上始朝百官于紫宸门[②]。

---

① 参看《白居易集》有关白行简的祭文、碑志。

② 《资治通鉴》，顺宗永贞元年，卷236，第7607、7608页。

德宗病重期间，先后提拔任用了王伾、王叔文。这样形成一个极不正常的核心系统，单线上下发布命令、汇报信息的特殊机制：顺宗→牛昭容、李忠言→王伾→王叔文→朝官、宦官、政府衙门、地方。在这个机制中，王叔文要实现想法必须先向王伾汇报，王伾再向李忠言、牛昭容汇报，再向顺宗汇报，对每个环节的人来说都存在不可知、不可信危机感，但也正是这个特殊的运行机制，才使得王叔文得以以一个较为快速的方式实现自己想法：二月初九加义武节度使张茂昭同平章事，隔一天再加任用吏部郎中韦执谊为尚书左丞，同平章事，同平章事即为宰相。

> 大抵叔文依伾，伾依忠言，忠言依牛昭容，转相交结。每事先下翰林，使叔文可否，然后宣于中书，韦执谊承而行之。外党则韩泰、柳宗元、刘禹锡等主采听外事。谋议唱和，日夜汲汲如狂，互相推奖，曰伊、曰周、曰管、曰葛，僩然自得，谓天下无人。荣辱进退，生于造次，惟其所欲，不拘程式。士大夫畏之，道路以目。素与往还者，相次拔擢，至一日除数人[①]。

所谓“曰伊”，是说这些人自比伊尹、周公、管仲、诸葛亮……

《新唐书》卷207宦者上刘贞亮传云：“会顺宗立，淹痛弗能朝，惟李忠言、牛美人侍。美人以帝旨付忠言，忠言授之王叔文，叔文与柳宗元等裁定，然后下中书。”“刘贞亮，本俱氏，名文珍，冒所养宦父，故改焉”。

我们从王叔文提拔的第二个人，韦执谊就可以看到：由一个从五品上的吏部郎中，越级提拔为正四品上的尚书左丞，还加同平章事的宰相职能。这些已经得罪了两类人：第一类是在国家中枢干了多年的老人手、老丞相、老大臣。当时与韦执谊同居相位的还有杜佑、高郢、郑珣瑜、贾耽。新人后来居上，老臣们或有病或有事，自觉后退。第二类是宦官。等宦官们缓过神后发现，王叔文是要向他们开刀，宦官俱文珍、刘光琦、薛盈珍等便串通一气，不听范希朝、韩泰的命令。或曰：参与反对二王的宦官仅见于史载的就有俱文珍、刘光琦、薛文珍、尚衍、解玉、吕如全、李辅光、西门、俱文珍等[②]。

而更为要命的是得罪了藩镇封疆大吏韦皋、严绶等。

> 六月，己亥，贬宣歙巡官羊士谔为汀州宁化尉。士谔以公事至长安，遇叔文用事，公言其非。叔文闻之，怒，欲下诏斩之，执谊不可；则令杖杀之，执谊又以为不可，遂贬焉。由是叔文始大恶执谊，往来二人门下者皆惧。先时，刘辟以剑南支度副使将韦皋之意于叔文，求都领剑南三川，谓叔文曰：“太尉使辟致微诚于公，若与某三川，当以死相助；若不与，亦当有以相酬。”

① 《资治通鉴》，顺宗永贞元年，卷236，第7609、7610页。

② 何灿浩：《关于“二王新政”的两个问题》，《宁波师范学报》1990年第4期，第50页。

叔文怒，亦将斩之，执谊固执不可。辟尚游长安未去，闻贬士谔，遂逃归。执谊初为叔文所引用，深附之，既得位，欲掩其迹，且迫于公议，故时时为异同，辄使人谢叔文曰："非敢负约，乃欲曲成兄事耳！"叔文诟怒，不之信，遂成仇怨①。

此前，他已经对羊士谔的公开反对欲处极刑，韦执谊反对。王叔文等革新人物率先遭到剑南节度使韦皋斥责发难。而他们投诉的对象是四月初六新册立的太子李纯（原广陵王淳）。而牛昭容并不看好李纯，或有意抵制过。是俱文珍等老宦官们直接面见顺宗，并由郑絪、卫次公、李程、王涯草诏立太子。从始至终，顺宗不能说话，只能是点头示意，同意宦官"立嫡以长"的意见。当然，是否是顺宗忠实意见谁也说不清。顺宗之病，很可能是今天医学上的"渐冻症"。王叔文由棋手得以辅佐太子最终在顺宗即位后，迅速上位，主朝政。行事急躁，使他很快成为众矢之的。与同是改革派并由他拔擢的韦执谊的激烈争吵，使革新派自身阵脚大乱，进而出现分化分裂。而宦官乘虚而入，直接面见圣上，立太子。

八月，庚子，制"令太子即皇帝位，朕称太上皇，制敕称诰"。辛丑，太上皇徙居兴庆宫，诰改元永贞，立良娣王氏为太上皇后。后，宪宗之母也……（十一月）朝议谓王叔文之党或自员外郎出为刺史，贬之太轻。己卯，再贬韩泰为虔州司马、韩晔为饶州司马、柳宗元为永州司马、刘禹锡为朗州司马，又贬河中少尹陈谏为台州司马，和州刺史凌准为连州司马，岳州刺史程异为郴州司马②。

在残酷的政治斗争中，革新派付出惨痛代价：次年二王被赐死，八司马被长期流放远乡。韦执谊在革新失败后，一段时间无事，最后被贬，但保住一条命。

在二王刘柳八司马轰轰烈烈也是昙花一现的革新中，白居易亲身目睹了。不过这个时候，他只是秘书省校书郎位置上的实习生。

昔韩愈言，顺宗在东宫二十年，天下阴受其赐。然享国日浅，不幸疾病，莫克有为，亦可以悲夫！③

史臣韩愈曰：顺宗之为太子也，留心艺术，善隶书。德宗工为诗，每赐大臣方镇诗制，必命书之。性宽仁有断，礼重师傅，必先致拜。从幸奉天，

---

① 《资治通鉴》，顺宗永贞元年，卷236，第7615、7616页。

② 《资治通鉴》，第7619-7623页。

③ 《新唐书·德宗、顺宗、宪宗》，本纪7。

贼泚逼迫，常身先禁旅，乘城拒战，督励将士，无不奋激。德宗在位岁久，稍不假权宰相。左右幸臣如裴延龄、李齐运、韦渠牟等，因间用事，刻下取功，而排陷陆贽、张滂辈，人不敢言，太子从容论争，故卒不任延龄、渠牟为相。尝侍宴鱼藻宫。张水嬉，彩舰监雕靡，宫人引舟为棹歌，丝竹间发，德宗欢甚，太子引诗人"好乐无荒"为对。每于敷奏，未尝以颜色假借宦官。居储位二十年，天下阴受其赐。惜乎寝疾践祚，近习弄权；而能传政元良，克昌运祚，贤哉！①

宋代的史学家在评价顺宗时，基本采纳史臣韩愈意见，抱有极大同情。因为在最艰难的奉天保卫战中，太子李诵不但饱受饥饿，还擐甲胄，搏击在第一线！但当上皇帝后，不能说一句话。也是被俱文珍等宦官提前赶下台的。宋人对"永贞革新"还是抱有同情的。相反唐代官员及文人比如韩愈等，则对二王给予十分酷烈的批判。他们有讨好宪宗谋取方便之嫌。

白居易虽然是以没有品级的校书郎算不上参与者，但却是经历者，而不是旁观者。二月初三顺宗登基，十九日，他撰《为人上宰相书》呈韦执谊，提出自己一些想法。变革失败后他的诗歌《寓意》《寄隐者》等对失败突然、人生遭际难测发感慨，致同情。与改革派成员刘禹锡、李景俭、李谅等都有诗歌往还。元和元年（806）京城作《华阳观桃花时，招李六拾遗饮》、元和十年（815）赴江州途中作《独树秋浦雨夜寄李六郎中》："忽忆两家同里巷，何曾一处不相逢？"长庆二年（822）七月曾作《初到郡斋寄钱湖州李苏州》。当时，白刺杭，钱徽刺湖，李刺苏。

对于直接导致变革失败的三股势力，特别是藩镇与宦官，白居易给予坚决反对。反对宪宗提拔严绶由河东入京任职，著《论太原事状》《论严绶状》；对地方大帅飞扬跋扈、盘剥百姓邀功希宠大肆进奉的行为予以坚决批驳，其中对裴氏父子于頔的反对尤为激烈，《论于頔裴均状》旗帜鲜明，言辞急切。一代文士的铁胆琴心跃然纸外！

朝官与宦官的斗争在宪宗曾祖德宗时期就已经开始，但反对宦官专权的顺宗当皇帝只有七月零九天，实际是被俱文珍等逼迫退位。而宪宗对宦官却又倚重，先是俱文珍（刘贞亮），后又有吐突承璀、仇士良。白居易的《读汉书》《宿紫格山北村》《读史》都是对宦官的批判。

六、对"甘露之变"的态度

"永贞革新"失败，或者如黄永年所谓的"二王新政"的昙花一现，诛杀二王，远

① 《旧唐书·顺宗宪宗上》，本纪14，第410页。

贬八人等都是以新皇宪宗的名义所进行的。但是“二王新政”所要革除的弊端并没有因几个政治人物的覆灭贬谪而有所减轻。宪宗上台伊始的大加杀伐，实际是某种程度上受了俱文珍（刘贞亮）之流的诬谤与蛊惑：二王八司马反对立广陵王为太子。实际上宪宗真正把帝国这驾马车驾驭起来以后，才发现政治、经济财政问题以及宦官专权问题极为严重，“二王”所要解决的问题还必须从头再来，这样他最终成为“永贞革新”的继承人[①]。

朝官的宰相班底再次发生变化，而宦官势力不仅没有削弱，甚至还有所加强。拥立广陵王为太子，俱文珍自视功居第一，宪宗也知晓他们行动，但是俱文珍在宪宗朝并没有发红发紫！虽然对宦官进行一定程度的抑制，但他并没有大规模打击宦官，特别是对吐突承璀的一再护佑引白居易等激烈反对。元和三年吐突承璀树立功德碑于大明宫一街之隔的安国寺，高度与唐明皇树立的华山碑差不多一样高，李绛上言不合规制且历代帝王都没几人竖碑，应该推倒，宪宗认为李绛说得有理，十牛不行，就用百牛去拉，坚决推倒！

对宦官的退让，使宪宗、穆宗敬、敬宗相继遭到宦官毒手。到了文宗之时，实在难以容忍，文宗李昂与翰林李训（兵部侍郎，知制诰）、凤翔尹兼陇右节度使郑注，筹划将宦官一举铲除。大和九年十月拜相后，李训先后逐去认为碍手碍脚的李德裕、路隋、李宗闵三相及其党羽，以王涯、贾餗、舒元舆为相，郭行余为邠宁节度使，王璠为河东节度使，韩约为左金吾卫大将军，李孝本为御史中丞，罗立言为京兆少尹。

史载：

（大和九年十一月）壬戌（二十一日），上御紫宸殿。百官班定，韩约不报平安，奏称：“左金吾听事后石榴夜有甘露，臣递门奏讫。”因蹈舞再拜，宰相亦帅百官称贺。训、元舆劝上亲往观之，以承天贶，上许之。百官退，班于含元殿。日加辰，上乘软舆出紫宸门，升含元殿。先命宰相及两省官诣左仗视之，良久而还。训奏：“臣与众人验之，殆非真甘露，未可遽宣布，恐天下称贺。”上曰：“岂有是邪！”顾左、右中尉仇士良、鱼志弘帅诸宦者往视之。宦者既去，训遽召郭行馀、王璠曰：“来受敕旨！”璠股栗不敢前，独行馀拜殿下。时二人部曲数百，皆执兵立丹凤门外，训已先使人召之，令人受敕。独东兵入，邠宁兵竟不至。

仇士良等至左仗视甘露，韩约变色流汗。士良怪之曰：“将军何为如是？”俄风吹幕起，见执兵者甚众，又闻兵仗声，士良等惊骇走出。门者欲

① 贾艳红：《论唐宪宗对永贞革新之继承与发展》，《山东师大学报（人文社会科学版）》2001年第2期。

闭之，士良叱之，关不得上。士良等奔诣上告变。训见之，遽呼金吾卫士曰："来上殿卫乘舆者，人赏钱百缗！"宦官曰："事急矣，请陛下还宫！"即举软舆，迎上扶升舆，决殿后罘罳，疾趋北出。训攀舆呼曰："臣奏事未竟，陛下不可入宫！"金吾兵已登殿。罗立言帅京兆逻卒三百余自东来，李孝本帅御史台从人二百余自西来，皆登殿纵击，宦官流血呼冤，死伤者十余人，乘舆迤逦入宣政门，训攀舆呼益急，上叱之，宦者郗志荣奋拳殴其胸，偃于地。乘舆即入，门随阖，宦者皆呼万岁，百官骇散出。训知事不济，脱从吏绿衫衣之，走马而出，扬言于道曰："我何罪而窜谪！"人不之疑。王涯、贾餗、舒元舆还中书，相谓曰："上且开延英，召吾属议之。"两省官诣宰相请其故，皆曰："不知何事，诸公各自便！"士良等知上豫其谋，怨愤，出不逊语，上惭惧不复言。士良等命左、右神策副使刘泰伦、魏仲卿等各帅禁兵五百人，露刃出阁门讨贼。王涯等将会食，吏白："有兵自内出，逢人辄杀！"涯等狼狈步走，两省及金吾吏卒千余人填门争出。门寻阖，其不得出者六百余人皆死。士良等分兵闭宫门，索诸司，讨贼党。诸司吏卒及民酤贩在中者皆死，死者又千余人，横尸流血，狼籍涂地，诸司印及图籍、帷幕、器皿俱尽。又遣骑各千余出城追亡者，又遣兵大索城中。舒元舆易服单骑出安化门，禁兵追擒之。王涯徒步至永昌里茶肆，禁兵擒入左军。涯时年七十余，被以桎梏，掠治不胜苦，自诬服，称与李训谋行大逆，尊立郑注。王璠归长兴坊私第，闭门，以其兵自防。神策将至门，呼曰："王涯等谋反，欲起尚书为相，鱼护军令致意！"璠喜，出见之。将趋贺再三，璠知见绐，涕泣而行，至左军，见王涯曰："二十兄自反，胡为见引？"涯曰："五弟昔为京兆尹，不漏言于王守澄，岂有今日邪！"璠俯首不言。又收罗立言于太平里，及涯等亲属奴婢，皆入两军系之。户部员外郎李元皋，训之再从弟也，训实与之无恩，亦执而杀之。故岭南节度使胡证，家巨富，禁兵利其财，托以搜贾餗入其家，执其子溵，杀之。又入左常侍罗让、詹事铲翰林学士黎埴等家，掠其赀财，扫地无遗。铲，瑊之子也，坊市恶少年因之报私仇，杀人，剽掠百货。互相攻劫，尘埃蔽天[①]。

这是一次唐朝历史上最黑暗的一天。宦官的血腥程度甚至比安史叛军有过而无不及。这个时候，64岁的白居易以太子宾客分司东都。

《九年十一月二十一日感事而作》云："祸福茫茫不可期，大都早退似先知。当君白首同归日，是我青山独往时。顾索素琴应不暇，忆牵黄犬定难追。麒麟作脯龙为醢，

① 《资治通鉴》，文宗大和九年，卷245，第7913、7914页。

何似泥中曳尾龟。"《即事重题》云："重裘暖帽宽毡履，小阁低窗深地炉。身稳心安眠未起，西京朝士得知无？"

九年十一月二十一日的血腥屠杀，不仅是文宗的悲哀，是主弱被奴欺的典型；也是朝臣血流成河为国殉国的悲壮一搏。即使得道高僧，也不可能超然事外；即使与甘露四相有私人恩怨甚或有家仇，也不可能为此幸灾乐祸，更不可能用文字表达一种未卜先知侥幸灾难的心情。因此指斥白氏消极可憎，实与乐天性格为人不符！

但白居易在洛阳十八年，多为闲舒诗，其中也有晒高收入的自足，这正是一个活生生个人感受。或曰：这种不弹高调，立足实际表现闲情逸致或独善其身情调的诗歌，比那些表现崇高主题的作品，更加贴近衰微时代人们对现实人生的真实理解和祈求，引起了人们的广泛共鸣和喜爱。无论是早期诗歌的主讽刺、垂教化还是后期诗歌的穷理本、达物情，各个阶层、各种信仰的人都能从白居易的诗歌中受到启发教诲白居易正因此赢得了"广大教化主"的称号[①]。

七、白居易与王涯

在整个白居易一生中，我们几乎看不到他与谁有多大恩怨。只是有两件事显得特别突出。

一是元和十年宪宗欲贬白氏为刺史，王涯认为白居易不可管理一郡，后被加重处罚，贬往江州司马。人们以为这是王涯落井下石。另外一件事是，皇甫湜在裴度面前公开向名震天下的白居易叫板，认为自己文章甲天下，为新寺院碑文，何必舍近求远！而皇甫湜为韩愈学生（非门生）、王涯外甥。王涯之子，对白居易也大不敬。另外，杜牧对元白诗歌挞伐激烈。主要指向是说元白艳体诗有伤风化，但清朝纪晓岚揭露杜牧也是风月场风流高手，也有艳体诗流传。

（一）王涯其人

前述永贞革新已经提到此人，而王涯孜孜以求的"盐铁转运使"属于"钱谷吏"，为士人不齿。他的发迹，在于对宪宗上位有功，就是永贞元年（805）俱文珍等宦官请出郑絪、卫次公、李程、王涯四人草拟诏书，立太子。

王涯比白居易大十岁。在此录今人陈尚君所考：甘露四相中，王涯年纪最长，任职资历也最突出。王涯，字广津，温州刺史王晃子，大约生于代宗宝应年间（762—

① 赵荣蔚：《甘露之变与白居易后期诗歌创作》，《盐城师范学院学报（人文社会科学版）》2001年第3期，第80页。

763），德宗贞元八年进士及第，与韩愈、李绛等为同年。贞元二十年，入为翰林学士。到宪宗元和三年（808），因为甥皇甫湜对策切直，忤宰相李吉甫，遂罢学士，再贬虢州司马。这是他仕途第一次蹉跌。元和十一年，入充翰林承旨学士，年底拜相。任相不到两年，罢为兵部侍郎，迁吏部侍郎。此后历镇剑南、山南，更曾长期担任诸道盐铁转运使，主持榷茶课盐。大和七年，再入相。他长期主掌利权，所得归朝廷，苛急招天下怨恨。甘露事变，他肯定没有参与密谋，但被杀后议论纷起，门生故吏痛惜悼念，民间却一片欢呼，以为罪有应得……此外，在孟郊、羊士谔、韩愈等人诗集中，亦有与王涯来往的记录[①]。

朱金城《白居易长庆集人名笺证》无甘露四相，其《白居易交游考》有皇甫湜。白诗有《寄皇甫七》《访皇甫七》及作于太和四年的《哭皇甫七郎》等往来诗歌。朱考认为作于太和八年的《池上清晨候皇甫郎中》诗里的人物为皇甫曙，而认为岑仲勉《唐人行第录》确认白诗中的皇甫七为皇甫十之误，“诗语与郎之（曙之字）合，与湜不合”观点不确，依据《哭皇甫七》认为皇甫湜卒于太和四年[②]。

如果说，王涯与白居易起恩怨，大概是元和三年（808）王涯外甥皇甫湜被刷掉，自己被贬职。但仔细想来，这次考试被举报是由李吉甫带头挑起。皇甫湜被投诉，还要白居易复试过关，就有点强人所难。但从白居易后来与皇甫湜往来看，对作诗火候不够而著文卓越的皇甫湜的文学水平还是比较认可：“《涉江》文一首，便可敌公卿。”（哭皇甫七郎中）。但无疑王涯却一直怀恨在心。这是由于“原因有二：一是出于其贪婪、阴狠的本性；二是为了迎合皇帝，讨好守旧的官僚集团，特别是讨好恩遇正隆的大宦官吐突承璀。”

史载：

> 然涯年过七十，嗜权固位，偷合训等，不能洁去就，以至覆宗。是时，十一族赀货悉为兵掠，而涯居永宁里，乃杨凭故第，财贮巨万，取之弥日不尽。家书多与秘府侔，前世名书画，尝以厚货钩致，或私以官，凿垣纳之，重复秘固，若不可窥者。至是为人破垣剔取奁轴金玉，而弃其书画于道。籍田宅入于官[③]。

王涯两度出任朝廷最肥缺转运使，也给自己捞了不少好处，所藏图书字画比侔皇帝秘府的藏品。既以文人自居，又因职务而自肥，贪官自古以来就好粉饰、标榜自己，这样的人实在是最危险的臣下与僚佐。

---

① 陈尚君：《说甘露四相》，《文史知识》2020年第10期，第50-52页。
② 朱金城：《白居易交游考》，《河北大学学报（哲学社会科学版）》1982年第1期，第62页。
③ 《新唐书·王涯传》，卷179，列传卷104，第5319页。

（二）白居易父母非甥舅关系而是中表亲

陈寅恪先生《元白诗笺证稿》为了乐天所著看花诗进行澄清，王涯为诬陷之人。但认为比此更要命的名教方面有伤：父白季庚与母亲陈氏为舅甥成婚，有伤名教[①]。

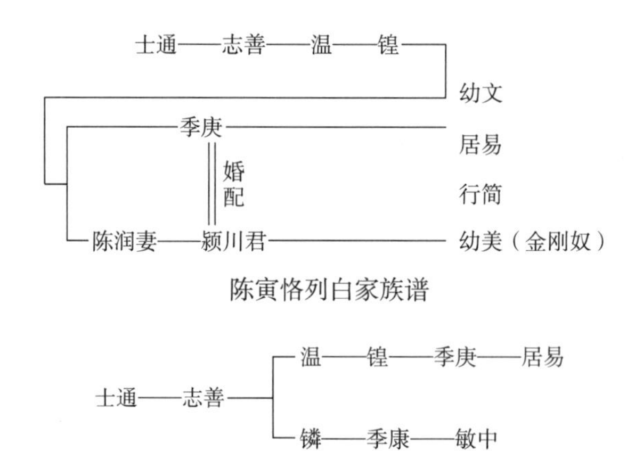

陈寅恪列白家族谱

白居易《季康墓志》示意（与实际有误，五代宋人在抄录过程中，将辈分搞乱）

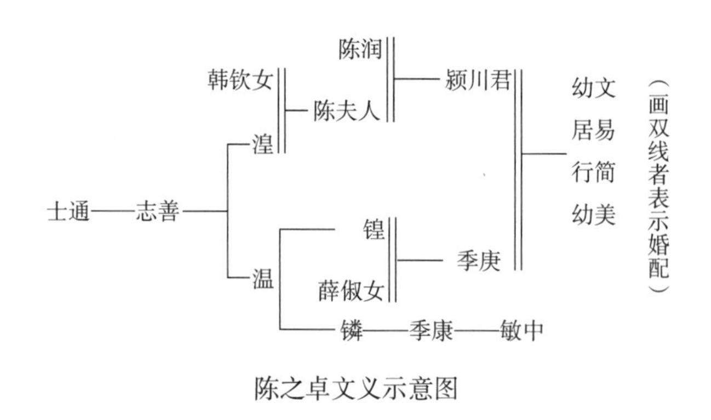

陈之卓文义示意图

今人认为陈氏指认不确，其父母为中表关系，认为罗振玉、陈寅恪所考有误，其源在五代宋人与唐人忌讳辈分名讳不同，而唐朝字音不同。陈之卓不予认可。而同意岑仲勉，但不同意岑的论据与小结论[②]。

此表说明：白居易父娶从祖父外孙女。父祖温，母外祖父湟。

陈寅恪怀疑的王涯以白居易父母婚配有伤名教而攻击以至于连降几级，就很可能是咏花诗惹的祸。在当时，白居易邻居就证明：白母患有严重的心疾（依其发作后的

① 陈寅恪：《元白诗笺证稿》，生活·读书·新知三联书店，2001年，第327页。

② 陈之卓：《白居易父母非舅甥婚配考辨及有关墓志试正》，《兰州大学学报（自然科学版）》1983年第3期，第73页。

状况看，是今天严重的癫痫），他们兄弟为管护母亲，花费极大周折[①]。

其实，白居易被贬。并不是因为东宫官员先于宰相、谏议大夫、御史台言事（《唐律疏议》没有因此而罪责官员的条例），而是他以前不避名讳地言事指陈其非：不依附权贵不结党；斥责藩镇专权危害中央；宦官跋扈干预朝政。他在《与杨虞卿书》有明确清醒的认识。这三种势力也正是当时政局所面临的三大突出问题，此外还有一个财政收入不足的问题。王涯以擅长敛财为宪宗、文宗所宠，在方镇、宦官、朝臣间无原则串通，使自己平步青云，同时的白居易因过于刚烈正直却屡遭排挤。以至于后期不得不恋栈东都，在东都居太子宾客、太子少傅等虚职上蹉跎十余年。

如果说，元和三年考试是牛李党争的起始的话，白居易把两党与宦官三个方面的势力都得罪了。因为牛僧孺、李宗闵激烈反对的主要是宦官；他进行覆试，导致王涯等被贬，同时他又为被李吉甫举报的僧孺、宗闵及皇甫湜（王涯甥）辩白，认为不宜将这些新进士一下子贬到藩镇幕府。

而白居易尊重的裴垍早早退黜中枢（元和五年十一月辞相，次年正月李吉甫拜相）并暴病而亡，李绛在元和七年、八年为相（宪宗以制衡李吉甫）后，也离开中枢，以至于在汉中被乱兵所杀。

商於古道起点商州区的悬棺葬遗址（梁子摄）

---

① 陈寅恪引陈振孙《白文公年谱》，第325、326页。

这样来看，白居易在武元衡被杀后的上书，被反对派视为权利越位，仅仅是一个没有道理的借口。一个正五品上的左赞善大夫，怎么能与掌握兵权的吐突承璀、身为重臣的王涯之流较量呢?

王涯对白居易的敌对态度影响到外甥皇甫湜与自己儿子。《旧唐书》卷16《穆宗纪》，长庆二年（822）二月丁亥，“以河东节度使、司空、兼门下侍郎、平章事裴度守司徒、平章事，充东都留守，判东都尚书省事、都畿汝防御使、太微宫等使”。皇甫湜贬低白居易为文而自荐为福先寺写碑文应该在这个时候。时白居易、刘禹锡均在洛阳。

王涯儿子也对白居易大不敬。

有这些情况看，王涯对白居易是铁了心搞对立!

第三节　姚合——晚唐茶人集团盟主

一、姚合祖籍与基本生卒年代

《新唐书》卷124《姚崇传》:“曾孙合、勖。合，元和中进士及第，调武功尉，善诗，世号姚武功者。迁监察御史，累转给事中。奉先、冯翊二县民诉牛羊使夺其田，诏美原主簿朱俦覆按，猥以田归使，合劾发其私，以地还民。历陕虢观察使，终秘书监。”

《旧唐书》卷96:“玄孙合，登进士第，授武功尉，迁监察御史，位终给事中。”

《白集》卷32《送姚杭州赴任，因思旧游二首》。

据姚勖自撰墓志文可知：姚勖并娶其堂舅王公干女为妻，其父胜为金州录事参军，为勖之堂舅。祁县王氏、荥阳郑氏及河东薛氏均为唐代望族，姚氏他们皆有姻亲关系，表明封建社会讲究“门当户对”的婚姻状况。此是否与姚合曾任金州刺史有关?须先查阅姚合刺金时间。

关于姚合郡望，史书多以为陕郡硖石人，今河南三门峡市人。《新唐书·宰相世系表》列姚合名于“陕郡姚氏”，辛文房《唐才子传》亦云:“合，陕州人。”康海《武功县志》卷2《官师》更明载曰:“姚合，(陕郡）硖石人。”历代皆无异议。新版《辞海·姚合》条及北京语言学院《中国文学家辞典》仍承其说。然此实因新、旧《唐书》作者误以姚合为唐名相姚崇嫡裔所致。近人罗振玉《李公夫人吴兴姚氏墓志跋》已考姚合非姚崇之曾孙或玄孙，而是姚崇之兄姚元景的曾孙。徐希平《姚合杂考》在肯定罗说基础上，又引吴企明《〈全唐诗〉姚合传订补》[①] 以姚合《送陆侍御归扬州》所涉故

① 吴企明:《〈全唐诗〉姚合传订补》,《杭州大学学报（哲学社会科学版)》1979年第4期。

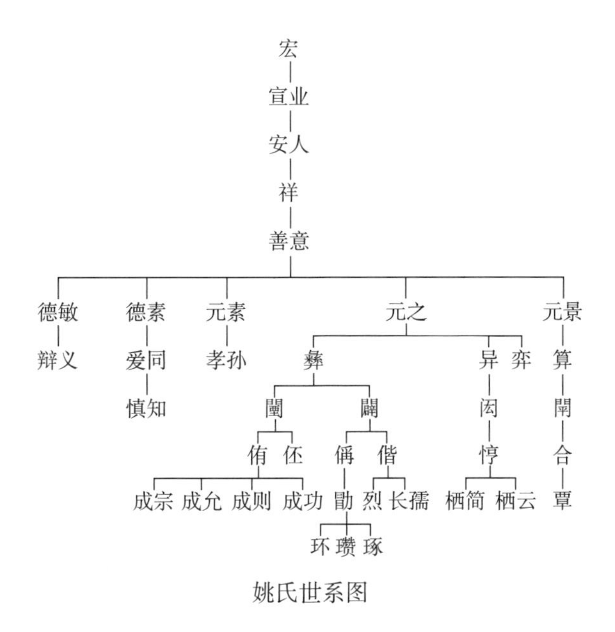

姚氏世系图

乡地名，断为吴兴，即今湖州人。而张应桥《唐名相姚崇五世孙姚勖自撰墓志简释》[①]则表明，其为姚合侄子，自名为吴兴人。此文对姚崇世系进行列表，极明晰：

《姚合》墓志应该是姚合研究的核心与基础。依《姚合墓志》等可知。

姚合大历十二年（777）出生。

贞元五年（789），乙巳，13岁。

贞元二十年（804），甲申，28岁，在北方从军。

元和四年（809），己丑，33岁，在河南游历，隐居嵩山附近。《客游旅怀》："旧居嵩阳下"，《姚合墓志》的记载还告诉我们，他在进士及第后就去了魏博幕府：

> 元和中，以进士随贡来京师就春闱，试而能诗，声振辇下。为诗脱俗韵，如洗尘滓，旨义必辅教化。学诗者望门而趋，若奔洙泗然。数岁登第，田令公镇魏，辟为节度巡官。始命试秘省校书，转节度参谋，改协律，为观察支使。中令入觐，公随之，授武功主簿。韩文公尹京兆，爱清才，奏为万年尉。入台为监察，改殿中侍御史，寻迁户部外郎，出刺金州……公娶相州内黄丞卢公肇之女，生一子一女。子曰覃；女适进士、河东节度推官、试协律郎太原郭图。别女二人，俱稚年；嗣子覃，前数年已明二经，中第，性厚而文，不陨先业，将应宗伯试而家不造仁……[②]

① 张应桥：《唐名相姚崇五世孙姚勖自撰墓志简释》，《河南科技大学学报（社会科学版）》2010年第5期。

② 姚学谋：《洛阳新发现为唐朝著名诗人姚合墓志》，《三门峡史志》2009年第3期。

从魏博节度使任职看，他是去了田弘正幕府，时间跨度合适。由他的子女情况推测姚合是在进士及第前结婚，也很可能是在魏博结婚。“内黄，紧县，西北去（相）州八十里”。

魏博节度使先后由田承嗣、田悦、田绪（764—796）、田季安（781—812）、田弘正（764—821）等执掌。按照《旧宪宗本纪》有关魏博记载：“（元和七年）十一月丙辰朔。乙丑，诏：‘田兴（弘正）以魏博请命，宜令司封郎中、知制诰裴度往彼宣慰，赐三军赏钱一百五十万贯，以河阴院诸道合进内库物充。六州诸县宣达朝旨……辛巳前魏博节度副使田怀谏为右监门卫将军，赐宅一区、刍粟等……己亥，魏博奏管内州县官员二百五十三员，请吏部诠注……（元和八年夏四月）辛亥，赐魏博田弘正钱二十万贯，收市军粮。庚申，河中尹张弘靖奏修古舜城……（九年秋七月）己巳，加田弘正检校右仆射，赏三军钱二十万贯。’”[①]《新唐书·列传七三田弘正》（元和十五年）：“是岁来朝，对麟德殿，眷劳殊等；引见僚佐将校二百余人，皆有班赐；进兼侍中，实封户三百；擢其兄融为太子宾客、东都留司。”[②]“穆宗以（田）弘正检校司徒兼中书令”“故（墓志）称田弘正为田令公”[③]。

结合以上信息，可知：姚合元和十一年进士及第后，未及铨选考试，直接到了田弘正幕府，辟为节度巡官。始命试秘书省校书郎，转节度参谋，试协律，为观察支使，元和十三年，在杀了李师道以后，田弘正入谨，封官拔擢者200余人。其中应该包括姚合，被授予武功主簿，这是正式释褐官，档案正式进入吏部。此前所任职事应该属于地方幕府官及京师临时任官，像我们今天的实习性质。协律、观察支使。节度使辖内五品官的任命，权利归节度使，宪宗有明确诏书，可参考《旧宪宗本纪》。

《新居秋夕寄李廓》云：“数杯罢复去，共想山中年。”李廓，姚合诗友，宰相李程之子。元和十三年登进士及第，调司经局正字，出为户县令。大中中，卒武宁节度使[④]，以诗闻，《全唐诗》存诗18首。

元和六年（811）回吴兴。

元和七年冬入长安，准备进士考试，十一年进士及第，年39岁。其“三十登高科，前涂浩难测”（《答韩湘》）。当理解为三十多岁才进士及第。不一定就刚好三十岁，按照我们这个排序，应该已经是39岁才中第。

---

① 《旧唐书》，卷15，第444-450页。

② 《旧唐书·田弘正传》，卷73，第4783页。

③ 姚学谋：《洛阳新发现唐朝著名诗人姚合墓志》，《三门峡史志》2009年第3期。

④ 参见两唐书本传、《唐才子传》。

元和十二年（817），魏博幕府，行走在田弘正门下。

元和十三年（818），魏博幕府。

元和十四年（819），二月随田弘正入谨。“癸酉（二十五日），加田弘正检校司徒、同平章事”[①]。时间为公元819年3月24日。

释褐为武功县主簿。《唐六典》卷30《府都护州县官吏》：“京兆、河南、太原诸县，令一人正六品，丞一人正八品，主簿一人正九品上。尉二人，正九品下。主簿掌付事勾稽，省署抄目，纠正非违，监印，给纸笔、杂用之事。”其职责相当于“办公室主任”。

《杏园宴上谢座主》大约作于元和十一年或稍后：“得陪桃李植芳丛，别感生成太昊功。今日无言春雨后，似含冷涕谢东风。”[②]

元和十四年（819），夏日朱庆余赴武功，作《夏日题武功姚主簿》。另外从姚合墓志铭关于子女记载看，姚合去世时66岁，儿子二次通过明经考试，由“三十老明经五十少进士”的唐人流行看法来推断，姚合儿子覃可能不到三十岁。姚合很可能是在进士及第以后到了魏博田弘正幕府与卢氏结婚。姚合去世时儿子覃大约二十六七岁。长女已经结婚数年，二幼女尚小。

元和十五年（820），武功主簿。穆宗长庆二年（822），罢武功主簿，入城。《罢武功主簿将入城二首》。《墓志文》告诉我们这得益于任京兆尹的韩愈的赏识。穆宗长庆二年（822），富平尉，不久以病辞。

长庆三年（823）秋，转长安县尉[③]。期间，与韩愈游南溪，与韩湘子驸马崔杞、贾岛、张籍、顾非熊、雍陶往还。贾岛归宿姚合北斋数日，其《宿姚少府北斋》：“石溪同夜泛，复此北斋期。”由此可知姚合石溪，也是南溪，在长安城南，终南山脚。

宝历二年（826），丙午，49岁。夏，受辟为夏州节度傅良弼幕中掌书记。姚合作《送朱庆余及第归越》。《送李侍御过夏州》，李过夏州，姚有送诗，可见姚合必在夏州；李频有《送姚侍御充渭北掌书记》，诗云：“一抚绥初易帅，参画尽须人。”诗中所云与姚合自言得进士“十年后入金门”作侍御、“遣脱儒衣裳”无不相符，知姚是带着御史之衔充渭北军掌书记的。据《唐方镇年表》载，夏绥银有节度观察使，长庆元年至四年是李佑。

文宗大和元年，在夏州，无可来访，有《送无可上人游边》《喜贾岛至》。大和元年正月为监察，二月至二年三月为殿中侍御，东都留台。与贾岛、马戴、刘禹锡会

---

① 《资治通鉴》，宪宗元和十四年，卷241。

② 《全唐诗》，卷501。

③ 郭文镐：《姚合仕履考略》，《浙江学刊》1988年第3期，第43页。

洛阳。

大和二年春拜白居易，有诗赠姚《姚侍御见过戏赠》。寒食假期满，离任东都留台，回京师，任侍御史。张籍《寒食寄姚侍御》，姚合回《酬答张司业见寄》。二年秋，王建出任陕州司马。姚合《赠王建司马》，张籍、贾岛、刘禹锡同时有赠诗。是冬，无可有《冬中与诸公会宿姚端公宅怀永乐殷侍御》《秋暮与诸文士集宿姚端公所居》。李肇《唐国史补》载，在御史台办公值班者，被尊为“端公”。十一月二十日大明宫昭德寺火灾。《资治通鉴》卷243唐纪59“大和二年戊申（828），十一月癸未朔，甲辰，禁中昭德寺火，延及宫人所居，烧死者数百人”。《旧唐书》卷165《温造传》：“太和二年十一月，宫中昭德寺火。寺在宣政殿东隔垣，火势将及，宰臣、两省、京兆尹、中尉、枢密，皆环立于日华门外，令神策兵士救之，晡后稍息。是日，唯台官不到……温造、姚合、崔蠡各罚一月俸料。”

大和三年（829），己酉，52岁。初夏转户部员外郎（掌领天下户口，从六品上）。至大和七年（833），五十四岁。

大和七年，三月杨嗣复为尚书左丞，姚合七月得以出任金州刺史。方干《送姚员外赴金州》。

大和八年（834）秋，七月回京，任刑部郎中。

大和九年（835），59岁。春，赴任杭州刺史。贾岛《送姚杭州》。白居易、刘得仁等都有别诗。

开成二年（837），丁巳，60岁。春离开杭州，经洛阳（与裴度唱和），夏至长安。贾岛《喜姚郎中自杭州回》。出任中书右谏议大夫。编王维、祖咏等21人诗集为《极玄集》。李频千里投奔姚合。

开成三年（838），61岁。迁给事中（门下省，正五品上）。

开成四年（839），63岁。八月一日出任陕虢观察使。

武宗会昌元年（841），65岁。正月，迁秘书少监（秘书省副职，从四品上）。喻凫释褐为校书郎，回毗陵省亲，姚合、贾岛、顾非熊诗送。

会昌二年（842），壬戌，66岁。夏五月辞以目视不明，颐摄私第。七月二十八日贾岛卒于普州官舍，作《哭贾岛二首》。苏绛《贾公墓志铭》。冬十二月寝疾，二十五日乙酉弃手足于靖恭里，享年六十有六。会昌三年正月二十三子覃护柩车归东周，八月二十八甲申，窆河南府河南县伊汭乡万安山南原，袝皇祖茔，礼也。

方干《哭秘书姚监》。由其《寄李频》诗可知，晚年长年卧病：“闭门常不出，惟觉长庭莎。朋友来看少，诗书卧读多。命随才共薄，愁与辞相和。珍重君名字，新登甲乙科。”从《唐故朝请大夫秘书监礼部尚书吴兴姚府君（合）墓志铭并序》、王达津的《姚合的诗和姚合生平》、吴企明的《〈全唐诗〉姚合传补丁》、曹芳林的《姚合在御史台任职考》《姚合三次从军考》《姚合年谱》、徐希平的《姚合杂考》、《关于姚合生平若干问题的考察——向邝健行先生求教》、谢荣福的《读姚合诗杂考三则》、郭文镐的《姚合佐魏博幕及贾岛东游魏博考》《姚合仕旅考略》《姚合从军夏绥辨》等看其任职是可以确定的，主要包括：武功主簿、万年尉、监察御史、分司东都、殿中侍御史、侍御史、户部员外郎、金州刺史、刑户二部郎中、杭州刺史、谏议大夫、陕虢观察史、给事中、秘书少监等，但对其具体任职时间还存在争议。

《姚合墓志盖》

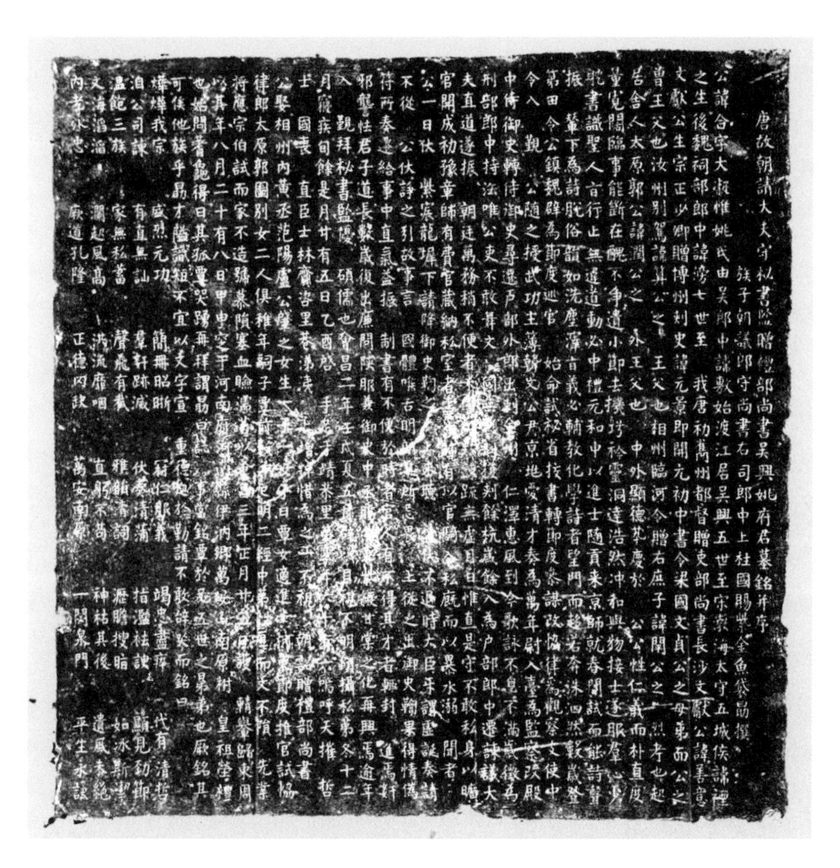

洛阳新发现唐代《姚合墓志》拓片（照片由姚学谋先生提供）

二、姚合交游

从以上粗线条的行状勾勒中，我们看到与姚合最亲近的人是贾岛。在以诗歌创作为生命的姚贾的交往中，贾岛或赋诗相送，或追随前往看望移地做官的姚合。诗歌往还成为今人研究他们的重要资料。而对唐人研究早在宋代就已开始。作为韩愈孟郊以后的又一流派，姚贾更直接地影响到晚唐五代的文学诗歌创作。在综合考察姚贾研究成果后，吉林大学沈文凡、周非非认为张震英研究成果突出[①]。张震英《姚贾定交考论》[②]一文就姚合与贾岛定交的时间地点进行了考证，“宪宗元和年间，贾岛为求逃禅应举，多次来往于幽州和京洛之间，路经相州时便在姚合宅中羁留，姚贾初识应在元和五年贾岛入洛和游赵之时，地点在河北道相州”。《论姚合、贾岛对唐诗山水田园审美主题的新变》一文指出，“姚、贾对山水田园审美主题的继承使后人将其与陶、谢、王、孟、钱、郎、韦、柳等诗人组合相提并论，成为山水田园诗歌发展历程中承上启下的重要环节”[③]。并总结了姚贾新变趋势的主要表现：“由写景诗向咏物诗靠拢，由田园诗向庭院诗转型，由写景诗向咏物诗靠拢，由浑融完整到有句无篇，由开阔自然走向局促雕琢，由情景相应到以意为景等”，认为这一系列新变使得山水田园审美主题在晚唐五代呈现出新的风貌，“开启了宋代山水田园诗歌的基本特色，同时也在某种程度上奠定了姚、贾在唐诗史中独树一帜的地位”。白文从接受史的角度对姚贾诗歌有了新的认识，指出姚贾同时期的读者对二人是分别接受的，“或者说是将其作为姚贾诗人群体中的两个个体进行接受的”。贾岛因韩愈等人的举荐，元和年间即有诗名，人们对其诗风和创作态度都有认识。姚合则是长庆初年后成名，人们对其认识主要在其雅正一面。“在贾岛偃蹇潦倒而姚合仕途渐趋通达并且乐于奖掖后进的情况下，姚合逐渐成为姚贾诗人群体的实际领袖人物”。对姚合诗歌深入评论欣赏是从晚唐五代开始的。宋文则对姚贾的分期进行了探讨，古人多将姚贾划分在晚唐，而现当代人文学史对姚贾的时代归属大概分三种情况：一是看作韩门弟子分于中唐；二是因生活时代及影响置于晚唐；三是认为二人处于中唐向晚唐过渡阶段。宋女士提出研究时代归属的两个依据：诗人生活的时代以及诗风形成的时期。文章对姚贾生活时代、交游情况以及诗风、影响进行分析，指出二人在中晚唐都生活了很长时间，但其诗风成形于中唐，且其影响下的诗风并非晚唐诗风的主流，因此得出结论——姚贾应作为中唐诗人研究。沈、周二人在总结蔡嘉德、吕维新、钱时霖有关姚合、张籍等人茶诗研究成果时认为，在扩展姚贾诗歌题材方面有所开拓。

在我们今天探讨茶与唐诗，茶与唐代文人与唐代文化时，明显地感到：一方面文学院教授们对唐代茶诗茶道文明的隔膜使他们缺失了从茶道体系考察诗人的维度；另一方面，由于术业有专攻，研究茶文化的人们对文学史及诗歌艺术的隔膜，制约了我

---

① 沈文凡、周非非：《唐代诗人姚合研究综述》，《东北师大学报（哲学社会科学版）》2007年第3期。

② 张震英：《姚贾定交考论》，《雁北师范学院学报》2002年第4期。

③ 张震英：《论姚合、贾岛对唐诗山水田园审美主题的新变》，《文艺研究》2006年第1期。

们更深层次地探索茶道对于唐代诗人对唐代文化发展的影响。

诗歌、茶道作为唐文化支流，与史学界以政治、军事、外交、文化为主体的考察对象，在历史时期划分上有一定差别。因为，当我们将茶道文化作为一种新型的综合文化形式、把茶饮作为一种社会风尚来考察时，我们发现，在唐帝国日渐衰微时，饮茶风尚与茶道文明则进入其历史发展的盛期。

姚合的茶诗数量不多，但深得茶中滋味。但他的整体诗歌意境与以上艺术特点却与茶道内涵极为契合。而贾岛茶诗相对较多，茶与诗歌创作相互影响更为明显一些。

与白居易、韩愈等唐代大茶人一样，姚合具有较高的社会与政治地位。但与白居易不同，我们发现姚合一直生活在简淡与清寒之中，虽以儒家学说为立身之本，但与佛道有千丝万缕的关联。如果我们不了解姚合的经历，只是看他的诗歌和他的选集《极玄集》，很易于将他归类于隐逸艺人！而他本人与韩愈、白居易、李德裕、杨嗣复这些中晚唐炽盛一时的人物有较为密切的联系。我们知道，李德裕、杨嗣复则属于水火不容的两党派系。

三、与元白联系紧密的长安茶人集团盟主

姚合（779—855）年龄虽略晚于白居易（772—846），但是进士及第及释褐为官却远远晚于白乐天。白乐天早在贞元十九年（803）与哥舒恒、崔玄亮同以书判拔萃科登第，释褐秘书省校书郎，与元稹、王起订交，与崔玄亮、吕炅同年，暂居原宰相关播庭园。元和元年（806）任周至尉，以《长恨歌》名震天下。即于次年调进士考官，很快被进为翰林学士、元和三年任左拾遗。而姚合迟至元和十一年（816）进士及第，释褐武功尉。两人生活在唐代关中大地上的两个层面。据可考资料，姚合初次拜见白居易已经迟至姚合任职东都御史台的大和元年冬之二年（828）春白居易以秘书监（正三品）身份充乌重胤吊祭使路过东都。有诗为证——《姚侍御见过戏赠》。这个时候白居易已经经历了江州被贬、任过忠州、杭州、苏州刺史。而姚合才刚刚进入朝官序列，且在东都，与京师还有一定的距离。两人都早已经进入壮年。即使如此，姚合受白居易影响颇大。其大和元年《过天津桥晴望》：“皇宫对嵩顶，清洛惯诚心。雪路初晴出，人家向晚深。”一改“武功体”清寒枯寂寥落惆怅的情态。白居易清况神逸、豁达明丽的气韵对他产生的影响显而易见[①]。不仅如此，就新任杭州刺史以后，白居易对姚合也有由衷的提示。杭州白堤是一代诗人爱民奉国的体现，作为杭州刺史的白居易已经为后继者做出了榜样，诗酒琴茶，仅仅只能是闲暇之雅！

---

① 参考周衡：《论姚合与白居易的交往及其影响》，《太原大学学报》2015年第1期，第58页。

洛阳、杭州、湖州都是茶诗的发达名郡。乐天有诗，姚合不可或缺。

（一）姚合的性格与茶诗创作

首先，关于“武功体”诗歌的特点及其年代。《新唐书》：“合，元和中进士及第，调武功尉，善诗，世号姚武功者。”清纪昀云：“于是乾嘉一派，以晚唐体矫之而四灵出焉，然四灵为晚唐，其所宗实止姚合一家所谓‘武功体’者是也。其法以新切为宗，而写景细琐，边幅太狭，遂为宋末‘江湖’之滥觞。”①张震英将“武功体”的创作期间大致定为起自任武功县主簿，经历富平尉、万年尉等小官，其中包括短暂去职闲居的时间，止于重新在洛阳官监察御史仕宦显达之前的一段时间，即起于元和十五年（820）止于敬宗宝历二年（826）之前五六年的时间，这是诗人一生仕宦生涯最不得意的阶段，但作品却最极有成就，内容多表现“多历下邑，官况萧条，山县荒凉，风景凋敝”的卑官生活和抒发自己内心种种复杂的感受。这类作品以《武功县中作》和思想内容及风格特色均类的《闲居遣怀》十首、《游春》十二首等为代表。并说“武功体”语言流利晓畅，常以口语入诗，显得较为通俗，抒情舒缓自然，结构亦疏散，与表现出的从容不迫安舒娴雅的情绪相结合，共同构成了浅近平淡的风格特色。“武功体”多写日常生活的琐事，意象“琐屑纤巧”，姚合诗歌所用意象可分为自然景物类、动物昆虫类、植物类和情绪类四种，自然景物多集于山、水、雨、雾、云、寺、阶、石等上，视野多显得狭小而局促；动物昆虫类主要集中于马、鸟、鹤、蜂、蝶、莺、虫几种，在诗篇中出现密集，一步不可离，显得单一而缺少变化；植物类则不出竹、花、菊、树、叶、草等，略显单调，情绪类则俱是愁、穷、寒、冷、贫、病、忧、苦等晦暗词语，给人以阴的感觉。“武功体”意象单一，“又所用料不过花、竹、鹤、僧、琴、药、茶、酒，于此几物，一步不可离，而气象小矣”。故而在运用中时有重复，“十二首中，凡用马、鸡、药、酒、琴、竹、花、石、诗、书、风、雨、山、水、病、贫字样，多复”，534首诗中，诗酒出现分别达18次和150次，二者合计达288次；此外姚合又多写“愁”②。这些具体的以数据为基础的总结，是较为缜密的，也是基本符合实际的。同时也注意到：“在不能积极进取、实现理想抱负之际，不随波逐流、趋炎附势，保持人格的清白也并非易事，诗人在此选择了安贫乐道、淡泊明志以求独善其身的道路。”③张氏一味强调僻邑卑官的影响、借债度日以至于赊酒空赎为酒家一再拒绝等客观现实的影响，因而成为一种末世的社会心理与审美情趣的典型代表④。

---

① 《四库全书总目》，卷165，中华书局，1965年，第1410页。

② 张震英：《论“武功体”》，《兰州大学学报（社会科学版）》2003年第3期。

③ 同②，第32页。

④ 同②，第33页。

武功县现貌

武功为畿县，滨漆水河而建，北接奉天，南滨渭水，西界岐州扶风县。唐太宗、隋炀帝均生于武功。武功，并非偏僻小县，富平也不是穷乡僻壤，万年县更是上都所在之地。《新唐书·地理志》卷37志27：武功（畿。武德三年，以武功、好畤、盩厔及郇州之郿、凤泉置稷州，又析始平置扶风县，四年以岐州之围川隶之，七年以郿隶岐州。贞观元年州废，省扶风，以围川、凤泉隶岐州，盩厔、武功隶雍州。天授二年，复以武功、始平、奉天、盩厔、好畤置稷州，大足元年州废。有太一山，高十八里。有庆善宫，临渭水。武德元年，高祖以旧第置宫，后废为慈德寺。西原，殇帝所葬）。富平（次赤。有荆山，有盐池泽。定陵在西北十五里龙泉山，元陵在西北二十五里檀山，丰陵在东三十三里瓮金山，章陵在西北二十里，简陵在西北四十里）。

武功在上都以西80里地。是古代周人先祖后稷教人稼穑的农业文明发祥地，隋炀帝杨广、唐太宗李世民的出生之地。这些姚合不能不知道。此外作为释褐为官，作为三县县尉，并不是个体的特例。白居易所任周至尉与武功分别在渭河南北，而古代周至县比仙游寺还远，在秦岭山里。上都就在万年与长安两县之上。

《武功县中作三十首》真实地写真了自己的所见所闻所思，但从对僻县卑官的自嘲中，对蹇冏的物质生活的一丝丝嫌怨中，并没有给人压抑以至于窒息的感觉，反而有一种自信的从容。

在我看来，姚合性格使然，经历使然。姚合元和八年（813）就来到长安，元和十一年中第。此前多所游历。从他的诗歌可以看到他很可能出生于吴兴霅溪，亲戚在毗陵、嵩洛、硖州为官，他一方面投靠族人亲友、一方面进入寺院、道观。与僧人、道士的亲近应该比白居易更早更近。而其中僧人更多。他在进士及第时已经近40岁，且又在地方为八九品的卑官，与白居易、韩愈、刘禹锡、李德裕等在政治地位、社会资源方面，差距极大。他接触的人、结交的人，主要是下层。《全唐诗》卷496姚合

《送喻凫校书归毗陵》:“主人庭叶黑，诗稿更谁书。阙下科名出，乡中赋籍除。山春烟树众，江远晚帆疏。吾亦家吴者，无因到弊庐。”祖籍在越在湖？相对于上都，越州湖州都是家乡。《全唐诗》卷496姚合《送朱庆馀及第后归越》:“劝君缓上车，乡里有吾庐。”《全唐诗》卷500姚合《陕城即事》应该是陕虢观察使时的作品：“左右分京阙，黄河与宅连。何功来此地，窃位已经年。天下才弥小，关中镇最先。陇山望可见，惆怅是穷边。理人人自理，朝朝渐觉簿书稀。”但我们从中，没有透露出这里是否就是老家的丝毫信息。但硖州有他的亲属，有叔伯叔父辈。

《武功县中作》自我描摹：“自知狂僻性，吏事固相疏。只野客教长醉，高僧劝早归。净爱山僧饭，闲披野客衣。”阅览姚合唱和诗或赠诗，姚合与之交往的高僧就有无可、默然、韬光、文著、陟遐、贞石、栖真、元绪、敬法师、清敬阇梨、游边（一说无可）、澄江、灵一、晖、不疑、纵、稠、昙花宝、钦、郁上人、供奉僧次融、法通僧、不出院僧、少室山痲襦僧、王度居士、卢沙弥小师、僧绍明、僧云端、崔之仁山人、孙山人、终南山傅山人、张质山人、王山人、紫阁隐者、崔道士、砚山孙道士、王尊师等，其中交往最多的是无可、默然二人。这些人广泛分布于福州、扬州、杭州、兴元、洛阳、长安、毗陵等。他的交游远非一般乡贡进士可比。“近贫日益廉，近富日益贪”。与方外之人交往多了，对官职、俸禄、家庭自然就降低要求！但更坚定了独善其身淡泊明志的内心坚守。

清廉、淡泊的品格是一贯的，并不因官位提高就变化。《全唐诗》卷502姚合《新昌里》:“旧客常乐坊，井泉浊而咸。新屋新昌里，井泉清而甘。僮仆惯苦饮，食美翻憎嫌。朝朝忍饥行，戚戚如难堪。中下无正性，所习便淫耽。一染不可变，甚于茜与蓝。近贫日益廉，近富日益贪。以此当自警，慎勿信邪谗。”多与高僧道士交往，听其讲法、弹琴、煎茶、赏画、煮药、草书，与其说是际遇如此，不如说是另外一种修行，一种对清廉与朴素的坚守。

而《全唐诗》卷500《杭州官舍偶书》最能体现姚合自己的性格特点，他给自己画了一个官场像：“钱塘刺史谩题诗，贫褊无恩懦少威。春尽酒杯花影在，潮回画槛水声微，闲吟山际邀僧上，暮入林中看鹤归。”[①]

即使位居三品杭州刺史仍然是“临江府署清，闲卧复闲行。苔藓疏尘色，梧桐出雨声。渐除身外事，暗作道家名。更喜仙山近，庭前药自生”[②]。

最终到了唐朝政治中心的大明宫，他还是很“孱懦”:“默默沧江老，官分右掖荣。立朝班近殿，奏直上知名。晓雾和香气，晴楼下乐声。蜀笺金屑腻，月兔笔毫精。禁

① 《全唐诗》，第15册，卷500，第5689页。

② 姚合:《杭州官舍即事》,《全唐诗》，卷500，第5696页。

树霏烟覆，宫墙瑞草生。露盘秋更出，玉漏昼还清。碧藓无尘染，寒蝉似鸟鸣。竹深云自宿，天近日先明。孱懦难封诏，疏愚但掷觥。素餐终日足，宁免众人轻。”①

不需多举例，姚合的这种性格与从曾祖父姚崇不可同日而语，且有天地之别。真的很孱懦吗？并非如此，他只是不想在官场有太多的纠葛、对金钱有些微的贪欲。“孱懦”以外的另一种经历与性格。从军而后有对刚强的向往与歌颂。《全唐诗》卷502姚合《剑器词三首》是对不久结束的元和运兵的追忆，“展旗遮日黑，驱马饮河枯”很有气势，“破虏行千里，三军意气粗。展旗遮日黑，驱马饮河枯。邻境求兵略，皇恩索阵图。元和太平乐，自古恐应无”②。

《全唐诗》卷502姚合《从军乐二首》则是对自己从军生涯的追忆，写的是自己的经历。与一般持枪舞剑的兵士有别，姚合作为进士，则谋求张良、韩信一样的功绩，戒掉嗜酒恶习，寻找并细细阅读，以至于眼睛疼痛而花眼，呼吸不畅引起肺病，人也瘦了，说话也变得粗俗粗狂，与年轻气盛的士兵在一起，显得苍老，偷着用镊子拔掉白胡须：“每日寻兵籍，经年别酒徒。眼疼长不校，肺病且还无。僮仆惊衣窄，亲情觉语粗。几时得归去，依旧作山夫。朝朝十指痛，唯署点兵符。贫贱依前在，颠狂一半无。身惭山友弃，胆赖酒杯扶。谁道从军乐，年来镊白须。”③

《全唐诗》卷502姚合《闻魏州破贼》被视为是对元和十四年（819）正月田弘正打败李师道于阳毂，后者为部下刘铻所杀，河北割据受到打击的战况。表现了本人强烈的爱国热情与匡危救难的责任感，同时也对武将保有极大期望④。

“生灵苏息到元和，上将功成自执戈。烟雾扫开尊北岳，蛟龙斩断净南河。旗回海眼军容壮，兵合天心杀气多。从此四方无一事，朝朝雨露是恩波”⑤。“滥得进士名，才用苦不长。性癖艺亦独，十年作诗章。六义虽粗成，名字犹未扬。将军俯招引，遣脱儒衣裳。常恐虚受恩，不惯把刀枪。又无远筹略，坐使虏灭亡。昨来发兵师，各各赴战场。顾我同老弱，不得随戎行”⑥。

丈夫生世间，职分贵所当。谁不恋其家，其家无风霜。鹰鹘念搏击，岂贵食满肠。姚合诗文洋溢着效命疆场的进取精神。

是三次从军，还是二次从军，是否做过渭北书记，学术界有争议，但军中是待过的，而且“每日寻兵籍，经年别酒徒”。“从军不出门，岂异病在床”。“鹰鹘念搏击，

---

① 《省直书事》，《全唐诗》，卷500，第5689页。

② 《全唐诗》，卷502，第5709页。

③ 《全唐诗》，卷502，第5709页。

④ 张震英：《诗句无人识，应须把剑看》，《湖州师范学院学报》2002年第5期，第4、5页。

⑤ 姚合：《从军行》，《全唐诗》，卷502，第5713页。

⑥ 《全唐诗》，第5714页。

岂贵食满肠”不啻是姚合的一种自我激励。

晚唐时，除河北、郑滑割据外，唐朝最大威胁来自西南的吐蕃与南诏，而且南诏与吐蕃每每相表里进行军事骚扰。

“将军作镇古汧州，水腻山春节气柔。箭利弓调四镇兵，蕃人不敢近东行。清夜满城丝管散，行人不信是边头”（《穷边词》其一）。“沿边千里浑无事，唯见平安火入城”（《穷边词》其二）。诗中“汧州”并不遥远，就在今宝鸡千阳县，紧邻初唐最大行宫九成宫，已经属于关内道地盘。

对边将充满殷切期望的心情还表现在《送李廓待御赴西川行营》《送刑郎中赴太原》《田使君赴蔡州》《送李侍御过夏州》《送贾謩赴共城营田》诗文中。

我们再回头细品《心怀霜》，就会感到作者在艰苦中饮冰励节：“欲识为诗苦，秋霜若在心。神清方耿耿，气肃觉沈沈。皓素中方委，严凝得更深。依稀轻夕渚，仿佛在寒林。思劲凄孤韵，声酸激冷吟。还如饮冰士，励节望知音。”[①]

通过对以上姚诗的简单阅读，我们可以说，姚合虽然终至三品高官但并不贪图权利，而保持低调清廉简约，甚至于表现出缺乏霸气与威仪而“孱懦”，但实际却是专一行爱一行，孜孜以求的人，内心极为坚韧强大。写到病、写到贫、写到赊账沽酒、写到愁、写到血流无尘、写到孤孑、冷清、京城无亲等，看起来比较负面的环境与机遇，但姚合没有生不逢时的哀怨，而显示了中和与平淡。

另一面，在繁华与喧闹里，唐朝诗人都写长安的四季，写曲江，写杏园，写丽人，写有皇帝参加的佛经讲座，从李白的“云想衣裳花想容”，到杜甫的“三月三日天气新，长安水边多丽人。态浓意远淑且真，肌理细腻骨肉匀。绣罗衣裳照暮春，蹙金孔雀银麒麟”，但我们发现姚合却显得特别的矜持：“紫殿讲筵邻御座，青宫宾榻入龙楼。从来共结归山侣，今日多应独自休。”[②]这应该是大明宫里边的翰苑，宰相办公之余散步的地方，偶尔还有高僧做俗讲。《咏南池嘉莲》：“芙蓉池里叶田田，一本双花出碧泉。浓淡共妍香各散，东西分艳蒂相连。自知政术无他异，纵是祯祥亦偶然。”[③]《杏园》：“江头数顷杏花开，车马争先尽此来。欲待无人连夜看，黄昏树树满尘埃。”[④]姚合是一个不喜喧闹而喜欢独处之人，本人很是沉静，近乎“慵懒”。

再看看他回答韩湘时的自谦而又不流于俗的情态：“疏散无世用，为文乏天格。把笔日不休，忽忽有所得。所得良自慰，不求他人识。子独访我来，致诗过相饰。君子

---

① 《心怀霜》,《全唐诗》，第5712页。

② 《和高谏议蒙兼宾客时入翰苑》,《全唐诗》，卷501，第5692页。

③ 《全唐诗》，卷502，第5706页。

④ 《全唐诗》，卷502。

无浮言，此诗应亦直。但虑忧我深，鉴亦随之惑。子在名场中，屡战还屡北。我无数子明，端坐空叹息。昨闻过春关，名系吏部籍。三十登高科，前途浩难测。诗人多峭冷，如水在胸臆。岂随寻常人，五藏为酒食。期来作酬章，危坐吟到夕。难为间其辞，益贵我纸墨。”[①]从诗意看：韩湘来京准备考试，来诗谒姚合这位京城名人。在这首诗中，对于一个在考场屡战屡败者来说，主要还是安慰，以自己的经历来进行开导：自己喜好创作，但没有太高天赋，也不想图名逐利。你的诗极有君子气象，很有价值。比我还有造诣。我本人户籍还在吏部，“前途浩难测”。“诗人多峭冷，如水在胸臆”是姚合送给韩湘的赠言。这也是自己对诗人树立的一面镜子。

姚合低调，朴素，没有锋芒，但并非没有是非标准，而是追求深刻与峭冷，不沉湎流俗：相互吹捧，抬高身价。

在所有的作品中，我们没有发现姚合有应制作品，姚合《奉和四松》：“四松相对植，苍翠映中台。擢干凌空去，移根劚石开。阴阳气潜煦，造化手亲栽。日月滋佳色，烟霄长异材。清音胜在涧，寒影遍生苔。静绕霜沾履，闲看酒满杯。同荣朱户际，永日白云隈。密叶闻风度，高枝见鹤来。赏心难可尽，丽什妙难裁。此地无因到，循环几百回。”[②]给人以极为平和中庸的感觉，既不清苦荒寒，也不华贵扬厉。

姚合《寻僧不遇》：“入门愁自散，不假见僧翁。花落煎茶水，松生醒酒风。拂床寻古画，拔刺看新丛。别有游人见，多疑住此中。”[③]展示的是与方外缁侣的融洽互信和脱离世俗的潇洒从容，拜访高僧，主人不在，便自己动手煮水煎茶，在僧舍里搜寻古画悦赏。“花落煎茶水”“拔刺看新丛”告诉人们，时序当在春天。

姚合《送无可上人游边》告诉人们，唐代出家人实际是肩负赡养父母的道德责任：“出家还养母，持律复能诗。”《送僧默然》：“出家侍母前，至孝自通禅。”[④]这也是贞观五年（631）太宗下诏旨：僧道致拜父母的延伸[⑤]。

（二）姚贾集团诗歌苦寒意境与茶的意趣

“本文所研究的姚合文人集团是一种文化职能集团，它是由知识阶层通过一定的社会关系，为了一定的目的组织起来进行文化活动的社会团体。这个文人集团的人员构成大致如下：核心人物——姚合。他就像众星拱月中的月亮，光芒四射、熠熠生辉。其他人在其周围，或点缀，或衬托，共同划亮了中晚唐漆黑的天空，给人们带来

---

① 《答韩湘》，《全唐诗》，卷501，第5703、5704页。
② 《全唐诗》，卷501，第5704页。
③ 《全唐诗》，卷501，第5703页。
④ 二诗均见《全唐诗》，卷496。
⑤ 参考吴丽娱：《唐高宗朝“僧道致拜君亲”的论争与龙朔修格》，《学术月刊》2020年第4期。

一丝惊喜。二号人物，当之无愧的是贾岛，他的文学造诣与姚合不相伯仲。其他成员大致可以分为以下三类：其一，士大夫，如殷尧藩（814年及第）、李廓（818年及第）、朱庆余（826年及第）、雍陶（834年及第）、喻凫（840年及第）、马戴（844年及第）、顾非熊（845年及第）等。其二，布衣，如方干、刘得仁等。他们文采斐然，但却屡考不中，最后隐逸山林。其三，僧人，如无可、清塞等。值得特别提出的是姚合文人集团诗人的苦吟与王昌龄的格势、意境说，皎然的苦思论关系尤著，“荒寒感”是姚合文人集团诗歌给人带来的最深的感受。诗中的荒寒境界不仅是指自然界景物的特点，更表现了诗人心中那种荒寒苍老的感受。在姚合文人集团诗中，荒寒是一种自觉的审美追求，荒寒的境界有着多重的表现，所以冷寒、萧疏、野逸、荒凉、幽独、空静、悠远、苍老、枯淡等感受都指向荒寒的境界，这些感受的叠加组成荒寒的境界[①]。

陕西历史博物馆展线上的唐代莲瓣纹白玉盒

首先，回顾茶道文明的传播。

茶道文明是中国茶事发展的阶段性成果，以陆羽《茶经》为标志，是茶叶饮用习俗成为普遍的社会风尚、茶叶生产达到一定的规模、茶事进入中国文人的精神生活领域并与已经存在的中国传统文化理论达到某种契合与中国知识分子的传统审美达到有机共享后，一种自然而然的文化整合的结果。在一定的环境下，以烹茶饮茶为契入以饮茶后的精神感受与思想艺术创造为自然延伸的新的体验形式或活动场域，是茶道的基本形式。《茶经》四之器、五之煮、六之饮是茶道的形而下的连续的必然的过程，《七之事》在形式上是茶事历史的追踪，其实是将茶作为价值观指代的精神标记，四部

① 胡遂、肖圣陶：《论姚合文人集团诗歌创作方式》，《求索》2008年第12期。

分结合起来形成中国茶道的基本模式，我们称之为茶道文明。与传统的儒学、道学与佛学有某种相通相容，但很明显，在陆羽的《茶经》里，茶道已经自成体系，我们谓之“茶道文明”。《茶经》既是对历史茶事的回顾与总结，又是对大唐茶事发展盛况的总结与提高。陆羽以前的唐人如骆宾王、孟浩然、李白、杜甫等已经将茶入诗。孟简先祖孟诜已经对茶的医药性质有了客观的把握。陆羽的青少年时期，中国人烹茶已经进入艺术化阶段，贡茶已经形成制度。《茶经》之价值在于，将艺茶与正心修身、治国安邦、和谐内外联系起来，赋予茶道以高远的文化政治旨趣。当茶道文明雏形在湖州形成后，迅速形成湖州饮茶集团。以该集团成员为主，以皎然、颜真卿、陆羽为核心的茶道文明传播的潮流形成，并很快达到高峰；这波浪潮以后，又形成元白刘柳韩孟的第二波浪潮，无疑白居易是其核心。中唐跨晚唐的是姚合、贾岛一派，晚唐以皮日休、陆龟蒙、秦韬玉为核心，继之是李中、齐己、李洞的晚唐五代茶道。这几拨这几个茶道传播的流派，在时间空间上既有间杂相错，又有一定的分别。唱和时以茶入诗，是茶道文明传播的最直接形式；其次是奉和与答赠诗歌中的茶事；而对茶事的特意描写更是茶道传播的重要形式。因此经过这几个形式，这几个阶段后，就地域而言，在晚唐，在《茶经》正式刊印之后，在各地茶人的诗歌创作异彩纷呈之时，上都成为茶诗创作中心，也成为茶道文明传播中心。

皎然茶诗对茶道文明的全方位观照，特别是茶道思想茶道精神的把控，基本代表唐代高度。

晚唐，如果以黄楼所标定的大中时代为开始，可以说晚唐茶道文明则达到历史新高峰。

在此，我们也看到，代宗、德宗与文宗皇帝在茶事推广上极为突出，从贡茶、税茶到榷茶，使社会消费发生了制度性变化，在上巳、帝诞日、重阳三节宴会上，以茶作为特殊御贶，在笼络地方、和谐中外方面发挥了政治作用；席间皇帝带头作诗，提高了茶的文化地位。从诗歌创作与出土文物看，大中—咸通时代达到唐茶道文明的尖峰。

在陆羽在湖州对《茶经》进行修订、补充的同时，皎然是茶道思想与茶艺理论的主要奠基人。他的诗歌涵盖了茶道文明的各个层次：有讲茶山与茶树。诗人墨客对茶的了解最先是对茶树与春天茶山茶园的赞叹，在皎然诗歌里也有。如：“太湖东西路，吴主古山前。所思不可见，归鸿自翩翩。何山赏春茗，何处弄春泉。莫是沧浪子，悠悠一钓船。”[1]讲烹茶，如：“暑气当宵尽，裴回坐月前。静依山堞近，凉入水扉偏。久

---

① （唐）皎然：《访陆处士羽（一作访陆羽处士不遇）》，《全唐诗》，卷816，第9192页。

是栖林客，初逢佐幕贤。爱君高野意，烹茗钓沦涟。”[①]形容茶香。既有春天茶园的芬芳，更多是对烹煮成功后的茶汤的鲜香，是人们最多关注的，也是直至今天人们喜爱绿茶的最直接原因。如：“九日山僧院，东篱菊也黄。俗人多泛酒，谁解助茶香。”[②]描写品茶过程，如：“结驷何翩翩，落叶暗寒渚。梦里春谷泉，愁中洞庭雨。聊持剡山茗，以代宜城醑。”[③]“丹丘羽人轻玉食，采茶饮之生羽翼。名藏仙府世空知，骨化云宫人不识。云山童子调金铛，楚人茶经虚得名。霜天半夜芳草折，烂漫缃花啜又生。赏君此茶祛我疾，使人胸中荡忧栗。日上香炉情未毕，醉踏虎溪云，高歌送君出”[④]。“喜见幽人会，初开野客茶。日成东井叶，露采北山芽。文火香偏胜，寒泉味转嘉。投铛涌作沫，著碗聚生花。稍与禅经近，聊将睡网赊。知君在天目，此意日无涯”[⑤]。写关于采茶的有：“我有云泉邻渚山，山中茶事颇相关。鶗鴂鸣时芳草死，山家渐欲收茶子。伯劳飞日芳草滋，山僧又是采茶时。由来惯采无近远，阴岭长兮阳崖浅。大寒山下叶未生，小寒山中叶初卷。吴婉携笼上翠微，蒙蒙香刺罥春衣。迷山乍被落花乱，度水时惊啼鸟飞。家园不远乘露摘，归时露彩犹滴沥。初看怕出欺玉英，更取煎来胜金液。昨夜西峰雨色过，朝寻新茗复如何。女宫露涩青芽老，尧市人稀紫笋多。紫笋青芽谁得识，日暮采之长太息。清泠真人待子元，贮此芳香思何极。”[⑥]

在对茶道思想与茶道精神的阐述方面，皎然是对茶道文明进行全景式描写并做思想艺术探讨的不多见的诗人，如：“越人遗我剡溪茗，采得金牙爨金鼎。素瓷雪色缥沫香，何似诸仙琼蕊浆。一饮涤昏寐，情来朗爽满天地。再饮清我神，忽如飞雨洒轻尘。三饮便得道，何须苦心破烦恼。此物清高世莫知，世人饮酒多自欺。愁看毕卓瓮间夜，笑向陶潜篱下时。崔侯啜之意不已，狂歌一曲惊人耳。孰知茶道全尔真，唯有丹丘得如此。”[⑦]描写茶会场景：“晦夜不生月，琴轩犹为开。墙东隐者在，淇上逸僧来。茗爱传花饮，诗看卷素裁。风流高此会，晓景屡裴回。”[⑧]写客来敬茶，客走品茶饯别：“结驷何翩翩，落叶暗寒渚。梦里春谷泉，愁中洞庭雨。聊持剡山茗，以代宣（宜？）城醑。”[⑨]有对茶人情怀与审美的计较。如：“吴门顾子予早闻，风貌真古谁似君。人中黄

---

① （唐）皎然：《陪卢判官水堂夜宴》，《全唐诗》，卷817，第9205页。

② （唐）皎然：《九日与陆处士羽饮茶》，《全唐诗》，卷817，第9211页。

③ （唐）皎然：《送李丞使宣州》，《全唐诗》，卷818。

④ （唐）皎然：《饮茶歌送郑容》，《全唐诗》，卷821，第9260页。

⑤ （唐）皎然：《对陆迅饮天目山茶，因寄元居士晟》，《全唐诗》，卷818，第9225页。

⑥ （唐）皎然：《顾渚行寄裴方舟》，《全唐诗》，卷821，第9266页。

⑦ （唐）皎然：《饮茶歌诮崔石使君》，《全唐诗》，卷821，第9262、9263页。

⑧ 唐茶诗第369首，（唐）皎然：《晦夜李侍御萼宅集招潘述、汤衡、海上人饮茶赋》，《全唐诗》，卷817，第9206、9207页。

⑨ 唐代茶诗第372首，（唐）皎然：《送李丞使宣州》，《全唐诗》，卷818，第9219页。

宪与颜子，物表孤高将片云。性背时人高且逸，平生好古无俦匹。醉书在箧称绝伦，神画开厨怕飞出。谢氏檀郎亦可俦，道情还似我家流。安贫日日读书坐，不见将名干五侯。知君别业长洲外，欲行秋田循畎浍。门前便取觳觫乘，腰上还将鹿卢佩。禅子有情非世情，御荈贡余聊赠行。”[①]对饮茶环境与心境的描写——识妙聆细泉，悟深涤清茗。有人将这部分内容又概括为林泉思想。见：“望远涉寒水，怀人在幽境。为高皎皎姿，及爱苍苍岭。果见栖禅子，潺湲灌真顶。积疑一念破，澄息万缘静。世事花上尘，惠心空中境。清闲诱我性，遂使肠虑屏。许共林客游，欲从山王请。木栖无名树，水汲忘机井。持此一日高，未肯谢箕颍。夕霁山态好，空月生俄顷。识妙聆细泉，悟深涤清茗。此心谁得失，笑向西林永。”[②]

茶与茶事及茶道文明是中国茶道创始人之一皎然作为诗人与茶道文明实践者所关注的题材与诗歌意境，而他将茶道审美与人生价值观与茶道思想通过诗歌形式表达出来。在整个唐代诗人群体中孤标高树，无出其右。皎然留给后人的《杼山集》所多为诗赋，此外有引荐书信、高僧塔铭。

在湖州茶人集团中，戴叔伦茶诗不多但《春日访山人》却是一首完全以与友人煮茶叙话为中心的饮茶诗：“远访山中客，分泉谩煮茶。相携林下坐，共惜鬓边华。归路逢残雨，沿溪见落花。候门童子问，游乐到谁家。”[③]

卢纶《新茶咏寄上西川相公二十三舅大夫二十舅》从题目到内容都是以茶为主题：“三献蓬莱始一尝，日调金鼎阅芳香。贮之玉合才半饼，寄与阿连题数行。”[④]

其次，白居易茶诗意境美对圈子的影响。就茶道而言，白居易没有达到皎然的高度，但作为文人茶，他是杰出代表。如果我们把唐代茶诗依照唐史阶段划分与茶事发展史为基本参考，就可以简单地分为初盛唐（618—755）、大历贞元第一高峰（755—805）、元和长庆时代（806—846）与大中咸通时代（847—907）。如果以长安茶事发展而言，还可以续貂为五代长安（907—960）。虽然每个诗人的在世年代与我们这个粗线条的划分会出现前伸后拉的错开，但就其茶事活动茶诗创作，基本上归于这五个时代。比如茶圣陆羽、皎然、颜真卿属于第二个时代，但他们都出生于前一个时期。

白居易《麴生访宿》：“西斋寂已暮，叩门声樀樀。知是君宿来，自拂尘埃席。村家何所有，茶果迎来客。贫静似僧居，竹林依四壁。厨灯斜影出，檐雨馀声滴。不是爱

---

① （唐）皎然：《送顾处士歌》，《全唐诗》，卷821，第9264、9265页。

② （唐）皎然：《白云上人精舍寻杼山禅师兼示崔子向何山道上人》，《全唐诗》，卷816，第9185页。

③ 《全唐诗》，卷273，第3078页。

④ 《全唐诗》，卷279，第3178页。

闲人，肯来同此夕。”[①]

白居易《咏意》：“或吟诗一章，或饮茶一瓯。身心一无系，浩浩如虚舟。富贵亦有苦，苦在心危忧。贫贱亦有乐，乐在身自由。”[②]

白居易《香炉峰下新置草堂，即事咏怀，题于石上》：“如获终老地，忽乎不知还。架岩结茅宇，斫壑开茶园。何以洗我耳，屋头飞落泉。何以净我眼，砌下生白莲。左手携一壶，右手挈五弦。傲然意自足，箕踞于其间。”[③]

白居易《食后》：“食罢一觉睡，起来两瓯茶。”[④]

白居易《官舍》：“起尝一瓯茗，行读一卷书。早梅结青实，残樱落红珠。稚女弄庭果，嬉戏牵人裾。”[⑤]

白居易《北亭招客》：“疏散郡丞同野客，幽闲官舍抵山家。春风北户千茎竹，晚日东园一树花。小盏吹醅尝冷酒，深炉敲火炙新茶。”[⑥]

白居易《谢李六郎中寄新蜀茶》：“故情周匝向交亲，新茗分张及病身。红纸一封书后信，绿芽十片火前春。汤添勺水煎鱼眼，末下刀圭搅麹尘。不寄他人先寄我，应缘我是别茶人。”[⑦]

白居易《山泉煎茶有怀》：“坐酌泠泠水，看煎瑟瑟尘。无由持一碗，寄与爱茶人。”[⑧]

白居易《偶作二首》：“日出起盥栉，振衣入道场。寂然无他念，但对一炉香。日高始就食，食亦非膏粱。精粗随所有，亦足饱充肠。日午脱巾簪，燕息窗下床。清风飒然至，卧可致羲皇。日西引杖屦，散步游林塘。或饮茶一盏，或吟诗一章。日入多不食，有时唯命觞。何以送闲夜，一曲秋霓裳。一日分五时，作息率有常。自喜老后健，不嫌闲中忙。”[⑨]

白居易《履道新居二十韵》：“移榻临平岸，携茶上小舟……地与尘相远，人将境共幽。”[⑩]追求的是饮茶的心境、饮茶的环境与从诗歌的意境的统一：平淡，悠远，空灵。

而白居易《琴茶》与上述有相通之处，抚琴品茗，聊以永生：“穷通行止长相伴，

---

① 《全唐诗》，卷429，第4728页。
② 《全唐诗》，卷430，第4745页。
③ 《全唐诗》，卷430，第4746页。
④ 《全唐诗》，卷430，第4751页。
⑤ 《全唐诗》，卷431，第4760页。
⑥ 《全唐诗》，卷439，第4882页。
⑦ 《全唐诗》，卷439，第4893页。
⑧ 《全唐诗》，卷443，第4950页。
⑨ 《全唐诗》，卷445，第4992页。
⑩ 《全唐诗》，卷446，第5011页。

谁道吾今无往还。”[1]

白居易《晚起》：“融雪煎香茗，调酥煮乳糜……荣公三乐外，仍弄小男儿。”[2]

白居易《睡后茶兴忆杨同州》：“此处置绳床，傍边洗茶器。白瓷瓯甚洁，红炉炭方炽。沫下麹尘香，花浮鱼眼沸。盛来有佳色，咽罢馀芳气。不见杨慕巢，谁人知此味。”[3]

白居易《何处堪避暑》：“游罢睡一觉，觉来茶一瓯。”[4]

白居易《重修香山寺毕，题二十二韵以纪之》：“霁月当窗白，凉风满簟秋。烟香封药灶，泉冷洗茶瓯。”[5]

白居易《早服云母散》“伸不出家心出家”正是茶人身处城尘之中，行在丹墀之下，公廨之内，但心在九天之外，因廉洁而远俗吏，因茶香加持而不媚权贵：“晓服云英漱井华，寥然身若在烟霞。药销日晏三匙饭，酒渴春深一碗茶。每夜坐禅观水月，有时行醉玩风花。净名事理人难解，身不出家心出家。”[6]

白居易《池上逐凉二首》：“棹遣秃头奴子拨，茶教纤手侍儿煎。门前便是红尘地，林外无非赤日天。谁信好风清簟上，更无一事但翛然。”[7]

（三）以姚合、贾岛与李洞为代表的晚唐长安茶人集团

我们看到，白居易是继茶道三师后，唐代第二代茶道文明的领袖人物。他的活动轨迹，以长安——洛阳为中心，先后作过江州刺史（810—812）、忠州刺史、中书舍人、秘书监、杭州刺史（823—825）、太子左庶子分司东都（825）、苏州刺史（826、827）、秘书监（文宗，827）、兵部侍郎（828）、太子兵客分司东都（829）、河南尹（833）、太子兵客分司东都（834）最后做到太子傅（836—841），842年71岁时以刑部侍郎致任，薪俸减半。自829年以后至847年在洛阳终老，连续生活了18年。人生起点极高，任宪宗翰林学士，后来在穆宗朝任中书舍人（822）、文宗朝任秘书监、兵部侍郎、刑部侍郎，是他的辉煌时刻，来到东都基本属于诗歌创作的休闲养老生活。太子少傅官二品，薪俸极高。他在中唐时期是茶道文化的主要推手，为茶道文明在长安的最终形成，起了重要的领袖作用。晚年赴东都，把东都茶道文明推上历

---

① 《全唐诗》，卷448，第5038页。
② 《全唐诗》，卷451，第5092页。
③ 《全唐诗》，卷453，第5126页。
④ 《全唐诗》，卷453，第5128页。
⑤ 《全唐诗》，卷454，第5138页。
⑥ 《全唐文》，卷454，第5147页。
⑦ 《全唐诗》，卷456，第5169页。

史最高峰。

白居易东去后，中央政府的各级官员仍然多在长安。而士子们要争取功名、沙弥要求佛法、道童要修道成仙，必须前来长安，拜谒名门大山，经过考试、铨选后方可释褐领薪俸或进入国都大寺名观。《全唐诗》所及26000多名诗人，绝大部分到过长安。没有来过长安，几乎就可以说不是完整的文人。一大批名僧高道也驻锡长安，参与僧寺道观管理。灵澈、灵一、无可、贾岛等稔熟茶道的中唐晚唐高僧都到过长安，晚唐写过茶诗的李郢、杜牧、李洞本是京兆人，竟陵皮日休、河东薛能等都曾在长安为官，有茶诗明世。

在整个茶人群体中，姚合是比较凸显的，因为他活动的主要区域在长安或其周围，在魏博从军、任杭州刺史、御史东台、金州刺史时间都一至二年。大部分时间是在长安及其周围，直至66岁时去世。晚唐诗人马戴、方干、李频、刘得仁、周贺、李余、雍陶、韩湘、郑巢等，都曾投诗姚合求其举荐。如李频，慕姚合之名不远千里投其门下，得大力奖掖，后进士及第[①]。

姚合《和元八郎中秋居》认为，在“圣代无为化”的历史时期，像元八郎（元宗简）那样，仙气十足地生活，才是人生的真正滋味，也叹息自己距离这样的适意生活还缺乏缘分。但无疑，这也是茶人的追求：“圣代无为化，郎中似散仙。晚眠随客醉，夜坐学僧禅。酒用林花酿，茶将野水煎。人生知此味，独恨少因缘。”[②]

姚合《寻僧不遇》：“入门愁自散，不假见僧翁。花落煎茶水，松生醒酒风。拂床寻古画，拔刺看新丛。别有游人见，多疑住此中。”[③]

姚合《溪十首·杏水》：“不与江水接，自出林中央。穿花复远水，一山闻杏香。我来持茗瓯，日屡此来尝。”[④]

姚合《题金州西园九首·莪径》告诉人们，他因特别喜爱这里幽静凉爽的环境，而要以茶来宣示他的欣喜悦怡感情，茶成了文人表达欣悦的手段：“药院径亦高，往来踏莪影。方当繁暑日，草屩微微冷。爱此不能行，折薪坐煎茗。”[⑤]

朱庆馀《凤翔西池与贾岛纳凉》展示的是源于《茶经》而又脱离《茶经》的新天地，茶道安置，已经到了随心所欲而不逾矩地步：“拂石安茶器，移床选树阴。”[⑥]

无可《送邵锡及第归湖州》：“春关鸟罢啼，归庆浙烟西。郡守招延重，乡人慕仰

---

① 《新唐书·李频传》，卷203，参考吴河清：《论姚合诗歌创作及其诗集源流》，《中州学刊》2011年第1期。

② 《全唐诗》，卷501，第569页。

③ 《全唐诗》，卷501，第5703页。

④ 《全唐诗》，卷499，第5674页。

⑤ 《全唐诗》，卷499，第5673页。

⑥ 《全唐诗》，卷514，第5866页。

齐。橘青逃暑寺，茶长隔湖溪。乘暇知高眺，微应辨会稽。”

无可《送喻凫及第归阳羡》表明，在长安送别喻凫回常州，姚合也有送别喻凫诗。是否就是一场小型送别茶会，尚不可考，但无可写道茶：“姓字载科名，无过子最荣。宗中初及第，江上觐难兄。月向波涛没，茶连洞壑生。石桥高思在，且为看东坑。”[①]及第，在长安。上诗为湖州，此为阳羡，均为贡茶院所在地。写的茶也是两地的茶，表明无可非常熟悉贡茶。

李远《赠潼关不下山僧》表现的是在华山顶上与僧友饮茶告别，也只能是在华山，才能享受在枕头上睡着欣赏峰顶之下一道道关隘层峦叠嶂的景象：“与君同在苦空间，君得空门我爱闲。禁足已教修雁塔，终身不拟下鸡山。窗中遥指三千界，枕上斜看百二关。香茗一瓯从此别，转蓬流水几时还。”[②]

朱庆馀《秋宵宴别卢侍御》：“风亭弦管绝，玉漏一声新。绿茗香醒酒，寒灯静照人。清班无意恋，素业本来贫。明发青山道，谁逢去马尘。”[③]

杜牧《题茶山（在宜兴）》是在湖州刺史任写的，时间当在851年二三月间。郁贤皓《唐刺史考》认为杜牧大中四十一月至五年九月在湖州刺史任[④]：“山实东吴秀，茶称瑞草魁。剖符虽俗吏，修贡亦仙才……好是全家到，兼为奉诏来。树阴香作帐，花径落成堆。景物残三月，登临怆一杯。重游难自克，俯首入尘埃。”[⑤]

杜牧京兆人，祖父杜佑为先朝宰相，著史学著作《通典》，至今惠及史林。他因工作关系，不仅有数首茶诗，还就茶法提出上表。

湖州、常州、苏州等州刺史绝大多数都有通过及第、铨选后释褐为官，都有京城生活经历。他们身上更多的是京城文教的色彩，他们如颜真卿、白居易、刘禹锡、姚合、杨虞卿、袁高、李郢、杜牧、张有新等，可以说将京都皇朝文化——文学诗赋与典章制度法规，带向各地。他们的茶诗有较高的文学造诣，也有极高政教气象。

许浑《寻戴处士》：“车马长安道，谁知大隐心。蛮僧留古镜，蜀客寄新琴。晒药竹斋暖，捣茶松院深。思君一相访，残雪似山阴。”[⑥]

李洞《山寺老僧》大概率写的是终南山里的高僧，一生杖锡南海，游历塞北，经历丰富，年老后，栖居山寺，精于茶道，对贮存、烹茶极为精到。我理解“护茶”有

---

① 两诗均见《全唐诗》，卷813，第9157、9158页。
② 《全唐诗》，卷519，第5933页。
③ 《全唐诗》，卷515，第5880页。
④ 郁贤皓：《唐刺史考》，江苏古籍出版社，1987年，1720页。
⑤ 《全唐诗》，卷522，第5969页。
⑥ 《全唐诗》，卷529，第6050页。

两解。一是贮存，二是保证每次都烹出茶的最好效果。因为茶道的每一个细节都极为严密，注意力高度集中，投茶添火必须心到手到，需要行云流水，一气呵成，来不得半点磕磕绊绊。这也与后一句“爱火老春秋”相印证。爱火，指精于烧火烹茶。年随艺茶不断进步，达到炉火纯青的地步：“云际众僧里，独攒眉似愁。护茶高夏腊，爱火老春秋。海浪南曾病，河冰北苦游。归来诸弟子，白遍后生头。”①

李洞《题慈恩友人房》的主人公是暂时居住慈恩寺的贾姓举子，在他的房间题写诗句：“贾生耽此寺，胜事入诗多。鹤宿星千树，僧归烧一坡。塔棱垂雪水，江色映茶锅。长久堪栖息，休言忆镜波。”②“僧归烧一坡”当指晚霞映红坡道。“塔楞垂雪水，江色映茶郭”塔楞，指每一层突出的挑檐，从侧面看塔，塔檐，一楞一楞。每一楞都有瓦，与横楞水平线垂直，瓦上滴落，融化的雪水，或瓦上就有融化雪水又有冰坠的融水。江色，指曲江一带的景色。从长安节气看，是正二月时节的下午时分，这个时候正是，冰坠、房雪融化最快的时候。他告诫朋友：这里好好的，不要老想你们湖水砥平如镜的南方了（好好温习，争取明年进士及第）。长安寺院是全国各地举子来参加进士考试的重要去处，因而长安寺院也成为文人举行茶会的场所。

李洞《赠曹郎中崇贤所居（一作上崇贤曹郎中）》中的崇贤坊在崇德坊以西，今天西安永松路以西、南二环南的地方。曹郎中，应为曹邺（816—875），在长安十年后于大中四年（850）中进士。861年任太常博士，请谥白敏中为“丑”，以责其病不坚退、逐谏臣王谱（王珪六世孙）等行为。寻擢祠部郎中③。曹邺抨击贪污腐败的诗歌《官仓鼠》被选入小学辅导教材。这首诗开首一句“闲坊宅枕穿宫水”指的是穿过崇贤坊西部的永安渠，这里是曹郎中山池院④：“闲坊宅枕穿宫水，听水分衾盖蜀缯。药杵声中捣残梦，茶铛影里煮孤灯。刑曹树荫千年井，华岳楼开万仞冰。诗句变风官渐紧，夜涛春断海边藤。”⑤

也许曹邺就是用永安渠水烹茶。《太平广记》卷243及中郎将曹遂兴住崇贤坊，窦乂（与李晟同时代）助其砍伐大树，不伤屋舍反而生财故事。曹邺为桂林人，大概与曹遂兴没多少关系。

李咸用《谢僧寄茶》是一首内容丰富的叙事诗，出家的年轻人学禅务于不寐，寻找驱除睡魔的妙药，遂选取向阳茗树：“空门少年初志坚，摘芳为药除睡眠，匡山茗树朝阳偏。暖萌如爪拿飞鸢，枝枝膏露凝滴圆，参差失向兜罗绵。倾筐短甑蒸新鲜，白

---

① 《全唐诗》，卷721，第8276页。

② 《全唐诗》，卷722，第8283页。

③ 《两唐书辞典》，第909页。《资治通鉴》，卷250，咸通元年庚辰。

④ 《唐代长安词典》，第206页。

⑤ 《全唐诗》，卷723，第8292页。

纩眼细匀于研，砖排古砌春苔干。殷勤寄我清明前，金槽无声飞碧烟，赤兽呵冰急铁喧。林风夕和真珠泉，半匙青粉搅潺湲，绿云轻绾湘娥鬟，尝来纵使重支枕，胡蝶寂寥空掩关。”[①]。从茶叶外观：像鸟的爪，相对的两片茶叶又像飞鸢（鹰）的，每一芽都肥腴饱满，凝结滴滴露珠（待到露珠消散），便采茶，装进罗锦织成繁荣兜蓝。将蒸好的茶叶用网眼很细小的白色纱绢包裹，进行碾压，拍打成饼，再烘干、晾晒。赶在清明节前寄给京城里的我。我迫不及待地用银铜碾曹碾制粉末，用铁鍑煮水，升腾的火焰犹如奔突的野兽，很快使冰冷的泉水嗡嗡作响。珍珠一样的水泡升起，是二沸水，出水一瓢后，用半匙绿茶粉当水心投下，进行有节奏地击拂、搅拌，很快，茶汤就像绿色的云轻轻悬浮，明亮得像美女的瀑布般的青丝。品尝了这隽永茶汤，我睡意全消，即使不停地放好枕头睡觉，也无法入眠，精神澄澈幽静，思维清晰，卧室寂寥幽静，即使蝴蝶从虚掩的门缝进来，我们也能感觉到。这首诗有极高的史学参考价值：清明时节品尝新茶，在长安城最为炽盛；作者祖籍在不产茶的临洮，但处在长安—天水—兰州—临洮—洮州—西沧州（今西藏碌曲）的古代唐—吐蕃之路上，是早期茶马贸易的东段。临洮被视为金城（兰州）的南大门。李咸用长期迎战进士考试，居于长安。他对茶道要义的领会是极为精准的。从一个侧面可以看到，晚唐的人们，以京师为中心，形成主流茶道的中心。

司空图《暮春对柳二首》展示的也是新茶寄到京情形，且碾茶烹茶者也是“小娥”，一“纤纤手”：“正是阶前开远信，小娥旋拂碾新茶。”[②]

司空图《即事二首》前一首述说品茶的清爽澄莹，后一句表示茶人在茶后还是心注盛世，随时为济危扶困走出空林：“茶爽添诗句，天清莹道心。只留鹤一只，此外是空林。御礼征奇策，人心注盛时。从来留振滞，只待济临危。”[③]

皮日休之《褚家林亭》：“广亭遥对旧娃宫，竹岛萝溪委曲通。茂苑楼台低槛外，太湖鱼鸟彻池中。萧疏桂影移茶具，狼藉苹花上钓筒。争得共君来此住，便披鹤氅对清风。”[④]其他资料尚未看到这个亭子。不过应是曲江沿岸，对面是官家旧宫，私家用太湖石装饰林亭应是普遍现象。竹林曲径林苑葱郁茂盛，楼台掩隐。

皮日休是晚唐时期重要茶人，生在陆羽故乡，对茶事探索周详而深入，对先贤陆羽抱有深沉的尊崇，有一系列的茶事诗歌，针对茶事每一类都以诗来探讨，发表收获与独到的见解。他与小他的陆龟蒙在常州（毗陵）的唱和、联句代表了晚唐的一个高

---

① 《全唐诗》，卷644，第7386、7387页。

② 《全唐诗》，卷633，第7269页。

③ 《全唐诗》，卷632，第7253页。

④ 《全唐诗》，卷614。

峰。但他在长安为官时间不算短。这首无疑是对曲江一带繁盛的饮茶风潮的记载。

贾岛《原东居喜唐温琪频至》明确写的是曲江茶事：“曲江春草生，紫阁雪分明。汲井尝泉味，听钟问寺名。墨研秋日雨，茶试老僧铛。地近劳频访，乌纱出送迎。”[①]

贾岛《再投李益常侍》似乎表明与李益有过接触，写在曲江茶会联句。李益（746—829）为御史中丞时加散骑常侍，已经进入晚年。李益大贾岛33岁，李益去世时贾岛刚好40岁，即使40岁为进士及第投诗也属正常：“何处初投刺，当时赴尹京。淹留花柳变，然诺肺肠倾。避暑蝉移树，高眠雁过城。人家嵩岳色，公府洛河声。联句逢秋尽，尝茶见月生。新衣裁白苎，思从曲江行。”[②]

贾岛《送黄知新归安南》表明安南（今越南北部）当时没有茶，他自然要送一些茶给黄知新：“池亭沉饮遍，非独曲江花。地远路穿海，春归冬到家。火山难下雪，瘴土不生茶。知决移来计，相逢期尚赊。”[③]

贾岛《郊居即事》的郊居与园林，只能是大城市附近，使我们想到的是长安。“胡茶”是何茶？是胡人倒流长安的茶，还是胡人爱喝的茶？待考：“住此园林久，其如未是家。叶书传野意，檐溜煮胡茶。雨后逢行鹭，更深听远蛙。自然还往里，多是爱烟霞。”[④]

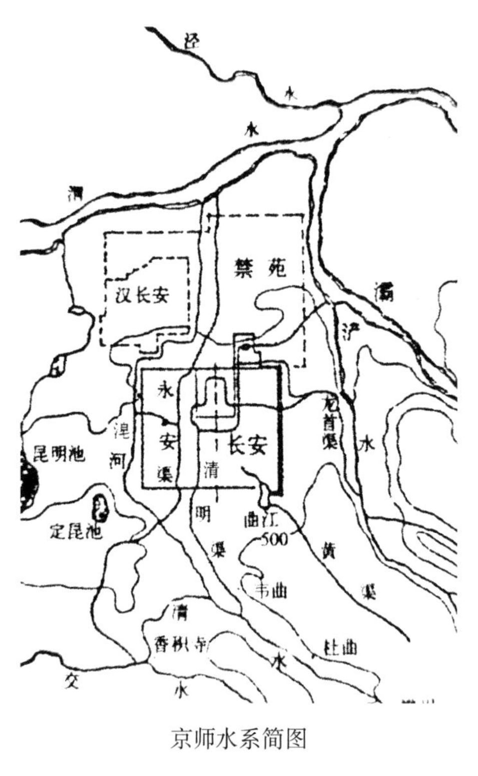

京师水系简图

刘得仁《宿普济寺》是描述在曲江池左岸的寺院月下饮茶、纳凉：“京寺数何穷，清幽此不同。曲江临阁北，御苑自墙东。广陌车音急，危楼夕景通。乱峰沉暝野，毒暑过秋空。幡飏虚无里，星生杳霭中。月光笼月殿，莲气入莲宫。缀草凉天露，吹人古木风。饮茶除假寐，闻磬释尘蒙。童子眠苔净，高僧话漏终。待鸣晓钟后，万井复朣胧。”[⑤]

刘得仁（约838前后在世），唐朝时期作家，字、生卒年均不详，约唐文宗开成中前后在世。相传他是公主之子。长庆中（823左右）即有诗名。自开成至大中四朝，昆弟以贵戚皆

① 《全唐诗》，卷572，第6641页。
② 《全唐诗》，卷573，第6659页。
③ 《全唐诗》，卷573，第6665页。
④ 《全唐诗》，卷573，第6573页。
⑤ 《全唐诗》，卷545，第6300页。

擢显位，独得仁出入举场三十年，竟无所成。得仁著有诗集一卷，《新唐书艺文志》传于世。

普济寺建于贞元十三年（797）位于曲江岸。《唐会要》卷48：贞元十三年四月敕："曲江南弥勒阁宜赐名'贞元普济寺'"[①]。据诗意在曲江东岸，"曲江临北阁，御苑自墙东"。南弥勒阁的北面与西面濒临曲江池。有"南弥勒阁"是否也有"北弥勒阁"？"读书郭秋空""童子眠苔净"表明时序在农历六七月间。

刘得仁《夏夜会同人》的"烹茶玉漏中"当理解为，烧水候汤的过程中，听着玉漏的嘀嗒声。这也是唐代茶诗中第一次在描述烹茶时，同时写到计时器。是诗歌的需要，是不经意地写实，还是想说依据计时器来控制汤候，还是二者均有："沈沈清暑夕，星斗俨虚空。岸帻栖禽下，烹茶玉漏中。形骸忘已久，偃仰趣无穷。日汲泉来漱，微开密筱风。"[②]

唐史载：

施肩吾《辨疑论》一卷、僧彦琮《大唐京寺录传》十卷、怀海《禅门规式》一卷、白居易《八渐通真议》一卷、宗密《禅源诸诠集》一百一卷。王涯《月令图》一轴、刘炫《酒孝经》一卷、陆羽《茶经》三卷。张又新《煎茶水记》一卷。封演《续钱谱》一卷。张萱画《少女图》《乳母将婴儿图》《按羯鼓图》《秋千图》并开元馆画直。谈皎画《武惠妃舞图》《佳丽寒食图》《佳丽伎乐图》。韩干画《龙朔功臣图》《姚宋及安禄山图》《相马图》《玄宗试马图》《宁王调马打球图》，大梁人，太府寺丞。

陈宏画《安禄山图》、《玄宗马射图》。上党戴叔伦《述藁》十卷《十九瑞图》永王府长史。王象画《卤簿图》。颜真卿《吴兴集》十卷。戴叔伦《述藁》十卷、《韩愈集》四十卷。《刘禹锡集》四十卷。《元氏长庆集》一百卷，又《小集十卷》，元稹，《白氏长庆集》七十五卷白居易、《玉川子诗》一卷卢仝。《施肩吾诗集》十卷。《姚合诗集》十卷。《曹邺诗》三卷字邺之，大中进士第，洋州刺史。《朱庆余诗》一卷，名可久，以字行。宝历进士第。《喻凫诗》一卷开成进士第，乌程令。《马戴诗》一卷字虞臣，会昌进士第。《李群玉诗》三卷，《后集》五卷字文山，澧州人。裴休观察湖南，厚延致之，及为相，以诗论荐，授校书郎。《薛能诗集》十卷。《李洞诗》一卷、《周贺诗》一卷、《朱景元诗》一卷、《黄滔集》十五卷字文江，光化四门博士。黄滔《泉水秀句集》三十卷编闽

① 《册府元龟》卷52《帝王部·崇释氏》；龚国强：《隋唐长安城佛寺研究》，文物出版社，2006年，第85页。

② 《全唐诗》，卷544，第6280页。

人诗，自武德尽天祐末。李洞集《贾岛句图》一卷、《刘得仁诗》一卷[1]。

客观地说，茶诗虽然在中唐以后数量增加，但直到晚唐，即使有姚合、贾岛、皮日休、陆龟蒙，他们对茶道思想、茶道审美以及茶技能稔熟甚至说臻于完美，但茶诗在他们的文学创作中只是一小部分。以上写过茶诗的士大夫们，除了公廨坐直外，多是多才多艺的文化创造者。

郑谷（851—910），唐代末期著名诗人。字守愚，汉族，江西宜春市袁州区人。僖宗时进士，官都官郎中，人称郑都官。又以《鹧鸪诗》得名，人称郑鹧鸪。其诗多写景咏物之作，表现士大夫的闲情逸致。风格清新通俗，但流于浅率。曾与许裳、张乔等唱和往还，号“芳林十哲”。原有集，已散佚，存《云台编》。其《寄献湖州从叔员外》是回赠作品，从叔从湖州寄来顾渚紫笋后，郑谷以诗答谢。诗中“西阁”指西省，大明宫内位于月华门的中书省，相对于东边靠近日华门的门下省，称为西省，也为西阁。很晚从大明宫回家，看到从叔从东吴寄来紫笋茶，激起诗人对江南水乡对亲人的思念：“顾渚山边郡，溪将罨画通。远看城郭里，全在水云中。西阁归何晚，东吴兴未穷。茶香紫笋露，洲回白苹风。歌缓眉低翠，杯明蜡翦红。政成寻往事，辍棹问渔翁。”[2]

在晚唐，除姚合官至三品外，周围聚集的大都是中下层的文人和方外之人，他们是品茶论道，推敲诗句的林泉之交，在赫赫皇都，他们扼守清寒，笑看炎凉。他们的诗歌远没有了“宁做百夫长胜作一书生”的豪情，也不再祈盼“长风破浪会有时，直挂云帆济沧海”。他们磨炼诗句，探讨茶艺，静候茶汤，中和，简约，朴素成为他们诗歌共同的底色！“政成寻往事，辍棹问渔翁”。

四、晚唐茶诗成就——茶道扼守的核心与茶人觉悟

中唐刘禹锡（772—842）《西山兰若试茶歌》：“山僧后檐茶数丛，春来映竹抽新茸。宛然为客振衣起，自傍芳丛摘鹰觜。斯须炒成满室香，便酌砌下金沙水。骤雨松声入鼎来，白云满碗花徘徊。悠扬喷鼻宿酲散，清峭彻骨烦襟开。阳崖阴岭各殊气，未若竹下莓苔地。炎帝虽尝未解煎，桐君有箓那知味。新芽连拳半未舒，自摘至煎俄顷余。木兰沾露香微似，瑶草临波色不如。僧言灵味宜幽寂，采采翘英为嘉客。不辞缄封寄郡斋，砖井铜炉损标格。何况蒙山顾渚春，白泥赤印走风尘。欲知花乳清泠味，

① 《新唐书·艺文志三》，第1523-1543页。

② 《全唐诗》，卷674，第7711页。

须是眠云跂石人。”[1]是不可多得的一首从采茶、制茶、炒茶、烹茶，写到饮茶后的精神感受的茶道全程诗歌。对煎茶、对茶味的描述别有天地。骄傲地认为“炎帝虽尝未解煎，桐君有录哪知味”，提出“欲知花乳清泠味，须是眠云跂石人”。其：“花乳”，应是乳汁状有花香味道的茶汤，“清泠”，是一种滋味感觉，指清爽、尖细、纯粹而持续的意思，无疑这个比喻明显要比《茶经》中的“隽永”更为细腻、深入。这里的炒，学界认为是“煮”的意思，认为唐代烹饪工艺中没有今天的炒菜炒肉！而是煮，是烧烤，是蒸。但我们从刘禹锡这首诗看，是在茶炒好以后，再汲取金沙水——长江水，再来入鼎煮水。如果是散茶煎煮，不会出现“白云满碗花徘徊”的效果。那么，笔者如何理解这首诗呢？笔者推断：就是今天炒青茶！

其一，它简化了蒸青团茶所需要的一套茶具和工序，也简化了蒸青团茶的茶饼制作完成后的焙炙程序。而作为一个小的佛教兰若，要专门打造一套制茶工具：炉灶、蒸锅、模子、竹席子、竹穿细条等，是没有必要的，因为寺院后面的茶园产量极为有限。直接炒青新采的茶叶，就会大大减少茶叶制作程序。只有研磨炒青散茶，才会出现“自摘至煎俄顷余”的快速效果。

其二，但是西山兰若里的高僧没有简化碾茶程序，很大可能使用擂钵研磨茶粉，再按照汤候投茶。

其三，这样才会出现白云满碗的效果。大家知道，炒青工艺重要作用就是“提香”，也只有这样方可出现“清泠”味这一新的香型，这种香，“木兰沾露”后才有点相似——“微似”。而“白泥赤印走风尘”的蒙顶茶和顾渚茶，是不可能有这种香味的。刘禹锡以为这种制茶法仅仅是提高了保鲜功效，殊不知，炒青还有提香功能。他非常感叹这种制茶法得到的茶的特殊的香气与滋味，这是整首诗的核心。言外之意，比顾渚茶、蒙顶茶还香。

其四，我们怀疑，这是刘禹锡在夔州刺史任上（822年正月—824年夏）之所做。这里是巴人聚集区。巴人是中国茶叶最早发现者之一。魏国张辑在《广雅》中记载：“巴荆间采叶作饼，叶老者饼成以米膏出之，欲煮茗饮，先炙，令赤色，捣末置瓷器中，以汤浇覆之，用葱、姜、橘子笔之，其饮醒酒令人不眠。”

秦韬玉，唐代诗人，生卒年不详，字中明，一作仲明，京兆（今陕西西安市）人，或云郃阳（今陕西合阳）人。出生于尚武世家，父为左军军将。少有辞藻，工歌吟，却累举不第，后谄附当时有权势的宦官田令孜，充当幕僚，官丞郎，判盐铁。黄巢起义军攻占长安后，韬玉从僖宗入蜀，中和二年（882）特赐进士及第，编入春榜。田令孜又擢其为工部侍郎、神策军判官。时人戏为“巧宦”，后不知所终。《采茶歌》（一作

---

① 刘禹锡：《西山兰若试茶歌》，《全唐诗》，卷356，第4000页。

《紫笋茶歌》）是长安诗人蒙太奇式描述茶事与茶道的不多得的诗歌。从采茶到制茶、碎茶、碾茶、候汤、烹茶，还写到饮茶后的精神情态。这表明晚唐茶道已经为京城为中心的北方文人所熟悉并热衷实践："天柱香芽露香发，烂研瑟瑟穿荻篾。太守怜才寄野人，山童碾破团团月。倚云便酌泉声煮，兽炭潜然虬珠吐。看著晴天早日明，鼎中飒飒筛风雨。老翠看尘下才熟，搅时绕箸天云绿，耽书病酒两多情，坐对闽瓯睡先足。洗我胸中幽思清，鬼神应愁歌欲成。"①

白居易是中唐时期茶入诗最多的诗人，但完整地写自采至煎茶的诗几乎没有。其《萧员外寄新蜀茶》②写得到茶的情形："蜀茶寄到但惊新，渭水煎来始觉珍。满瓯似乳堪持玩，况是春深酒渴人。"

白居易最有名最具历史史料价值的是苏州刺史任上的《夜闻贾常州、崔湖州茶山境会想羡欢宴因寄此诗》③。主题是想象以贡茶为主要责任的湖州刺史崔玄亮、与常州刺史贾𫗧晚上品尝新茶，观看歌舞，赋诗，挥毫情形。这首诗比较熟悉，在此不录。

刘言史《与孟郊洛北野泉上煎茶》是洛阳茶诗中不多见的全景式茶道诗："粉细越笋芽，野煎寒溪滨。恐乖灵草性，触事皆手亲。敲石取鲜火，撇泉避腥鳞。荧荧爨风铛，拾得坠巢薪。洁色既爽别，浮氲亦殷勤。以兹委曲静，求得正味真。宛如摘山时，自歠指下春。湘瓷泛轻花，涤尽昏渴神。此游惬醒趣，可以话高人。"④

湖南沣州人李群玉（808—862）《龙山人惠石廪方及团茶》不能排除其写于长安，从采茶、制茶、碾茶、烹茶，写到饮茶，回味："客有衡岳隐，遗余石廪茶。自云凌烟露，采掇春山芽。珪璧相压叠，积芳莫能加。碾成黄金粉，轻嫩如松花。红炉爨霜枝，越儿斟井华。滩声起鱼眼，满鼎漂清霞。凝澄坐晓灯，病眼如蒙纱。一瓯拂昏寐，襟鬲开烦拿。顾渚与方山，谁人留品差？持瓯默吟味，摇膝空咨嗟。"⑤

温庭筠（约812—866）《西陵道士茶歌》是不多见的以道士为茶道主体的诗歌："乳窦溅溅通石脉，绿尘愁草春江色。涧花入井水味香，山月当人松影直。仙翁白扇霜乌翎，拂坛夜读黄庭经。疏香皓齿有馀味，更觉鹤心通杳冥。"⑥

崔珏，字梦之，唐朝人。尝寄家荆州，登大中进士第，由幕府拜秘书郎，为淇县令，有惠政，官至侍御。《美人尝茶行》写的是仕女茶道情形，其中的瑟瑟尘、松雨声、绿云、乳花都是唐代茶诗中固有的意象。又使我们回想起初唐周昉的《调琴啜茗

---

① 《全唐诗》，卷670，第7672页。
② 《全唐诗》，卷437，第4852页。
③ 《全唐诗》，卷447。
④ 《全唐诗》，卷468，第5321页。
⑤ 《全唐诗》，卷568，第6579页。
⑥ 《全唐诗》，卷577，第6715页。

图》，这里是筝而不是琴：“云鬟枕落困春泥，玉郎为碾瑟瑟尘。闲教鹦䴊啄窗响，和娇扶起浓睡人。银瓶贮泉水一掬，松雨声来乳花熟。朱唇啜破绿云时，咽入香喉爽红玉。明眸渐开横秋水，手拨丝簧醉心起。台时却坐推金筝，不语思量梦中事。”[①]

皮日休是晚唐集大成者，也没有全景式的茶道诗，但《茶中杂咏·煮茶》集中写烹茶候汤，诗艺极高：“香泉一合乳，煎作连珠沸。时看蟹目溅，乍见鱼鳞起。声疑松带雨，饽恐生烟翠。尚把沥中山，必无千日醉。”[②]

我们发现南唐广陵人徐铉（916—991，北宋初年文学家、书法家。字鼎臣）是唐宋之间承上启下的茶道诗创作者其《和门下殷侍郎新茶二十韵》：“暖吹入春园，新芽竞粲然。才教鹰觜拆，未放雪花妍。荷杖青林下，携筐旭景前。孕灵资雨露，钟秀自山川。碾后香弥远，烹来色更鲜。名随土地贵，味逐水泉迁。力藉流黄暖，形模紫笋圆。正当钻柳火，遥想涌金泉。任道时新物，须依古法煎。轻瓯浮绿乳，孤灶散余烟。甘荠非予匹，宫槐让我先。竹孤空冉冉，荷弱谩田田。解渴消残酒，清神感夜眠。十浆何足馈，百榼尽堪捐。采撷唯忧晚，营求不计钱。任公因焙显，陆氏有经传。爱甚真成癖，尝多合得仙。亭台虚静处，风月艳阳天。自可临泉石，何妨杂管弦。东山似蒙顶，愿得从诸贤。”[③]几乎囊括了茶道文明的所有要素：茶树及其环境，土壤，水质，制茶，古法煎，陆氏经，名茶。提出“自可临泉石，何妨杂管弦”。主张把初唐骆宾王的林泉自适升华为综合的文化活动模式。提到了因焙炙茶饼有特殊技巧而名震茶界的“任公”。特别要强调是，陆羽《茶经》及陆羽事迹都受到茶道界的尊崇与推广。

姚合是晚唐诗坛中坚[④]，也是白居易、裴度久居洛下后，长安诗坛姚贾茶人集团的领袖。在他的周围多为中下层官员、文人，在边境不宁，政局不稳，朝官与宦官互有斗争利用，朝官牛李党争此消彼长的末世，他们寄情于诗歌创作，以茶明志，以茶示俭，以茶表友情。在寄送新茶的同时又有茶诗互寄。姚合的交友圈子，来往密切的诗人，可以说大多有茶诗留世。

从长安茶人集团的诗歌创作和茶道实践看，中唐早期《茶经》茶道的茶艺（烹茶技术）与茶道思想与精神，在晚唐已经成为茶人的共识，在这种思想与精神指导下武装起来的茶人，把自己自名为“陆夫子”、他们虽然不能像茶圣陆羽一样把毕生精力投入到茶道研究与寻找新茶的实践中，但他们都有强烈的隐逸倾向，因而身在长安，或在长安周边，但还是与权力中心保持距离。

茶或茶道，在塑造晚唐士人精神形象方面，发挥了客观的作用。茶道文明在影响、

① 《全唐诗》，卷591，第6857页。
② 《全唐诗》，卷611。
③ 《全唐诗》，卷755，第8593页。
④ 张震英：《论姚合在姚贾诗派中的领袖地位》，《广西社会科学》2009年第6期。

培育唐代文人情志方面，是隐性的，不自觉的，自发的，但却是客观存在的。既往的学人们在将茶人们作为诗人研究考察时，把重点放在诗歌特点与成就，放在人品经历与社会影响方面。对茶道文明这一重要因素顾及太浅。因而，在研究诗歌研究诗人过程中，是不全面的。在我们现在几乎所有的唐诗选集中，没有一首写茶的诗，这一现象与炽盛的唐代茶风极不相称，从一个侧面反映了当代文学评论界并不熟悉唐代茶道。

第四节　长安茶人李德裕

李德裕父亲李吉甫是宪宗元和宰相，强势能干，而且善于研究历史与社会问题，《元和郡县志》等对宪宗平淮西有积极帮助。因在元和三年对新进士牛僧孺、李宗闵等提出批评，而被长期忌恨，牛李党争由此兴起。李德裕最初由政治强人裴度引进政坛中心。同时期的宰相韦处厚评价裴度就是当世的廉颇、管仲。裴度是平淮西的统帅，胜利后光耀九州；李德裕在武宗朝，力主运兵泽路，刘稹夫妇被擒押长安，也是晚唐一道亮丽的彩虹。

一、历史评价正向

曾经在李唐政坛叱咤风云李德裕是唐代历史上的重要人物，新旧《唐书》均为其专辟一卷列其传，新书卷105，旧书卷124。历史评价都很正面。

《旧唐书》作者刘昫是这样评价卫国公李德裕的：

> 史臣曰：臣总角时，亟闻耆德言卫公故事。是时天子神武，明于听断；公亦以身犯难，酬特达之遇。言行计从，功成事遂，君臣之分，千载一时。观其禁掖弥纶，岩廊启奏，料敌制胜，襟灵独断，如由基命中，罔有虚发，实奇才也。语文章，则严、马扶轮；论政事，则萧、曹避席。罪其窃位，即太深文。所可议者，不能释憾解仇，以德报怨，泯是非于度外，齐彼我于环中。与夫市井之徒，力战锥刀之末，沦身瘴海，可为伤心。古所谓攫金都下，忽于市人，离娄不见于眉睫。才则才矣，语道则难。
>
> 赞曰：公之智决，利若青萍。破虏诛叛，摧枯建瓴。功成北阙，骨葬南溟。呜呼烟阁，谁上丹青？[①]

① 《旧唐书·李德裕》，列传124，第4530页。

历史学家刘昫认为李德裕是应该在凌烟阁上画像的英雄豪杰。

《新唐书》作者欧阳修等的评价从牛李党争的内容入手，认为他是与大唐盛世的缔造与见证者姚崇、宋璟一样功烈光明。对李德裕在党争中的留有余地而不一棒子将对手打倒，抱有一丝的遗憾，但也正是这一点更印证其格局高远，器局宏大：

赞曰：汉刘向论朋党，其言明切，可为流涕，而主不悟，卒陷亡辜。德裕复援向言，指质邪正，再被逐，终婴大祸。嗟乎！朋党之兴也，殆哉！根夫主威夺者下陵，听弗明者贤不肖两进，进必务胜，而后人人引所私，以所私乘狐疑不断之隙；是引桀（夏桀）、跖（盗跖）、孔（孔子）、颜（颜回）相哄于前，而以众寡为胜负矣。欲国不亡，得乎？身为名宰相，不能损所憎，显挤以仇，使比周势成，根株牵连，贤智播奔，而王室亦衰，宁明有未哲欤？不然，功烈光明，佐武中兴，与姚、宋等矣[①]。

二、为政强势，但宽以待人

对于宽容牛党骨干人物，事情是这样的：

帝尝疑杨嗣复、李珏顾望不忠，遣使杀之。德裕知帝性刚而果于断，即率三宰相见延英，呜咽流涕曰："昔太宗、德宗诛大臣，未尝不悔。臣欲陛下全活之，无异时恨。使二人罪恶暴著，天下共疾之。"帝不许，德裕伏不起。帝曰："为公等赦之。"德裕降拜升坐。帝曰："如令谏官论争，虽千疏，我不赦。"德裕重拜。因追还使者，嗣复等乃免……德裕之斥，中书舍人崔嘏，字乾锡，谊士也。坐书制不深切，贬端州刺史。嘏举进士，复以制策历邢州刺史。刘稹叛，使其党裴问戍于州，嘏说使听命，改考功郎中，时皆谓遴赏。至是，作诏不肯巧傅以罪。吴汝纳之狱，朝廷公卿无为辨者，惟淮南府佐魏铏就逮，吏使诬引德裕，虽痛楚掠，终不从，竟贬死岭外。又丁柔立者，德裕当国时，或荐其直清可任谏争官，不果用。大中初，为左拾遗。既德裕被放，柔立内悯伤之，为上书直其冤，坐阿附，贬南阳尉[②]。

武宗所谓杨嗣复、李珏"顾望不忠"，是指，在文宗病入膏肓时，在立太子问题上，宦官集团不一致，朝官集团内部也意见不一，后来宦官杨复恭立武宗，而诛成美。

---

① 《新唐书·李德裕传》，卷105，第5344页。

② 《新唐书·李德裕传》，卷105，第5335-5343页。

杨嗣复、李珏因为是宦官刘弘逸之党而被贬。这时李德裕还在淮南。李德裕入相后，武宗想替李德裕报仇。从元和三年党争兴起，在其父李吉甫去世后，牛党牛僧孺、李宗闵、杨於陵（杨嗣复），继续把矛头对准李德裕、李绅、李夷让、李回一派。只要是李德裕一党提出的意见建议，牛党一概阻滞、反对与否决。最为严重的是贞元李德裕在西川时，有吐蕃维州守将悉怛愿意归降者，但牛党反对，把这些人退还，其三百余人被吐蕃赞谱诛杀。前揭李浩牛、李党表格说明杨嗣复、李珏都是牛党骨干。

对于牛党，时人无党者，持批评者有宰相韦温：

> 或以温厚于牛僧儒，言于李德裕，德裕曰："此人（温）坚正中立，君子也。"
>
> 温在朝时，与李珏、杨嗣复周旋。及杨、李祸作，叹曰："杨三、李七若取我语，岂至是耶！"初温以杨、李与德裕交怨，及居位，温劝杨、李征用德裕，释憾解愠。二人不能用，故及祸[①]。

李德裕被贬的主要原因是李绅在润州（今镇江）任刺史节度使时期的一件刑事案件。为了整倒李德裕，动用酷刑，但淮南府佐魏硎，虽痛楚掠，终不从。

李德裕宽以待人，试图打破党派藩篱，为国尽责，但别人却没有此胸怀。

> 德裕特承武宗恩顾，委以枢衡。决策论兵，举无遗悔，以身捍难，功流社稷。及昭肃弃天下，不逞之伍，咸害其功。白敏中、令狐绹，在会昌中德裕不以朋党疑之，置之台阁，顾待甚优。及德裕失势，抵掌戟手，同谋斥逐，而崔铉亦以会昌末罢相怨德裕。大中初，敏中复荐铉在中书，乃相与掎摭构致，令其党人李咸者，讼德裕辅政时阴事。乃罢德裕留守，以太子少保分司东都，时大中元年秋。寻再贬潮州司马。敏中等又令前永宁县尉吴汝纳进状，讼李绅镇扬州时谬断刑狱。明年冬，又贬潮州司户。德裕既贬，大中二年，自洛阳水路经江、淮赴潮州。其年冬，至潮阳，又贬崖州司户。至三年正月，方达珠崖郡。十二月卒，时年六十三[②]。

三、茶人李德裕

古代知识分子以达则兼济天下，穷则独善其身为入世准则，李德裕做到了。他好著书为文。虽然唐朝进士及第为世所崇，德裕却不因此进，他一直对自己出身不高而常自谦，但其文章并不弱于韩愈、刘柳。

---

① 《旧唐书·韦温传》，卷168，列传卷118，第4378-4380页。

② 《旧唐书·李德裕传》，卷124，第4527、4528页。

德裕以器业自负，特达不群。好著书为文，奖善嫉恶，虽位极台辅，而读书不辍。有刘三复者，长于章奏，尤奇待之。自德裕始镇浙西，迄于淮甸，皆参佐宾筵。军政之余，与之吟咏终日。在长安私第，别构起草院。院有精思亭；每朝廷用兵，诏令制置，而独处亭中，凝然握管，左右侍者无能预焉。东都于伊阙南置平泉别墅，清流翠篠，树石幽奇。初未仕时，讲学其中。及从官藩服，出将入相，三十年不复重游，而题寄歌诗，皆铭之于石。今有《花木记》《歌诗篇录》二石存焉。有文集二十卷。记述旧事，则有《次柳氏旧书》《御臣要略》《代叛志》《献替录》行于世。初贬潮州，虽苍黄颠沛之中，犹留心著述，杂序数十篇，号曰《穷愁志》。其《论冥数》曰：

仲尼罕言命，不语神，非谓无也。欲人严三纲之道，奉五常之教，修天爵而致人爵，不欲信富贵于天命，委福禄于冥数。昔卫卜协于沙兵，为谥已久；秦塞属于临洮，名子不悟；朝歌未灭，而国流丹乌；白帝尚在，而汉断素蛇。皆兆发于先，而符应于后，不可以智测也。周、孔与天地合德，与神明合契，将来之数，无所遁情。而狼跋于周，凤衰于楚，岂亲戚之义，不可去也，人伦之教，不可废也。条侯之贵，邓通之富，死于兵革可也，死于女室可也，唯不宜以馁终，此又不可以理得也。命偶时来，盗有名器者，谓祸福出于胸怀，荣枯生于口吻，沛然而安，溘然而笑，曾不知黄雀游于茂树，而挟弹者在其后也[1]。

而他写给姚勖的《与姚谏议书三首》，对自己窘困至极中的友人的关爱垂念极为感激，“开缄感切，涕咽难胜”：

闰冬极寒，伏惟谏议十五郎尊体动止万福。即日某悲绪外，蒙差赵押衙至，奉示问，不任悚荷，无由拜伏，倍积瞻恋。谨因使回，奉状不次。闰十二月二十八日，从表文崖州司户参军同正李某状上。

天地穷人，物情所弃，无复音书，平生旧知，无复吊问。阁老至仁念旧，盛德矜孤，再降专人，远逾溟涨，兼赐衣服、器物、茶药至多，槁木暂荣，寒灰稍暖，开缄感切，涕咽难胜。大海之中，无人拯恤，资储荡尽，家事一空，百口嗷然，往往绝食，块独穷悴，终日苦饥，惟恨垂没之年，顿作馁死之鬼。自十月末得疾，伏枕七旬，属纩者数四，药物陈裛，又无医人，委命信天，幸而自活。羸惫至甚，生意方微，自料此生，无由再望旌棨。临纸涕恋，不胜远诚。病后多书不得，伏惟恕察。谨状。

---

① 《旧唐书·李德裕传》，卷124，第4528页。

伏蒙又赐《口箴》，不任感戴。东都日所惠本留洛中，无人检得，兼以道路艰阻，二年来不曾有人至洛，以此前状谘请，倍深惶悚。小生《舌箴》更改三五字，不欲两本流传，今谨录新本献上，旧本伏望封还。如不能远寄，伏惟必赐焚却，下情切望。赵总管知广州时多，此月下旬方至此。伏惟照察。谨状[①]。

在贬谪海南期间，他并没有消沉，还是回归初始，潜心著文赋诗。

《故人寄茶》也是茶中名诗："剑外九华英，缄题下玉京。开时微月上，碾处乱泉声。半夜邀僧至，孤吟对竹烹。碧流霞脚碎，香泛乳花轻。六腑睡神去，数朝诗思清。其余不敢费，留伴读书行。"[②]

《忆平泉杂咏·忆茗芽》："谷中春日暖，渐忆掇茶英。欲及清明火，能销醉客酲。松花飘鼎泛，兰气入瓯轻。饮罢闲无事，扪萝溪上行。"[③]给人以淡泊从容的茶人情态。我们有理由相信，陆羽、颜真卿、白居易以来的茶之三昧。他不仅心领神会，更验证于日常生活。

至于《玉泉子》所云李德裕通过使用驿马快递惠山泉的事情[④]，可能多为小说家言。但可以说，从一个侧面反映了长安高层已经对烹茶之水的重要性有了高度的认识和成熟的实践经验。同书第637页又记："昔有人授舒州牧，李德裕谓之曰'到彼郡日，天柱峰茶可惠山角。'其人献之几十斤，李不受退还。明年罢郡，用意精求获数角投之。德裕悦而受。曰：'此茶可以消酒食毒。'乃命烹一瓯，沃于肉食，内以银盒，闭之。诘旦，因视其肉，已化为水。众服其广识。"

在唐后期历史上，裴度与李德裕是最耀眼的政治人物。如果说裴度像一只大象，李德裕像一头宽容的雄狮，那么其他宰相，例如牛僧孺、李宗闵、杨嗣复，只是些狼与狐。这些狼与狐，虽然格局一般，器识孤陋，但他们群狼斗狠，使李德裕客死他乡。李德裕到了海南，唐朝很快走向衰落。

真正的茶人应该敢于直面残酷纷杂的现实，敢于进取，敢于谋大事。"晨前明对朝霞，夜后邀陪明月"只是茶人奋进之后的小憩，仅仅是茶人的一个方面。

茶人精神是时代进取奋斗、和谐开放精神，适合于为国奋斗的每一个人，不仅仅局限在侍弄琴棋书画的文人墨客之宇域，李德裕是当之无愧的唐朝茶人，中国历史著名茶人。

---

① 《与姚谏议书三首》，《全唐文》，卷707，第7260页。

② 《全唐诗》，卷475，第5394页。

③ 《全唐诗》，卷475，第5413页。

④ （唐）阙名：《玉泉子》，上海古籍出版社，1958年。

空灵方高远，淡泊可明志。唐人有“茶人”概念吗？有。

陆龟蒙《甫里先生传》为我们树立了一个平凡的茶人形象，他，与陆羽有些相像：

甫里先生者，不知何许人也，人见其耕于甫里，故云。先生性野逸无羁检，好读古圣人书。探六籍，识大义，就中乐《春秋》，抉擿微旨。见有文中子王仲淹所为书，云“三传作而《春秋》散”，深以为然。贞元中，韩晋公尝著《春秋通例》，刻之于石，竟以是学为己任，而颠倒漫漶，翳塞无一通者。殆将百年，人不敢指斥疵颣。先生恐疑误后学，乃著书摭而辨之。

先生平居以文章自怡，虽幽忧疾痛中，落然无旬日生计，未尝暂辍。点窜涂抹者，纸札相压，投于箱箧中，历年不能净。写一本，或为好事者取去，后于他人家见，亦不复谓己作矣。少攻歌诗，欲与造物者争柄。遇事辄变化，不一其体裁。始则凌轹波涛，穿穴险固，囚锁怪异，破碎阵敌，卒造平淡而后已。好洁，几格窗户砚席，翦然无尘埃。得一书详熟，然后置于方册。值本即校，不以再三为限。朱黄二毫，未尝一日去于手。所藏虽少，咸精实正定，可传借人。书有编简断坏者缉之，文字谬误者刊之。乐闻人为学，讲评通论不倦。有无赖者，毁折糅汗，或藏去不返，先生蹙然自咎。

先生贫而不言利。问之，对曰：“利者，商也，人既士矣，奈何乱四人之业乎？且仲尼孟轲氏之所不许。”先生之居，有池数亩，有屋三十楹，有田畸十万步，有牛不减四十蹄，有耕夫百余指。而田污下，暑雨一昼夜，则与江通，无别己田他田也。先生由是苦饥，囷仓无升斗蓄积，乃躬负畚锸，率耕夫以为具。由是岁波虽狂，不能跳吾防、溺吾稼也。或讥刺之，先生曰：“尧舜霉瘠，大禹胝胼。彼非圣人耶？吾一布衣耳，不勤劬，何以为妻子之天乎？且与其蚤虱名器雀鼠仓庾者何如哉？”

先生嗜茶，置小园于顾渚山下，岁入茶租十许簿为瓯舣之费。自为《品第书》一篇，继《茶经》《茶诀》之后。南阳张又新尝为《水说》，凡七等，其二曰“惠山寺石泉”，其三曰“虎邱寺石井”，其六曰“吴松江”，是三水距先生远不百里，高僧逸人时致之，以助其好。先生始以喜酒得疾，血败气索者二年，而后能起。有客至，亦洁樽置觯，但不复引满向口耳。性不喜与俗人交，虽诣门不得见也。不置车马，不务庆吊。内外姻党，伏腊丧祭，未尝及时往。或寒暑得中，体佳无事时，则乘小舟，设蓬席，赍一束书茶灶笔床钓具棹船郎而已。所诣小不会意，径还不留，虽水禽决起山鹿骇走之不若也。人谓之江湖散人，先生乃著《江湖散人传》而歌咏之。由是浑毁誉不能入利口者，亦不复致意。先生性狷急，遇事发作，辄不含忍。寻复悔之，屡改不

> 能已。先生无大过，亦无出入人事，不传姓名，世无有得之者。岂涪翁渔父江上丈人之流者乎？①

是啊，对于皮日休来北方应试及第，在朝为官的俗事只字未提。也许这才是一个平凡而又高雅的茶人。

中国早期茶人（魏晋以迄隋唐）出自士大夫阶层及方外之人，或衣紫披绯，或缁衣绛袍，麻布褐衫，对古典经籍有广博修习，兢兢业业或以谦谦君子为榜样；放浪形骸，以枯槁慈悲的阿难、迦叶为楷模。茶叶，以春天的奕奕姿容，翩翩而来，走进他们精神原野，他们这个华夏独有的甘苦君，相契相伴，修道悟佛，齐家事君。上述茶人即使身处残酷的政治斗争，仍然体现出茶人应有的憎爱，穷山恶水为道场，奸佞贪吏是镜子。观览茶人行状是我们理解中华茶道精神与茶道思想的必由之路。长安是政治与文化中心，也是思想文化传播的最高殿堂。以追求清雅向往和谐为主要特征的茶道风格，与抚近怀远、天下大同的唐朝政治目标相契合，是中国文化向上进取的体现，也是唐文化独有风姿。而这一切只有在长安才得以充分地展现出来。

第五节 皮日休的茶道文化实践与成果

一、晚唐思想家皮日休

《全唐诗》是这样介绍皮日休的："皮日休，字袭美，一字逸少。襄阳人，性傲诞。隐居鹿门，自号'间气布衣'。咸通八年（867）登进士，崔璞守苏，辟军事判官，入朝，授太常博士。黄巢陷长安，伪署学士，使为忏文，疑其讥己，遂及祸。"因讥讽黄巢而死。

从姚合入田弘正、陆羽入李复、杜甫入严武幕府等史事看，进士入幕府只是解决释褐的程序而已，一般都是一年多。由此可以推测，皮日休在长安有好几年时间。中间有两次离开与回归。他与"天随之"陆龟蒙的唱和诗实际在长安与苏州之间隔空进行。他的死没有段秀实激昂慷慨，也没有颜真卿悲壮，但也展示了一代茶人的傲岸风骨。通读他的诗歌，我们觉得他是一位地位被严重低估的一代大茶人。

皮日休被今人赵俊视为晚唐三大思想家之一，他针砭时弊，提出崇道统以救世，取天下以民心，认为相面是荒诞的②。李珺平认为"作为唐宋新儒家的中介人物，皮日

---

① 《全唐文·甫里先生》，卷801，第8420、8421页。

② 赵俊：《晚唐思想界三杰》，《中国社会科学院研究生院学报》1999年第6期，第67-70页。

休向前继承了韩愈的文统说与道统说，向后则影响了二程朱熹。在文统上皮日休推崇韩愈提出的两司马、刘向、扬雄中的后两位，在道统上推崇韩愈所极力赞美的孟轲。为了将韩愈也放进儒家儒学道统之中并与孟轲连接，皮日休抬出了文中予王通。皮日休参加黄巢起义队伍并担任大齐政权的翰林学士，其动机与其新儒家身份有关，也与其对孟轲'诛独夫，立新君'理论的理解有关"[①]。他推崇韩愈是从青年时期为应付科举考试，对韩愈文章进行了五年多的精深阅读与学习，从思想到写作，后来随年岁增添而心悦诚服。唐书没有皮日休传记的原因是他参加了大齐政权。他的《春秋决疑十篇》表明他是对唐代史学著作《史通》进行最早研究的人，并对刘知幾针对《春秋》提出的44条驳难，提出27条驳难，并弥补唐人疏解《春秋》空白，尊《春秋》为经，并在以《左传》为主的基础上，也吸纳了《公羊》《穀梁》的观点[②]。

《七爱诗》序文与诗歌表现了他人生目标价值取向与思维深度，房玄龄、杜如晦（从真主而纵横自如于政坛）、李晟（崛起定中原）、卢鸿（真隐士）、元德秀（清介如伯夷）、李白（逸气自由代表）、白居易（似孤鸿如脱蝉）[③]。认为他们是当朝各领域包括隐逸，在内的典型代表。

同时我们也看到在诗歌创作方面皮日休也是比较全面而艺术水平上乘。他习周礼而仿习《诗经》雅、颂，作《九夏歌九篇》《三羞诗三篇》，他也是唐人中为数不多的仿习晋人傅咸作回文诗的作家诗人。对周人礼仪礼制研究也比较深入。

二、"陆夫子"——"茶人"概念雏形

在茶学方面也是继往开来。在回顾周礼过程中，引出茶饮：

> 按周礼，酒正之职辨四饮之物，其三曰浆。又，浆人之职供王之六饮，水、浆、醴、凉、医、酏，入于酒府。郑司农云，以水和酒也，盖当时人率以酒醴为饮，谓乎六浆，酒之醨者也，何得姬公制。尔雅云，槚，苦茶。即不撷而饮之，岂圣人之纯于用乎，亦草木之济人，取舍有时也。自周以降及于国朝茶事，竟陵子陆季疵言之详矣，然季疵以前称茗，饮者必浑以烹之，与夫瀹蔬而啜者无异也。季疵始为经三卷，由是分其源，制其具，教其造，设其器，命其煮，饮之者除痟而去疠，虽疾医之不若也。其为利也，于人岂

① 李珺平：《作为新儒家承前启后中介人物的皮日休》，《湛江师范学院学报》2013年第2期。

② 焦桂美：《皮日休〈春秋决疑十篇〉述论》，《山东理工大学学报（社会科学版）》2017年第1期，第55-58页。

③ 《全唐诗》，卷608，第7016-7018页。

小哉，余始得季疵书，以为备矣，后又获其顾渚山记二篇，其中多茶事，后又太原温从云、武威段碣之各补茶事十数节，并存于方册。茶之事由周至今竟无纤遗矣，昔晋杜育有荈赋，季疵有茶歌，余缺然于怀者，谓有其具而不形于诗，亦季疵之余恨也，遂为十咏寄天随子[①]。

创作《茶坞》《茶人》《茶笋》《茶籝》《茶舍》《茶灶》《茶焙》《茶鼎》《茶瓯》《煮茶》共十首，实际上是以诗歌形式，完善补充季疵（陆羽）《茶经》三卷形式上的遗憾，而且将陆羽未涉及的茶事补录殆尽，使自周以来的茶事记录“竟无纤遗（没有丝毫遗漏）”，他提出的“陆夫子”是今天我们称之为“茶人”概念的元初雏形（见本书第四章之“四、‘茶人’轮廓与雏形”），上承《茶经》下起《十六汤品》，最直接成果是晚一辈的陆龟蒙的对茶事的执着与勤于创作。可惜的是太原温云从、武威段碣之各数十条茶事记载我们看不到了。

皮日休的思想深刻学术精深，文化创作路子宽广，成果丰硕。

茶道文化是中国传统文化自周礼以来的以茶事为依托和载体的时代化新成果。只有思路深刻视野开阔成果丰硕的时代文化精英方可完成与茶事繁荣的时代相适应的全面总结与升华。皮日休具有无以替代的历史优势。

① （清）陆廷灿:《续茶经》。

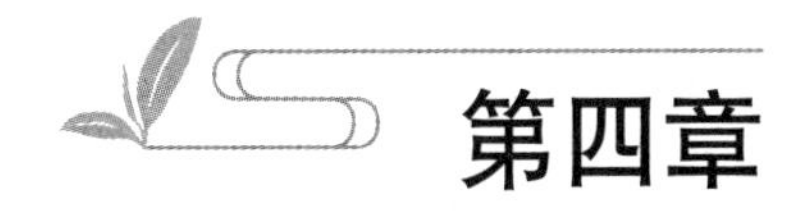

第四章

长安茶风：与诗人们约茶

第一节　唐诗——茶道文明传播的金色翅膀

如果将文明视为一种发现。茶道文明是中国茶文化长期实践的结果，其标志是陆羽的《茶经》。我们看到茶道文明是茶文化的阶段性核心成果，也是新阶段文化活动的基础和条件。茶道文明与饮茶风习与茶叶生产贸易等茶叶经济及相关的“茶法”有密切联系，但它属于精神文明的一部分。其传播主要还是通过文人士大夫们的文化行为来实现。我们在此使用“茶道文明”这个术语，而没有使用“茶文化”“饮茶文化”“饮茶”。因为茶道讲求程序性和规范化以及在此之上的思想与精神。

我们发现，诗歌在唐代茶道文明传播中发挥了重要作用。

我们将唐代茶诗简单地分为四个阶段。

第一阶段，618—760年，从初唐到圣唐。从骆宾王到李白、杜甫。

这一阶段的茶诗主要还是从茶的自然观感，生长与自然情态，及饮用茶的风习。

第二阶段，761—800年，从中唐前期茶诗。从陆羽、颜真卿、皎然为核心的湖州集团与大历贞元诗人参与。这个阶段是中国茶道文明形成时期。起点很高，茶道三杰赋予茶以很高的文化内涵与政治期望。

第三阶段，800—845年，是中唐后期。元和至会昌时期。以白居易、元稹、刘禹锡、卢仝为代表。长安、洛阳、湖州、苏州、越州、常州、扬州、江州、忠州、朗州等诗歌创作遍地开花。

第四阶段，846—907年，是晚唐时期（宣大中至唐末）。这一时期以姚合、贾岛一派在长安兴起。这一阶段，以长安为中心，诗人数量和诗人分布地域大幅度增加。茶道探索进一步深化。与第三阶段有一个共同点，贡茶州刺史也创作出脍炙人口的茶诗。以李郢、杜牧、张文规为代表。

余音与历史回应，五代—北宋初期的茶道实践与茶诗创作是唐代茶道文明的直接延续。

从粗略的稽考结果看，唐五代茶诗600余首，涉及诗人百余人。作于长安的茶诗占了相当的篇幅。

我们在这里主要的关注点是“茶道”或茶道文明的轨迹，因而从茶事发展、茶道形成及茶诗创作的历程三个方面综合考察长安茶风。在这里以饮茶为主线，做一个分类，再在赏析茶诗过程中感悟茶道。

一、茶事成为越来越多的诗人们的创作题材

（一）以饮茶与茶汤为主的具象的茶事进入诗人的视野

这些具象的作为题材与描述对象进入创作的茶事要素包括：茶园、茶汤、茶具茶器、采茶与加工茶、贡茶及其反思。

早在三四世纪的中国最早茶诗中，就已经出现对茶园、茶汤、茶器的描述。

张载《登成都白菟楼》：“芳茶冠六清，溢味播九区。人生苟安乐，兹土聊可娱。”[①]杜育（?—311）《荈赋》：“灵山惟岳，奇产所钟。瞻彼卷阿，实曰夕阳。厥生荈草，弥谷被岗。承丰壤之滋润受甘露之霄降。月惟初秋，农功少休；结偶同旅，是采是求。水则岷方之注，挹彼清流；器择陶简，出自东瓯；酌之以匏，取式公刘。惟兹初成，沫沈华浮。焕如积雪，晔若春敷。若乃淳染真辰，色绩青霜；氤氲馨香，白黄若虚。调神和内，倦解慵除。”[②]杜育最后还写到饮茶以后的物理作用和精神作用：调神和内，倦解慵除。

如乳、如雪、如碧玉翡翠等茶汤成为后代诗人们在述写茶道的基本意象。大家知道，茶汤、茶炉并延伸至炉火，是茶道过程的最重要焦点。

骆宾王《同辛簿简仰酬思玄上人林泉四首》：“林泉恣探历，风景暂裴徊。客有迁莺处，人无结驷来。聚花如薄雪，沸水若轻雷。今日徒招隐，终知异凿坏。”[③]骆宾王的这首诗告诉我们，烹茶品茗已经成为唐人所热爱的林泉生活的一部分。“林泉”在《北史》卷64《韦孝宽传》中就有。《梁书·处士传·庾诜》里有“性记夷简，独爱林泉”。李泌《赋茶》：“旋沫翻成碧玉池，添酥散出琉璃眼。”[④]李泌最早用“琉璃眼”，即玻璃中的气泡来描述煮茶过程中的泡沫。

皇甫冉《送陆鸿渐栖霞寺采茶》：“借问王孙草，何时泛碗花。”[⑤]颜真卿《五言月夜

---

① 刘枫：《历代茶诗选注》，中央文献出版社，2009年，第2页。

② 同①，第3页。

③ 《全唐诗》，卷78，第842页。

④ 《全唐诗》，卷109，第1127页。

⑤ 《全唐诗》，卷249，第2800页。

啜茶联句》是在贞元八年（792）《韵海镜源》编纂完成后邀约同道品茶并联句情形。无疑诗中将“泛花”作为煎茶的代名词来使用，联句围绕茶汤的颜色形状与滋味展开，诗人们极尽妙思奇想，给我们呈现出湖州茶人集团茶道生活的别样情趣：陆士修的“泛花邀坐客，代饮引情言”“素瓷传静夜，芳气清闲轩”[①]。张荐的“醒酒宜华席，留僧想独园”。李崿的“不须攀月桂，何假树庭萱”。崔万的“御史秋风劲，尚书北斗尊”。颜真卿的“流华净肌骨，疏瀹涤心原”。皎然的“不似春醪醉，何辞绿菽繁”。

这里，颜真卿以诗歌语言来表现饮茶后的物理与精神作用：“流华净肌骨，疏瀹涤心源。”这是相当准确的。颜真卿《登岘山观李左相石尊联句》中王纯用兰花香来描述茶香。兰香我们现代人还在用。

“碾玉”成为碾茶的代名词，皇甫曾有诗云：“夜酌此时看碾玉，晨趋几日重鸣珂。”[②]孟郊《宿空侄院寄澹公》：“雪檐晴滴滴，茗碗华举举。”[③]卢仝《走笔谢孟谏议寄新茶》：“碧云引风吹不断，白花浮光凝碗面。”[④]元稹《送王协律游杭越十韵》：“纸乱红蓝压，瓯凝碧玉泥。”[⑤]

元稹《予病瘴，乐天寄通中散、碧腴垂云膏……因有酬答》：“紫河变炼红霞散，翠液煎研碧玉英。”[⑥]元稹《一字至七字诗·茶》：“铫煎黄蕊色，碗转麹尘花。”[⑦]刘禹锡《西山兰若试茶歌》：“骤雨松声入鼎来，白云满碗花徘徊。悠扬喷鼻宿酲散，清峭彻骨烦襟开……欲知花乳清泠味，须是眠云跂石人。”[⑧]徐夤《尚书惠蜡面茶》：“金槽和碾沈香末，冰碗轻涵翠缕烟。”[⑨]

崔道融《谢朱常侍寄贶蜀茶、剡纸二首》：“瑟瑟香尘瑟瑟泉，惊风骤雨起炉烟。”[⑩]

（二）对贡茶带给人民苦难的反思

这里主要有中唐白居易、卢仝和晚唐李郢的诗。

白居易《昆明春·思王泽之广被也》是白居易的第一首与茶有关的诗，这时他对别茶煎茶还是个初学者。出于民生考虑，提出罢黜榷茶制度：“昆明春，昆明春，春池

① 《全唐诗》，卷788，第8882页。
② 《全唐诗》，卷788，第8883页。
③ 《全唐诗》，卷378，第4239页。
④ 《全唐诗》，卷388，第4379页。
⑤ 《全唐诗》，卷406，第4527页。
⑥ 《全唐诗》，卷412。
⑦ 《全唐诗》，卷423，第4572页。
⑧ 《全唐诗》，卷356，第4000页。
⑨ 《全唐诗》，卷708，第8153页。
⑩ 《全唐诗》，卷714，第8210页。

岸古春流新。影浸南山青滉漾，波沉西日红奫沦。往年因旱池枯竭，龟尾曳涂鱼呴沫。诏开八水注恩波，千介万鳞同日活。今来净绿水照天，游鱼鱍鱍莲田田。洲香杜若抽心短，沙暖鸳鸯铺翅眠。动植飞沉皆遂性，皇泽如春无不被。渔者仍丰网罟资，贫人久获菰蒲利。诏以昆明近帝城，官家不得收其征。菰蒲无租鱼无税，近水之人感君惠。感君惠，独何人，吾闻率土皆王民，远民何疏近何亲。愿推此惠及天下，无远无近同欣欣。吴兴山中罢榷茗，鄱阳坑里休封银。天涯地角无禁利，熙熙同似昆明春。”[①]这时白居易刚到长安望昆明湖而兴叹、感慨。

李郢《茶山贡焙歌》在着重描述了湖州刺史、长兴县令在顾渚山驱使农民如期完成贡茶的急迫情态后，发出感叹：“……吾君可谓纳谏君。谏官不谏何由闻，九重城里虽玉食。天涯吏役长纷纷，使君忧民惨容色。”[②]

（三）清明茶代酒，茗酌待幽客

孟浩然（689—740）《清明即事》：“帝里重清明，人心自愁思。车声上路合，柳色东城翠。花落草齐生，莺飞蝶双戏。空堂坐相忆，酌茗聊代醉。”[③]韦应物《清明日忆诸弟》：“冷食方多病，开襟一忻然。终令思故郡，烟火满晴川。杏粥犹堪食，榆羹已稍煎。唯恨乖亲燕，坐度此芳年。”[④]李白《陪族叔当涂宰游化城寺升公清风亭》：“化城若化出，金榜天宫开。疑是海上云，飞空结楼台。升公湖上秀，粲然有辩才。济人不利己，立俗无嫌猜。了见水中月，青莲出尘埃。闲居清风亭，左右清风来。当暑阴广殿，太阳为裴回。茗酌待幽客，珍盘荐凋梅。飞文何洒落，万象为之摧。季父拥鸣琴，德声布云雷。虽游道林室，亦举陶潜杯。清乐动诸天，长松自吟哀。留欢若可尽，劫石乃成灰。”[⑤]

盛唐时，茶本身已经被赋予特殊的文化属性。

二、茶道的特殊意象——纤纤、雪水、锅中花

（一）诗人心境与诗的意境的契合

唐代诗人之间唱和、联句、赠答创作是普遍现象。是诗艺、感怀与艺茶交流的重

---

① 《全唐文》，卷426，第4695页。
② 《全唐诗》，卷590，第6847页。
③ 《全唐诗》，卷159，第1629页。
④ 《全唐诗》，卷191，第1958页。
⑤ 《全唐诗》，卷179，第1831页。

要渠道与方式。以元白、刘白、韩孟最为知名。白居易是唐代茶诗创作最多诗人，也是精于茶道的大家。

《资治通鉴》唐纪五五，元和十年乙未（815）：

> 六月，癸卯，天未明，元衡入朝，出所居靖安坊东门。有贼自暗中突出射之，从者皆散去，贼执元衡马行十余步而杀之，取其颅骨而去。又入通化坊击裴度，伤其首，附沟中……上或御殿久之，班犹未齐。

《旧唐书·白居易传》：

> （元和）十年七月，盗杀宰相武元衡，居易首上疏论其冤，急请捕贼以雪国耻。宰相以宫官非谏职，不当先谏官言事。会有素恶居易者，掎摭居易，言浮华无行……执政方恶其言事，奏贬为江表刺史，追诏授江州司马[①]。

此时白居易为太子左赞善大夫，属于东宫官员，便有人借此对他提出过分追究，贬为江南某郡刺史，同为文人的王涯提出不宜掌管一个地方，降为九品司马。据朱金城先生研究对他进行惩处提出贬谪意见的宰相是韦贯之、张弘靖[②]。

在皇朝大难来临京城惶恐惊惧之时，白居易认为这时候应该君臣一心追杀罪犯为宰相复仇，为国树威，面对谋叛者的公开威胁，他义无反顾旗帜鲜明地表明立场，但却被贬，对于一个年44岁，因一首《长恨歌》独擅文坛的政治家来说，不啻当头一棒，晴天霹雳。

白居易《宿蓝溪对月（一作宿蓝桥题月）》应该是离开长安的当天夜里在蓝田驿馆所写，以茶代酒以浇愁垒，些许地无奈："昨夜凤池头，今夜蓝溪口。明月本无心，行人自回首。新秋松影下，半夜钟声后。清影不宜昏，聊将茶代酒。"[③]《山路偶兴》是白居易刚到江州时所作，被贬一段时间后，心绪较为平缓一些："筋力未全衰，仆马不至弱。又多山水趣，心赏非寂寞。扪萝上烟岭，蹋石穿云壑。谷鸟晚仍啼，洞花秋不落。提笼复携榼，遇胜时停泊。泉憩茶数瓯，岚行酒一酌。独吟还独啸，此兴殊未恶。假使在城时，终年有何乐。"[④]

白居易在彻底放松下来，以积极态度面对贬谪生活时《咏意》诗云："此外即闲放，时寻山水幽。春游慧远寺，秋上庾公楼。或吟诗一章，或饮茶一瓯。身心一无系，

① 《旧唐书·白居易传》，卷116，第4344、4345页。

② 《白居易年谱》，第65页。

③ 《全唐诗》，卷431，第4755页。《白居易集》，以下称《白集》。

④ 《全唐诗》，卷431，第4757页。

浩浩如虚舟。富贵亦有苦，苦在心危忧。贫贱亦有乐，乐在身自由。”[①]《香炉峰下新置草堂，即事咏怀，题于石上》是白乐天在元和十年以后在江州（浔阳）时的作品。他经过一段时间苦闷与深刻反思后，开始平和地面对实际。在庐山东林寺附近开辟茶园，搭建草堂（见下一首），闲舒地适应了贬谪的生活。“架岩结茅宇，斫壑开茶园……左手携一壶，右手挈五弦。傲然意自足，箕踞于其间”[②]。

《谢李六郎中寄新蜀茶》：“汤添勺水煎鱼眼，末下刀圭搅麹尘。不寄他人先寄我，应缘我是别茶人。”[③]是白居易元和十二年，到江州的第三年的作品，李六郎就是巴州刺史李宣。这也是一首答谢诗，一般情况下自存后抄寄李六郎。《旧唐书·宪宗本纪》载：元和十一年九月屯田郎李宣为忠州刺史。

白居易《琴茶》：“兀兀寄形群动内，陶陶任性一生间。自抛官后春多醉，不读书来老更闲。琴里知闻唯渌水，茶中故旧是蒙山。穷通行止长相伴，谁道吾今无往还。”[④]大约是826年重阳节前夕由苏州刺史任上骑马摔伤罢官后，回洛阳、长安所作，时56岁。已经进入暮年，此作表现了以茶为伴以琴为侣的自由状态。罢官有些许遗憾，但耽于琴艺茶道一个充实、自适的“别茶人”形象永久屹立于中国文化史里。

（二）茶道的特殊意象

1. 奉茶、煎茶的纤纤手

“窗间睡足休高枕，水畔闲来上小船。棹遣秃头奴子拨，茶教纤手侍儿煎。门前便是红尘地，林外无非赤日天。谁信好风清簟上，更无一事但翛然”[⑤]。

裴度《凉风亭睡觉》则直接写煎茶之人，而略去“纤纤”的煎茶人的手：“饱食缓行新睡觉，一瓯新茗侍儿煎。”[⑥]

从白诗延伸出来的“纤纤”也为唐宋文人的一个关注点，茶汤之外，烹茶之人，也是奉茶之人自然成了文人骚客的关注点。

孟郊写：“雪弦寂寂听，茗碗纤纤捧。”[⑦]

这也是黄庭坚茶诗中“纤纤”所本，“双井茶”为黄庭坚、欧阳修家乡江西修水名茶。黄戏答说：茶不算太好，但有，也可以用清冽的山泉为你煮水点茶。但可惜

① 《全唐诗》，卷430，第4745页。
② 《全唐诗》，卷430，第4746页。
③ 《全唐诗》，卷439，第4893页。
④ 《全唐诗》，卷448，第5038页。
⑤ （唐）白居易：《池上逐凉二首》，《全唐诗》，卷456，第5019页。
⑥ 《全唐诗》，卷335，第3757页。
⑦ 韩愈、孟郊：《会合联句》，《唐诗联句》，《全唐诗》，卷791，第8905页。

啊：我这里没有脂白削葱根的纤纤小手为你奉茶！但你可以从我这里看到新诗的原版，言下之意可赠你新诗的新书法创作："不嫌水厄幸来辱，寒泉汤鼎听松风，夜堂朱墨小灯笼。惜无纤纤来捧碗，惟倚新诗可传本。"[①]"茶瓯更试纤纤手，不仗清风送玉川"[②]。

2. 雪水

水，成为茶道成败重要因素，也成为唐代宋代茶道文明的重要内容。诗人们对雪水情有独钟。他们认为雪来之上天，一尘不染，经过隆冬的造化，该有特殊的蕴含。

虽然陆羽提出山水（泉水）上、江中、井水下，没有提及雪水，但是文人雅士对洁白的白雪晶莹的冰却情有独钟，白居易《吟元郎中白须，兼饮雪水茶，因题壁上》："咏霜毛句，闲尝雪水茶。城中展眉处，只是有元家。"[③]白居易《晚起》："烂漫朝眠后，频伸晚起时。暖炉生火早，寒镜裹头迟。融雪煎香茗，调酥煮乳糜。"[④]姚合《寄元绪上人》："石窗紫藓墙，此世此清凉。研露题诗洁，消冰煮茗香。"[⑤]郑巢《送象上人还山中》："竹锡与袈裟，灵山笑暗霞。泉痕生净藓，烧力落寒花。高户闲听雪，空窗静捣茶。终期宿华顶，须会说三巴。"[⑥]

3. 茶釜茶汤

施肩吾《春霁》："煎茶水里花千片，候客亭中酒一樽。"[⑦]黄滔《冬暮山舍喜标上人见访》："茗汲冰销溜，炉烧鹊去巢。"[⑧]黄滔《和吴学士对春雪献韦令公次韵》："书幌飘全湿，茶铛入旋融。"[⑨]贯休《题兰江言上人院二首》："青云名士时相访，茶煮西峰瀑布冰。"[⑩]姚合《寻僧不遇》："入门愁自散，不假见僧翁。花落煎茶水，松生醒酒风。拂床寻古画，拔刺看新丛。别有游人见，多疑住此中。"[⑪]崔涯《竹》："谁怜翠色兼寒影，静落茶瓯与酒杯。"[⑫]

---

① （宋）黄庭坚：《答黄冕仲索煎双井并简扬休》。
② （宋）方一夔：《酷热五首》。
③ 《全唐诗》，卷442，第4931页。
④ 《全唐诗》，卷451，第5092页。
⑤ 《全唐诗》，卷497，第5642页。
⑥ 《全唐诗》，卷504，第5736、5737页。
⑦ 《全唐诗》，卷494，第5603页。
⑧ 《全唐诗》，卷704，第8101页。
⑨ 《全唐诗》，卷706，第8124页。
⑩ 《全唐诗》，卷836，第9421页。
⑪ 《全唐诗》，卷501，第5703页。
⑫ 《全唐诗》，卷505，第5741页。

烧水候汤是茶道最主要程序和关键点，注视茶釜（锅、鍑）变化过程中，诗人们看到了竹叶、鸟儿、云彩、落霞、飞雪，等等的倒影，成为特别有趣的物象，往往写入诗句，增加诗的动态美，也延伸和扩大了中国茶道的审美内容。

李洞《题慈恩友人房》："塔棱垂雪水，江色映茶锅。"[①]李洞《赠曹郎中崇贤所居（一作上崇贤曹郎中》："闲坊宅枕穿宫水，听水分衾盖蜀缯。药杵声中捣残梦，茶铛影里煮孤灯。"[②]刘得仁《慈恩寺塔下避暑》云："古松凌巨塔，修竹映空廊，竟日闻虚籁，深山止（只）次良。僧真生我敬，水淡发茶香。坐久东楼望（上），钟声振（送）夕阳。"[③]所谓"水淡发茶香"应该是长期实践所得的正确认识，"水淡"囊括了今天我们的清洁透彻、含重金属少的内容。薛能《寄终南隐者》描述的茶釜："饭后嫌身重，茶中见鸟归。"[④]李洞《宿凤翔天柱寺穷易玄上人房》："天柱暮相逢，吟思天柱峰。墨研清露月，茶吸白云钟。卧语身粘藓，参（安）禅顶拂松。探玄为一决（诀），明日去临邛。"[⑤]一个茶釜，不仅吸进了白云，还吸进去了钟声，但更深刻的是吸进去了人的情感、思想与禅的智慧。

茶釜映白云、照红霞，茶釜飘绿舞、茶釜飞大雁、倒佛塔……茶道本身满是诗意盎然！烧水煮茶过程有诗意，有禅悦，有一种淡雅空灵的意境，"捣残梦""煮孤灯"已进入禅的境界。

4. 茶境

茶境，是文人茶道极为重要的因素。茶艺之中有"纤纤手"，茶器有"瓯盏""茶铛""茶釜"。而茶境内涵更丰富，既有环境也有精神意境。

唐都长安慈恩寺雁塔高耸入云，及第举子们在这里登塔瞻礼佛牙，乐游原上北望汉家陵阙，马璘山池德宗君臣茶宴盛大，曲江池畔三月三日丽人行，修禊饮酒变为茶会雅聚，昆明池波光潋滟，兴庆宫花萼翠微遥相辉映……而南方才俊对长安雪景，如醉如狂："凌晨拥弊裘，径上古原头。雪霁山疑近，天高思若浮。群峰埋积翠，玉嶂掩飞流。曜彩含朝日，摇光夺寸目。寒空标瑞色，爽气袭皇州。清眺何人得，终当独再游。"[⑥]

诗人正是我们尊为茶道三大师的诗僧皎然。他年轻的时候，也怀揣进士及第辅佐明主济世安民的万丈豪情，来到帝都参加科举考试。对长安，对北国的冬天，他是陌生的，因而充满好奇。他凌晨起床，裹紧着破烂的裘皮大衣，走到乐游原最南端，眺

---

① 《全唐诗》，卷722，第8283页。

② 《全唐诗》，卷723，第8292页。

③ 《文苑英华》，卷237，第1196页。

④ 《全唐诗》，卷558，第6470页。

⑤ 《文苑英华》，卷238，第2000页。

⑥ 《抒山集》，《五言晨登乐游原望终南积雪》，上海古籍出版社，1992年，卷6，第58页。

望白雪皑皑的终南山：好在雪止天晴，因为清凉透彻感觉距离南山很近，天空澄澈高邈，皑皑白雪覆盖在翠绿的松柏冬青树上，如巉岩般的冰凝结了飞流直下的瀑布。待太阳初升，霞光万道，照得雪山格外刺目，眼睛都睁不开。奇妙的感觉，特殊的经历，需要再次独自感受一次。也许科举失利，使他更专注于对佛学禅意的探究，对茶道的求索。

唐都长安，风景名胜均呈现出皇朝风采，贵族气韵。请看第三节长安园林茶会，我们在此从略。

5. 禅意

禅意，既可以视为茶境的一个单元，也可独立成为体系，成为“禅境”。禅有二意，一是属于色界（物质性）的结跏趺静观、静思、静修，也就是属于菩萨行六度之一的禅定；第二类是欲界，亦精神世界的涅槃静妙，也包含一种顿悟、感观。“玄谈兼藻思，绿茗代榴花”[①]。“入户道心生，茶间踏叶行……诗言与禅味，语默此皆清”[②]。

三、唐诗对茶道的宣弘与促进发展作用

《茶经》是以陆羽为代表的茶人对《封氏闻见记》所谓“两京之间，形成比屋之饮”盛况的时代回应。作为一种以茶事为依托的新型文化形式，茶道文明基于其应有的社会条件。

（一）以茶迎客、以茶饯别成为唐代诗人的雅尚

而这个风尚形成的基础条件就是，饮茶成为全社会的普遍风潮。文人骚客则往往嗜茶成瘾，睡梦茶香。元稹《解秋十首》之六所展示的情形极具典型：“霁丽床前影，飘萧帘外竹。簟凉朝睡重，梦觉茶香熟。”[③]

白居易《酬梦得秋夕不寐见寄（次用本韵）》说，他饥渴难耐时最想喝的是茶，铿锵的碾茶声更激发了对茶的渴望：“碧簟绛纱帐，夜凉风景清。病闻和药气，渴听碾茶声。”[④]

白居易在洛阳，作《闲卧寄刘同州》给在京城以东的同州（治今陕西渭南大荔）刺史刘禹锡，分享他的饮茶心境：从暖和的床榻起身，茶的馥郁芬芳使他无比惬意，（希望刺史也有这般自由自在吧）：“软褥短屏风，昏昏醉卧翁。鼻香茶熟后，腰暖日

① （唐）钱起：《过长孙宅与朗上人茶会》，《全唐文》，卷237。
② （唐）喻凫：《冬日题无可上人院》，《全唐诗》，卷543。
③ 《全唐诗》，卷402。
④ 《全唐诗》，卷449。

阳中。”[①]

李涉《春山三臈来》，长久在山上居住后归来，看到茶碗，就仿佛闻到迷人的茶香，就像骑马由缰，乘鹤随风：“越瓯遥见裂鼻香，欲觉身轻骑白鹤。”[②]

齐己《咏茶十二韵》碧绿的茶汤像凝脂，掀开盖子，茶铛里的香气弥漫整个房子：“角开香满室，炉动绿凝铛。”[③]

饮茶成为嗜好，相互间唱和赠答，赋予茶以文化气息而转变为一种文人间的雅尚。以茶迎嘉宾，品茗饯挚友。

杜甫《巳上人茅斋》说明，巳上人茅草斋堂是文人诗客常来交流新作切磋诗艺之处，客人们来无定时，上人为客人预留茶末、瓜果都很晚：“巳公茅屋下，可以赋新诗。枕簟入林僻，茶瓜留客迟。”[④]

李嘉祐《奉和杜相公长兴新宅即事呈元相公》表明常备好茶器茶叶，客人来了自煎并自饮：“意有空门乐，居无甲第奢。当山不掩户，映日自倾茶。”[⑤]戴叔伦《春日访山人》：“远访山中客，分泉谩煮茶。”[⑥]刘禹锡《西山兰若试茶歌》：“宛然为客振衣起，自傍芳丛摘鹰觜。斯须炒成满室香，便酌砌下金沙水。”[⑦]张籍《赠姚合少府》：“为客烧茶灶，教儿扫竹亭。”[⑧]白居易《麹生访宿》：“村家何所有，茶果迎来客。”[⑨]李远《赠潼关不下山僧》：“香茗一瓯从此别，转蓬流水几时还。”[⑩]

（二）诗人骚客对《茶经》理念的尊崇与推广、细化

1. 以“美”赞誉茶道或饮茶

如何全面描述、赞美整个茶道过程的感受？薛能用了“美”字，其《春日闲居》云：“花繁春正王，茶美梦初惊。”[⑪]

2.“滑”的品评理念

在陆羽《茶经》茶道追求茶的真香真味宏观审美原则下，唐代诗人，也在不断探

---

① 《全唐诗》，卷456，第5165页。
② 《全唐诗》，卷477，第5426页。
③ 《全唐诗》，卷843，第9523页。
④ 《全唐诗》，卷224，第2393页。
⑤ 《全唐诗》，卷207，第2162页。
⑥ 《全唐文》，卷273，第3077页。
⑦ 《全唐诗》，卷356，第4000页。
⑧ 《全唐诗》，卷384，第4314页。
⑨ 《全唐诗》，卷429，第4728页。
⑩ 《全唐诗》，卷519，第5933页。
⑪ 《全唐诗》，卷558，第6473页。

讨。晚唐贯休《题淮南惠照寺律师院》："仪冠凝寒玉，端居似沃州。学徒梧有凤，律藏目无牛。茗滑香黏齿，钟清雪滴楼。还须结西社，来往悉诸侯。"[①]

3."回味"

晚唐五代的齐己在《山寺喜道者至》，首次提出回味的品茶体验，后来人们把回甘的快慢、甜味浓淡作为茶叶优劣一大标准："鸟幽声忽断，茶好味重回。"[②]

4."活火"

宋代苏轼《汲江煎茶》的诗句"活水还须活火煮，自临钓石取深清"为大家熟悉，而活火煎茶的实践源自唐代李约，他是德宗至宪宗时期人物，《因话录》记载他最早提出活火煎茶：兵部员外郎约，汧公（司徒李勉）之子也……约天性嗜茶，能自煎。谓人曰："茶须缓火炙，活火煎，活火谓炭火之焰者。客至。不限瓯数，竟日执持茶器不倦。曾奉使行至陕州硖石县东，爱渠水清流，旬日忘发。"[③]

5. 饮茶是一种高雅的生活情调

齐己更在《寄孙辟呈郑谷郎中》将饮茶生活标定为高雅的情态与风格："衡岳去都忘，清吟恋省郎。淹留才半月，酬唱颇盈箱。雪长松柽格，茶添语话香。因论乐安子，年少老篇章。"[④]李中《献中书潘舍人》中的"茶谱"也许是诗歌语言，但可以说，到晚唐五代，人们喝茶已经有了文本可遵循："茶谱传溪叟，棋经受羽人。"[⑤]而陆羽《茶经·十之图》要求在喝茶的地方将《茶经》抄写并悬挂起来。文人士大夫对茶的精神指向的巩固与深化。历史上的桓温、陆纳，以茶示廉、以茶示俭的茶文化价值观得到唐人的巩固与深化。

张巡在睢阳守城时，煮皮带以当茶，以示镇静、从容，给守城军民以信心与力量；晚唐僖宗逃出京城以外，王枳送来南方贡茶，两眼热泪，说："不是贡茶是贡心。"茶道赋予茶的宁静、贞真、忠诚、专一等特性已经为文人士大夫们普遍尊崇。

（三）以意境为核心的诗风诗体与茶道清雅的契合——以姚合贾岛李洞为例

在文学界或文学史界探讨姚合"武功体"，基本一致的看法是"苦吟的态度"与"荒寒的意境"[⑥]，因而给人以消极颓靡的感觉，几乎没有注意茶道思想、茶道精神在晚

① 《全唐诗》，卷832，第9384页。
② 《全唐诗》，卷839，第9460页。
③ 赵璘：《因话录》卷二，《四库笔记小说丛书》之《西京杂记》/外二十一种，第1035-477页。
④ 《全唐诗》，卷841，第9497页。
⑤ 《全唐诗》，卷750，第8548页。
⑥ 胡遂、肖圣陶：《论姚合文人集团诗歌创作方式》，《求索》2008年第12期。

唐诗人们生活与诗歌创作方面的深刻影响。

姚合《乞新茶》说自己以新诗换取新茶的情形，他自嘲为“乞茶”，实际赋予茶事以高雅与发自内心的热爱与关注；茶实际成为生命的一个写照，一个侧面照应：“嫩绿微黄碧涧春，采时闻道断荤辛。不将钱买将诗乞，借问山翁有几人。”[①]

贾岛《黄子陂上韩吏部》，无疑是韩愈从贬谪地潮州归来后任吏部侍郎时所做。在瘴气浓重的贬谪地，唯有茶给诗人以些许的清爽的美感和味觉刺激：“疏衣蕉缕细，爽味茗芽新。钟绝滴残雨，萤多无近邻。溪潭承到数，位秩见辞频。若个山招隐，机忘任此身。”[②]

李洞《寄淮海惠泽上人》其实透露了茶道与禅的全部真谛：“他日愿师容一榻，煎茶扫地学忘机。”[③]

茶道，并不是用来给人演示观瞻，而是烹出一瓯香茶。也不是现今人们看到的“茶艺表演”。小和尚问老和尚：师傅在开悟以前干什么？师傅答：劈柴，挑水，烧锅。小和尚又问：得道以后干什么？答曰：劈柴，挑水，烧锅。问：前后有什么不同。师傅说：悟道以后，劈柴时，只想着劈柴，不想挑水，挑水时想不到烧锅。茶道的过程经过拆封、焙炙茶饼、碎茶、碾茶、筛罗茶、储存茶粉、烧水、候汤、一沸（水如鱼目）投盐花、二沸（锅边水如涌泉连珠）出水一瓢后用勺环激形成漩涡后当心投入茶粉、即将三沸奔涛溅沫时用刚取出之水止沸（为此为育汤花），这时就要退薪止火，或者将茶釜提离火源，再斟分茶汤[④]。整个过程，全凭意念与经验控制，如写草书，一气呵成，不能有半点的提早与延迟！

最后，全唐诗2600余位诗人创作46000多首，茶诗600余首，诗人不足100人。茶诗比例不高的一个重要原因是中唐以后，饮茶已经从单纯的零星的个人活动，上升到一个由特殊人群共同体验与切磋，以严格完成既定程序要求的体现一定新思想和审美的新型综合文化体系。青青茶园，悠悠茶香激发诗人浅层次描写，已经不能展示诗人的茶道文化修养与诗艺水平。茶道使诗人在一个全新的幽妙的思想与审美的时空里自由翱翔，优美诗句带着茶香留在历史星空；诗歌，作为特殊的手段，尽情展示茶道的玄妙与深刻，传递特殊的美的体验，表达文化追求与文化气质，使茶道以特殊的语境、具象、意象与意境，在大江南北、京城内外的诗人们中间传播。既精通茶道，又有极高诗艺水平的文化人的确不多！正因此茶诗给人以隽永的美感。

---

① 《全唐诗》，卷500，第5689页。

② 《全唐诗》，卷572，第6635页。

③ 《全唐诗》，卷723，第8293页。

④ 参考《宋本茶经·五之煮》，国家图书馆出版社，2019年，第21-25页。

四、“茶人”的轮廓与雏形

茶人，是深受中国传统文化熏陶浸染，从而以忠君爱国为己任，以先忧后乐为旨趣，籍茶道以修身，借茶以明俭德示廉洁，效中庸的新型文人。“茶人”是中国茶道的主体，但“茶人”概念的形成是一个较为缓慢的过程。我们从唐诗等文字中，依稀可以看到“茶人”的大致轮廓。

在安史之乱以后的中唐、晚唐，唐朝诗坛没有了盛唐时代的昂扬与明亮，诗人与诗歌进入了一个以抒发作者个体感受为特征时代，这可能与同时兴起的山水画、花鸟画有共通的时代精神。大历十才子、韩孟会合、元白白柳、姚合贾岛等，形成不同的诗人团体和活动圈子。而这些圈子又是相互交错的。大历诗人与湖州茶人圈子有交切，而韩愈、孟郊、白居易、元稹、刘禹锡、姚合、贾岛、李洞、令狐楚、李德裕等，相互又有频繁的唱和。茶，成为一个大家共同关注、创作的题材，形成了特定的茶道的有关意象，诗人们相互探讨诗艺与切磋茶艺探讨茶道成为一事两面。茶会、以品茶为主要题材的唱和、联句，深化了人们对茶的认识，对茶道的理解，同时成功的茶会，又激发了诗人们的灵感所谓“茶爽添诗句，天清莹道心”（司空图《即事》）。前者上文已经涉及，后者如颜真卿参与的联句创作。而我们要特别指出的是诗人们对茶的精神价值的认同与发掘。皎然的“此物清高世莫知”“熟知茶道敦尔真”与卢仝七碗茶诗是一脉相承的，与元稹《宝塔茶诗》一样，都给人以空灵以高雅的精神享受。也是与茶相关联的酒的比较中，人们认识了茶的物理作用和精神含义，诗人们感觉到，茶的精神更为丰富，在这个过程中人们有了饮茶者的文化身份认证：茶人。不仅要跨越形而下的茶事中的“九难”，还要将事茶作为一种涵养修行常年坚持，一如高僧修道，如将士护疆，如烈女守贞。“夏饮冬废非饮也”，实际是“夏饮冬废非饮者”，并不是真正的茶人。有可能漏掉了一个“者”字！李白：“古来圣贤皆寂寞，唯有饮者留其名。”这里可能陆羽借代了饮者，不是“酒饮者”，而是“茶饮者”。虽然茶圣没有深入解说茶饮主体，也是茶道实践主体茶人的过多内容，但实质性的要求已经很明确了：茶以悟道，茶以修身，茶以齐家治国平天下。

茶圣在对茶人提出这一初步的最基本的要求外，就整个茶道过程看，还告诉茶人必须有规则意识、法则意识、法度意识，而且必须明确地以《茶经》为宗旨，进行冬以继夏的茶道实践。《茶经》二字中的“经”，本身具有“道路”“规则法度、纲领要旨”的第一含义。这也是我们今天所说《茶经》茶道，陆羽茶道，或中华茶道的思想理论来源。而最早的自然是茶圣的“精行俭德之人”。因此“精行俭德”是修饰语，用以框定喝茶人、爱茶人。是茶人最应具备的品德、作风与能力。

我们许多人要比照日本茶道“和敬清寂”来推导中国茶道思想与精神，喜欢拿“精行俭德”做核心理念。

对不对呀？

不对，虽然有一定合理性。茶人行为准则无疑包含了品行和价值观审美两个要素，但不能概括茶道所有要素：环境，当下行为目标及其特点。

精，《茶经》之精，包括精雅，精致，精进，精美。茶圣是在一一列举了社会与历史以后，针对屋宇饮食追求“精极”，而不及其他，特别是在茶事上，包括茶的滋味上，对“沟渠之水”提出强烈批评。

美，“美茶”我们在薛能诗中看到了。

茶圣陆羽对茶人提出“精行俭德”的初步要求后，人们试图从自己的理解出发，来认识“茶人”。首先是对茶圣的认识。在《联句多暇赠陆三山人》（耿湋与陆羽联句）中耿湋认为陆羽“一生为墨客，几世作茶仙”。而中唐以后，陆羽被民间尊为“茶神”，把他烧制成三彩或陶器搭配出售，以求厚利。

白居易继陆羽、皎然后，提出“别茶人”“爱茶人”。陆龟蒙《茶人》则过于局限在采茶这一身份，还没有上升到文化身份认同上。在皮日休的诗里，我们看到了接近今天“茶人”内涵的概念“陆夫子”。

皮日休《初夏即事寄鲁望》：“……顾予客兹地，薄我皆为伧。唯有陆夫子，尽力提客卿。各负出俗才，俱怀超世情。驻我一栈车，啜君数藜羹。敲门若我访，倒屣欣逢迎。胡饼蒸甚熟，貊盘举尤轻。茗脆不禁炙，酒肥或难倾。扫除就藤下，移榻寻虚明。唯共陆夫子，醉与天壤并。”①

我们看到皮日休的“陆夫子”指的是一个“圈子”“群体”，是一个集合名词。而不是一人或“某个人”！耿湋将茶仙陆羽划定在“墨客”——文人圈子，这也符合实际，茶人似乎也首先就在文人圈子。

无疑“陆夫子”——茶人是茶道文化实践的主体。我们发现了“陆夫子”，也就发现唐代的茶道文明。

《茶经》是探讨中国茶道的核心文献，而两唐书、《通鉴》重要的史学文献，《唐国史补》《封氏闻见记》《因话录》《唐摭言》等笔记小说有一定的参考价值。

唐代茶诗使我们看到了茶道传播的轨迹与细节：从绿意盎然的茶园、茶芽以及茶器茶汤等具象最早进入的诗人的精神视野，在茶道过程中形成表现茶道过程的特殊意象，进而将诗人（文人士大夫）的心境、诗歌的意境与茶道精神与茶道审美高度契合起来，最后我们找到了茶道文明的实践主体“陆夫子”（“爱茶人”“别茶人”），这样

---

① 《全唐诗》，卷609，第7027、7028页。

就全面地展示了《茶经》茶道成为唐代诗人实践茶道文明的指南。虽然在他们的字里行间没有写到“茶道”，但他们却是实实在在地实践了《茶经》茶道的旨趣。实际上，自陆羽、颜真卿、皎然以来，白居易、刘禹锡、姚合、贾岛、李洞等一大批唐代诗人，在诗歌创作与茶道实践两个方面充实、丰满了《茶经》茶道的内容，增长其高度。

这里有一个有趣的现象：正如一个人了解茶叶先从茶园茶叶茶汤这些茶道文明的某要素、部分、侧面或场景细节等入手，进而了解茶的历史与《茶经》赋予的内涵，最终将自己视为茶道的实践者一样，中国茶文化从最初南朝诗人的咏赞茶园、茶芽、茶器，进而感受饮茶涤烦消愁之效果，最终到唐朝，文人士大夫将茶道作为一个新型的综合文化体系一样，也是一个过程。其呈现在我们面前的是《茶经》与唐人经典茶诗共同构成唐代茶道的共同经典。

唐代茶道文明，实实在在地存在发生过，并影响了唐人精神世界的发展与提高，从而构成唐代文明的重要组成部分。茶诗展示茶道思想，茶道思想与诗人意境高度契合，其必然性在于：品茶有道，诗人有行，是中国传统文化在饮茶风尚炽热背景下的必然结果。

茶人从看见茶树、茶园、茶汤，到饮茶入道，品茶、识茶，到写茶、咏茶、感悟茶中哲学及艺茶之美，进而以茶修身，茶成为中国文化人新时代里的最新最雅的标签。茶人们已经从魏晋以来的林泉生活中脱颖转化为追求清雅臻妙和谐宁静的茶道文明发现者与实践者群体。茶人们赋予茶深刻的思想、高远的道德胸怀、优雅和谐的意境、公正奉献的价值取向，实际上以茶为旗帜，树立新人格，并期望不断地在实践中丰富和完美。

（唐）周昉《调琴啜茗图》

第二节　长安：大唐诗人的茶生活

唐代是诗歌的王朝，长安是诗歌之都。汉末战乱，三国鼎立。西晋统一，王祚纤短。中国南北分裂长达三百余年，南北文化差异日益明显。隋炀帝仰慕南朝文化，以至于身死扬州。隋唐统一，南朝靡靡艳艳的柔情气质对隋唐男人有难以抵挡的魔力，二王书法，谢灵运诗语，激荡着从刀光剑影中走来的李世民、虞世南，撩拨着魏徵、薛谡这些北方文章大家、政治巨头。关陇集团在处理中原与塞外势力方面有丰富的经验，对来自山东的傲慢，隋唐新贵以更为实际的政治经济优势，建立更具实力的傲慢。而对应付南朝文化，却并不熟悉，太宗只好实行有限制地接受。对来自南朝的萧瑀、欧阳询等限制性使用。对二王也分别对待，后代人认为他实行“扬羲抑献”，其实，这是他不想全盘接收南朝文化的一个缩影而已。

唐代诗歌发展迅速得益于两个客观现实。

首先，国家实现完全统一后，百废待兴，人民充满祈盼，加上唐朝诗歌由于南北文化气质的对撞形成新的面目，唐朝人的精神和情绪，呈现出向上的激情与渴望；百姓希望安居乐业，商贾希望发达，才人希望施展报国之志，最高统治者希望开创可比秦皇汉武的历史伟业。诗歌成为反映这个气象的最好手段，加上音乐说唱的助攻，诗歌迅速从古体诗歌向音韵平仄对仗严谨的绝句、律诗靠拢。这个过程中，初唐四杰、武则天、杜甫、李白发挥特殊历史作用。

其次，科举取士助推文风诗作发展，科举取士，唐承隋制，武后再加武举、童子科；明皇更添医举、道举，但明经、进士二科最为重要，唐后期朝中大臣多为进士出身。而进士考试分三场：贴经、诗、赋各一、事务策三条[①]。诗赋创作被视为一个人智慧、才气与能力的重要标准。而写诗的格式题材虽无硬性规定，但诗歌的一般规律必须遵守。举子们不约而同地向五七言绝句、律诗上靠近。

而唐王朝适应社会发展潮流，实行开放的文化政策，南北中外交流不断深入。

诗歌的题材、意象、意境是三大要素，也是创作者艺术天赋、文化涵养与政治理想的综合体现。搜寻新的题材，发现新的意象，追求新的更高的意境是诗人们孜孜以求的方向。中国古体诗创作既要恰切地表达作者思想抱负和情感，又要通过塑造艺术场景与意象，从而完成一个精神性的意境，遵守诗歌规范与要求，被闻一多先生誉为“戴着镣铐跳舞”。

---

① 严耕望：《中国政治制度史纲》，上海古籍出版社，2013年，第170页。

像许多新生事物一样，茶首先作为一种自然植物，作为一种诗人观察天地的对象出现后，中国诗人便予以关切，成为中国诗歌的新题材。进而又扩展到烹茶，扩展到饮茶后引起的物理精神作用。从西汉王褒“烹茶净具武阳买茶”到隋唐一直持续着。初唐骆宾王把烹茶活动置于林泉活动之中，使我们对唐人的茶事茶诗有更深认识：“林泉恣探历，风景暂徘徊。客有迁莺处，人无结驷来。聚花如薄雪，沸水若轻雷。今日徒招隐，终知异凿坏。”[①]诗中用“雪”比喻茶汤直接源于晋朝杜育《荈赋》之“焕如积雪，晔若春敷”。品饮茶，习茶诗，中国代有传承。但从茶诗数量与写诗人数看，而到了中唐后期与晚唐初期，茶诗才骤然增多，这与中晚唐茶事蓬勃发展密切相连。

一、长安茶事百态

封演说：开天时代两京之间，成比屋之饮；穆宗宰相李珏认为：“茗为人饮，与盐粟同资。”[②]经过半个多世纪的普及，茶饮成为大江南北共同喜好的饮料，成为同食盐、粮食一样不可或缺的日常用品。而在士人、骚客、高僧的眼里，茶是高雅灵物，茶是廉洁象征。陆贽回苏州探母，寿州刺史遗钱百万，以为太夫人之日用，陆贽婉转回却，只收新茶一串（陆贽旧传）。可见茶已经成为民间最普通不过的随手礼了！财政行家看到了茶税新源，最高统治者看到了驾驭文武、怀化远人的政治效果。

（一）自煎自饮是清欢

孟浩然（689—740）《清明即事》被视为唐代最早的茶诗之一，无疑写于帝京长安，而且与寒食清明节联系起来，以茶代酒聊“愁思”也可能是长安普遍的现象：“帝里重清明，人心自愁思。车声上路合，柳色东城翠。花落草齐生，莺飞蝶双戏。空堂坐相忆，酌茗聊代醉。”[③]王维（701—761）《酬严少尹徐舍人见过不遇》：“公门暇日少，穷巷故人稀。偶值乘篮舆，非关避白衣。不知炊黍谷，谁解扫荆扉。君但倾茶碗，无妨骑马归。”[④]

王维（701—761，一说699—761），字摩诘，汉族，河东蒲州（今山西运城）人。严少尹，京兆尹副职少尹，来拜访王维。但两人未见面，王维过意不去，就后悔地说：我没在，你就自己煎茶，喝茶罢了。骑马归，煎茶喝茶费些时间，快马加鞭可以赶回来啊！

---

① 《同辛簿简仰酬思玄上人林泉四首》，《全唐诗》，卷78。

② 《新唐书·李珏传》，列传卷107。

③ 《全唐诗》，卷159，第1629页。

④ 《全唐诗》，卷126，第1276页。

储光羲《吃茗粥作》:“当昼暑气盛，鸟雀静不飞。念君高梧阴，复解山中衣。数片远云度，曾不蔽炎晖。淹留膳茶粥，共我饭蕨薇。敝庐既不远，日暮徐徐归。”①

储光羲（约706—763），唐代官员，润州延陵人，祖籍兖州。开元十四年（726）举进士，授冯翊县尉，转汜水、安宜、下邽等地县尉。因仕途失意，遂隐居终南山。这里储光羲反映的是在终南山饮食茶粥情形。唐代长安温度要比今天高两三度，夏天暑热难耐，人们以槐树叶浆水降温。茶粥很可能是他把南方解饥解渴的办法引进北方。《唐诗纪事校笺》:“(光羲)历监察御史。禄山乱，陷焉，贼平贬死。”史云：“储光羲《正论》十五卷。兖州人，开元进士第，又诏中书试文章，历监察御史，安禄山反，陷贼自归。”②

卢仝《走笔谢孟谏议寄新茶》也是身处终南山的诗人得到贡余珍品后“纱帽笼头自煎吃”的情形：“柴门反关无俗客，纱帽笼头自煎吃。”③

张文规《湖州贡焙新茶》:“凤辇寻春半醉回，仙娥进水御帘开。牡丹花笑金钿动，传奏吴兴紫笋来。”④描写的是春天湖州紫笋茶刚到宫中的情形：皇后或贵妃，刚下了凤辇——皇帝或皇后只能乘坐的华贵的大轿子，美若天仙的宫女就打来洗脸的水，并兴高采烈地告诉主人：吴兴紫笋新茶来了，说话时过于兴奋，贴在脸上牡丹花造型的螺钿嗦啰啰颤抖。这从一个侧面反映了皇后贵妃渴望品尝新茶的急切心情。是自己一个人独斟自饮，还是与皇帝举杯共赏就不得而知了。

无疑，王宫贵族妇女的喜爱，是茶饮风习推广的重要动力之一。沉浸于茶艺及与之相关的琴棋书画，成为中老年宫女的喜爱。

长孙佐辅《古宫怨》可以与张文规的诗比较阅读，反映的宫中白头妪的遭遇：“始喜类萝新托柏，终伤如荠却甘荼。”⑤

宫人年老色衰，失却争胜斗艳之心，开始喜茶。

崔珏《美人尝茶行》:“云鬟枕落困春泥，玉郎为碾瑟瑟尘。闲教鹦鹉啄窗响，和娇扶起浓睡人。银瓶贮泉水一掬，松雨声来乳花熟。朱唇啜破绿云时，咽入香喉爽红玉。明眸渐开横秋水，手拨丝簧醉心起。台时却坐推金筝，不语思量梦中事。”⑥应该属于长安的为政府台宪服务的仕女茶。最后一句“台时却坐推金筝，不语思量梦中事”。可理解为：在台宪机构推弹镶金包银的古筝时，只是信手弹拨，啥话也不说，心

---

①《全唐诗》，卷136，第1378页。
②《新唐书》，卷59，《艺文志》。
③《全唐诗》，卷388，第4379页。
④《全唐诗》，卷366，第4134页。
⑤《全唐诗》，卷469，第5335页。
⑥《全唐诗》，卷591，第6857页。

里只是回味梦中的候汤品茶的美好回忆。

崔珏，字梦之，唐朝人。尝寄家荆州，登大中进士第，由幕府拜秘书郎，为淇县令，有惠政，官至侍御。其诗语言如鸾羽凤尾，华美异常；笔意酣畅，仿佛行云流水，无丝毫牵强佶屈之弊；修辞手法丰富，以比喻为最多。诗作构思奇巧，想象丰富，文采飞扬。其《李义山送珏往西川》："一条雪浪吼巫峡，千里火云烧益州。"《哭李商隐》："成纪星郎字义山，适归黄壤抱长叹。词林春叶三春尽，学海波澜一夜干。"[①]

贾岛《郊居即事》："住此园林久，其如未是家。叶书传野意，檐溜煮胡茶。雨后逢行鹭，更深听远蛙。自然还往里，多是爱烟霞。"[②]大都市城外称郊区，县城护城河之外一般就是田野，乡里与县城也有一定距离不称郊。"胡茶"待考。

（二）公廨煎茶颇讲究

除皇宫后廷外，长安三省六部十八个省、监、署、寺及京兆府衙长安万年两县县廨，是煎茶品茶的重要场所。

岑参（718—769）《暮秋会严京兆后厅竹斋》："京兆小斋宽，公庭半药阑。瓯香茶色嫩，窗冷竹声干。盛德中朝贵，清风画省寒。能将吏部镜，照取寸心看。"[③]岑参还有一首《宿岐州北郭严给事别业》[④]，应该与王维说的是同一个人。

京兆府廨位于朱雀街西光德坊西南隅，约今太白路中段西何家村。京兆郡，除领万年、长安两京县外，还管辖咸阳、兴平、云阳、泾阳、三原、渭南、昭应、高陵、同官、富平、蓝田、鄠县、奉天、好畤、武功、醴泉、华原、美原十八个畿县。牧一人从二品，尹一人从三品，少尹二人从四品下……经学博士一人，助教二人。万年县管辖朱雀街以东，县廨在外廓城宣阳坊东南隅；长安县廨在长寿坊西南隅[⑤]。

王仲镛《唐诗纪事校笺》498页：引严武（中书令挺之之子）传，"至德初肃宗靖难，武，杖节赴行在"。32岁任京兆少尹，后迁尹、御史大夫，三掌华阳兵。后官成都，与杜甫交好。

岑参《南溪别业》："竹径春来扫，兰樽夜不收。逍遥自得意，鼓腹醉中游。"[⑥]兰樽，我们理解为散发着兰花香气的茶杯，鼓腹醉中游是说茶喝得多，沉醉于终南山下南溪的迷离而静寂的夜色里。

---

① 参考王仲镛：《唐诗纪事校笺》，巴蜀书社，1989年，卷58，第1580页。以下版本同，只注卷数，页码。
② 《全唐诗》，卷573，第6673页。
③ 《全唐诗》，卷200，第2085、2086页。
④ 《全唐诗》，卷200。
⑤ 《唐代长安词典》，第131页。
⑥ 《全唐诗》，卷200，第2095页。

李嘉祐《奉和杜相公长兴新宅即事呈元相公》是一首拜谒诗，但内容反映了自己在山中生活的片段："意有空门乐，居无甲第奢。经过容法侣，雕饰让侯家。隐树重檐肃，开园一径斜。据梧听好鸟，行药寄名花。梦蝶留清簟，垂貂坐绛纱。当山不掩户，映日自倾茶。雅望归安石，深知在叔牙。还成吉甫颂，赠答比瑶华。"[①]贾晋华《皎然年谱》：李嘉祐，字从一，赵州（今河北赵县）人。天宝七载登进士第，历正字、御史，颜真卿湖州茶人集团之一。至德至永泰间，游宦于江南一带，历任鄱阳令、江阴令、台州刺史。大历初入朝任工部、司勋二员外，寻出刺袁州。详参《唐才子传校笺》卷三。有集二卷存世。李嘉祐是将湖州茶风传向北方的最活跃的诗人之一。

包佶《抱疾谢李吏部赠诃黎勒叶》是一首酬谢诗。李吏部（侍郎）听说他生病，便前来看他，给他送了诃黎勒叶，他写此诗一伸极为感激之情。诗中他汇报说自己通过茗饮来调节气息，增加气力。用梧丸来祛除邪气。你带来的宝贝帮我治好老病，真希望韶华永驻，报答您与亲友的恩祐之情："一叶生西徼，赍来上海查。岁时经水府，根本别天涯。方士真难见，商胡辄自夸。此香同异域，看色胜仙家。茗饮暂调气，梧丸喜伐邪。幸蒙祛老疾，深愿驻韶华。"[②]史载："（刘）晏殁二十年，而韩洄、元琇、裴腆、李衡、包佶、卢徵、李若初继掌财利，皆晏所辟用，有名于时……佶字幼正，润州延陵人。父融，集贤院学士，与贺知章、张旭、张若虚有名当时，号'吴中四士'。佶擢进士第，累官谏议大夫。坐善元载，贬岭南。晏奏起为汴东两税使。晏罢，以佶充诸道盐铁轻货钱物使，迁刑部侍郎，改秘书监，封丹阳郡公。"[③]这里的李吏部，很可能就是李玕[④]。诃黎勒现名诃子，又名诃梨勒、呵黎勒、呵梨勒、诃黎、诃梨、诃黎、随风子、藏青果等。诃子具有涩肠敛肺、降火利咽之功效，现代药理研究证实其具有抗氧化、保护神经、抗肿瘤、抗病毒、抗菌等多种药理作用，其所含有的主要化学成分包括鞣质类、酚酸类、三萜类、黄酮类等。我国东晋隆安二年（398）瞿昙僧伽提婆重译的《中阿含经》中的《未曾有法品薄拘罗经第三》记载最早[⑤]。一般中国史书都以波斯语音汉译，产地有波斯、印度及波斯之说，蒙藏医师以此药为贵。包佶长期从事转运、度支类事务，对物产有较高鉴别力。在此他给予诃黎勒以高度评价，侧面对李侍郎予以称赞。他认为是西徼、西海—地中海之物。

---

① 《全唐诗》，卷207，第2162页。

② 《全唐诗》，卷205，第2140页。

③ 《刘晏传》，《新唐书》，卷149，第4797-4799页。

④ 见岑仲勉：《郎官石柱题名新考订（外三种）》，上海古籍出版社，1984年，第20页。

⑤ 范振宇、王兴伊：《文明互鉴视域下的中外医学交流——以诃黎勒入华途径为例》，《医疗社会史研究》2020年第1期。

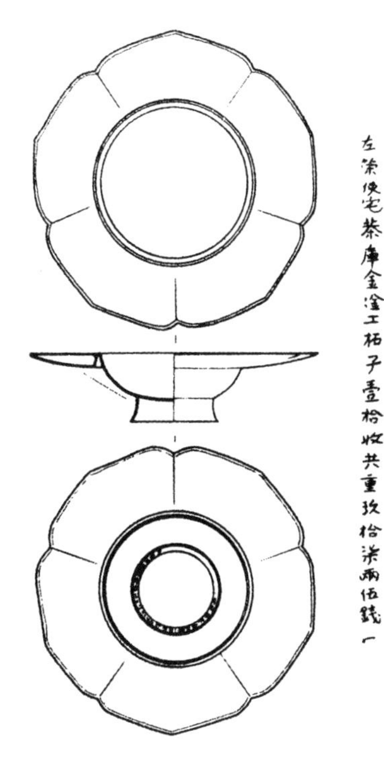

单层莲瓣银茶托

上图的托盘作单层莲瓣，盏托为圜底，圈足。锤击成型，通体涂金。圈足内有“左策使宅茶库金涂工。拓子壹拾枚共重玖拾柒两伍钱一”錾文。左策使茶库，应是左神策军使宅茶库，宅，是神策军官员集体办公、住宿之处。或沿用发掘者马得志先生的解说，“左策使宅”，理解为左神策军节度使或观察使，或其他“使”的私人私宅，也列举了唐代私宅设有茶叶等库的史事①。但笔者更倾向于认为，“宅”不仅有私宅，也有类似今天“集体宿舍”的公用住宿处。“宅”，起先为动词，“居”，引申为居住之处；另一个意思是“择”，择吉处而营之。青铜器何遵“宅兹中国”，就是选择的意思。如果某个宦官要大张旗鼓地打造一套茶器，至少不少于九套，刻上官衔，以表示为私人所有，于常理不通。何不写上自己名字？官职随时会变，因此把这套茶器理解为左神策军宿宅区或宿办合一区公用茶器较为妥切！虽然金银器为唐代普遍使用，也是皇帝赏赐大臣的重要礼器，但对金银器使用还是有限制的。

皇朝各衙门应该都有属于自己的茶库，有自己茶坊，有自己的茶器。公费消费应该是长安主要特色。

神策左军驻军东市之西，是否右军驻军西市之东？发现茶拓的平康坊在东市之西，这套茶器无疑属于左神第军公庯羊用品。

---

① 贾志刚：《唐长安平康坊出土鎏金银茶托再考察》，《考古》2013年第5期。

会昌三年日本慈觉大师（圆仁）一行来到长安，军容使仇士良在左神策军衙院吃茶：

（会昌三年）正月廿七日，军容有贴，唤当街诸外国僧。廿八日早朝，入军里，青龙寺南天竺三藏宝月等五人、兴善寺北天竺三藏难陀一人、慈恩寺师子国僧一人、资圣寺日本国僧三人（圆仁师徒——笔者注）、诸寺新罗僧等，更有龟兹国僧、不得其名也，都计廿一人，同集左神策军军容衙院，吃茶后，见军容。军容（仇士良）亲慰安存（会昌二年八月七日，武宗下诏条流沙汰僧尼），当日各归本寺①。

宦官与宦官集团成为茶叶消费、茶艺水平不断提高的重要力量。

李洞《宿长安苏雍主簿厅》从题目可知，是回忆在长安县衙留宿情形，因为要烹茶品饮，才知道煎茶的水井平常是枷锁不对外的，足见衙门中人很看重此水泉："县对数峰云，官清主簿贫。听更池上鹤，伴值岳阳人。井锁煎茶水，厅关捣药尘。往来多屣步，同舍即诸邻。"②

李洞，字才江，京兆人，诸王孙也。慕贾岛为诗，铸其像，事之如神。时人但诮其僻涩，而不能贵其奇峭，唯吴融称之。昭宗时不第，游蜀卒。诗三卷。晚唐诗人李洞有170余首诗歌（残句六句）流传至今，其中涉及蜀中的诗篇约有30首，占其创作总量的六分之一，足见蜀中经历在其诗歌创作中占有的重要地位。但无疑，李洞作为没落的李唐宗室一支，大部分时间是在长安度过，为了获得进士及第的功名，追随裴赞至益州，当赞不引荐推送，李洞旋殁。李洞的"药杵声中捣残梦，茶铛影里煮孤灯"成为唐诗名句，也是整个唐代诗中屈指可数的几首因诗歌艺术性而受推崇的茶诗。

（三）祭祀

圆仁一行在贞元戒律院参与供养国家功德七十二贤圣：

（开成五年五月）二日，入贞元戒律院。上楼礼国家功德七十二贤圣、诸尊曼荼罗，彩画尽妙……五月五日，寺中有七百五十僧斋，诸诗同设，并是齐州灵岩寺供主所设……暮际，雷鸣雹雨。阁院铺严道场，供养七十二贤圣。院主僧常钦有书巡报诸院知，同请日本僧（圆仁一行——笔

---

①〔日〕圆仁：《入唐求法巡礼行记》，卷3，第148页。

②《全唐诗》，卷721，第8277页。

者注）。便赴请人道场，看礼念法。堂中傍壁，次第安列七十二贤圣画像。宝幡宝珠，尽世妙彩，张施辅列。杂色毡毯，敷遍地上。花灯、名香、茶、药食供养贤圣。黄昏之后，大僧集会。一僧登礼座，先打蠡钹，次说法事之兴由，一一唱举供主名及 施物色。为施主念佛菩萨。次奉请七十二贤圣，一一称名①。

他笔下的七十二贤圣，应该是国家在太庙举行祭祀仪式时，所正式确定的皇室宗祖、古代圣贤与当朝功臣。圆仁在这里将七十二贤圣与佛教曼荼罗尊主并列，且礼拜场所不同。

白居易《祭中书韦相公文》：

维大和三年岁次己酉六月己酉朔三十日戊寅，中大夫守太子宾客分司东都上柱国晋阳县开国男食邑三百户赐紫金鱼袋白居易，谨以茶果之奠，敬祭于故中书侍郎平章事赠司空韦公德载。惟公忠贞大节，辅弼嘉谟，倚注深恩，哀荣盛礼，伏见册赠制中已详；惟公世禄官业，家行士风，茂学清词，冲襟宏度，伏见碑志文中已详；伏惟尚飨②。

（四）寺院茶礼规范严

（会开成六年）从三月八日至十五日，荐福寺开佛牙供养。蓝天县从八日到十五日，设无碍茶饭，十方僧俗尽来吃，左街僧录体虚法师为会主③。

（会昌五年）五月十五日，出府到万年县，府家差人送到。大理卿、中散大夫、赐紫金鱼袋扬敬之曾任御史中丞，兼令专使来问何日出城、取何路去，兼赐团茶一串，在县中修状报谢。内供奉谈论大德去年归乡，不得 消息。今潜来，裹头隐在杨卿宅里。令童子清凉将书来，书中有潜别之言，甚悲惨矣……李侍御（李元佐，新 罗人）、栖座主同相送到春明门外，吃茶……职方郎中、赐绯鱼袋杨鲁土士……送路绢二尺，蒙顶茶二斤，团茶一串，钱两贯文，付前路书状两封，另有手扎④。

李中《赠上都先业大师》："懒向人前著紫衣，虚堂闲倚一条藜。虽承雨露居龙阙，

① 《入唐求法巡礼行记》，卷2，第106页。
② 《全唐文》，卷681，第6964、6965页。
③ 《入唐求法巡礼行记》，卷3，第148页。
④ 《入唐求法巡礼行记》，卷3，第148页。

终忆烟霞梦虎溪。睡起晓窗风淅淅，病来深院草萋萋。有时乘兴寻师去，煮茗同吟到日西。”[①]李中《赠谦明上人》：“虽寄上都眠竹寺，逸情终忆白云端。闲登钟阜林泉晚，梦去沃洲风雨寒。新试茶经煎有兴，旧婴诗病舍终难。常闻秋夕多无寐，月在高台独凭栏。”[②]

李中，五代南唐诗人，生卒年不详，大约920—974年在世。字有中，江西九江人。仕南唐为淦阳宰。有《碧云集》三卷，今编诗四卷。《郡斋读书志》卷四著录《李中诗》二卷。另《唐才子传校笺》卷十有其简介。《全唐诗》编为四卷。人毕生有志于诗，成痴成魔，勤奋写作，自谓“诗魔”，创作了大量的诗篇佳作。与诗人沈彬、孟宾于、左偃、刘钧、韩熙载、张泊、徐铉友好往来，多有唱酬之作。他还与僧人道侣关系密切，尤其是与庐山东林寺僧人谈诗论句。与庐山道人听琴下棋。反映了当时崇尚佛道的社会风气。

方干《寒食宿先天寺无可上人房》：“双扉桧下开，寄宿石房苔。幡北灯花动，城西雪霰来。收棋想云梦，罢茗议天台。同忆前年腊，师初白阁回。”[③]

无可，是贾岛的从弟。他们从河北初到长安，也曾经雄心勃勃地计划应试以求功名，发挥才干，为帝国效力，但未能如愿。无可是中唐后期佛教界最活跃的诗人。先天寺在唐长安居德坊最西边的外郭城，南邻城西门金光门。本名宝国寺，或宝昌寺。隋文帝在新都大兴城东西对隅（对称）的大兴、长安县各建一寺。玄宗先天元年（712）改长安县寺为先天寺。诗中“城西”点名方位。罢茗议天台，是放下茶瓯，或停下品饮茶来探讨天台宗佛教奥义。

无可上人也是喜茶爱茶之人。喻凫《冬日题无可上人院》：“入户道心生，茶闲踏叶行。泄风瓶水涩，承雪鹤巢倾。阁北长河气，窗东一桧声。诗言与禅味，语默此皆清。”[④]

“泄风瓶水涩”，应是指煮茶风炉漏风，炉火不集中，半天水煮不开本该如鱼目、似涌泉，像柴车过涧一样一气呵成，漏风而导致瓶水声不流畅。禅的要义是悟，因而贵在少说勤思。与上一首诗一样，都写到了桧树，恐怕还是在先天寺。入户道心生，进了佛殿既信佛，到了瓷窑就亲近瓷艺大师，是心理惯性。

唐京师各坊均有寺院，规模级别不同，但僧尼喜茶为共同雅好。公主之子刘得仁《宿普济寺》，是对曲江东岸普济寺茶事的简略记载：“京寺数何穷，清幽此不

---

① 《全唐诗》，卷747，第8508页。

② 《全唐诗》，卷747，第8510-8511页。

③ 《文苑英华》，卷238，第1199页。

④ 《文苑英华》，卷238，第1199页。

同。曲江临阁北，御苑自墙东。广陌车音急，危楼夕景通。乱峰沉暝野，毒暑过秋空。幡飏虚无里，星生杳霭中。月光笼月殿，莲气入莲宫。缀草凉天露，吹人古木风。饮茶除假寐，闻磬释尘蒙。童子眠苔净，高僧话漏终。待鸣晓钟后，万井复朣胧。”①

（五）新茶总赋新诗谢

尝新茶，寄新茶已经成为长安城的时尚。

卢纶《新茶咏寄上西川相公二十三舅大夫二十舅》：“三献蓬莱始一尝，日调金鼎阅芳香。贮之玉合才半饼，寄与阿连题数行。”②

卢纶河中蒲州人，与韩翃、吉中孚、钱起、司空曙、苗发、崔峒、耿湋、夏侯审、李端号为大历十才子。天宝、大历应第不中，元载取纶文以进，补阌乡尉③。

白居易《萧员外寄新蜀茶》：“蜀茶寄到但惊新，渭水煎来始觉珍。满瓯似乳堪持玩，况是春深酒渴人。”④也是名诗，他被越剑门跨秦岭，千山万水来到长安、渭南的茶叶依然鲜爽隽永所感动，自然也对认认真真仔仔细细包装茶饼一刻也不耽误的萧员外行为充满感激。因为这时的他在渭南下邽为母亲辞职守孝。

白居易《新昌新居书事四十韵，因寄元郎中、张博士》第三十九韵：“蛮榼来方泻，蒙茶到始煎。”⑤

权德舆《伏蒙十六叔寄示喜庆感怀三十韵因献之》：“开关接人祠，支策无俗宾。种杏当暑热，烹茶含露新。”⑥

杨嗣复《谢寄新茶》：“石上生芽二月中，蒙山顾渚莫争雄。封题寄与杨司马，应为前衔是相公。”⑦

李德裕《故人寄茶》中的“下玉京”点名是在京城：“剑外九华英，缄题下玉京。”⑧

李德裕是唐史上杰出的政治家，做宰相辅佐武宗，出兵泽路，沙太僧尼，收复临洮故地，君臣之契，千古一时。元和三年，其父李吉甫泣诉新晋进士李宗闵、牛僧孺应事务策时，言辞激烈，有伤朝中（皇帝及宰相）声誉，结果新进士被充为地方幕僚，

① 《全唐诗》，卷545，第6300页。
② 《全唐诗》，卷279，第3178页。
③ 《新唐书·卢传》，卷203。
④ 《全唐诗》，卷437，第4852页。
⑤ 《全唐诗》，卷442，第4940页。
⑥ 《全唐诗》，卷322，第3551页。
⑦ 《全唐诗》，卷464，第5278页。
⑧ 《全唐诗》，卷475，第5394页。

未能留京进入国家中枢。这样成为后来“牛李党争”的起始时间。白居易也由此与王涯结下梁子。

李德裕的茶事趣事也足颠覆我们对茶人的认知，湖州除了贡紫笋茶外，还贡金沙泉，是否从李德裕开始呢?

李咸用《谢僧寄茶》是一首内容丰富的叙事诗，是反映长安晚唐茶道的最高水平的重要茶诗。

（六）郊外踏春携茶炉

白居易《宿杜曲花下》：“觅得花千树，携来酒一壶。懒归兼拟宿，未醉岂劳扶。但惜春将晚，宁愁日渐晡。篮舆为卧舍，漆盝是行厨。斑竹盛茶柜，红泥罨饭炉。眼前无所阙，身外更何须。”[①]是晚春时节到南郊杜曲，带着仆人，坐着单人蓝舆，赏花游春，斑竹编钉的茶柜盛放茶器与茶饼，还有小巧的泥炉子。

（七）客来奉茶长安情

钱起《过张成侍御宅》拜谒张成侍御史遇到情形，主人以茶代酒，抚《渌水》曲酬宾。《渌水》是唐代文人共同喜欢的古琴名曲，白居易诗中有云：“丞相幕中题凤人，文章心事每相亲。从军谁谓仲宣乐，入室方知颜子贫。杯里紫茶香代酒，琴中渌水静留宾。欲知别后相思意，唯愿琼枝入梦频。”[②]

钱起大历十才子之一，元和时期钱徽之父，史载：

> 钱徽，字蔚章，吴郡人。父起，天宝十年登进士第。起能五言诗。初从乡荐，寄家江湖，尝于客舍月夜独吟，遽闻人吟于庭曰：“曲终人不见，江上数峰青。”起愕然，摄衣视之，无所见矣，以为鬼怪，而志其一十字。起就试之年，李暐所试《湘灵鼓瑟诗》题中有“青”字，起即以鬼谣十字为落句，暐深嘉之，称为绝唱。是岁登第，释褐秘书省校书郎。大历中，与韩翃、李端辈十人，俱以能诗，出入贵游之门，时号“十才子”，形于图画。起位终尚书郎[③]。

实际上钱徽是京城二代，其父起可能在蓝田有草堂或别业。他的诗歌中多次提到蓝田。“起，吴兴人，天宝进士，与郎士元齐名……王维《春夜竹亭赠起归蓝田》诗

---

① 《全唐诗》，卷448，第5050、5051页。

② 《全唐诗》，卷239，第2672页。

③ 《旧唐书·钱徽传》，卷168，第4382、4383页。

云：夜静群动息，时闻隔林犬”[①]。徽主长庆六年（821）进士考试，王起。白居易覆试，徽被贬后一直徘徊在外。未能东山再起。与白居易多有唱和。

张籍《赠姚合少府》从诗意看是姚合在穆宗长庆二年（822）辞去富平尉时所做，诗中赞美姚合修行上佳："病来辞赤县，案上有丹经。为客烧茶灶，教儿扫竹亭。诗成添旧卷，酒尽卧空瓶。阙下今遗逸，谁瞻隐士星。"[②]

白居易《麹生访宿》写的是接待赴京应考的书生来拜谒的情形："西斋寂已暮，叩门声樀樀。知是君宿来，自拂尘埃席。村家何所有，茶果迎来客。贫静似僧居，竹林依四壁。厨灯斜影出，檐雨馀声滴。不是爱闲人，肯来同此夕。"[③]姚合《寻僧不遇》："入门愁自散，不假见僧翁。花落煎茶水，松生醒酒风。"[④]白居易《萧庶子相过》："半日停车马，何人在白家。殷勤萧庶子，爱酒不嫌茶。"[⑤]姚合、白乐天这两首诗描述的是诗人们也是茶友们之间爱茶好诗，到对方家里自己煎茶，自己喝，与王维诗中意思一样：莫把自己当外人！

贾岛《原东居喜唐温琪频至》写的是，他自己客居长安曲江畔的名寺之中，原来房东（或邻居）频频来访，自己就用人家寺院老年僧人的茶器煮茶招待熟客："曲江春草生，紫阁雪分明。汲井尝泉味，听钟问寺名。墨研秋日雨，茶试老僧铛。地近劳频访，乌纱出送迎。"[⑥]

黄滔《冬暮山舍喜标上人见访》的冰溜茶，也许别有韵味吧："寂寞三冬杪，深居业尽抛。径松开雪后，砌竹忽僧敲。茗汲冰销溜，炉烧鹊去巢。共谈慵僻意，微日下林梢。"[⑦]

（八）避暑香茶胜美酒

高适《同群公宿开善寺，赠陈十六所居》："驾车出人境，避暑投僧家。裴回龙象侧，始见香林花。读书不及经，饮酒不胜茶。知君悟此道，所未搜袈裟。谈空忘外物，持诫破诸邪。则是无心地，相看唯月华。"[⑧]

朱庆馀《凤翔西池与贾岛纳凉》："四面无炎气，清池阔复深。蝶飞逢草住，鱼戏

---

① 《唐诗纪事校笺》，第834页。
② 《全唐诗》，卷384，第4314页。
③ 《全唐诗》，卷429，第4278页。
④ 《全唐诗》，卷501，第5703页。
⑤ 《全唐诗》，卷450，第5076页。
⑥ 《全唐诗》，卷572，第6641页。
⑦ 《全唐诗》，卷704，第8101页。
⑧ 《全唐诗》，卷212，第2206页。开善寺金城坊东南隅，《唐代长安词典》，第339页。

见人沈。拂石安茶器，移床选树阴。几回同到此，尽日得闲吟。”①

（九）茶客题壁谢主人

诗人们到了寺院，到了私人花园总会饮茶而因诗意大发，挥毫书写于短壁高墙之上。

韩翃《同中书刘舍人题青龙上房》：“西掖归来后，东林静者期。远峰春雪里，寒竹暮天时。笑说金人偈，闲听宝月诗。更怜茶兴在，好出下方迟。”②宝月，为南齐高僧，擅长写诗。

白居易《题周皓大夫新亭子二十二韵》之六，应该是新亭子修好竣工时，亲友前来祝贺时，白乐天化境为诗，欣然题写：“茶香飘紫笋，脍缕落红鳞。”③

白居易《吟元郎中白须诗，兼饮雪水茶，因题壁上》：“吟咏霜毛句，闲尝雪水茶。城中展眉处，只是有元家。”④一是因为饮了雪水茶，二是表达心境，到了元家，即元稹家才感舒适自由。虽然南边的几个妻兄仅一街之隔，但他觉得与元九最亲。杨家是牛李党争中牛党的骨干，加之杨家是京城名门，作为及第正式进京的白居易，虽然诗名誉天下，但总感觉政治上的同志不多，就觉得在同杨家人接触时，有某种莫名的压力与生疏感。而杨家不同，况且元稹也是个爱茶人、别茶人。

李洞《题慈恩友人房》：“贾生耽此寺，胜事入诗多。鹤宿星千树，僧归烧一坡。塔棱垂雪水，江色映茶锅。长久堪栖息，休言忆镜波。”⑤李洞与应考的贾生为友，来此看望，品茶题诗。这里的江色，指来自东南方向闪烁阑珊的曲江之畔。

黄滔《题宣一僧正院》：“五级凌虚塔，三生落发师。都僧须有托，孤峤遂无期。井邑焚香待，君侯减俸资。山衣随叠破，莱骨逐年羸。茶取寒泉试，松于远涧移。吾曹来顶手，不合不题诗。”⑥

郑谷《题兴善寺》：“寺在帝城阴，清虚胜二林。藓侵隋画暗，茶助越瓯深。巢鹤和钟唳，诗僧倚锡吟。烟莎后池水，前迹杳难寻。”⑦兴善寺在城南，为什么说在阴，可能是由于以右为上，为阳，左为下为阴。寺在朱雀大街—天街以左（东）。“茶助越瓯深”，同时也是越瓯益茶香。

---

① 《全唐诗》，卷514，第5866页。
② 《全唐诗》，卷244，第2743页。
③ 《全唐诗》，卷438，第4864页。
④ 《全唐诗》，卷442，第4931页。
⑤ 《全唐诗》，卷722，第8283页。
⑥ 《全唐诗》，卷706，第8124页。
⑦ 《文苑英华》，卷676，第1203页。

李嘉祐《同皇甫侍御题荐福寺一公房》："虚室独焚香，林空静磬长。闲窥数竿竹，老在一绳床。啜茗翻真偈，燃灯继夕阳。人桂远相送，步履出回廊。"[①]荐福寺，原名为大献福寺，是临朝称制的皇太后武则天在高宗去世百日，将中宗原宅改建为寺院，为高宗祈福。时，武后在洛阳。韦泰善等在营修乾陵。当年五月八日（706年7月2日）葬天皇大帝于乾陵。荐福寺一直是皇家寺院。其主持一般都充内供奉。诗中的一公法师，啜茗读经，已经达到了自在湛然的境界！

（十）小儿戏茶奴婢嗜

路德延《小儿诗》："情态任天然，桃红两颊鲜。乍行人共看，初语客多怜。臂膊肥如瓠，肌肤软胜绵。长头才覆额，分角渐垂肩。散诞无尘虑，逍遥占地仙。排衙朱阁上，喝道画堂前。合调歌杨柳，齐声踏采莲。走堤行细雨，奔巷趁轻烟。嫩竹乘为马，新蒲折作鞭。莺雏金镟系，猫子彩丝牵。拥鹤归晴岛，驱鹅入暖泉。杨花争弄雪，榆叶共收钱。锡镜当胸挂，银珠对耳悬。头依苍鹘裹，袖学柘枝揎。酒殢丹砂暖，茶催小玉煎。频邀筹箸挣，时乞绣针穿。宝箧拿红豆，妆奁拾翠钿。戏袍披按（案）褥，劣帽戴靴毡。展画趋三圣，开屏笑七贤。贮怀青杏小，垂额绿荷圆。惊滴沾罗泪，娇流污锦涎。倦书饶娅姹，憎药巧迁延。弄帐鸾绡映，藏衾凤绮缠。指敲迎使鼓，筋拨赛神弦。帘拂鱼钩动，筝推雁柱偏。棋图添路画，笛管欠声镌。恼客初酣睡，惊僧半入禅。寻蛛穷屋瓦，探雀遍楼椽。抛果忙开口，藏钩乱出拳。夜分围榾柮，聚朝打秋千。折竹装泥燕，添丝放纸鸢。互夸轮水碓，相教放风旋。旗小裁红绢，书幽截碧笺。远铺张鸽网，低控射蝇弦。詀语时时道，谣歌处处传。匿窗眉乍曲，遮路臂相连。斗草当春径，争球出晚田。柳傍慵独坐，花底困横眠。等鹊前篱畔，听蛩伏砌边。傍枝粘舞蝶，隈树捉鸣蝉。平岛夸趫上，层崖逞捷缘。嫩苔车迹小，深雪履痕全。竞指云生岫，齐呼月上天。蚁窠寻径劚，蜂穴绕阶填。樵唱回深岭，牛歌下远川。垒柴为屋木，和土作盘筵。险砌高台石，危跳峻塔砖。忽升邻舍树，偷上后池船。项橐称师日，甘罗作相年。明时方任德，劝尔减狂颠。"[②]描述的是一个新生头发刚刚遮住额头的学会走路的少儿的种种稚嫩而有趣的事情，学着大人做种种事情，在阁楼之上对着同龄小儿进行训导（喝道），让他们像禁军一样排列队伍，大喊"肃静""回避"；骑着竹做的马，拿着蒲柳（红皮柳）当作马鞭子，去迎娶新娘；走在宰相上朝的沙子铺就的路上，用绳子牵着小鸟；拽着小猫咪……还学着大人命令："小玉，快去煎茶，我口渴啦！"把案褥（案裙）当作戏袍披在身上；滴滴

① 《全唐诗》，第2153页。

② 《全唐诗》，卷719，第8255、8256页。

答答地学吹笛，把刚刚入睡的客人，把刚进入禅定的僧人，吵闹得不行，又气恼，又好笑。

估计，喝了茶后，也会学着大人的强调说：好茶！

王仲镛《唐诗纪事校笺》:《太平广记》卷175“路德延，儋州岩相（路岩）之犹子也。”光化（898—901）初进士，大有诗价。天佑中（904）任右拾遗，被河中节度使朱友谦辟为掌书记。《孩儿诗》（此《小儿诗》）以讽友谦，友谦闻而怒，借酒醉沉德延于黄河[①]。路诗创作的环境风物乃系上都。

咸通诗人李昌符有私人茶库，而他的奴婢嗜茶成瘾：“不论秋菊与春华，个个能噇满肚茶。无事莫教频入库，一名闲物要岁岁。”[②]

（十一）诗人作诗忆茶事

李贺《始为奉礼忆昌谷山居》:“扫断马蹄痕，衙回自闭门。长枪江米熟，小树枣花春。向壁悬如意，当帘阅角巾。犬书曾去洛，鹤病悔游秦。土甑封茶叶，山杯锁竹根。不知船上月，谁棹满溪云。”[③]

王仲镛《唐诗纪事校笺》引《唐摭言》卷10:“贺年七岁，以长短之制，名动京师。”韩愈、皇甫湜策马二王，七岁李贺欣然当场欣然承命，操觚染翰，旁若无人。李贺子，长吉，后为奉礼郎。奉礼郎太常寺从九品上，“掌设君臣之版位，以奉朝会。祭祀之礼”[④]。这首诗中的“土甑封茶叶”是民间储存茶叶的一般做法。甑，在青铜器中是蒸煮食物的器具，在这里是陶瓷瓮，或陶瓷罐，农家储存茶饼。

白居易《赠东邻王十三》:“携手池边月，开襟竹下风。驱愁知酒力，破睡见茶功。居处东西接，年颜老少同。能来为伴否，伊上作渔翁。”[⑤]是赠给长安时东王姓邻居，可能是一位中下层官员，欢迎他去伊上洛阳作客。

朱金城据白诗《闻乐感邻》[⑥]考东邻去冬云亡，南邻崔尚书金秋薨逝。王十三为王大理，为太和二年作于长安，刘禹锡春至长安除主客郎中。集贤殿学士。刘禹锡《款鹤》诗之“东邻即王家”，亦此王十三[⑦]。

---

① 《唐诗纪事校笺》，第1716页。

② （五代）孙光宪:《北梦琐言》卷10李昌符，中华书局，2002年，第228页。

③ 《全唐诗》，卷390，第4393页。

④ 《唐六典·太常寺》，卷14。

⑤ 《全唐诗》，卷448，第5044页。

⑥ 《白居易集》，卷26。

⑦ 《白居易年谱》，第185页。

（十二）茶事优美堪入画

《唐诗纪事》载《咏雪》（王氏《唐诗纪事校笺》据《文苑英华》卷155考为《雪中偶题》）："乱飘僧舍茶烟湿，密洒歌楼酒力微。江上晚来堪画处，渔人披得一蓑归。"[①]"有段赞善者，善画，因采其诗意，写之成图，曲尽潇洒之意持以赠谷，谷为诗寄谢云：赞善命相后，家中名画多。留心于绘素，得意在烟波。属兴同吟咏，功成更琢磨。爱余风雪句，幽绝写渔蓑"[②]。

《唐诗纪事校笺》据《新唐书·艺文志》卷60：郑谷，字守愚，袁州人，为右拾遗，乾宁中，以都管郎中卒于家。段赞善，或段秀实，或段文昌之后。唐代茶画，有阎立本《萧翼赚兰亭》、周昉《调琴啜茗图》、无名氏《宫乐图》。此名为《咏雪诗意》。

（十三）比屋之饮茶肆兴

茶圣说开天之际，两京之间，饮茶出现"滂时侵俗，盛于国朝，两都并荆渝间，以为比屋之饮"。大约同时期或稍后一点的封演说："起自邹、齐、沧、棣，渐至京邑。城市多开店铺，煎茶卖之，不问道俗，投钱取饮。其茶自江淮而来，舟车相继，所在山积，色类甚多。"

我们所知最有名的茶肆，应该是大明宫南街东出延禧门外，与大明宫一街之隔的永昌里茶肆，大和九年十一月二十一日（835年12月14日）"甘露之变"突发，宰相王涯仓皇出走，在永昌里茶肆被禁军抓住。这里也可能是他经常光顾之处，否则，危急之时，要逃到这里呢？

东出京城的最中间大门的春明门，外边有一个茶肆，会昌五年五月十五（845年6月23日）日本圆仁法师离开京城后等曾在此饮茶。

（十四）寓值品茶理政清

《唐会要》卷22的"开元式"规定："尚书左右丞、及秘书监、九寺卿、少府监、将作监、御史大夫国子祭酒太子詹事国子司业、少监御史中丞、大理正、外官二佐以上及县令，并不宿直。"从这个规定看，朝廷官员晚上值班，突破了只有尚书省郎官值班的范围，而遍及几乎各重要部门。"开元式"只是规定一定级别官员不值班，没有明确哪个省监寺台不值班。从唐诗看有翰林院、御史台、秘书省等。

子兰《夜直》："大内隔重墙，多闻乐未央。灯明宫树色，茶煮禁泉香。凤辇通门

---

① 《文苑英华》，卷155，第729页。

② 《唐诗纪事校笺》，第1865页。

静，鸡歌入漏长。宴荣陪御席，话密近龙章。吟步彤庭月，眠分玉署凉。欲黏朱绂重，频草白麻忙。笔力将群吏，人情在致唐。万方瞻仰处，晨夕面吾皇。”①子兰，唐昭宗朝文章供奉，诗一卷。

林宽《陪郑諴郎中假日省中寓直》：“宪厅名最重，假日许从容。床满诸司印，庭高五粒松。井寻芸吏汲，茶拆岳僧封。鸟度帘旌暮，犹吟隔苑钟。”②

此诗表明寓值可以有人陪、省中有井、有芸吏打水？

（十五）茶的节日

吕温《三月三日茶宴序》：“三月三日，上巳禊饮之日也，诸子议以茶酌而代焉。乃拨花砌，憩庭阴，清风遂人，日色留兴，卧指青霭，坐攀香枝，闲莺近席而未飞，红蕊拂衣而不散。乃命酌香沫，浮素杯，殷凝琥珀之色，不令人醉，微觉清思。虽五云仙浆，无复加也。座右才子南阳邹子、高阳许侯，与二三子顷为尘外之赏，而曷不言诗矣。”③表明，寒食、清明与上巳三个节日时间上相连，在实践中，原来以修禊饮蒲黄酒为主要内容的活动，开始有意识地将饮茶提升到一定程度。到了元和（以入翰林为白居易参加宴赐活动开始）以后，饮茶赐茶成为主流，几乎成为法定内容。

吕温，字和叔，一字化光，河中人。贞元末进士，再迁为左拾遗，以侍御史使吐蕃，元和初还，转户部员外郎，再贬道州刺史，徙衡州。卒年四十。

白居易《三月三日谢恩赐曲江宴会状》：“右，今日伏奉圣恩，赐臣等于曲江宴乐，并赐茶果者。伏以暮春良月，上巳嘉辰，获侍宴于内庭，又赐欢于曲水，蹈舞踊地，欢呼动天。况妓乐选于内坊，茶果出于中库，荣降天上，宠惊人间。臣等谬列近司，猥承殊泽，捧觞知感，终宴怀惭。肉食无谋，未展涓埃之效，素餐有愧，难胜醉饱之恩，以此兢惶，未知所报。谨奉状陈谢以闻，谨奏。”④

而到了会昌大中（841—874），李郢的诗就直接表现为“十日王程路四千，到时须及清明宴”“天子未尝阳羡茶，百草不敢先开花”。一切都为清明节让路，一切都以紫笋茶为中心。这是一个极为明晰的发展轨迹。

清明节，成了茶的节日。李德裕、杜牧、杨嗣复都写到清明茶。

（十六）清明啖新喜若狂

“十日王程路四千，到时须及清明宴”。清明茶宴我们另辟一章为《唐宫廷茶道》。

---

①《全唐诗》，卷824，第9286页。
②《全唐诗》，卷606，第6999、7000页。
③《全唐文》，卷625，第6306页。
④《全唐文》，卷668，第6793页。

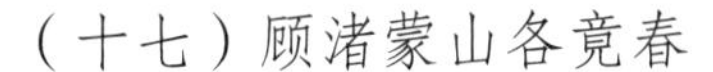

（十七）顾渚蒙山各竞春

“石上生芽二月中，蒙山顾渚莫争雄”[①]。

李肇《国史补》云：“风俗贵茶，茶之名品益众。剑南有蒙顶石花，或小方，或散牙，号为第一。湖州有顾渚之紫笋，东川有神泉、小团、昌明、兽目，峡州有碧涧、明月、芳蕊、茱萸簝，福州有方山之露牙，夔州有香山，江陵有南木，湖南有衡山，岳州有浥湖之含膏，常州有义兴之紫笋，婺州有东白，睦州有鸠沉，洪州有西山之白露。寿州有霍山之黄牙，蕲州有蕲门团黄，而浮梁之商货不在焉。”

白居易“琴里知闻唯渌水，茶中古旧是蒙山”“扬子江中水，蒙山顶上茶”。钟爱蒙山茶。而由于蜀道难于上青天，难以赶上清明宴，长兴、义兴紫笋茶成为皇宫宠儿。出于商业利益目的，京城内茶肆各有所备，竞争激烈，可想而知。

（十八）进士游宴请茶钱

《唐摭言》卷3《散序》：

> 始以进士宴游之盛。案李肇舍人《国史补》云：曲江大会比为下第举人，其筵席简率，器皿皆隔山抛之，属比之席地幕天，殆不相远。尔来渐加侈靡，皆为上列所据，向之下第举人，不复预矣。所以长安游手之民，自相鸠集，目之为“进士团”。初则至寡，洎大中、咸通已来，人数颇众。其有何士参者为之酋帅，尤善主张筵席。凡今年才过关宴，士参已备来年游宴之费，由是四海之内，水陆之珍，靡不毕备。时号“长安三绝”。团司所由百余辈，各有所主。大凡谢后便往期集院院内供帐宴馔。卑于辇毂。其日，状元与同年相见后，便请一人为录事其余主宴、主酒、主乐、探花、主茶之类，咸以其日辟之。主乐两人，一人主饮妓。放榜后，大科头两人，常诘旦至期集院；常宴则小科头主张，大宴则大科头。纵无宴席，科头亦逐日请给茶钱。第一部乐官科地，每日一千，第二部五百，见烛皆倍，科头皆重分。逼曲江大会，则先牒教坊请奏，上御紫云楼，垂帘观焉。时或拟作乐，则为之移日。故曹松诗云：“追游若遇三清乐，行从应妨一日春。”敕下后，人置被袋，例以图障、酒器、钱绢实其中，逢花即饮。故张籍诗云：“无人不借花园宿，到处皆携酒器行。”其被袋，状元、录事同检点，阙一则罚金。曲江之宴，行市罗列，长安几于半空。公卿家率以其日拣选东床，车马阗塞，莫可殚述。洎巢寇之乱，

---

① 杨嗣复：《谢寄新茶》，《全唐诗》，卷464，第5278页。

不复旧态矣。

神龙已来，杏园宴后，皆于慈恩寺塔下题名。同年中推一善书者纪之。他时有将相，则朱书之。及第后闻，或遇未及第时题名处，则为添“前”字。或诗曰：“会题名处添前字，送出城人乞旧诗。”①

（十九）知茶收藏数王涯

《新唐书·王涯传》对王涯形貌、行为特征与性格嗜好有简明扼要地描述：个子高挑，但腰长腿短，动作周详华丽（与常伯熊类似）。性格啬俭，年虽过七十，但嗜权固位，与李训暗中来往密切，喜欢古书画，购置甚丰，堪比国家秘府收藏：

涯质状颀省，长上短下，动举详华。性啬俭，不畜妓妾，恶卜祝及它方伎。别墅有佳木流泉，居常书史自怡，使客贺若夷鼓琴娱宾。文宗恶俗侈靡诏涯惩革涯条上其制凡衣服室宇使略如古贵戚皆不便谤讪嚣然议遂格然涯年过七十，嗜权固位，偷合训等，不能洁去就，以至覆宗。是时，十一族赀货悉为兵掠，而涯居永宁里，乃杨凭故第，财贮巨万，取之弥日不尽。家书多与秘府侔，前世名书画，尝以厚货钩致，或私以官，凿垣纳之，重复秘固，若不可窥者。至是为人破垣剔取奁轴金玉，而弃其书画于道。籍田宅入于官②。

王涯从太和六年到九年（632—635）年任盐铁转运使，富足宽裕，但除了喜好书画外，不近女色，生活朴素，很合文宗倡导的俭约风尚。但他提出榷茶，并要求茶户移茶于官家场院种植，不懂得茶树生长规律，底层民众极力反对。他与其他宰相在之变中惨死仇士良屠刀之下，但茶户和基层官吏却奔走称快，实在是一大悲剧。唐昭宗天复初年（901）为他与李训等平反，并官其后裔。

在个人行为与生活俭奢方面而言，王涯无疑要比白居易还要清俭。与同样是宰相的骄奢无度的元载等更有天壤之别，这应该与他长期执掌盐铁，熟悉茶人及茶人提倡追求的茶道精神有内在关系。就亲民方面来讲，白居易更具有亲民怜悯情愫。王涯虽然崇尚节俭不近女色及奢侈生活，但在盐铁使肥缺面前，经不起诱惑，与王播一样孜孜追求，加上推行茶政不合实际，未顾及茶农感受与白居易、袁高等茶人相比有天地之差。

王涯作为茶界一个特例，对我们理解唐代茶业与茶道文化建设有一定参考意义。

---

①（五代）王定保：《唐摭言》，上海古籍出版社，1978年，卷3，第711页。

②《新唐书·王涯列传》，卷104，第5319页。

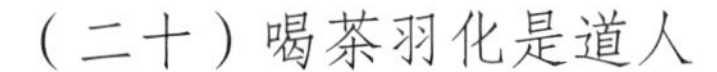

在《茶经》增补充实过程中，在湖州，在颜真卿陆羽皎然周围的文人士大夫有名有姓者90余人，其中不乏道家情怀的人物，例如张志和。与陆羽有青梅之好的李冶。他们在唐代茶道的形成过程中，很早注入了道家情怀，融入了道教文化基因。而作为亚圣的卢仝《七碗茶诗》展示的是一副道人形象："柴门反关无俗客，纱帽笼头自煎吃……七碗吃不得也，唯觉两腋习习清风生。蓬莱山，在何处。玉川子，乘此清风欲归去。"

他的七碗茶诗淋漓尽致地展现了道家的神妙高远。这首诗大约作于元和九年春夏之交的秦岭北麓。作为道人，他与长安城里的文人官吏有紧密联系。例如他与兼任盐铁转运使榷茶使的王涯过从甚密。甘露之变仇士良军卒闯入王涯宅，卢仝恰好来访，遇害。王涯在春明门外茶肆被捕，遇害。

李商隐《即目》："小鼎煎茶面曲池，白须道士竹间棋。何人书破蒲葵扇，记著南塘移树时。"[①]

二、茶事在京师地位的提高

开天以来，两京饮茶风尚炽盛，形成"比屋之饮"茶的社会地位空前提高。茶的社会影响已经深入全面，不仅儒释道都接受茶饮，并纳入各自的宗教修行之中，以茶供养三宝成为佛教文化的组成部分。在前文里我们已看到寺院包括国寺、皇寺和禅林名寺都成为饮茶场所，或以信徒寄新茶以供养三宝，或高僧以茶接待访客，寺院成为茶的重要消费场所。

下面我们从两个方面来看70余年后茶叶地位在京师的政治经济地位。

首先是上巳节成为茶的节日。

吕温《三月三日茶宴序》："三月三日，上巳禊饮之日也，诸子议以茶酌而代焉。"[②]温，字和叔，一字化光，河中人。贞元末进士，再迁为左拾遗，以侍御史使吐蕃，元和初还，转户部员外郎，再贬道州刺史，徙衡州。卒年四十。

将寒食节与介子推联系起来，是在东汉以后。范晔《后汉书》及蔡邕《琴操》。在东汉末年，禁火习俗的流行范围有所扩大，但因北方三月天气犹寒，严格冷食不利于百姓的健康和人口的增长。曹操才特地下令禁止。至魏晋南北朝时期，以春日禁火来纪

---

① 《全唐诗》，卷540，第6196、6197页。

② 《全唐文》，卷628，第6337页。

念介子推的风俗更为盛行，且明确提出“寒食”之名，如孙《祭介子推文》云：“太原咸奉介君之灵，至三月清明断火寒食，甚若先后一月。”《齐民要术》又有“之推忌日断火，煮醴而食之，名曰寒食”记载。唐开元二十年（732）对于寒食节来说是一个十分重要的年份①，该年五月癸卯玄宗下诏“寒食上墓，宜编入五礼，永为恒式”②。说明寒食成为唐朝重要节日，正式将祭祖与感念先人恩泽的内容楔入寒食节。

吕温文中诸子有哪些人，我们不得而知，总之是以部分进士及第者为主的文官。他是德宗末宪宗时代的人，所言不虚。上巳日在德宗朝提倡以茶为主，并逐年扩展，进入炽盛。宪宗朝因用兵平叛，上巳日茶宴活动略微减弱，但到了文宗朝又有恢复德宗盛况趋势。下一章我们所引赐茶实例均为上巳及清明节期间的活动，上巳日与清明节前后相连，对清明节的独立，起到铺垫作用。寒食节在冬至后105日，此日不能见明火，清明节，晚一二日，而上巳节是每年三月初三日。德宗重视上巳日，可能与天气完全转暖，人们脱冬衣穿春服，更多春茶上市有关。

贞元六年上巳节上，德宗赋诗，群臣唱和。《三日书怀因示百僚》：“佳节上元巳，芳时属暮春。流觞想兰亭，捧剑得金人。风轻水初绿，日晴花更新，天文信昭回，皇道颇敷陈。恭己每从俭，清心常保真。戒兹游衍乐，书以示群臣。”③无疑，诗中“俭”“清心”“真”都是与茶道文化的本质和洽一致。

中唐后期（806—846）文坛、政坛风云人物都饮茶，写茶诗或作茶文。裴度、李德裕与韩愈等都有茶诗留世。李德裕最后被贬后上书姚合，都有山茗、茶叶等事项在列。如李德裕《上姚谏议书》④、《平泉山居草木记》⑤，都有茶事内容。

其次，茶的政治经济地位提高。

《册府元龟·邦计部》卷493载：

（元和）十一年讨吴元济二月诏寿州以兵三千保其境内茶园。

十二年，五月出内库茶三十万斤付度支，进其直。

十三年三月盐铁使程异奏：应诸道州府先请置茶盐店收税，伏准今年正月一日敕文其诸道州府因用兵以来或虑有权置职名及擅加科配，事非常制，一切禁断者，伏以榷税茶盐本资财赋赡济军镇，盖是从权，兵罢自合便停，

---

① 褚若千：《从介子推的引入与淡出看寒食节功能演变》，《中华历史与传统文化论丛（第五辑）》，中国社会科学出版社，2020年，第254页。

② 《旧唐书·玄宗本纪》，第198页。全文可参考《全唐文》与《册府元龟》。

③ 《全唐诗》，卷4，第46页。

④ 《全唐文》，卷707，第7260页。

⑤ 《全唐文》，卷708，第7267页。

事久，实为重敛，共诸道先所置店及收诸色钱物等虽非擅加，且异尝制，伏请准敕文勒停，从之[①]。

宪宗保护茶园敕文的背景，与此前吴元济公开拒绝朝廷吊唁慰问使团入境，打出对抗朝廷旗帜后，侵扰烧掠舞阳等四县，并捣毁茶园有关。

尚书省度支司，是掌握帝国财政的天下第一权力机构，他能将30万斤茶叶变现多少铜板，史无记载，但30万斤茶叶也是一座小山！这些均表明，茶叶的政治、经济地位得到空前提高。

宪宗由于用兵，减省一些节庆宴饷。文宗朝又将三大节日恢复起来，曲江山池也得到重新修葺，上巳茶日又进一步热闹起来。

上述文中茶叶店、盐店，不是我们今天的零售商店，而是税收机构（一直到清朝都是这个称呼）。从程异奏章看，他是要将榷茶与税茶同时停止。实际是要剥夺州府的税茶权利。盐铁使是榷茶主体，州府是税茶主体。程异、皇甫镈以聚敛财赋见长，其任相，遭到众大臣反对，但宪宗力排众议，任其为盐铁使。其在用兵期间，客观上对朝廷取得平叛胜利的确有所贡献。

同时停行榷茶、税茶，实际还是程异可能以退为进。因为淮蔡吴元济被斩于京师独柳树下，但淄青李师道、魏博王承宗割据势力依然强大。

宰相李珏《论王播增榷茶疏》认为“而又茶为食物，无异米盐，人之所资，远近同俗，既蠲渴乏，难舍斯须。至于田闾之间，嗜好尤切”[②]。

中晚唐宰相杜佑、王涯、程异、王播、李珏、李德裕、裴休、李石，直到唐末朱温等都与茶有直接关系。

第三节　公私僧俗园林茶会

一、长安园林历史久

中国园林从殷商姬周就已经存在，是文献中的“囿”。王朝宫殿的布局与植物种植的审美化应该是园林文化的发轫。秦汉上林苑渭南的丰、镐之地早有周的“灵囿”存在，《诗·灵台》有“王在灵囿，麀鹿攸伏。麀鹿濯濯，白鸟嵩翯。王在灵沼，于牣鱼

① 《册府元龟·邦计部》，卷493，第5900页。

② 《全唐文》，卷720，第7405页。

跃”之句。秦惠文王在周苑的基础上建造离宫别馆，随后昭王将这里专辟为王室的苑囿——上林苑。秦上林苑范围之大，可以说除过秦都咸阳“渭南新区”的宫殿区之外，已占据了西南隅的广阔地域。

东临灞、浐二水，西至洋河东岸，北起咸阳的“渭南新区”，南到周都的丰镐和秦的杜县、曲江一线。之所以说上林苑的西界在洋河，根据是秦惠文王四年（前334）《瓦书》刻铭中记载了取杜县丰丘到潏水的一段土地，作为右庶长寿烛的“宗邑”。既然“丰丘到满水的一段土地”是私人封地，它就不可能在上林苑里充作“飞地”；同样，在上林苑南面有“杜南苑”，东南有“宜春苑”，其南界也不能越过此二苑的北界。尽管《史记·秦始皇本纪》记载建阿房宫于上林苑中，“表南山之巅以为阙”，《三辅黄图》还加了“络樊川以为池”一句，但这些只能看作是建造阿房宫时的一种设想。因为“阿房前殿”还没有建成，秦即灭亡，哪里还谈得上跨山弥谷到达终南山呢？环境优美，是秦上林苑得天独厚、胜过他处苑囿之处。它具有渭水之南的广阔地域，面对峰峦叠翠的终南锦屏，容纳北注于渭的沣、浐、滈、灞、潏、涝六条河流。六水连同泾水、渭水，合称“关中八川”。汇集于都城周围，泉源充沛，溪涧如织，土壤肥沃，物产丰富，林郁干云，鹤翔鱼跃，自是“天府之国”。“上林禁印”“上林丞印”“上林郎丞”“上林郎池”等秦封泥的出土，说明对上林苑的管理早已有一套严格的制度。秦始皇把朝宫建在上林苑中，显然是上上之选[①]。上林苑中大致存在有政务、狩猎、休养等三个具有不同功能的禁苑群。

据西晋播岳《关中记》云：“上林苑门十二，中有苑三十六，宫十二，观二十五。”司马相如《上林赋》云：“于是乎离宫别馆弥山跨谷，高席四注，重坐曲阁，华攘璧消，攀道相属。”班固《西都斌》亦云：“离宫别馆三十六所。”汉上林苑东到派水，《辅黄图》《上林斌》均提到滋水在上林中，东南到蓝田县湖延寿宫（即今蓝田县焦岱镇附近）。这是被史料和考古发掘所证实的，南到终南山，终南山风景秀丽，气势高大雄伟，林木繁茂，秦汉时是著名的风景区，上林苑以此为背景，使其更加迷人，西到户县周至，上林苑中的萯阳宫、葡萄宫、长杨宫、射熊馆、五柞宫、青梧观等皆在周至户县，北邀淳化县，这样甘泉苑即成为上林苑的一部分了[②]。

魏晋时期是私家园林的重要发展期。中国“园林”一词，最早出现于西晋张翰的《杂诗》中：“暮春和气应，白日照园林。”

---

① 王学理：《拨开“阿房宫”遗址上的雾障》，《咸阳师范学院学报》2019年第5期。

② 徐卫民：《西汉上林苑宫殿台观考》，《文博》1991年第4期，第55页。

二、唐长安园林以曲江为中心

唐代三苑，东自浐水，西含汉长安城，北临渭水，南至宫城。

曲江池则成为民间亭观的重要集中区域。

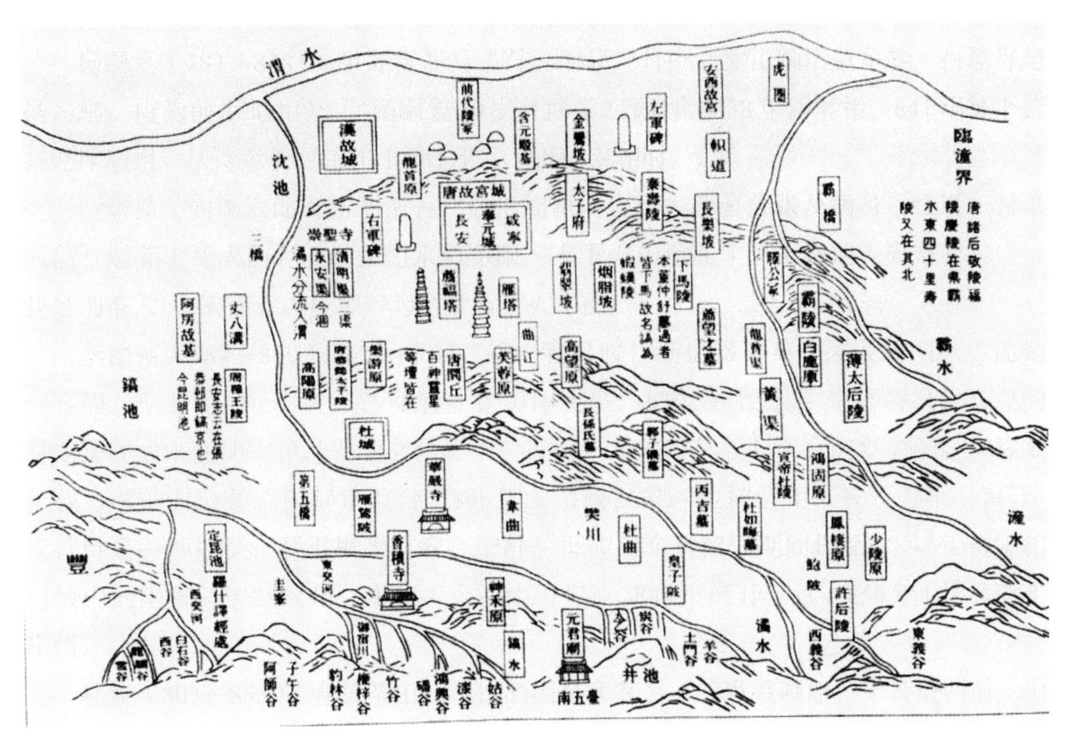

城南名胜古迹图（《长安志图》）

曲江池在城东南隅，地势低洼，长期积水而成，一半在城内，一半在城外，南北长，东西窄。开元时进行扩修营建：修黄渠以义峪南山水入城，加大水源；在曲江岸修建宫殿官廨，亭阁台榭。曲江宫殿连绵，楼阁起伏，花卉周环，柳荫四合，烟水明媚，灯火辉煌，仕女流连，文士吟诵不绝。特别在中和、上巳与重阳三节，更是游人如梭，车水马龙。《太平寰宇记》卷25曰："曲江池，汉武帝所造，名为宜春苑，其水曲折有如广陵之江，故名之。"隋朝宇文恺营造大兴城时，因地制宜，重开曲江池，以新京"南隅地高，故阙此地不为居人坊巷，凿之为池，以压胜之"宋之问《春日芙蓉苑侍宴应制》诗云"芙蓉秦地沼，卢橘汉家园。谷转斜盘径，川回曲抱原"。

"曲江池，本秦世隑洲，开元中疏凿，遂为胜境。其南有紫云楼、芙蓉苑，其西有杏园、慈恩寺。花卉环周，烟水明媚。都人游玩，盛于中和、上巳之节。彩幄翠帱，匝于堤岸。鲜车健马，比肩击毂。上巳即赐宴臣僚，京兆府大陈筵席，长安万年两县以雄盛相较，锦绣珍玩，无所不施。百辟会于山亭，恩赐太常及教坊声乐。池中备彩舟数只，唯宰相、三使、北省官与翰林学士登焉。每岁倾动皇州，以为盛观。入夏则菰蒲葱翠，柳阴四合，碧波红蕖，湛然可爱。好事者赏芳辰，玩清景，联骑携觞，亹亹不绝”[①]。

宋张礼《游城南记》注文中说：“芙蓉园在曲江之西南，隋离宫也，与杏园皆秦宜春下苑之地，园内有池谓之芙蓉池，唐之南苑也。”但安史之乱却使之大为失色。“少陵野老吞声哭，春日潜行曲江曲。江头宫殿锁千门，细蒲新柳为谁绿？”[②]文宗大和九年（835）神策军奉敕在疏淘曲江，建紫云楼、彩霞亭，文宗令诸司创制亭馆。虽然距离开元盛景不可同日而语，但也慢慢恢复繁荣景象。而在曲江的第二次繁荣中，茶为之打上深深的历史文化的烙印。

曲江亭唐长安曲江沿岸建筑。《唐摭言》载：“曲江亭子，安史乱前，诸司皆有，列于江浒。”每逢中和、上巳、重阳等节日，百僚即会宴于此亭。安史乱后，曲江亭榭毁于兵火，唯存尚书省亭子。文宗大和时期，又敕政府诸司在曲江沿岸修建亭馆。

曲江大会是唐代长安的一种风俗，即每年新科进士齐集曲江进行宴庆。因其在关试之后举行，故又称关宴。又因其设于曲江池西杏园之中，又称杏园宴。还因宴后进士分奔前程，各有所去，又称离宴。此俗起于中宗神龙年间，主要内容有两项：一是游玩宴会，二是吟诗讴歌。唐人重进士，每科最多只取30人，中唐以后高级官吏，进士出身居多，故登第者无不极感荣耀，所传此会诗歌之作，多表得意之情。《唐摭言》载：“其日，公卿家倾城纵观于此，有若中东床之选者，十八九钿车珠鞍，栉比而至。”这一风俗，一直延续到唐末僖宗乾符年间。宋以后演变为在汴梁琼林苑由皇帝赐宴新科进士的琼林宴。

元代赵孟頫《辋川图》（西安博物馆院藏品）

另外，樊川、韦曲、杜曲玉峰轩、昆明池等都是唐代长安名胜。蓝田辋川，鄠邑

① （唐）康骈：《剧谈录》，上海古籍出版社，1991年，第693页。
② 杜甫：《乱后曲江》。

赵孟頫《辋川图》局部

区渼陂湖都是著名山池胜景。而隋唐时代离宫别馆更是灿若群星，是帝王品茶养生的绝佳胜地，其中以九成宫最为有名。

我们在这里看一下昆明池。位于汉唐长安城西南二十里，在今陕西省西安市长安区斗门镇一带。上古时已蓄水成池，称为灵沼，相传尧治水时曾停船于此。汉武帝元狩三年至六年（前120—前117）为解决都城的蓄水和教习水军，大加疏凿，引潏水交水入池，扩大湖面，周回四十里。昆明池南界石匣，北至丰镐，东接五所寨，西达斗门镇，烟波浩渺，水天相接，并建有豫章台、灵波殿石鲸等，景色十分优美。汉武帝以昆明池仪象天汉，在池东西两岸安放了男女二尊石像，以象牵牛织女。当地人称为石父、石婆，仍保留到现在。唐代又多次修凿，先后导沣水、潏水、交水入池，故水量充沛，景色宜人，是都城近郊一处以大水面湖色为主的著名风景区。汉唐时期，昆明池为都城蒲鱼的重要产地。《西京杂记》载，汉时昆明池“鱼给长安诸陵庙祭祀，余付长安市卖之”。唐后期，由于堤堰崩溃，水源断绝，昆明池逐渐干涸。宋代时，这里已成为农田①。

私家山池，或家传，或自购自置，也有不少为皇帝所赐。德宗时尤盛。奉天靖难功臣多得赏赐。《唐两京城坊考》卷4记：邠宁节度使马璘池亭在外郭城延康坊。马璘，代宗大历时官拜泾原节度使。居宅在长安长兴坊。宅址约在今西安城南友谊东路之南，草场坡至文艺路之间。璘初创是宅，重价募天下巧工营缮，屋宇宏丽，冠绝当时。一堂之费，计钱二千万贯。璘死后，京师士庶欲观其屋宅，假名于故吏投刺会吊者数

① 见《唐代长安词典》。

十百人。因其营建逾制，大历十三年（778）七月，诏命以璘宅作乾元观。另长安西城区西市东南延康坊有马璘池亭。璘卒后，池亭亦没官。贞元以后，德宗多次在马璘山池宴赏群臣。《旧唐书·德宗本纪》卷12载：十八年三月九日，十九年二月一日、二十年重阳节赐群臣宴于马璘山池。

私家园林在唐代或有关唐代文献中，称为很多：园林、林园、别业、别墅、别馆、别庐、山林、山庄、山池、山亭、山斋、山第、山邸、山园、山居、幽居、闲居、溪居、隐居、林亭、林馆、园亭、水亭、溪亭、池亭、水阁、亭子、草堂、茅茨、茅堂等[①]。

国家园林与这些私人园林别墅，是达官贵人，文人雅士、仕女贵妇品茗谈艺，联络感情，激发文思，挥毫泼墨的理想之地。汇集历史记载信息，我们可以知道唐代集中保持了三个节日，三月三日上巳节、帝王诞辰节与九九重阳节。上巳节是与寒食节、清明节紧密相连的节日，合在一起。

这些节日都是茶酒相间，帝王也往往在这些节日里赐茶，大臣们惊怍万般地写出谢赐茶表。

除了太平公主等贵族山池外，曲江是最大的一处园林群，帝王多在这里进行宴赏群臣，赐茶、赐火。

对诗人白居易来说最近的是南隔一街的杨汝士家的杨家亭子，那里是白家县郡夫人的老家；是裴度位于洛阳的山池，裴度一心要用自己的白鹅换取白氏的魅力奴婢。他在东都的山池也非常讲究。而他最喜欢、感到最温馨的则是元九家。在他罢官或者等待新职而居家时，朋友们会不时来访，既品茶又喝酒，从来都不介意。

这些之外，寺院、道观也是茶人们的好去处。夕阳西下，曲江波光辉映慈恩塔，飞鸟归巢，塔铃伴奏寺内木鱼声。位于高岗之上的青龙寺，是茶人们俯瞰全城，东望南山的地方。诗僧皎然初来长安，魅力无限的雪景使他情不自禁，早早起床观望南山与华宴融为一体，白雪皑皑，犹如天宫的神妙世界。

许多赶考的举子们或寄居寺观，或居于旅店，在拮据的追求功名的日子里，往往以茶代酒，表达情怀，抒发意气。

“起来林上月，潇洒故人情。铃阁人何事，莲塘晓独行。衣沾竹露爽，茶对石泉清。鼓吹前贤薄，群蛙试一鸣。”[②]看到高高低低，错落有致的皇宫、寺塔、民宅，以及各种树木亭台，在皑皑白雪的打扮下，分外妖娆，舒元舆不禁写下了《长安雪下望月记》：“今年子月月望，长安重雪终日，玉花搅空，舞下散地……太虚真气，如帐碧玉。有月

---

① 李浩：《唐代园林别业考论（修订版）》，西北大学出版社，1996年，第35页。

② （唐）羊士谔：《南池晨望》，《全唐诗》，卷332。

一轮，其大如盘，色如银，凝照东方，辗碧玉上征，不见辙迹。至乙夜，帖悬天心。予喜方雪而望舒复至，乃与友生出大门恣视。直前终南，开千叠屏风，张其一方，东原接去，与蓝岩骊峦，群琼含光，北朝天宫。宫中有崇阙洪观，出空横虚。此时定身周目，谓六合八极，作我虚室，峨峨帝城，白玉之京，觉我五藏出濯清光中……”[①]

白居易在感受昆明池旖旎风光，回望岁月时，祈愿人间更美好《昆明春水满》（贞元中始涨之）：“昆明春，昆明春，春池岸古春流新。影浸南山青滉漾，波沉西日红奫沦。往年因旱池枯竭，龟尾曳涂鱼喣沫……愿推（敦煌本作植）此惠及天下，无远无近同欣欣。吴兴山中罢榷茗，鄱阳坑里休封（敦煌本作税）银。天涯地角无禁利，熙熙同似昆明春。”[②]

三、林泉高致唐都春

寺院林泉诗人们在长安可自由出入，随缘举行茶会的空间，如：“一昨陪锡杖，卜邻南山幽。年侵腰脚衰，未便阴崖秋。重冈北面起，竟日阳光留。茅屋买兼土，斯焉心所求。近闻西枝西，有谷杉黍稠。亭午颇和暖，石田又足收。当期塞雨干，宿昔齿疾瘳。裴回虎穴上，面势龙泓头。柴荆具茶茗，径路通林丘。与子成二老，来往亦风流。”[③]

钱起《过长孙宅与朗上人茶会》：“偶与息心侣，忘归才子家。玄谈兼藻思，绿茗代榴花。岸帻看云卷，含毫任景斜。松乔若逢此，不复醉流霞。”[④]“虚室昼常掩，心源知悟空。禅庭一雨后，莲界万花中”[⑤]。

私人宅第与林亭

姚合《题长安薛员外水阁》：“亭亭新阁成，风景益鲜明。石尽太湖色，水多湘渚声。翠�和粉长，零露逐荷倾。时倚高窗望，幽寻小径行。林疏看鸟语，池近识鱼情。政暇招闲客，唯将酒送迎。”[⑥]

王建《题梁国公主池亭》：“平阳池馆枕秦川，门锁南山一带烟。素奈花开西子面，绿榆枝种沈郎钱。装帘玳瑁随风落，庭岸䴔䴖趁暖眠。寂寞空余歌舞地，玉箫惊起凤

① 《全唐文》，卷727，7094页。
② 《白居易全集》，卷3。
③ （唐）杜甫：《寄赞上人》，《全唐诗》，卷218，第2288页。
④ 《全唐诗》，卷237，第2627页。
⑤ （唐）武元衡：《资圣寺贲法师晚春茶会》，《全唐诗》，卷316，第3553页。
⑥ 《全唐诗》，卷499，第5680页。

归天。”①

曹邺《城南野居寄知己》：“奔走未到我，在城如在村。出门既无意，岂如常闭门。作诗二十载，阙下名不闻。无人为开口，君子独有言。身为苦寒士，一笑亦感恩。殷勤中途上，勿使车无轮。”②

皮日休《褚家林亭》描述的是曲江畔的私人林泉：“广亭遥对旧娃宫，竹岛萝溪委曲通。茂苑楼台低槛外，太湖鱼鸟彻池中。萧疏桂影移茶具，狼藉苹花上钓筒。争得共君来此住，便披鹤氅对清风。”③

皮日休《奉和鲁望秋日遣怀次韵》：“高蹈为时背，幽怀是事兼。神仙君可致，江海我能淹。共守庚申夜，同看《乙巳占》。药囊除紫蠹，丹灶拂红盐。与物深无竞，于生亦太廉。鸿灾因足警，鱼祸为稀潜。笔砚秋光洗，衣巾夏藓沾。酒甂香竹院，鱼笼挂茅檐。琴忘因抛谱，诗存为致签。茶旗经雨展，石笋带云尖。鹤共心情慢，乌同面色黔。向阳裁白帢，终岁忆貂襜。取岭为山障，将泉作水帘。溪晴多晚鹭，池废足秋蟾。破衲虽云补，闲斋未办苫。共君还有役，竟夕得厌厌。”④与陆龟蒙唱和，时陆龟蒙在润州，陆龟蒙在长安。在军阀势力膨胀的僖宗、昭宗时期（874—904）其他大事干不了，进士考试却较为频繁。一大批外地才子，来到长安一展才华。后来皮日休被黄巢大齐政权胁迫为大臣。

八月十五是庚申的年份：850，大中四年；876年，乾符三年，八月十六为庚申。八月一日乙巳。886年，光启二年。八月十四为庚申。907年，哀帝天佑四年，后梁太祖开平元年，八月十五日系庚申日。

《杨家南亭》（大和二年）：“小亭门向月斜开，满地凉风满地苔。此院好弹秋思处，终须一夜抱琴来。”⑤

羊士谔《南池晨望》写的是早晨在曲江池边煎茶的情形：“起来林上月，潇洒故人情。铃阁人何事，莲塘晓独行。衣沾竹露爽，茶对石泉清。鼓吹前贤薄，群蛙试一鸣。”⑥

从《全唐诗》卷502姚合两首诗《和李补阙曲江看莲花》《咏南池嘉莲》可知，曲江为南池别称——曲江池在长安城东南，故有此别称。羊士谔在王叔文、王伾805年发动“永贞革新”时，羊士谔叩阁陈情，对一些过激政策提出批评建议，王叔文要处

---

① 姚合不确，应为王建作品，见沈文凡、周非非：《唐代诗人姚合研究综述》，《东北师大学报（哲学社会科学版）》2007年第3期。《全唐文》，第3414页。

② 《全唐诗》，卷593，第6879页。

③ 《全唐诗》，卷614，第7091页。

④ 《全唐诗》，卷612。

⑤ 《白居易集》，卷26。

⑥ 《全唐诗》，卷332，第3707、3708页。

夜曲江

以极刑，宰相韦执谊反对，改贬谪，韦依旧反对，由是改革派内部产生严重分歧。“鼓吹前贤薄，群蛙试一鸣”。似乎也对二王带一些嘲讽口气！

李嘉祐曾参与湖州茶人集团的唱和与茶事活动，其《与从弟正字、从兄兵曹宴集林园》反映的是在从弟从兄在长安园林宴集情形：“竹窗松户有佳期，美酒香茶慰所思。辅嗣外生还解易，惠连群从总能诗。檐前花落春深后，谷里莺啼日暮时。去路归程仍待月，垂缰不控马行迟。”①

韩翃《送南少府归寿春》：“人言寿春远，此去先秋到。孤客小翼舟，诸生高翅帽。淮风生竹簟，楚雨移茶灶。若在八公山，题诗一相报。”②

白居易《自题新昌居止，因招杨郎中小饮》：“地偏坊远巷仍斜，最近东头是白家。宿雨长齐邻舍柳，晴光照出夹城花。春风小榼三升酒，寒食深炉一碗茶。能到南园同醉否，笙歌随分有些些。”③应是在长安正式在新昌坊安家后的境况，寒食不能生明火，但可以在炉子上烹茶。新昌坊位置稍偏南，南邻是长安著名的杨家林亭。朱金城《白居易年谱》考为太和三年春。此南园，亦是杨家，其林亭享誉于都下。

元稹《一字至七字诗·茶》：“茶……洗尽古今人不倦，将知醉后岂堪夸。”④

卢传裔《白居易兴化亭送别与“一至七字诗”》援引朱金城认为令狐楚王起李绅及

① 《全唐诗》，卷207，第2165页。
② 《全唐诗》，卷243，第2727页。
③ 《全唐诗》，卷449，第5061页。
④ 《全唐文》，卷423，第4695页。

元稹不在长安，此与朱金城《白居易年谱》200页所证白居易太和三年（829）58岁时所作诗篇名有矛盾：朱先生证《送东都留守令狐尚书赴任》《酬令狐相公春日寻花见寄》《令狐尚书许过弊居见赠长句》均作于太和三年。无疑，太和三年春，令狐楚回京省亲。令狐德芬之后，京兆尹进贡士。卞孝萱大约是伪诗说首倡。“会逢吉复相，力起楚，以李绅在翰林沮之，不克。敬宗立，逐出绅，即拜楚为河南尹。迁宣武节度使。汴军以骄故，而韩弘弟兄务以峻法绳治，士偷于安，无革心。楚至，解去酷烈，以仁惠镌谕，人人悦喜，遂为善俗。入为户部尚书，俄拜东都留守，徙天平节度使”[①]。

另外，在《元稹集》里诗名后，有注语：“以题为韵，同王起诸公送白居易分司东都作。”[②]王仲镛《唐诗纪事校笺》（第1051页）也对宣化林泉主人裴度未有一至七字诗，提出质疑。因而怀疑均为伪作。笔者以为这里有两个情况，一是王起、令狐楚又在长安的历史，不能说他们一直在外，此其一；其二，元稹等官员不可能在新的职务确定前一直在原地，凡是官员在新职务确定前，都有一个来长安申请新职的程序。官员也可以休假在长安家里。另外，虽然裴度最初元和时对元稹走近宦官极为反感，并上书将其贬官，过了十多年，况且都是白居易的朋友，元稹赴茶宴，而裴度不会拒绝。至于没有诗留下来，那原因就太多了。他年龄虽然只比白居易大七岁，但其社会影响和政治地位，要强势很多，平淮西胜利使他名留青史，他最终得以陪祀宪宗与皇家太庙，这次活动，他是这次送别茶会的主人，几十人来要管的事太多了，更是北斗至尊！因此，因没见到裴度太尉的诗，就轻易否定理由并不充分。况且，白居易也诗谢裴大人宣化里相送啊！

朱金城《白居易年谱》亦考为太和三年（829）春。四月，再以太子宾客分司东都。从此长期居于洛阳。

姚合《和元八郎中秋居》是与元宗简的唱和诗：“圣代无为化，郎中似散仙。晚眠随客醉，夜坐学僧禅。酒用林花酿，茶将野水煎。人生知此味，独恨少因缘。”[③]

黄滔《宿李少府园林》：“一壶浊酒百家诗，住此园林守选期。深院月凉留客夜，古杉风细似泉时。尝频异茗尘心净，议罢名山竹影移。”[④]守选——等候吏部考评、选官结果，心情未免紧张、忐忑，酒徒增烦恼，唯有以各地新茶平复心境。

周贺《同朱庆馀宿翊西上人房》：“溪僧还共谒，相与坐寒天。屋雪凌高烛，山茶称远泉。夜清更彻寺，空阔雁冲烟。莫怪多时话，重来又隔年。”[⑤]

---

① 《令狐楚》,《新唐书》，列传91，卷166，第5099页。

② （唐）元稹:《元稹集》，中华书局，1982年，第2册，第697页。

③ 《全唐诗》，卷501，第5695页。

④ 《全唐诗》，卷705，第8116页。

⑤ 《全唐诗》，卷503，第5719页。

1. 送别茶会是京中重要主题

王仲镛《唐诗纪事校笺》引《新唐书·艺文志》卷60：朱庆馀名可久，以字行，宝历（825—827）进士第[①]。郑与张水部籍引为知音。姚合、张籍都有诗作，送朱庆馀登第回家省亲。是否为茶会，诗意不明。

朱庆馀《秋宵宴别卢侍御》可知是宴别后，品茗："风亭弦管绝，玉漏一声新。绿茗香醒酒，寒灯静照人。清班无意恋，素业本来贫。明发青山道，谁逢去马尘。"[②]

李远与华山上的僧人以茶为敬，赋诗留念写下《赠潼关不下山僧》："与君同在苦空间，君得空门我爱闲。禁足已教修雁塔，终身不拟下鸡山。窗中遥指三千界，枕上斜看百二关。香茗一瓯从此别，转蓬流水几时还。"[③]

无可《送邵锡及第归湖州》："春关鸟罢啼，归庆浙烟西。郡守招延重，乡人慕仰齐。橘青逃暑寺，茶长隔湖溪。乘暇知高眺，微应辨会稽。"[④]无可《送喻凫及第归阳羡》："姓字载科名，无过子最荣。宗中初及第，江上觐难兄。月向波涛没，茶连洞壑生。石桥高思在，且为看东坑。"[⑤]及第，在长安。上为湖州，此为阳羡，均为贡茶院所在地。写的茶也是两地的茶，表明无可非常熟悉贡茶。顾非熊《送喻凫春归江南》、贾岛《赠友人》"春别和花树，秋辞带月淮"[⑥]也很可能就是送喻凫。姚合《送喻凫校书归毗陵》[⑦]，喻凫中第归省，贾岛、无可、顾非熊与喻凫都有茶诗，实际上，可能组织了一个规模不小的送别茶会。

贾岛《送黄知新归安南》："池亭沉饮遍，非独曲江花。地远路穿海，春归冬到家。火山难下雪，瘴土不生茶。知决移来计，相逢期尚赊。"[⑧]担心在今越南河内任职的黄知新喝不到茶。

贾岛《送朱休归剑南》："剑南归受贺，太学赋声雄。山路长江岸，朝阳十月中。芽新抽雪茗，枝重集猿枫。卓氏琴台废，深芜想径通。"[⑨]

李洞《送舍弟之山南》："南山入谷游，去彻山南州。下马云未尽，听猿星正稠。印茶泉绕石，封国角吹楼。远宦有何兴，贫兄无计留。"[⑩]

---

① 《唐诗纪事校笺》，第1258页。
② 《全唐诗》，卷515，第5880页。
③ 《全唐诗》，卷519，第5933页。
④ 《全唐诗》，卷813，第9157页。
⑤ 《全唐诗》，卷813，第9158页。
⑥ 《全唐诗》，卷573。
⑦ 《全唐诗》，卷496。
⑧ 《全唐诗》，卷573，第6665页。
⑨ 《全唐诗》，卷573，第6673页。
⑩ 《全唐诗》，卷722，第8285页。

李洞《和知己赴任华州》:“东门罢相郡，此拜动京华。落日开宵印，初灯见早麻。鹤身红旆拂，仙掌白云遮。塞色侵三县，河声聒两衙。松根醒客酒，莲座隐僧家。一道帆飞直，中筵岳影斜。书名寻雪石，澄鼎露金沙。锁合眠关吏，杯寒啄庙鸦。分台话嵩洛，赛雨恋烟霞。树谷期招隐，吟诗煮柏茶。”①

黄滔《送陈樵下第东归》:“青山烹茗石，沧海寄家船。虽得重吟历，终难任意眠。砧疏连寺柳，风爽彻城泉。送目红蕉外，来期已杳然。”②

2. 林亭奉和、投寄拜谒

实际上，我们看到，奉和、拜谒诗，将茶入诗，是年轻的举子们弘传茶道文明这一新型文化的重要途径。这些在社会上层政治高层都有影响的人物是茶道文明进入京城，又扩散到全国其他地方的捷径。

韩愈《燕河南府秀才得生字》描述的是家乡河南府秀才前来拜见，设宴款待，茶酒间进，联唱酬和。作为主人他抽到“生”字，便以“生”作诗的情景:“吾皇绍祖烈，天下再太平。诏下诸郡国，岁贡乡曲英。元和五年冬，房公尹东京。功曹上言公，是月当登名。乃选二十县，试官得鸿生。群儒负己材，相贺简择精。怒起簸羽翮，引吭吐铿轰。此都自周公，文章继名声。自非绝殊尤，难使耳目惊。今者遭震薄，不能出声鸣。鄙夫忝县尹，愧栗难为情。惟求文章写，不敢妒与争。还家敕妻儿，具此煎炰烹。柿红蒲萄紫，肴果相扶檠。芳茶出蜀门，好酒浓且清。何能充欢燕，庶以露厥诚。昨闻诏书下，权公作邦桢。文人得其职，文道当大行。阴风搅短日，冷雨涩不晴。勉哉戒徒驭，家国迟子荣。”③

诗以“生”为题。当以“贡生”之生，“学生”之生为题。诗文中“权公”乃权德舆无疑。“元和五年九月二十九丙寅，《权德舆礼部尚书平章事制》，旧纪，旧传”④。以礼部尚书任宰相，在有唐一代不多见。从一个侧面反映出权德舆人品、文章与才干俱佳的风貌特点。权德舆乃天水人，大概率没有参加这次大茶会，但韩愈以其晋迁宰相一事入诗，无疑有荐举河南同乡新秀的用意。韩愈茶诗不多，但这一首记述了一次场面生动、气氛热烈的茶会盛况。

贾岛《寄令狐绹相公》:“驴骏胜羸马，东川路匪赊。一缄论贾谊，三蜀寄严家。澄彻霜江水，分明露石沙。话言声及政，栈阁谷离斜。自著衣暖，谁忧雪六花。裹裳留阔襆，防患与通茶。山馆中宵起，星河残月华。双僮前日雇，数口向天涯。良乐知

---

① 《全唐诗》，卷722，第8290页。
② 《全唐诗》，卷704，第8098页。
③ 《全唐诗》，卷339，第3805、3806页。
④ 《唐代诏敕目录》，第391页。

骐骥，张雷验镆铘。谦光贤将相，别纸圣龙蛇。岂有斯言玷，应无白璧瑕。不妨圆魄里，人亦指虾蟆。”①

贾岛《再投李益常侍》：“何处初投刺，当时赴尹京。淹留花柳变，然诺肺肠倾。避暑蝉移树，高眠雁过城。人家嵩岳色，公府洛河声。联句逢秋尽，尝茶见月生。新衣裁白苎，思从曲江行。”②

贯休《刘相公见访》表明相公来访，有大驾卤簿：“千骑拥朱轮，香尘岂是尘。如何补衮服，来看衲衣人。庄叟因先觉，空王有宿因。对花无俗态，爱竹见天真。攲枕松窗迥，题墙道意新。戒师惭匪什，都讲更胜询。桃熟多红璺，茶香有碧筋。高宗多不寐，终是梦中人。”③

贯休《上冯使君山水障子》实际也是一种拜谒诗，有对主人林泉屏风画（水障子）表示赞美：“忆山归未得，画出亦堪怜。崩岸全隳路，荒村半有烟。笔句冈势转，墨抢烧痕颠。远浦深通海，孤峰冷倚天。柴棚坐逸士，露茗煮红泉。绣与莲峰竞，威如剑阁牵。石门关麈鹿，气候有神仙。茅屋书窗小，苔阶滴瀑圆。松根击石朽，桂叶蚀霜鲜。画出欺王墨，擎将献惠连。新诗宁妄说，旧隐实如然。愿似窗中列，时闻大雅篇。”④鲜茶，采煎。我们不是太明了。山水障子，山水画的屏风，中间有所画内容介绍。

四、大唐气象，皇都茶香

长安诗人李洞为皇室宗人，许浑来自润州，薛能自河东来，李咸用来自洮湟，久居长安。杜牧、李郢本京兆人，赴茶区为太守，为皇帝修贡。李洞是晚唐以姚合为核心长安茶人集团核心成员。

盛唐韦应物出生于“离天三尺”的京兆韦氏家族，《喜园中茶生》大约写于做江州刺史时：“洁性不可污，为饮涤尘烦。此物信灵味，本自出山原。聊因理郡余，率尔植荒园。喜随众草长，得与幽人言。”⑤

许浑《寻戴处士》表达的是好茶共分享：“车马长安道，谁知大隐心。蛮僧留古镜，蜀客寄新琴。晒药竹斋暖，捣茶松院深。思君一相访，残雪似山阴。”⑥

李洞《山寺老僧》：“云际众僧里，独攒眉似愁。护茶高夏腊，爱火老春秋。海浪

---

① 《全唐诗》，卷573，第6659页。
② 《全唐诗》，卷573。
③ 《全唐诗》，卷830，第9360页。
④ 《全唐诗》，卷831，第9376页。
⑤ 《全唐诗》，卷193，第1994页。
⑥ 《全唐诗》，卷529，第6050页。

南曾病，河冰北苦游。归来诸弟子，白遍后生头。”①

李洞《赠昭应沈少府》：“行宫接县判云泉，袍色虽青骨且仙。鄠杜忆过梨栗墅，潇湘曾棹雪霜天。华山僧别留茶鼎，渭水人来锁钓船。东送西迎终几考，新诗觅得两三联。”②

刘得仁《夏夜会同人》：“沈沈清暑夕，星斗俨虚空。岸帻栖禽下，烹茶玉漏中。形骸忘已久，偃仰趣无穷。日汲泉来漱，微开密筱风。”③

薛能《新雪八韵（一作闲居新雪）》：“大雪满初晨，开门万象新。龙钟鸡未起，萧索我何贫。耀若花前境，清如物外身。细飞斑户牖，干洒乱松筠。正色凝高岭，随流助要津。鼎消微是滓，车碾半和尘。茶兴留诗客，瓜情想戍人。终篇本无字，谁别胜阳春。”④

薛能《夏日青龙寺寻僧二首》：“帝里欲何待，人间无阙遗。不能安旧隐，都属扰明时。违理须齐辱，雄图岂藉知。纵横悉已误，斯语是吾师。得官殊未喜，失计是忘愁。不是无心速，焉能有自由。凉风盈夏扇，蜀茗半形瓯。笑向权门客，应难见道流。”⑤

司空图《暮春对柳二首》：“萦愁惹恨奈杨花，闭户垂帘亦满家。恼得闲人作酒病，刚须又扑越溪茶。洞中犹说看桃花，轻絮狂飞自俗家。正是阶前开远信，小娥旋拂碾新茶。”⑥

郑谷《咏怀》籍茶咏志：“迂疏虽可欺，心路甚男儿。薄宦浑无味，平生粗有诗。淡交终不破，孤达晚相宜。直夜花前唤，朝寒雪里追。竹声输我听，茶格共僧知。景物还多感，情怀偶不卑。溪莺喧午寝，山蕨止春饥。险事销肠酒，清欢敌手棋。香锄抛药圃，烟艇忆莎陂。自许亨途在，儒纲复振时。”⑦

黄滔《和吴学士对春雪献韦令公次韵》：“春雪下盈空，翻疑腊未穷。连天宁认月，堕地屡兼风。忽误边沙上，应平火岭中。林间妨走兽，云际落飞鸿。梁苑还吟客，齐都省创宫。掩扉皆墐北，移律愧居东。书幌飘全湿，茶铛入旋融。奔川半留滞，叠树互玲珑。出户行瑶砌，开园见粉丛。高才兴咏处，真宰答殊功。”⑧

---

① 《全唐诗》，卷721，第8276页。

② 《全唐诗》，卷723。

③ 《全唐诗》，卷544，第6280页。

④ 《全唐诗》，卷558，第6467页。

⑤ 《全唐诗》，卷560，第6506页。

⑥ 《全唐诗》，卷633，第7269页。

⑦ 《全唐诗》，卷675，第7726页。

⑧ 《全唐诗》，卷706，第8124页。

李洞《和曹监春晴见寄》："竺庙邻钟震晓鸦，春阴盖石似仙家。兰台架列排书目，顾渚香浮瀹茗花。胶溜石松粘鹤氅，泉离冰井熨僧牙。功成名著扁舟去，愁睹前题罩碧纱。"[1]兰台架列排书目，似乎在秘书监。

李中《献中书韩舍人》："丹墀朝退后，静院即冥搜。尽日卷帘坐，前峰当槛秋。烹茶留野客，展画看沧州。见说东林夜，寻常秉烛游。"[2]

郑遨《茶诗》："嫩芽香且灵，吾谓草中英。夜臼和烟捣，寒炉对雪烹。惟忧碧粉散，常见绿花生。最是堪珍重，能令睡思清。"[3]

吕岩《大云寺茶诗》："玉蕊一枪称绝品，僧家造法极功夫。兔毛瓯浅香云白，虾眼汤翻细浪俱。断送睡魔离几席，增添清气入肌肤。幽丛自落溪岩外，不肯移根入上都。"[4]惊叹茶好，为什么上都不生长？

司空图《丑年冬》："醉日昔闻都下酒，何如今喜折新茶。不堪病渴仍多虑，好向灉湖便出家。"[5]

司空图《即事二首》："茶爽添诗句，天清莹道心。只留鹤一只，此外是空林。御礼征奇策，人心注盛时。从来留振滞，只待济临危。"[6]

李嘉祐《奉和杜相公长兴新宅即事呈元相公》："意有空门乐，居无甲第奢。经过容法侣，雕饰让侯家。隐树重檐肃，开园一径斜。据梧听好鸟，行药寄名花。梦蝶留清簟，垂貂坐绛纱。当山不掩户，映日自倾茶。雅望归安石，深知在叔牙。还成吉甫颂，赠答比瑶华。"[7]

查阅唐史，杜相居元相之前者，可能只有杜鸿渐与元载。杜与裴冕在灵武拥戴肃宗之功，代宗广德二年拜相，至大历三年八月代王缙为东都留守。充河南、淮西、山南东道元帅，平章事如故。《旧唐书·杜鸿渐》列传卷58："鸿渐晚年乐于退静，私第在长兴里，馆宇华靡，宾僚宴集。"代宗即位后，除元载为相。

其实，杜丞相新宅与元相公的亭台相比，可能是小巫见大巫：

> 载兼判度支，志气自若，谓己有除恶之功，是非前贤，以为文武才略，莫己之若。外委胥吏，内听妇言。城中开南北二甲第，室宇宏丽，冠绝当时。又于近郊起亭榭，所至之处，帷帐什器，皆于宿设，储不改供。城南膏腴别

---

① 《全唐诗》，卷723，第8295页。
② 《全唐诗》，卷747，第8502页。
③ 《全唐诗》，卷855，第9670页。
④ 《全唐诗》，卷858，第9700页。
⑤ 《全唐诗》，卷634，第7275页。
⑥ 《全唐诗》，卷632，第7253页。
⑦ 《全唐诗》，卷207，第2162页。

墅，连疆接畛，凡数十所，婢仆曳罗绮一百余人，恣为不法，侈僭无度。江、淮方面，京辇要司，皆排去忠良，引用贪猥。士有求进者，不结子弟，则谒主书，货贿公行，近年以来，未有其比。与王缙同列，缙方务聚财，遂睦于载，二人相得甚欢，日益纵横。代宗尽察其迹，以载任寄多年，欲全君臣之分，载尝独见，上诫之，不悛[①]。

杜牧《游池州林泉寺金碧洞》："袖拂霜林下石棱，潺湲声断满溪冰。携茶腊月游金碧，合有文章病茂陵。"[②]

杜牧《题茶山（在宜兴）》："山实东吴秀，茶称瑞草魁。剖符虽俗吏，修贡亦仙才。溪尽停蛮棹，旗张卓翠苔。柳村穿窈窕，松涧渡喧豗。等级云峰峻，宽平洞府开。拂天闻笑语，特地见楼台。泉嫩黄金涌，牙香紫璧裁。拜章期沃日，轻骑疾奔雷。舞袖岚侵涧，歌声谷答回。磬音藏叶鸟，雪艳照潭梅。好是全家到，兼为奉诏来。树阴香作帐，花径落成堆。景物残三月，登临怆一杯。重游难自克，俯首入尘埃。"[③]

杜牧《茶山下作》："春风最窈窕，日晓柳村西。娇云光占岫，健水鸣分溪。燎岩野花远，戛瑟幽鸟啼。把酒坐芳草，亦有佳人携。"[④]

杜牧《入茶山下题水口草市绝句》："倚溪侵岭多高树，夸酒书旗有小楼。惊起鸳鸯岂无恨，一双飞去却回头。"[⑤]

杜牧《春日茶山病不饮酒，因呈宾客》："笙歌登画船，十日清明前。山秀白云腻，溪光红粉鲜。欲开未开花，半阴半晴天。谁知病太守，犹得作茶仙。"[⑥]

杜牧《题禅院（一作醉后题僧院）》："觥船一棹百分空，十岁青春不负公。今日鬓丝禅榻畔，茶烟轻扬落花风。"[⑦]

另一个京兆人李郢的《茶山贡焙歌》是茶诗名篇。

京兆、关中官在茶区的所见所闻、所思所想、所品所尝，总是不断地充实、丰富并促进京师茶事茶道的发展与进步。

---

① 《旧唐书·元载》，卷118，列传卷68，第3410、3411页。
② 《全唐诗》，卷522，第5967页。
③ 《全唐诗》，卷522，第5969页。
④ 《全唐诗》，卷522，第5970页。
⑤ 《全唐诗》，卷522。
⑥ 《全唐诗》，卷522。
⑦ 《全唐诗》，卷522，第5974页。

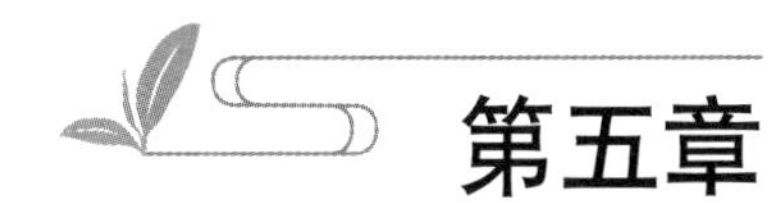

第五章
唐代宫廷茶道

第一节　清明节与清明宴

一、清明节从中唐开始逐渐独立

笔者同意一些学者关于清明节在中唐始于寒食节的观点。可以肯定中唐时期（指742—820年间），它已成为一个独立节日[①]。张勃从清明节在中唐兴起的不约而同的客观内容和清明节独立性的认同两方面论证了中唐说。我们在此再列举一些初、中、晚唐三个时期的几位诗人的清明诗，对三个时期清明节的基本情况做一个直观的认知：

李峤《寒食清明日早赴王门率成》："游客趋梁邸，朝光入楚台。槐烟乘晓散，榆火应春开。日带晴虹上，花随早蝶来。雄风乘令节，余吹拂轻灰。"[②]

宋之问《途中寒食题黄梅临江驿寄崔融》："马上逢寒食，愁中属暮春。可怜江浦望，不见洛桥人。北极怀明主，南溟作逐臣。故园肠断处，日夜柳条新。"[③]

孟浩然（689—770）《清明即事》："帝里重清明，人心自愁思。车声上路合，柳色东城翠。花落草齐生，莺飞蝶双戏。空堂坐相忆，酌茗聊代醉。"[④]

戴叔伦《清明日送邓芮二子还乡》："钟鼓喧离日，车徒促夜装。晓厨新变火，轻柳暗翻霜。传镜看华发，持杯话故乡。每嫌儿女泪，今日自沾裳。"[⑤]

---

① 张勃：《清明作为独立节日在唐代的兴起》，《民俗研究》2007年第1期，第69页。萧庆松：《杜牧〈清明〉诗析释》，《文史哲》1986年第6期，不认为是清明节，而是清明日前后一段时间，诗人因梅雨而郁闷。其未真正理解"断魂"的感情深度。不取。我们认为杜诗是典型的清明节感怀诗。杨琳：《清明节考源》，《寻根》1996年第2期，强调了墓祭是清明节从寒食节独立出来的主要因素。

② 《全唐诗》，卷57，第694页。

③ 《全唐诗》，第640页。

④ 《全唐诗》，第640页。

⑤ 《全唐诗》，卷273，第3089页。

白居易（772—846）《清明日观妓舞听客诗》：“看舞颜如玉，听诗韵似金。绮罗从许笑，弦管不妨吟。可惜春风老，无嫌酒盏深。辞花送寒食，并在此时心。”[①]乐天此诗作于杭州刺史任上，时年52岁，自觉春风已老。

杜牧（803—853）《清明》：“清明时节雨纷纷，路上行人欲断魂。借问酒家何处有？牧童遥指杏花村。”

立春、雨水、惊蛰（启蛰）、春分、清明、谷雨、立夏、小满、芒种、夏至、小暑、大暑、立秋、处暑、白露、秋分、寒露、霜降、立冬、小雪、大雪、冬至、小寒、大寒二十四节气的确立是我国农耕文明的重要特点，既是农业文明的体现，又是文化习俗形成的重要依据。其中的清明与冬至都成为重要节日。与清明节关系紧密的寒食节早在西周秦汉就已经存在，直到中唐前，清明节作为寒食节的一部分而存在。但从上述孟浩然的《清明即事》我们已经看到，清明节日益独立出来。而白居易《清明日观妓舞听客诗》则有了节日娱乐的成分。而晚唐杜牧流传千古的《清明》则表明：清明节的主题是追忆先祖故人。

二、清明贡茶制度的形成

清明贡茶必然从寒食·清明节延伸而来。上述孟浩然的清明诗也被茶文化学者断定为唐代第一首茶诗。而且茶在清明节起到独特作用。虽然茶在很早就被视为一种祭品[②]，但是历史脉络和历史仪式极为模糊。虽然在汉阳陵丛葬坑发现纯粹的存放与加工极为讲究的原始白茶[③]，但我们还不能断定这批茶属于祭祀用品，我们更倾向于作为皇室生活用品的性质。

在长期的茶事实践中，人们对茶叶鲜嫩、真味、隽永的追求，从而发现：同样的茶的采摘时间和加工方法极为重要。到了唐代陆羽《茶经》明确提出：“凡采茶，在二月、三月、四月之间。”这是一个大体的说法，是针对不同茶区提出的大概时间。虽然蒙山茶在唐代享有极高声誉，但是由于蜀道之难难于上青天，和成熟略晚的原因，宜兴阳羡、顾渚紫笋首开贡茶之先。皎然（704—785）《访陆处士》的“何山赏春茗，何处弄春泉？”也是泛指春。其《顾渚行寄裴方舟》的“大寒山下叶未生，小寒山中叶

---

① 《全唐诗》，卷443，第4958页。

② 朱自振：《茶史初探》，中国农业出版社，1996年，第207页。朱利民：《“茶佛一味”的文化诠释》，《人文杂志》1999年第1期，第100页。

③ 梁子、郭建军：《汉阳陵茶叶的启示》，“考古与艺术　文本与历史——丝绸之路研究新视野国际学术研讨会”会议论文，2016年。

初卷。吴婉携笼上翠微，蒙蒙香刺罥春衣”。皇甫冉（717—770）《送陆鸿渐栖霞寺采茶》：“采茶非采绿，远远上层崖。布叶春风暖，盈筐白日斜。”刘禹锡（772—842）《洛中送韩七中丞之吴兴口号五首》的“何处人间似仙境，春山携姬采茶时”。其《西山兰若试茶歌》的“山僧后檐茶数丛，春来映竹抽新茸，宛然为客振衣起，自傍芳丛摘鹰嘴”“斯须炒成满室香，便酌砌下金沙水”。

白居易、李德裕、李郢、杨嗣复、袁高茶诗，给出较为明确的时间。

杨嗣复（783—848）《谢寄新茶》：“石上生芽二月中，蒙山顾渚莫争雄。封题寄与杨司马，应为前衔是相公。”杨嗣复20岁登博学宏词科，838年任宰相，841年被李德裕贬斥潮州。从诗意看，诗作于841年后不再任宰相时。

白居易《谢李六郎寄新蜀茶》：“故情周匝向交亲，新茗分张及病身。红纸一封书后信，绿芽十片火前春。汤添勺水煎鱼眼，末下刀圭搅曲尘。不寄他人先寄我，应缘我是别茶人。”火前春，应理解为寒食节禁火之前。

李德裕（787—850）《忆茗芽》：“谷中春日暖，渐忆啜茶英。须及清明火，能销醉客酲。松花漂鼎泛，兰气入瓯轻。饮罢闲无事，扪萝溪上行。”李德裕最为辉煌的时期是在武宗朝任宰相，发动会昌法难，进行一系列改革。与武宗的默契配合被称为千载一时的君臣契。但宣宗上台（846年）亲政次日，他被罢相，被迁为东京留守。这首诗是一种追忆，写得极为从容、宁静。可能为东京留守期间作品。847年遭宰相白敏中的陷害，被贬潮州、崖州（今海南海口），848年离开东京。850年1月病逝于崖州。

杜牧（803—853）《春日茶山病不饮酒因呈宾客》：“笙歌登画船，十日清明前。山秀白云腻，溪光红粉鲜。欲开未开花，半阴半晴天。谁知病太守，犹得作茶仙。”

袁高（728—787？）《茶山诗》与杜牧诗可相互印证：“悲嗟遍空山，草木为不春。阴岭芽未露吐，使者牒已频。”牒，是贡茶使催促湖州刺史督造顾渚贡茶的文牒。频，不止一两次，茶芽尚未吐翠，文牒就已经来了好几次，这不仅给老百姓造成极大的经济劳务压力，也不断给太守、县令极大的精神压力。

袁高（728—787年），与颜真卿、皎然等有唱和。

李郢《茶山贡焙歌》：“使君爱客情无已，客在金台价无比。春风三月贡茶时，尽逐红旌到山里。焙中清晓朱门开，筐箱渐见新芽来。陵烟触露不停探，官家赤印连帖催。朝饥暮匐谁兴哀，喧阗竞纳不盈掬。一时一饷还成堆，蒸之馥之香胜梅。研膏架动轰如雷，茶成拜表贡天子。万人争啖春山摧，驿骑鞭声砉流电。半夜驱夫谁复见，十日王程路四千。到时须及清明宴，吾君可谓纳谏君。谏官不谏何由闻，九重城里虽玉食……”是有关“清明宴”的唯一记载。

祖咏《清明宴司勋刘郎中别业》:“田家复近臣，行乐不违亲。霁日园林好，清明烟火新。以文长会友，唯德自成邻。池照窗阴晚，杯香药味春。檐前花覆地，竹外鸟窥人。何必桃源里，深居作隐沦。”①

祖咏，开元十二年（724）进士.与王维友善，有唱和。他的这首清明宴似乎也写到了茶。但不是宫中清明宴，而是一次在刘郎中别业里的宴聚。别业，一般在城郊地区，比正规住房简单一些。

李郢为京兆人，具体生卒年不详，只知为宣宗大中十年（856）进士。实际上，杜牧诗句“十日清明前”与李郢“十日王程路四千”是相互印证的：顾渚紫笋茶务必在清明节前十天就要制作、包装、加印，并开始赶路，以每天400里的路速度，赶在寒食·清明节前赶到京城长安。

《新唐书·地理志五》“江南道·湖州·长城县”:“湖州吴兴郡，上。武德四年，以吴郡之乌程县置。土贡：御服、乌眼绫、折皂布、绵紬、布、纻、糯米、黄、紫笋茶、木瓜、杭子、乳柑、蜜、金沙泉。户七万三千三百六，口四十七万七千六百九十八……”“长城，望。大业末沈法兴置长州。武德四年更置绥州，因古绥安县名之，又更名雉州，并置原乡县。七年州废，省原乡，以长城来属。有西湖，溉田三千顷，其后堙废，贞元十三年，刺史于頔复之，人赖其利。顾山有茶，以供贡”。

无疑，长城县贡茶院在大历五年（770）业已经存在②。袁高在茶山上的刻文，也提到大历五年。而紫笋茶属于唐代“常贡”，区别于冬至、元日，为四时贡。推测唐前期贡茶也如歌文所言③。依据以上资料与当代学者的研究成果可以推定：茶人的长期茶事经验表明茶叶的采摘时间与加工方法对同样茶叶产生重要影响。人们很早就对早春时节的芽茶的特点有深刻认识，清明前的寒食节又有禁火三日的规定，因而，赶在寒食·清明节前制作第一批茶叶成为宫廷的不成文规定，而这个规定至迟形成于大历五年以前。

---

① 《全唐诗》，卷131，第1336页。

② 朱自振:《茶史初探》，中国农业出版社，1996年，第58页。中国茶叶博物馆:《话说中国茶》，中国农业出版社，2010年，第11页。其时间界定依据朱自振《中国茶叶历史资料续辑》所录《吴兴志·唐义兴县重修茶舍记》。朱世英、王镇恒、詹罗九:《中国茶文化大辞典》，汉语大词典出版社，2002年。第395页，“顾渚贡茶院”，第396页，“急程茶”已沿用此说，资料来源明代宋雷《西吴里语》、宣统元年《嘉泰吴兴记》。

③ 李锦绣:《唐代财政史稿》，北京大学出版社，1995年，第627页。（唐）裴汶《茶述》:“今宇内为土贡实众，而顾渚、蕲阳（湖北蕲春）、蒙山为，其次则寿阳义兴、碧涧、浥湖、衡山，最下有鄱阳。浮梁。”阮浩耕、沈冬梅、于子良:《中国古代茶叶全书》，浙江摄影出版社，1999年。采用郁贤皓《唐刺史考》结果，裴汶元和六年（811）由沣州刺史授湖州刺史，第26页。

袁高题文

壬岁（戌）三月十日，张文规癸亥岁三月四日，在湖顾渚山完成修贡以后的题字。在他们在茶山轻松而庄重地写下这些字的时候，长安城，已经在皇宫隆重而热烈地品尝紫笋茶的馥郁芬芳。分别是公元782年4月26日，与841年4月7日

三、清明宴的出现

清明宴，我们只在李郢等诗歌中见到。但仔细分析，它是否意味着清明节从寒食节中独立出来以后方可形成？其时间节点当在770—860年之间。但常识告诉我们，节日兴起在先，文字记载一般在后。在唐代典籍中，清明节往往包含在寒食节之中。李郢《茶山贡焙歌》点明了明前·火前贡茶之所以受到各级官吏重视，是要在清明宴上使用。《唐会要·寒食拜埽》："寒食上墓，礼经无文，近代相传，浸以成俗。士庶有不合庙享，何以用展孝思？宜许上墓，拜扫礼于茔南门外奠祭，撤馔讫，泣辞食于他所，不得作乐。仍编入礼，典，永为常式。"同卷，表明而寒食节扫墓直到开成二年（837）二月依旧存在。唐王建《寒食行》："三日无火烧纸钱，纸钱那得到黄泉？"慈觉大师圆仁《入唐求法巡礼行记》载："会昌五年岁次乙丑……一寒食，从前已来，准式赐七日暇。筑台夫每日三千官健，寒食之节，不蒙放出，怨恨把器伏，三千人一时衔声。皇

帝惊怕，每人赐三足绢，放三日暇。”

唐德宗在平息“泾原兵变”，贼首朱泚、姚令言被收拾，后来叛乱的李怀光、田悦被枭首后，大规模战事结束，国家进入相对稳定后，贞元四年九月丙午诏：“方隅无事，烝庶小康。其正月晦日、三月三日九月九日三节日，宜任文武百寮选胜地追赏为乐。每节宰相及常参官共赐钱五百贯文，翰林学士一百贯文，左右神威神策等军每厢共赐钱五百官文，金吾英武，威远诸卫将军共赐钱二百贯文，客省奏事共赐钱一百贯文。委度支每节前五日支付，永为常式……癸丑赐百寮晏于曲江亭，仍作重阳赐晏诗六韵。”[①]

这里“常参官”指常日参朝的官员。“文武五品以上及两省供奉官、监察御史、员外郎、太常博士，日参，号常参官”[②]。贞元元年九月九日活动还进行和诗比赛，李晟、马燧及李泌三宰相诗不加优劣。

这些节日资金直接到省台军卫治所。

皇帝在御赐宴饷节日活动结束时还要赐茶、赐春衣、赐新火等。

《唐会要·节日》卷29：开成三年，京兆府奏：“庆成节及上巳、重阳，百官于曲江亭子宴会……敕：‘其上巳节置庆成节，及重阳节停。’”[③]

由于在清明之前要求禁火，清明那天才可生火，所以人们逐渐选择在清明上坟，以便焚烧纸钱。以祭祀悼念为主题的扫墓活动与假日游春存在礼仪概念上的矛盾，就成为清明节从寒食节脱离的主要因素，而与扫墓的上巳节（三月三日）合二为一。《唐会要》所载贞元六年（790年）三月九日救所谓“寒食清明宜准元日节，前后各给三日”中“前后”一词前省略的主语即是“清明日”。如此，与早期规定的“寒食、清明四日为假”的规定相比，假期是增加给的清明节无疑。这种做法表明了官方对清明日作为节日的认可，同时不可避免地加深了时人对清明日的关注，或者说强化了时人以清明为节的意识[④]。即使到了晚唐，仍然没有独立的清明节的规定，只是在叙述、规范寒食节时，强化了清明节的独特社会意义。这就告诉人们：与贡茶密切相关的清明宴要早于清明节独立而更早存在。

从宴乐与节日的重要性看，宴乐相对随意，而节日需要国家法令来确定因而显得极为庄严而不宜废立。但清明节明确独立出来的时间当在790年以前。清明宴不应迟于这个时间。

从《谢茶表》看赐茶时间：《文苑英华》卷594，武元衡《谢赐新火及新茶表》：

---

① 《德宗旧纪下》，第366页。

② 赵文润、赵吉惠：《两唐书辞典》，山东教育出版社，2004年，第925页“常参官”。

③ （宋）王溥：《唐会要》，上海古籍出版社，1991年，卷29，第637页。

④ 前揭张勃文，第179页。

“臣某言：中使至，奉宣圣旨，赐臣新茶二斤者。慈泽曲临，恩波下浃，光烛闾里，荣加贱微，惊欢失图，荷戴无力。臣某中谢……无任感戴屏营之至。”[①]武元衡（758—815），缑氏（今河南偃师东南）人。武则天曾侄孙。因坚决支持唐宪宗削藩平叛而遭暗杀，坚定了宪宗平乱决心。

《文苑英华》卷594，韩翃《为田神玉谢茶表》：“臣某言：中使某至，伏奉手诏，兼赐臣茶一千五百串，令臣分给　将士以下。圣慈曲被，戴荷无阶。臣某中谢。臣智谢理戎，功惭荡冦，前思未报，厚赐仍加。念以炎蒸，恤其暴露。荣分紫笋，宠降朱宫。味足蠲邪，助其正直；香堪愈病，沃以勤劳。饮德相欢，抚心是荷。前朝飨士，往典犒军，皆是循常，非闻特达。顾惟何幸？忽被殊私，吴主礼贤，方闻置茗；晋臣爱客，才有分茶。岂知泽被三军，仁加十乘；以欣以忭，感戴无阶，臣无任云云。”[②]

田神玉（？—776），大历十年（775）正月，加检校兵部郎中、兼御史中丞，为汴州刺史。因参加平定魏博节度使田承嗣叛乱，而得到代宗李豫赏赐。1500串，珍贵饼茶是我们所知谢茶表中一次得到最多的赏赐，要将这些分配属下将士，也极为珍贵，足见皇帝笼络臣属的良苦用心。韩翃生卒年不详，天宝十三载（754）中进士，大历十才子之一。建中年间（780—783年）得德宗赏识。

《文苑英华》卷594，常衮《谢进橙子赐茶表》：“臣某言：中使某至，奉宣圣旨。以臣所进太清宫圣祖殿前橙子，赐茶百串，荣赍非次，承命兢惶。伏以陛下尊元元于上宫，本枝既盛，降无任。”[③]常衮（729—783），字夷甫，京兆（今陕西西安）人，大历十二年（777）拜相，杨绾病故后，独揽朝政。德宗即位后，被贬为河南少尹，又贬为潮州刺史。不久为福建观察使。

《文苑英华》：“右。中使某至，伏蒙圣慈，赐前件羊酒等。臣谬尘重任，已积岁时，日有餐钱，月受高俸。过蒙温饫，常愧有余，内省谋猷，实惭不足。益彰尸忝，深诫满盈，属上戊御辰，劳农报社。赐兼海陆，品极珍鲜，上减御飧，下丰私室。何功而受？承宠若惊，惶恐拜恩，战惧交集。无任戴荷欣之至。”[④]社日为立春立秋后第五个戊日，以祭祀土地神。

《文苑英华》卷594，刘禹锡《代武中丞谢新茶第一表》：“臣某言：中使窦国安奉宣圣旨，赐臣新茶一斤。猥降王人，光临私室。恭承庆锡，跪启缄封。臣某中谢。伏以方隅入贡，采撷至珍。自远爰来，以新为贵。捧而观妙，饮以涤烦。顾兰露而惭芳，

① 《文苑英华》，卷594，第3078页。

② 《文苑英华》，卷594，第3079页。

③ 《文苑英华》，第3080页。

④ 《文苑英华》，第3263页。

岂蔗浆而齐味。既荣凡口，倍切丹心。臣无任欢跃感恩之至。"[①]《代武中丞谢赐新茶第二表》："臣某言：中使某乙奉宣圣旨，赐臣新茶一斤。猥沐深恩，再沾殊锡。承旨庆，省躬惭惶。臣某中谢。伏以贡自外方，名殊众品。效参药石，芳越椒兰。出自仙厨，俯颁私室。义同推食，空荷于曲成；责在素餐，实惭于虚受。"[②]

《文苑英华》卷594，白居易《谢赐茶果等状》："右，今日高品杜文清奉宣进旨，以臣等在院进撰制问，赐茶果梨脯等。曲蒙圣念，特降殊私，慰谕未终，赐赉旋及。臣等惭深旷职，宠倍惊心。述清问以修词，言非尽意；仰皇慈而受赐，力岂胜恩？徒激丹诚，讵酬元造，无任欣戴跃之至。"[③]

以上《谢茶表》集中在德宗朝，也有宪宗朝和文宗朝。而武元衡的《谢茶表》使我们看到：赐新火与赐新茶同时进行，表明以清明日为节点。

谢观的循明日恩赐百官新火卿中"出禁署而陌，人人寰而星落千门"。清明日不仅举行茶宴，还要赏赐新火、新茶。所谓新火就是清明日专人在宫殿前钻木取火，藏火种后，遍赐高级在京官员。顾渚新茶也同时赏赐。钱易《南部新书》卷戊载："顾渚贡焙，岁造一万八千四百斤。"《元和郡县志》："贞元已后，每岁以进奉顾山紫笋茶，役三万人，累月方毕。"这也印证了，清明节当日赐茶、赐新火为第一批，中使（宦官）奉诏登门赐茶、入军赐茶为后续赐恩，当在清明节以后数日间。

770年建贡茶院，790年清明节实际已经确立，同时清明宴也已经早于清明节而存在。清明宴与清明节结合，不仅有皇帝赐新火，也赐新茶。无疑茶的社会地位明显提高了。

代宗、德宗与宪宗时代是唐代茶道文化形成的核心时代，尤其是大历贞元时代，是中国政治经济社会发生重大变化时代，民族关系与中央与地方关系也发生实质性变化贡茶制度确立、茶税税种开发与持久延续，茶道文化达到历史的第一高峰[④]，这些历史都发生在这一时期。

第二节　唐代宫廷茶道

中华先民在很早的时候就知道通过一定的自然物来表达自己的思想和感情。原始

① 《文苑英华》，卷594，第3078页。

② 《文苑英华》，卷594，第3078页。

③ 《文苑英华》，第3268页。

④ 梁子、樊英峰：《唐代湖州茶人集团研究》，《"唐代江南社会"国际学术研讨会暨中国唐史学会第十一届年会第二次会议论文集》，江苏人民出版社，2015年，第115页。

洪荒，人们惊异于雷鸣电闪，蟒蛇猛兽，而以之为图腾，有了太阳神、有了龙、凤图腾……这种思维方法大约影响到以后的历史。通过外在有形的东西，反映内在的无形的东西也成了中华先民的思维定式和传统风格，三代以来以与日常所用的器具的多少来表明等级的高低贵贱，九鼎成了周代最高身份的象征。当一种自然物成为表达一定内涵的象征物，并形成共同认可的标记，这就引申为民俗文化的一部分。在所有的自然物中，大约没有几种东西能像被称为南之嘉木的"茶"更能包含太多的人文情感了，"茶"也成了人们认识自然、改造自然、表达社会进化的象征物了。不仅如此，人们很早之时，就通过茶来反映文化，虽然这是很零星的，不自觉的，但至少到了魏晋南北朝时，人们除对茶的自然属性有了进一步认识之外，逐渐地统一了茶所表达的特定的思想感情，以茶示俭、以茶示廉、以茶示敬成了较为统一的几种文化信息，至少到这时，人们逐渐将茶饮视为一种高雅的生活了。人们赋予茶以如此深的文化内涵。有了文学史上较早的咏茶诗赋杜育《荈赋》："灵山唯岳，奇产所种，厥生草，弥谷被岗。承丰壤之滋润，受甘灵之霄降。惟初秋，农功少休，结偶侗旅，是采是求，水则岷方之注，挹被清流，器择陶简，出自东隅，酌之以匏，取成公刘，惟慈初成，深沉华浮，焕若积雪，晔若春敷。"茶成了人们崇拜的圣物；历史的积淀促使其在一定的时候获得大的发展，在一定的历史环境下诞生了陆羽，诞生了《茶经》。由于陆羽辛勤努力，总结了有史以来的所有茶文化，根据各地的饮茶习俗编制了饮茶的法则。这一法则中，不仅有形式要求，更重要的还在于要表达其深刻的思想，另外形成了饮茶法式——茶道。不仅如此，到了唐代，茶道被发展为综合性的高度艺术化的文化活动方式。也正是在唐代，人们得以赋予茶如此、广博的文化气息，这是因为，中国艺术到了唐代在各方面都达到了一个崭新的阶段，取得新的成果。这种新成果，促成茶道艺术化，这种成果是一种综合多方面的文化艺术的合力——诗歌、绘画、音乐、建筑装饰，甚至艺术哲学也有了新的发展。浪漫主义与现实主义在诗坛交相辉映，浓丽丰腴、雍容典雅、精工细描的人物画与空灵深远、神奇瑰丽的山水画相得益彰，在乐坛上，传统典雅幽妙的古琴妙韵与周边民族的胡律相协合，宏伟高大的总体风貌与精雕细刻施以清雅、单纯的涂料色彩的局部装饰，使唐代建筑艺术步入新的天地……艺术各门类步入了新的阶段，唐代艺术突出地表现出自身特点：追求纯净的精神、营造深远空灵的意境，深刻展现传统文化的理性思想，抒发对大自然的深情关怀，超越时、空观念的限制，通过韵律、旋律、结构、组合、（虚实）布局、色彩、强弱、软硬等抽象语言来反映艺术家对事理（道）的感悟，表现艺术家对生命的理解和热爱，并注重对自由思想和浪漫情绪的培养与把握、若隐若现地笼罩着不可以名状的淡淡的佛性禅机，透发出羽化成仙的道家情结，散发出治世安民、怀近泊远的文化气度。

正是在这种盛唐以来的文化气氛中，茶圣陆羽总结创造了新的艺术形成——茶道，从而赋予茶道多重文化含义。通过身体动作，通过各种已有艺术（音乐、舞蹈、绘画、建筑、造型等）来表达思想的新的艺术形式。而这种特点从客观上向人们表明其时代的必然性。《茶经》中茶道从大的方面讲，分为细腻的过程、繁多的道具、深刻的思想，这一切都是很自然地进行，重在通过艺术体现道，以道来统摄艺，以形反映神，以神来决定形，形神兼备，艺道同一，真可谓大道圆融。

《茶经》不仅反映了民间僧俗大众对茶道的理解和认识，并且为宫廷茶道的形成提出了理论蓝图。按陆羽经茶来诠释茶道，表现茶道思想、属宫廷更具条件，也更宜于宫廷接受。

《茶经》作为一部不朽的科技作品和文化珍宝是当时茶事经验的系统总结和理论升华，是历史和时代的产物。其成功之处首先在于，作为指导茶叶生产的科学著作被茶农们接受，被茶商所接受，并尊他为“茶神”；被文人士大夫接受、推广、延伸后形成综合诸多文化高度艺术化的独立的文化体系——文人茶道文化，后被寺院僧侣所接受从而形成带有寺规性质的茶道形成——寺院茶礼。在文人茶道和寺院茶礼的基础上加以宫廷化改造后形成了宫廷茶道。

一、宫廷茶道的产生

《茶经》是唐代也是世界历史上第一部茶学专著，总结了历代饮茶经验和当时各地区的饮茶技巧，并加以提炼升华而形成具有一定思想内涵的饮茶之道，即茶道。这对社会的影响是巨大而深刻的。文化、经济、风俗到经济等各方面都有茶道影响的影子，对宫廷也产生必然影响。虽然，人们没有见到唐代最高统治者对《茶经》的评品，但李季卿及颜真卿为代表的湖州、常州刺史们毕竟接受了茶，欣赏领味了陆羽《茶经》茶道，贡茶接连不断地被运进宫中，而且茶样日益翻新，贡量日益增大。形成宫廷茶道亦成为情理中的事了。不仅如此，法门寺出土唐僖宗御用茶器及部分唐代绘画都是唐代宫廷茶道的历史鉴证。

李季卿、颜真卿都可视为茶道中人，他们的宣教、弘扬茶道文化的历史功绩不可磨灭。历任湖州、常州的刺史如袁高、张文规、杜牧、李郢等随着自己的升迁晋级、向京谨见，把湖州、常州为中心的茶道带回京都、边陲，茶汤芬芳弥漫全国，一些由高僧大德、阁僚大臣以及皇室成员，甚至于帝后、宰相等都参加的佛教文化活动中也大量使用茶叶。皇帝的御用内道场、寺院实际上成为茶道文化传播的中心，唐代不少茶诗就是在寺院写的，不少茶会是在寺院举行的。

僧俗茶道的相互吸收和补充，使唐代茶道更加完美。文人学士，特别是翰林院的学士的饮茶提高了茶的品位和地位。

从每年大量贡茶摘采选择的情形看，陆羽的选茶、造茶方法又回到实践中去，被实践所应用，或者说茶区在原来经验的基础上，在《茶经》方法的指导下进行了充分改造，为茶道的顺利发展创造了外在的条件。

中央贡茶使视陆羽为茶专家，往往听从他的建议。陆羽本人曾任过为时不长的越州督茶，阳羡茶就是他建议入贡的。

中唐贡茶的不断翻新是宫廷茶道文化的外在反映。剑南蒙顶已久负盛名，或圆或小方块，还出现散茶，东川昌明兽目……婺州东白、洪州西山白露、岳州湖含膏、寿州霍山黄芽、金州茶芽都为茶中贡品，从这些名目看，出现了散茶和白茶。贡茶地区扩大、贡品多样化，是宫廷茶道盛行的结果。

从文化角度看，与其说陆羽《茶经》"精"的原则是茶道最高境界的理论，毋庸说是皇宫茶道的实践规范。陆羽提出的"精"的基本原则，如果要真正地实行起来，也只有王公贵族特别是宫廷才有条件进行。"和"的理想在中国文化中有广泛的含义，也会为宫廷所接受，国泰民安、风调雨顺乃是"和"在政治范畴内的最高境界。

代宗大历三年（768），积公禅师久居宫中，双目失明，想喝一口其徒儿陆羽的茶汤，代宗召陆羽进宫、在没有会面前，陆羽先煎出一碗茶汤。由仕女呈送积公禅师。积公饮后大为欢喜，知为其弟子所煎。见这一故事表明了陆羽进过宫，在宫中亲自烹煎茶汤，也说明了陆羽烹茶的技艺达到了炉火纯青的地步，茶道中人可以免见肉身，但法身相应，可透现茶道中的学问深奥如深。

李繁撰《邺候家传》内《茶诗·皇孙奉节王煎茶》记：当时饮茶加酥椒之类，茶好后，求泌作诗，泌曰："旋沫翻成碧玉池，流酥散作琉璃眼。"奉节王即后来的肃德宗，泌，当指唐宗朝宰相李泌。

肃宗灵武即位，挂帅讨灭安史叛军时，韩晃以茶奉献；张巡守睢阳城时，食尽，但为稳定军心，自做镇静，在城头上，将烂皮带和茶末熬汁慢品细饮。这个时候尚以饮茶来表现抗敌将领的从容风范，是对茶道清静风雅精神最绝妙的宣示。

早在开元时茶道大行，王公朝士无不饮者。到代宗、德宗两朝有了更进一步的发展。大历元年（766）和大历五年（770），唐中央先后在义兴和顾渚设置了朝廷贡茶基地——贡茶院，以满足宫廷茶道不断发展情况下，对茶叶的大量需要。

张文规《湖州贡焙新茶》描述了宫女们听到新茶到京后，所表现出的喜悦心情；当后妃与仕女们乘辇出外，踏春半日后，为明媚的春色所陶醉的情况下，兴冲冲地回到宫中，如仙子般的侍女端进水来以洗清尘，正在这当儿，春茶被驱日贡到。仕女惊喜之下慌忙跑动，脸上的牡丹花钿随笑容而不断伸展，急将消息告诉正洗脸的皇后，这首七绝摄取了宫廷生活的瞬间，充分体现了茶在宫廷生活中的重要性。

王建宫词百首，反映了皇帝的日常生活，其中有一首诗写了延英殿殿试时，向考中者赐茶的场面："延英引对碧衣郎，江砚宣毫各别床。天子下帘亲考试，宫人手里过茶汤。"皇帝殿试，并备以茶汤，这对中考者来说是无上的荣誉。这种殿试赐茶的现象后来延伸到一般考试，茶被称为麒麟草。

德宗时女诗人鲍君徽的《东亭茶宴》诗反映的是宫女妃嫔们在宫中举行茶道聚会的情景："闻朝向晓出帘栊，茗宴东亭四望通。远眺城池山色里，俯聆弦管水声中。幽篁引沼新抽翠，芳槿低檐欲吐红。坐久此中无限兴，更怜团扇起清风。"[①]鲍君徽被德宗台进宫，为唐代宫内茶事新历者，东亭位于太子东宫之内。从诗意可以看出，在一个高高在上的东亭周围有碧池清水，茶会之中和歌伴舞，鸣琴。时序约在春夏之交。新篁抽翠、芳红，天气已热。宫女们的团扇舞风，她们在这一盛会上极尽雅趣，无限愉悦，流连忘返，远山染满青黛、众炭炽热。静中有动，动中益静。

茶道不仅为宫女后妃们所欢迎，连皇帝日常也乐于品茶论道："文宗皇帝尚贤乐善罕有伦比。每与宰臣学士论政事之暇，未尝不话才术文学之士，故时以文进者，无不谔谔焉，于是上每视朝后，而阅群书。见无道之君行状，则必扼腕嘘嗽，读舜汤传，则欢呼敛，谓左右曰：'若不甲夜视事，乙夜观书，何以为人君耶！'每试进士及诸科举人，上多自出题目，及所司进所试而披览，吟诵终日忘倦，常延学士于内廷讨论径义，较量文章，令宫女以下侍茶汤饮馔。"[②]

这一记载表现的是皇帝因好博览群书，喜欢与文人学士谈论文章，在这种他认为极为神圣高雅的活动中以茶汤赐下的情形，从侧面反映了茶道在宫中流传与文学艺术传统文化的弘扬大有关联。同时，也不难发现，茶道在文宗朝达到兴盛，与文宗皇帝的节俭雅儒也有内在的关系，《旧唐书》作者给予文宗皇帝以较高评价，特别是三个方面——一是雅儒博文，爱好传统经义，二是勤于朝政，三是俭约："史臣曰：'昭献皇帝恭俭儒雅，出于自然。承文史奢弊之余，当闸寺挠权之际，而能以治易乱，化危为安。太和之初，可谓明矣。'初，帝在藩时，喜读《贞观政要》，每见太宗孜孜政道，有意于兹……帝谓宰辅曰：'联欲与卿等每日相见。其扭朝、放朝，用双日可也！'……尝内园进樱桃，所司启曰：'别赐三宫太后。'帝曰：'太后宫送物，焉得为赐？'逐取笔改'赐'为'奉'。宗正寺以祭器杯败，清易之，及有司呈进，伞陈于别殿，其冠带而阅之，容色凄然。"[③]

总的来说，茶道在文宗朝有大的发展，与文宗提倡俭约大有关系。又据《新唐书·文宗本纪》载。在文宗朝，一改过去冬日制茶的流习，而采取春茶春制，以倡和

---

① 《全唐诗》，卷7，第68页。

② 《杜阳杂编》，上海古籍出版社，1991年，第1042-613页。

③ 《旧唐书·文宗本纪》，第579、580页。

顺物。在文宗朝茶税茶法有了大的变更。

由于大唐天子好饮茶、喜茶道，因而贡茶成为地方官的一大急务“天子须尝阳羡茶，百草不敢先开花”。

由于皇帝重视茶道，因而赐茶成为宫廷礼仪的重要组成部分，得到赐茶的大臣感到无上的荣耀。刘禹锡《代武中丞谢赐新茶》反映了臣下受赐后的欣慰和喜悦：“臣某言，中使窦国安奉宣圣旨。赐臣新茶一斤，猥降王人，光临私室。恭承庆锡，跪启缄封，臣某中谢，伏以方隅入贡。采撷至珍。自远爰来。以新为贵。捧而观妙。饮以涤烦。顾兰露而惭芳。岂蔗浆而齐味。既荣凡口，倍切丹心，臣无任欢跃感恩之至。又，臣某言，中使某乙奉宣圣旨。赐臣新茶一斤，猥沐深恩。再沾殊锡，承旨庆忭，省躬惭惶。臣某中谢，伏以贡自外方。名殊众品，效参药石、芳越椒兰，出自仙厨。俯颁私室。义同推食，空荷于曲成，责在素餐，实惭于虚受。”①

从刘禹锡（772—842，代宗至武宗时人）代为人书写的《谢茶表》内容看，武中承两次受赐，其仪式极为庄严；中使（高品宦官）双手捧着黄绢圣旨，诵读圣旨内容，武中承跪地聆吟。得茶一斤，跪地解开敕封素绢，毕恭毕敬，使武中承感到满屋顿生金辉，惊慌惭愧。

稍后，颁赐茶叶的对象由近臣扩大到高僧名儒、戍边将士和其他各包入等。韩翃羽为的《田神王谢茶表》记述向戍边将领赐茶的事实：“臣某言，中使至，伏奉手诏，兼赐臣一千五百串，令臣分给将士以下。圣慈曲被，戴荷无阶。”②唐故例：“翰林当直学士，春晚困，明日赐代象殿茶果。”③

《凤翔退耕经》“元和时，馆客渴饮待学士者，煎麒麟草”。麒麟草应指茶叶。

除了皇帝恩赐近臣边将，也赐亲族皇室成员：“咸通九年，同昌公主出嫁，安于广化里，上每赐御馔汤物……其茶则缘华紫英之号……”④

总之，由于茶道和赐茶在宫廷有着重要的意义和广泛的适用性，构成宫廷礼仪的一个重要组成部分，从而形成了宫廷茶道。

二、清明宴——宫廷茶道最高形式

从上述内容中人们可以看到宫廷茶道适应于任何场合的应用。从其茶道的规模和

---

① 《全唐文》，卷603，第6081页。

② 《文苑英华》，卷594，第3079页。

③ 冯贽：《云仙杂记》。

④ 《山海经》，上海古籍出版，1991年，第1042-619、1042-620页。

茶道聚气的主体大致可分为三个规模、等级不同的茶道形式：宫女自娱、内廷赐茶、清明宴。

1. 宫女自娱式茶道

由于特殊的历史原因，帝王后宫嫔妃如云、三千粉黛，能得到皇帝平常垂爱的只能占其中很小的一部分，大多数人生活在物质丰足侈奢，精神空虚的环境中，这种情况下，倡导淡泊宁静的茶道文化首先受到她们的重视。张文规、鲍君徽的诗首先反映了宫女们自娱的高雅场面。从描写宫女茶道活动的诗歌出现的时代及帝王赐茶的文献时间看，宫廷仕女茶道大约是最早的宫廷茶道模式了。

周昉为初唐画家，他的《调琴啜茗图》大约是当时宫廷仕女茶道的最早表现：虽然画中没有出现取火煮茶的场面，但不难发现这是一幅以品茶调琴为主题的绘画。全画中有五人，其中三名纪嫔，二名侍女，从左侧、右侧、背身、前侧几个方向展现了唐代妇女坐站的姿态。正如美术史家所指出的，周昉的仕女人物画显格外雍容，这一特点在这一幅画中有突出的表现，但是由于是品茶调琴这一既定的主题、气氛，几个嫔妃雍容典雅、悠闲自得、超然物外、神注思静，将茶道思想通过瞬间的身体动态反映得淋漓尽致。在这里已看不到了丝微的烦悔和寂寞，也看不到她们有什么别样，相反，是那样的安详、宁静，她们生命的活力却表现得天衣无缝，特别是抚琴妃子将身体与思维凝注于拨动琴弦的指点上，两名小侍女端庄典雅、灵活安静，亦无丝毫的局促之感。茶道场地选在宫中花园，倚石于树下，给人以恬静和畅的美感。

《宫乐图》为唐代佚名人物画，从其衣着装饰、陈设来判断，应为唐代宫廷仕女饮茶场面：图中共12人，其中两人为侍女，其他大约是带封号的嫔妃们，除两侍女站立外，余人围坐一个大的矮方桌，她们分别饮茶、舀茶、抓取茶点、摇扇、弄笙、吹箫、调琴、弹琵琶、吹笛、放茶碗、端茶碗左前看。两侍女一个伺立于案边，另一正吹排笙。桌中间放一大盆，侈口、带提耳、高圈足，上置长柄勺，盆两边为六曲葵口带中架器皿，有五个海棠形漆盒分散于桌面，每个人前另有个小碟。桌下一小狗安详地卧着，睁眼前视。从手中所执的碗径较大、无菜肴、桌下小黑狗没有走动觅食的情形可以断定她们正在饮茶，既不是酒，也不是汤浆。桌前端的两个无背倭角方凳上铺锦垫，无人落座。从十人的视线来看，她们正在看着前方，眼睛的焦点分别处于方桌前方的左右两处。由此可以断定，两位妃嫔离座正舞。其他十位在伴乐。

这大约是典型的宫廷仕女茶道了。

2. 内廷赐茶

从上述文宗皇帝召文学之士入宫谈论经义的内容看，属皇帝于内宫以茶赐赏文臣的情形，其人数有限，可能是皇帝在上，文臣在下，同坐于内廷，旁有中使（宦官）、宫女。在谈论结束后，皇帝令赐茶，君臣同品茶味，领略茶的真香真味。上述文字已较明确，在此不多赘语。

3. 清明宴

清明茶宴大约缘源于汉以来长安城流行的清明节。清明节是汉代以来以长安城为中心的关中习俗，在节前，人们就准备菜果、佳肴，用以祭祀天地、祖先，这一节日很受长安城市民的重视，更受到宫廷的重视。

境会亭在湖州和常州的交界处，每年新茶采摘后，两州刺史各率茶博士、乐人、舞伎及春茶前来举行茶道聚会，各显茶艺、斗比茶汤，从而形成定制。

清明宴大约是宫廷礼官根据都城节日习俗和贡茶区茶宴定制而制定的新的宫廷大型朝仪。是茶道文化的宫廷化的最重要标志。“清明宴”一词最早见于李郢的《茶山贡焙歌》：“春风三月贡茶时，尽逐红旌到山里……十日王程露四千，到时须及清明宴。”

《清明宴》工笔画（作者：梁有平）

就目前已有资料而言，仅仅是各级官吏为备办清明宴所做的各项具体准备事务而已，尚未发现清明茶宴具体过程的任何资料。但有一点是明确的：首先要符合有唐以来形成定制的宫廷礼仪。有规模较大的仪卫，有较多的侍从，有音乐、歌舞。有朝中礼官主持这一盛典。有花样繁多的茶点。

茶点在宫廷茶道中不可缺少。茶点是由于茶道过程中的分量较小的精雅的食物，茶点又分茶食和茶果两种，一种是食物，一种是水果。《宫乐图》中有核桃仁，在唐《宴饮图》中有梨子。除此之外，可以作为茶宴茶点的食品比较丰富。粽子在唐代较盛行，做法与今同，玄宗诗云：“四时花竞巧，九子粽争新。”馄饨，饼类，薄面裹肉，或蒸或煮而成，与今相同。相传长安城以萧（姓氏）家馄饨制作精良，史称其：“漉去汤肥，可以沦茗。”点心，唐代对早餐前的非正式小吃的称呼，多为面点糕饼之类。消灵炙，一只羊之肉只取其四两。唐懿宗时同昌公主出嫁后，“上第赐御馔，有消灵炙”。可能是一种仅供皇帝食用的珍品，可以贮藏，“虽往暑毒，终不败臭”。蒸笋，白居易食笋，置之饮甑中，与饭同时蒸笋。胡食，据史称，长安贵族饮食与御馔尽供胡食，如胡饼、搭纳、三勒浆等。小天酥，田鸡肉、鹿肉剁成碎粒，拌上米糁制成。百花糕（后人称为花馔），武则天创意，于花朝日（二月十三日）令宫女采集白花和米捣碎，蒸熟后分赐臣下，因以花卉制作而得名。柿子，唐代重要果品之一，唐人认为柿子有七大美好之处，落叶肥大，果实甜美，红叶艳丽、鸟不结巢，吉祥长寿，绿树成

陕西历史博物馆藏乾陵唐章怀太子墓壁画

荫，香不生虫。

总之，宫廷茶道离不开多种多样的茶点，规模宏大的清明宴上的茶点更是奢华富丽，千姿百态。

三、法门寺出土系列宫廷茶器

在供奉佛骨舍利的法门寺地宫，在随真身供养物中，有一套唐代皇室曾使用过的系列茶器，系目前世界上等级最高的茶具。根据其本身铭文及同时出土的《物帐碑》的记载，可知其为皇室御用真品，系我国茶文化考古上最齐全的一次茶器发现。《物帐碑》载："茶槽子碾子茶罗子匙子一副七事共八十两。"具从茶罗子、碾子、轴等本身錾文看，这些器物于咸通九年至十二年制成，同时，鎏金飞鸿纹银则、长柄勺、茶罗子上还有器成后以硬物刻划的"五哥"两字，"五哥"是宫中对僖小时称呼，《物帐碑》将茶具列于新恩赐物（僖宗供物）项下，因而为僖宗所供无疑。从实物中来看"七事"应指：茶碾子、茶锅轴、罗身抽斗、茶罗子盖、银则、长柄勺。另外，属于茶具的还不至这七件，还有由唐僖宗供奉物中的三足架摩羯纹银盐台，由智慧轮法师供奉的三件盘旋座小盐台。由僖宗供奉的两枚笼子。此外，还有部分瓷器琉璃也可用于茶道中的盛茶点、食帛子、揩齿布、折皂手巾也是茶道必用之物。由僖宗供奉的一套茶碗、茶拓，属茶器无疑。

令人玩味的是，地宫文物中既没有执壶，也没有釜，因此其用途尚需进一步考证。

1. 贮茶器

地宫出土两枚笼子，为贮茶器。鎏金结条银笼子，筒形带盖，横截面为椭圆形，底有四足，通体用金丝、银丝编织而成，提梁以素银丝编织为复层，宽0.5厘米，厚约0.2厘米，长20厘米，编结于椭圆形长径两端，盖面稍隆，顶端有塔状丝织物装饰，盖面与盖沿有相交棱线为金丝盘旋成的小圈，连珠一周，盖沿与笼体上沿为复层银片，成子母。笼体、笼盖均为五边形近圆的小孔，下沿边交结四个盘圆圈足。通高15厘米，长14.5厘米，宽10.5厘米，重355克，为僖宗所赐。

鎏金飞鸿球路纹银笼子，呈桶形，带隆面盖，倒“品”字形足，带提梁，冲模成型，通体为古钱形实地与菱形孔。直壁、深腹、干底、四足；盖拱隆，直沿带子母口与笼体开合，顶带圆铰环，一银链与笼体相系。盖面外壁模冲出相向飞翔的大雁，錾刻羽绒。工艺构图给人以奔放之感。直沿为上、下错开的如意花，以鱼子纹补底。沿边带耳环，上套鹅形提梁，四足由破叶花瓣粘接成“品”字形。纹样鎏金。底边铭文“桂管臣李杆进”。

这两个笼子很可能是当时用来盛茶饼的。蔡襄《茶录》记：“茶焙，编竹为之，裹以叶，盖其上，以收火也。隔其中，以有察也。纳火其下，支茶尺许。常温然所以养茶色香味也。”宋人庞元英《文昌杂录》卷4：“叔文魏国公，不甚喜茶，无精粗共置一笼，每尺取碾。”以笼装茶，用温火慢烤或可以达到两个目的：一可使茶饼内外都干透，不致造成外干内潮；二又可保持色香、味的纯正。唐秦韬玉诗曾有碾碎所干饼茶的记述：“山童碾破团圆月”，指碾茶饼。

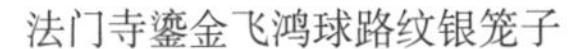

法门寺鎏金飞鸿球路纹银笼子

法门寺鎏金结条银笼子

2. 炙茶器

不论点茶还是煎茶，首先要从笼子中取出茶饼在火上上下翻烤。地宫出土的食箸长18.7厘米，用以夹住茶饼在火上焙烤。茶道的这一环节称为“炙茶”。

3. 碾罗器

鎏金鸿雁纹茶碾子：钣金成型。纹饰鎏金，通体方长，纵截面呈“Ⅱ”形。其主体结构为梭状槽外带护槽架；下带座垫，木座；上有可以抽出推进的辖板（上带宝珠形捉手），用来保持梭槽的干净卫生。形如今日中药铺中碾槽，护槽架和底座两端都带如意云头，护槽架两侧鸿雁流云纹，座壁两侧为镂空壶门，门间錾饰流云奔马，底外錾铭文：“咸通十年文思院造银金花茶碾子一枚共重廿九两，匠臣邵元审，作官臣李师存，判官高品臣吴弘，使臣能顺。”这枚碾子显著然为文思院专为皇帝所打造。僖宗用于碾茶。黄庭坚诗云：“风舞团团饼、恨分破。教孤零，金渠体净，只轮慢碾，玉尘光莹。”从碾子形制看，一改民间方形碾而更显科学。通高7.1厘米，横长27.4厘米，槽深3.4厘米。辖板长20.7厘米，宽3厘米，1168克。显然是当时用来碾茶饼的。

鎏金团花银轴：由执手和圆饼组成，纹饰鎏金，圆饼边薄带齿口，中厚带圆孔，套接擀面杖一样中段粗两边细的执手。饼面刻划“五哥”字样。并带半圈錾文：“轴重十三两十七字号。”这与碾槽配套而用。因皇室把饮茶作为一种高雅文化活动来进行，用茶量小，轻推慢拉，因而与轴显得小巧别致。饼径9厘米，重123.5克，是粉黛玉手“碾成黄粉，轻嫩如松花”的上乘佳器，皇家气息流光溢彩，直到宋徽宗，他还孜孜以求碾、罗制造的最佳形制，以达到赏茗的最佳境界。他认为“凡碾之制，槽欲深而峻；轮欲税而薄。槽深而峻，则底有准而茶中聚；轮锐而薄，则远边中而槽不戛”，使他没想到的是早在他之前，唐入已制作出他认为最理想碾茶器。由此来看唐人对茶学研究颇显深入。这又使我们自然想到有关茶的另一问题，专家认为汤茶（庵茶）在宋以后成为主流，那么会不会在晚唐成为主要的饮茶方式呢？也许我们看一下地宫出土的茶罗子多少能提供一点思考。

鎏金鸿雁纹茶碾子

鎏金团花银轴

鎏金仙人驾鹤纹银茶罗：钣金成型，纹鎏金，由盖、套框、筛罗和屉、器座组成。盖顶长方盖，直沿，与罗架套框子母口开合，其上錾刻两个飞天翔游于流云间。罗套框架为双层，上留口以放罗，端有方口置屉，两侧为仙人鹤驾流云，端面为山、云纹。罗为“口”形框，双层，厚约2毫米，高约2厘米，中夹质地为细纱的网筛，极为细密近乎今天的细纱网。出土时呈深色，伴有大量褐色粉末，给人感觉网眼极细致。罗下盛茶面的屉——如今日桌柜上的抽屉。以此来看，唐人用此具来制“黄金粉”，否则网筛不会如此细致。

不论是烹茶，还是点茶都离不开量具“则”。《茶经》云：“则者？量也。准也、度也。凡煮水一升，用（茶）末方寸匕。若好薄者减之，嗜浓者增之，故云则也。”《十六汤品》则云：“且一瓯之茗，多不二钱，茗盏量合宜，下汤不过六分，万一快泻而深积之，茶安在哉。”地宫出土的“鎏金飞鸿纹银则”形如勺，但其前宽角仰面子后椭。柄前窄后宽，后端作三角形。前后两段分别为联珠组成菱形图案，间以十字花，飞鸿流云纹。两段下方均以弦纹和破式菱形为界，小巧精制，通长19.21厘米，重44.5克，匙径2.6厘米，长4.5厘米。

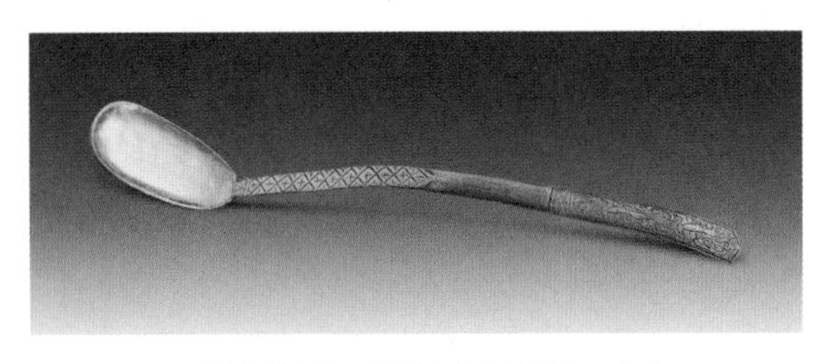

法门寺出土鎏金飞鸿纹银则（勺、匕）

4. 茶末容器

茶叶碾细筛罗后还要装入容具进行保存，以保持茶面的香味，鎏金银盒：钣金成型，纹饰鎏金；龟形，昂首曲尾，四足着地，以背甲作盖。盖内焊接椭圆形子母口，

鎏金仙人驾鹤纹银茶罗

罗外底錾文，文思院咸通十年造，目前所知最早的文思院金银器

龟首及四足中空，首腹套合加焊，龟尾焊接，似一龟正欲起程，通长28厘米，宽15厘米，高13厘米，重818克。鎏金双狮纹菱弧形银盒：钣金焊接，纹饰鎏金，盒体呈菱弧状，直壁、浅腹、平底喇叭形圈足，盖、盒呈菱弧形，盖缘饰一周莲瓣，内以联珠纹组成一个菱形，与周边呈拱斗布局。中心部位为两只相向腾跃的狮子。盖、盒子母口扣合。在唐人心目中，龟象征着吉祥长寿，狮象征着凶猛威严。常出现于唐代工艺品中，作为茶器装饰图案则表明了皇室祈求长寿与威严的心态。这两个盒子都为贮茶器中佳品。

法门寺出土鎏金双狮纹菱弧形银盒及錾文

5. 贮盐器

在茶道发展过程中，茶圣陆羽对茶加盐进行了保留，使这一方法得以延续至晚唐。

鎏金摩羯纹银盐台：由盖、台盘、三足架等组成。盖顶为莲花形捉手，中空，有铰链可开合为上下两半，与银焊接并与盖相连。盖心饰团花一周，面饰四尾摩羯，盖沿为卷荷形，三足架与台盘焊接相连，似一平展的莲叶莲蓬。支捆以银筋盘曲而成，中部斜出四枝，枝头两花蕾两摩羯，通高25厘米。支架有錾文为：“咸通九年文思院准造涂金银盐台一枚。”錾文明确表明此为盛盐的盐台。

银坛子：钣金成形，纹饰鎏金，带盖，直口、深腹，平底，喇叭形圈足，盖顶为宝珠形提纽。

《茶经》四之器中列有“鹾簋”条：“以瓷为之，圆径四寸，若合形，或瓶，贮盐花也。”

唐僖宗御用盐台及大阿阇黎智慧轮供奉素面盘旋座银盐台

另外，除三兄架银盐台外，还有一组三枚盘园座素面盐台，由智慧轮法师所赐。由此可以断定茶中加盐不仅流行宫廷，也流行于寺院。

6. 点茶器

《茶经》着重强调了釜中烹茶的饮用方法，对点茶法则稍有提及而已。“乃斫、乃熬、乃舂、贮于瓶之中，以汤沃焉，谓之痷茶”。“痷茶”类似于点茶，为苏廙所推崇，他著有《十六汤品》成为相对煮茶之外的另一种饮茶方式的经典。其具体方法为：在盏内点茶，以竹（箸）击拂汤化茶末，以“茗盏量合宜，下汤不过六分”为原则。

从地宫出土文物看，属于点茶之器不在少数，秘色瓷中，两种碗的口径和高度都较大，显然不适于作餐具，也不适合于饮用器，作为点茶之器来说合理些，越窑生产之青瓷很受饮茶之人喜爱，在茶水注入使人感到清爽，在茶文化圈内颇受青睐，此为产生这一说法原因之一。盛赞秘色茶碗、茶盏、茶托的诗文俯拾可得。因此，法门寺发现的秘色瓷都很可能作为饮茶器或与茶器配套使用供来。从茶本身讲，陆羽烹茶法对茶要求并不过分细，在《茶经》对碾一笔带过，并不像《物账碑》那样重点将碾、罗之具提出讲。未作申说原因在于陆羽提倡以罄茶，再以勺酌入碗中，茶末稍粗些无妨。因此，把这套器物认为作点茶器则也

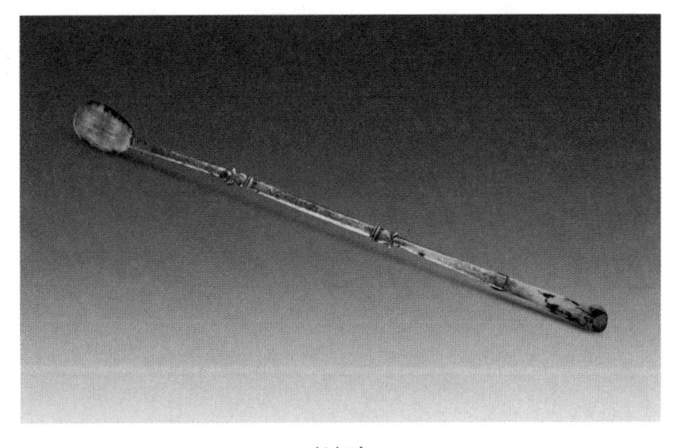

长柄勺

合情合理。

鎏金流云纹长柄银匙：形制似则，但其柄长而直，匙而平整，刻划“五哥”字样，当为僖宗所用。与茶罗子、碾子、碢轴一同供奉于法门寺，作为点茶器，击拂茶花，进行搅拌。

五瓣葵口高圈足秘色瓷碗：素面、侈口、口沿五曲，曲处内有尖凸棱至碗底，外有凹槽，平底，高圈足稍外撇。通体施青釉，釉层均匀凝润，外壁留有仕女图纸痕迹。通高9.4厘米，口径21.4厘米，腹深7厘米，足高2.1厘米，足外经9.9厘米，底内经9厘米。重610克。侧视如一卷荷叶。高度较大，壁斜而口沿外翻，是点茶用的佳器。

法门寺五瓣葵口高圈足秘色瓷碗（大明宫出土同样器型瓷碗，见龚国强、何岁利：《唐长安大明宫太液池遗址发掘简报》，《考古》2003年第11期）

陕西历史博物馆藏品
（与《宫乐图》里仕女手中的碗更接近）

丁卯桥出土银执壶

世界上最早的玻璃茶盏

五瓣葵口内凹底秘色瓷盘碗：卷沿，尖唇，斜鼓腹，底内平处内凹。通体施釉，青绿泛灰，通高6.8厘米，深6.2厘米，口径24.5厘米，底径4.5厘米。重902克。此盘碗也应为点茶器。

茶托、茶碗：《物账碑》明确记为茶托、茶碗。陆羽《茶经》却很少提及，原因大约有二，或是被遗忘，或是并不重要，各地出土的茶碗茶托不止一件。法门寺所出土一套托盏均为淡黄绿色玻璃制品。茶托卷棱圈沿，斜壁内收于喇叭形柄把，柄把为管状物，带卷棱圈。通体较多鱼泡，浑沉。

素面淡黄色琉璃茶碗：侈口，秃唇，腹斜光洁呈倒喇叭形收于小底，底外凸一小包，环棱圈足，与茶托配套使用。通高4.5—5.2厘米，腹深4厘米，口径12.6厘米，底径3.5厘米，重117克，这套器皿应为点茶器。

契丹人点茶（辽代壁画摘自发掘简报）

7. 取火器

唐代茶道对生火烧水这一点很重视，因而在唐廷茶道中，挟木炭的银火箸被打制得尖而细长，以利于快速加炭，取炭。

8. 茶点容器

宫廷茶道离不开茶点，且茶样甚繁，因此，点茶器也必不可少。地宫出土物中的秘瓷小碟和黄色釉彩琉璃盘均可视为茶点容具。

9. 洁净物

唐宫廷茶道不仅程序复杂，而且所用道具精美雅巧，茶道过程中所用洁净物均用丝绸制作，始食帛，揩卤布、折皂手巾均为卫生用具。

法门寺出茶具不光系列配套，质地精良，而且真实地再现了唐宫廷茶道的繁荣，奢侈的特点。

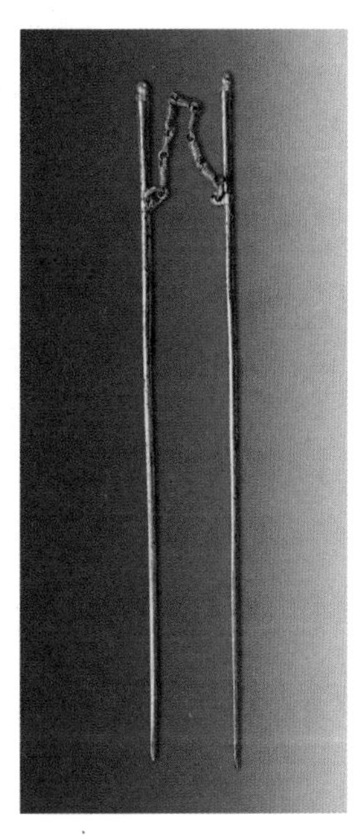

银火箸

10. 茶点盛置器

喝茶之前，与喝茶之后都有水果、小吃、零食以作试茶、品味的准备与收官。唐代特色的用品丰富多彩，并带有异国情调。

为皇帝及宫廷打造高级手工业用品的机构，少府监作品，也是一个时代国家标准纹样、标准器型的展示中心。何家村窖藏是少府监盛唐作品的时代体系。这里的一些器皿在恢复唐代宫廷茶道时，有可资借鉴作用。

四、唐宫廷茶道的精神境界和特色

综合上述情况，宫中饮茶运用于如下场合之中：娱乐（《宫乐图》反映了这种情

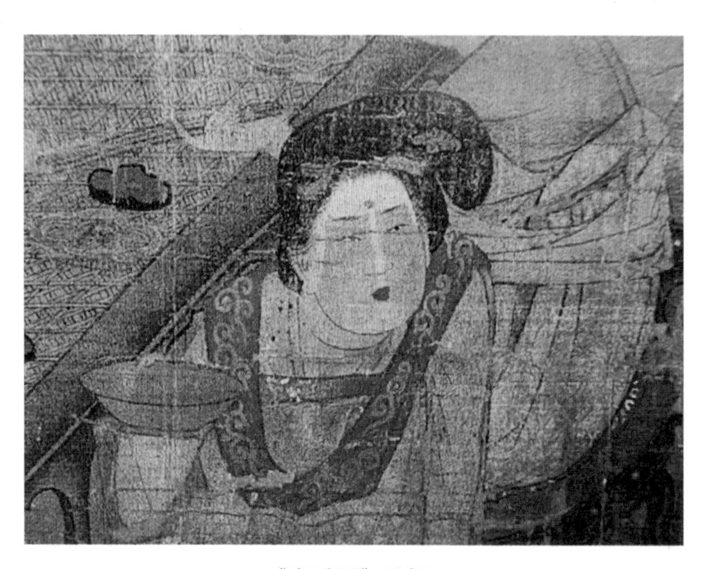

《宫乐图》局部

法门寺出土伊斯兰石榴纹釉彩琉璃盘

法门寺出土伊斯兰刻花钴蓝色琉璃盘

况）；王子公主婚嫁；殿度、内廷赏赐；清明宴——宴抚大臣的定制；帝王清饮；供养三宝；赐茶；接待外国来使大概也要用到茶道；祭天祭祖。

虽然唐代宫廷茶道有别于民间茶道和寺院茶礼，出现了尚繁褥，重等级，尚奢华，重礼仪，注重和谐愉快气氛这样的特点，但就整个而言，整个唐代茶道的主题相吻合。其“精”的原则才真正能实现，上等的茶叶，精巧的烹茶高手，设计合理的茶器及优美和谐的纹饰，有紫笋茶，有蒙顶茶，又有金所泉、惠山泉山，又有陆羽、智积这样的烹茶高手入宫传技，真正地能做到“茶精极”“永精极”茶艺也精湛。“和”的政治气度，不论是宫女自乐以调节自身情绪，陶冶性情与生活相协调相适应，还是礼蒲使、宴朝臣都是为了协调君臣之际、中外之间的和好关系。对内籍茶道以淡化社会对立，增强协和气氛，民安国稳，对外籍茶道以宣示中国文化的悠久和博大。虽然“俭”的思想似与宫廷用度有抵牾之处。但封建帝王往往以“俭”为美德，既使己所不为，但以此来约束其臣下，部分皇帝如文宗尚能以身作则，以茶昭示俭德思想。

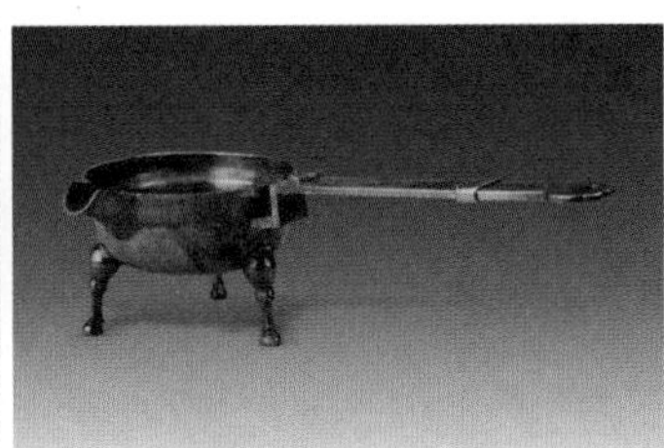

素面银铛与纯金铛（何家村窖藏）

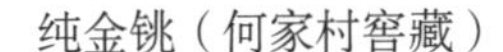

纯金铫（何家村窖藏）

素面银提梁釜（何家村窖藏）

另外，高度艺术化是宫廷茶道的必然不可摆脱的属性，这种属性不是超时空地体味生命存在的静柔的艺术，而是指音乐、舞蹈、绘画等具体门类艺术形式的结合。重礼仪，茶道文化的形成远落后于宫廷礼仪的形成，因而宫廷茶道是民间茶道宫廷化的结果，必然要顺循宫廷既定礼仪。清寂意境是宫廷仕女和高级知识阶层所注重的茶道主题，他们借茶来陶冶心性，蓄积精神，以便更好地觉悟事物的本源和本质。严格的等级性，宫廷礼仪，长幼有别，等级有差，宫廷茶道成为宫廷生活和宫廷礼仪的重要组成部分，因而必然带有等级性。

五、晚唐茶道之主流形式——点茶

首先，就唐宋之际的茶道形式而论，一般的观点认为，唐代茶道以中煎煮为主要形式，宋代盛行点茶。这种观点不论在理论上，还是在实际中都日益受到挑战。这是因为任何社会风尚和社会思潮都有其发展过程，都有不同形式和风貌的过渡，转换阶段。另外，如果我们没有看到宋代有以锤阳煎煮为主流的广泛资料。那么，将点茶推及宋以前的五代甚或晚唐也许是比较客观的，今就此作以补充、延伸。

众所周知，中国是最早利用茶叶的国家，中间经历了数千年的历史。就饮用而言，前期碗中冲点饮法，明以后的壶中泡饮法、清代盖碗点泡法。其次茶方法不断改进，不断科学化、合理化、简易化、不断改变更迭。其中使人们感受最深的，也是茶业界、茶文化界极为重视的情况是：不同的茶道形式，决定了一定的茶叶性状。陆羽提倡的中煎煮，三沸判定的方法，要经过炙、碾、罗、煮等环节，虽然针对的是饼茶。但其筛茶碾不求过于细碎，并且认为茶有九难，“碧粉缥尘，非末也”。而点茶则将茶末置于茶碗茶盏中用沸水冲点，通过炙茶—碾罗—候汤—熁盏—点注这一过程，使茶饼变成茶汤。因要在盏碗中用水点注，使茶汤呈胶乳状，所以要求茶末成面，极为细碎。后来壶中冲泡则要求的是散茶了。与上述不同茶道形式相对应，陆羽茶道要求茶色绿中泛黄，真香真味，因而顾渚紫笋、四川蒙顶为两大佳品，为唐后宫所青睐，“天子须尝阳羡茶，百草不敢先开花”。而到点茶盛行的宋仁宗到宋徽宗时代（这是大家都公认的），闽南的斗茶之风波及全国，斗茶崇尚白茶白饽，因而北苑茶则成为宋宫佳品。不仅如此，北苑茶区成为宋代宫廷贡茶的主要基地，也成为宋代茶学家必到之处，小龙凤团、密云龙为茶中之王，欧阳修在二府供职二十余年方得一赐。而到了散茶冲泡为茶道主流时，宜兴、长兴的介茶、虎邱天池、西湖龙井、福建武夷茶、清代的铁观音、安徽祁红、婺源绿茶又继而粉墨登场，在中国茶文化舞台中各显神通，取威天下。

上述史事表明了饮茶之道的形式和审美标准直接决定了茶叶的性状这一历史规律，因为茶叶的理化性状直接影响了茶道的审美和茶道效果，或者说，茶叶性状成为茶道形式的一大重要因素。因此我们认为：一定性状的茶叶是一定茶道的表现，又影响了茶道形式的变化。

此外，以上情况表明了这样的事实：中国茶道文明既有时代性、阶段性差异，又具有地域性差异。而地域性在茶道文明史中是如此重要，以至于影响到中国茶道主流的变化，陆羽提倡归纳的是湖州茶道为代表性的全国茶道，湖州成为煎煮茶道的宣传中心，张文规贡茶也奉致诗篇介绍顾渚茶，因而唐宫以煎煮为其前阶段的茶道主流；

蔡襄据《茶录》推荐的是北苑茶，建人茗战之风影响到上自朝廷下到市井贫民的茶道风尚。

若上述观点成立，蜡面茶是宋代点茶道的产物，是斗茶道的标志，那么唐代哀帝时福建停贡橄榄，而专贡蜡面茶的史实，正是从侧面反映了晚唐宫中盛行点茶的情形。法门寺地宫出土的由唐僖宗使用过的又作为自认为最珍贵的器皿供奉于佛祖的茶器，应是宫廷茶道风尚的最真实的反映。其以下几点应引起人们的注意：①茶轴和茶槽子（统称碾子）配合使用，其制作工艺造型质地，与150年以后宋徽宗提倡的茶器标准甚为吻合。②茶罗子上有极细密的筛网。很可能是纱或粗绢，与陆羽熊茶道有曲异之处。《茶经》也要将饼茶碾罗成末茶。但其细碎程度有限，不是越细越好，但宋代式的点茶道要求的茶末很细，诗人词家每以“碾成黄金粉”来形容点茶道中的茶末。③陆羽《茶经》没有提到笼子，但地宫有不同质地的笼子共两枚，其作为茶器毫无疑问。蔡襄《茶录》云：“茶笼，茶不入焙者，宜密封裹，哺笼盛之，置高处不近湿气。”④地宫出土玻璃茶托茶碗是中国唐代玻璃制品的典型代表的标志，大约为点茶具。物帐碑命名为茶拓茶碗，其实就是后来所称的盏。

上述情况表明，地宫文物更多地反映了点茶道特征。那么对同时出土的盐台又作何理解呢？的确，地宫出土盐台确系茶道用品，表明唐宫饮茶还要加盐的史实。但宋代点茶道一般不使用盐花，《茶录》和《大观茶论》都没有提及茶中加盐。正因为这样，笔者认为，法门寺茶器表明了中国茶道的主流由唐代中煎煮向碗中点注过渡时，还保留了茶中加盐的习俗。也就是采用的是点茶道的形式，保留了茶中加盐的习惯。

推而论之，如果没有唐代的点茶潮流，那么五代时相继统治福建的闽国和南唐盛行的点茶道就成了无本之木，无源之水。这种风尚不仅受到当地斗茶习俗的影响，也事实上有唐代宫廷影响的影子，而这些都成为宋代斗茶发达的历史因缘。正如先有民间茶道后有陆羽《茶经》一样，《茶录》《大观茶论》又仅是对茶道文化的总结规范而已。

宋代点茶成为主流，斗茶成风，这无可争议，因而刘松年《撵茶图》应是当时社会风尚的艺术反映。

《撵茶图》中有两人正在碾茶、点茶。一个人跨骑在长方形几榻上，斗戴幞帽，身着长衫，下着宽肥的裤子，脚蹬麻鞋，左手抚膝，右手摇转竖柄磨盘，茶粉正从磨盘下飘飞出来；另一个人正在调茶，左手持碗，右手执壶瓶，长方形大桌上放一带耳盆，正给盆中注水，盆中应有茶末，大约左手的碗刚向盆中倒完碾好的茶末。从大方案桌上有盏托和倒扣着的茶碗看，并没有在碗中直接冲注，如果不是在盆中冲点，那茶末不就没有去处了吗？这又使我们情不自禁地联想到唐代的《宫乐图》——十余人围一方矮的几（茶床）案，中有一盆，盆中无疑为茶汤。

那么，何以出现在盆中点茶的情形呢？大约有两种可能：一是人多，一盏点一次不太方便，而盆中点茶不仅易于热量的消散，免遭烧汤之苦。且一瓶之水加上适量茶末也可以满足十余人的品尝。二是在盆中点茶与碗中点茶原理一致，并不改变茶汤的审美和品味。

若《撵茶图》反映了宋代点茶道？那么《宫乐图》反映的应是唐宫中的点茶情况。

唐代冯贽在《记事珠》中云："建人斗茶为茗战"表明唐代点茶已存在，只是由于语言不同，福建人称茗战，京畿周围的中原人则称斗茶，其反映的都是点茶道。

《宫乐图》(摘自梁子《中华茶道图志》)

六、浅析《斗茶图》

明顾炳的《顾氏画谱》里，有一幅人物画《斗茶图》，系唐阎立本之摹本。画面上共有六人，唐代平民装束，精神豪爽，分为两组。第一组三人中的两人正在品饮：一人正在平端小茶碗闭目闻香、细啜，全神贯注；另一个人已快喝完茶——碗底倾斜向上。第三个人正在擦碗。第二组三人，其中一人左手持碗向怀内曲捧，右手提瓶点汤，另一人正将带提手、大长流的铜壶放于炭炉之上，第三人提大壶、茶具，专司器具和斗茶用水。

从其上内容看，第一组已点茶点好了，先让第二组人品尝后现轮到第二组人点茶，第二组已点好两碗，现正在点最后一碗茶。大约在这最后一碗茶让第一组中间洗碗的喝完以后，就开始评论分辨其茶艺高下，茶汤优次了。这是一幅生动的写实画，其接近于白描，取其一个截面，就取点最后一碗茶的时候的动态。因为这是，两家茶到底怎么样，他们已心里基本已有数。就看下边怎样应辩了。《斗茶图》取这一时候的情节，表示作者对斗茶过程非常熟悉。若确为阎立奉摹本，那至少说明在初唐时，斗茶已兴起于民间了。即使这是一个特殊情况，也表明点茶与煎煮是并行的，只不过陆羽等人更喜欢煎煮茶法而已，《茶经》已记载："乃斫、乃熬、乃炀、乃舂，贮于瓶缶之中，以汤沃焉，谓之庵茶。"这大约说的就是点茶了。

七、秘色瓷茶器

法门寺出土了系列金银茶具外，还出土了琉璃茶托、茶碗，这些为茶具无疑，但就地宫出土的五瓣葵口高圈足秘色瓷碗而言，人们莫衷一是，且大都排斥了作为茶器的可能性了。但秘色瓷作为茶器主要生产窑口越窑的最经典作品与茶关系密切，其青瓷碗得到陆羽称赞。

固然，口径超过21厘米，通高（带足）超过14厘米的秘瓷碗，怎么能让皇帝老端着去喝茶呢?

但是发表于《农业考古·中国茶文化》总第7期上元代壁画墓荣道图给人带来新的启迪，画中四人均为女性。其中三人站立于茶案边，另一人正跪于案前的炭炉前边正在加炭烧火。站立三人中其右边一个正双手捧带托的茶盏，侍立等候。穿红衣服的女诗人，中间一人双手执汤瓶，注水，左边穿绿服的人左手捧绿青色碗，右手握双筷正在搅拌茶汤使之呈胶质状。

这确实是一幅点茶道的真实画图。其中的点茶碗与地宫出土的高圈足碗大小很相似。上海博物馆收藏的大中秘瓷执壶是晚唐点茶器。但与法门寺秘瓷釉色差别较大。

如此，地宫高圈足碗作为点茶器又何妨呢?

八、再言《十六汤品》

《十六汤品》原稿佚失，内容见载于《清异录·茗舛部》。如将其内文归结为游戏性文字大约是不确的，将其内容细细推敲，不难看出其对点茶道的见解是相当深刻的。从用柴、用器、火候汤候以及茶水比例都做了很精当的解释，如他将水汤火候不够，不能冲发茶力比喻为婴儿干不了大人的活。把点茶动作不熟练，胳膊颤抖比作人的脉搏不齐称为断脉汤……《十六汤品》作者为苏廙，唐、宋史无载。很多人以为系宋初作品而非唐，即便这样，宋初就有这样深刻的见解，诚为点茶道大兴后的历史反映。也说明点茶道的兴起远早于宋代了至少，在晚唐已很盛行。苏廙《十六汤品》：

第一得一汤。火绩已储，水性乃尽，如斗中米，如称上鱼。高低适平，无过不及，为度盖一，而不偏杂者也。天得一以清，地得一以宁，汤得一可建汤勋。

第二婴汤。薪火方交，水釜才炽，急取旋倾。若婴儿之未孩，欲责壮夫之事，难以哉！

第三百寿汤。人过百息，水逾十沸，或以话阻，或以事废，始取用之，汤已失性矣！敢问皤鬓苍颜之大老，还可执弓抹矢以取中乎？还可雄登阔步以迈远乎？

第四中汤。亦见夫鼓琴者也，声合中则失妙；亦见磨墨者也，力合中则失浓。声有缓急则琴亡，力有缓急则墨丧，注汤有缓急则茶败。欲汤之中，臂任其责。

第五断脉汤。茶已就膏，宜以造化成其形，若手颤臂蝉，惟恐其深。瓶觜之端，若存若亡，汤不顺通，故茶不匀粹。是犹人之百脉，气血断续，欲寿奚苟，恶毙宜逃。

第六大壮汤。力士之把针，耕夫之握管，所以不能成功者，伤于粗也。且一瓯之茗，多不二钱，茗盏量合，宜下汤不过六分。万一快泻而深积之，茶安在哉？

第七富贵汤。以金银为汤器，惟富贵者具焉！所以荣功建汤，业贫贱者有不能遂也。汤器之不可舍金银，犹琴之不可舍桐，墨之不可舍胶。

第八秀碧汤。石凝结天地秀气而赋形者也。琢以为器，秀犹在焉。其汤不良，未之有也。

第九压一汤。贵欠金银，贱恶铜铁，则瓷瓶有足取焉。幽士逸夫，品色尤宜。岂不为瓶中之压一乎？然勿与夸珍豪臭公子道。

第十缠口汤。猥人俗辈，炼水之器，岂暇深择铜铁铅锡，取熟而已。是汤也腥苦且涩，饮之逾时，恶气缠口而不得去。

第十一减价汤。无油之瓦，渗水而有土气，虽御胯宸缄，且将败德销声。谚曰：“茶瓶用瓦，如乘折脚骏登高。”好事者幸志之。

第十二法律汤。凡木可以煮汤，不独炭也。惟沃茶之汤，非炭不可。在茶家亦有法律，水忌停，薪忌薰。犯律逾法，汤乖则茶殆矣！

第十三一面汤。或柴中之麸火，或焚余之虚炭，木体虽尽，而性且浮。性浮则汤有终嫩之嫌。炭则不然，实汤之友。

第十四宵人汤。茶本灵草，触之则败。粪火虽热，恶性未尽，作汤泛茶，减耗香味。

第十五贼汤。竹筱树梢，风日干之，然鼎附瓶，颇甚快意。然体性虚薄，无中和之气，为茶之残贼也。

第十六魔汤。调茶在汤之淑慝，而汤最恶烟。燃柴一枝，浓烟蔽室，又安有汤耶？苟用此汤，又安有茶耶？所以为大魔[①]。

瘫茶法，沃茶法，实际就是点茶法，已经达到艺术化境界。汤，汤侯，点茶的开水。十六汤就是火候、薪柴、点茶动作不同的沸水点出不同效果的茶。第十四汤中的泛茶，可能是沃茶的错讹。

九、点茶器的出土

一定的茶道形式，还决定了一定的茶器及其搭配。陆羽煎煮茶道要用（锡、铛、铫）煮水煮茶，苏廙点茶道则直接用汤瓶冲注茶粉。这两种茶道的最大区别是在于锅与瓶的不同用法，因而不同的茶器也反映不同的茶道形式。

水邱氏墓等茶器（梁子摄于临安博物馆）

---

① 《全唐文》，卷946。（宋）陶穀：《清异录》卷下，《分门古今类事》，上海古籍出版社，1991年，第1047-914、1047-916页。

陕西历史博物馆藏金、银茶铛（邱子渝摄）

就茶瓶来说，出土物的确不算太少；但明确知为唐代点茶器的是在西安出土的唐太和三年（829）的绿瓷茶瓶，瓶底墨书："老寻家茶社瓶，七月一日买壹。"

1957—1959年间在湖南长沙铜官窑发现了271件壶，其造型与西安出土紫瓶相似，而且其均为釉下彩装饰，可以肯定，其大都可视为汤瓶。

晚唐水邱氏（卒于901）墓出土的一套白釉瓷器当系一套茶器。白釉连托把杯，杯高4厘米，托高4厘米。把杯口缘外翻，矮圈足，胎壁薄匀，釉色洁白细润。杯一侧有如意形压手和圆环形柄。圆足上包镶金银扣，底刻"新官"二字，碗托盘，有高出托面2厘米的托座，下有外撇圈足。盘口，托沿，圈足均镶银扣，底刻"新官"二字。此必属点茶道所用器具无疑。同墓出土的白釉瓜棱形执壶，通高15.5厘米，敞口、束颈，瓜棱形腹，肩部八棱形短流，扁条形柄，附盖。流口和盖缘镶金银口，柄上留有银环，表明柄、盖以系链相系，底部刻一"官"字。同时出土的还有白釉海棠式杯，底刻

元墓壁画（摘自梁子《中华茶道图志》）

“官”字[①]。

执壶当与托盏配套使用，用之以点注茶汤。海棠形杯大约是装放茶点的器皿。

另外，黄家堡属于唐京畿之地，靠近唐都长安，唐代很多文人墨客将其划归古鼎州，也是唐代茶具制造的一大主要窑口，陆羽将其出产茶碗仅次于越瓷排列，说明其所生产茶碗在唐代有一定影响。晚唐这里出土了多种多样的执壶，与老寻家茶瓶类似者多，很可能与此瓶为一个窑口。其中很多可视为点茶道的执壶（汤瓶）。唐代斗笠形茶盏在这里也多处发现，很多当是与执壶配套使用的点茶器。

各地多多执壶的大量出现，是点茶道大兴的标志。

第三节　茶与佛教

1987年4月发现的法门寺唐代地宫几千件唐皇室珍贵文物，是咸通末年送佛骨时由唐懿宗、唐僖宗、惠安皇太后、昭仪、晋国夫人和京都诸寺领袖赐送给法门寺用以供养佛骨的珍宝。当时按照大唐帝国皇帝礼敬佛祖的最高礼仪，按照佛教仪轨摆放于地宫的不同位置。其中一套茶具摆放于供养佛骨的地宫后室。这一事实表明了唐代皇帝是把茶具作为其心目中的最高礼品，最能体现帝王身份的一种文明象征来供奉。反过来讲，在最庄严的佛事场合中，佛教文化容纳了茶文化庄严了佛法，其间有着密切的渊源，有加以探询的必要。

一、佛教与茶文化的渊源关系

体现在以下几个方面：

其一，饮茶之风的兴起和茶文化的正式形成都与佛教有着密切的关系。两晋南北朝时，人们已逐渐把茶作为一种饮料来使用，饮茶之风渐盛，并开始进入文化生活领域，这与当时的佛学和玄学的发展密不可分。当时战乱不息、改朝换代频频发生的情况下，僧人沉静忘凡的生活主张普遍被人们接受，他们积极倡导的饮茶风尚也迅速广布于世。同时，这一时期在思想界佛学与玄学在非儒之风下，呈遥相呼应之势。

在这种情况下，呈现出“性相似”“习亦近”的生活特色，士大夫中间的清淡之风被佛教僧侣接受，像支孝龙、刘元真、法祚等开始上升为清淡名士。以茶助清淡之兴

① 《中国文物精华》，1993年。

的风气也出现了，饮茶之风迅速兴起，佛教思想也在饮茶清淡过程中表现出来。

唐代是我国封建社会的繁荣阶段，表现为南北统一和民族融合、中外文化交流加强的景象，佛教也跨入其发展的黄金时代。寺院经济迅速发展。植茶、饮茶、品茶流行于各大寺院。各地、各寺院积累的茶学经验日渐丰富。在这种情况下，曾跟随积公师父学习烹茶并在寺院作了七八年小沙弥的陆羽开始撰写中国茶文化的第一部经典《茶经》。他在总结自己事茶经验，同时也广泛地吸收各寺院、各地方的茶事理论，最终提出了茶事过程中的各种规范，创造性地阐述了“二十四器”茶具的制作结构和规格，用客观的态度对茶的产地、茶树形态、生态环境及其栽培技术，茶叶的采摘、加工方法、饮茶方式、产茶区分布，茶叶品位的品赏，都总结出了科学的理论。“羽嗜茶，著经三篇，言茶之原、之法、之具尤备，天下益知饮茶矣”[①]。中国茶道文化正式形成了，不仅提出了技术性规范，而且赋予茶事过程特别是制茶饮茶过程中以极严肃的精神内容。从而形成了既有规范的器具，又有规范的操作程序，同时含着特定的精神实质的茶道文化波及大唐帝国境内。

其二，茶的自然功能被僧侣承认并被接受，同时茶道精神又与佛教有相似相近之处，这就构成茶文化进入佛教文化的物质基础和精神基础。现代科学的研究表明，茶叶既有着丰富的营养价值，还有着多方面的药用价值：“茶可以振发颓丧之精神，使愤怒平静，防止头痛，使头脑适于工作；一杯热茶有抗寒抗热之效。对消除疲劳极为有用，茶能增加体力的耐性，茶能减少细胞组织的损耗；茶有益于肝脏的功能，于神经纷扰日撳茶一杯，可恢复元气，无论何时，任何年龄及环境无不适应。”[②]虽然古代僧人不可能有如此深刻的认识，但他们对茶的自然功能的感受与今天人们颇相同，他们不能喝酒，通过茶补给营养恢复精神；静坐打禅，面壁省悟时茶成为最好奢侈品。《封氏闻见记》载：“(唐)开元中，泰山灵岩寺有降魔禅师大兴禅教，学禅务于不寐，又不夕食，皆许其饮茶。”据记载宣宗遇百岁老僧，问其长寿妙法，回答为：“臣少也贱，素不知药，唯嗜茶。”

在认识茶的自然功能基础上，茶文化的精神内容也被寺院接受。陆羽的茶道思想可概括为“精”与“俭”。“精”就是至善至美。他提出煮茶过程就有“三沸水”之说，对水与茶的比例都讲求缜密的法度，要恰到好处，水不能太老，盐不宜多。为了烹出好茶，他对全国水质进行了分析比较，定下其品位的高下顺序。他对江心水和江滩水的成功鉴别被人们传为佳话，对茶具制作的规范也提出了科学理论，同时“俭德”也贯穿于茶道之中，他追述了陆纳、齐世祖等尚茶者的俭德。他认为用瓷为鍑、虽然很

① 《新唐书·陆羽传》。
② 盛国荣：《欧洲学者谈茶与健康》,《农业考古》1991年第2期。

雅致，但不耐用；用银为鍑，既雅致又耐用，但有“奢华”之嫌，终不能作为。

茶道精神也被僧侣们所接受。为了更好地体悟佛法，佛教规定了“六度”和五戒，使僧人们的思想和行为精于佛性的体悟，这也正是一种“宗教”完美。这与茶文化中的“精”“俭”精神是暗合的。虽然人生价值取向在茶文化人和佛教僧侣间相互矛盾，但他们在实践论上有一个共识：无论是出世成佛，还是入世为圣首先要克制自己，加强自身修养，提高自己的文化素质，努力使自身合乎道德，勤于实践。言行厉行节俭。佛教生活规定不杀生，不邪淫，不妄语，不偷盗，不饮酒五戒，又有不吃荤、过午不食的例规。这也与“俭”相暗合。禅宗提倡以忍为教首，以达到“定无所入、慧无所依”、“举手举足，常在道场”、“一切声是佛声，一切色是佛色……”①、“青青翠竹尽是法身；郁郁黄花无非般若”②、“夫学道人……不念名闻利养衣食，不贪功德利益……衣遮寒，食活命”③。他们崇高精神的修养而对物质生活要求很简朴，而茶对他们来讲，既可矜守“俭”德又可通过品茶体悟自然，体悟佛性。碾茶过程中的轻拉慢推，煮茶过程中的三沸判定，点茶过程中的提壶三注，饮茶过程中的观其色品其味，都借助事茶体悟佛性，喝进大自然的精英，换来脑清意爽，生出一缕缕佛国美景，人与自然融为一体，体悟佛性，领略般若。“茶禅一味”的实质在于饮茶过程中人真正体味大自然的神妙，借此以体悟佛性。

其三，茶成为佛教仪轨的供养品。虽然在修习佛法的方式上，对佛教本质的理解上，唐代佛教各宗派不相同，甚至互相矛盾，但有个明显的事实是，茶成为佛教各宗派共同肯定的供养品，唐代皇帝赐施茶饼供六养三宝的事例不鲜于史书。

佛教的供养，广义地讲有利供养、敬供养和行供养三种；狭义地讲，就是利供养，也就是物质供养，佛教经典称财供养。财供养又分为四种供养、五种供养和十种供养。而六种供养尤为密宗大师善无畏所提倡，法门寺很多金银器上显现出浓厚的密宗特色，今以六种供养而言，包括一阏迦（净水），二涂香，三花，四焚香，五饮食，六灯明。茶即属于饮食供养，法门寺出土文物证明了这一点。因为在这里有不止一件的贮茶器。（贞元八年）六月八日，天竺迦毕试国密宗高僧释智慧（梵名般刺若）奉旨入西名寺充当译经翻译。“缁伍威仪，乐瞅目间，士女观望，车骑交骈，迎（经）入西名寺翻译。即日赐钱一千贯，茶三十串，香一大盒充其供施”④。

圆仁在五台山寻法时，也见到一次赐送供品的情景：“六月六日，敕使来，寺（大

① （宋）释普济：《五灯会元》，卷40。
② （宋）释道原：《景德传灯录》，卷28。
③ 《五灯会元》，卷3。
④ （宋）赞宁：《宋高僧传·唐洛京智慧传》，中华书局，1987年，第23页。

花岩纲维寺）中从僧尽出迎展……兼敕供巡十二大寺设斋。”[①]十二个大寺院，不一定都属一宗，可能各宗派都有。

佛牙供养法会中“设无碍茶饭，十方僧俗尽来吃。左右街僧录体虚法师为会主，诸寺赴集，各设珍供，百种药食，珍妙果花，众香严备，供养佛牙及供养下敷设，不可胜计”[②]。

在佛教法事过程中，有赞呗一项，就每一程序开始，由僧众或指派专人歌咏赞叹三宝声调，被指派的人，也被称为赞呗。唐懿宗曾亲自为僧彻大师作赞呗（他们共同参与了法门寺迎佛骨活动）。内容就是十供养赞，其中一项就是茶供养，即香、花、灯、果、涂、茶、食、宝、珠、衣，各系一赞[③]。法门寺出土物中这十大供养品都有。表明茶正式列入佛教供养品，被正式仪轨所容纳及予以高度重视。

其四，茶成为僧寺礼敬宾客的佳品。茶作为佛教仪轨中的正式供养品的社会基础和生活基础，应该是民间和僧人对茶的认可和需求，寺院专设“茶堂”“茶寮”作为以茶礼宾的场所，专门配备“茶头”“施茶僧”职位，用于接待礼敬宾客，作为唐代五台山接待香客机构，分布于各处的普通院[④]，就常设茶水用以供养朝圣的香客（参阅《入唐求法巡礼行记》）。在唐西明寺的考古发掘时，就发现西明寺“石茶碾”一枚，高9.5厘米，宽16厘米，长21厘米[⑤]。

唐诗中有僧人以茶礼客的描述。李白《答族侄僧中孚赠玉泉仙人掌茶并序》：“余游金陵，见宗僧中孚茶数十片，拳然重叠，其状如手，号为‘仙人掌茶’，盖新出玉泉之山，旷古未觌。因持之见遗，兼诗，要余答之，遂有此作。”[⑥]刘禹锡参拜西山寺时，僧人把他当贵宾招待，遂于房后采鲜茶，现场炒干、烹饮，在高雅的气氛中互致敬意宜：“山僧后檐茶数丛，春来映竹抽新茸。苑然为客振衣起，自傍芳丛摘鹰嘴，斯须炒成满室香，便酌沏下金沙水，骤雨松风入鼎来，白云满盏花徘徊，悠扬喷鼻宿醒散，清彻骨烦襟开。僧言灵味宜幽寂，采采翘英为佳客，不辞缄封寄郡斋，砖井铜炉损标格，何况蒙山顾渚春，白泥赤印走风尘。”[⑦]反映出两个问题：茶作为待客佳品，以鲜茶现场烹制，比用以朝贡的蒙顶和顾渚春还好，表现了僧人对刘禹锡的敬重；诗人对僧人、对茶大加赞赏，体现两人感情融洽，茶成了他们互递友情，激扬思想的珍物。

---

① 《入唐求法巡礼行记》，第125页。

② 《入唐求法巡礼行记》，第125页。

③ 中国佛协编：《中国佛教》，第2册，第132页。

④ 参考业露华：《唐代五台山普通院》，《五台山研究》1992年第1期。

⑤ 安家瑶：《唐长安西明寺遗址发掘简报》，《考古》1990年第1期。

⑥ 《全唐诗》，卷178，第1818页。

⑦ 《全唐诗》，卷356，第4000页。

圆仁刚到长安就遇上会昌法难的急风暴雨，仓促东归，形势窘迫，然而在这种情况下，敬仰他的人还要以上等好茶进行招待，并作为赠别的珍品。“李侍御、栖座主同相送到春明门外，吃茶……付送前路州旧识官人处……送潞绢二匹。蒙顶茶二斤，团茶一串，钱两贯文，付前路书状两封，别有手扎。”[①]异国友人在异常情况下，匆匆别离时，以茶为送别礼物，足见茶在交往和生活中的重要地位和特殊意义。

其五，佛教寺院为士大夫和僧人进行茶文化活动提供了场所之便。在中世纪，佛寺林立，不论京城还是山野都有寺院。在以私有制和小农个体经济为基础的封建社会里，这些供人朝圣烧香的佛寺不仅是宗教活动的，而且也是一种文化中心，因而也是茶文化活动有中心。这里特别要强调指出的是像茶圣陆羽、诗僧皎然、空海、最澄、圆仁这样的文化上的双栖人物，他们既是佛教文化的传播者，又是茶文化的倡导者，他们的交往扩大了茶文化的传播。李白《答族侄僧中孚赠玉泉仙人掌茶》、曹邺《故人寄茶》、诗僧齐已的《谢湖茶》、裴迪《西塔寺陆羽茶泉》、皎然《九日与陆处士羽饮茶》、杜牧《题禅院》、彦雄《煎茶》，以及刘禹锡《西山兰若试茶歌》等诗都是诗人与僧人交往过程中创作。特别是《五言月夜啜茶联句》更是诗人和僧人六人以茶为题而进行集体创作的佳作，很多文化活动本身就是在寺院进行的。

如果我们以历史唯物主义的眼光去分析茶文化与佛教的关系时，也就是我们把视野放到整个唐代文化在中华文明的历史长河中去看的话，虽然在人生价值上有矛盾，但佛教高僧的茶文化人对那个遥远的时代来讲，他们共同为当日灿烂的文明做贡献。“从没有宗教到产生宗教标志着人类的进步”是人类文明的标志。佛教对茶文化的发展所做的贡献。不仅表现在茶文化随佛教而发展，茶文化也因佛教而加以保存，法门寺地宫茶具就充分说明了这一点，正是由于千余年来寺院僧人和佛教徒对佛祖的虔敬而保存了地宫，同时也保存了唐代茶文化，这份功德不可磨灭。而这套茶具是茶文化考古史上最重要的发现之一，不仅证明了陆羽《茶经》的确发生过作用，并且表明唐代茶文化也确是宋元明清茶文化之源。仅这一功德而言完全可以跟辉煌的佛教艺术相提并论。

其六，茶文化随着佛教纵横传播。唐代皇帝大都崇信佛法，随着佛教高僧进入内道场的同时，茶文化也同时被带进来；而且不少寺院培育发现了新的茶种，随时作为贡品，充送宫中。佛教视茶为神物，用以礼佛，这种观念也自然而然地被皇室所接受，并用以供养三宝，因为唐代大部分皇帝是信仰支持佛教的，当时来中国的日本学问僧在学习佛法的同时，也学佛教的仪轨，归国时带去佛经、佛像、曼陀罗画图，也带去茶种。729年天皇御召百僧于禁迁，使其讲大般若经，赐茶众僧。曾住西明寺达二十年

---

① 《入唐求法巡礼记》，第186页。

之久的永忠和尚于815年四月亲自煎茶敬献嵯峨天皇，同时，《日本社神道秘密记》记最澄首次把中国茶籽带入日本。815年（日本弘仁六年），日本嵯峨天皇敕令几内、近江、丹波、播磨等国种茶，每年进献。表明佛教传播，中国茶也传入日本宫廷，他们根据自己的民族特点，在"唐式茶会"的基础上形成日本茶道，他们通用绿茶，用点茶法，以"和""敬""清""寂"作为茶道内涵，与中国有相似之处、这种传播的轨迹也从法门寺出土文物中看得到，因为法门寺文物表明至少在晚唐出现了点茶，并传播于皇宫中，也就是说，晚唐的点茶之风由于在宋代普遍盛行，而被日本学去，其源头还是唐风，永忠和尚空海法师所传播的饮茶法是点茶还是煮茶有待考证。

二、茶道文化成为封建帝王礼敬佛祖的最高礼仪

1. 随着佛教的传播，茶在宫廷生活的地位不断提高

在以前的王室文物发掘中，往往以酒器所占比例较大，而茶具出土则几近没有。

以周文化的发祥地周原一带为例，其酒器占了青铜器出土总数的相当比例，河南是商周考古的重要地区，出土文物也是这个情形。《华阳国志·巴志》中提到的公元前1066年周武王率南方八国伐纣时，巴蜀以茶为礼品礼敬周王。《中国风俗史》记载："周初至周之中叶，饮物有酒、醴、浆、涪等，此外，犹有几种饮料，而茶其最著者。"可见这时茶的作用仅是次要的。汉代虽有客至"烹茶尽具"的记载，但并没有登大雅之堂。这种饮料和王室礼仪上的情况表明，由于传统文化背景的制约，酒作为礼客宴享的佳品。

但随着佛教文化在南北朝时期的传播，人们的观念发生了变化，在饮食文化中接受了茶，这是由于，虽然儒家和道家主张"清旷""节约""克已"，但并没有佛教做得彻底，佛教不仅有这种生活主张，更重要的辅之以严密的仪轨制度，例如"五戒""六度""午不过食""产不食荤"；孟子虽然讲"天将降大任于是人也，必先劳其筋骨、饿其体肤、苦其心志"，但没有佛教仪轨一样的严格措施，而道教在这时很不成熟。因此，清淡名士接受了佛教的一些哲学思想，政府官吏接受了佛教"俭约"的生活主张，佛教提倡的饮茶也被他们接受。例如《晋中兴书》载，身为吴兴太守的陆纳，在招待将军谢安时，仅置以茶、果。但其侄儿，陆佩突然私自摆上十几人用的酒肉佳肴。事后陆纳严打了侄子四十棍，并严厉责问："你既不能给叔父争光，为什么还沾污我的节俭作风呢？"表明他以茶示俭。特别值得一提的要数齐武帝，临终时，曾下诏书一道，规定用茶饭替代牲畜作祭品。

北魏时"自是朝会，虽设茗饮，皆耻不复食，惟江表残民远来降者好之"。虽然少数民族统治者大都喜欢酒肉，但孝文帝以茶作为朝宴群臣时的饮用物却是事实，表明

王室生活中茶的地位不断提高，到了唐代发生了根本的变化。接待使者，宴赏群臣都以茶来进行。

法门寺地宫出土文物就是茶的地位不断提高，并被封建帝王在重要场合使用的体现。纵观法门寺地宫文物，分为丝织物、金银器、玻璃器、瓷器、铜铁器、石器、珠玉、宝石、香木器都可称为供奉物，按当时用途分为衣帽类、法器、供养器和生活用具类、舍利及舍利容器类。因此大部分为生活用具和佛教活动的专用器具。在生活用具中，茶具占绝对优势。属于其他生活用具的是宫廷用的两件香囊、小银碟以及作为食容具的盒类，而这些盒类，也可以用来装放茶叶（其具体用途不明）。这里边没有酒器出现，这不仅仅是因为佛教禁酒，还在于茶在宫廷文化生活中的地位不断提高，而到唐代被视为最高贵的待客佳品。酒虽然一直用于宫廷生活，但作为祭祀祖先，礼敬宾客的时候，已经失去了昔日的绝对地位。

另外，我们还应看到，在供奉佛祖的同时，还蕴含着唐僖宗对父皇唐懿宗的追念和孝礼。“龙图乃授于明君，凤历纂承于孝理，眷香花之法物，圣教如新，顾函锡之法尘，遗芳尽在，克诚克志，永报养慈，爰发使臣，虔送真身”①。咸通十四年四月佛骨到京都长安，七月十九日懿宗驾崩，十二月十九日送归佛骨回法门寺。从志文碑内容看，僖宗在懿宗供奉法器和供养器、舍利容具基础上又供奉了茶具等生活用具，也可能内含以茶敬祖的意义。

2. 唐僖宗将茶作为礼敬佛祖的法器

咸通十五年佛骨回归法门寺，举行盛大安奉仪式，所有供奉物按密教曼荼罗仪执轨放置地宫。“以十五年正月四日归安于塔下之石室，玉棺金箧，穷天上之庄严；蝉翼龙纹，极人间之焕丽，叠六铢而斥映。积秘宝以相鲜，皇家之厚福无涯，旷劫之良因不朽”。令高品臣彭延鲁，内养冯全璋，颁赐金银钱绢；诏令风却节度使令狐綯，监军使王景旬按帝王陵墓的等级修建了庞大的塔下地宫，并令密教大师僧澈、惟应、大师清澜、云颢等到寺作法七日，严奉香灯，按佛教仪轨把这批珍宝一一放置于地宫之内②。

上述茶具亦在供奉之列，表明了茶具能体现出“皇家之厚富无涯”，能“穷天上之庄严”“极人间之焕丽”，能有益于烘托佛法无边，能象征皇权威仪，总而言之能象征灿烂的唐代文明，能表示对佛的虔诚。而这套茶具本身体现着有深刻文化和精神内涵的茶文化，因此，茶文化在唐代帝王心目中是何等的神奇而伟大，从而形成礼敬佛教的最高礼仪。

① 《大唐咸通启送岐阳真身志文碑》，见考古发掘报告，第229页。

② 法门寺出土《志文碑》原文，《法门寺考古发掘报告》，文物出版社，2007年，第229页。

3. 崇佛的宗教需要和治国的政治需要使茶文化达到最高境界

佛教和茶文化相互影响，不断发展，形成了唐宫廷茶文化，从而达到唐代茶文化的最高境界。

佛教和茶文化的相互影响促进了双方的发展，其共同提倡的“至善至美”“俭约”“清心寡欲”的修身方式经受起了时间的考验，为社会普遍接受适应了当时的文化生活的需要。在这个基础上茶文化和佛教迅速发展起来，佛寺大兴，佛教迅速发展，各宗派都崇尚饮茶和供茶，扩大了茶的影响，提高了茶文化的社会地位。会昌法难时就有四万座寺院，至少二十六万僧尼，他们首先是茶文化的弘扬者，茶文化拥有较广泛的社会基础。特别是佛教文化的体现者高僧大德和提倡茶文化的文化名人同社会上层的交往不断扩大，使茶文化沿着纵的方向不断发展，而邀功争宠的地方官吏寻找名茶，向朝廷上贡。同时加速了茶文化由地方向中央的上升，由民间至宫廷的发展。封建帝王在承认茶神奇的自然功能后，也就接受了茶文化。因为好茶需要高手煮，好茶还须佳器烹，这也就自然而然地形成了以皇帝为首的为主体的宫廷茶文化；茶文化所提倡的“尽善尽美”的行为美学思想，“俭约”“清心寡欲”的首先底蕴为他所有，可以为其“圣德”增彩抹粉；唐代帝王大都崇佛，佛教僧侣视茶为神物，用茶礼敬佛祖，作为最佳礼敬珍品，这些也为帝王所接受，在更高的层次上，崇佛有着更深刻的政治意义，因此，帝王礼佛同时也必须体现出皇家浩福，要有“国家感”，因而更加重视礼佛，茶也成为最佳品，以宫廷完整的茶具供养佛祖真身就充分地注释了这一点。

以封建帝王为核心的宫廷在当时来说，是等级社会最高层次代表，是文化传播的

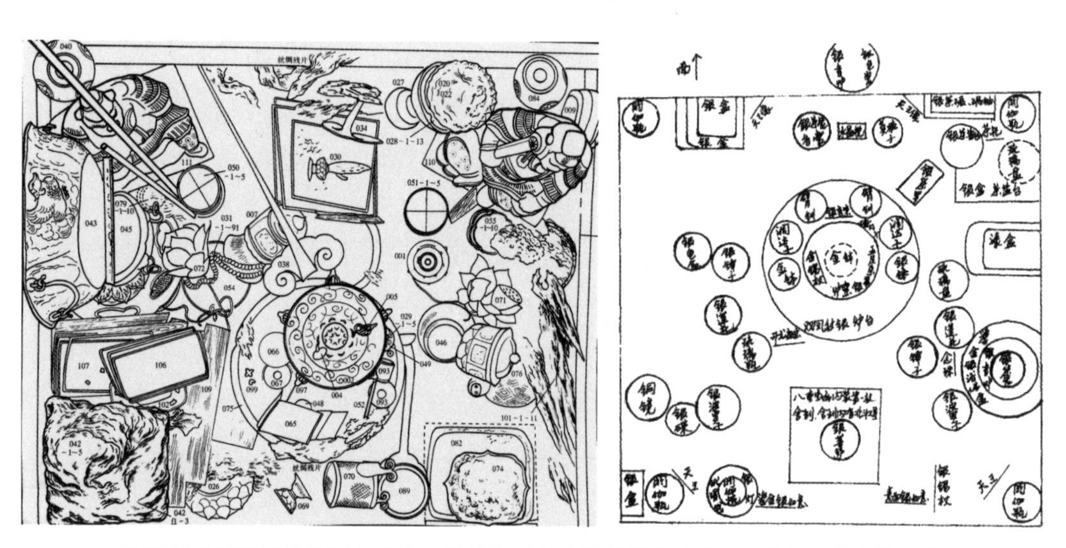

法门寺地宫茶器的位置在“饮食供养”里占有特殊地位（梁子：《法门寺唐代地宫北斗七星护摩坛场浅释》,《文博》1993年第4期）

中心。茶文化从民间上升至宫廷，形成了宫廷文化，因而也就加快了茶文明和茶文化传播的步伐，扩大了茶文化的影响。

茶文化所提倡的“俭”被人们直观地同封建社会人们普遍称道的“廉”联系起来，同儒家“正心修身齐家治天下”联系起来，如果人们普遍地在这个意义上推崇文化的话，就达到了“天下治”的目的，这也成为帝王崇尚茶文化的动力。在这个背景下，茶文化成为封建帝王礼佛的最高礼仪；在宫廷生活中，在祭祀活动中茶礼成为与酒并立的佳品。这样，茶文化的奠基人陆羽的初衷就达到了。茶文化在自然功能和精神功能两种作用被社会承认后，社会和谐、社会共识、社会安定的第三个境界，最终在唐代宫廷由于皇帝的大力提倡也达到了。

法门寺地宫顶盖打开时的情景（王保平摄）

在这里，我们要明确两个历史事实。

一个是，法门寺虽然远在西岐，但它是大唐皇家寺院。而且是唐太宗钦定的唯一一个供养佛祖指形骨舍利的圣地，这枚舍利由玄奘带回，由道宣律师负责安葬。太宗钦定此舍利为唯一被认可的佛舍利。法门寺舍利被唐中宗供奉为“护国真身舍利”，法门寺四级舍利浮屠被尊为“护国真身宝塔”[1]。

---

① 张仲素：《佛骨碑》，《全唐文》，卷644。薛昌序《重修法门寺塔庙记》。法门寺地位、历史及佛舍利研究可参考梁子、姜捷、杨校俊、李发良等研究成果。

另一个是，佛教与茶道文明的彼此辅佐，得到良性发展，法门寺是极端典型而已。长安佛寺饮茶是唐代全国所有寺院当中最兴盛的。我们浏览《文苑英华·诗·寺》六卷内容后，发现，长安留下佛寺茶事诗歌的极为普遍：大慈恩寺、大兴善寺、大荐福寺、西明寺、青龙寺、资圣寺、开善寺、普济寺、崇化寺等。西明寺出土石质茶碾槽很自然了。在1987年管理法门寺田野文物时，我们看到了褐色粉末，应该是茶叶。惜未能保存下来。前述《晚唐茶道点茶为主流》中报告了罗茶纱网的细度是200目，有些许安慰。也就是，这批茶具小巧精致，但是僖宗——“五哥”自己用过的心爱之物，以此礼敬佛祖和新逝的先皇父。

法门寺地宫出土鎏金铜浮屠及法门寺博物馆主体展厅（梁子摄）

“天下名山僧占多”，南方僧侣培育新茶品开辟新茶园，也影响到文人士大夫，有名的有从长安到九江的白居易，到苏州的韦应物。

茶禅一味，茶道成为悟道的辅助与途径；青青翠竹尽是法身，郁郁黄花皆是道场。而茶叶、茶香、茶味、茶色，是人间至妙，是百草之王，也是真如的化身。籍茶悟道，籍茶修身，籍茶以辅助王化。

从皎然以来，真正的茶道高手在寺院之内高僧大德之中，为代宗烹茶的智积法师，汉地僧侣向赤松德赞（742—797）传授茶法，永忠、空海、最澄向嵯峨天皇奉茶，是长安茶道与东瀛最高阶层的最直接对接。晚唐新罗崔致远有《谢新茶状》，客观地描述“烹茶”情形。统一新罗、日本不仅直接移植茶种、茶器，还把三月三日、九月九日、帝王诞辰等节日饮茶赐茶的饮茶之风传播过去。“和敬清寂”更多地蕴含了佛教禅宗密教的意蕴。

以《百丈清规》为指南的寺院茶礼与径山茶会实际成为烹茶法与茶道器展示的最好场景。中外无数高僧能在这里体会烹茶至妙，欣赏茶器之美。天目盏的出现，成为

茶器东传的代表。

我们期望在正仓院能看到茶器宝物。

从法门寺的特殊地位和佛骨在唐代佛教发展的特殊意义看，地宫出土的反映唐宫廷茶文化的配套茶具看：佛教和茶文化在这里达到高度的统一，而这统一的背后是封建帝王对佛教和茶文化的同时需要；茶文化和佛教在唐代社会文明中占有重要的地位，而这两种文化之所以能结合、圆融的内在原因在于共同承认个人的“修养”“克己”“俭约”“精勤”是成佛为圣的必由之路，而封建帝王也以此为其美德增色，因而佛骨（佛祖和佛教的象征）茶·皇（封建国家的人身）结合起来。

佛教和茶文化共同承认的“俭约”精神也为封建帝王所推崇，随着佛教的发展，加上皇室的大力倡导，茶就达到有益于社会和谐与安定的最高境界。因而，这也构成唐文化的又一特色，在充满着奔放的激情，洋溢着雄伟、强劲的征服精神，加上“和谐”气氛的同时，还具有“俭约”“精勤”的修身性格，而这种文化性格，也许延续得更为久远，直到程朱理学的出现，又得到升华。

封建社会存在着各种各样矛盾，存在着各种各样的思想和思潮，存在着各种各样的流派（宗派），但茶文化吸取了其共同之处，加以改造而成为各种阶层和各宗派都能接受的文化，构成社会稳定的一个重要因素，这是其绝妙之处，因而构成人类文明的本质性东西，直到今天在很多方面值得认真借鉴。

第六章
大唐茶道“清明茶宴”

基于唐代茶道程序及法门寺、何家村、丁卯桥等地出土文物的实践性探索。

第一节 《茶酒论》茶道文化史研究价值

一、《茶酒论》的创作

曾经就此议题发表过粗浅看法，当时也采用了暨远志的断代法，即785—806年[①]，暨远志先生主要参考《茶经》的最终正式发行时间。

此前较早研究《茶酒论》的张鸿勋[②]，则将抄写地点确定在归义军时期（848—1036）的知术院——管理工匠的衙门，并表明P2781抄写者是小吏阎海震，P3910抄写者是沙弥赵訑（赵员住方）。陈静告诉大家，《茶酒论》抄写本不是六个而是七个[③]。

在撰写此文时，笔者一直被两个研究感受所困惑。一个是汉阳陵茶叶的发现，使我们认识到茶史包括饮茶形式制茶形式的阶段性，无论如何提前其年代，都是有可能的；第二是，就唐代茶诗创作而言，盛唐以前的数量质量都相对少而且简单浅显，大历贞元，初步繁荣，元和太和以来才进入盛期，唐末才进入高潮。这两个基本认识，其实是相互矛盾的。

中唐皎然、白居易、元稹、刘禹锡、袁高，晚唐李郢、李德裕、杜牧茶诗是我们瞭望唐代茶文化传播及茶叶贸易的主要资料。

七个抄写本的事实表明，《茶酒论》抄写者既有先后关系，也有平行、同期关系，例如上述的阎海真与沙弥赵訑，其流传有一定的历史阶段，其下限至迟是970年以前，

---

① 梁贵林：《〈茶经〉·〈茶酒论〉与法门寺茶道研究》，《敦煌研究》1998年第1期。暨远志：《唐代茶文化的阶段性——敦煌写本〈茶酒论〉研究之二》，《敦煌研究》1991年第2期。

② 张鸿勋：《敦煌故事赋〈茶酒论〉与争奇型小说》，《敦煌研究》1989年第1期。

③ 陈静、Wang Pingxian：《敦煌写本〈茶酒论〉新考》，《敦煌研究》2015年第6期。

更准确地讲应该在唐僖宗遭遇黄巢起义（878）之前。从《茶酒论》描述的茶叶商贸畅通繁荣景象看，又当在贞元平李希烈或元和平淮西之后。

朱自振先生据杨华《膳夫经手录》，将大中前后的茶叶产销进行归纳[①]，浮梁茶主要销售区为江西、山东；蒙山茶，属于一级品，年产千万斤，全国性销售；歙州、祁门、婺源方茶，主要销售区为梁、宋、幽、并诸州。这里需要指出的是，梁州是以汉中为中心的山南西道，作为茶区包括西边的利州（今四川广元）、巴州、阆州、渝州、涪州。德宗建中南狩至梁州，在这里驻跸半年，升为兴元府，其首长府尹待遇级别一同京师、河南。梁州成为主要集散地，可能在贞元中期以后，大中时期形成歙州茶基本销售区。此前，安史之乱爆发，梁州成为整个唐帝国战略物资的集散中心。李希烈、朱泚作乱后，梁州、金州及商州（今陕西商洛市）地位陡然提升。

除供应梁州自用外，大部分包括茶叶在内的物资主要供给京师和陇右。

从唐代茶事繁荣昌盛期在晚唐的情形看，将《茶酒论》定在805年之前，可能有些偏早。与之相反，对于《茶酒论》的作者，学界基本锁定为河西文学，出生于河西或旅居河西的士人在河西创作的作品[②]。我们也可以从言辞中例如“贵之取蕊，重之摘芽”看到，作者是北方人，没有去过茶区没见过茶园茶树。茶之最珍贵的就是明前之“芽”，而没有茶蕊一说。在唐代的大约160个茶品中，带蕊字的只有一个便是峡州（今宜昌）“方蕊茶”[③]。在文中，“水曰”中说到没有水，茶会干硬割喉，也表明作者只见过茶的制成品：绿茶饼团，可能没见过鲜茶叶，也没见散茶。也不知道茶叶加工本身就离不开水。

确定作者的写作地域与大体时代是我们确定作品相对准确的一个前提。河西—敦煌茶事发展状况与茶文化传播状况是作品诞生的环境。

二、文体及来源

拟人化、争奇、论辩相结合的文学形式。我国早已存在。比如《庄子・秋水》中夔、蚿、蛇、风之间的对话：

> 夔谓蚿曰：“吾以一足趻踔而不行，予无如矣。今子之使万足，独奈何？”蚿曰：“不然。子不见夫唾者乎？喷则大者如珠，小者如雾，杂而下者不可胜数也。今予动吾天机，而不知其所以然。”

---

① 《茶史初探》，第54、55页。

② 杜琪：《略述敦煌遗书中的甘肃文学》，《社科纵横》1997年第5期，第54页。

③ 程启坤、姚国坤：《论唐代茶区与名茶》，《农业考古》1995年第2期。

蚿谓蛇曰“吾以众足行，而不及子之无足，何也?”

蛇曰：“夫天机之所动，何可易邪？吾安用足哉！”

蛇谓风曰：“予动吾脊胁而行，则有似也。今子蓬蓬然起于北海，蓬蓬然入于南海，而似无有何也?”[①]

有学者认为在受到诸子散文影响的同时，也受到佛教影响，但《茶酒论》受到的诸子散文影响无疑是主要的，并最终决定了它的文体特征。“因此，它仍是一篇受诸子散文影响较深的论说文”[②]。虽然此说有一定道理，但他忽视了出场人员有一定差异：《茶酒论》是二人争论，一人说和。而这里是四个“人”，而作者所引佛教《杂譬喻经》蛇的“头尾争大”，则又少一“人”参加。此外还没有注意句式的变化。

纵观《茶酒论》，其句式多为四言，其次为六言。这使我们立即想到《诗经》：“周原膴膴，堇荼如饴”“关关雎鸠，在河之洲。”也使我们想到曹操的《观沧海》。以佛教偈颂来说，根据隋吉藏《法华义疏》的说法：“偈有二种：一首卢偈凡三十二字。二结句偈，要以四句备足，然后为偈。莫问四言乃至七言，必须四句。故《涅槃经》云：四句为偈，是名句世。句世者，世间流布以四句为偈也。”[③]而在义净法师的译文里，往往演变为五言、七言。义净法师对佛教讲唱句式的变更，并没有改变四言句式在唐代强劲的生命力，其明显地表现在两个方面：其一，我国成语基本以四言为固定模式；其二，唐代墓志铭中的“铭”一半以上都是四言句式，例如王维《六祖能（慧能）禅师碑铭》[④]。而著名的法门寺《志文碑》的叙事以四言句式为多，间杂六言或其他[⑤]，语境庄严肃穆，文辞浏亮铿锵。晚唐王渭《为族兄瑗谢守度支尚书表》、张太古《对观生束判》（《全唐文》卷952）则是四言六言相杂。

另外，自从第一次写过文章后，就一直觉得《茶酒论》很像是戏文或相声的脚本。不是一般的散文与诗歌。而《茶酒论》如果是戏文的话，距唐代最近的是参军戏，或“弄参军”戏，而茶圣陆羽少年时代就扮演过参军戏的演员。

但我们发现，虽然是二人为主的争辩，但有第三人出来。况且参军戏是以“苍鹘”戏弄欺负“参军”为基本台词。因为“参军”最早原型是西汉经济犯罪的大臣，受皇帝戏谑。是否存在苍鹘扑打参军，或如宋代杂剧中副末击打副净（参军），但参军戏基

① 朱文熊撰，李花蕾点校：《庄子新义》，华东师范大学出版社，2011年，第175、176页。

② 钟书林：《敦煌写本〈茶酒论〉文体考论》，《图书馆理论与实践》2011年第7期，第41页。

③ 吉藏：《法华义疏》，《大藏经》第34册，（台北）中华佛教文化馆影印大藏经委员会，1959年，第472页。

④ 《全唐文》，卷327。（唐）柳宗元：《赐谥大鉴禅师碑并序》，《全唐文》，卷587。（唐）刘禹锡：《大鉴禅师碑并序》，《全唐文》，卷610。

⑤ 陕西省古籍整理办公室：《全唐文补遗》第一辑，三秦出版社，1994年，第11、12页。

本上“是舞台上的这一对搭档构成一官一从、一主一宾、一正一偏、一贵一贱的身份搭配关系。官员与从隶是这种身份搭配关系的典型范式。这也是角色之命名为参军与苍鹘的原因之一”[①]。

而就角色搭配及主次主从或戏份轻重关系看，《茶酒论》中的茶与酒基本是平等的对等的，也是平和的，未有扑打动作，而且最后由“水”出面，做了裁定，未分胜负。

而这三个人物设置，倒与《三教论衡》相近，虽然唐参军戏也有参军扮演正儒（《三教论衡》）、医生（《病状内黄》）、土地神（《掠地皮》）、旱魃（《系囚出魃》）、阴判（《焦湖做獭》）、夫（《疗驴》）等各类人物，苍鹘则除扮演从吏之外还可相应扮演隅座听讲后生、病人、神旁之人、鬼魂、见魅之人、妻等人物。

三、《三教论衡》争奇戏剧化的启示

唐代三教论衡的频仍，使得论议活动娱乐性渐次增强，宗教性则大大减低。如此发展之下，自然提供了仿效论议形式的争奇文学成长的土壤，特别是佛教中国化、世俗化的讲唱文学。也促进了唐代争奇论议文学的兴盛，我们从今所得见的敦煌讲唱文学《孔子项话相问书》《茶酒论》《晏子赋》《燕子赋》一类写本的大量抄写，可以得到印证。《孔子项记相问书》一卷，今存写本约20件，是敦煌写本数量最多，且有吐蕃本存在的俗文学作品。全篇篇幅不长，计约1600字，基本上以当时口语写成，分作两部。前半部为主体，自“昔者夫子东游，行至荆山之下”起，至“夫子叹曰：善哉！善哉！方知后生实可畏也”止，文长约1200字。是以四言、六言为主，夹杂部分散说，属俗赋体。其形式则采一问一答的“论难体”，这种争奇文学很可能在三教讲谈风气下所出现[②]。

诚如是，如何把握其时间？我们只能追溯到《三教论衡》最早有了程式化、人为设计问答的白居易的记载。很可惜白居易的叙述是我们目前所知的有关三教廷殿论辩内容的唯一记载。其所记内容乃文宗大和元年（827）庆成节三教辩论情形。三个代表分别是秘书监赐紫白居易、国家寺院京城第一大寺安国寺赐紫沙门义林[③]、太清宫赐紫道士杨弘元，地点在大明宫麟德殿。时间十月。《大宋僧史略》记文宗九月生日。

毫无疑义，秘书监、安国寺与太清宫是云集三教最高权威的最高级别的三个机构。

---

① 朱东根：《唐参军戏苍鹘角色考论》，《戏曲艺术》2003年第3期。

② 朱凤玉：《三教论衡与唐代争奇文学》，《敦煌研究》2012年第5期，第83、84页。

③ 梁子：《唐京师大安国寺政教地位蠡测》，《世界宗教研究》2014年第3期。

秘书监是秘书省最高长官，从三品，曩时魏徵为之。这也是白居易一生最辉煌时期。他的记述，有序、问、对、难，有退时语[①]。似乎是事前剧本，而非事后实录。任半塘据此以研究三教论辩对戏曲的影响，刘林魁沿此思路多有发明，并认为晚唐麟德殿三教论衡已经表演化戏剧化，以前严肃激烈的学术及价值探讨已经融合演化为节日性的装点与美化行为，是三教论衡故事与参军戏结合的结果，懿宗朝李可及是三教论衡戏早期著名演员[②]。

四、考古出土的几宗茶器文物

虽然黑石号阿拉伯货船运载的唐代器物与香料中，有纪年为宝历二年（826）长沙窑瓷器，但长沙窑里，以执壶与茶盏子为代表的茶器文物，则以大中纪年为多。而西安唐平康坊一套七件属于左神策使债茶库的茶拓（托）子，錾文表明为大中十四年（860），原来一套十枚。当然，最著名的茶器是法门寺地宫出土的唐僖宗御用茶器，打造于咸通九年至咸通十二年（868—871）。

在有唐一代，墓室壁画几乎没有茶道文化的一点痕迹。虽然墓室壁画在揭示主人社会地位与唐代社会风尚方面，有一定的时间差，不是即时的迅速的[③]，但迟早总会涉及，例如屏风画（张建林）、马球图、山水画（刘呆运）。得沈睿文先生提示，幸好在河北我们发现了唐代茶事壁画《备茶图》[④]，时间在唐末903年。有时，在展示唐代社会史方面比较准确，例如乾陵陪葬墓的《客使图》《仪卫出行图》。但很少看到“茶”字。

但到了五代、辽、宋以后，以茶道为主题的墓室壁画成为一时主流。这就不能不使我们反省唐代茶道风尚的社会化程度。

种种迹象表明，继颜真卿、陆羽及皎然为核心的湖州茶人集团将茶文化推广开来，形成中国茶道文化第一高峰后，中晚唐茶文化，应该以白居易为领袖，成为茶文化的新标杆，以平定淮西以后的元和时代为新的出发点。随着茶税的固定与扩大，与回鹘、契丹、吐蕃、朝鲜及日本交往扩大，宫廷茶道“清明宴”成为宫廷固定节目，唐代茶道第二个高峰应该在大中—咸通时期。中唐后期白居易分司东都，首要茶事以姚合贾岛为核心，成员有薛能、李泗、李咸用、李群玉等。

---

① 顾学颉校：《白居易集》，中华书局，1979年，第四册，卷68，第1434页。

② 刘林魁：《三教论衡与戏剧》，《世界宗教研究》2020年第3期。

③ 梁子：《唐墓壁画与唐代社会风尚研究》，《乾陵文化研究》2005年第1期。

④ 河北省文物研究所、石家庄市文物保护研究所、平山县文物保护管理所：《河北平山王母村唐代崔氏墓发掘简报》，《文物》2019年第6期。

五、茶道文化传播

在茶文化传播方面，在此前盛行的以诗歌辞赋为主要形式，以贡茶、赐茶、赠茶及品茶为物质载体从而客观手段的基础上，《茶酒论》在以捍卫佛教为本质目标的前提下，采用参军戏的模式，无疑是新的模式。其直接结果就是藏族文学《茶酒仙女》的藏族佛教化的翻译改编。

从人物塑造逻辑上讲，藏族作者把茶、酒改为茶仙（茶神）、酒仙（酒神）则更合理。茶、酒怎么能说话，还说得振振有词呢？只有成了神、成了仙才会说话才会掐架，掐架而又不伤和气。

真正把茶叶拟人化的是北宋苏轼。他是否知悉《茶酒论》的存在我们不得而知，但他的《叶嘉传》，却是的的确确地为茶（茶人）立传述命。有人认为《叶嘉传》作者不是苏轼，是另一位有极高文化修养与事茶经验的与苏轼熟悉的茶人。但我们发现：叶嘉的原型就是苏轼。

我们在这里不做过多探讨，苏轼或者苏轼笔下的叶嘉，是北宋文坛为中国茶史树立的一个伟岸的“茶人”形象。苏轼与陆羽一样，用自己一生告诉历史：什么是真正的茶人。茶人是中国茶道文化的实践群体，信仰儒家文化，走修齐治平的人生轨迹，奉行达则兼济天下、穷则独善其身的做人原则。

如果说，《茶酒论》是底层社会对茶道文化内涵的形而下的认识，《叶嘉传》则是茶道文化的高峰。撰写过《大观茶论》的徽宗皇帝叶认为饮茶是盛世之清尚，饮茶可以致清导和。只偏重于“艺茶”，注重了茶道文化形而下的方面而对于形而上的精神与人生价值追求则缺失了。苏轼或叶嘉用实践给出了标准。

从丰满中国茶道思想与内涵来讲，王敷与《茶酒论》及苏轼与《叶嘉传》是对陆羽与《茶经》从普罗大众和文化精英两个侧翼的共同解说与实践。

种种历史信息，四言六言相杂的语法句式、茶器集中生产打造的时间、长安与歙县、蒙山贸易畅通的时间，以及茶道第二高峰期，及三教论衡戏出现的时间点，等等，综合因素来判断，《茶酒论》的直接土壤是大中—咸通时期的唐代茶道文化第二高峰，上距颜真卿离开湖州的大历十二年（777），时间又过了八九十年，这个中心是京师长安，

《茶酒论》代表民间茶道最新认识和最高程度。作者对袁高、李郢描述的京城长安的清明宴盛况，茶香弥漫的长安春天不甚了解，但得之于丝路上的信息传递，还是较为准确地把握住茶在商品市场、在宗教信仰与供养、在化育文明社会风尚等方面的积极作用。

第二节 唐代金银茶器辨析

唐长安是一个开放进取，具有海纳百川的胸怀的城市，当南方饮茶习惯传到这里，就很快形成比屋之饮，而且不断向专业化发展，对陆羽茶道三杰创立的茶道，进行了王朝化改造。表现在茶器上，有了标准化的倾向。以茶镇为例，全国各地金银器、还有一部分陶器，尺寸基本接近。而黑白釉茶器成为后来宋元辽金普遍接受的风格。西安西郊老机场醴泉坊三彩陶器窑址，使我们相信，它集二都烧造大成，而渡江直接催化了长沙窑，从而使长沙窑的茶器特别丰富也极具创新。自韦坚始，茶器成为盐铁转运使节度使观察使们进奉皇帝的专门性较强的一类器物。

令狐楚《进金花银樱桃笼等状》："右，伏以首夏清和，含桃香熟，每闻采撷，须有提携，以其鲜红，宜此洁白。前件银笼并煎茶具庆等，羡馀旧物，销炼新成。愿承荐寝之羞，敢效梯山之献。其通犀　毒瑁上药等，买并依价，采皆及时。诚非珍奇，恐要聚蓄。勤奉丹款，不敢不进。"[①]

见不上皇帝，就给掌握实权的宰相们进奉茶器："崔造相将退位，亲厚皆勉之。长女贤知书，独劝，相国遂决退一二岁中，居闲躁闷，顾谓儿侄曰：'不得他诸道金铜茶笼子物掩也。'遂复起。"[②]

杨洽（王熔辟佐幕）之所以为铁火箸作赋，很大程度上，它是茶道过程的必须用品，其《铁火箸赋》（以"坚刚挺质，用舍因时"为韵）云：

> 物亦有用，人莫能捐。惟兹铁箸，既直且坚。挺刚姿以执热，挥劲质以凌烟。安国罢悲于灰死，庄生坐得于火传。交茎璀璨，并影联翩。动而必随，殊叔出而季处。持则偕至，岂彼后而我先。有协不孤之德，无愧同心之贤。至如元冬方Ë，寒夜未央。兽炭初热，朱火未光。必资之以夹辅，终俟我而击扬。焚如焰发，赫尔威张。解严凝于寒室，播温暖于高堂。夺功绵纩，挫气雪霜。夫如是，则箸之为用也至矣，如何不臧。锐其末耐用骈其利，端基本而秉其刚。信执　之莫俦，何支策之足重。专权有，故我独任而无成。双美可嘉，故我两茎以为用。抱素冰洁，含光雪新。同舟楫之共济，并辅车之相因。差池其道，劲挺其质。止则叠双，用无废一。虽炎赫之难

① 《全唐文》，卷542，第5502页。

② 张固：《幽闲鼓吹》，《四库全书笔记小说丛书》，上海古籍出版社，第1035-555页。

> 持，终岁寒之可必。嗟象箸之宜舍，始阶乱而倾社。鄙囊锥之孤挺，卒矜名于露颖。伊琐琐之自恃，独铮铮而在兹。佐红炉而罔忒，烦素手而何辞。因依获所，用舍随时。傥提握之不弃，甘销铄以为期[①]。

唐代茶器具的研究因法门寺地宫的重新开启而迈上新的台阶，唐僖宗用以供奉指形佛舍利的一套御用金银玻璃茶器基本反映了唐代宫廷茶道程序，学人们依此套文物为考古参照，对唐代茶具、茶道进行了卓有成效的研究，其有益的成果不仅活跃了学术研究，更为从20世纪80年代逐渐兴起的大陆茶文化增加了浓重的科学和历史的底蕴，使其生机盎然。这些成果中有韩伟《从饮茶风尚看法门寺等地出土的唐代金银茶具》、孙机《法门寺出土文物中的茶具》、廖宝秀《从考古出土饮器论唐代的饮茶文化》、暨远志《唐代茶文化的阶段性》、布目潮沨《法门寺地宫的茶器与日本茶道》、李斌城《唐人与茶》、朱自振《中国茶叶历史概略（续）》、徐殿魁《试述唐代的民间茶具》。这些成果对我们确切了解法门寺茶具和唐代茶器很有启迪作用[②]。

本文想探讨的是唐代金银器中的茶具，韩伟、陆九皋的《唐代金银器》，韩伟的《唐代海内外金银器萃编》，齐东方的《唐代金银器研究》及有关的考古发掘报告或简报连同茶文化研究的丰硕成果，为我们进行此项研究提供了较为成熟的条件。

一、唐代金银器研究的相关成果

在吸收有关学者的研究成果的基础上，本人在《从法门寺出土文物看唐代茶文化》一文中，将法门寺茶具文物按可信程度分为四种类型：

确定型：茶碾子，茶码轴，茶罗子，茶托茶碗，茶匙，《物账碑》记载，标明“一副七事”。

准确定型：鎏金三足架大盐台，素面盘旋座小盐台，有錾文。

推理型：食箸，火箸，长柄勺，金银丝结条笼子，鎏金球路纹飞鸿银笼子。依据《茶经》推断。

---

① 《全唐文》，卷843，第8864页。

② 韩伟：《从饮茶风尚看法门寺等地出土的唐代企银茶具》，《文物》1988年第10期。孙机：《法门寺出土文物中的茶具》，《文物》1988年第10期。廖宝秀：《从考古出土饮器论唐代的饮茶文化》，《故宫学术季刊》1991年第8期。暨远志：《唐代茶文化的阶段性》，《敦煌研究》1991年第2期。朱自振：《中国茶叶历史概略（续）》，《农业考古》1993年第4期。徐殿魁：《试述唐代的民间茶具》，《农业考古》1994年第2期。李斌城：《唐人与茶》，《农业考古》1995年第2期。〔日〕布目潮沨：《法门寺地宫的茶器与日本茶道》，《’98法门寺唐文化国际学术讨论会论文集》，陕西人民出版社，2000年。

延伸型：秘色瓷碟，琉璃盘，白瓷碗，揩齿布等[①]。

确定型茶具，既有自铭文，又有《物账碑》记载。准确定型茶具有自铭文，推理型茶具是依据《茶经》茶道和器物用途而作的大致推断，延伸型茶具实际是作为茶道过程中的茶点使用器来看待的。总的来讲，法门寺文物中的茶具最多也只能是上述这些。而过去把“杨复恭供”银素面香炉、银龟盒、调达子、银坛子等视为茶具的理由不大充分[②]。对食用器中的波罗子的用途的认识尚不明确，将其视为茶具似乎也不合理。1957年出土的平康坊茶拓子，“左策使安茶库”，与左神策军有一定联系[③]。

茶器具研究是茶文化研究的基础，为茶道文化研究创造“硬件”条件。从我们已知的茶具看，大家比较一致的看法是，法门寺文物所反映的茶道模式应该是陆羽《茶经》的“烹茶”和晚唐代民间社会已流行的“点茶”的同时并存。毫无疑问，将《物账碑》中的一套金银茶具的器型和大小规格与《茶经》对照看，完全一致，从研究角度讲，将其视为《茶经》式的京茶道器具在学术上看起来比较可靠，但是忽略了两个因素，一是《茶经》刊布（780）以后百余年的饮茶方式肯定有变化，点茶已流行起来；二是琉璃茶碗茶托与金银茶器的并存一物账碑“一副七事八十四两”的记载方式是记账方式决定的，金银器要同时载记工艺和重量，按器物质地分别记载，并不是说琉璃茶具与金银茶具不是一套茶具，况且这套茶具与琉璃茶托茶碗都属于唐僖宗所“新恩赐”。而茶托茶碗一般是用以“点茶”的器具[④]。但是，仅凭这两件琉璃茶具将法门寺所反映的晚唐宫廷茶道视为纯粹的点茶程序，为多数学者所担心，因为，点茶的又一标志性器物注子或执壶未能同时发现。这样，烹、点并存成为大多数学者所能接受的观点。

同时，我们又知道散茶的饮用也成为较为普遍的现象[⑤]。

二、唐代茶道文化的基本状况

学界普遍的看法是，中国先民最早利用茶叶，经历了食用、药用和饮料三个先后不同的阶段，至迟到南北朝时，茶饮已经进入到人们的精神生活，茶饮成为文人骚客们歌咏的对象。统一的李唐王朝是封建社会农耕文化蓬勃发展的时代，文化事业的各

---

① 梁子：《从法门寺出土文物看唐代茶文化》，《茶的效能与文化国际学术讨论会论文集》，日本静冈。

② 韩伟：《从饮茶风尚看法门寺等地出土的唐代金银茶具》，《文物》1988年第10期。王仓西：《浅谈法门寺地宫出土部分金银器的定名及用途》，《文博》1993年第4期。

③ 贾志刚：《唐长安平康坊出土鎏金银茶托再考察》，《考古》2013年第5期。

④ 孙机：《法门寺出土文物中的茶具》，《文物》1988年第10期。

⑤ 梁子、谢莉：《慈觉大师所亲历到晚唐茶事》，《农业考古》2004年第2期。

个门类都空前繁荣。贞观之治、武周新政及随后的开元盛世在文化事业的许多方面极具创新意识，茶文化也迅速发展。在总结中国茶事历史和当代茶文化的基础上，开元二十年（732）出生于竟陵（今湖北省天门市）自幼就学会烹茶的陆羽历经二十余载，于建中元年（780）正式刊布中国历史上第一部茶学专著《茶绘》。《茶经》受到文人、寺观和宫廷的普遍重视，也对茶农的种茶、制茶，对茶商的鉴茶、售茶都具有客观的指导意义。他试图把饮茶提升到综合文化的高度来宣传他的饮茶之道，并得到了社会基本认同。他对采茶、制茶之具和品茶、饮茶之器的名称、质地、大小尺寸都做了严格规定，对茶与水的比例、煮水的火候提出了具体的要求，对饮茶精神理念作了基本的界定。这些成为唐代茶道的最核心的规范，也成为文人墨客、王公贵族和寺观僧道所遵循的基本常识。《茶经》顺应了茶文化发展的需要，回答了茶事实践中亟须解决的具体问题。其对茶事实践的借鉴参考和指南引领作用是毋庸置疑的，因而受到社会的尊崇。建中以来，饮茶咏茶成为社会风尚，并很快形成中国茶文化史上的第一个高峰。继《茶经》以后，裴汶《茶述》、张又新《煎茶水记》、苏应《十六汤品》、刘贞亮《茶德》、温庭筠《采茶录》、封演《封氏阁见记》、李肇《唐国史补》、杨华《膳夫经于录》和李匡义《资暇集》都专门或附带地记述、指点唐代茶文化的方方面面。这些为茶道文化在宋代进一步繁荣隆盛奠定了坚实的基础。

基于以上两点认识，我们将玄宗开元到僖宗乾符之间的器物对照《茶经》等唐代文献的唐代茶文化发展的基本态势进行辨析，在大背景上应该是客观的。

三、可视为烹茶的金银器

（1）烹茶烧水器，风炉、鼎、鍑、釜、铛、锅类。

唐人饮茶，无论煎茶还是点茶，都要先烧好水，这类器物都用于烧水。烧水是一次茶道是否成功的关键所在。三沸判定是最基本的功底。《茶经·五之煮》：“其沸如伍行，微有声，为一沸。边缘如涌泉连珠，为二沸。腾波鼓浪，为三沸已上，水老不可食也。”煎茶道是在水初沸时加适量的盐，二沸时出水一瓢后，用竹夹环击水心一一搅击出漩涡，很快将碾罗好的茶末当心投入水中、稍过一会儿，便将先舀出的那瓢水倒入汤中，三沸时，将烧好的茶舀出；或者，将镬提离火炉再斟分茶汤。

点茶道是在带柄铛或执壶中，将水烧到二、三沸之间时，用以冲注茶盏中的茶面。《旧唐书·韦坚传》云，天宝三华（744）水陆转运使韦坚将南方各郡名物奇珍运至长安广运潭，在各船标明“南海郡船，即玳瑁、真珠、象牙、沉香；豫章禁船，邸名瓷、酒器、茶釜、茶铛、茶碗”。作为唐代金银器重要产地的豫章郡的供奉茶器很可能就是金银器。

由唐代茶道的程序和当时茶文化发展的状态看，将以何家村为代表的盛唐金银器中的铛、鍑类器视为茶器是可行的。何家村出土的双狮纹金铛、折柄素面银铛、提梁银锅、双环耳银锅①，可视为唐代早期的宫廷贵族茶器。“李景由”短柄圜底银铛、芝加哥美术学院藏短柄圈足银铛都可视为茶器②。伊川齐国太夫人墓出土提梁银锅、江苏丁卯桥的宽沿银锅、提梁银锅为晚唐茶器。就何家村金银器用途而言，陆九皋、韩伟二先生的《唐代金银器概述》一文曾进行了较为详细区分，因为有药物同出，将三足罐、银锅、铛、飞狮六出石榴花结纹银盒等器物视为药具，有一定的客观依据，但是，药用器具与茶器在规格和器形上，实际没有太大的区分，况且，国人对茶叶的药用作用深信不疑，在日本的茶道中，将唐人、宋人的药罐误移为煎茶器，后成为其名正言顺的茶道器，从某种意义上讲，药用器与茶器的差别要小于茶、酒器之间的区别。韩伟先生后来在《从饮茶风尚看法门寺等地出土的唐代金银茶具》一文指出，何家村的两种银锅和丁卯桥的宽沿银锅应属饮器无疑。况且，即使在唐代，也有药、茶同时用一铛的现象。如《全唐诗》卷496之姚合《送狄莱（英言）下第归故山》云：“爱话高酒户，煮药污茶铛。”

此外何家村银匜、水邱氏银匝作为茶器也是可以的。

（2）茶则、茶匙类。《茶经》：“则以海贝、蛎蛤之属，或以铜、铁、竹匕、策之类。则者，量也，准也，度也。凡煮水一升用末方寸匕。”法门寺的银则、江苏丁卯桥的银匙、浙江长兴县下桥的摩羯纹银匕（陆、韩264图）等③，美国卡尔·凯波收藏的鱼鸟纹银则和唐草瑞鸟纹银则④都可视为茶器，用以取茶投茶末。河南偃师出土的鸿雁形长柄苑草纹银匙、索而银则亦应为茶器。可视为茶器银则的还有西交国棉五厂出土的錾花银则⑤。

（3）火箸。《茶经》云火灭，烤炙茶饼时用以夹取木炭。法门寺、丁卯桥等都有出土实物。

（4）饮茶器，茶盏、茶托与茶碗类。这是茶器文物中的大宗。茶盏成为我们判断出土文物群之有无茶器的一个重要提示物。法门寺地宫面世前，影响最大的茶器是西安和平门出土的七件银茶托。其上有明晰的錾文，确系饮茶器具无疑：“大中十四年八

① 陆九皋、韩伟：《唐代金银器》，文物出版社，1985年，80-87图。

② 齐东方：《唐代金银器研究》，中国社会科学出版社，1995年，第115页。

③ 文内注将陆九皋、韩伟《唐代金银器》一书中的第264图简为“陆、韩264图”；将齐东方《唐代金银器研究》第119页的繁峙寺茶托在文内注为“齐图1-335”

④ 韩伟：《从饮茶风尚看法门寺等地出土的唐代金银茶具》，《文物》1988年第10期，第49页。

⑤ 河南偃师茶具见徐殿魁《试述唐代的民间茶具》，《农业考古》1994年第2期。西安文物见陕西省考古研究所、西安文物管理处：《陕西新出土文物集萃》，陕西旅游出版社，1993年，第41页。

月造成浑金涂茶拓子一枚金银共重拾两八钱三分”“左策使宅茶库金徐工拓子查拾枚共重玖拾柒两伍钱一”。大中十四年为公元860年，这些系晚唐茶器。此外还有山西繁峙银茶托（齐东方图1-335）、陕西背阴村银茶托（陆、韩166图）、江苏丁卯桥双瓣葵花形银茶托（陆、韩204图：丁卯桥梅花形银茶托）、丁卯桥葵花形银茶托（陆、韩205图，齐东方图1-338）、芝加哥带托银长杯（齐东方图1-106）、伊川齐国太夫人双鱼纹金盏银拓[①]、现藏西安文物管理处的双鱼纹荷叶形银杯（陆、韩155图）。耀县背阴村出土的五曲高足银杯（陆、韩165图），应为茶盏，西安西郊出土双鱼纹荷叶形银杯（陆、韩155图）、西安太乙路出土的摩羯纹金杯（陆、韩245图）亦应为茶盏无疑。

比照上述芝加哥带托银长杯和齐国太夫人茶托盏，我们可以将齐东方《萨珊式金银多曲长杯在中国的流传和演变》中图3-94的“杯”都可划为茶器。背阴村素面银高足杯、淳安素面银高足杯（齐东方图3-111）、丁卯桥五瓣银碗（陆、韩197图）、丁卯桥高足银杯（陆、韩202图）可划为茶器，且均应定名为茶盏。丁卯桥的高足银杯是否与同时出土的葵花茶托配套使用待考证。茶盏明清以后又被称作茶舟或茶船，据唐人李匡义《资暇集》载云：始建中蜀相崔宁之女怕烧烫便用碟子垫衬，啜茶时，茶杯又易于倾倒，便用腊环固定。后义以漆环代腊，进于蜀相“蜀相奇之，为制名而话于宾亲，人以为便，用于代是，后传者更环其底，愈新其制，以至百状焉”。其实，瓷质盏托早在南朝就已出现，此在巾唐的再度兴起和广泛使用确实是茶道文化迅速发展的结果，把中唐以后的托盏在很大程度上视为茶器。在此，我们又不得不涉及丁卯桥金银器之茶、酒器的区分问题。韩伟、齐东方认为丁卯桥器物中茶酒器并存，刘建国认为“在出土的千余件南方金银器中，酒器和茶具占相当大的比例”[②]文义中似乎也存在茶酒器共存的倾向。而廖宝秀则认为《唐代金银器》将丁卯桥部分出土物定名为“银托子”，而应是“银茶托”，因其与有自铭文的西安和平门唐平康坊银茶托在器高上有一倍差距[③]。对此，笔者同意齐东方的推测：丁卯桥窖藏出土的银器属中唐以后的作品，其上的“力士”二字，可能还是属于工匠或作坊的名字[④]。笔者更倾向于认为，“力士”应为作坊的名字，同时也起类似今天商标的作用。原因有：其一，一个工匠不可能一次同时造如此多的金银器，且其器物间在外观和工艺上有细小的差异。当然我们不排除此作坊以首席工匠的人名来命名。其二，李白《襄阳歌》“舒州勺，力士铛，李白与尔同死生”。句中，力士与舒州相对应（仗），都有地方品牌的含义。又有“豫章力士

① 严辉、杨海钦：《伊川鸦岭唐齐国太夫人墓》，《文物》1995年第11期。

② 刘建国：《试论唐代南方金银器工艺的兴起》，《唐代金银器》，文物出版社，1985年。

③ 廖宝秀：《从考古出土饮器论唐代的饮茶文化》，《故宫学术季刊》1991年第8期。

④ 《全唐诗》，卷166。

瓷饮器，茗铛、釜”。其“力士饮器”同样含有地方名牌的含义。其三，如韩伟先生所析，既然是饮器，那就可能既有酒器也有茶器。丁卯桥器物中既有明确的酒器如酒筹筒、酒瓮，同时也有明显不是酒器的器物如银钗、银则等。宋代窦苹《酒谱·饮器十一》中有爵、杯、铛、尊等，没有则、策等，而则、策是茶器无疑。其四，“力士”在我们的头脑中首先因《襄阳歌》《新唐书·韦坚传》《酒谱》而留下印象，而这些诗、文明显地沾着酒字、酒意，从而给我们一个错觉，好像是酒器的品牌。其实不然。《酒谱》以为“铛”系温酒器，而《新唐书·韦坚传》证明“茶铛"的存在。诗僧皎然《饮茶歌送郑荣》也有“云山童子调金铛，楚人（茶经）虚得名”句。

（5）点茶器，执壶。执壶作为茶器是用来点茶的，就是用执壶烧好水后，直接端壶冲注茶盏中的末茶。点茶式在晚唐流行，一直延续至宋代。宋代点茶盛行，其茶道技巧精湛。罗大经《鹤林玉露》云：“余同年南金云：《茶经》以鱼目、涌泉、连珠为煮水之节。然近世瀹茶，鲜以鼎铰。用瓶煮水，难以候视，则当以声辨一沸、二沸、三沸之节。又陆氏之汰，以末就茶镬，故以第二沸为合量而下末。若今以汤就茶瓯瀹之，则当用背二涉三之际合量。乃为声辨之诗云：‘砌虫唧唧万蝉催，忽有千车捆载来。听得松风并涧水，急呼缥色绿瓷杯。’”丁卯桥出土的长颈银执壶、长流银执壶，咸阳出土的鸳鸯蔓草纹金壶，不列颠银执壶（齐东方图1-293），水丘氏素面引注壶均应为茶器，用“背二涉三”的沸水来冲注茶盏茶瓯中的茶末。

（6）贮盐器。《茶经·四之器》：“鹾盆：揭、鹾愙以瓷为之，圆径四寸，若合形，或瓶或叠，贮盐花也，其揭，竹制，长四寸一分，阔九分。揭，策也。”亦即盐罐和盐匙。背阴村人物纹三足银壶、丁卯桥童子纹三足银壶、水邱氏人物阒四足银壶、正仓院狩猎纹罐形银壶（齐东方图279-287）及弗利尔缠枝纹带盖银豆、“水邱氏”缠枝纹银豆（齐东方图1-328、329）均应为贮盐器，其中丁卯桥、背阴村和水邱氏器物群均有其他茶器共出，其带足壶的茶器性质应较为确切。法门寺出土的盐台二式共四件，其錾文和《物账碑》的文字明确其为茶器。

（7）贮茶器。在这里说的贮茶器，指的既是贮放茶饼的器具，也是贮放茶末器。《茶经·二之具》云“育，以木制之，以竹编之，以纸糊之。中有隔，上有覆，下有床，旁有门，掩一扇。中置器，贮嬉猥火，令煴煴然。江南梅雨时，焚之以火”。这是陆羽理论上的贮茶之法，实践中人们很难做到。卢纶《新茶咏寄上西川相公二十三舅大夫二十舅》云：“三献蓬莱始一尝，日调金鼎阅芳香。贮之玉盒才半饼，寄与阿连题数行。”王建《宫词百首，原上新居》“锁茶藤笆密，曝药竹床新”。民间大约用藤笆奉寄，宫廷用金银玉器盒子装藏。法门寺双狮纹菱弧形鎏金银盒、素面高圈足银盒、“随真身御前赐”鎏金银盒、丁卯桥鹦鹉纹菱弧形鎏金银盒（陆、韩213图）等都可视为贮茶器，而丁卯桥素面银圆盒（陆、韩217图）应是贮放茶末的标准器物。这类盒的特点是都带高圈足，腹较深，器宽器高比较小。那些扁平的小型盒则不属于贮茶器，它们很可能是贮放香料的器物，而器物过于大如丁卯桥出土的凤纹菱弧形鎏金银盒通高超过20厘米，也不便用于贮放茶末，因为每次烹茶的量是有限的，在碾罗好茶末等候烧水时，要将茶末迅速保存起来，以防失色减味。《茶经》所要求的贮茶器用竹筒制成：“罗末以盒盖贮之，以则贮盒中……高三寸，盖一寸，底二寸，口径四寸。”在这里要说明的是，如将出土的人物画银坛子也作为贮放茶末的茶器似为不妥，因为此物定名应是“香宝子”，是举行或布置供养佛舍利仪式时所必需的佛教法器，而不是宫廷的食用器。

（8）炙茶器。用以炙茶的金银茶器有法门寺出土的银火箸、金银丝结条笼子、鎏金飞鸿纹镂空银笼子，伊川齐国太夫人银支架都是炙茶器。

（9）碾罗器。法门寺的鎏金鸿雁纹银茶碾、鎏金团花纹银轴、鎏金飞天仙鹤纹壶门座银茶罗子及上述银则，是文思院奉敕为僖宗皇帝所专门打造，其上有僖宗在宫中的小名“五哥”二字的刻划纹，系唐僖宗御用茶器无疑。其茶罗子上的筛网用纱做成，其密度大约为200目。

（10）饮茶器。在点茶道中，茶托茶盏既是点茶器又是饮器。韩伟先生依据水邱氏墓出土的高圈足银杯推断引申出一个大胆的假定：相同或相似的银杯可能是茶器，其中包括何家村发掘以来的出土文物和国外收藏的十四件银杯，分为碗形杯、八棱杯和筒形杯三式。廖宝秀却认为作为饮茶器的茶托在唐代有几种称谓，即茶托子、茶拓子、拓子、座子或碗托皆可，而杯子或杯托在唐代一般都用于饮酒器，茶道上器名称作茶杯或杯托，似嫌突兀。并认为白居易不少茶酒诗清楚交代咏茶用瓯、盏，咏酒用杯（见前述廖著）。笔者以为，韩文所述十四件银杯，有泛茶器化的倾向，但将其全部排除在茶器之外，似也不妥。他所述的第三种银杯——筒形杯中的“6”字形环柄银杯很可能就是茶器：其一，其口沿和杯壁为双层，一是工艺上的原因，二可能是饮茶防烫。其二，与金银器中的其他类型的杯子相比，这种杯子更接近中国传统。其三，杯体与之相同、带盖的瓷杯系茶器无疑，在唐代有实物。水邱氏银杯、美国藏带托银杯，应为茶器无疑，具体在这两件器物上，只是考古学家的器物定名和唐人的习俗有出入而已。沿着廖宝秀“饮茶以碗、饮酒以杯”的思路看，何家村等地的金银碗可能就是茶器。

在此还应指出，金银器中带“算盘珠”形节高足、圆形或多瓣形口沿，或通高在4厘米到8厘米，口径在9厘米以内的杯子应属酒器，这从西安安伽基石刻面4、《宴饮图》《弈棋侍女图》等可以看出。另外，似耳杯带折沿的羽觞亦为酒器无疑，在笔者查阅李白的所有诗歌时发现，饮酒多用“杯”“樽”，“羽觞”出现得也比较频繁，“玉碗”、罍也出现过。茶圣陆羽《六羡歌》中的“不羡黄金罍，不羡白玉杯”似乎也表明“玉杯”为饮茶器。法门寺出土物中被发掘时定名为“鎏金十字折花圈足银碟”，应为同时出土的《物账碑》中的“破罗子”，通高1.9厘米，口径11.1厘米，足高0.7

厘米，足径0.75厘米，重18.5克。如果这样，茶酒器之间没有极严格的界限。因为，这就是“破罗子”的话，只能作为饮茶器或其他饮器出现，而不能作为饮酒器。不饮酒为佛教五戒之一。至于韩伟先生所述的其他筒形杯和八棱杯的用途暂时存疑，但相对而言，筒形杯作为茶器的可能性比八棱杯要大一些。河南偃师出土的五曲葵口圈足银杯亦属饮茶器。

（11）渣斗。《茶经》云：“滓方，以集诸滓”，用以装放残渣的器物称为渣方。在宋辽金墓壁画或砖雕的事茶图中，很流行侍女捧着渣斗高过胸脯。如果是本来意义上盛放污秽物的唾盂的话，其不会出现于这样的场合。而且，在耶律羽之等辽墓中还发现精美的鎏金团花银渣斗，在宋代的庖厨砖雕中也出现了渣斗。针对这种情况，笔者分析认为其最大的可能是茶道中盛放残茶剩水的器物，跟《茶经》中渣方的用途相近，笔者依此认为，唐物之中，齐东方收录的三件“唾壶”，均为茶道中的渣斗无疑。正如齐教授所言：“唾盂的时代变化特征明显，唐前期的唾盂上部为盘口，带盖，直径小于下部腹径，中晚唐时期唾盂的上部为碗状，直径大于下部的腹径。”（他所说的唐前期的唾盂大都是陶瓷器而非金银器），这种变化正与茶道文化在中晚唐的兴盛密切相关，同时，金银唾盂（渣斗）在中晚唐的出现也绝非偶然，应视为贵族皇宫茶道尚等级、尚繁缛、尚奢华的必然产物和历史写照。

（12）食容器。法门寺出土樏子两套10件[①]，是魏晋以来槅的金银化发展。适宜在茶道过程中放置樱桃类水果及点心类食品，作为茶点。

依据《茶经》等文献以及唐代茶道文化发展的基本状况，本文对出土的唐代金银器中有可能是茶器的文物进行粗线条的辨析梳理和勾勒归类，以期对煌煌壮观的唐代金银器的用途有所认识，对唐代茶道文化的具体状态有所了解。我们看到韩伟、齐东方先生从考古学角度对茶器文物的分期判断和我们依据茶道文化发展的阶段性特征所做的判断是不谋而合的。同时我们发现，对每一件文物的具体用途要作出极为确切的判断是很困难的，因而拙文意在抛砖引玉，钦望方家有中的之作。

第三节 “清明茶宴”的规格与礼乐

一、清明宴应是“清明茶宴”

清明节在我国有悠久历史，相传起源于晋文公纪念介子推。有三层含义：清明时

① 扬之水：《法门寺出土的银金花罍子与银金花破罗子》，《文物》2008年第11期。

节是农业种植的主要节气，不可错过时间而耽误收成；君王应保持清明；纪念逝去的祖先和勋臣、故旧，以励志精进。中晚唐诗人杜牧的“清明时节雨纷纷，路上行人欲断魂，借问酒家何处有，牧童遥指杏花村”是历代以来最有名的清明诗，把悼念亡人借酒释怀作为主要内容。

《全唐诗》卷590李郢的《茶山贡焙歌》：“使君爱客情无已，客在金台价无比。春风三月贡茶时，尽逐红旌到山里。焙中清晓朱门开，筐箱渐见新芽来。陵烟触露不停探，官家赤印连帖催。朝饥暮匐谁兴哀，喧阗竞纳不盈掬。一时一饷还成堆，蒸之馥之香胜梅。研膏架动轰如雷，茶成拜表贡天子。万人争啖春山摧，驿骑鞭声砉流电，半夜驱夫谁复见。十日王程路四千，到时须及清明宴，吾君可谓纳谏君，谏官不谏何由闻。九重城里虽玉食，天涯吏役长纷纷。使君忧民惨容色，就焙尝茶坐诸客，几回到口重咨嗟。嫩绿鲜芳出何力，山中有酒亦有歌。乐营房户皆仙家，仙家十队酒百斛。金丝宴馔随经过，使君是日忧思多。客亦无言征绮罗，殷勤绕焙复长叹。官府例成期如何！吴民吴民莫憔悴，使君作相期苏尔。”

这是一首以奉敕收缴贡茶的“使君”为主要描述对象的叙事诗。既描述了浙西顾渚紫笋茶区茶户们采茶披星戴月采茶的勤快与艰辛，制茶研膏场面的宏大；也诉说了“使君”奉命催促是迫不得已，因为，要赶在帝王主持的清明宴前将茶送到京城长安；叙述了“使君”亲自到焙茶处，与茶户们一起品尝新茶优劣。

这首诗使我们得以明确知悉“清明宴”的存在，而且新焙春茶是清明宴不可缺少的主角。因而清明宴应是清明茶宴。

二、“清明茶宴”属于“大朝会”规格

《新唐书》卷11《礼乐一》云：

> 由三代而上，治出于一，而礼乐达于天下；由三代而下，治出于二，而礼乐为虚名。古者，宫室车舆以为居，衣裳冕弁以为服，尊爵俎豆以为器，金石丝竹以为乐，以适郊庙，以临朝廷，以事神而治民。其岁时聚会以为朝觐、聘问，欢欣交接以为射乡、食飨，合众兴事以为师田、学校，下至里闾田亩，吉凶哀乐，凡民之事，莫不一出于礼。由之以教其民为孝慈、友悌、忠信、仁义者，常不出于居处、动作、衣服、饮食之间。盖其朝夕从事者，无非乎此也。此所谓治出于一，而礼乐达天下，使天下安习而行之，不知所以迁善远罪而成俗也[①]。

① 《新唐书》，卷11，第307页。

统治者将居处、动作、衣服、饮食等日常生活作为表达弘扬孝慈、友悌、忠信、仁义等政治文化理念的具体落脚点。礼、理、情不是离开物质和运动的纯粹精神活动，而是有具体依托的实体。这些活动包括朝觐、聘问、射乡、食飨、师田、学校、冠婚、丧葬和唐朝新增的天子上陵、朝庙、养老、大射、讲武、读时令、纳皇后、皇太子入学、太常行陵、合朔、陈兵太社等，分作吉、宾、军、嘉、凶五礼，在初唐《贞观礼》《显庆礼》基础上，开元十五年增删改定为一百五十卷《大唐开元礼》。

从上述情形看，"岁时聚会以为朝觐、聘问"成为最高级别的政治文化活动。

《新唐书》卷19《礼乐九》：

> 皇帝元正、冬至受群臣朝贺而会。
>
> 前一日，尚舍设御幄于太极殿，有司设群官客使等次于东西朝堂，展县，置桉，陈车舆，又设解剑席于县西北横街之南。文官三品以上位于横街之南，道东；褒圣侯位于三品之下，介公、酅公位于道西；武官三品以上位于介公之西，少南；文官四品、五品位于县东，六品以下位于横街之南。又设诸州朝集使位：都督、刺史三品以上位于文、武官三品之东、西，四品以下分方位于文、武官当品之下。诸州使人又于朝集使之下，诸亲于四品、五品之南。设诸蕃方客位：三等以上，东方、南方在东方朝集使之东，西方、北方在西方朝集使之西，每国异位重行，北面；四等以下，分方位于朝集使六品之下。又设门外位：文官于东朝堂，介公、酅公在西朝堂之前，武官在介公之南，少退，每等异位重行；诸亲位于文、武官四品、五品之南；诸州朝集使，东方、南方在宗亲之南，使人分方于朝集使之下；诸方客，东方、南方在东方朝集使之南，西方、北方在西方朝集使之南，每国异位重行。
>
> 其日，将士填诸街，勒所部列黄麾大仗屯门及陈于殿庭，群官就次。侍中版奏"请中严"。诸侍卫之官诣阁奉迎，吏部兵部主客户部赞群官、客使俱出次，通事舍人各引就朝堂前位，引四品以下及诸亲、客等应先置者入就位。侍中版奏"外办"。皇帝服衮冕，冬至则服通天冠、绛纱袍，御舆出自西房，即御座南向坐。符宝郎奉宝置于前，公、王以下及诸客使等以次入就位。典仪曰："再拜。"赞者承传，在位者皆再拜。上公一人诣西阶席，脱舄，跪，解剑置于席，升，当御座前，北面跪贺，称："某官臣某言：元正首祚，景福惟新，伏惟开元神武皇帝陛下与天同休。"冬至云："天正长至，伏惟陛下如日之升。"乃降阶诣席，跪，佩剑，俯伏，兴，纳舄，复位。在位者皆再拜。侍中前承诏，降，诣群官东北，西面，称"有制"。在位者皆再拜。宣制曰："履新之庆，与公等同之。"冬至云："履长。"在位者皆再拜，舞蹈，三称万

岁，又再拜。

初，群官将朝，中书侍郎以诸州镇表别为一桉，俟于右延明门外，给事中以祥瑞桉俟于左延明门外，侍郎、给事中俱就侍臣班……[1]

从文意看，所谓宾礼，实则主要是接待宾客——少数民族首领和外国君主和他们的使臣的礼制。朝会包括元正（应为元旦，大年初一）、冬至等。

三、“清明茶宴”中的“礼乐”

首先是地点和文物典章。地点以太极殿为背景。如果考虑到龙朔三年正式启用大明宫后，西内太极宫和主要宫殿太极殿就处于基本闲置状态。再考虑武则天在长安元年（701）、三年两次在大明宫麟德殿宴享日本大使粟田真人的史实，可能的宾礼主要场所在唐代中后期以大明宫为背景。之所以出现上述记载的主要原因，是《开元礼》文本的重要依据是《贞观礼》和《显庆礼》。虽然地点有变化，但礼仪程序应该是准确的。

为了做好接待，唐三省与各台、殿等要做充分准备：皇帝安坐的御幄。太乐令设音乐台架，称为县（通悬）。鼓乐令准备12种吹奏乐器组合。承黄令准备各种车架。上辇奉御令准备舆、辇。典仪设置来宾和百官版位。为来宾和百官准备解剑席与县（悬）西北横街以南。《礼乐九》皇帝元正、冬至受群臣朝贺而会。从“前一日”至“诸方客，东方、南方在东方朝集使之南，西方、北方在西方朝集使之南，每国异位重行”。的主要内容应该是介绍各类人员的解剑席的位置。规定严格，为了维护秩序安定有序。

其次是参加官员及部门。

查《唐六典》可知：太乐令、鼓吹令属于太常寺的太乐署和鼓吹署。殿中监，为殿中省长官，监一人，从三品，“掌乘舆服御之政令，总尚食、尚药、尚衣、尚乘、尚舍、尚辇六局之官属，备其礼物，而供其职事；少监为之贰。凡听朝，则率其属执伞扇以列于左右”[2]。尚辇奉御属殿中省尚辇局，从五品上。其乘黄令也可能属于尚辇局，但《唐六典·殿中省》未见此职；尚食奉御属殿中省尚食局，正五品下；侍中是门下省长官，正三品，初唐即位宰相，典仪属于门下省，从九品下，“掌殿上赞唱之节及设殿庭版位之次。凡国有大礼，侍中行事，及进中严外办之版，皆赞相焉”[3]。“（中书省）

① 《新唐书·乐志九》，卷19，第425、426页。

② 《唐六典·殿中省》，中华书局，1992年，第323页。以下版本同，只注页码。

③ 《唐六典》，第249页。

黄门侍郎二人。正四品上。凡元正、冬至天子视朝。则以天下祥瑞奏闻”[①]。

《礼乐六》文中的舍人，指中书省的通事舍人，而不是中书舍人，“中书舍人六人，正五品上。掌侍奉进奏，参议表章。凡诏旨、制敕及玺书、册命，皆按典故起草进画；既下，则署而行之……凡大朝会，诸方起居，则受其表状而奏之；国有大事，若大克捷及大祥瑞，百寮表贺亦如之”[②]。“(中书省)通事舍人十六人，从六品上，掌朝见引纳及辞谢者于殿庭通奏。凡近臣入侍，文武就列，则引以进退，而告其拜起出入之节。凡四方通表，华夷纳贡，皆受而进之”[③]。中书舍人职在公文处置和把握政策；通事舍人主要在于接待安排，在朝中引导来宾和文武官员起坐礼拜。光禄卿为光禄寺长官，从三品；太官令，属于光禄寺下的太官署。太官令二人，从七品下。“掌供膳之事”，取明水于阴鉴，取明火于阳燧。“凡朝会、宴飨，九品以上并供其膳食”[④]。吏部、户部。兵部主客（郎中）都是三省之一的尚书省中层官员。诸州使、朝集使代表地方各州及边疆州府长官参加朝贺皇帝的典礼。从《礼乐九》“诸州使在朝集使之下”一句可以看出，或者诸州使与朝集使共同出席，没有朝集使的以州使代替出席典礼。朝集使可能是常驻京师的州府代表，州使则是临时性的职事。介公、酅公则是北周、杨隋两朝的皇家后裔的代表。

由此可见，宾礼和大朝会参与的部门有尚书、中书和门下三个行政省，还有殿中省、太常寺和光禄寺等三个事务性机构。六个国家级部门参与组织，在京官员参加外有州使、朝集使参加。

其他台省的职责分别是：鸿胪寺负责外蕃君主及其使者的级别鉴定，以公文形式上报尚书省礼部的主客郎中，并负责他们在四方馆的食宿。而四方馆直属门下省。御史台是国家最高监察机构，其殿中御史大夫负责朝会中的纪律，凡不合礼制者可当场弹劾处置。当年欧阳询衣着宽大，参加长孙皇后葬礼，许敬宗等大笑，被御史当场处理，无缘参加葬礼。卫尉宗正寺，“凡大祭祀、大朝会，则供其羽仪、节钺、金鼓、帷帟、茵席之属”[⑤]。司农司长官司农卿，从三品，“凡朝会、祭祀、供御所所须，及百官常料，则率署、监所贮之物以供其事”[⑥]。太府寺之太府丞，“凡元正、冬至所贡方物应陈于殿庭者，受而进之”[⑦]。都水监，都水使者二人从五品下，“凡献享宾客，则供川泽

---

① 《唐六典》，第244页。

② 《唐六典》，第276页。

③ 《唐六典》，第278页。

④ 《唐六典》，卷15，《光禄寺》，第442-444页。

⑤ 《唐六典》，第459页。

⑥ 《唐六典》，第524页。

⑦ 《唐六典》，第542页。

之奠”[①]。内官“率其属以赞导皇后之礼仪”[②]。诸军卫，更是负责各种大型礼仪活动的安全的主体。殿内外、宫内外、城内外的警戒任务异常繁重。

在翻检《唐六典》时，我们发现，似乎只有“大理寺”的职责与朝会祭祀没有直接责任外，剩余其他政府直属台省监府，诸如将作监、少府监都与之有一定的责任关系。也就是说，大朝会是政府各个台省监府都参与的大型政治文化活动。组织和参加大型宾礼、吉礼者，是以门下省长官侍中为首的六省、寺、监的首长，殿上行走者多为五品以上朝官。负责传达侍中指令的典仪为从九品下，在整个活动的中，上承侍中，下启赞者，起接纳引导作用。赞者是向殿下传达典仪宣令，主要负责接引殿下人员的进升。赞者同属门下省，省内编制二十人，足见其工作繁杂多绪。从《新唐书》之《礼乐志六》《礼乐志九》看，皇帝升座太极殿，参加朝仪的人员，依序排队至承天门外横街。各环节都需要赞者逐级传达。

按照《唐六典》两唐书《仪卫志》记载，太朝会前一日，京师卫戍部队各负其责，设点护卫，从宫门到进入大殿，由金吾卫护送；靠近皇帝最近的是千牛卫左、右二将军，他们及其下属是皇帝贴身侍卫。各仪仗依次与次序可参考罗彤华《唐代宫廷防卫制度研究》[③]。

四、“清明茶宴”演示的应有基本内容

音乐。舍人引藩主入门，《舒和》之乐作；皇帝初举酒，登歌作《昭和》三终。从乐曲名称和礼仪内容分析，这些音乐充满吉庆祥和的气氛。

活动仪式以皇帝为中心，门下省长官侍中主持，典仪掌握朝仪的阶段，赞唱各种内容。

禁军站好位置——群官就次——侍中宣：“请中严”——群官与客使由“次”入“位”——侍中版奏：“外办”——皇帝服冠冕入御座面南——诸王客使入位——典仪：“再拜！”——诸王、客使及群官行拜礼——上公一人面北跪贺：“伏惟陛下如日之升。”——侍中：“有制”——群官拜——侍中宣制：“履新之庆，与公等同之。”——群官再拜、舞蹈：“万岁万岁万万岁！”——户部尚书跪奏：“诸州贡物请付所司。”——侍中请示皇帝后：“制曰可。”——太府帅其属受诸州及诸蕃贡物出归仁、纳义门——侍中：“礼毕”——皇帝御舆回、群臣从至阁。

---

① 《唐六典》，第599页。

② 《唐六典》，第347页。

③ 罗彤华：《唐代宫廷防卫制度研究》，元华文创股份有限公司，2021年，第138页。

这是大朝会一般礼仪程式，如果是冬至日，没有报祥瑞这一内容。但有歌舞音乐，要设置酒台（以帷幕遮盖）于各人座位之南。

侍中："外办！"——皇帝服冠冕出自西方入御座——典仪一人升就东阶上，通事舍人引公、王以下及诸客使以次入就位——侍中跪奏皇帝："请诸王、公升座""制曰可。"——侍中从东阶上："请诸王、公升殿"——殿下面典仪传赞者——王、公至解剑席解剑脱舄从东西升殿——光禄卿阶下跪奏："请赐群臣上寿"——侍中："制曰可。"——光禄卿退至酒所——尚食斟一爵酒授上公——上公北面授殿中监——殿中监进置于御座前——上公退，北面跪称："某官臣某等"稽首言：元正首祚冬至云："天正长至。""臣某等不胜大庆，谨上千秋万岁寿。"再拜，在位者皆再拜，立于席后——侍中前承制，退称："敬举公等之觞。"在位者又再拜。殿中监取爵奉进，皇帝举酒，在位者皆舞蹈，三称万岁。皇帝举酒讫，殿中监进，受虚爵，以授尚食，尚食受爵于坫——典仪："再拜！"赞者下传："再拜"在位者皆拜——典仪："就座"——琴瑟歌舞进——尚食进酒至阶，殿上典仪："酒至！"——坐着皆起立——殿中监阶下省酒——太食奉酒——皇帝举酒——太官令行群官酒——殿上典仪："再拜"——在位者皆再拜，搢笏受觯。殿上典仪唱："就座。"——觞行三周，尚食进御食，食至阶，殿上典仪唱："食至，兴。"阶下赞者承传，坐者皆起，立座后——设食讫，殿上典仪唱："就座。"阶下赞者承传，皆就座。皇帝乃饭，上下俱饭——若赐酒，侍中承诏诣东阶上，西面称："赐酒。"殿上典仪承传，阶下赞者又承传，坐者皆起，再拜，立，受觯，就席坐饮，立，授虚爵，又再拜，就座。酒行十二遍——会毕，殿上典仪唱："可起。"——设九部乐，则去乐县，无警跸。

我们看到，在冬至节上皇帝及其大臣不仅喝酒，会食，还有九部乐歌舞助兴。完全是一种皇帝协和大臣外蕃的喜庆活动。而如果在大朝会和冬至节这样有明文记载的皇朝礼制中拿出一般的清明节宴会程式，无疑是可行的，但整个气氛可能不同，其目的和趣向有较大的特殊性：万物复苏，以茶示俭，和谐万邦，表申上下一心，华夷一体，励精图治。

清明宴是唐长安宫廷传统节日文化与南方贡茶区明前品茶斗茶的结合。一方面必然受到宫廷文化固有礼制的制约，另一方面会对原来的礼制产生一定的影响，对其内容和程序进行改造。清明节是中国传统节日，唐代节前为寒食节，不能动用烟火。以生冷食品为主食。而清明节这一天，皇帝则要向大臣们赐新火。新火，很可能就是阳燧。而饮茶正好是生冷食品向煎煮炮炙肉食品的过渡。孟浩然《清明即事》明确告诉我们，初盛唐之际，唐人已经在清明节以茶代酒。如果把这个民间习俗发展为宫廷礼仪，我们可以推想：上述元正、冬至等朝会中的饮酒完全有可能在清明节这一天统统以茶代替！而这正是清明茶宴的应有之义：以茶示俭，以茶明忠诚，以茶示清雅，以茶扬清廉，以茶畅和煦，以茶昭互信。

《唐会要·节日》：“十二年二月，以寒食节，御麟德殿内宴。于宰臣位后，施画屏风，圆汉魏名臣，仍纪其嘉言美行，题之于下。其年四月庚午，上诞之日。进岁，常以此时会沙门、道士于麟德殿讲论，至是，兼召儒官，讲论三教。”

由此，我们将清明宴举行的场所设定为大明宫内的麟德殿。

1. 初盛唐礼制下的清明茶宴

画外音：茶树，是大自然特别眷顾中国人的最美好的象征，也是对热爱自然，追求天然合一的中国人的最好嘉赏。最早生长于中国云贵高原的茶树，是天人之际最神奇的植物。中国人最早发现了茶叶的隽永魅力。他翠绿的身姿，轻盈洒脱的气质，变幻多端的曼妙气象，令无数文人骚客所折腰。从2000多年前的汉代，茶叶逐渐进入人们的日常生活，作为一种饮料，日益受到人们重视。到了唐朝，湖北天门人陆羽历经三十余年，完成一部伟大的茶学著作——《茶经》。它对茶叶的来源、制作加工、饮用做了详细的统计与研究。提出“茶宜精行俭德之人”的主张。他与他同时代的儒学家颜真卿、诗僧皎然等，把饮茶提升到修身养性，体禅悟道的高度。茶道成为形而下的烹茶饮用与形而上的儒家思想相结合的一种新型文化活动形态。茶道成为民间、寺院和京都长安普遍推崇的综合文化形式。唐朝统治者，顺应社会发展的需要，也将饮茶移植到宫廷礼仪之中，形成君臣一心励精图治和谐万邦为主题的宫廷茶道。而清明宴成为承载宫廷茶道的最重要的方式。

清明节前一天为寒食节，全国上下不动火，使用生冷食品。清明节皇帝赐百官新火，君臣尝新进奉的春茶，逐渐形成以品茶、赐茶为主要内容的王公贵族、外国藩王使臣及京官、州使普遍参加的清明茶宴。晚唐长安人李郢曾在湖州为刺史，写有《茶山贡焙歌》，其中有：“十日王程路四千，到时须及清明宴。”说明明前贡茶的一个重要原因就是要赶上清明宴。

在春明景和的清明节，一场规模宏大的茶宴，在宰相侍中的洪亮而喜悦的宣令下，拉开帷幕。

侍中高声宣令内外：“请中严。”群官与客使找好自己站立位置。

侍中：“外办！”请皇帝升殿。皇帝服冠冕礼服，从西阶上，落座。通事舍人引领诸王、客使入位。

侍中跪奏：“陛下，现请诸王公升殿入座。”

宦官：“制曰可！”

侍中，起身从东阶上：“诸王公、客使升殿。”

典仪：“诸王公、客使升殿。”

典仪：“再拜”，诸王、客使一起跪拜。

中书令面北跪奏："臣，中书令率群臣恭祝吾皇圣寿万春，圣枝万叶，八荒来服，四海无波。圣朝开基一十八叶，照临华夏二百八十余载。华夷一体，汇通东西，播扬文华于安息吐蕃，传送经典于琉球新罗。梵音诵佛万里同韵，中外悟道风月同天。接宾客于琼海之涯，和亲于万里之外。皇皇华夏，与日月共辉。今风调雨顺，天人相庆。茶为万木至尊，百草之王。古之圣贤华章赞叹，而今万民奉为国宝。昨，山南浙西新茶递相到京，臣观其芽叶饱满，滋味醇厚。吾等恭请吾皇圣驾品鉴。"

皇帝："煌煌我唐，居关陇而都长安，承炎汉之规度，续魏晋之文华，融华夏为一家，而和谐东西为一统。尊崇老子，师学孔孟，礼拜释迦。都邑焕丽，山河锦绣。熔五兵为农器，百姓丰衣足食；摧烽堞建通衢，中外互通有无。茶为天赐华夏宝物，秉山川之精华，纳江河之灵气。古人以茶示节俭，名臣以茶示清廉。朕以为，茶者涤烦祛邪，致清导和，在臣表忠诚，在君扬清明。《易》曰：'天行健，君子自强不息。'我唐，安息都护府远在万里之西，琼州雷州飞凌天涯。时有旱魃作怪，南北水患不息。今日，寒食清明，与众卿宴聚大明宫内，共品新茗，契我君臣上下一心，励精图治。心怀社稷，抚爱苍生。各司其职，各展功能，联谊华夏，和谐万邦。"

众臣："吾皇万岁万岁万万岁！"

侍中："备茶！"

典仪："茶博士上殿！"

典仪："上新茶！"

典仪："请侍御史启封！"

侍御史："启奏吾皇：竹筒之上有湖州府印和山南封印，时在五日之前，筒内，有瓷罐，罐加湖州刺史与山南节度使封泥。红印紫泥，完好无损，当为官贡御用。"

侍中："制曰可！"

典仪："赏茶！"

赞者："请赏顾渚紫笋！"

赞者："请赏金州茶芽！"

典仪："备水"

典仪："炙茶！"

典仪："碾茶！"

典仪："罗茶"

典仪："涤器！"

典仪："取火煮水！"（侍者、茶博士助手以阳燧对日取火）

典仪："煎茶！"

典仪："水初沸！育汤花！投盐！"

典仪：“水二沸，投茶。”

典仪：“炀汤花!”

典仪：“水三沸！斟茶！”

典仪：“殿中监监茶！”殿中监从茶博士手中接过茶盏，用小勺舀出一勺，用银针试茶。转身向皇帝鞠躬示意。随手奉茶交予皇帝皇后。

皇帝：“茶为百草魁英，先苦后甜，富有至理。”

光禄卿：“臣光禄卿，请赐群臣上寿！”

侍中：“制曰可！”

典仪：“赐茶汤！”

群臣：“恭祝吾皇圣寿万春！圣枝万叶。”

典仪：“品茶”

典仪：“上茶点！”

殿中监审视瓜果点心，

典仪：“太署令上殿！”

太署令上场一一品鉴尝试后。亲自奉瓜果于御前。

光禄卿：“启奏皇上，请赐茶！”

侍中宣诏书：“吐蕃、回鹘、南诏与我唐修盟，世代友好。新罗、高丽地连水通，和好如父子。大秦、康国与我朝世代通好，互通有无，人民享受西方宝物用度。朕御赐新茶一串。众大臣一心奉国，不畏艰辛，朕赐茶一饼。望播德教于四方，弘仁爱至万国！”

典仪：“诸王公客使行礼。”

众臣：“万岁万岁万万岁！”

侍中：“礼毕！”

2. 唐宫廷茶道“清明宴”表演服装

我们依据两唐书有关记载和唐代壁画，设计出基本表演必需的服饰。敦煌壁画、乾陵唐墓壁画和《宫乐图》《韩熙载夜宴图》是我们主要参考。敦煌328窟盛唐佛弟子袈裟。

第七章

茶器组合与茶道流变所展示的长安唐代茶道文化的引领作用

第一节　长安·关中出土的茶器文物

一、唐宋茶道形式

（一）《茶经》煎茶道的确立

汉阳陵15号丛葬坑纯茶的发现，毫无悬念地将饮茶历史最下限定格在西汉，这样我们探讨饮茶之器有了历史坐标[①]。《茶经·六之饮》："饮有粗茶、散茶、末茶、饼茶者，乃斫、乃熬、乃炀、乃舂，贮于瓶缶之中，以汤沃焉，谓之痷茶。或用葱、姜、枣、橘皮、茱萸、薄荷之等，煮之百沸，或扬令滑，或煮去沫，斯沟渠间弃水耳，而习俗不已。"斫对粗茶，熬对散茶，炀对末茶，舂对饼茶。炀，《说文》释为炙，燥。也就是烤炙之意。《茶经》短短一段文字给出两个信息：锅中煮茶与瓶缶中痷茶两种方式。粗茶，是带枝干的原始白茶，实物在东汉时代西藏阿里墓葬中出现[②]。散茶，既有原始白茶，也有青茶，也有属于黑毛茶的可能，更大可能是绿茶——没有经过模压的蒸青绿茶。饼茶属于蒸青团茶。从陆羽这段话的原意可以看到，这几种茶可以同时使用这两种方法饮用。无论如何理解，当时茶叶加工虽然纷乱，但还明显地看到：茶叶已经成为需要专业加工的门类独立的饮品，茶业充满勃勃生机。

《茶经》对以上饮茶法进行彻底批评，着力提倡鍑中煎煮末茶的方法。其茶道技法在《五之煮》中阐述得非常明确，兹不赘述。其所用二十四器包括：风炉灰承及埭台、莒（木炭娄）、炭檛、火夹（火箸）、鍑（釜）、交床、食箸（竹夹）、纸囊、碾碢轴、罗合拂末、则、水方、砧板、漉方、滤囊、勺、竹夹、鹾簋揭（贮盐器、木匕）、

---

① 陆厚原等：*Earliest tea as evidence for one branch of the Silk Road across the Tibetan Plateau*（《世界上最早茶叶实物的发现证明了丝绸之路的一条分支曾穿越青藏高原》）：英国《自然》周刊下属的开放网络科学杂志《科学报告》。

② 霍巍：《西藏西部考古新发现的茶叶与茶具》，《西藏大学学报（社会科学版）》2016年第1期，第10页。

熟盂、碗、畚、札、涤方、滓方、巾、具列、都蓝。前述二十五件套，其中都蓝，是整理收藏二十四器的竹编器具。另外，处于茶具与茶器之间存放茶饼的“育”，唐人制作也很讲究，到中晚唐就以茶笼子代替。水方，以贮存清水；涤方，盛放洗涤好的碗、夹等；滓方，盛放剩水，在实践过程中，水罐、水盂代替木质水方，渣斗取代滓方。具列，茶道雅聚过程用以盛放茶器，都蓝在茶道结束后存放茶器。

从唐代诗文与考古发掘看，鍑中煎煮、只添加盐花注重茶之清雅的陆羽茶道得到帝后贵族与文人士大夫及僧道人员的尊崇。从780年前后《茶经》正式刊布以来，煎煮茶道处于主流形态。茶器主要是鍑、则、碗、竹筴。

出生南方民间的茶圣所使用茶器包括茶碾罗盒等多为竹木器，因此完整留存没有。贵族之门宫廷之内的茶器呈现另外形态，但以陆羽茶道理念茶道思想统摄茶事的文化风尚却是南北一气，上下合一。

（二）点茶道的形成

人们将陆羽茶道精神与“痷茶法”结合起来：用“背二涉三”的沸水冲注碗盏中碾罗好的茶末，被称为“点茶”，要领技巧是高冲低注。

“点茶”流传开来可能到了晚唐以后。冯贽《记事珠》：“建人谓斗茶为茗战。”苏廙《十六汤品》载之陶谷《清异录·茗荈》，亦见清人《全唐文》。陶谷（903—970）今陕西彬州市人，他说：苏廙《十六汤品》原载于《仙芽传》。该作开宗明义地指出：“汤者，茶之司命。若名茶，而滥汤，则与凡末同调矣。”[①]清人认为陶谷《清异录》多摭唐五代故事，考虑他的出生地（今彬州市）看，《十六汤品》当与唐都长安关系密切。这里的汤，是指火候恰到好处的沸水、开水；同时指用汤瓶点注汤的技巧。例如“第五断脉汤：茶已就膏，宜以造化成其形，若手颤臂亸，惟恐其深嘴之端若存若忘，汤不顺通，故茶不匀粹，是犹人之百门气血断续，欲寿奚苟恶憋，宜逃”。由此可见其对点茶技艺的追求，达到相当高度！“深嘴”，执壶上尖而细长的流嘴。唐代法门寺出土鎏金银罗里的罗纱达到200目细度，已经达到点茶出膏的程度[②]。

点茶到北宋末期的徽宗时期达到顶峰，《大观茶论》为其明证。

点茶道主要茶器有：罗碾、盏、则、茶筅、瓶、勺、水方。主体茶器是执壶与茶盏、茶筅。

---

① （宋）陶穀：《清异录》，《分门古今类事》，上海古籍出版社，1991年，第1074-914页。

② 梁子、谢伟：《小议晚唐茶道之主流形式——点茶》，《农业考古》1995年第2期。梁子：《中国唐宋茶道》，陕西人民出版社，1994年，第136页。

表七 关中出土茶器汇总表

序号	墓葬情况	墓志纪年	地点	发掘年代	出土茶具情况	资料来源
1	李裕墓	隋大业元年	长安区郭杜镇	2006年	白瓷碗3件，白瓷杯4件，白瓷盘1件，白瓷碟1件	《西安南郊隋李裕墓发掘简报》，《文物》2009年第7期
2	苏统师墓	隋大业四年	西安市南郊的长安区韦曲街办韩家湾村	2009年2月	白瓷杯1件，铜勺1件	《西安南郊隋苏统师墓发掘简报》，《考古与文物》2010年第3期
3	戴胄夫妇墓	唐贞观十二年	西安市南郊神禾原西麓、子午大道西侧	2014年9月—11月	瓷盏1件	《西安市长安区唐戴胄夫妇墓发掘简报》，《考古》2021年第10期
4	李孝则墓	唐永隆二年	长安区岔道口村	2010年	银镬1件，银筷1双，银匕1件，银勺1件	陕西考古博物馆展览
5	节愍太子墓	唐景云元年	陕西省富平县宫里乡南陵村刘家堡西北200米处，距中宗定陵东南2公里。	1995年3月—12月	白瓷小碗2件	《唐节愍太子墓发掘简报》，《考古与文物》2004年第4期
6	李倕墓	唐开元二十四年	西安南郊理工大学曲江新校区，曲江乡孟村之北，西安曲江水厂之南，东隔雁翔路，与西安交大科技苑相邻	2001年11月—2002年8月	三足白釉瓷铛1件。铜钵1件，铜盆1件，铜釜1件。铜盘1件，铜碗1件，匜形铜器1件（铜铫）。银碗2件。铁器3件，残损严重，可辨有剪	《唐李倕墓发掘简报》，《考古与文物》2015年第6期
7	韩休及夫人柳氏合葬墓	唐开元二十八年	西安市长安区大兆街办郭庄村南	2011年3月—11月	甬道及墓室填土中，有白釉瓷执壶、白釉瓷盏等，均残	《西安郭庄唐代韩休墓发掘简报》，《文物》2019年第1期
8	西安东郊高楼村14号唐墓	唐天宝七年	西安东郊	1955年	蓝釉瓷碗2件，执壶1把	《西安高楼村唐墓墓葬清理简报》，《文物参考资料》1955年第7期
9	唐安公主墓	唐兴元元年	西安王家坟	1989年7月	青釉执壶2件	《西安王家坟唐代唐安公主墓》，《文物》1991年第9期

续表

序号	墓葬情况	墓志纪年	地点	发掘年代	出土茶具情况	资料来源
10	上清大洞法师姜希晃墓	唐贞元七年	西安市长安区航天产业基地	2018年8月	瓷盏1件	《西安南郊唐上清大洞法师姜希晃墓发掘简报》，《中原文物》2020年第5期
11	杜华墓	唐贞元十四年	西安市雁塔区月登阁村	2020年9月—12月	青瓷碗3件，白瓷盏2件，白瓷渣斗1件，白瓷执壶1件，石三足匜1件，鎏金铜长柄叉形器1件，铜釜1件，鎏金铜火箸1件，铜筷1双，银则1件，银勺1件，铁剪3件，三足带盖银罐1件	《陕西西安月登阁村唐杜华墓发掘简报》，《考古与文物》2021年第6期
12	耀县出土的一批金银器	唐大中年间	耀县柳林背阴村	1958年	银茶托1件，银茶杯2件，银筷1双，银匙1件	《陕西省耀县柳林背阴村出土一批唐代银器》，《文物》1966年第1期
13	青龙寺遗址	唐（有大中十三年铭文）			白瓷执壶，茶叶末釉执壶，耀州白瓷小碗，邢窑白瓷碗，“盈”字底款白瓷碗，巩县白瓷小碗，白瓷碗	《青龙寺遗址出土“盈”字款珍贵白瓷器》，《考古与文物》1997年第6期
14	平康坊出土的7件茶托	唐大中十四年	西安和平门外	1957年5月	茶托7件	《唐代长安城平康坊出土的鎏金茶托子》，《考古》1959年第12期
15	法门寺出土茶器	唐咸通年间（十至十三年）	陕西省扶风县城以北的法门镇	1987年—1988年	出土金银丝结条笼子，飞鸿球路纹鎏金银笼子，鎏金鸿雁纹云纹茶碾子，鎏金团花银碢轴，鎏金仙人驾鹤纹壶门茶罗子，鎏金摩羯纹银盐台，鎏金流云纹长柄银匙，素面淡黄色琉璃茶碗等	《扶风法门寺唐代地宫发掘简报》，《考古与文物》1988年第2期；《法门寺考古发掘报告》，文物出版社，2007年
16	博陵夫人崔氏墓	唐乾符六年	西安市雁塔区曲江街道新开门村东南、东曲池村东北	2012年5月	瓷碗3件	《西安曲江唐博陵郡夫人崔氏墓发掘简报》，《文物》2018年第8期

续表

序号	墓葬情况	墓志纪年	地点	发掘年代	出土茶具情况	资料来源
17	南里王村唐墓	唐	南里王村	1991年	白瓷执壶1件	陕西考古博物馆展览
18	茅坡村南唐墓M13-1	推测为唐代中晚期	西安市南郊长安区郭杜镇茅坡村南	2001年8月—10月	酱釉执壶1件	《西安市南郊茅坡村发现一座唐墓》，《文物》2004年第9期
19	大明宫兴安门遗址出土	唐	西安市自强东路北、二马路南、建强路东	2009年4月—7月	瓷碗20件，残片；瓷盏8件（内施黑釉）	《西安市唐长安城大明宫兴安门遗址》，《考古》2014年第11期
20	小雁塔东院晚唐灰坑	晚唐	西安小雁塔东院	2003年7月—8月	碗12件，杯1件，盏3件，注壶3件	《西安小雁塔东院出土唐荐福寺遗物》，《考古》2006年第1期
21	古井XNJ1	晚唐	西安铁路新村的南侧	2002年3月	白瓷执壶5件（套），除4件盖完整外，其余均残缺，其中1件壶仅剩腹部，无法复原。茶叶末釉执壶，仅出土两残片。白瓷碗2件。青釉瓷碗1件，仅剩口沿部分。茶叶末釉盏1件	《西安南郊新发现的唐长安新昌坊“盈”字款瓷器及相关问题》，《文物》2003年第12期
22	西明寺遗址	唐最早为开元（713—741）中后期，最晚为8世纪中后期		1985年	石茶碾，半个。瓷器多为壁形底的白瓷碗残片，其中可复原的碗多达40余件。出土了注子残片，颜色有褐色、绿色和豆青色	《唐长安西明寺遗址发掘简报》，《考古》1990年第1期
23	渭南	唐	华州区出土		带捉纽盖白釉瓷渣斗、下部未施釉白瓷执壶	渭南市博物馆展出
24	南郊傅村隋唐墓	唐	西安市雁塔区丈八乡傅村，北临锦业二路，东临西沣一级公路	2005年7月—10月	铜勺1件，铜粉匙1件，铜匕1件，铁剪3件	《西安南郊傅村隋唐墓发掘简报》，《考古与文物》2010年第3期

续表

序号	墓葬情况	墓志纪年	地点	发掘年代	出土茶具情况	资料来源
25	西安西大街古井出土的一批瓷器	推测为唐代中晚期或五代时期	西安市西大街	2000年	白瓷碗1件，残，可复原。黑釉执壶15件。白瓷执壶5件	《西安西大街古井出土唐代遗物》,《文物》2009年第5期
26	李璹墓	北宋天圣七年	西安市长安区郭杜镇茅坡村南	2003年4月	碗1件	《西安长安区郭杜镇清理的三座宋代李唐王朝后裔家族墓》,《文物》2008年第6期
27	蓝田吕氏家族墓园	宋（熙宁—政和，1074—1117）	蓝田县五里头村村西北	2006年12月—2011年1月	执壶，盏托，石茶铫，铁剪等，19座成人墓均有精致茶器出土	《蓝田吕氏家族墓园》，文物出版社，2018年
28	孟氏家族墓	北宋宣和四年（1123）	长安区杜回村		青釉刻花牡丹纹套盒1件，青釉渣斗1件，耀窑盏、托	陕西考古博物馆展览
29	西安马腾空北宋墓M14	北宋晚期	西安市浐灞生态区长延堡街道办马腾空村东北	2009年11月	盏托1件，盏2件，执壶把手与口1件	《陕西西安马腾空北宋墓发掘简报》,《考古与文物》2021年第3期
30	眉县出土的茶具	宋	眉县常兴下塬存		黑釉盏2件	眉县博物馆展出

注：宋代耀州窑茶器在陕西乃至北方或全国大的博物馆都有收藏、展出，由于相当一部分文物未见诸简报或出版书籍，其考古数据无法统计。在此列表仅仅是发表过或在近期展览上看到的。以文物组合、尺寸作为茶器判定标准。茶盏茶碗尺寸在8—15厘米，12厘米是标准直径，腹深3.5—5厘米。

二、长安关中茶器出土汇总表

自从巴人贡茶于周天子，关中就开始了饮茶的时代，而茶器必然出现，从历史逻辑讲，应是从原始饮水杯碗，到青铜、漆器时代酒器中孵化出土，带盖杯、带托盘杯盏应是最早专业茶器，西魏陆丑墓、日军华公主墓（541）都有茶器出土，隋代苏统帅墓出土茶杯较大，透光极好，盛唐李倕墓、中唐杜华墓、晚唐法门寺、青龙寺，北宋吕氏家族墓文物都极富代表性，在全国范围讲，都是当时的经典之作，以表格列示如上（表七）。

第二节　相关茶器组合的探讨

虽然茶圣《茶经》作为煎煮茶道经典受到尊崇，徽宗《大观茶论》是点茶道最高阶段代表，但具体到历史个体或不同出土文物与文物群本身所揭示的茶饮形式却千差万别，具体情况具体分析。

一、煮茶器：茶鍑、茶铛、茶碗

茶釜、茶鍑及茶鼎，在造型上有差异，但都是用来煮水。《茶经》鍑中煎煮茶道要在鍑中投茶，从鍑中舀茶斟分。皇室李倕（736年卒）墓、西安杜华（798年卒）墓都有铜茶鍑出土（本文这一部分有关出土文物资料出处，以图表资料来源为准），伴随出土有茶铛、茶碗。铜提梁罐，高圈足铜碗。瓷茶鍑在长沙窑多有发现。

《旧唐书·王维传》：“斋中无所有，唯有茶铛、药臼、经囊、绳床而已。”贾岛《原东居喜唐温琪频至》：“曲江春草生，紫阁雪分明……墨研秋日雨，茶试老僧铛。”

历史上，当茶道雅聚人数较多时，就需要提前准备好茶末或增加茶碾数量，北宋时出现茶磨——从小型发展到河上水力茶磨。关中似乎没见到小型茶磨出土。

杜华墓、西明寺、青龙寺三个年代的玉璧矮圈足碗基本没有大变化，煎煮茶与点茶通用？《宫乐图》表明：在大型盆中舀茶，再用平底碗喝。

李倕（736年卒）墓出土铜茶鍑、瓷茶铛、银茶铛、银铫（梁子摄于陕西考古博物馆）

杜华（798年卒）墓出土银茶鍑、石鐎斗（茶铛）、青瓷碗（采自发掘简报）

二、执壶：从瘫茶器、熟盂到点茶器

1. 执壶的时代特征及其使用组合

（1）作为储水器的熟盂，或作为煎煮茶道中培育汤华的熟盂。在鍑中煎煮茶道流行的时代，墓葬出现茶瓯茶夹，与执壶，这时候的执壶，以杜华墓出土器物最具典型。《宫乐图》中一致。瓷壶与中国历史博物馆藏一组河北唐县茶器中的执壶很接近[①]。

① 孙机、刘家琳：《记一组邢窑茶具及同出的瓷人像》，《文物》1990年第4期。

杜华墓出土执壶与青釉瓷茶碗（采自发掘简报）

邢钢生活区出土白瓷执壶[①]，与杜华墓、河北唐县邢窑白瓷执壶相比，力点下移了，直口变为敞喇叭口，颈部更弯曲但流依旧较短。应该属于点茶器初始阶段执壶。

（2）斜长流执壶出现应该属于初期点茶器。以西安出土大中白瓷执壶为标准。“大中十三年（859）王八送来令射政”。该执壶属于晚唐。着力点更低，流变长，应该是一手执提手，一手摁盖纽，进行点茶。这时已经追求茶粉经水后成膏沫状，加带纽盖，便于两手拿稳执壶。青龙寺盈字款白瓷执壶应是皇家寺院使用的标准器，而华州博物馆执壶与西安西大街古井（地处唐代皇城）出土黑釉、白釉应该属于大规模使用的唐代晚唐初期（大中）实物，与御用品有显著差距。河北平山崔氏墓[②]，有瓷茶碾碣轴、

浙江绍兴元和五年（810）越窑青瓷执壶

河北邢台出土执壶

河北平山唐崔氏（903年卒）墓壁画《备茶图》（采自发掘简报）

① 李恩玮：《邢台市邢钢东生活区唐墓发掘简报》，《文物春秋》2005年第2期。
② 韩金秋、樊书海：《河北平山王母村唐代崔氏墓发掘简报》，《文物》2019年第6期。

铁鐎斗（茶铛）、平底白瓷碗、铁剪等。从点茶执壶器型日益专业化看，长安器物造型领先时代。青龙寺出土与河北平山崔氏墓壁画里执壶比较看，出40余年差异，很可能是点茶流行京师时，其他地方可能处于煎茶甚至痷茶阶段。同样相似造型执壶杜华墓要比河北唐县的早得多。

（3）弯曲斜长流是标准点茶器。随着人们点茶实践深入，执壶越来越瘦高，流越来越细长，出水点水平距离越来越高。

（4）横柄执壶当来自铫与执壶的结合。铫，《康熙字典》："《正字通》：今釜之小而有柄有流者，亦曰铫。""鐎，温器，三足而有柄。形如铫，釜属"。"《通俗文》：鬴（釜）有足曰铛"。我们认为匜带柄为铫，鼎带柄为铛。按照宋人高承《事物纪原》卷8《偏提》云：因仇士良恶注子同音郑注，"乃立柄安系，若茶瓶而小异，名曰偏提"[1]。大和九年（835）凤翔节度使郑注连同李训、王涯等在"甘露之变"失败，被宦官仇士良诛杀。时间比大中时代（860—874）要早25年，推测横柄执壶实际出现应更早。

上海博物馆藏大中元年（847）越窑青瓷执壶

煮水器釜、茶铛在宋代基本越来越少，更多的是金属长流执壶出现。

2. 执壶的组合使用

（1）用执壶与斗笠盏点茶。宁波和义路唐代三期文化层都有执壶与茶盏茶托的配套使用。点茶道流行的北宋，特别是在《大观茶论》的号召下，执壶，特别是长流金属执壶与建盏的配套使用成为标准组合。但在此前，在饮茶过程中，执壶还有两个用途：首先，《茶经》所谓的"痷茶"法。其次在陆羽鍑中煎煮茶道盛行期，执壶起水盂或熟盂作用。点茶道开始后，人们发现：屈颈、短流、圆鼓腹执壶并不适合点茶，而采用敞口长颈长流高挑的执壶来点茶。关中北宋蓝田吕氏家族墓是最典型的例证。（吕省山夫人墓）M5∶3石执壶，高11.2、腹径11.5厘米，显得纤巧，纯粹完全是为妇女点茶打造！流虽然短，但曲度已够，其流口已经高过壶沿。吕大临墓（M2）出土铜执壶最为精致，是点茶标准壶。吕大圭墓（M12）出土茶器也很典型。他是墓区第三代人，但是是最后一个去世的（1117），时，司马光、吕大防等元祐党人已经被昭雪平反，吕大圭墓文物丰富，茶酒香器均有。

吕大临铜执壶 、吕大圭墓出土铁铸壶与徽宗《文会图》中执壶极为相似。

---

① （宋）高承：《事物纪原》，中华书局，1989年，第419页。

西安青龙寺出土859年执壶与玉璧矮圈足白釉瓷碗
（梁子摄于西安博物院展厅）

浙江宁波和义路出土晚唐执壶与茶托茶盏

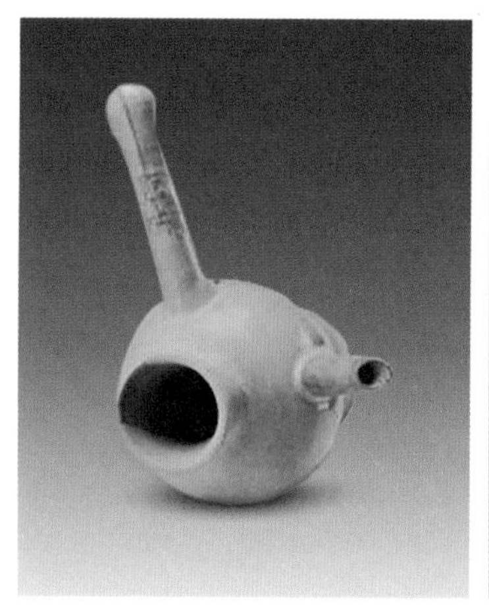

三门峡市博物馆金代绿釉执壶（梁子摄）

吕锡山安葬侯、齐二夫人，亲自撰文书丹。鍑中煎煮茶末是陆羽倡导的主流，饮器以碗为主，实际上杯配以托在南朝已经出现。贵州南朝已经出现带盖杯、托[①]，M25：4青白釉杯托是耀州窑出现较多的器型。

斗笠盏是点茶标准器。北宋吕大临（1093年卒）墓M12出土铜执壶，是北宋末期典型的点茶执壶，流加长，变弯后斜出，是点茶道标准器具。造型相似的有南宋许银执壶。

陕西转运副使茶马官吕大忠墓（M20）出土青瓷茶盏

吕大临（1093年卒）与前妻继妻铜执壶

兔毫盏

河北宣化辽墓M5壁画《备茶图》

① 贵州省博物馆考古组：《贵州平坝马场东晋南朝墓发掘简报》，《考古》1973年第6期，第347-350页。

石茶碾

石盏托（台盏）

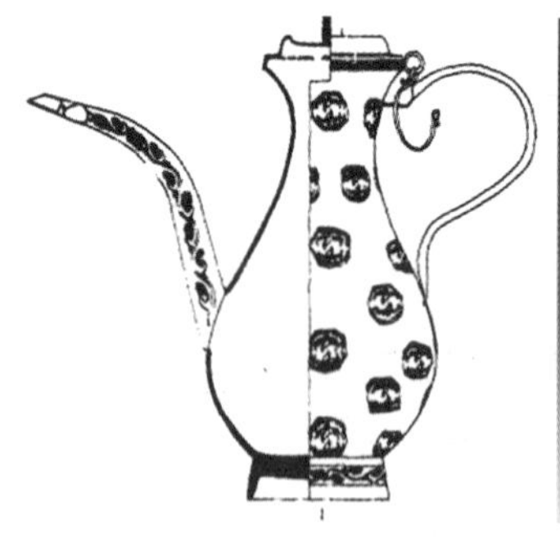

南宋许峻（1272年卒）墓鎏金银执壶

吕省山石执壶（1107年卒，大雅次子，大临继子）

兔毫盏

吕大圭（1116年卒）与妻张氏（1073年卒）铁执壶

鹧鸪斑建盏

石鍑

陶盏托

青白釉杯托

与点茶执壶配套的最紧密茶器是盛放茶末的斗笠形茶盏或建盏。从斗茶图看，一人执壶，一人左手持盏右手攥竹制茶筅。吕氏家族墓M4是吕大防之子吕景山夫妇合葬墓出土铜球柄竹篦茶筅[①]、兔毫盏、渣斗、青白釉圈足斗笠盏。吕大临M2里也有铜球柄茶筅。

黑釉斗笠盏

（2）瀹散茶的执壶。散茶煎煮，散茶痷瀹在陆羽时代是存在的。但是以追求清雅宁静、茶的真香真味的茶道理念茶道思想普及影响下的中唐以后，执壶冲瀹散茶如何把握，如何把握茶道要义？又遵循哪些应有的规范？先投茶，还是先候汤至二沸，再投散茶，至三沸提离炉火？我们应重点考察吕大圭墓M12里的茶器组合：或者在石质茶铛（考古定名石墩）煎煮，而白釉台盏属于酒器，出土物明显是一礼器；或直接在白釉盏托中冲瀹，这一可能性较大。长流细颈铁执壶是与鹧鸪斑茶盏配套使用的点茶器。吕大圭墓有铁执壶、鹧鸪盏为点茶用器；有铝制酒壶温碗与白釉台盏为酒器，余下适合饮散茶的只能是白釉瓷碗。

唐宋时期，草茶主要是蒸青绿茶。散茶，或草茶主要指蒸青以后没上模子，更没

① 《蓝田吕氏家族墓园》第四册，第1003页。

吕义山（1102年卒）铁执壶

石执壶

石铫（考古定名）

有压制研膏。

（3）带温碗的执壶。带温碗的执壶，往往被人们视为酒器。一般情况下这是对的，在吕大圭M12墓有锡质执壶套温碗。同墓出土有盘口细颈黑釉酒瓶。但明仇英《汉宫春秋》里的执壶温碗明显是茶器。北宋末年西安郭杜孟氏家族墓出土温碗与执壶。明代唐寅《陶谷赠词图》中茶执壶套大钵置于炉上加温。

（4）盏台。在外观差异不大的情况下，大家在分辨茶酒器时往往将台盏与茶盏茶托区分开来，其中唯一区别在于酒盏台托子中间实心并高起。西安北宋范天祐墓四套台盏与四只酒品同时出土[①]。在吕大圭墓中除了鹧鸪斑建盏外，再没有其他饮器，而散茶便很可能用白釉盏台冲瀹；吕大临墓有石茶碾与石盏台，应该属于一次加工雕凿的茶器。比吕蕡晚一年入葬的西安航天城范天祐墓出土四件白釉台盏，两墓台盏形制规格基本一致。《事林广记》卷11“把官员盏”条云：“今袛候人将到酒果或肴馔（此系常行之礼有筵席可依前式）酒以壶瓶盛之须荡令热一人持酒瓶居左一人持果盘居右并立主人之后主人排台盏于前以……退三步再跪待饮尽起身进前再跪以盘盛盏如见未尽再跪告令饮尽方可接盏接盏后捧果子者则进而献之”，盏台使用非常庄重。

吕氏家族墓29座，只有吕大圭与叔父吕蕡墓出土盏台，验证了贵重酒器盏台只出现于主要场合的判断。

三、碎茶器：茶碾槽、擂钵

茶碾槽及碢轴出现是茶道文化社会化一大标志。

《茶经》茶道的第一个程序就是碎茶。其碎茶又分为敲碎茶饼与碾罗成末茶两个过程。用铁或木质锤子在砧板上敲碎茶饼，再在茶槽子中用碢轴碾、用茶罗罗筛。法门

① 张全民：《西安北宋范天祐墓发掘简报》，《中国国家博物馆馆刊》2017年第6期。

寺地宫唐僖宗御用茶器出土使人们一下子明白原来唐宋遗址出土的27—34厘米长、高5厘米左右的槽子碣轴原来属于茶器。人们在扶风法门寺所见有鎏金银质、河北汉白玉、西安石质、长沙窑陶瓷碾槽与碣轴。在北宋蓝田1093年吕大临墓出土茶碾槽是较晚一枚。大部分是唐宣宗大中时期（847—860）的产品。

仇英《汉宫春秋》（局部）

吕蕡（1002年卒，身为宰相的次子吕大防1074年迁葬父墓于太尉塬，新吕氏家族墓园开启使用）（吕大临父亲M17：9）盏台

吕大圭（1116年卒）墓（M12：56）盏台

宁波和义路唐代三期文化层，均有茶碾、茶托盏及长沙窑执壶同时出土。且“越窑青瓷往往与长沙窑瓷器组合使用”①。在这里还发现漆器茶托茶盏。第三期在石质茶碾（长38厘米）出土的同时，还伴有瓷碾碗（擂钵）出土。斗笠形点茶茶盏，法门寺琉璃器是发现最早者，《物帐碑》记账表明其与茶罗子等鎏金银茶器均属僖宗供奉品，应是配套用具。

陕西考古博物馆藏郭杜北宋孟氏家族墓出土酒盏台、茶盏托

将饼茶打破、敲碎，方便下一步进碾轧。实际上加工好的饼茶极为坚硬，打破敲碎，得有专门用具。熊蕃《宣和北苑贡茶录》所录竹圈银模直径1寸2分至1寸5分，唐宋尺子在31厘米以上，直径在3厘米以上，而民间更大。在有茶器的唐宋墓葬里，往往伴随铁剪出土，我们推测：铁剪起了碎茶器的作用。

四、储茶器

在《茶经》《大观茶论》等茶道经典著作里，都没有注意茶末的储存。《茶经》把茶罗子、茶合，统一为“罗合（盒）”。在末茶商品化以后，专门的储存器的出现成为必然。

“元丰中，宋用臣都提举汴河隄岸，创奏修置水磨，凡在京茶户擅磨末茶者有禁……给圣初，章惇用事，首议修身水磨。乃诏即京、索、天源等河为之以逊迥提举，复命兼提举汴问隄岸。四年，场官钱景逢获息十六万条缗、吕安中二十一万余缗，以差汉赏。”②四年，水磨茶发展到长葛、郑州等地，沿京、汴、索、水冀水河畔增磨

① 林士民：《再现昔日的文明：东方大港宁波考古研究》，上海三联书店，2005年，第146页。

② 《宋史·食质志》，中华书局，1977年，卷184，第4507页。以下版本同，只注卷数、页码。

二百六十一所，监官钱景逢、吕安中相继因收息增加而蒙赏。

在大规模的社会化使用末茶的过程中，末茶贮存必然独立出来。带盖敞口瓷罐应该属于末茶储存器。

《蓝田吕氏家族墓园（四）》第1024页给出的检测结果，似乎与茶没有直接关系。从底部崭新的露胎圈足看，很可能是新购置的物品，将社会普遍使用的储茶罐用来藏放供奉物。

元墓壁画

另外，我们要指出的是，作为《茶经》中滓方使用的渣斗，一直是茶道器，与精致金银器、瓷器共同出现，也是判断墓葬存在茶器与否的主要依据，但对判断茶道形式的流变参考价值不太明确，因此本文略去不论。

茶杯，从南朝，经隋唐，到北宋，一直在沿用。对判断茶道流变也没有硬性参考作用。河北平山崔氏墓壁画表明：白釉瓷盏托与白釉直筒杯同时使用。对于直筒杯我们没有进行讨论。同样，渣斗对判断茶道形式参考意义不大。

五、具有创新发明精神的茶筅

直接搅拌茶汤或茶膏的器物在茶道实践中，经过一个变化过程。陆羽《茶经》煎

李倕墓鎏金錾花银罐、杜华墓绿釉陶罐

河南嵩山北宋刘守贵墓《备茶图》
（梁子《中华茶道图志》第116页，
另外在耀县背阴村等都有三足罐的发现）

吕大临墓M2出土子母口陶瓦茶叶盒

山西大同屯留康庄村元墓《仕女备茶图》图中瓷匜盏、执壶、石茶磨、红釉荷叶盖储茶罐（见《考古》2009年第2期）

吕大圭墓出土。黑釉带盖瓜棱瓷罐（M12：52）通高26.2、腹径16.9厘米

元符三年（1100）七月河东（山西）毋雍为外祖父吕大忠进甫作，陶瓦贮茶套盒（M20：4）

煮茶道用“竹策”环击汤心，点茶道初期用匙，也就是银则、竹匕之类东西。陶穀（903—970）《清异录》之《荈茗·茶百戏》云：“近世有下汤运匕，别施妙诀，使汤纹水脉成物象者，禽兽、虫鱼、花草之属，纤巧如画。”这里的“匕”当指则，或竹木，或铜铁。蔡襄（1012—1067）《茶录·茶匙》：“茶匙要重，击拂有力，黄金为上，人间以银铁为之。竹者轻，建茶不取。”到了徽宗赵佶（1082—1135）时期，发生了质的飞跃，其《大观茶论·筅》云：“茶筅以著竹老者为之，身欲厚重，筅欲疏劲，本欲壮而未必眇，当如剑脊之状。盖身厚重，则操之有力而易于运用。筅疏劲如剑脊，则击拂虽过而浮沫不生。”卒于哲宗元祐八年（1093）的“宋左奉仪郎秘书省正字”吕大临

墓（M2）与吕景山（1111年卒）夫妇墓（M4）出土文物中都有一扁球形把手，据化验检测，内为竹纤类物质，应是我们所知最早“茶筅”文物。同墓出土铜执壶完全符合晚十余年的《大观茶论》对茶瓶的要求，同时出土兔毫盏。而其茶筅则是金属与竹的结合，既有稳重又可以自由轻便地击拂。同一年，葬于今河北宣化的张文藻墓（M10）壁画所示茶筅两头带筅芒，也比较短小。而吕大临墓筅身直接用铜，符合后来徽宗身欲厚重的要求，但比《大观茶论》至少早14年以上。

另外，还有茶笼子，《茶经》未曾提到，但唐代茶事活动中出现了茶笼子。德宗宰相崔造退位后，对家人说：“不得他诸道金铜茶笼子，近来多总四掩也。”遂复起①。

笼子按《茶经》具、器划分，属二者之间，是贮茶器，主要存贮饼茶。

从西汉以来，茶叶虽然已经明确地从一般的“荼”中分离出来，成为一种纯饮料，但由于地域与文化的差异，人们的饮茶方式千奇百状。在参考文献同时，茶器组合及其配套使用成为我们考察茶道流变的重要参考。陆羽《茶经》前后，人们已经开始追求茶的真香真味——以盛唐时代的李倕（736年卒）墓出土茶器为标志。而较早一点的长安南里王村出土文物发布极为零散难以统计，幸有执壶展出，可资旁证。《茶经》刊布，长安茶道大行，人们几乎按照其茶道精神亦步亦趋地从事煎煮茶道文化实践，其以杜华墓文物为标志。到了晚唐，茶道在唐代宫廷流行，唐代茶道风尚达到最高峰，法门寺为其标志，法门寺斗笠形茶托盏是点茶用盏的最早实物。联系西明寺茶碾与大量矮圈足碗配套使用情况看，茶碾子应该是鍑中煎煮茶道的标志。我们认

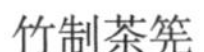

竹制茶筅

吕大临（1093年卒）
墓茶筅铜把手

① 《南部新书》戊卷。

《备茶图》（河北宣化辽墓M5壁画）

为，发掘简报中，就文物、遗址中唐、晚唐的推断而言，西明寺茶碾子应属于中唐，其白瓷碗与杜华墓实物一致。但到了咸通十三年的法门寺，茶碾子可能已经成为点茶道器物，但不排除作为煎茶道器物。吕大临墓出土石质茶碾子，是我们见到较晚的一件文物之一。

执壶或茶瓶，经历了庵茶器、煎煮茶道中的水盂或熟盂、点茶道用烧水器三个阶段。这三个阶段中，联系杜华墓与《事物纪原》关于“偏提”出现，横柄执壶（偏提），应该是煎煮道向点茶道过渡，时间在大和到大中之间（835—860）。我们如果把杜华墓视为煎煮道历史写照，其下距“甘露之变”仅仅17年。“注子”加柄改称“偏提”，还不能确定是点茶器，但从造型特征看，青龙寺大中十三年（859）盈字款执壶是点茶器标志无疑，到了咸通十三年（872）出现琉璃茶托茶盏这样标准点茶器，标志点茶已经成为皇家认可的茶道形式。执壶从杜华墓、青龙寺盈字款与西大街皇城执壶、北宋末吕大临铜执壶（直到南宋许峻银壶），一脉相承，极具时代特征，也典型地揭示了茶道形式的变化。吕大临铜执壶达到执壶标准器经典程度，南宋咸淳八年（1272）福州茶园山官至南宋架阁朝请通判的许峻墓鎏金银执壶为相似[①]。

在点茶道处于绝对优势地位的北宋，吕氏家族墓散茶出现，是煎煮，还是碗盏点注，不甚明了，但北宋存在散茶研磨为末茶的现象。汴梁磨茶为末的加工由官府垄断，

① 郑辉：《福州茶园山南宋许峻墓》，《文物》1995年第10期。

京兆永兴军路大概相近。

在茶器出土的墓葬，几乎都有铁剪刀出现，可能是作为碎茶器出现。

贮茶罐，是被《茶经》《大观茶论》等忽视的茶器，但茶道离不开贮茶器。出土壁画传世名画可资参考，吕氏家族墓陶瓦复合套罐出土显示了长安地区耀州窑等在贮茶器制作方面的创新意识。耀州窑，精选胎土、纯净釉色、剔花装饰、美化造型①，在五代耀州窑青瓷仅次于越窑、北宋是最兴盛的青瓷窑场、金代则仅次于龙泉窑②，众多精美标准茶器再次佐证这些认识。

需要注意的是：小型贮茶盒与香粉盒不易分清。

客观地看，在茶道主流形式中，茶碾子、擂钵、茶磨有一种替代关系；执壶、茶盏配套使用与茶鍑存在替代关系。作为个人爱好，苏轼喜欢煎茶不亚于点茶；明代晚期，应该是瀹泡炒青茶主流时代，但抹茶情节依旧出现在明代末期崔子忠《杏园雅集图》中。茶道形式分主流与支流。

从吕大防等“四吕”在文坛与“三苏”齐名及在陕西永兴军路的政治地位看，他们属于陕西关中的中上阶层，代表了陕西及西北地区最高社会层级的茶道生活情态。

揭示各个墓葬、遗址茶器的使用情况，进而判断中国唐宋茶道主流演变，是复杂的过程，但李倕墓、杜华墓、青龙寺及皇城官署水井、法门寺地宫、蓝田吕氏家族墓在勾勒这个历史线条中有重要的研究价值，它们明确了几个关键的时间节点和社会阶层方面的情态。茶器组合，实际上已经暗含了茶器之间存在替代关系，是时代差异也是茶道形式流变所决定。

关中·京兆地区出土茶器文物具有创新领先与标准器特征，玉璧形矮圈足白瓷青瓷茶碗、四种类型的执壶、斗笠盏（及托子）、茶筅等的最早出现，且在造型、尺寸方面具有标准器意义，客观地反映了该地区在茶道形式方面的领先地位。

① 王小蒙：《耀州窑青瓷的美学理念及风格变迁》，《四川文物》2009年第5期。

② 周丽丽：《耀州窑在五代、北宋、金三朝的历史地位》，《文博》1999年第4期。

第八章

关学照映下的北宋长安茶道

第一节　陕西路与永兴军——新的行政区划下的陕西

中国历史上除长安与洛阳以外，其他几乎所有城市的中心位置，都发生过位移。包括长安、洛阳在内，中国行政区域在新朝代都发生过变化。唐代东西两京入宋后，地位发生变化。洛阳成为赵宋西京，而长安却一落千丈，成为永兴军所在地。

永兴军一路，领有京兆、河中二府及陕州、同州、华州、耀州、那州、解州、虢州、清平军，即包括今陕西渭水流域、山西运城地区一部分和河南洛阳以西的广大地域。

《宋史》卷87《陕西路》（志四十）：

> 陕西路。庆历元年，分陕西沿边为秦凤、泾原、环庆、鄜延四路。熙宁五年，以熙、河、洮、岷州、通远军为一路，置马步军都总管、经略安抚使。又以熙、河等五州军为一路，通旧鄜延等五路，共三十四州军，后分永兴、保安军、河中、陕府、商、解、同、华、耀、虢、鄜、延、丹、坊、环、庆、邠宁州为永兴军等路，转运使于永兴军、提点刑狱于河中府置司；凤翔府、秦、阶、陇、凤、成、泾、原、渭、熙、河、洮、岷、州、镇戎、德顺、通远军为秦凤等路，转运使于秦州、提点刑狱于凤翔府置司；仍以永兴、鄜延、环庆、秦凤、泾原、熙河分六路，各置经略、安抚司。
>
> 永兴军路。府二：京兆，河中。州十五：陕，延，同，华，耀，邠，鄜，解，庆，虢，商，宁，坊，丹，环。军一：保安。县八十三。其后延州、庆州改为府，又增银州、醴州及定边、绥德、清平、庆成四军。凡府四，州十五，军五，县九十。
>
> 京兆府，京兆郡，永兴军节度。本次府，大观元年升大都督府。旧领永兴军路安抚使。宣和二年，诏永兴军守臣等衔不用军额，称京兆府。崇宁户二十三万四千六百九十九，口五十三万七千二百八十八。贡靴毡、蜡、席、

> 酸枣仁、地骨皮。县十三：长安，（次赤。）樊川，（次赤。旧万年县，宣和七年改。）鄠，（次畿。）蓝田，（次畿。）咸阳，（次畿。）泾阳，（次畿。）栎阳，（次畿。）高阳，（次畿。）兴平，（次畿。）临潼，（次畿。唐昭应县，大中祥符改。）醴泉，（次畿。）武功，（次畿。政和八年，同醴泉拨入醴州。）乾祐。（次畿）。监二。（熙宁四年置，铸铜钱；八年置，铸铁钱。）
>
> 河中府，次府，河东郡，护国军节度。旧兼提举解州、庆成军兵马巡检事。大中祥符中，以荣河为庆成军。崇宁户七万九千九百六十四，口二十二万七千三十。贡五味子、龙骨。县七：河东，（次赤。隋县。熙宁三年，省河西县，六年，省永乐县为镇入焉）。临晋，（次畿。）猗氏，（次畿。）虞乡，（次畿。）万泉，（次畿。）龙门，（次畿。元祐二年，置铸钱监二。）荣河。（次畿。旧隶庆成军，熙宁元年废，以荣河隶府，即县治置军使。）庆成军[①]（见上）。

今天陕南三市，金州（安康）、兴元（汉中）归利州路，商洛归永兴军路。永兴军路下辖二府，一是京兆府，基本涵盖武功、乾县至临潼等渭河平原，二是河中府（治今山西永济蒲州）山西西南，洛阳以西大部分，远远大于今天的西安市。

其行政区划与唐大不同，“永兴、鄜延、环庆、秦凤、泾原、熙河分六路，各置经略、安抚司”。陕西路在军事上没有统辖权利，而听命东京。清平军。此外京兆府还有清平军：本凤翔府盩厔县清平镇。大观元年，升为军，复置终南县，隶京兆府。清平军使兼知终南县，专管勾上清太平宫。县一：终南。河中府下还有庆成军。最高行政机构两个：一个是转运使，一个是提点刑狱，都是直属东京朝廷。往往不在一处办公，秦凤路（今天水、凤翔）一个在凤翔（凤翔郡）、一个在秦州；永兴军路一个在京兆府，一个在河中府。行政、司法、军队分立，统归东京皇帝调遣、诏命。

北宋一朝在真宗朝与辽达成和解后，陕西六路成为解决西夏冲突的最主要军事用力方向。在大观元年京兆府升为大都督府。

第二节　张载及关学——关中茶人的思想基础

青年张载投靠主政西北军务的宋代大茶人范仲淹，决心报国疆场，经其劝阻，方回乡投身学术。“先天下之忧而忧，后天下之乐而乐”的文人规范催生了“为天地立

---

① 《宋史》，卷87，地理3，第2143-2145页。

心，为民立命，为往圣继绝学；为万世开太平”的崇高理想。而关中学子多归拜张载门下，他们行为深受“关学”影响。北宋吕氏家族一门“四吕”都是张载门生，而中国考古学鼻祖吕大临还成为张载侄女婿。吕氏家族在北宋关中属于上层社会，其墓葬出土大量茶具，他们的茶生活不能不受张载关学的深刻影响。

张载先祖世居大梁（开封）。祖、父均为宋中下官吏。天圣元年（1023）父病逝于涪州知州任，15岁张载与5岁弟弟张戬与母亲扶灵柩归梁，逾蜀道过褒斜道止于秦岭北麓眉县横渠，无资东行，遂葬父于大振谷迷狐岭，一家侨居眉县。21岁时上书新任延州知州陕西招讨副使范仲淹，建言向夏人用兵，武装收复失地。并说可与好友领私募武装与宋军出战。吕大临《横渠先生行状》：“少孤自立，无所不学。与邠人焦寅游，寅喜谈兵，先生说其言。”《宋史·张载传》：“少喜谈兵，至欲结客取洮西之地。年二十一，以书谒范仲淹，一见知其远器，乃警之曰：‘儒者自有名教可乐，何事于兵。’因劝读中庸。载读其书，犹以为未足，又访诸释、老，累年究极其说，知无所得，反而求之六经。”“载学古力行，为关中士人宗师，世称为横渠先生”。著书号正蒙，又作西铭曰：“乾称父而坤母，予兹藐焉，乃混然中处。故天地之塞吾其体，天地之帅吾其性，民吾同胞，物吾与也。大君者，吾父母宗子；其大臣，宗子之家相也。尊高年所以长其长，慈孤幼所以幼其幼，圣其合德，贤其秀也。凡天下疲癃残疾、惸独鳏寡，皆吾兄弟之颠连而无告者也。‘于时保之’，子之翼也。‘乐且不忧’，纯乎孝者也。违曰悖德，害仁曰贼，济恶者不才，其践形惟肖者也。知化则善述其事，穷神则善继其志，不愧屋漏为无忝，存心养性为匪懈。恶旨酒，崇伯子之顾养；育英材，颖封人之锡类。不弛劳而底豫，舜其功也；无所逃而待烹，申生其恭也。体其受而归全者，参乎；勇于从而顺令者，伯奇也。富贵福泽，将厚吾之生也；贫贱忧戚，庸玉女于成也。存，吾顺事；殁，吾宁也。程颐尝言：‘西铭明理一而分殊，扩前圣所未发，与孟子性善养气之论同功，自孟子后盖未之见。’学者至今尊其书”[①]。

张载主要著作为《正蒙》《横渠易说》《经学理窟》《张子语录》。张载将《正蒙》最后一篇《干承篇》的第一段抽出曰《订顽》、最末一段曰《砭愚》，分别写在教授学生的学堂东西墙壁，作为座右铭，是影响很大的《西铭》《东铭》。

张载学生范育认为张载立论为“《六经》所未载，圣人（孔、孟）所不言”[②]。

关学是张载在申、侯之学基础上的集大成，认为“气”“太虚”是万物起源和基本要素。他理想的社会是家天下，以大君为父母，民胞物与，长其长，幼其幼。他有名

---

① 《宋史》，卷42，列传186，第12724、12725页。

② 《张载集·范育序》。

的四句义成为古往今来知识分子的崇高使命："为天地立心，为生民立命，为往圣继绝学，为万世开太平。"无疑我们会猝然想起范仲淹"先天下之忧而忧，后天下之乐而乐"。他的学说对一般民众来说过于深奥，他的四句义却恰恰说明他要把以"仁"为核心的价值观变为自己的行为指向，也希望成为全民的共识和努力的方向。毫无疑义，张载的以仁为核心的伦理观社会认识标准，以"气"为基本元素的世界起源基础，是极为朴素的唯物主义哲学，他试图把中国民众从以佛教为主要特色的神学体系中解放出来，使他们成为生活在天地间的人。"存，吾顺事；殁吾宁也"。与孔子以坟墓为人之休憩之所相近。张载在南宋以后的元明清各朝，都得到极高荣誉。

吕大均、吕大防、吕大忠、吕大临先后拜师张子学习。此外，苏昞、范育、薛昌朝、种师道、游师雄、潘振、李复、田腴、邵彦明、张舜民师从张载学习，留心关学的还有晁说之、蔡发等。

关学是在以气为本的宇宙论基础上，贯通天道与人道，并将性视为事物特殊性，与规律性的道等量齐观："惟屈伸动静始终之一能也，故妙万物而谓之神，通万物而谓之道，体万物而谓之性。"[①]万物由气构成，人也一样。《易说・说卦》："阴阳天道，象之成也；刚柔地道，法之效也；仁义人道，性之立业。"这样张载使以"仁义""诚"为核心的儒家伦理具有宇宙本体的意义。这样儒家的"仁"不仅具有价值意义，更是人之所为人的基础，与天道具有同等作用的世界宇宙发展的根据。周敦颐对张载完成"天人一体"的哲学探索予以高度评价，"二程"由此发展为"理一分殊"，朱熹则以"月映万江"来比喻。其"穷神知化""穷理尽性而至于命"。倡导发现事物本源与人的本质，从而做到至诚至善无思无虑，无私无欲，排斥人为的"意、必、固、我"。这里的"我"就是佛教概念"我执"。这样张载将人的行为，社会化或个体的，视为有规律，具有客观性意义的过程，从而使关学具有浓厚的实践价值和目标追求，他也使用老子道家感性体悟与顺应自然的方法，但又保持了儒家的义理内容（仁义），将孟子的修养论与道家的体认方法有机结合起来[②]。他又坚决地将儒家"仁"作为事物规律基本要素或基础来看待。这样我们可以说，张载关学实际上汲取的佛、道的合理营养，建构起儒家本体论认识论。从理学的历史来看，张载注重自然科技的研究也十分突出。而热心关学的再传弟子李复的学说体现在《潏水集》里。他对日食与月食的假设与推测，其实与实际情况完全一致，简直令我们感到吃惊，但他认为日月是两种特质天体，认为月球并不发光，这与实际情况是一致的。

---

① 《正蒙・乾称》。

② 方光华：《关学及其著述》，西安出版社，2003年，第2页。

第三节　陕西茶马官及其职责

余搜集唐宋碑碣垂三十载，碑有“茶”字者寥落若无；唐碑只有法门寺《物帐碑》出现茶字。茶之原字“荼”也仅出现在西明寺石质“荼碾子”上。而“荼毗”之荼多出现在僧人墓志，意为火化。“荼毗”仪式中有奠茶仪式，但不因奠茶而称“荼毗”。有的时候用“茶毗”，已属于误用 。北宋蓝田吕氏家族墓碑志十余通，唯有吕大忠夫人墓志透露墓主是“茶马官”吕大忠夫人。

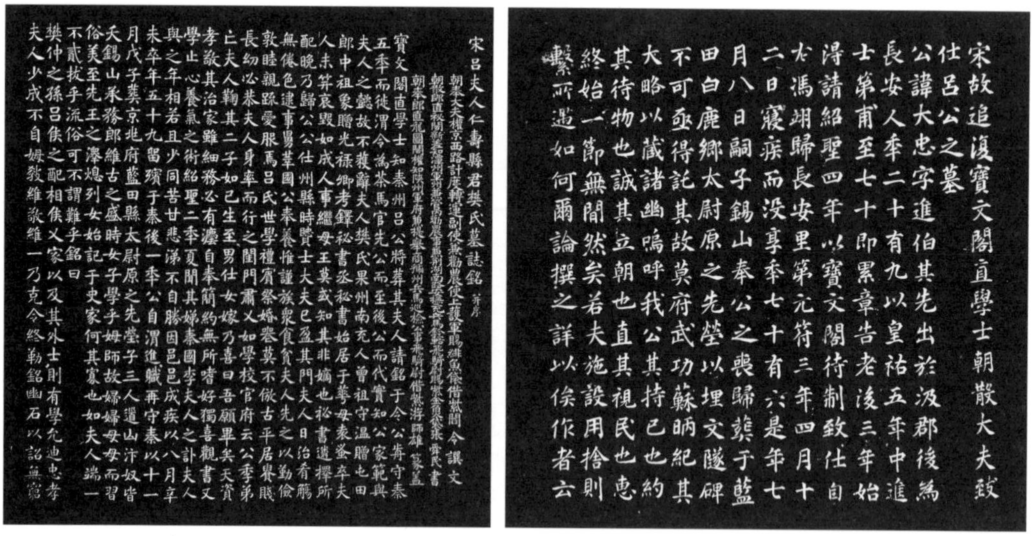

吕大忠妻宋夫人、吕大忠墓志

吕大忠殁于哲宗末年，受到了身为前宰相的弟弟的影响，武功撰文并书丹。墓志文极为简略。

毫无疑义，“茶马官”是吕大忠守秦州（天水）五年后徙渭州（今甘肃平凉），同时兼茶马官。茶马官应该是当时人们的通俗口语，而非职官名称。夫人绍圣二年59岁病故时，吕大忠再守秦州，是否是茶马官未明。

唐代在安史之乱以后，茶马互市正式开始。但茶马互市是由少府监互市监管理还是由盐铁使榷茶使统筹，不太明了。

《宋史·本纪》：“宋太祖开宝三年二月庚寅幸西茶库。”“宋太宗太平兴国二年正月壬戌，置江南榷茶场。五月乙丑幸新水硙。淳化四年五月罢盐铁、户部、度支等使，置三司使。七月复沿江务，置诸路盐茶制置使”。“仁宗天圣元年三月辛卯行淮南十三山场贴射茶法……庆历三年六月甲辰，诏诸路漕臣令所部官吏条茶、盐、矾及坑冶利害以闻……仁宗嘉祐三年九月癸酉，议罢榷茶法。”

《宋史》卷161《职官志》：

> 榷货务都茶场，（都司提领。）提辖官一员，（京朝官充。）监场官二员，（京选通差。）掌鹾、茗、香、矾钞引之政令，以通商贾、佐国用。旧制，置务以通榷易。建炎中兴，又置都茶场，给卖茶引，随行在所榷货务置场。虽分两司，而提辖官、监官并通衔管干。外置建康、镇江务场，并冠以行在为名，以都司提领，不系户部经费。建康、镇江续分隶总领所。开禧初，以总领所侵用储积钱，令径隶提领所。乾道七年（1171），提领所置干办官一员。右提辖官与杂买务杂卖场、文思院、左藏东西库提辖，并称四辖。外补则为州，内迁则为寺、监簿，亦有径为杂临司，或入三馆。（乾道间，榷务王禋除市舶，左藏王揖除坑冶铸钱司，淳熙间，熊克自文思除校书郎。）绍熙以后，往往更迁六院官，或出为添倅，有先后轻重之异焉[①]。

《宋史》卷162《职官二》：

> 三司使　使　副使　判官　盐铁使　度支使　户部使　三部副使　三部判官
>
> 三司之职，国初沿五代之制，置使以总国计，应四方贡赋之入，朝廷不预，一归三司。通管盐铁、度支、户部，号曰计省，位亚执政，目为计相……盐铁分掌七案：一曰兵案（掌衙司军将、大将、四排岸司兵卒之名籍，及库务月帐，吉凶仪制，官吏宿直，诸州衙吏、胥吏之迁补，本司官吏功过，三部胥吏之名帐及刑狱，造船、捕盗、亡逃绝户资产、禁钱。景德二年，并度支案为刑案），二曰胄案（掌修护河渠、给造军器之名物，及军器作坊、弓弩院诸务诸季料籍），三曰商税案，四曰都盐案，五曰茶案，六曰铁案（掌金、银、铜、铁、朱砂、白矾、绿矾、石炭、锡、鼓铸），七曰设案……户部分掌五案：一曰户税案、二曰上供案、三曰修造案、四曰曲案、五曰衣粮案[②]（掌勾校百官诸军诸司奉料、春冬衣、禄粟、茶、盐、鞋酱、傔粮等。三部诸案，并与本部都孔目官以下分掌）。

由此可见盐铁使第五大职权范围就是“茶案”，是全国榷茶的最高机关，京官负责。同时宋代户部“衣粮案”也涉及茶叶管理。茶叶成为一定级别以上官员必需的福利待遇。三司使，也就是盐铁、度支、户部三大职能部门，是宋代经济财政领域最具

---

① 《宋史》，第3791页。

② 《宋史》，第3807-3809页。

实力的机构，统称“三司使”。

《宋史》卷165《职官五》：

太府寺　旧置判寺事一人，以两制或带职朝官充；同判寺一人，以京朝官充。凡廪藏贸易、四方贡赋、百官奉给，时皆隶三司，本寺但掌供祠祭香币、帨巾、神席，及校造斗升衡尺而已……岁以香、茶、盐钞募人入豆谷实边……所隶官司二十有五：左藏东西库，掌受四方财赋之入，以待邦国之经费，给官吏、军兵奉禄赐予。旧分南北两库，政和六年修建新库，以东西库为名。西京、南京、北京各置左藏库、内藏库，掌受岁计之余积，以待邦国非常之用……茶库，掌受江、浙、荆湖、建、剑茶茗，以给翰林诸司及赏赉、出鬻……建炎诏罢太府寺，以其所掌职务拨隶金部。绍兴元年，复以章亿守太府寺丞，措置印给茶盐钞引，续添置丞二员[①]。

盐铁使负责榷茶，而茶叶到京以后，两个去向：一是左藏东西茶库，二是用茶叶折合、购买的军需品由太府寺用以实边——充实国防。

《宋史》卷167《职官七》：

发运使　副判官　掌经度山泽财货之源，漕淮、浙、江、湖六路储廪以输中都，而兼制茶盐、泉宝之政，及专举刺官吏之事。熙宁初，辅臣陈升之、王安石领制置三司条例，建言：“发运使实总六路之出入，宜假以钱货，继其用之不给，使周知六路之有无而移用之。凡上供之物，皆得徙贵就贱，用近易远，令预知在京仓库之数所当办者，得以便宜蓄买以待上令，稍收轻重敛散之权归于公上，则国用可足，民财不匮矣。”从之。既又诏六路转运使弗协力者宜改择，且许发运使薛向自辟其属。又令举真、楚、泗守臣及兼提举九路坑冶、市舶之事。元祐中，诏发运使兼制置茶事。至崇宁三年，始别差官提举茶盐。

……

提举茶盐司　掌摘山煮海之利，以佐国用。皆有钞法，视其岁额之登损，以诏赏罚。凡给之不如期，鬻之不如式，与州县之不加恤者，皆劾以闻。政和改元，诏江、淮、荆、浙六路共置一员，既而诸路皆置。中兴后，通置提举常平茶盐司，掌常平、义仓、免役之政令。凡官田产及坊场、河渡之入，按额拘纳；收籴储积，时其敛散以便民；视产高下以平其役。建炎元年，常

---

① 《宋史》，卷165，职官5，第3906-3909页。

平职事并归提刑司，钱归行在。二年，始复置常平官，还其籴本，未几复罢。绍兴二年，复置主管。（系提刑司，委通判或幕职官充。）其后，置经制司，改常平官为经制某路干办常平等公事。未几，经制司罢，复为常平官。十五年，户部侍郎王鈇言："常平之设，科条实繁，其利不一，岂一主管官能胜其任？"乃诏诸路提举茶盐官改充提举常平茶盐公事。如四川无茶盐去处，仍以提刑兼充，主管官改充常平司干办公事。是年冬，诏提举官依旧法为监司，与转运判官叙官，岁举升改，官员有不职，则按以闻。其后，常平钱多取以赡军，所掌特义仓、水利、役法、振济之事。茶盐司置官提举，本以给卖钞引，通商阜财，时诣所部州县巡历觉察，禁止私贩，按劾不法。其属有干办官。既与常平合一，遂并行两司之事焉。

提点刑狱公事　掌察所部之狱讼而平其曲直，所至审问囚徒，详核案牍，凡禁系淹延而不决，盗窃逋窜而不获，皆劾以闻，及举刺官吏之事。旧制，参用武臣。熙宁初，神宗以武臣不足以察所部人材，罢之……绍兴初，两浙路以疆封阔远，差提刑二员，淮南东路罢提刑，令提举茶盐官兼领，盖因事之烦简而损益焉。

都大提举茶马司　掌榷茶之利，以佐邦用。凡市马于四夷，率以茶易之。应产茶及市马之处，官属许自辟置，视其数之登耗，以诏赏罚。（旧制，于原、渭、德顺三郡市马。熙宁七年，初复熙、河，经略使王韶言："西人颇以善马至边，其所嗜唯茶，而乏茶与之为市，请趣买茶司买之。"乃命三司干当公事李杞运蜀茶至熙、河，置买马场六，而原、渭、德顺更不买马，于是杞言："卖茶买马，一事也，乞同提举买马。"杞遂兼马政，然分合不常。至元丰六年，群牧判官提举买马郭茂恂又言："茶司既不兼买马，遂立法以害马政，恐悮国事，乞并茶场买马为一司。"从之。）先是，市马于边，有司幸赏，率以驽充数。绍圣中，都大茶马程之邵始精拣汰，仍以八月至四月为限，又以羡茶转入熙、秦市战骑，故马多而茶息厚，二法著为令。（元符末，程之邵召对，徽宗询以马政，之邵言："戎俗食肉饮酪，故贵茶，而病于难得，原禁沿边鬻茶，专以蜀产易上乘。"诏可。未几，获马万匹。）宣和中，以茶马两司吏员猥众，于是朝奉大夫何渐请遵丰、熙成宪，称其事之繁简而定以员数，从之。绍兴四年，初命四川宣抚司支茶博马。七年，复置茶马官，凡买马州县黎、文、叙、长宁、南平、珍皆与知州、通判同措置任责。通判许茶马司辟置，视买马额数之盈亏而赏罚之。岁发马纲应副屯驻诸军及三衙之用。旧有主管茶马、同提举茶马、都大提举茶马，皆考其资历授之。乾道初，用臣僚言省罢，委各郡知州、通判、监押任责，寻复置。绍熙三年，茶马司拖欠马数过多，诏将本年分马纲钱价，责茶马司拨付湖广总领所，劳付军官自买土马。嘉泰三年，以所发纲马不及格式，诏茶、马官各差一员，遂分为两司。（文臣成都主茶，武臣兴元主马。）其属共有干办公事四员、准备差使二员[①]。

这段记载极为简要，但是它基本廓清了茶官、马官由分到合的过程：文官负责卖茶，其主要办事机构在成都府，买马官由武官担任，其机构在兴元府（今陕西汉中）。由发运使负责茶马事。后来合并：崇宁三年中央设都大提举茶马司。凡从边疆买马，只能用茶叶购买。同时解决原来卖茶馆销售任务，又同时完成买马官的采购军马任务。地方上产茶及沿边府州、监、县令、县丞、主簿、县尉都同时兼有茶马任务。

《宋史》卷171《职官十一奉禄》：

茶、酒、厨料之给

学士、权三司使以上兼秘书监，日给酒自五升至一升，有四等，法、糯酒自一升至二升，有二等。又宫观副使，文明殿学士，（即观文。）次政殿大学士，龙图、枢密直学士，并有给茶。节度使、副以下，各给厨料米六斗，面一石二斗。

……

给纸者，中书，枢密，宣徽，三司，宫观副使、判官，判官，谏官，皆月给焉[②]（自给茶、酒而下，《两朝志》无，《三朝志》虽不详备，亦足以见一代之制云）。

可见，得到酒的官员是职别最高一层次，第二层阶是资政殿大学士、龙图阁、枢密院直学士以上可得到茶叶供应。节度使以下只有米面，没有酒。也没有茶叶供给。

宋代官员的收入除正常俸禄外，还有各类津贴补贴及职事开销补偿等：增给、公用钱、给券职田、茶叶开销普遍且量大，徽宗以赐“万”字茶作为补偿。承务郎、儒林郎、从事郎、从政郎、修职郎、迪功郎享受“茶而钱一十贯”福利。各级官员享有皇帝诞节茶宴钱。

《宋史》卷172《职官第十二》：

公用钱

岁给者：尚书都省，银台司，审刑院，提举诸司库务司，每给三十千，用尽续给，不限年月；余文武常参官内职知州者，岁给王千至百千，凡十三

① 《宋史》，第3963-3969页。

② 《宋史》，卷171，职官11，第4124、4125页。

> 等，皆长吏与通判署籍连署以给用；少卿监以上，有增十千至百千者。淳化元年九月，诏诸州、军、监、县无公使处，遇诞降节给茶宴钱，节度州百千，防、团、刺史州五十千，监、三泉县三十千，岭南州、军以幕府州县官权知州十千[①]。

吕大忠妻宋夫人墓志文明确告诉人们，吕大忠第二次重新知渭州（治今甘肃陇西）时为茶马官。《宋史·吕大防传附吕大忠》："绍圣二年，加宝文阁直学士、知渭州，付以秦、渭之事，奏言：'关、陕民力未裕，士气沮丧，非假之岁月，未易枝梧。'因请以职事对。大抵欲以计徐取横山，自汝遮残井迤逦进筑，不求近功。"

《宋史·职官志》涉及茶的各级人员很多，但狭义的茶马官应该是负责卖茶买马的茶马官，最高一级"都大提举茶马司"，州府一级应是"提举茶马"。吕大忠在绍圣二年（1095）再次知渭州时，兼任"渭州提举茶马"。碑文"茶马官"是口语，俗称。

盐铁使负责榷茶，发运使兼制茶盐，最早实行于江淮地区，后来才到了陕西、利州、成都府。熙宁七年，熙、河经略使王韶向神宗建议：榷茶、买马二司事合一，榷茶李杞兼马政；元丰六言：群牧判官提举买马郭茂恂"乞并茶场买马为一司"。神宗从之。买马官郭。实际上又涉及跨地区合作：陕西与四川。初，北宋时可在熙、河、原、渭、德、顺都可买到马"故马多而茶息厚"。南宋初，这些地方为金所夺，于是便采用"蜀产上乘"茶叶博马。

总之陕西茶马官主要在秦凤路，以熙、河、秦、渭为重点，为北宋博买战马。

从宋初到北宋末期，陕西秦凤路、鄜延路一直在对抗西夏前沿，出现过范仲淹、吕大忠、游师雄这样有军事智谋和胆略的人物，但总是掣肘于朝廷高层内部党争和个人名利之争，一败再败。绍圣四年（1097）吕大忠被迫致仕。游师雄屡不得志，先于吕大忠而殁。吕大防早逝，不仅给吕氏家族带来消极影响，也给陕西政坛带来冲击。随着和尚原战局落幕，大半个中国落入女真金国版图。

第四节　吕氏家族茶事与富有创造精神的耀州匠人

北宋文化有"三苏""四吕"之说。所谓"四吕"指祖籍汲郡，后为官并移居京兆蓝田县的吕大防兄弟四人。吕大防仁宗朝进士，宋英宗（1064—1067在位）朝著作佐郎。并在哲宗朝高太后及司马光等扶持下宰执政坛八年，哲宗亲政后，章惇等人排

---

① 《宋史》，第4144页。

斥异己，打击司马光、苏轼及吕大防等曾经反对变法之人，这批人被徽宗朝蔡京定为“元祐党人”。吕大防客死虔州。长子吕大忠以直龙阁知秦州事，曾任“茶马官”。吕大临被称为中国考古鼻祖，有《考古图》留世。陕西考古研究院在蓝田吕氏家族墓地共发掘吕氏五代人29座在37年间（1074—1111）先后安葬（初葬、迁葬）的家族墓，出土一批精致的茶器、酒具及焚香器，其中茶器尤为突出。这些茶器以瓷质、石质茶托茶盏为主。特色鲜明的有铁质、石质执壶。斗笠盏尺寸较大，口沿径一般在18厘米以上。出土墨色陶质及瓷质储茶盒，颇具创新精神。特别值得注意的是在铜质渣斗的底部和扣碗里发现孔雀蓝绿色散茶。说明在点茶道最为炽盛的北宋中后期，散茶冲点或煎煮已经相当流行。

吕氏四子大忠、大防、大均与大临系张载关学的主要传承人。他们有丰硕的著述和重要影响，南宋理学家朱熹给予高度评价。他们编订的《乡约乡仪》是我国最早的乡村教育的规范文献之一。四兄弟与名震文坛的苏轼兄弟、秦观、黄庭坚及范仲淹之子范纯仁等都有深厚的交谊。大防在宰执朝政的八年里，在新旧党争中，试图进行“调停”，虽未获成功，但道德文章受人认可。吕氏家族茶事器皿、点茶技艺，应该是永兴军（京兆）、秦凤路（天水、凤翔）为中心的西北地区最高水准的茶道文化实践的客观而直接的反映。精美的耀州瓷器，在海内外其他博物馆内很少见到。

1. 吕大临墓出土铜执壶是时代标准汤瓶的祖型

汤瓶，是晚唐北宋点茶道流行以来，出现的名称。而汤瓶是由唐代的注子，也叫执壶发展而来，有一个复杂而比较长久的发展过程。注子原来是斟酒的器具，茶事在两晋以来逐渐普及兴盛后，用于饮茶的执壶逐渐分离出来，其分化的时间在陆羽《茶经》正式刊布，以颜真卿、陆羽、皎然为核心的中国茶道创始人为核心的第一批茶人集团将茶道文化向全国推广以来两京地区响应后，耀州窑、越窑、邢窑、长沙窑的执壶逐渐增多。执壶在烹煮茶道前承担了瘫茶器、水盂、熟盂的功能。执壶作为点茶器最早在大中以后，以京师青龙寺出土的大中十三年邢窑带盖白瓷执壶、上海博物馆藏大中元年刻花执壶为标准器。西安蓝田吕氏家族墓园最早尊祖是吕大临祖父吕通（966—1002），他与宋白、孙何、丁谓等享誉文坛；吕通孙吕大防在哲宗朝为相八年，正是北宋点茶盛行，茶法不断变化的时期，“四吕”与同时代“三苏”齐名文坛，与黄庭坚、秦观唱和往还。吕氏家族墓出土各类执壶，是宋代茶器的重要发现。其中，吕大临（1093年卒）墓出土铜执壶，可谓《大观茶论》中“汤瓶”标准器祖型。蔡襄《茶录》：“汤瓶，瓶要小者，易候汤，又点茶。注汤有准。黄金为上，人间以银、铁或瓷、石为之。”《大观茶论》：“瓶，嘴之末欲圆小而峻削，则用汤有节而不滴沥，盖汤力紧则发速有节，不滴沥，则茶面不破。”汤品的关键点是：点射有力而迅速，收得住，不滴沥。

表八　吕氏家族墓人物关系表

墓主编号	墓志写人	撰者职务	出土茶器
M1吕大雅（1044—1109）及妻贾氏	张闳中撰、句德书从侄景山，从侄吕至山书	朝奉大夫充环庆路安抚经略使司勾当公事武骑尉撰《宋承务郎致仕吕府君墓志铭》，朝请郎通判永兴军府管句学事兼管内劝农事骁骑尉赐绯鱼袋句德之书，承议郎充环庆路经略安抚总管司管勾机宜文字吕至山篆盖。右宣义郎勾当在京寺务	 
M2吕大临（1093年卒）夫妇合葬墓二妻大观二年迁回			    
M3吕大防李氏			
M4吕景山（1111年卒）、妻（不详）			   

续表

墓主编号	墓志写人	撰者职务	出土茶器
M5吕省山、妻（不详）			 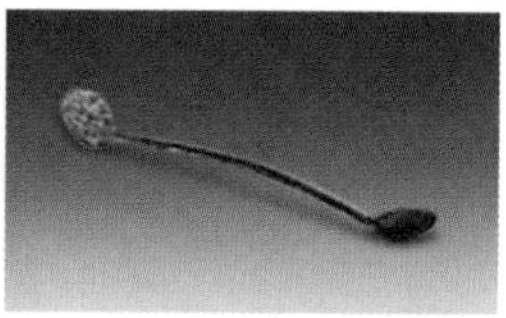  
M6吕仲山（妻不详）			 
M7吕嫣（景山嫡四女）	吕景山撰 王康朝书 姚彦镌	父宣义郎景山泣而铭之《宋汲郡吕氏第四女倩蓉墓志铭并序》	 
M8吕通（1002年卒，享年37岁，1074年迁葬）、妻张氏	赵良规撰、张氏吕大忠吕大防撰。罗道成镌	朝散大夫守光禄卿直秘阁知陕州军府事兼管内劝农使提举银业务事上护军天水县开国子食邑六百户赐紫及鱼袋赵良规撰，孙承奉郎收秘书省著作佐郎知永康军青城县事大防书，右班殿直雷寿之篆盖，将作监主簿赵君锡填讳。《宋故宣德郎守太常博士通判西京留守司事骑都尉借绯赠尚书祠部郎中吕公墓志铭有序》；张氏碑，孙晋城令大忠撰序著作佐郎大防撰铭赐同进士出身大受书	

续表

墓主编号	墓志写人	撰者职务	出土茶器
M9吕英（1074年迁葬）、妻王氏（1093年葬）	吕大忠撰吕大受书、王氏吕大防撰并书，罗道成镌	任晋城令吕大忠撰，吕大受书，乡贡进士郭潜填讳，《宋故著作佐郎吕府君墓志》，曾祖讳咸休。右光禄大夫守尚书左仆射兼门下侍郎上柱国汲郡开国公食邑六七三百户实封二千户吕大防转并书《宋故永寿县太君王氏墓志铭并序》	 
M10	吕兴伯大雅长子，一岁		
M11吕正十七	大雅三子，两岁		
M12吕大圭（1116年葬）、妻张氏（1073年葬）	岑穰撰吕大圭王崧书。疑为吕大圭撰	朝奉大夫提点彭州冲真观岑穰撰，通直郎前充提辖措置陕西川路坑银冶铸钱司检踏官王崧书，朝散郎专切管勾永兴军耀州三白渠公事赐绯鱼袋邵伯温撰盖，《宋故朝散大夫致仕吕君墓志铭并序》	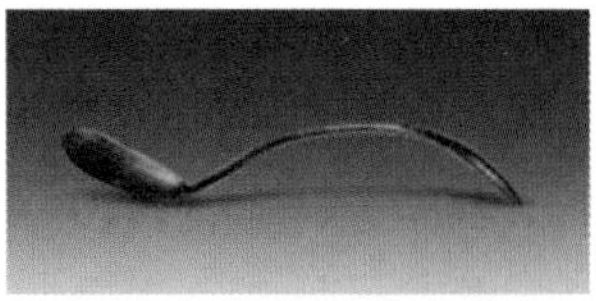  
M13	不明		
M14吕大受1062年卒，1074年迁葬	范育撰雷寿之书翟秀镌	陕州陕县令范育撰、梓州观察推官试大理评事雷寿之书。《宋故前进士吕君墓志铭并序》。南豳翟秀镌	
M15马氏吕蕡妾吕大均乳母1075年卒	吕大均撰书		 

续表

墓主编号	墓志写人	撰者职务	出土茶器
M16吕大章1067年卒（31岁），1074年迁葬	秦伟节撰吕景山书翟秀镌	临汝秦伟节撰，侄景山书《宋故汲郡吕君墓志铭并序》	 
M17吕蕡1074年卒、妻方氏1045年卒	赵瞻撰、雷寿之书翟秀、武德诚镌；方氏似为吕大防撰并书罗道成镌	朝奉郎守尚书度支郎中知同州军州事轻车都尉借紫赵瞻撰、试承奉郎大理评事前权陇州防御判官雷寿之书并篆盖《宋故朝奉郎守尚书比部郎中致仕轻车都尉赐绯鱼袋吕府君墓志铭并序》翟秀武德诚镌	
·M18	吕岷老吕大防之子		
M19	吕汴吕大忠之子，两岁		
M20吕大忠1100年卒，前妻姚氏1045年卒，继妻樊氏1095年卒	分别苏昞撰书、李周撰书罗道成镌、樊氏闫令撰张舜民书姚文镌	武功苏昞记其大略	   
M21	吕文娘吕锡山长女，一岁		
M22吕大均（1082年、前妻马氏1055年、继妻种氏1112年卒）	马氏石约撰罗道成镌，种氏苏昞撰王愢书李寿昌镌	秦州司法参军石约撰，罗道成镌《宋右司理吕参军妻马夫人墓志铭》武功苏昞撰，琅邪王愢书，广平程颖篆盖《宋故乐寿县太君种夫人墓志铭》李寿昌镌	 

续表

墓主编号	墓志写人	撰者职务	出土茶器
M23	吕义山女，名、年不详		
M24	吕麟吕义山子，十二岁		
M25吕锡山、前妻侯氏、继妻齐氏	均为吕锡山撰，侯氏王康朝书，齐氏吕锡山书；侯氏李寿昌镌，齐氏李寿永镌	前妻吕锡山撰耀州云阳县令王康朝书殿中侍御史侯蒙篆盖；齐夫人墓志由夫前监安肃军酒税务吕锡山撰并书，李寿永刊	
M26吕义山（1102年卒）、妻不详（无墓志）		石磬铭文：维崇宁元年十二月葬汲郡吕君子于蓝田，河南王康朝泣而言曰……君讳义山为宣德郎知定州安喜县	 苏轼《试院煎茶》：且学公家作茗饮，砖炉石铫行相随
M27	吕义山之女	均不详	
M28吕大观1072年卒，1074年迁葬	范育撰雷寿民书，镌不详	光禄寺臣知同州韩城县事范育撰前同州司理参军雷寿民书《宋故处士吕君墓志铭并序》	
M29吕至山（1111年卒）、妻不详			

吕大临墓（M2）出土铜执壶

执壶，或者说汤瓶，是中国茶道历史上延续时间长、造型变化明显、用途使用揭示茶道形式鲜明的茶器。总之，呈现出从大到小，从肥硕到苗条，从粗笨到小巧精致的发展轨迹。

2. 茶筅是最具有创新发明精神的茶器

直接搅拌茶汤或茶膏的器物在茶道实践中，经过一个变化过程。陆羽《茶经》煎煮茶道用“竹筴策”环击汤心，点茶道初期用匙，也就是银则、竹匕之类东西。陶穀（903—970）《清异录》之《荈茗·茶百戏》云：“近世有下汤运匕，别施妙诀，使汤纹水脉成物象者，禽兽、虫鱼、花草之属，纤巧如画。”这里的“匕”当指则，或竹木，或铜铁。蔡襄（1012—1067）《茶录·茶匙》：“茶匙要重，击拂有力，黄金为上，人间以银铁为之。竹者轻，建茶不取。”到了徽宗赵佶（1082—1135）时期，发生了质的飞跃，其《大观茶论·筅》云：“茶筅以著竹老者为之，身欲厚重，筅欲疏劲，本欲壮而未必眇，当如剑脊之状。盖身厚重，则操之有力而易于运用。筅疏劲如剑脊，则击拂虽过而浮沫不生。”卒于哲宗元祐八年（1093）的“宋左奉仪郎秘书省正字”吕大临墓（M2）与吕景山（1111年卒）夫妇墓（M4）出土文物中都有一扁球形把手，据化验检测，内为竹纤类物质，应是我们所知最早“茶筅”文物。同墓出土铜执壶（参见“吕氏家族墓茶器”条），完全符合晚十余年的《大观茶论》对茶瓶的要求，同时出土兔毫盏。而其茶筅则是金属与竹的结合，既有稳重又可以自由轻便地击拂。同一年，葬于今河北宣化的张文藻墓（M10）壁画所示茶筅两头带筅芒，也比较短小。而吕大临墓筅身直接用铜，符合后来徽宗身欲厚重的要求，但比《大观茶论》至少早14年以上。

3. 中国散茶冲泡最早发现于蓝田

吕大圭（1116）妻张氏（1073卒）合葬M12墓出土铜渣斗，有散茶遗留物发现。

铜渣斗

贮茶盒

无论执壶、茶筅点茶道茶器实物，还是散茶使用遗留，在中国茶史上都是最早发现。

4. 陶瓦套盒是考古发现最早的套装贮茶器

吕大忠墓出土黑色陶瓦质贮茶盒后，在稍后的北宋末，西安市郭杜区孟氏家族墓出土青瓷套盒。以扁圆形大盒，内套四个子母口筒形茶盒。子母口扣合严密，利于防止末茶氧化失真。

第五节　赓续姚贾有魏游——魏野与游师雄茶诗

一、魏野茶诗

茶人是茶道文明形成、成熟、发展与不断进步的历史主体。在中国历史的千余年时间里，这个主体的主要成分是文人墨客。他们有居庙堂之高而忧其君，处江湖之远而独善其身的特点或阶层优势。日日事茶，以茶励志清白是他们修齐治平的样式或手段。当茶道成为某一时期某一地区某一阶段的炽盛风尚后，其随着时势向前推进成为一种必然。作为一种社会风尚其起始与衰减都是一个渐进的过程。长安茶风在经历了剧烈的历史动荡以后，在大中—咸通时代达到茶道顶峰以后，依然保持了一段向前发展的过程，虽然其速度、振幅、规模呈现一个递减态势。

陕州魏野（960—1019），永兴军路河中府陕州（金河南三门峡）人，是宋初陕西路最知名诗人，也是宋朝有影响的隐逸诗人。他因为婉拒宋真宗诏用而更显声名。就他的诗体而言，学人们在“白体”“晚唐体”之间或游移，或认为二体兼有，或认为是二者的过渡[①]。

就创作风格而言，关于魏野的诗作讨论各有千秋。但我们发现，在二体之间，有一个共通点：诗作内容上有相当篇幅的“咏茶诗”。

一个客观事实是：魏野是关西地区茶诗创作最多的诗人。学人们在讨论姚合—贾岛时，认为他们诗作苦寂、浅近。实际这是茶道精神，茶道过程营造的气氛决定了茶

---

① 王东、康丽华：《魏野诗体辩》，《合肥教育学院学报》2009年第2期，认为是“白体”与“晚唐体”过渡。刘辰：《论魏野之诗》，《柳州师专学报》2006年第1期，第33页，认为是“晚唐体”代表，同时又兼有白诗平易浅切的一面。周子翼：《魏野诗风之归类与宋初“白体”“晚唐体”之内涵》，《齐鲁学刊》2013年第6期，第111页，认为属于晚唐体，认为二体之别在于创作理念不同：白体主张“见事起意”，眼前景，口头语；晚唐体主张“象生意后”，苦心经营，锻炼景联与颔联。其中前者强调对景能赋的写实，后者注重缘情布景的营构。

诗的意境。就拿最畅快的卢仝七碗茶诗而言，也有所收敛。

与唐朝茶人一样，谢惠茶为茶诗创作一大题材。

《谢长安孙舍人寄惠蜀笺并茶》："彩笺一轴敌琼瑰，喜见亲题手自开……谁将新茗寄柴扉，京兆孙家小紫薇。鼎是舒州烹始称，瓯是越国贮皆非。卢仝诗里功堪比，陆羽经里法可依。不敢频尝无别意，却嫌睡少梦君希。"[①]

《书逸人俞太中屋壁》是宋朝很有意境，也是魏野具有代表性的一首茶诗："羡君还似我，居处傍林泉。洗砚鱼吞墨，烹茶鹤避烟。闲惟歌圣代，老不恨流年。每到论诗外，慵多对榻眠。"[②]

《和宗人见寄》："养药依丹诀，尝茶验水经。"[③]

《新井》："乍尝牙觉冷，试煮茗尤珍。"

《酬和知府李殿院见访之什往来不休因成失守》："旋烧陆羽烹茶鼎，忙换陶潜滤酒巾。"[④]

《疑山石泉》是对诗人居住附近山泉的记述与赞美："陕城之东五十里有山，曰疑山，山下有寺，曰兴慈寺。寺之中有石泉焉，其水清而甘……野与友人王专，字贞一，居于是，咏读之暇，但有月上山椒，虽夜久天寒，亦往观之。传曰：智乐水，予实蒙拙……窥鱼光照鹤，洗钵影摇僧。逗石声偏响，烹茶味更增。"[⑤]

《诗一首》："城里争看城外花，独来城里访僧家。辛勤旋觅新钻火，为我亲烹岳麓茶。"[⑥]

二、魏野与京兆长安交游

魏诗《寄赠华山致仕韩见素》："醉指鳌头为别业，吟夸仙掌是比邻。"华山既像仙人掌，又像鳌头。羡慕韩见素退休生活的闲适与自由。他或者与韩见素有深入交流，或者去过韩的华山别业。在河中府，在鹳雀楼，南望秦岭，华山犹如仙人掌：尖峭耸立，高入云霄。在那个地方春种秋收，也仿佛半个神仙！

魏野与宰相华州下邽寇准（961—1023）来往密切。《和呈寇相公见赠》："凤池

① 北京大学古文献研究所：《全宋诗·魏野二》，北京大学出版社，1991年，第911页。以下版本同，只注卷数、页码。

② 《全宋诗·魏野六》，卷83，第932页。

③ 《全宋诗·魏野六》，卷83，第933页。

④ 《全宋诗·魏野八》，卷85，第952页。

⑤ 《全宋诗·魏野九》，卷86，第960、961页。

⑥ 《全宋诗·魏野十》，卷87。

即看三回人，蜗舍曾蒙数度来。仍赐雅章惭继和，朱门将献又徘徊。”《和呈寇相公召宴》：“五色诏书丹凤降，十香御酒翠娥斟。野人每喜陪尊俎，三入唯愁阻访寻。”《谢知府寇相公降访》：“昼睡正浓向竹斋，柴门日午尚慵开。惊回一觉游仙梦，村叟传呼宰相来。”

真宗景德二年以寇准最终《澶渊之盟》签署，真宗任其为相，次年（1006）王钦若诬谤，罢知陕州，1011年王旦再荐寇准为相。魏野与寇准的频繁唱和当在这五年时间之间。

与陕西转运使臧奎往还。《和臧奎秋夜抒怀》：“林中独坐欲中宵，落叶纷纷触坏袍。月影渐移蛩韵急。露华初上鹤声高。四时催老秋偏感，完事萦心夜更劳。犹赖清风知我意，频吹庭竹助萧骚。”

永兴军路，下辖二府，一是京兆（长安）二是河中（蒲州，今永济），负责经济财政的转运使在京兆，负责司法的提点刑狱在河中置司。

《宋史·地理志三·陕西》：“陕西路。庆历元年，分陕西沿边为秦凤、泾原、环庆、鄜延四路。熙宁五年，以熙河洮岷州、通远军为一路，置马步军都总管、经略安抚使。又以熙、河等五州军为一路，通旧鄜延等五路，共三十四州军，后分永兴、保安军、河中、陕府、商解同华耀虢鄜延丹坊环庆邠宁州为永兴军等路，转运使于永兴军、提点刑狱于河中府置司；凤翔府、秦阶陇凤成泾原渭熙河洮岷州、镇戎德顺通远军为秦凤等路，转运使于秦州、提点刑狱于凤翔府置司；仍以永兴、鄜延、环庆、秦凤、泾原、熙河分六路，各置经略、安抚司。”①

臧奎，这时是否已经是转运使，不确。但从陕州赴河中府任职，从陕州、河中府赴长安晋升任职者正常而频，《送赵侍郎移镇长安》《送王推官赴任河中》属于送别留念类。还有《寄蓝田王辟寺丞》《送太白山人俞太中之商於访道友王知常洎归故山》《赠长安知县陈尧佐》《送俞极山人归太华》等。《上左冯陈使君》：“地镇三秦重，道心轻仗钺。”

有的诗歌写于京兆。《留题浐川姚氏鸣琴泉》：“琴里休夸石上泉，争如此处听潺湲。爰于琴里无他意，落彻声声是自然。”《将离蓝田同王辟太博饮于王氏亭联成二韵》：“白鹿原东浐水西，杨花漠漠草萋萋。那堪对此还醒别，况是醍醐鸟正啼。”（以上《全宋诗·魏野二》）《同晦上人游渼陂》：“更值晚来风雨歇，终南一半浸波中。”（《全宋诗》卷81《魏野四》）渼陂，唐宋时期著名风景名胜，位于今西安鄠邑区。《渭上秋夕远望》应该是诗人在渭河岸边怀古抒情之作：“秋夕满秦川，登临渭水边。”《长安春日书事》：“长安春色自依依，大（天）命移应地不知。蔓草已迷双凤阙，千花犹

---

① 《宋史·陕西》，卷87，第2143页。

照九龙池。岂无东阁开今日，尚有南山似旧时。一月悠悠游不足，青门欲出意迟迟。”《别同州陈太保》：“此去几迟留，忽焉还岁月。”是离开同州时的离别之作。《宿晦上人房》：“野客访琴僧，夜午月又午。为我弹薰风，似听重华语。”

前述魏野最知名茶诗《书逸人俞太中屋壁》，当作于华山俞道人室。《送俞太中山人归终南（字贯之）》，《题鄠县杨氏书楼》：“门掩圭峰影，楼添鄠县图。”圭峰山是禅宗领袖宗密上人山门。山下草堂寺乃鸠摩罗什译经、坐化圣地。

与长安故人和诗酬唱。《和长安孙舍人见寄》《谢长安孙舍人寄惠蜀笺并茶二首》。《寄赠长安宋澥逸人十韵》：“烟霞连杜曲，桑柘接昆明。”《送长安赵侍郎赴阙》：“四方闻乐支一郡泣涟如。灞水犹疑噎，秦云亦不舒。”《送紫薇孙舍人赴镇长安》：“长安千古帝王城，镇选词臣有圣情。三字带来天上贵，双旌拥出世间荣。”又有《谢孙紫薇同郡侯石太尉见访》。《依韵和长安龙图陈学士灯熙熙台之什二首》：“云近上清争缥缈，山连太白斗参差。”《送润师之长安谢紫衣一首》、《赠华山何学士致仕》、《长安龙图陈学士宠示重阳日翠微楼上见览》（作《翠微楼》《长乐亭》）、《寄赠西川御史薛端公益州司理刘大著陕路运使臧殿院梓州提刑唐察院》。而《夏日怀寄西川峡路淮南薛臧王三运使》诗中的峡路，应该陕路，转运使臧奎。《宋史地理志》卷87：“至道三年，分天下为十五路，天圣析为十八，元丰又析为二十三：曰京东东、西，曰京西南、北，曰河北东、西，曰永兴，曰秦凤，曰河东，曰淮南东、西，曰两浙，曰江南东、西，曰荆湖南、北，曰成都、梓、利、夔，曰福建，曰广南东、西。”二十三路中，有陕，有淮南，有成都府路，而没有峡路。

三、关学弟子游师雄的经国实践

游师雄，字景叔，京兆武功人。学于张载，第进士。为仪州司户参军，迁德顺军判官。鄜延将刘琯与主帅议战守策，欲自延安入安定、黑水，师雄以地薄贼境，惧有伏，请由他道。既而谍者言夏伏精骑于黑水傍，琯谢曰：“微君言，吾不返矣。”

游师雄官至陕西转运判官、提点秦凤路刑狱。在对待西夏上，与吕大忠属于强硬派，主张积极防御主动出击。但对西域来客，则主张开放宽宥政策。

> 自复洮州之后，于阗、大食、物林、邈黎诸国皆惧，悉遣使入贡。朝廷令熙河限其二岁一进。师雄曰：“如此，非所以来远人也。”未几还秦，徙知陕州。卒，年六十。师雄慷慨豪迈，有志事功，议者以用不尽其材为恨[①]。

① 《宋史·游师雄传》，卷332，列传第91，第10690页。

而他对陕西文物保护则是清代陕西巡抚毕沅之前最用力的父母官。正是由于他的所作所为，今天我们才得以窥见《凌烟阁二十四功臣》与《昭陵六骏》等形象。

《全宋诗》收有游师雄六首诗文，其中一首是《汲泉烹茶寄叶君康直》：“清甘一派古祠边，昨日亲烹小凤团。却恨镜陵无品目，烦君粗鉴为尝看。”[①]

四、秦士怀长安

唐乾符四年（877）黄巢起兵后，攻占京师。黄巢东南招讨使朱温攻下同州（治今渭南大荔）后仿习秦章邯，向唐将王重荣投降，唐昭宗赐名朱全忠。中和三年（883），全中被拜为“汴州刺史、宣武节度使”，汴州由此拉开了步入历史舞台的序幕。朱温从黄巢手下大将，在投唐后不断取胜，成为以汴州为据点的攻击黄巢及其后继秦宗权的主力军帅，职位速升检校司徒、门下同平章事，昭宗龙纪元年（889）三月位至东平王，这一封号意味着，朱温被唐朝擢拔为征讨在山东发展起来的大齐政权的统帅。天复元年（901年）昭宗封其“梁王”。三年正月昭宗不得已离开李茂贞岐州行营到长安，朱温杀其周围宦官700余人；天祐元年正月被胁迫经陕州至洛阳，昭宗身边剩下的老少宦官200余人再次被朱温杀死，昭宗身边都是梁人（汴），九月杯弑杀。天祐元年（904），京兆府改为大安府，朱温任韩建为开韩建为佑国军节度使，驻守长安。天祐三年（906），废镇国军节度使（治潼关），其领州商、金二州来属。在朱温、李克用、石敬瑭、刘知远、郭威（柴荣）在东都、汴梁称王称霸时，古国三秦，基本处于半自治状态。天平元年（907）正月朱温称帝，国号梁，都汴，东都为梁西都，京师被废为雍州。京兆府改为大安府，长安县为大安县，万年县为大年县。天平三年（909），改佑国军为永平军节度使，商州割属感化军节度使。938年晋改西都留守为晋昌军，948年，改晋昌军为永兴军。商州、金州、华州、耀州、同州等均在永兴军治下，西志乾州（今乾县）与李茂贞凤翔西岐接，南逾秦岭至巴山。入宋后，永兴军管辖范围更大。包括西京（洛阳）以西、河东西南部。成为次于西京洛阳的第三梯次的地区。虽然对抵御西夏袭扰有重要的拱卫作用，但政治地位与唐时已经有了天壤之别。寇准求据西京不得而至陕州、司马光求不得西京而至永兴军，吕大防罢官知永兴军府事。

华州寇准《再归秦川》给人印象是“故里满蓬蒿”。《长安书事》：“一从洛邑移秦甸，三见东郊绽早梅。”给人一种渴望早回洛邑的心情。与魏野诗歌留给人们的感受一样，汉唐长安繁华不再，使人伤悲感念。《春日长安古苑有怀》：“唐室空城有旧基，荒凉常使后人悲。遥村日暖花空发，废苑春深柳自垂。事著简编犹可念，景随陵谷更何

---

① 《全宋诗》，第15册，卷843，第9763页。

疑？入梁朝士无多在，谁向秋分咏黍离。”[①]《长安春望感怀》：“灞岸春波远，秦川暮雨微。凭高正愁绝，烟树更斜晖。”[②]此外还有多首岐下、樊川、杜陵怀旧为主题的诗歌。但正史有关寇准秦川事迹不显著。

吕大防知永兴军府事时，“爱其制度之密，而勇于敢为”。实际勘踏唐代古都，刻绘《长安图》，元丰三年（1080）并《长安图记》奉进[③]。虽然绘制各城池地图是朝廷需要，但我们从中可以看到吕大防、吕大均及刘景阳等所倾注的科学精神和人文理念。吕大防在杜工部、韩吏部的诗歌与年谱研究上，更是倾注了深刻的家国情怀。

大防长兄大忠则成为西安碑林的重要创始人。

《京兆府府学新移石经记》：“汲郡吕公龙图领漕陕右之日……经始于元祐二年初秋，尽孟冬而落成。门序旁启，双亭中峙，廊庑回环，不崇不庳，诚古都之壮观，翰墨之渊薮也……此吕公所以为有功于圣人之经，不可不书也。元祐五年岁次庚午九月壬戌朔二十辛巳京兆黎持记。”[④]

作为漕运使，吕大忠屡次上书，以求皇帝蠲赋赈恤。《乞更支盐钞奏》：“陕西盐、钞价贵，乞年额外，依自来两池分数，更支盐钞一十五万贯，以平准其价。”

《关陕民力未裕奏》：“关、陕民力未裕，士气沮丧，未假之岁月，未易枝梧。”[⑤]

吕大均的《乡约》结合周礼与当时实际，提出乡村自治理想愿景，直到明代朱熹，都未曾成功，但关学注重实践的精神却对后世影响极大，20世纪初期梁簌溟、外国友人路易艾黎在建立农村合作互助实践时，都借鉴了吕大均—朱熹的乡约。

五、关学——宋代茶道思想基础理论

吕大临《横渠先生行状》载：“嘉祐二年（1057）登进士……年十八慨然以功名自许，上书谒范文正公。公一见知其远器，欲成就之，乃责之曰：‘儒者自有名教，何事于兵！’因劝读《中庸》。”由此张载埋头儒家经典，从文化源头探索富国强兵安民的道路。理论是灰色的，生命之树长青。中国文化从《周易》《周礼》到《论语》《孟子》等，实际上都是人的学问，探索天地人之间的关系，张载最终完成了以儒家“仁义”为核心的伦理镶入本体论，将探究仁义，实践仁义，视为人的本质的理论思

---

① 《寇准一》,《全宋诗》，卷90，第1018页。

② 《寇准一》,《全宋诗》，卷90，第1022页。

③ （四库全书本）（宋）赵彦卫：《云麓漫钞》卷8，（元）李好文：《长安图志》卷上、《蓝田吕氏集》下册，第877页，西北大学出版社，2015年。

④ 路远：《西安碑林史》，西安出版社，1998年，第513页。

⑤ 《蓝田吕氏集》下册，第939页。

想构建。提倡无私无欲，这与他的精神教父范文正公“先天后乐”思想有着内在紧密联系，无疑关学将前者的使命观与人生理想理论化，从而成为映照学术界与正统意识形态领域里的一轮明月，给思想与学术带来一股新风，一渠清泉。成为士子们的精神动力，虽然在哲学探讨与语言表述方面，与程朱理学有明显分野，但张载关学为知识分子所树立的崇高理想，是每个人都无法逾越的高峰。“为天地立心，为民立命，为往圣继绝学，为万世开太平”成为中国知识界的神圣使命。南宋退居江南，但最终给予张载很高荣誉，后来的元明清统治者都奉赠许多荣誉，今天在张载祠内雄碑高树，金匾高悬。

在大量的宋代诗歌中，我们看到士人们追求茶的真香真味，探索点茶用水在毫厘间的差异，鉴赏茶器在青兰湖绿间的美感与实用性，但这些形而下的技艺，无非是要修炼一颗平常心、清净心，无悔无怨，一心奉国。徽宗以茶“祛襟涤滞，致清导和，冲淡简洁，韵高致静”，苏轼认为品茶为“世外淡泊之好，高韵辅理”，吴逵“高流谈茶，茶社与莲邦共证净果”。这无疑是茶禅一味的方外表达（苏轼、吴逵题黄儒《品茶要录》)。审安老人《茶具图赞》赞美的实际是“养浩然之气”的茶人君子。

苏轼塑造的叶嘉，是浸润了儒家“仁义”气质的伟岸崇高的茶人代表。

第六节　迅速滑落的金代茶事

一、金朝茶法

唐朝以来，饮茶之风遍及大唐国土及相关羁縻州、也波及来往密切的边疆政权、友好国家如新罗、日本。宋代，在外事接待中，茶叶成为招待外国首领与使臣的佳品，也成为接待规格高低的标志性配置。在建炎四年（1130）金兀术经过黄天荡与不久后的大散关大败后，宋金议和：天水—大散关—京兆—络商洛—淮河为界。史载，金朝先后设五京、十四总管府，共计十九路，路下设州、县，总管府统领一路军政，转运司负责财政，提刑司负责监察事务。 京兆府路为宋永兴军路，宋金绍兴和议后属金，次年改京兆府路。统府一，领节镇一、防御一、刺郡四，县三十六，镇三十七。一府为京兆府，治长安，辖长安、咸宁、兴平、泾阳、临潼、蓝田、云阳、高陵、终南、栎阳、鄠县、咸阳等十二县；一节镇为定国军节度，后升为同州，治冯翊，辖冯翊、朝邑、郃阳、韩城、澄城、白水六县；一防御为华州，治郑县，辖郑县、华阴、下邽、蒲城、渭南五县；四刺郡为商州十九路中，包括京兆府、凤翔路、鄜延路、庆原路、河东北路在内的五个路均与今陕西省境相关，其辖境虽因政治和军事因素影响，屡有变化，但基本稳定在金皇统二年（1142）前后的状态。金朝对于以上五路的管理，主要采取路、州、县三级地方行政体制[①]。

金朝所辖伏牛山—淮水以北，产茶极少或几乎没有茶叶生产，虽然在北纬33度线以南有一些地方，但都不知名，唐宋时的信阳（光州）大都在淮水以南，为南宋所有。金朝茶叶自给率极低，而唐宋以来中国人普遍好茶，南宋年25万斤岁贡外，其他茶叶需要通过边境榷场获得。对于茶叶消费金人做了严格规定，开始允许七品以上官员可以食用茶叶，后来限制在亲王公主与五品以上官员方可食用茶叶，但不能出售、转赠。民间走私按斤两治罪，告密者赏宝泉1万贯。在山东出现了温桑茶，而用可食用树叶做茶的现象在唐代河北已经出现，估计金代河北人继续制作“非茶之茶”，以飨大众嗜欲。金人认为河南、陕西50郡每日消费二十袋（斤），每袋2两白银，年茶叶消费30万两是一种不必要负担，但也难以改变。《金史》食货志载记如下：

> 茶。自宋人岁供之外，皆贸易于宋界之榷场。世宗大定十六年，以多私贩，乃更定香茶罪赏格。章宗承安三年八月，以谓费国用而资敌，遂命设官制之。以尚书省令史承德郎刘成往河南视官造者，以不亲尝其味，但采民言谓为温桑，实非茶也，还即白上。上以为不干，杖七十，罢之。
>
> 四年三月，于淄、密、宁海、蔡州各置一坊，造新茶，依南方例每斤为袋，直六百文。以商旅卒未贩运，命山东、河北四路转运司以各路户口均其袋数，付各司县鬻之。买引者，纳钱及折物，各从其便。
>
> 五月，以山东人户造卖私茶，侵侔榷货，遂定比煎私矾例，罪徒二年。
>
> 泰和四年，上谓宰臣曰：“朕尝新茶，味虽不嘉，亦岂不可食也。比令近侍察之，乃知山东、河北四路悉椿配于人，既曰强民，宜抵以罪。此举未知运司与县官孰为之，所属按察司亦当坐罪也。其阅实以闻。自今其令每袋价减三百文，至来年四月不售，虽腐败无伤也。”
>
> 五年春，罢造茶之坊。三月，上谕省臣曰：“今虽不造茶，其勿伐其树，其地则恣民耕樵。”六年，河南茶树槁者，命补植之。十一月，尚书省奏：“茶，饮食之余，非必用之物。比岁上下竞啜，农民尤甚，市井茶肆相属。商旅多以丝绢易茶，岁费不下百万，是以有用之物而易无用之物也。若不禁，恐耗财弥甚。”遂命七品以上官，其家方许食茶，仍不得卖及馈献。不应留者，以斤两立罪赏。七年，更定食茶制。
>
> 八年七月，言事者以茶乃宋土草芽，而易中国丝绵锦绢有益之物，不可

① 党斌：《金代墓葬、墓志与陕西社会考述》，《古籍整理研究学刊》2016年第5期。

也。国家之盐货出于卤水，岁取不竭，可令易茶。省臣以谓所易不广，遂奏令兼以杂物博易。

宣宗元光二年三月，省臣以国蹙财竭，奏曰："金币钱谷，世不可一日阙者也。茶本出于宋地，非饮食之急，而自昔商贾以金帛易之，是徒耗也。泰和间，尝禁止之，后以宋人求和，乃罢。兵兴以来，复举行之，然犯者不少衰，而边民又窥利，越境私易，恐因泄军情，或盗贼入境。今河南、陕西凡五十余郡，郡日食茶率二十袋，袋直银二两。是一岁之中妄费民银三十余万也。奈何以吾有用之货而资敌乎。"乃制亲王、公主及见任五品以上官，素蓄者存之，禁不得卖、馈，余人并禁之。犯者徒五年，告者赏宝泉一万贯[①]。

金代茶法主要针对民间。从泰和四年、五年记载看，金朝茶叶有一个恢复生产，补种茶树的过程。自产茶叶质量不及唐宋各地名茶，但金章宗认为聊可饮用。

但是在饮茶成为各国官员嗜好情况下，金人不得不在重要场合使用茶叶，以保持国家应有形象。"熙宗时……定使以宋便列于三品班，高丽、夏列于五品班"。朝廷宗室用茶地方极多。在接待南宋使臣与西夏使时"各就位，请收笏坐，先汤，次酒三盏，置果骰。茶罢，执笏，近前齐起，栏子外馆伴在南，对立。先馆伴揖，次展接伴辞状，相别揖，各传示，再揖，通揖分位"。"来使副与天使主賔对行上厅，于西间内各诣椅位揖，收笏坐。先汤，次酒三盏，果骰。茶罢，执笏，近前请起，赐宴天使暗退"。"先揖，饮酒，再揖，退。至九盏下，酒毕，教坊退。乃请赐宴天使于幕次前。候茶入，乃于拜席排立都管、三节人从。茶盏出，揖起，押宴官等离位立，揖，都管人从鞠躬，喝'谢恩'，拜，下节声喏，呼'万岁'，如入见仪，且鞠躬，喝'各祗候'"[②]。

招待宋使，还要先上饼茶：

曲宴仪。

皇帝即御座，鸣鞭、报时毕，殿前班小起居，到侍立位。引臣僚并使客左入，傍折通班，至丹墀舞蹈，五拜，不出班奏"圣躬万福"，又再拜。出班谢宴，舞蹈，五拜，各上殿祗候。分引预宴官上殿，其余臣僚右出。次引宋使从人入，至丹墀再拜，不出班奏"圣躬万福"，又再拜。有敕赐酒食，又再拜，引左廊立。次引高丽、夏从人入，分引左右廊立，果床入，进酒。皇帝

① 《金史》，中华书局，1975年，卷49，志第30，食货4，第1109页。以下版本同，只注卷数、页码。
② 《金史》，卷38，第868-875页。

举酒时，上下侍立官并再拜，接盏，毕，候进酒官到位，当坐者再拜，坐，即行臣使酒。传宣，立饮毕，再拜，坐。次从人再拜，坐。至四盏，饼茶入，致语。闻鼓笛时，揖臣使并人从立，口号绝，坐宴并侍立官并再拜，坐，次从人再拜，坐。食入，五盏，歇宴。教坊谢恩毕，揖臣使起，果床出。皇帝起入合，臣使下殿归幕次。赐花，人从随出戴花毕，先引人从入，左右廊立，次引臣使入，左右上殿位立。皇帝出合坐，果床入，坐立并再拜，坐，次从人再拜，坐。九盏，将曲终，揖从人至位再拜，引出。闻曲时，揖臣使起，再拜，下殿。果床出。至丹墀谢宴，舞蹈，五拜。分引出[①]。

从金朝宫廷礼仪看，饼茶，应该是研磨后使用的末茶点注，可能是在座每人一盏一托，比较正规，后面端上来的茶有可能就使用散茶冲泡，简单一些。其礼仪过程中，往往是先酒后茶。在皇帝参加的宴会中都进饼茶一环节。

二、考古发现的陕西金代茶文化

以茶为主题的金代壁画，陕西数量偏少，但出现了宋代文人提倡的茶事四艺“琴棋书画”。

对于耀州窑，学者们给予中肯评价，认为其青瓷在五代仅次于越窑，在宋代独领风骚，成为有籍可证的贡窑御品：“金代耀州窑虽在北宋的基础上继续烧造，但并无新的建树，产品质量开始下降，器物胎色浅灰，胎质稍粗，青釉深沉，以青中闪黄的釉色多见、器物装饰以印花为主，刻花不如北宋精细。尽管如此，耀州窑在金代仍是北方青瓷制作中心，而此时的南宋龙泉窑，由于在制作工艺上进行了改革，将北宋龙泉青瓷的石灰釉改进为石灰碱釉，并利用釉在高温烧造过程中黏度大，不易流动等特点，采用多次施釉和素烧的工艺，烧制出有青玉般光泽和翡翠般美丽的粉青、梅子青釉。龙泉粉青、梅子青釉的烧制成功，标志着中国青瓷的生产至此时已达到炉火纯青的地步，成为除官窑瓷器之外民窑青瓷之冠。”[②]

耀州青瓷茶器被国内外知名博物馆收藏，不仅故宫、国家博物馆、上海博物馆，就连地县博物馆都有耀州茶器收藏，可以说：各市都有博物馆，各馆都藏耀州瓷。这里仅言及青瓷，实际上耀州窑的黑瓷与花瓷在北方使用范围更广。但金代耀州窑明显滑落，沦为民间窑口。这也与金代陕西·京兆茶事迅速衰落有直接关系。

---

① 《金史·礼仪志》，卷11，第866、867页。

② 周丽丽：《耀州窑在五代、北宋、金三朝的历史地位》，《文博》1999年第4期。

陕西韩城盘乐村218号宋墓壁画《医药图》

总之，我们看到金朝除掌管着耀州窑外，还有邢窑定窑均、汝等名窑。本来在中国茶文化领域拥有半壁江山。但面对自产不足，南宋掌握茶叶生产的事实，金朝茶法极为保守消极，这无疑影响到陕西京兆茶事发展。

这也反映在出土文物上。一方面，作为瓷器领头羊的耀州窑的青瓷茶器质量下降，数量减少，出现褐色茶盏托与盖碗，无疑是需求不足的反映。另一方面在金代墓葬中，或者没有茶器，或者茶器量少质差。

西安雁塔区李居柔墓出土了铁架铜鍑，两枚钧瓷碗，直径都在17厘米以上[①]，很难作茶器判定，但钧瓷酒器明显，有盘盏、供春瓶、酒盅，显得华贵精致。曲江观山悦夏殿村金墓出土影青瓷茶盏托及褐釉瓷盖碗等[②]，可视作茶器。曲江孟村宋墓，有精美的茶酒器，而金代墓茶器鲜少[③]。宋金墓出土茶器与否、出土多少，宋金差别极大。从考古出土文物看，与宋朝相比，金代茶事几乎呈断崖式下滑的趋势。

---

① 陕西省考古研究院：《陕西西安金代李居柔墓发掘简报》，《考古与文物》2017年第2期。

② 陕西省考古研究院：《西安南郊夏殿村金代墓葬发掘简报》，《考古与文物》2010年第5期。

③ 陕西省考古研究院：《西安南郊孟村宋金墓发掘简报》，《考古与文物》2010年第5期。

宋代耀州窑月白釉茶盏托，陕西考古博物馆收藏展出

宋代耀州窑博物馆收藏展出的
梅子青茶盏托

耀州窑遗址出土金代茶器，陕西考古博物馆收藏、展出

三、金代贵族庇护下的寺院茶事

香雪堂碑，法门寺博物馆收藏展出。记载了金代镇国上将军蒲察与法门寺饮茶之所香雪堂的一段历史因缘，其全文如下："苑公戒师所居之院有香雪堂/先朝驸马镇国上将军都尉蒲察公所赠之名也，师云当其时，堂前/荼靡花方谢，糁糁如雪而复幽香。/因摭一时之意，故目之曰香雪然/得名之后（未）有题跋，恐为阙典愿得/数字以褒□□□什不敢劳让谩/书长句　雅命　前扶风令郗文举再拜/翠柏森森已成列，荼靡相间尤清丝/小院春风花落时，堂前散漫飞香雪。/对此何人赏物华，山僧睡起煮新茶。/

《香雪堂碑》拓片

手披经卷坐终日，要看缤纷天雨花。/戊辰十二月十一日天王院僧法苑立石。”[①]

蒲查在《金史》列传卷6有载，为始祖诸子末尾：

> 蒲查，自上京梅坚河徙屯天德。初为元帅府扎也，使于四方称职，按事能得其实，领猛安。皇统间，除同知开远军节度使，斥候严整，边境无事。正隆初，为中都路兵马判官。是时，京畿多盗，蒲查捕得大盗四十余人，百姓稍安。改安化军节度副使。大定二年，领行军万户，充邳州刺史、知军事，领本州万户，管所屯九猛安军，昌武军节度使，山东副都统。撒改南征，元帅府以蒲查行副统事。入为太子少詹事，再迁开远军节度使，袭伯父胃〈赤皮〉猛安，历婆速路兵马都总管，西北路招讨使，卒。

① 陕西省考古研究院、法门寺博物馆、宝鸡市文物局：《法门寺考古发掘报告》，文物出版社，2007年，第62页。

蒲查性廉洁忠直，临界事能断，凡被任使，无不称云。

赞曰：贤石鲁与昭祖为友，欢都事景祖、世祖为之臣。盖金自景祖始大，诸部君臣之分始定，故传异姓之臣，以欢都为首。冶河虽宗室，与欢都同功，故列叙焉[①]。

碑中所谓蒲察当为《金史》之蒲查，列传中没有明确蒲察为驸马，但属于好“异姓之臣”，有可能成为驸马。他为法门寺品茶寮起名，大约就在任职西北路招讨使期间。

北宋时，法门寺随唐京师长安而共荣辱，失去政治地位。但指形佛舍利的历史影响在佛教界，在僧尼与信徒中的地位一时难以磨灭。据宋碑记载，仅在浴室堂洗澡的僧俗就“日浴千数”，可见其香火旺盛。但金代佛事活动鲜少。

我们看到，金代法门寺天王院法苑，为唐宋以来僧人茶事活动中心香雪堂立碑，假借为蒲查歌功颂德，实际有为寺院茶事张目的潜在意图。这也客观地反映了金代茶事萎靡的事实。墓葬中的饮茶图是对长辈往昔饮茶生活的美好回忆。偌大陕西，五品以上官员屈指可数。数千万大宋臣民进入金朝后，一下子不能喝茶了，情何以堪！

由此来看，金代的茶叶生产与消费，超出一般的日常生活与农业生产范畴，已经与政治、外交与社会协调发展产生深刻联系。保守消极的金代茶法从某种程度上加剧了民族与阶级矛盾，这是中国茶文化史的另一面。

本书以期在经济、文化与政治等为主要因素的社会宏观背景下，回顾长安茶文化的历史与表现，以文献记载与出土文物相结合手段，宏观叙事与微观鉴赏、分析互鉴互证方式，展示长安茶文化方方面面。紧紧把握长安文化暨中国周秦汉唐传统文化对包括茶道文化在内的亚文化的应有解说，深刻领会安史之乱后唐代“战时经济”背景，准确理解茶道文化在唐代皇朝文化宫廷文化中的政治取向与礼仪规格，在中外文化交流中的历史作用。

企图做到对文献包括唐代茶主题诗歌、碑碣，对长安·关中地区及其紧密关联的相邻地区出土茶器竭泽而渔。对茶器与茶道流变关系，结合长安历史与出土文物第一次进行系统探讨。

对唐代宫廷茶道形式进行系统总结，并推出可操作的三种类型的茶道程序，这是茶事爱好者对笔者1994年出版的《中国唐宋茶道》提出的善意要求。

历史记载使我们将古人识茶、用茶的过程串接起来，地下出土茶叶与茶器，使我

---

① 《金史》，卷68，列传第六，第1600页。

们看到人们在茶叶使用与开发方面的具体轨迹与取得的成就。通过阅读与鉴赏茶器文物，使我们看到：周秦以来，长安一直处于茶文化的领先地位。而且在皇室贵族中一直延续下来。虽然《洛阳伽蓝记》记载了王肃等人在北朝的情形，但从另一个侧面看，饮茶人数不多，但一直在延续承继着习惯与历史。大唐盛世为茶业茶事发展、茶道文明形成与步入高峰提供了条件。作为一种以茶为媒介的新型文化体系，茶道从江南兴起，最终在长安落地生根开花，形成中华茶道的根基与主干。茶道文化，成为各种文化体系的最大公约数，也自然融合于儒释道及三夷教、阿拉伯文化之中。汉阳陵茶叶使我们看到茶叶经过食用药用进入饮用时代的精湛姿态，唐宗室李倕墓及南里王韦氏家族墓出土文物展示了历史记载很少的初唐时期茶事情况，杜华墓文物使我们看到陆羽《茶经》正式刊布以后，长安中下层居民亦步亦趋学习茶道的轨迹。唐都司农寺官署普通茶执壶、皇家寺院青龙寺出土“盈”字款邢窑精致执壶，表明茶道流变的过程，法门寺地宫文物使我们看到陆氏茶以茶治国理念最终得到贯彻与实现。吕氏家族墓出土大宗茶器，是北宋永兴军·京兆高层之家的静雅的茶生活，表明失去帝都政治中心地位后，长安的文化依然处于向前发展态势。点茶的长颈细腰执壶与斗笠盏、极具发明创造精神的茶筅、散茶冲泡等，最先发现于京兆长安。

唐代是诗歌时代，长安是诗歌之都，我们荟萃长安京兆茶诗，包括白居易姚合及北宋时代陕州魏野茶诗，诗歌成为茶道传播的金色翅膀，也是研究茶道细节的瑰丽宝库。

大历贞元（766—805）是史学界“唐宋变革”的起点，也是唐朝战时经济的承前启后时期，这个过程恰遇茶道文化兴起与发展，饮茶习俗迅速普及，茶业经济日益重要，它涉及税收、生活风尚、皇朝文化与茶马互市为特征的对外交往。北宋时期的永兴军、兴元府、秦州、渭州提举茶马官地位特殊。耀州窑在茶器制作方面多有创新。

撰写本书的一个紧迫认识便是，在大的历史发展视野里确立中国茶道文明的应有地位与发展方向。以中国茶道圆融各文化系统，和谐天下。明清时代中国茶叶大量出口，但中国文化却对西方影响甚微的历史教训，殷鉴不远！

唐宋时期的长安茶道，是中国茶道黄金时代的中心，既是茶文化的宝库，又是茶学研究的堡垒，史识浅显，史才轻微，史学散淡，知不可为而为之，为大家做铺路石，即使贻笑学林，只求不负因缘。

跋　语

大唐气象　长安茶风

历史记载使我们将古人识茶、用茶的过程串接起来，地下出土的茶叶与茶器，使我们看到人们在茶叶使用与开发方面的具体轨迹与取得的成就。通过阅读与鉴赏茶器文物，使我们看到：周秦以来，长安一直处于茶文化的领先地位，而且在皇室贵族中一直延续下来。《洛阳伽蓝记》记载了王肃等人在北朝的情形，从另一个侧面看，饮茶人数虽不多，但一直在延续承继着习惯与历史。大唐盛世为茶业茶事发展、茶道文明形成与步入高峰提供了条件。作为一种以茶为媒介的新型文化体系，茶道从江南兴起，最终在长安落地生根开花，形成中华茶道文化的根基与主干。茶道文化，成为各种文化体系的最大公约数，也自然融合于儒释道及三夷教、阿拉伯文化之中。汉阳陵茶叶使我们看到茶叶经过食用药用进入饮用时代的精湛姿态，李倕及南里王韦氏家族墓出土文物展示了历史记载很少的初唐时期茶事情况，杜华墓文物使我们看到陆羽《茶经》正式刊布以后，长安中下层居民亦步亦趋学习茶道的轨迹。唐都司农寺官署普通茶执壶、皇家寺院青龙寺出土“盈”字款邢窑精致执壶，表明茶道流变的过程，法门寺地宫文物使我们看到陆氏茶以茶治国理念最终得到贯彻与实现。吕氏家族墓出土大宗茶器，是北宋永兴军·京兆高层之家的静雅的茶生活，表明失去帝都政治中心地位后，长安的文化依然处于向前发展态势。点茶的长颈细腰执壶与斗笠盏、极具发明创造精神的茶筅、散茶冲泡等，最先发现于京兆长安。

唐代是中国古代诗歌的黄金时代，长安是诗歌之都，我们荟萃长安京兆茶诗，包括白居易、姚合及北宋时期陕州魏野茶诗，诗歌成为茶道传播的金色翅膀，也是研究茶道细节的瑰丽宝库。

大历贞元（766—805）是史学界“唐宋变革”的起点，也是唐后期战时经济的承前启后时期，这个过程恰遇茶道文化兴起与发展，饮茶习俗迅速普及，茶业经济日益重要，它涉及财税、生活风尚、皇朝文化与茶马互市为特征的唐后期对外贸易。北宋时期的永兴军、兴元府、秦州、渭州提举茶马官地位特殊。耀州窑在茶器制作方面多有创新。

全书八章共33万字。本书主题两条主线：

一是经济军事与政治大背景下茶事从形成到繁荣的纵向历史线条。经济史非我所长，但既有的茶经济研究又似乎缺乏历史有机联系与清晰脉络，便试图在以唐后期中央政府以平定叛乱与遏制藩镇割据分裂为政务运作的主要出发点的背景下，看待茶事发展，粗线条地制作出盐铁转运使任职年表。从宋代历史看，转运使与刑狱提点是地方两大行政系统，即使有提举茶马司专务卖茶买马，但都转运使往往参与茶法的制定。唐德宗朝韩滉为盐铁转运使，千里之外将末茶用锦囊装存供奉德宗。即使不是榷茶使，但起到榷茶使的作用。贡茶院所在地常州湖州刺史一项重要职责是赶清明宴前制造紫笋贡茶。而其他地方属于土贡名茶的奉送也是转运使的职责。度支、盐铁、转运在唐代分分合合。实行榷茶还是税茶，政策因人因时而异，不断地进行摇摆。唐后期许多擅长财税的钱谷吏升任宰相并兼三使（度支、盐铁、转运）。李德裕从未兼任三使，但他坚决支持他的副职，排位靠后的宰相兼任三使，以利于宰相权力高度集中。

二是以茶道文化为核心的饮茶风尚的形成与蓬勃发展的横向波峰。本书认为唐代最早茶诗，目前所见为骆宾王所做。李白、杜甫都有不止一首茶诗存世，而白居易是唐朝茶诗最多的诗人与政治家。裴度、李德裕、韩愈等实力派政治家也有茶诗留存。德宗、文宗与中间的宪宗都是茶事的积极推广者。曲江、马麟山池是德宗、文宗皇帝在上巳、帝诞日、重阳三节以茶、酒宴饷群臣赐施茶果樱桃、新火的主要地方。今天兴善寺、青龙寺与慈恩寺被挤压得没有一点转身余地，我们只能在鄠邑区草堂寺领味一下皇家园林的从容与典雅。而长安宫廷、公廨、寺院、茶肆的茶饮聚会与以茶为主题的联唱，源于以颜真卿、陆羽、皎然为核心的湖州茶人集团。

本书列出两章探索茶人的人生历程。我们以期探索茶人生命中的应对方式与态度、胸襟，来探索茶人精神。孑然一身的诗僧皎然与叱咤政坛的李德裕我们都视为具有特殊人文修养的时代文化人——皮日休所谓的“陆夫子”，唐代茶人。形成对照的是对白居易抱有成见的王涯，与李党针锋相对的牛党。我们看到中唐后期，白居易分司东都后，京师存在一个以姚合—贾岛为核心的长安茶人集团，延续到晚唐的李洞。

通过研究出土文物，我们认为，辽宁北燕冯弗素墓、咸阳机场西魏陆丑墓、茹茹将军与吐谷浑晖华公主墓以及甘肃武威慕容智墓，均有茶器文物出土，表明鲜卑人是热衷茶事的又一民族，共同为唐代茶事繁荣做出贡献。

茶器文物是本人一直关注的博物馆展厅与库房文物的重点。茶器组合是从文物考古角度观察茶道流变比较客观的方法，本书聊作探索。

以上是本书的基本手法和视点，可能存在过多失考与遗漏，寄希望学人们不吝赐教，以利我们以后更接近历史真实。

研究的目的在于应用，在于建设现代文明，最终落实在推出具有古典文化依据的中国当代茶道文化史程和演示内容。昔日，《茶经》出，“茶道大行天下”；今天，文化战争硝烟弥漫，茶人仍需努力，只争朝夕。

本书得到陕西历史博物馆两届领导班子及专家委员会的大力支持。强跃与侯宁彬二位书记给予重视与特别关注。科研规划处的司雅霖与我共同承担了馆内课题“出土文物与长安茶文化”，此成果构成本书主要骨干。感谢敦煌研究院王志鹏教授在资料搜集方面给予的有力支持，学人《农业考古》杂志主编施由明赓续陈文华院长的茶人精神，持续为中国当代茶学呕心沥血添砖加瓦，在百忙中通读原稿并欣然作序。历夏涉冬，不遗余力，前辈同侪多鼓励，在此一并此致谢，打油一首《无韵》以为志：

乡音未改胡子长，燥切简淡涵养差。
品茗抚琴高雅人，误闯此行慕大家。
老少茶人鼓励多，男女学人责难少。
直面真理常分明，屈身俗务总宽容。
精行俭德勤拂拭，和雅敬健是心仪。
一啜一饮是道场，煎红瀹绿皆菩提。
唐王茶器穷庄严，陋才有幸护真身。
谋承汉唐二千年，挂帆“长安”八万里。

梁子甲辰正月于眉县南寨猕猴园